室内设计实战指南

（工艺、材料篇）

陈郡东　赵　鲲　朱小斌　周遐德 / 著

广西师范大学出版社

·桂林·

图书在版编目（CIP）数据

室内设计实战指南 . 工艺、材料篇 / 陈郡东等著 . — 桂林 : 广西师范大学出版社，2021.1（2024.5 重印）

ISBN 978-7-5598-3150-7

Ⅰ . ①室… Ⅱ . ①陈… Ⅲ . ①室内装饰设计–指南 Ⅳ . ① TU238-62

中国版本图书馆 CIP 数据核字 (2020) 第 165260 号

室内设计实战指南（工艺、材料篇）
SHINEI SHEJI SHIZHAN ZHINAN (GONGYI、CAILIAOPIAN)

策划编辑：高　巍
责任编辑：季　慧
助理编辑：马竹音
装帧设计：六　元　吴　迪
广西师范大学出版社出版发行

（广西桂林市五里店路 9 号　　邮政编码：541004）
（网址：http://www.bbtpress.com　　　　　　　　　　）

出版人：黄轩庄
全国新华书店经销
销售热线：021-65200318　021-31260822-898
恒美印务（广州）有限公司印刷
（广州市南沙区环市大道南路 334 号　邮政编码：511458）

开本：930 mm × 598 mm　　　1/8
印张：75.5　　　　　　　字数：945 千字
2021 年 1 月第 1 版　　　2024 年 5 月第 4 次印刷
定价：288.00 元

自序

你缺的不是学习资料，而是学习方法

本书是根据我们的知识学习平台"设计得到"里，超过 500 万人次阅读过的《dop 设计实战指南》栏目中的部分内容重新编辑整理的成果。我们在创办"设计得到"之初就有一个愿望——让学习室内设计这件事变得更加简单和高效。

为什么会有这个想法呢？在我个人的成长经历中，亲眼见到许多人学习室内设计多年却不得其门而入，成长速度与付出的努力完全不成正比。究其原因，很重要的一点是他们将室内设计想得过于复杂，盲目地听取各种建议，而缺少思考和学习的方法。在各大设计交流群里总会有这样的人：他们混迹于各大平台，行业大佬的任何新闻或是任何新作都逃不过他们的眼睛；他们总是有第一手的全套设计案例、某某大咖的作品合集、各种新材料和新工艺的绝密资料。但是，当需要解决实际问题时，这些号称拥有无数资料的人，总是找不到早已存在于某份资料里的解决方案；当提到某个新鲜名词或新项目时，他们总会侃侃而谈，但对落地细节却知之甚少。

这些人的做法不能说不正确，只是在构建属于自己的经验壁垒的过程中，缺少了一些系统的思考和高效的学习方法。比如，面对变化万千的装饰构造做法，他们只是死记硬背标准做法；他们能想到的提升工作效率的方式只是想方设法获取这些标准做法的源文件，然后在使用时直接调取。所以，他们的学习方式只是盲目地囤积资料，而不是深入思考这些标准做法下的深层规律并进行分类，总结出"骨肉皮"这样的思维模型，再通过逻辑推导来应对千变万化的饰面造型。后者明显是慢功夫，让人觉得好像花时间学习了抽象的概念后，实际起到的作用还不如临摹和背诵几个已知的标准节点更大。

所以，当他们看到面对不同设计手法和空间造型能够马上解构出设计理念和落地方案的人时，会认为这个人一定是从业多年，才能积累如此丰富的实战经验。也正因为如此，当《dop 设计实战指南》栏目的读者知道了每天陪伴他们成长的栏目主理人其实跟他们同龄，甚至是比很多人年龄更小的"90 后"时，都非常诧异。

诚然，对当时行业经验不足 3 年的我来说，想要独自支撑起覆盖知识这么庞杂的专业栏目，还要保持内容的高质量和更新的高频率，是非常困难的。所以在栏目开展过程中，每每遇到由专业知识储备量不足、项目经历不够造成的案例分析欠考虑的窘境时，是团队中的赵鲲先生、周遐德先生、朱小斌先生以及一些行业前辈的帮助和分享让我得以保质保量地完成了整个栏目的架构与更新，也让我在短短的一年时间内，走完了常人需要走三年甚至五年的路。

纵观我的成长经历，从大学早期凭兴趣创立广告工作室承接广告业务，到专心学习室内设计，并被评为校优秀毕业生，拿到"新繁杯"校园设计大赛的设计奖项；从毕业后进入知名装饰企业，并参与三座城市的地标项目装饰工作，到后来成为设计类新媒体作者，再到开始带领团队为建筑装饰行业从业者提供知识服务，这些不太相关的工作经历，让我更深刻地懂得了，面对不同的工作和任务，应该如何高效地学习。比如，同样是学习材料收口知识，多数人的学习思路是以材料类别来划分并记忆同材质之间以及不同材质之间的收口方式有几种，分别是什么；还有一些人会把见过的所有收口图片收集起来，形成一个资料库，便于遇到问题后搜索调取，这也是目前业界最流行的学习方法。但是，这些方法很考验设计师的眼界和知识储备，而且它有一个致命的缺陷：设计师在面对一些新材料或自己没见过的造型时，会因为资料库里完全没有相关资料而手足无措。而在实际项目中，我们没见过的场景比比皆是。所以，如果经验积累都依托于这样的学习方式，那么我们的成长速度将会被素材的丰富程度和有限的记忆力牢牢锁死。

高效的学习方式应该是什么样的呢？同样还是装饰材料的收口方式，通过细致观察，我们完全可以根据常见案例，总结出一个思维模型，由这个模型框定出几类常见的收口方式，然后再把这几类收口方式套用在各种情况下的空间造型收口关系中。有了这种逻辑演绎的方式，我们每当看到一个新类别的案例时，都可以对抽象模型进行一次验证和补充。如此一来，再遇到完全没有见过的造型时，我们只要通过逻辑关系的梳理，就能知道怎样解决。

这种学习方法虽然表面上看起来收效非常慢，但是，一旦形成这样的思考方式后，我们的成长速度就不再受限于素材的丰富程度和我们有限的记忆力。也就是说，我们可以靠逻辑推理来有理有据地解决问题，由被动接收固有经验变成主动寻找依据。这样一来，我们收集的资料才能真正被"盘活"。

这种学习方法和思维方式贯穿了我的整个职业成长历程，让我入行不到三年就成了一名合格的室内设计师与团队管理者。我相信这个方法也一定适用于大家。因此，希望大家在阅读本书时，除了把它当成一本工具书，吸收其中的专业知识和观点外，把更多的注意力放在为什么要这样思考，以及专业知识点之间的联系上，把这本书当成一本思维训练的启蒙书。因为，你缺的不只是本书涉及的专业知识，更是一套学习方法和一种思维习惯。

2017年底，本着让学习室内设计更简单的初心，我们创办了《dop设计实战指南》这个栏目，通过每天分享一个小知识，在两年的时间里，不间断地陪伴着上万名室内设计从业者。其间，这个栏目几乎把年轻设计师必须了解的工艺节点、装饰材料、设计制图、配合专业这四大领域的必要知识点都解析了一遍。这个栏目也塑造了"设计得到"在业界的声望。为此，许多读者留言希望我们能将这些内容结集成书。经过近一年的准备，重新编辑、修订的内容终于和大家见面了！

本书将原栏目中原创性最强、关注度最高的内容汇编成册，并对其中的一些错误进行了修正，还对已经过期的规范进行了迭代。全书共计二十章，可分成四大模块。第一个模块，也就是第一章，主要说明行业内的一些重要概念和底层规律，希望能帮助大家解决站在底层视角提高学习效率的问题。第二个模块由第二章到第五章组成，这部分系统地解读了室内空间中所有构造做法的基层载体的背景知识。第三个模块由第六章到第十五章组成，以设计师接触最多的基材和主材为切入点，系统解读各个类别装饰材料的属性、设计要点、工艺构造、质量通病等知识要点。相信这个模块能够帮助大家解决绝大多数室内空间中的设计落地问题。学习了前面三个模块，基本上就可以了解作为一个室内设计师必知的装饰构造落地知识要点了。但这些还不够，在实际项目中，我们除了要掌握必要的设计落地知识外，还需要与各种相关专业进行协作。如果室内设计师能够了解一些在与其他专业合作过程中经常遇到的问题，及各相关专业的基础知识，将对后续工作的开展有极大帮助。为此，第四个模块，即第十六章到第二十章将围绕着与室内设计师密切相关的配合专业的基础知识展开。

基于如此庞大的知识体系，可以说，这本书是给设计师看的装饰工艺材料的百科全书。在新书即将出版之际，感谢所有《dop 设计实战指南》栏目读者对设计得到团队的支持和肯定，感谢设计得到团队小伙伴们的积极参与，感谢李永晓女士为本书绘制专业配图及审核专业内容，感谢广西师范大学出版社马竹音女士及其同仁对此书的编辑与校对，感谢关注"dop 设计"公众号的广大用户长久的陪伴和支持，感谢所有鼓励和帮助过我们的朋友！

陈郡东（东晓）于上海
2020 年 6 月 13 日

CONTENTS

目录

1

第一讲 | 你必须知道的深化设计极简流程

关键词：设计流程，招投标，深化设计
导读：深化设计到底是做什么的？驻场设计呢？本文让你看清你在深化设计产业链上的哪个位置，轻松把握住自己所在流程的工作要点。

阅读提示：

1. 这里的标准项目是指严格按照国家规定执行的中大型建筑装饰工程项目。

2. 本文提到的标准化流程节点是个人经验总结，目的是让一些不懂工程项目流程的设计师初步了解这方面的内容。你可以结合你的工作内容对号入座，其具体流程会因项目而异。

3. 不管你是家装、工装还是特殊装修的从业人员，只要你想坚持在这条路上走下去，那么关于一个工程的流程节点，是必须要掌握的，不要问我为什么，看完你就知道答案了。

一、深化设计就是画图吗

1. 先来看看标准的定义怎么说

深化设计是指在业主或设计方提供的方案图的基础上，结合施工现场实际情况，考虑业主各类要求及国家相关规范，对图纸进行细化、补充和完善。深化设计后的图纸要能满足业主或设计方的技术要求，符合相关地域的设计规范和施工规范，并通过审查，图形合一，能直接指导现场施工。

简单点说就是，在一个建筑内部的装饰项目中，方案设计方往往由于对某些专业知识和施工工艺知识不熟悉，不能解决图纸的技术问题，或者由于图纸与现场实际情况不符等情况，导致方案图纸落不了地，不能顺利实施。所以，这个时候就需要深化设计师参与进来，保证后期项目的顺利实施，且满足业主的各种要求，达到控制造价、控制质量的目的，同时避免安全隐患，使项目符合国家相关规范要求。

也就是说，深化设计只是站在设计末端，为项目落地服务，和方案设计只是分工不同而已。

2. 来看看深化设计的分类

从流程节点来看，深化设计可以粗略地分

为设计深化和现场深化；从工作性质来看，深化设计则可以划分为方案深化、现场深化及各专业领域深化。它们的具体分类如图1-1所示。

为了方便理解，下面以一个中型酒店内装工程项目为例，来对上述分类进行形象化的阐述。

二、给你讲个故事

1. "凶残"的竞标

隔壁村的土豪小明最近心血来潮，想开一家酒店，经过一番构思与策划后，从前期拿地到建筑框架建造，"咔咔咔"一番折腾下来，酒店的土建主体部分基本已经完成，现在就差酒店内部装饰这一步即可开张大

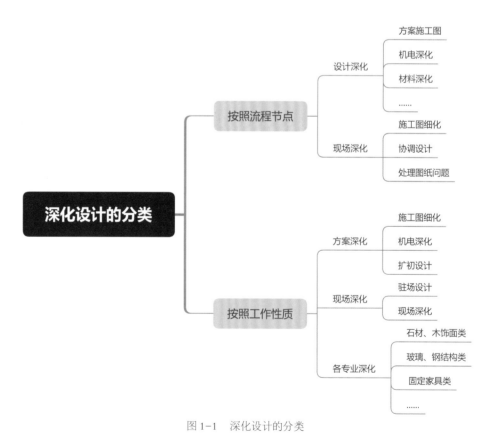

图1-1　深化设计的分类

吉。于是，他在村公告里面贴出了告示：现小明酒店需内部装修，具体情况及要求如下：1……2……3……请各位设计师按照我们提供的信息来进行设计投标，中标后有大礼相送。这个告示就是所谓的"设计招投标"。

这时方案设计师A、B、C为了这个既能展现自己才华又能在村里打响名气的机会，八仙过海，各显神通，通过自己的方式开始进行这次竞标。

经过一场残酷的厮杀，最后方案设计师A获得了本次竞标的冠军，如愿以偿地拿到了小明酒店内装项目的设计标书。

2. 各大设计师陆续出场

设计中标后，小明提出要求："酒店要在年前开张，由于时间紧迫，所以下个月就要进场施工了，设计方尽快给我出一份施工方案，我这边马上要开始进行施工队筛选了。"

设计师A接到小明的要求后，马上把出施工方案的任务交给了公司深化设计部门的"老大"——设计师小D。

这里需要说明一点：如果方案设计是来自国外的设计机构，那么这里的深化设计就必须由国内的深化设计机构完成。国家标准上也有相关规定，只要是境外设计的工程项目，必须配备国内的深化设计代理。也就是说，设计可以由国外企业来做，但由于其特殊性及地域性，具体的施工方案必须由国内设计院来出图。就算业主方要求国外设计方用国内的规范来出图，也不能按照他们的图纸进行施工。

回到故事中来。设计师小D接到任务后，立刻开始进行施工图设计的任务规划与运作。通过执行一套成熟的运作体系，小D按时按量地完成了这次方案设计的深化工作，于是乐呵呵地把深化图纸交给了业主

小明。这时，小明拿到手里的这一套图纸就叫"方案设计深化图"。

拿到图后，小明接下来要做的就是通过这一套方案深化图，雇造价单位算出这次酒店装修设计中，哪个区域用多少材料，每个区域的装修面积大小等数据。而这些数据就是为接下来进行的施工方招投标做前期准备。也就是说，深化设计师小D给出的这套深化设计图纸就是接下来作为施工依据的"招标图"。

这里补充一点：关于造价这一部分，业主一般会先提出基本控制要求，然后有可能自己请人来做工程清单，然后招施工标，也有可能一并交给设计方来进行这一部分工作。

等到小明找到合适的施工方后，小明酒店就要开始内装施工了，虽然方案设计深化工作已经做完，但是别以为设计方的任务就告一段落了。由于招标图上的一些数据会和现场有一定的差距，或者出现小明突

然心血来潮，想把大堂的墙面石材换成一大块钢化玻璃等情况，这时就需要联系设计师A来解决，而设计师A与深化设计师小D沟通后，决定派出一个设计师小E，来到酒店施工现场进行驻场设计工作。

这个设计师小E，就是所谓的驻场设计（图1-2），其工作内容仅仅是代表设计方来驻场深化，主要任务是负责将现场信息反馈给设计院，让设计院里的小D安排手下的深化设计师参与施工图修改工作。小E的主要工作是协调业主方、设计方、施工方及各专业厂商的关系，起到一个中间协调人的作用，他的工资主要是从本次设计费中抽取。

而与此同时，中标的施工方也会根据实际施工情况，联系自己的合作伙伴或者自己公司里的设计部门，让他们派出设计师小H来驻场进行深化工作（图1-3）。而这个小H的工作内容主要就是通过招标图或者甲方提供的最新图纸，结合现场的实际情况进行深化设计，保证施工方顺利施工，

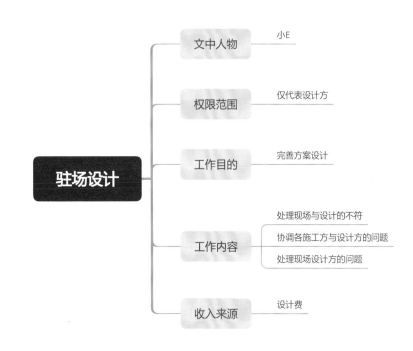

图1-2 驻场设计概述

减少施工成本及降低施工难度。也就是说，小 H 只服务于施工方，一切目的都是让施工方受益，一般工作内容就是把施工方在施工过程中遇到的各类问题及时汇总，然后给出解决方案，最后报给小 E，让小 E 联系设计方出具相应的解决方案。

在整个施工过程中，由于工程涉及各种各样的材料安装及特殊家具安装等问题，设计师小 H 和小 E 都无法解决或者不在他们的工作范围内。而为了使工程顺利推进并保证质量，这时给小明酒店提供相关材料的各大厂商也会参与到工程中来，而每个厂商所负责的工作都会由厂商来独立出具深化设计方案，也就是我们所说的各专业深化（图 1-4）。

比如，小明酒店的 GRG（预铸式玻璃纤维加强石膏板）天花吊顶要开始安装了，那么就要联系 GRG 材料的供应厂商，让他们派出专业的深化设计师，针对现场情况出具用于工厂加工的 GRG 深化方案，而这里的深化设计就有别于之前小 E 和小 H 做的。专业深化设计的领域更窄，工作内容更专业化，也更单一化和精细化，出的图纸都是加工下单图，而专业深化设计人员的收入来源主要是工程中的材料费。

3. 来梳理一下故事主线

故事讲到这里，你是不是有点听蒙了？不要急，咱们来梳理一下。

深化设计一般分为两个阶段：

第一阶段，方案图出来后，找到深化设计方出具深化施工图，包括扩初设计、施工图深化等内容，深化完成后，将这套图给甲方用于招标，这套图叫招标图。

第二阶段，拿到招标图后，施工方会把现场与图纸不符的地方进行二次深化，让结果最优。而在施工过程中遇到的一些大面积特殊材料安装问题，需要让各个厂商的专业深化设计师参与进来，共同使工程的成本降低，效率提升。

这里的现场深化部分主要看业主方要求，如果业主方有特殊要求，那么施工方就必须配备深化设计师，目的是让整个施工过程更好地进行。而对于小型项目来说，这个施工方的深化设计角色一般会让设计方的驻场设计师来扮演。

通过上面各个设计流程中不同设计师及相关施工方的共同努力，小明的酒店内装项目顺利完成，按原定计划在年前正式开业。

且慢，别以为故事结束了，这里还有一点值得强调。看完了上述介绍，请问你认为整个工程完成后，后期的工程竣工图纸谁来画呢？答案是，竣工图一般都是由施工方的深化设计师来出具，因为这样既便于施工方后期的工程维修，也便于之后跟业主的工程结算。

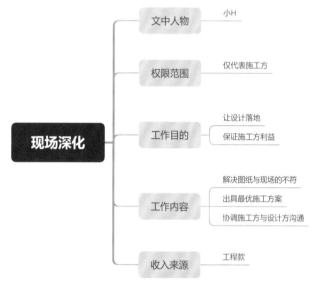

图 1-3　现场深化的概述

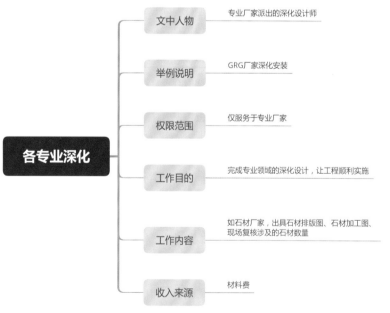

图 1-4　各专业深化的概述

故事说到这里，基本已经告一段落，最后通过图 1-5 的梳理让你了解整个项目及深化设计师到底在一个项目中扮演了什么角色。

三、你还认为设计就是画图吗

小明的酒店装修终于顺利完工开业了，我们的故事到这里也结束了。看完整个流程后，你是不是觉得，我为什么要了解这些啊？在此之前，你可能每天忙得只剩下吃饭、睡觉的时间，看上去充实滋润，前途美好，不管领导交代什么任务你都能顺利完成，但是只知道领导安排什么就干什么。你有没有关注过你的方案或者图纸在提交后，接下来会进行什么？如果没有，你当然也不知道为什么领导突然又让你修改方案，重新出图。

对整个流程的不了解、不熟悉也是现代社会分工造成的一个弊端。随着社会分工的细化加剧，你会越来越不了解同一个领域里其他工作的内容及意义，"鄙视链"也由此而生。现代互联网上流行一种叫"U盘化"生存的模型，它让一大部分人自然而然地认为，只要做好手头的事情，做专、做精、做强，就可以任意游走于行业内的公司之间。就设计领域来说，在一家公司里，你能把一张图纸画得很完美，但是如果领导突然让你去驻场深化或者去参与项目的收款结算，你会不会两眼一抹黑，完全不理解你工作范围内的内容？大好的升职加薪机会，你就这么眼睁睁地看着它离你而去。所以，希望这篇文章给你一个全新的看待设计行业的视角，去了解这个行业的全貌。

那么，讲了这么多，你认为设计师到底是不是只是画图的？

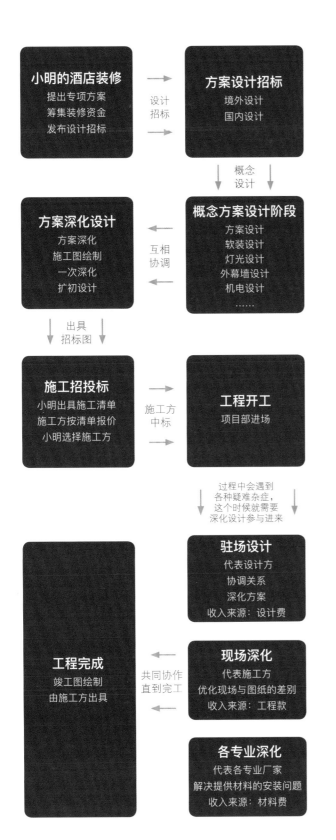

图 1-5　室内装修极简流程图

关注微信公众号"dop 设计"
回复关键词"SZZN01"
获取完整的深化设计详细流程图表

第二讲 | "施工队"里到底有哪些岗位

关键词：项目部，岗位职能及要求，合作关系
导读：本篇文章我们来聊聊关于"施工队"的那些事，主要想解决下列问题：
　　1.一个设计项目是怎么从设计到施工的？
　　2.装修项目招投标是怎么回事？
　　3."施工队"里面到底有哪些岗位？

阅读提示：

在这个人工智能都开始被用来做设计的时代，如果你还只是认真画图、想方案、布置平面，而不去了解相关的设计落地、商务洽谈、专业合作以及相关领域的通识知识，你就会变得很没有底气。你是不是每次与业主谈单，与客户聊天，与同行吹嘘的时候，只要说到关于设计落地、商务洽谈、二次营销的话题时，就闻之色变，不敢接话，生怕被戳中软肋？

不了解相关知识不要紧，最怕的就是你不想了解，或者不知道怎么去了解。接下来分享一些关于工地的常识性问题：装饰工程项目部是干什么的？一个工程是怎么开始的？

一、装饰工程项目部是干什么的

首先明确一点，本文提到的"装饰工程项目部"就是多数设计师口中的"施工队"。从规范一点儿的角度来说，它是一个建筑项目的内装饰工程专业分包方，也就是按照合同约定，履行工程建设项目的所有职责，并承担相应的法律责任的一个施工部门。简单点说就是：一群人为了完成一个装饰工程项目而临时组成的，只针对这个项目建设的具有法律效力的合作团队。工地和建设项目需要由专业且有充裕时间的人来管理，这是我们需要项目部的原因。

那么，在我们平时参与的设计项目中，都有哪些需要项目部呢？其实，只要是严格按照国家相关建筑行业规范进行施工的工程都需要项目部，只是项目部的组织架构与规模会有很大的不同而已。项目部的组织架构是根据具体的项目按需分配的，比如，一套别墅的施工项目和一个酒店的施工项目的管理人员及职责岗位都是不一样的。所以，项目部可以小到由家装工程的一个包工头和设计师组成，也可以大到由几十、上百位管理人员和施工班组一起组成。

综上所述，几乎任何工程项目都需要项目部的参与，只是不同项目部的构成和规模不同。规模大的项目部就是设计师所说的"施工单位"，规模小的项目部就是设计师口中的"施工队"，更小规模的项目部就是设计师口中所谓的"工人师傅"。

二、讲个故事

还是关于小明的酒店装修。之前说到他的酒店要准备装修，已经请了方案设计师，出了招标方案图，并选择了一家装饰公司来参与酒店的建设。那么，这个故事就从这家施工公司的中标开始讲起，跟大家谈谈一个项目部的基本构成。

1.如何选择施工单位

话说自从小明的酒店方案设计完成，并拿到招标图后，小明就疑惑了：我怎么能放心又省心地完成这个方案呢？四处打听后，小明得知村里有几家还不错的装饰施工单位可供选择。为了更好地还原方案设计的效果，小明准备拿着图纸去会一会这些施工单位。但是去之前，小明找到了村里的东晓，向东晓请教该怎么选择施工单位，

怎么辨别施工单位的好坏。东晓这样答道：

（1）看这家公司是否具有专业的资格证书，如外幕墙甲级施工资质、建筑装饰甲级施工资质等。这一步是为了弄清该单位是否具有施工资格，也就是看它能不能承接相关规格的工程。注意，这个资质要是这家公司自己的，而不是挂靠其他大型企业的。

（2）看这家施工单位在当地的口碑：做过哪些项目？有哪些经典案例？有没有得过鲁班奖、中国建筑工程装饰奖等标志性奖项？这一步是为了考查公司的知名度和影响力。

（3）了解公司是否具有独立的施工劳务队伍。这一点很重要，这涉及后期维修等相关问题。如果找临时施工队来施工，后期出现问题后会很难与施工方沟通。

（4）该施工方在工程投标报价上是否适合自己的定位与相关预算，与市面上价格相比是否差别过大。

（5）施工方是否愿意垫资。这一点是在业主方缺乏启动资金的时候需要考虑的问题，先让施工方垫资一部分，保证工程顺利进行，最后在结算时再把这部分费用一并偿付。

以上 5 个方面是在选择施工方的时候应该重点考虑的。

听完东晓的经验之谈后，小明最终找到了村里最好的几家施工单位，并把招标图和相关工程量清单提供给了各施工单位，让施工单位出具投标方案（技术标＋商务标），就是我们所说的"工程合同"。不同的合同形式对应不同的合作模式，如主材是否"甲供"（由基本建设单位提供原材料），或者"甲指乙供"（由甲方指定产品厂家品牌等，由乙方负责采购），又或者只是包清工等影响价格和双方利益的条款，以及一些法人及项目高管的相关信息。这个过程就叫施工招投标。

经过了这个过程后，小明收到了来自几家单位的施工报价，在同合伙人商量后，最终决定选择报价最为合适的施工单位 dop 装饰参与小明酒店的建设，而这个中标的施工厂商就会收到来自小明的中标通知书。当然，作为村里唯一一个上档次的高端酒店装修项目，酒店对施工工艺和质量要求肯定很高，所以小明提出了相应的条件——免费或低价给酒店做一个样板间。这样做的目的有两个：一是看一下 dop 装饰是否有能力完成本次施工；二是看一下 dop 装饰在施工过程中的控制和要求是否能达到小明的标准。这个时候，dop 装饰"义不容辞"地选择接受了这个条件（因为不得不接受啊）。接下来，针对小明酒店这个项目，dop 装饰高层展开了施工前会议讨论，主题就是选择谁去管理这个项目，也就是针对这个酒店项目的特点，有针对性地组建项目部。会议结束后，dop 装饰高管层决定让项目总负责人——"大黄毛"来承接这个村内第一个酒店装修项目（这里的项目总负责人不是项目经理，项目经理只是承担整个项目生产的相关职责，而项目总负责人管理这个项目所有的事情）。

"大黄毛"接到任务后备感压力，因为这也意味着他是这个项目的"老大"了，以后这个项目出现任何问题，第一责任人就是他。所以，"大黄毛"找到他最信任的项目经理——"小黄毛"，让他去现场直接管理项目生产的相关事宜，而"大黄毛"则在后面处理公司各部门与"小黄毛"的项目部及业主方的关系，充当项目部的坚强后盾。"小黄毛"接到任务后，兴致勃勃地去了小明的酒店现场，准备开始组建项目部。

好了，铺垫完了，重点内容要来了。

2. 项目部的组织构成与基本岗位任务

我们理一理"小黄毛"的项目部需要哪些相关岗位才能顺利地把这个酒店项目完成，以及构成项目部的各岗位职责和特点。进场后，除了项目经理和现场经理两个领导必须到位，接下来这些岗位人员也必须要陆续到位。

（1）施工员

这个岗位是工程建设中最为重要的岗位之一，因为它直接关系到后期一切施工过程控制与现场技术问题，同时也是处理项目部与施工队关系，配合监理与业主传达上级指令给施工现场的重要一环，这是相对来说技术含量较高的一个岗位，也是很多深化设计师想转的岗位。其具体特点如下：

①能彻底了解一个项目是怎么从一个混凝土框架变为后期漂亮的装饰空间的，也就是说，可以培养项目流程的体系感。

②能掌握整个项目的几乎所有关于施工过程中的细节，包括每种材料的工艺、常见的问题以及对质量的把控等。也就是说，可以了解专业的施工工艺，培养成本控制和现场管理能力。

③能协调各专业之间的交叉作业，传达各个岗位的交流信息，也就是说，可以培养协调能力。

以上提到的这 3 种能力对设计师以后转岗甚至转行都有本质上的帮助，所以技术岗出身的深化设计师会愿意转入施工员岗位。

当然，这里的施工员岗位根据专业性质不同一般分为装饰、水电、暖通、外幕墙等相关专业岗位，其设计专业与岗位一一对应，也就是说，有装饰设计师就有装饰施工员，有水电设计师就有水电施工员，而对接方式也是按专业来进行的。

（2）商务预算员

商务预算员也就是我们常说的造价员，一般以工程造价专业出身的人居多，也有土木工程、室内装饰等相关专业转岗的人担任这样的岗位。这个岗位同样重要，因为一个项目做到最后，不管质量如何好，拿到了什么奖，如果赚不了钱，就很难称得上是一个成功的项目。

商务预算员的主要职责就是成本控制（主要针对人工费），其次是二次经营、进度款收款及材料的认质、认价。也就是说，只要是关于大的工程费用方面的事，都需要经过商务预算员。在这里有人会说："不对，我听说预算员是编制投标清单的，怎么在你口中就成了管理项目成本控制的了？"这里解释一下，本书所指的商务预算员是工程第一线的职责岗位，也就是施工项目部需要的预算员，因为预算员也分为几种不同的发展路径。

（3）材料员

材料员也叫采购员，顾名思义，主要管理这个工程所涉及的所有材料，不管是主材还是辅材，大到大面积石材，小到螺丝钉都归他管（材料员的上级对材料的核查也很严格）。当然，材料员要有自己强大的经验体系和商家网络，不然会经常出现需要材料时供不了货的情况，而现在的装饰工程行业，不能按时完工的工程有 80% 是因为材料进不了场。

（4）质检员

这个岗位只有大型项目或者在业主方有特殊要求的情况下才会以一个单独的岗位出现在施工现场的第一线，因为一般小工程都是由施工员兼任。质检员的主要工作内容是检查工程的质量问题，根据规范挑出每个工艺存在的问题，编制相关整改单等，但是一般不涉及更深层次的内容，所以在工程不大的情况下完全可以由施工员兼任。

（5）资料员

顾名思义，资料员是专门做资料的人，主要工作就是处理一切相关的文字资料信息，并作为业主方、监理方、设计方等其他参与方与项目部沟通的桥梁，也是后期参加各种评奖、评优必不可少的一个岗位。工作内容虽然不难，但是极其烦琐，所以该岗位对人的细心程度要求较高。

（6）安全员

安全员也是施工现场很重要的一个岗位，不管工程大小，只要是按照国家标准进行招投标的项目，就必须有安全员到场。因为，安全员是在整个现场法律责任仅次于项目经理的一个岗位，只要工地出现任何安全事故，第一个责任人就是项目经理，第二个就是安全员，所以安全员的压力很大。但是工作内容相对来说比较轻松，平时主要是在现场巡查，检查工人的文明施工情况与现场可能存在的安全隐患，其他方面几乎不会涉及。但是，只要其工作相关内容出现问题，就会对项目产生很大影响。

（7）驻场深化设计师

这个岗位也很重要，是指导现场施工不可或缺的岗位，具体岗位职责在前文里已经详细谈过了，这里不再赘述。

（8）仓管员

仓管员也就是所谓的仓库管理员，是管理施工过程中现场材料的岗位，主要管理材料的进出库，统计材料数量及相关损耗量，处理进场材料堆放问题等。这个岗位和质检员一样，也是成规模的项目才会启用，一般小型项目的仓管岗位都是由材料员来兼任的。仓管员的重要性在于对于材料的损耗控制，因为在一般的内装工程中，材料费往往是费用支出最多的一个分类，如果在施工过程中能很好地控制材料的损耗率，那么对降低整个工程的造价会起到相当大的帮助。这里有必要提一点，仓管员管理的仓库不一定是一个堆满了材料的房间，也可能是某个特定的地方场所或露天的场地，只要是材料堆放点，就可以在广义上理解为仓库。

至此，项目部相关岗位的人员都已经聚集在"小黄毛"经理的旗下了。第二天，参加完业主小明慷慨激昂的开工大会后，"小黄毛"带领整个团队进行了提高团队默契度的撮合活动。至此，这个欢乐的项目部就开始了村里第一家酒店的建设。

本文的目的在于为设计师扩宽视野，让其不要把目光局限在设计的世界里，而要跳出来看看相关行业的运行规律，也许这样对于本身的专业领域也会起到很大的帮助（图1-6）。换句话说，了解相关行业的相关知识也是一件好事。

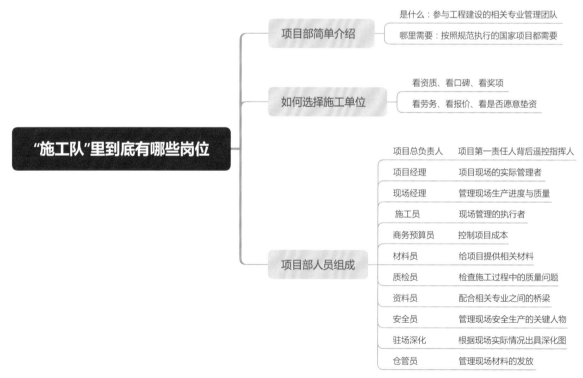

图1-6

第三讲 | 对扩初图、招标图、报审图、施工图、深化图、竣工图到底应该怎样理解

关键词：概念解释，施工图类别，图纸标准
导读：扩初图、招标图、报审图、施工图、深化图、竣工图这些名词相信大家都知道，但是，每种图纸是什么样的？每种图服务于什么对象？每种图的侧重点是什么？什么公司该出具什么图纸？对这些知识掌握都必须建立在丰富的实战基础上，而非纸上谈兵、泛泛而谈。

我们都知道，所有的图纸都是为了服务于设计项目，让设计更好地落地实现。在这个基础上，施工图纸需要服务3个对象：一是方案设计方，二是业主，三是施工方。因此，最终会得到不同的图纸。

服务于方案设计方的图纸就是扩初图，它是施工图里最简单的图纸，只需要表达清楚设计的造型、完成面关系、主要空间的平立面关系，以及通用的节点做法关系即可。拿到扩初图后，就需要进行项目预算和工程招投标，此时对于图纸的要求会更高，图纸的详细程度也会比扩初图更高一级。这份图纸就是招标图，它的作用是服务于业主方，方便业主进行招投标。

报审图也服务于业主方，方便其满足消防局、质监局等部门的要求。因为它的目的是报审，所以深度只要达到能满足大致的室内空间、材料、造型、完成面的判断即可。

招投标和报审都结束后，就需要正式开始施工了。但是，招投标图的深度是满足不了现场施工要求的，因此就需要更深层次的施工图图纸，也就是我们常说的施工图。

该图纸服务于施工方，目的是让设计方案能有效落地。

最后，施工方拿到施工图后，会针对现场的情况，由自己的驻场深化设计师对施工图再一次进行深化，以确保施工图与现场完全吻合。这种图就是深化图，它是为施工方服务的。

拿着深化图做完整个项目后，因为现场实际情况会和图纸有出入，所以施工方会安排驻场人员，在施工图的基础上绘制竣工图，以便于后期存档。

所以，出图的顺序大概就是：方案设计→扩初图→招标图（报审图）→施工图→深化图→竣工图。图纸的详细程度以及深度也是逐渐增加的。

服务对象不同，对图纸的要求也不同。绘制深化图纸的设计师是服务于施工方的，而施工方拿到的图纸深度已经到了施工图的程度。因此，他们只需要根据现有的施工图的框架进行深化即可，深化图更加关注构造做法和成本控制。而服务于设计方

的施工图设计师，则直接对接设计方，他们拿到的图是扩初图。因此，需要对整个扩初图进行深化，使用CAD的方式也是不一样的，他们必须学会使用参照块、图纸集等高效制图技巧的应用，也就是本书前文曾提到的方案深化设计。

绘制不同的图纸，服务不同的对象，需要不同的知识框架和绘图技巧。绘制施工图是服务于方案设计方，需要理解方案设计，更关注设计的还原度；而绘制深化图是服务于施工方，需要考虑构造做法的成本与质量控制。同样是深化设计师，工作的侧重点不一样，需要掌握的知识也不一样。

以上只是对几种图纸最简单的解释，还有很多细枝末节和交错重叠的地方，但是，我们可以按照以上逻辑理解它们的关系与深度。

第四讲 | 设计师究竟要掌握多少现场知识，又应如何高效理解节点构造

关键词： "骨肉皮"思维模型，学习方法

导读： 很多设计师都有这样的困惑：设计做完了，结果却因为技术原因落不了地，是不是现场去得太少？自己认为可以做到的工艺做法，施工队却说做不出来，到底应该了解多少现场知识？自己想学习关于工艺节点的知识，但是不知道应该怎么下手，怎么办？

一、困扰每个设计师的问题

在和刚入行或者刚工作几年的年轻设计师沟通时，我们会发现有几个问题经常挂在他们的嘴边："每次设计完成的东西都实现不了，害我动不动就加班改图，以后真要多跑工地了！""模型建完，渲染完成，反复推敲和打磨后，终于确定了效果，最后业主问我：'应该怎么实现？成本是多少呢？'然后，就没有然后了。""看了一大堆的规范图纸、节点图集，室内设计的节点手册也被我翻烂了，但是面对实际的案例时，我画的节点还是错的。""自己采用的明明是在标准图上看见的工艺做法，结果现场工人说我画的图纸没办法实现，怎么办？"

诸如此类的问题太多，就不一一列举了。大概的意思都是因为自己缺乏现场知识，导致做的设计落不了地，造成每天加班改图的现状，但又不知道应该怎样学习工艺构造和施工节点等现场知识，使设计师很困惑。

其实，之所以会出现以上的现象，一个很大的原因就是设计师并没有掌握让设计实现落地的知识体系。换句话说，大多数年轻设计师掌握的知识，都是怎样把一个设计做得好看，而忽略了怎样把一个设计做得合理。举一个例子：设计一个方案时，你可以把你的设计理念、灵感溯源、文化符号、用户分析、动线推导等内容讲得头头是道，让顾客从哪里来到哪里去，为什么需要这样设计而不是那样设计，你也可以讲得一清二楚。因为，在你看来，如果没有设计

理念、文化符号、用户分析等元素的支撑，你的创意概念、表现形式是站不住脚的。既然在方案设计中是如此，那么在设计方案的现场落地过程（深化设计、施工现场）是否也是如此呢？如果只知道图纸上的那些线框怎么画，却连自己画的线框表示什么材料，有什么作用，为什么要用它都不知道，只是照搬标准图集上的做法，这与你在看一个大师的案例时，只看到它是东方风格（图1-7），而不知道他为什么在这个空间中应用东方风格一样。你模仿的永远只是它的表面形态和设计造型。如果我们在画图时根本不去思考设计的比例关系、尺度关系、规范标准、成本控制、基层与完成面的关系等因素，只为了保证设计的美观，单纯地套用国家标准图集，甚至是一些不那么标准的图集，这样的做法，和在学校里面只为完成作业的学生又有什么区别？所以，我们既然选择了设计行业，那么下面这句话，是每一个行业新人都应该思考的问题：你到底是在为画图而画图，还是在为做设计而画图？

回到我们的问题，设计师应该了解多少现场知识？回答这个问题之前，我们首先应该知道，设计师应该了解什么样的现场知识？先明确目标，再着手行动。

面对那么多设计师需要掌握的知识（图1-8），我们的建议是，先掌握构造做法。当然，这里的构造做法不是指节点图纸，而是指在还原设计过程中，通过应用材料、工艺、设计、收口、成本等知识去还原设计，并指导施工的一个综合的知识系统。当设计师有了这样的知识体系后，就等于有了一个后盾，再遇到施工方说设计落不了地时，你可以从容地告诉他自己的设计应该怎样去落地，用什么材料，基层应该怎么做，应该用什么样的造型收口等，通过专业的知识让他们心服口服。

现在，回到本文导读中提到的3个问题。就是因为现场去得太少，才学不会工艺吗？现场当然是要多去的，但是在没有构造做法知识的基础上，就算有机会去施工现场，

图 1-7

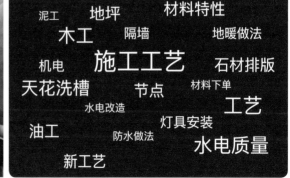

图 1-8

也只是去走走，根本不知道应该看些什么，学习些什么。所以，先夯实自己的专业知识，再去现场学习，才能事半功倍。

到底应该了解多少现场知识？我们的建议是：在工作过程中，了解基本的构造原理、材料属性、工艺做法、质量通病后就足以应对现场的多数问题了。

到底应该怎样学习节点图？节点图的学习是每个设计师都非常关心的话题，本书接下来的篇章中会介绍几个理解节点做法的底层方法论，它们是学习节点做法的根本。只有理解了这些最根本的规律，才能举一反三地理解节点构造，夯实自己对施工工艺的理解，更好地为方案落地打下基础。也就是说，学习构造做法或者节点图纸的第一步是了解基层构造的做法以及材质的特性。因此，本书会讲到主流基层材料的知识体系，如轻钢龙骨、阻燃板、石膏板、木方、钢架、胶粘剂等看似和设计无关，但又直接影响设计落地的知识，而这些知识，恰恰是设计师最缺乏的。这个知识体系的学习就像为设计师提供了一副眼镜，戴上它再看室内空间时，设计师就会去思考空间方案是如何落地的、用了什么材料、为什么这样做、这样做是否合理，还有哪些其他的代替方式等问题。

二、设计师眼中的节点构造对比

提到室内装饰节点图纸，年轻设计师都会碰到几个问题：标准图集看了很多，但节点不会画；好不容易有机会去现场学习，但不知道看什么；不知道应该怎么开始学习节点构造。之所以会出现这样的现象，主要有两方面原因：

一是对材料与做法的偏见。对基层材料和构造原理的不熟悉、不理解、不重视让设计师群体中产生了一些令人担忧的现象。例如，明明知道自己图纸上表述的图例是水泥板的基层，却不知道为什么要用水泥板；一个空间吊顶，文字描述的是矿棉板吊顶，材料符号上却表示成 PT-01-乳胶漆饰面；明明洗手台使用的是石材，结果却采用海棠角的收口方式（图 1-9）……

二是对难度和成本的偏见。尤其是没有实际现场经验的设计师，在操作实际项目时，会对构造做法的难度和学习成本存在一定的偏见。一方面，很多设计师随意套用规范图集的节点图纸，不考虑其他因素，造成前面提到的常见错误；另一方面，设计师认为工艺节点太难、太复杂，所以不去学习，形成恶性循环。这两个方面最终造成了当下年轻设计师对于构造做法又爱又怕的纠结情绪。

但是，构造做法真的那么难学吗？有没有一套学习方法论呢？既然原因都找到了，那么剩下的就是解决问题。对于材料和工艺的不理解和不熟悉这个问题，需要的是慢慢积累，本书在后面会用大量篇幅来讲解关于基层材料和工艺原理的一些问题。本文的任务是打破设计师对节点学习难度的偏见。

对室内装饰构造做法的学习并没有想象中的那么简单，但也没有那么难，前提是需要掌握一套合适的学习方法论。如果说在新手眼里，构造做法就像一只霸王龙的话，那么在"老司机"眼里，它绝对是一只可爱的小恐龙（图 1-10）。下面我们来看看，到底怎样才能把这头满面杀气的霸王龙变成乖巧可爱的小恐龙。

三、节点构造做法的底层规律

其实，一个室内空间和人体构造一样，同样是由"骨""肉""皮"构成的，因此构造做法也可以按照这个思维模型来理解（图 1-11）。

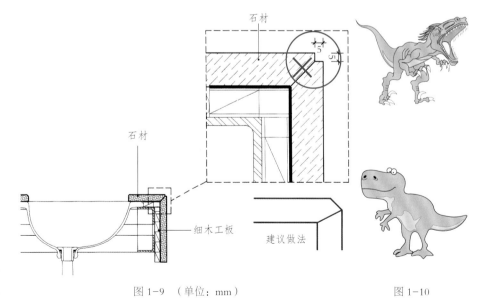

图 1-9 （单位：mm）　　　　　图 1-10

1."骨"：骨架与基体

骨架是任何构造的基本载体，也就是我们所谓的基体。它可以是混凝土、加气块、轻钢龙骨、钢结构，甚至是木头等一切起到支撑作用的基体。人的骨头是承载整个身体重量的根本，全部的重量都是压在骨头上的，所以骨头的好坏直接影响人的健康状态。和人一样，一个空间能否使用长久，并不是看收口多么精致，饰面粉刷多么细腻，而是看它的骨架是否稳固，是否存在质量问题。为什么有的建筑可以使用很久？就是因为它们的骨架结实，所以不管饰面怎么被破坏，只要建筑图纸还在，就能完全修复。

2."肉"：平整与基面

从某些视角来看，肉是连接骨架与皮肤的缓冲层。如果只有骨头，没有肉的连接与填充，那么一个人不管多么健康、多么阳光，他给人的感受也只是一副皮包骨的样子。构造做法也是如此，就算骨架很稳固，如果没有"肉"的填充，"皮肤"再好也是挂不住且不牢固的。所以，我们说的"肉"是指连接表皮与骨架的填充层与缓冲层（图1-12），如石膏板、阻燃板、金属板、腻子层、找平层、粘接层，甚至是未做表面处理的基层材料本身。

3."皮"：饰面与装饰

我们所谓的"皮"是指设计师最终想达到的饰面效果，如光面乳胶漆、亚光大理石、酸枝木饰面、玫瑰金不锈钢，甚至是基层板刷油漆。只要是对表面进行了刻意处理的装饰材料（图1-13），我们都称为"皮"。正所谓"人靠衣装马靠鞍"，从某种意义上说，当不同的人身材、比例都相近时，我们判断他们的美丑，很多时候都是通过外表的妆容而定的。

这个道理放在装饰构造上也同样适用，比如，同样是混凝土墙刷腻子基层，做壁纸和刷乳胶漆给人的感觉就是不一样的。因此，我们可以看出，在前端创意时，设计师更关注"皮"的层面，而后期落地时，则更应该专注"骨"与"肉"。

理解了"骨肉皮"的概念后，我们再来看一个抽象层面。在数学的世界里，任何数字都可以用加、减、乘、除来求得，同理，在节点构造的领域，任何做法都可以通过"骨肉皮"模型来解释并记忆，任何实际节点都可以应用"骨肉皮"的思维（图1-14～图1-17）。

四、小结

本文试图解决困扰年轻设计师的两大问题：一是在刚入行的时候，到底应该学习多少现场知识；二是面对庞杂的节点图纸，我们应该如何学习。现在我们知道，设计师之所以

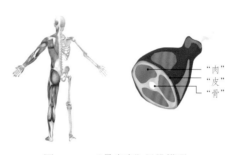

图1-11　"骨肉皮"思维模型

图1-12　密度板充当"肉"

图1-13　各种表皮饰面

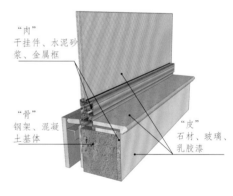

图1-14　金属门套

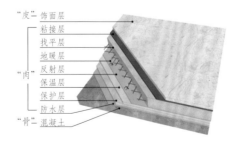

图1-15　湿式地暖做法

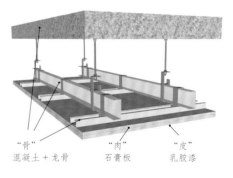

图1-16　乳胶漆天花

害怕绘制节点图，是因为对材料和构造存在偏见，同时高估了学习节点的难度。因此，本文给出了相应的解决方案，这个解决方案非常简单，但是非常重要，本书后文讲到的所有装饰构造和工艺做法都是基于它的架构进行的。可以说，这个思维模型是学习室内装饰构造最佳的解题公式。只有理解了不变的规律，才能更好地记忆与应用。

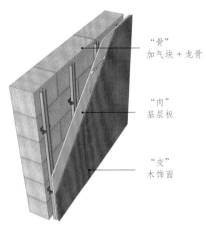

"骨"
加气块 + 龙骨

"肉"
基层板

"皮"
木饰面

图 1-17 墙面木饰面做法

第五讲 | 怎样权衡一个室内构造做法的利弊

关键词：节点分析，"安神鸟"模型，量化思维
导读：本文帮你解决以下问题：
1. 画了那么多深化图，最后为什么没有被采用？
2. 怎样权衡一个室内构造做法的利弊？
3. 如何通过量化思维来让构造做法更好地落地？

一、高颜值影院设计带来的思考

在广州，有很多设计得非常好的电影院，其中，作为小而美的代表，广州网红金逸影院独树一帜。整个影院以流星雨冲击地面的吊顶元素最为吸睛，并配以3D字幕的视觉引导标识，让人感觉自己身处于3D银幕中一般，设计师把一个面积不大的前厅空间打造成了极具创意的视觉享受空间（图1-18）。

在整个影院中，除了流星雨的吊顶之外，还有一个非常独特的柱面设计（图1-19）。结合前文对于装饰节点构造底层逻辑的思考，本文将对该影院的石材包柱节点做法做深度分析，以此诠释掌握底层方法论之后，再看到同类型的场景构造，应该如何思考分析。目的是拓展思考范畴和视野，让设计师更清晰、更全面地看清一个设计方案的表达，以及不同角度的深化思考，并了解最终是哪些因素决定了它的落地情况。

二、通过思维模型解决节点问题

首先，请仔细思考一下，如果让你来做图1-19中的柱子，你会用什么方法让它落地？如果业主方要求在同时保证设计效果、安全性能、施工工期和节约成本的情况下让它落地，又应该怎么做？相信聪明的你应该已经想出了很多做法，但是问题来了，那么多种做法中，我们应该如何选择呢？有没有一种科学的权衡方法呢？

开始分析具体的构造做法之前，先看一个设计与施工质量问题分析模型（图1-20）。通过这个模型可以看出，一个可实施且保质保量的设计方案应该同时具备安全、功能、美观3个要素，且其优先满足顺序应该是安全性＞功能性＞美观性，这也就是我们常说的设计必须满足的3个根本点（这个思维模型，我们会在本书后面的各个材料与构造的质量通病里反复用到，务必记住）。具备这3个基本要素后，下一步就是通过施工来还原设计效果，而在还原过程中，就会在施工便捷性（省工）和成本控制度（省料）两个方面进行权衡并寻求最优的解决方案。

明确这个思路后，对于任何构造做法的分析都可以围绕着这几个方面来展开思考，即保证设计还原度，保证施工安全性，保证施工便捷性，保证成本最小化。通过量

图1-19

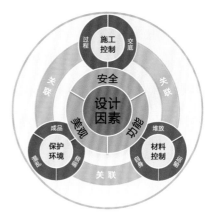

图1-20　"功夫菜"质量问题思考模型

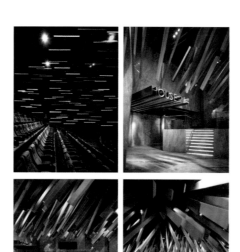

图1-18

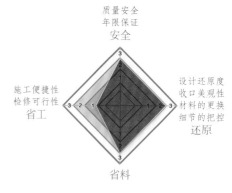

图1-21　"安神鸟"构造分析雷达图、
节点落地优化模型

化思维，咱们可以构建一个针对构造做法的量化分析模型，也就是本文的主角——"安神鸟"模型（图1-21）。下面我们看看应该怎样用它来解决构造做法中的各种"选择困难症"，以及进行节点构造优化的实践方法论。

首先，在项目中看到这个柱子后，我们的第一反应一定是简化它的结构，一层一层剥离开进行分析，不要被它的表面给吓住了。

这种柱子实现起来，至少有4种解决方案，我们来逐一分析一下。

方案一（图1-22）是直接将外边的石材线条粘贴于弧形大板上，此方法适用于层高低于3m的空间，或者饰面材料不重的情况下，若空间层高过高，单靠胶粘可以支撑1~2年，但是时间久了后，因为胶体的耐候性，必然存在安全隐患，运气差一些的话，施工完成半年内，石材甚至会掉下来。因此，为了更好地保证质量，类似石材、木饰面这种饰面较重的材料，最好还是采用物理形式的固定方式来安装。

说到物理固定方式，就不得不分享两句思考设计落地项目的"金句"：能用物理属性固定与连接的，绝对不用化学属性，当然，最好是两者兼有；能在厂里解决的问题，尽量不要带到现场，就算加点钱也要在厂里解决，否则得不偿失。希望你牢牢记住它们，然后在看完本书所有内容后，再回过头来看这两句话，一定会有不一样的收获。

方案二（图1-23）是在方案一的基础上进行了优化，在竖向石材线条的背部加了背筋，将其固定于大板里面，再配合结构胶粘接，同时运用了物理和化学连接，在保证了安全性的同时也保证了施工速度，并合理地控制了成本。

方案三（图1-24）则更加简单粗暴，直接采用石材荒料开方，在荒料上做造型。这种做法安全性最好，而且安装也很方便，但是加大了成本的投入，需要慎用。

前面3种方法都是建立在饰面全部采用石材进行还原设计的前提下，所以在设计还

原度上毋庸置疑。那么，除了石材，还能不能用一些其他的形式来还原设计呢？通过这个思路，还可以得到另一种解决方案。

方案四（图1-25）采用了转印铝板+石材的形式来进行设计还原，在竖向空间上进行了划分。柱子的根部，可以近距离观察到的部分采用方案二的做法；柱子往上的4m~5m处，人们不容易观察到的部位，则采用转印铝板来进行施工。

这种方式特别适用于层高过高且材料数量较多的空间，既能满足人们近距离的观感，同时又能有效地节约成本，降低施工难度，达到一举三得的目的。当然，这样的做法对材料的统一性有较高的要求，也就是说，一定要对比石材和铝板的样品，确保纹样、色彩的一致性。

三、思考与总结

通过量化的分析可以看出，没有完美的方案，只有适合的方案。得到的结果仅供参考，但目的在于告诉大家，在一些元素被固定

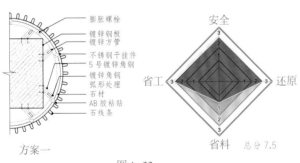

方案一

图1-22

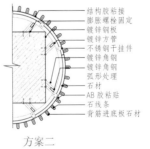

总分7.5

方案二

图1-23

总分10.5

方案三

图1-24

总分10

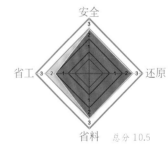

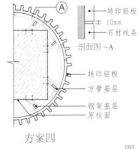

方案四

图1-25

总分10.5

的情况下，该如何进行取舍以及优化处理，最终达到四个因素的最优化，从而让节点构造更好地落地。

当然，通过这样的分析，得到的不仅仅是一个方案的节点，更多的是站在设计方案落地性的基础上，从设计还原、施工现场、施工周期、成本控制、方案安全性、使用耐久性等多方面来综合权衡一个构造做法的利弊，更重要的是，能够更清楚、更全面地看清未来会遇到的情况，让自己有更多选择。

上面提到的解决方案，不管最终采用哪个都是可行的，只是所处的利益角度不一样而已，重要的是拓展思维方式，而非简单地判断每个做法的对与错。这个"安神鸟"模型是 dop 团队的总结归纳，是一个把复杂问题进行量化分析的思维模型，里面的比重系数以安全性为主，只有在保证安全的情况下才能谈后面的设计还原和施工控制，所以，最后选用构造做法时，一定要优先考虑安全系数。

第六讲 | 一套重新理解收口的方法

关键词：收边收口，收口标准，思维模型
导读：本文包括三方面内容：收边收口的重要性；如何选择收口方式；收边收口的底层方法论。

一、收边收口对设计作品的影响到底有多大

设计圈一直有句广为流传的话：装修就是收口，不懂收口就不懂装修。虽然这个结论有些片面，但是也足以看出在装饰设计中，收边收口对设计作品的影响之深远。可以说，一个好的收口方式决定不了设计的好坏，但是一个差的收口方式绝对会破坏设计作品（图1-26）。

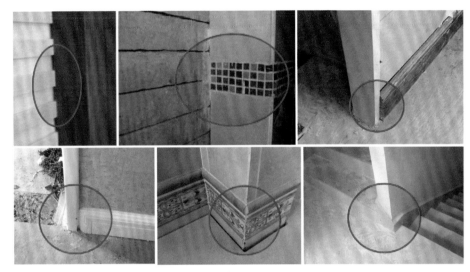

图1-26

本书对装饰收边收口的定义是：相同（或不同）的饰面材料在相同（或不同）空间部位的平面或边角的过渡与衔接。收口最主要的目的是对过渡部位进行装饰，达到四两拨千斤的目的。在这个认知基础上可以看出，收口的工艺水准及美观程度是体现一件作品完美的关键。

要想达到收边收口的自然过渡，需要记住一条铁律：所有收口尽量都在阴角，否则哪怕在平面上收口，也千万不要在阳角收口，不得不在阳角收口时，也要想办法把阳角转换成平面或者阴角（图1-27）。

应该在阴角收口　　千万不要在阳角收　　把阳角转为阴角　　把阳角转为阴角　　把阳角转为平面　　把阳角转为平面

图1-27

当我们有了这个思考模式后，在这个概念的基础上，好的收边收口可以从以下两个方面去评判。

1. 设计效果

在保证达到收口目的的前提下，应该根据设计风格、装修档次、材料性质、构件形式等因素，对收口形式进行甄别及选用，达到与周边材料及造型协调的效果（图1-28）。也就是说，根据设计的效果来搭

图1-28

配不同的收边收口形式，比如，欧式的空间就不要搭配现代简约的金属条和中式的榫卯，东方风格的空间就不要布满装饰条和满墙的鎏金、鎏银。

2. 成本控制

由于过于复杂的收口方法会直接影响设计的落地成本，因此，只要能达到设计效果，就应该使用较为简洁的收口方式，以降低成本。简单来说，判断一个作品是否完美，很大程度上取决于它的收边收口，而好的收边收口应根据设计效果和成本控制这两方面灵活应用。也就是说，不要因为仅仅是好看就判断它是好的收口做法，这也是设计师常常犯的错误。

图 1-29 材料间的收口细节

二、关于收边收口的底层方法论

1. "谁"和"谁"收

收边收口的第一步一定是了解谁和谁收口，明确收口是什么材料跟什么材料，谁来收谁的口，谁来压谁，在哪儿收口，如果不收口会怎么样，能不能改变收口方式（图 1-29）。明确这些必要条件后，才能判断使用的收口方法。例如，玻璃和石材的收口方式跟石材和木饰面的收口方式有很大不同，前者必须采用软连接，而后者随便怎么连接都可以（图 1-30）。

图 1-30

2. 收口的形式

任何分析都是这样，只有当了解问题的前因后果以及环境因素后，才能运用行之有效的方法来对它进行快速处理。根据收边收口的定义，装饰收边收口可以分为 5 种情况：压条、留缝、错缝、对撞、打胶（图 1-31）。几乎所有的室内装饰收边收口都离不开这 5 种方式，下面针对这 5 种情况的适用场景进行一一介绍。

（1）压条——几乎无处不在的收口方式

这是装饰收口中采用最多的一种方法（图 1-32），因为它的施工简单，成本低，效果美观，所以被做成分隔条、压边条、护套线、护角线、装饰条等构件，广泛运用在材料分割、阴阳角收口、边角收口、造型装饰等场景。

归纳起来，压条最常用的几个部位，其使用形式都大同小异，理解这个原则后，再去看更多的压条案例（图 1-33），就有逻辑和章法可循了。正因为压条收口在装饰设计中的特殊地位，选择装饰条的能力成了设计师的一项重要技能。甚至有人说，没有装饰条过渡的材料收口，总觉得少了点精致，但采用一种不符合空间氛围的装饰条收口，还不如不用。由此可见它在收边收口中起到的重要作用。

（2）留缝——最能体现细节的收口方式

这种处理手法是在材料和材料之间留一条缝隙来过渡（图 1-34），既起到功能上的缓冲作用，又能达到视觉上的美观精致，特别适用于面积较大的装饰面的分割、两种材料的平面对接、空间的伸缩缝处理，以及增加空间的层次感。

需要说明的是，留缝会增加施工成本，而且若施工过程把控不好，缝隙大小不一，还会影响美观。因此，采用留缝处理时，对于横竖之间缝隙大小的控制一定要严格，特别是视野内能看清的地方（图 1-35）。

按完成面的连续性分类：

需要辅助材料的收口方式

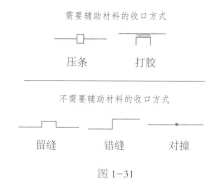

压条   打胶

不需要辅助材料的收口方式

留缝   错缝   对撞

图 1-31

压条

图 1-32

墙面压条式   阴角压条式   阳角压条式   地面压条式   边角压条式

图 1-33

留缝

图 1-34

（3）错缝——最省事的收口方式

"收口不凸出来，就凹下去，千万不能做平了，否则接口处会相当麻烦，特别是有造型线条的时候。"这句话在施工现场流传广泛。也就是说，在一种材料或两种材料对接收口时，要想收口不出错，要么是 A 压 B，要么是 B 压 A，不要收在一个平面上，这种方式就是错缝，也叫高低差式收口（图 1-36）。当两种材料因为设计或者施工的因素，很难做平整的时候，或者做平时很难保证质量时，特别适合用这种收口方法解决，而且它也是最好用、最省事的收口解决方案。

（4）对撞——没有收口的收口方式

这种方式也叫"密缝"（图 1-37），是一种没有收口的收口方式，它是直接把材料撞在一起。这种方式对材料的平整度和施工的质量要求都特别高，如果做得好，呈现出的效果会很完美，但如果做得不好，稍有瑕疵，就会毁掉整个造型。所谓细节决定成败，就是对这种做法的准确诠释。

这种做法常用于金属材料的密缝处理、对大面造型有完整性要求的时候（例如，大块石材图案、木饰面图案、金属雕刻等），以及材料与材料之间只需正常衔接的情况。

（5）打胶——"江湖救急"式的收口方式

打胶几乎可以掩盖装饰收口中的所有缺陷，因此被称为"收口神器"（图 1-38）。当采用其他方法收口存在缺陷、露出基层、密封不严时，就只能通过打胶的方式进行补救（图 1-39）。但是，对近年来的高端项目和追求设计效果的作品而言，在收口方式的选择上，能不采用打胶的手法，尽量不要采用，因为打胶的不可控因素太多，耐久性不高，容易泛黄，极其不美观。毕竟打胶的手法仅仅是掩饰收口的缺陷，而不是展示收口的细节之美。因此，在很多大型开发商的项目中，已经开始要求不能使用打胶的手段来进行收口处理了。

当两种材料的质地都比较硬（或者已经造成缺陷，无法更改，又需补救），又要求二者收口缝必须严密一致的话，就只能通过打胶来进行收口处理。这样既降低了施工成本，又可起到对材料的缓冲及保护作用，一举两得。因此可见，打胶的方式经常用在对收口缺陷的补救、材料需要密封及软连接的情况下。

以上提到的收口方式是所有收口方式的最底层逻辑。它们不是相互独立的，实际运用时，可以单独使用，也可以互相随意搭配。

3. 收口的原则

明白了收口的几种形式后，下面提到的 3 个原则，能为收边收口方案锦上添花。

（1）看设计：让设计效果更好地落地

好的收口方式是对设计的修饰和弥补，是让设计加分的手段。所以，选择收口方式的时候，一定要考虑整体设计的美观和功能这两方面（图 1-40）。例如，在美观方面，石膏线、护套线、踢脚线、收口条的选样逻辑；不同造型的层级处理关系，以及谁压谁的取舍关系等。在功能方面，暗藏灯带时是否该考虑漏灯珠的问题；造型硬碰硬的时候是否需要软连接；转角处采用倒角还是圆弧，是否增加功能性构件等。

（2）撞密实：别让小细节毁了大整体

采用任何收口的前提条件都是对饰面的装饰，避免基层外露。所以，在局部细节的设计及施工时，会出现很多问题，如没有梳理清楚收口关系，没有明确谁来收谁的口等，这些都

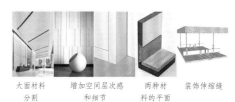

大面材料　增加空间层次感　两种材　装饰伸缩缝
分割　　　　和细节　　　料的平面

图 1-35

错缝

图 1-36

对缝

图 1-37

打胶

图 1-38

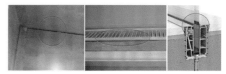

材料下单错误，露出　施工原因造成露出缝　需要软连接的
缝隙，需要打胶收口　隙，需要打胶收口　　部位

图 1-39

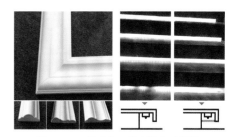

图 1-40　考虑收口美观性和功能性

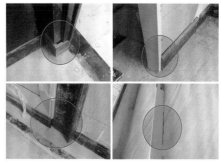

图 1-41

需格外警惕。例如，图 1-41 所示的四种情况是在装饰工程中最常见的收口不密实的现象，可能因为设计师在设计时没有考虑到收口材料之间的关系，工程师在施工时没有注意尺度的复核，最终造成这样的结果。所以，在设计时，一定要明确各个材料之间的必然联系，弄清到底应该是谁收谁的口，在哪儿收口，怎样保证收口的密实性，进而避免类似的情况出现。

（3）易施工：控制落地效率和成本

在选择收口方式时，还应该注意收口形式的施工难度和施工成本。一般情况下，容易加工的材料收不容易加工的材料，如木材收石材，石材收玻璃；能在现场处理的材料收不能在现场处理的材料，如石膏板收金属，木材收玻璃。只要遵循这个原则，即使在施工过程中收口处被磕碰坏掉，修补起来也很方便，损失也较小。

最后，为了便于理解和以后随时调用，本书将这套底层方法论整理成了"收边收口"的思维模型（图 1-42）。如果想要高效学习节点构造的相关知识，建议大家在阅读本书后续内容时，随时调用它来理解有关各个构造的收边收口问题，效果肯定是事半功倍的。

图 1-42　构造做法："收边收口"思维模型

第七讲 ｜ 面对同样一个收口问题，如何轻松给出三个解决方案

关键词：实战解析，标准图集
导读：前文提到了收边收口的模型概念，本文将讲解在实际工作场景中，如何用这个模型来解决构造收口的问题。

一、门头阳角处收口问题

图 1-43 所示是一个经典的收口容易出问题的部位，很多设计师在设计时完全没有考虑到这个地方，导致在后期常常会出现很多收口上的细节问题。下面，我们通过思维模型中的 5 个方法，来看看怎样解决这个问题。

解决方案 1——错缝
把抬高处的吊顶稍微降下来一些，让两个吊顶之间形成错缝的关系，这是最简单且成本最低的解决方案（图 1-44）。

解决方案 2——压条
在抬高处的吊顶阳角处增加一根收口条，让它与低位的吊顶平齐。该收口条可以是明露的不锈钢条，也可以是被乳胶漆覆盖的护角条，或者是门套线条（图 1-45）。

解决方案 3——留缝
在高位和低位的吊顶之间使用一条缝隙（工艺缝）来自然过渡，让这条缝隙掩饰这个地方的不足，起到美化作用的同时，又能达到收口的目的（图 1-46）。

继续"收边收口"思维的思路，我们再来看个案例。如图 1-47 所示，不锈钢条与收边条收口关系不明确，导致收边条没有盖住金属条。

解决方案 1
把不锈钢条直接嵌入饰面材料内，让它们形成一个整体。但此方法对饰面材料收边的顺直度有要求（图 1-48）。

解决方案 2
让收边条与不锈钢条处在同一平面。此方法对收边条精度要求较高（图 1-49）。

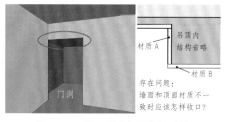

图 1-43　收口易出问题的构造处

存在问题：
墙面和顶面材质不一致时应该怎样收口？

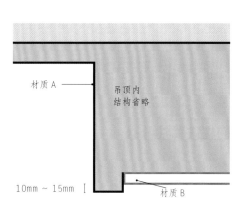

图 1-44

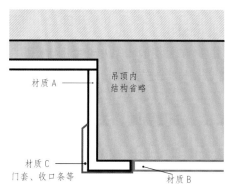

图 1-45

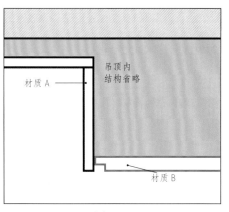

图 1-46

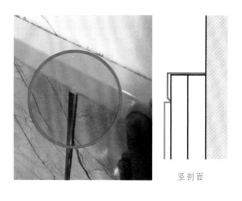

图 1-47

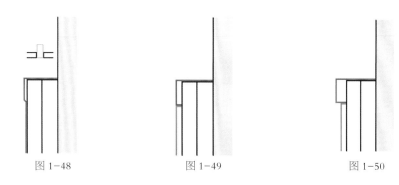

图 1-48　　　　图 1-49　　　　图 1-50

解决方案 3

让收边条收掉不锈钢条。此方法施工难度小，且施工成本低，但会使饰面凸出来，需设计方确认（图1-50）。

看过前面两个案例之后，接下来解决如图1-51所示的门套线与踢脚线收口关系错误的问题。

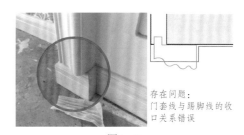

存在问题：
门套线与踢脚线的收口关系错误

图 1-51

解决方案 1

把门套线加长直接落在地面上，或将门套下方的踢脚线更换为门墩来收口，这是最常用的解决方式（图1-52）。

解决方案 2

若是在有水的区域，可在套线下面增加石材门墩来收口（图1-53）。

解决方案 3

在门墩不变的情况下，把套线沿45°角切开，让那个套线与已完工的门墩对撞。这是最节约成本的解决方式（图1-54）。

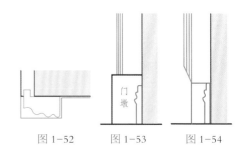

图 1-52   图 1-53   图 1-54

二、去现场时，关于构造收口，我们应该关注什么

通过上面的阐述可以看出，收边收口本质上就是对基层的遮盖，对饰面的美化，所以，去施工现场时，设计师应该着重关注以下几个方面。

1. 材料之间的关系

在材料的交接处，特别是阴阳角和不同材料的收口处，应明确材料之间谁压谁、谁收谁的逻辑关系（图1-55）。

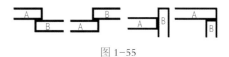

图 1-55

2. 构造细节的处理

在不同的收口细节构造处，重点查看缝隙是否对齐，收口是否撞接密实，有无可能出现漏缝等情况。

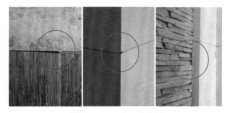

收口条

图 1-56　收口问题

3. 反射材料的环境

在镜子、玻璃、高光面饰面材料的附近是否存在光源？是否会反射收边的基层情况？如果是，应该注意遮蔽灯光或者毛化饰面材料，避免漏出灯珠（图1-57）。

三、室内构造收口案例库

通过上面几个案例的分析，可以看出"收边收口"思维模型的作用。当设计师掌握了这种思维模型再去解决收边收口问题时，就像是有了"百宝瓶"的神医一样，可以针对不同类别的收口"病症"对症下药。当然，这一切都是建立在设计师的脑海中有了大量的收口案例的前提下。因此，设计师应该牢记该模型，并使用该模型的思维方式来进行本书后续内容的学习。

镜面反射出了基层

镜面　　镜面　　　　剖面图

夹板基层未处理

图 1-57　反射材料下的收口关系

最后，分享三组经典室内构造收口案例，分别是"不同材料之间平面收口关系""常见阴阳角收口关系""常见金属收边条收口关系"。大家可以把这三组案例当成设计师的收边收口案例库，以便在以后的工作中对不同形式的收口问题提供解决方案。

1. 不同材料之间平面收口关系（图1-58 ~ 图1-67）

2. 常见阴阳角收口关系（图1-68 ~ 图1-75）

3. 常见金属收边条收口关系（图1-76 ~ 图1-83）

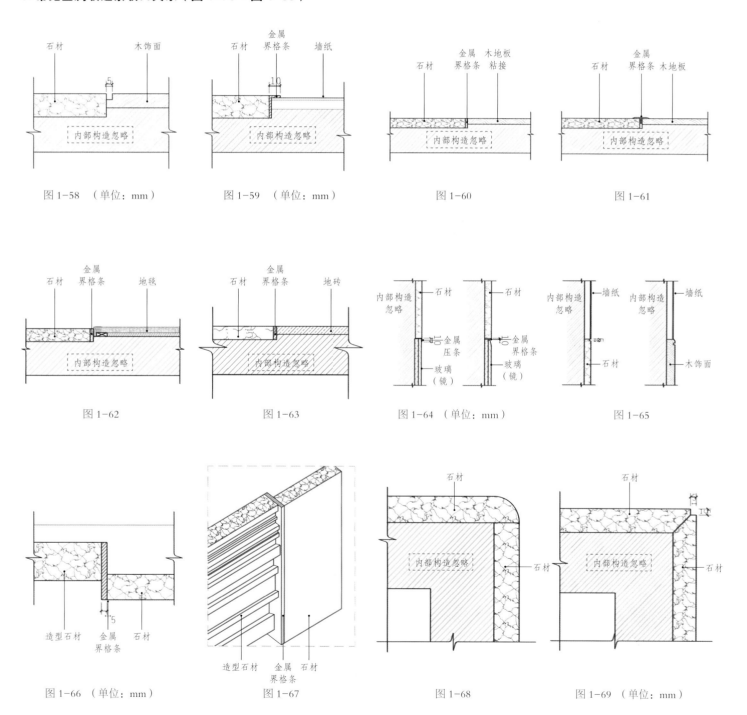

图1-58 （单位：mm）　　　图1-59 （单位：mm）　　　图1-60　　　　　　　图1-61

图1-62　　　　　　　图1-63　　　　　　　图1-64 （单位：mm）　　　图1-65

图1-66 （单位：mm）　　　图1-67　　　　　　　图1-68　　　　　　　图1-69 （单位：mm）

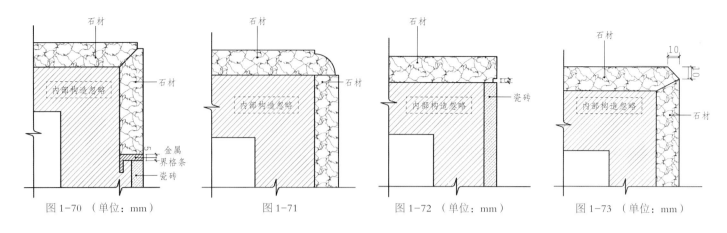

图 1-70 （单位：mm）　　图 1-71　　图 1-72 （单位：mm）　　图 1-73 （单位：mm）

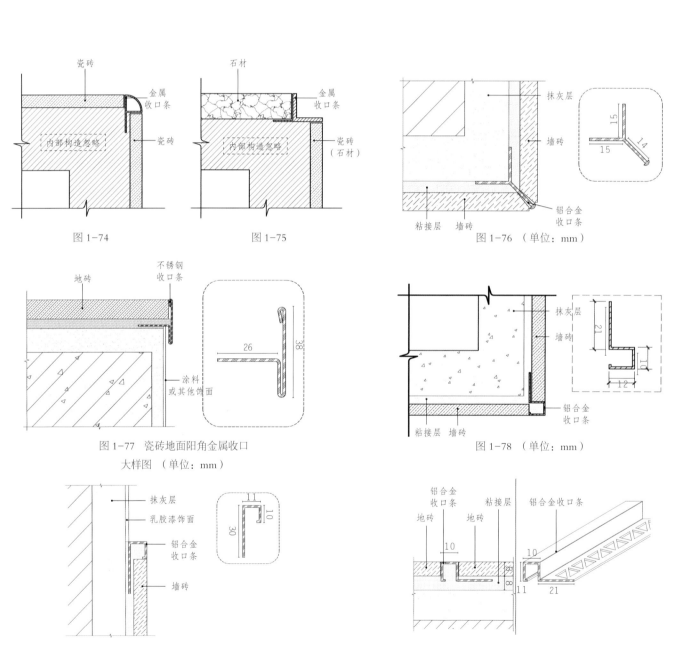

图 1-74　　图 1-75

图 1-76 （单位：mm）

图 1-77　瓷砖地面阳角金属收口
大样图 （单位：mm）

图 1-78 （单位：mm）

图 1-79　瓷砖墙面金属收口
大样图 （单位：mm）

图 1-80 （单位：mm）

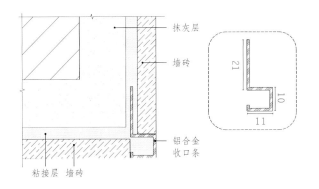

图 1-81　瓷砖墙面阳角金属收口
大样图　（单位：mm）

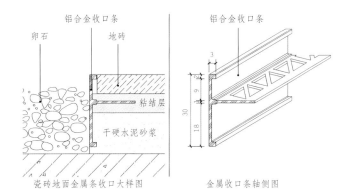

图 1-82　（单位：mm）

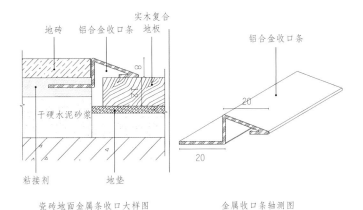

瓷砖地面金属条收口大样图　　金属收口条轴测图

图 1-83　（单位：mm）

第二章 物料系统管控

2

第一讲 ｜ 物料系统管控概述

关键词： 管控流程，项目协同，概念解释
导读： 本文要解决的问题有：什么是物料系统管控？它有什么作用？一套蓝图应该包含哪些表格？面对一大堆物料表格，不知道怎么管控，怎么办？

一、物料系统管控有多重要

有经验的设计师和施工人员都知道，很多行业新人在项目进行的过程中，会把精力全部投入到设计工作的开展、项目进度的推进上，而忽略看似不起眼的物料管控环节。这样会导致越到项目后期，因为材料产生的问题就会越大。如智能马桶选型和预留插座冲突，点位对应不上；物料清单上明明是大花白石材，结果根据材料表下单，到场的是水井白；水龙头安装完成，结果抬起时和镜柜冲突；设计师要的是石材拉槽面，结果现场出现了酸洗面等。并且，各方人员在讨论中，还容易互相推诿：施工方责怪设计方连物料表都理不清，编号对不上，图纸不齐全，设备装不上，对工程现场不负责任；设计方责怪施工方发现问题后沟通不及时，明知道对不上号还要下单，造成损失；深化设计方责怪方案设计方经常更改方案，预留的时间不够，导致最后没有审图的时间，造成图纸与所提供的物料系统发生冲突；方案设计方责怪深化设计方已经拿到了修改后的最新物料表，最后还是弄错，完全是审图的问题……

造成上述问题的原因有很多，比如，设计图纸问题、现场管理问题、材料损耗问题等。但是，根本上还是设计师对物料系统的管控不到位，重视程度不够，才造成种种错误。

二、什么是物料系统管控

通常，设计项目的物料系统的定义是，从设计项目到完成施工过程中所包括的所有主材及设备。主要包括装饰材料（石材、金属、木料等）、电器设备、家具、灯具设施、五金门饰、洁具设备等。本书中的物料系统管控是指在设计或施工过程中，对项目涉及的所有物料档案进行统一汇总、审核、跟踪以及管理。对设计项目，尤其是中大型的设计项目来说，物料系统的综合管理尤为重要，这也是优秀的项目管理者必须掌握的基本技能。

三、物料系统管控的流程是什么

通常情况下，国内的中大型设计项目的配合流程是，深化设计方对前期方案进行扩初设计的时候，方案设计方会陆续出具一些业主方签字确认的物料档案，深化设计方会将这些物料档案里面的内容信息匹配进施工图内，并会检查物料档案与施工图纸是否存在冲突，最终出具一套标准的施工蓝图（图2-1、图2-2）。接下来，施

图 2-1

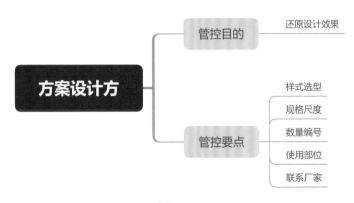

图 2-2

工方会根据这套施工蓝图和设计物料档案进行材料下单以及进场把控。它们之间的关系就如图 2-1 所示。所以，如果物料管控这一步进行得顺利，会在很大程度上避免后期施工过程中出现的材料与图纸不符、到场设备规格不对导致安装不上等情况造成的纠纷。

四、管控哪些内容

从图 2-1 中可以看出，项目的各个参与方对物料管控的理解和职责是不一样的。以灯具档案的管控为例，如果站在方案设计的角度来看，对灯具档案的管控应该体现在出具灯具档案时，关注各个灯具的样式选型、数量、使用位置、灯具编号、规格尺寸等因素。其首要目的是，最大化地还原概念设计阶段的灯光配置效果。

如果是站在深化设计方的角度，对灯具档案的管控要点应该是，在拿到方案设计方提供的灯具档案后，根据该档案里的灯具设备数据，一一核对里面的内容。例如，灯具规格是否与施工图纸的装饰造型冲突？预留基层距离是否能够装下这个灯具？灯具设置的位置是否合理？灯具数量是否与施工图纸对应？灯具安装在该处是否有技术难度……其首要目的是，严格核实灯具设备与施工图是否有冲突，是否能够实现方案落地（图 2-3）。

而站在施工方的角度来看物料管控，则是要关注各个物料的使用位置、总数量、安装尺度、进场时间和顺序、是否提供样板、供货周期、厂家的联系方式与物料损耗控制等。其首要目的是，在保证还原设计的基础上，用最低的成本完成项目（图 2-4）。

因此我们可以看出，对于物料系统的管控，角色不同，面临的物料管理方式与重点也不同。但是，不管哪个角色，面对的物料档案都是一样的，而且档案里包含的必备因素也是有一定共性的。因此，对物料系统的载体（物料档案、物料表）的学习是一个必要的过程。

总结成一句话，物料系统的管控是能够帮助方案设计方出具一套标准的物料档案，帮助深化设计方根据物料档案匹配出一套合理的施工蓝图，帮助施工方根据物料档案以及施工蓝图严格控制现场物料设备的有效手段和方法。

五、怎样进行物料系统管控

物料系统管控的本质是对项目中涉及的物料档案进行管理与把控。所以，本书后面将按照这个思路继续解读物料系统的管控，主要包括项目过程中会接触到哪些物料档案，这些物料档案的作用分别是什么，物料档案都包含哪些内容，有什么参考标准；在管理或审核这些物料档案时，应该注意哪些事项；作为驻场深化和现场管理人员，怎样对物料进行统一把控等内容。

六、项目过程中的物料档案

当方案设计或者深化设计完成后，所产生的设计成果除了前期的概念汇报资料和一套完整的施工图以外，还会涉及很多相关专业提资表格及档案，其中包含但不限于如下文件：门表、材料表、物料档案、五金表、洁具表、家具表、灯具表等成果文件。本书会选择最重要和最常见的几个档案与表格做解析。需要说明的是，本书接下来的章节中提到的档案样板和管理思路都是以酒店项目的管控逻辑为基础展开的，因为酒店项目相对来说管理比较正规，要求比较高，而且相对比较复杂，如果能理清酒店项目的物料系统，那么其他常规项目的物料管控也会手到擒来。

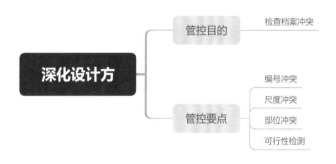

图 2-3

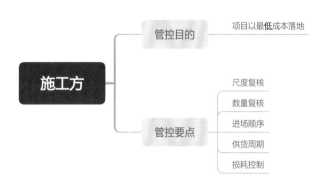

图 2-4

第二讲 ｜ 物料系统管控——材料表

关键词：材料表，物料档案，设计样板
导读：本文要解决的问题有：使用材料表的目的是什么？材料表的标准格式是什么？材料档案管控时有哪些需要规避的问题？

阅读提示：

目前，装饰行业中每个公司的制图标准都不一样，没有一个标准的参考，但是，虽然图表面的版式、字体、编号不一样，其内在的逻辑和必须包含的要素是完全一样的。所以，本书关于物料系统档案的解析中，列举的一些标准参照都是国内比较通用的模板，谈论的是它们的底层逻辑，每个人都可以根据其中提到的要素——对应到自己公司的模板，本文列举的文档表格仅供参考。

一、一个项目中到底有几张材料表

材料表是对一个项目的装饰材料进行汇总整合以及综合把控的表格。通常，一个项目中会涉及两份材料表，一份是存在于施工蓝图里的施工图材料表格（图2-5），也就是大部分设计师常说的材料表；另一份是在方案设计时，单独编绘的图文表格（图2-6），里面会有具体的样板图片、材料详细信息、厂家联系方式等信息，也就是设计师常说的材料清单、材料书或者材料档案。施工蓝图中材料表的用料依据来自该材料档案。

这两份表格的数据都是——对应的，常规情况下，方案设计方出具材料档案，而深化设计方出具施工图的材料表。通常，项目中使用的所有装饰材料类型都应当汇总于施工蓝图的材料表中，方便统一管理与查阅。原则上，不论项目是大是小，都应通过材料表来对装饰材料系统进行把控与管理，它能在很大程度上降低后期因材料变更而全盘改图的风险。由此可以得出两个结论：一是施工图材料表是指导现场施工的依据，而材料档案则是编绘施工图材料表的依据；二是使用材料表进行材料系统管控最大的好处是，当因种种原因涉及材料变更时，可以通过更改材料编号来避免更改整套图纸的材料标注的风险。

材料表

编号 CODE	描述 DESCRIPTION	尺寸 SIZE	型号 CODE	位置 LOCATION	供应商 SUPPLER	备注 REMARKS
石材	STONE/MARBLE					
ST: 01	白色颗粒人造石	20mm厚		21F/22F接待区域地面	xxxxx石材	A级防火
ST: 02	深灰色人造石	20mm厚		21F/22F楼梯	xxxxx石材	A级防火
ST: 03	深色人造石	20mm厚		21F/22F接待区域吧台	xxxxx石材	A级防火
ST: 04	白色大理石	20mm厚		22F接待台	xxxxx石材	A级防火
ST: 05	浅色颗粒人造石	20mm厚		23F餐厅地面	xxxxx石材	A级防火
ST: 06	白色人造石	20mm厚		卫生间地面	施工方提供	A级防火
ST: 07	雪白人造石	20mm厚		卫生间洗手台台面	施工方提供	A级防火

图 2-5

Hotel　　　　　　　　　　　　　　　**MATERIAL**
酒店　　　　　　　　　材料档案　**REFERENCE**

Project No. 项目编号　　　：
Finish 物料　　　　　　：Stone 石材
Date of Issue 发布日期　：25 April, 2012
Revision Date 修改日期　：

编号 Item No.	供应商 Supplier	内容 Description	位置 Area
ST-106	康利石材 Tel: (755) 2872-____ Mobile:138____ Fax:(755) 2880-____ E-mail: ____05@126.com Contact:	SPECIE 种类 Name (石名): 法国黑 Dimension/Thickness (厚度): 20mm Finish(处理面): Polished Origin (产地): N/A	1F Lobby 1F大堂 Ballroom, Meetingroom 宴会，会议（踢脚） 5F Chinese Restaurant 5F中餐厅

图 2-6

二、材料表应该怎样做才标准

一套标准的材料表必须包括材料编号、材料说明、材料尺寸、使用部位、备注这5个必备要素。其他选项，如表面处理、材料型号、供应商名称等都可以在这5项的基础上增加。

以图2-5为例，我们可以看出一份标准的施工图材料表应该由以下几部分构成。
（1）材料编号：该编号必须与材料档案的材料编号——对应，最好连标点符号都不要错。
（2）材料名称及简要描述：主要是根据物料档案匹配材料的名称，有些公司也会把一些材料的简要说明放在该栏，比如马卡龙石材（拉槽处理）。
（3）规格尺寸：如果材料有一些标准尺寸，会在这一栏标示。
（4）使用位置：材料在项目中的使用位置，尽可能详细地统计使用该材料的主要空间。
（5）供货商名称：与物料档案相互对应，但是有些材料表会省略这一项。
（6）备注信息：对于材料的补充说明，如防火等级、制作工艺要求等。

很多刚入行的设计师面对材料表时，会存在一个比较大的问题：不清楚各种各样的材料代号是什么，比如，有些图纸将窗帘编为CU，而有些图纸把窗帘编为UP或者FA等。面对这样的情况，我们没有必要纠结，甚至死记硬背这些材料代号到底代表什么材料种类。因为，材料代号一般是该材料的英文名缩写，每个设计公司对同种材料都有自己的不同理解，就拿窗帘来说，有人说它是面料，有人说它是扣布，有人单独给它设置一个材料代号，但不管它最终被变成什么代号，我们都可以在施工图的设计说明或者材料表里找到对这个代号的解释。不过尽管如此，本书还是提供一套在国内最为常用的装饰材料代号模板（图2-7），在项目中使用时，可以作为参考。

我们知道材料档案主要是由方案设计方提供的，它的主要目的是还原设计效果，所以一套标准的材料档案主要由材料编号、供应商联系方式、材料内容、使用区域、样板图片5大部分组成。特别强调一点，材料档案是施工图材料表编绘的依据，所以它包含的要素必须面面俱到，因此在材料内容里面也会标明关于材料的规格尺寸、工艺要求、防火性能、特殊要求等信息，如图2-8所示。因此可以看出，材料表的编绘没有捷径可走，只能逐一统计项目中涉及的材料信息，然后汇总到表格中，检查无误后贴于施工图材料表或材料档案中。

从图2-8中，我们可以解读出标准的材料档案应该至少包括以下这些信息。
（1）材料编号栏：该编号必须与施工图的材料编号——对应，最好连标点符号都不要错。
（2）材料供应商信息：方案设计方应推荐对应材料的供货商信息，包括联系人和联系电话，供业主方和施工方订购材料时做对比参考。
（3）时间信息：最好分为初次提供日期和最新修改日期两种类型，目的是让配合单位能第一时间判别拿到手的是不是最新档案。
（4）材料内容：该栏应该包含影响材料属性的所有要素，是对材料的一个准确定位；一般是用供货商提供的产品档案进行参考填写；通常情况下，包含但不限于材料名称、规格尺寸、防火等级、特殊处理需求等信息。
（5）使用部位：材料在项目中的使用空间位置；主要描述几个重要的使用空间。

材料编号及英文对照		
材料类型	材料编号	包含类别
[涂料类]	PT 01 PAINT FINISH 乳胶漆	涂料/乳胶漆/肌理漆 PAINT FINISH
[墙纸]	WP 01 WALL PAPER 墙纸饰面	墙纸/墙布 WALL PAPER
[木材类]	WD 01 WOOD FINISH 木饰面	木饰面/木踢脚/实木/木线条/木地板 WOOD FINISH
[玻璃]	GL 01 GLASS 玻璃	钢化、磨砂玻璃/艺术、夹丝玻璃 TEMPERED GLASS
[镜子]	MR 01 SILVER MIRROR 银镜	银镜/灰镜/金镜/黑镜/茶镜/装饰镜 MIRROR
[窗帘]	CU 01 CURTAIN 窗帘	窗帘/卷帘/拉帘/纱帘/遮光帘 CURTAIN
[金属]	MT 01 STAINLESS STEEL 不锈钢	金属条/不锈钢条/镜面不锈钢/砂钢 METAL STRIPS
[石材]	ST 01 STONE FINISH 石材	石材/花岗岩/大理石/人造石/云石 STONE MATERIAL
[面砖]	CT 01 CERAMIC TILE 瓷砖	地砖/瓷砖/防滑砖/仿古砖/玻化砖 CERAMIC TILE
[马赛克]	MC 01 MOSAIC 马赛克	马赛克 MOSAIC
[铝材]	CA 01 ALUMINUM 铝扣板	复合铝材/铝合金/铝扣板/铝塑板 ALUMINUM
[有机玻璃 /亚克力]	AC 01 ACRYLIC 亚克力	亚克力/透光片 ACRYLIC
[金银箔]	SF 01 GOLD LEAF 金箔	金箔/银箔 SILVER FOIL
[软膜]	RC 01 SOFT COAT 软膜天花	软膜天花 SOFT COAT
[地塑]	PF 01 PLASTIC FLOOR 塑胶地板	地塑 PLASTIC FLOOR

图 2-7

关注微信公众号"dop设计"
回复关键词"SZZN02"
获取国际通用的标准物料档案样板文件

（6）备注信息：相当于对该档案的诠释说明和责任划分说明，主要是用于免责和版权声明的部分。

（7）样板图片：通常来自供应商的产品图库，是后期施工方或业主方选择材料时的一个参考样式，所以设计师想表达的材料特性，包括一些纹样信息，需清晰地在图中表明。

作为设计方，在编绘与使用材料表时，有一个小细节一定要留意。若项目中同时采用不同表面处理的同种材料做饰面材料时，切记要在材料档案和材料表内加入表面处理这一项（图2-9）。在绘制招标图和现场材料下单时，需要格外留意。这样做的目的是：

（1）降低材料下单出错概率。施工方在指导现场施工时不容易出错，不会混淆没有经过饰面处理的材料与经过饰面处理的材料的安装位置，降低返工的风险。

（2）降低漏算报价概率。在做施工招投标预算时，方便配合单位的预算员算量，以便更精准地出具预算书。因为材料表面处理方式的不同直接影响材料的整体造价，若未标明清楚，会存在漏算饰面处理费用，造成不必要的重复劳动以及商务纠纷（这种情况在大型设计项目中屡见不鲜，设计师需要留意）。

三、怎样管控

施工图绘制完成后，在最后的审图过程中经常会出现深化设计方出具的材料表与方案设计方出具的材料档案内容对不上号的情况，最常见的有：

1. 材料信息对应不上

如施工图中的材料索引编号在材料表中找不到或者对应不上，两套表中同种材料的饰面处理、使用部位、材料数量也对应不上。

材料档案 **MATERIAL REFERENCE**

Area 区域	： Mock-Up Room(King&Twin Room&Lift Lobby&Aisle) 样板房(单双标&电梯厅走道)
Finish 物料	： Carpet 地毯
Date of Issue 发布日期	： 2017-05-26
Revision Date 修改日期	： 2017-06-27

编号 Item No.	供货商 Supplier	内容 Description	位置 Area
CA-103	美国▢▢地毯	CARPET机制地毯	Area区域
	Phone Number 电话： Contact：	Pattern Name(名称)：地毯美国ICN地毯（固定毯） 表层纤维：100%新西兰羊毛 纺织工艺：1/4针织 防渍工艺：BAYGARD 三防处理 抗菌工艺：EULAN 防虫抗菌处理 水洗工艺 单位面积绒头重量：3.5磅/m² 绒高：5mm(低)-8mm（高） 首层底布：100%涤质编织底布 二层底布：蓝色加密编织底布 环保性：符合GB18587-2001A、国际高级环保地毯 粘结剂：巴斯夫环保天然胶 阻燃性： (Radiant Panel ASTM-E-648) 符合GB8624-2006CF1级、BF1级 耐光性(AATCC 16E)：≥4.5 色牢度(AATCC 165)：≥4.5 染料：美国亨斯曼环保染料 磨损度：干、湿耐磨保证≥4.5级 建议的保养方式：常用地毯保养方式 室内空气纯度：美国CRI室内外空气质量认证	Aisle走道 -地面

CA-103　样板(不实际颜色); Sample (Not for Actual Color)

Notes:
* Refer to construction document for dimensions, conditions and quantities required. 所有尺寸及数量由承建商核实，详情请参照施工文件。
* All materials should comply with all state and local codes and standards. 所有材料应符合当地规律和标准。
* Material must be contract quality and suitable for commercial use. 材料必须达到合同质量并符合商业用途。
* Fabricator must submit color artwork with full repeat and detail for designer approval prior to purchase order or production 承办商或制造商必须提供彩色 选定材料之样板 300mmx 300mm，供设计师审核通过后，方可进行订购或生产
* Fabricator must submit a minimum of 300mm x 300mm strike-off sample for designer's approval prior to purchase order or production 承办商或制造商必须提供所有选定材料之样板最少300mm x 300mm，供设计师审核通过后，方可进行订购或生产

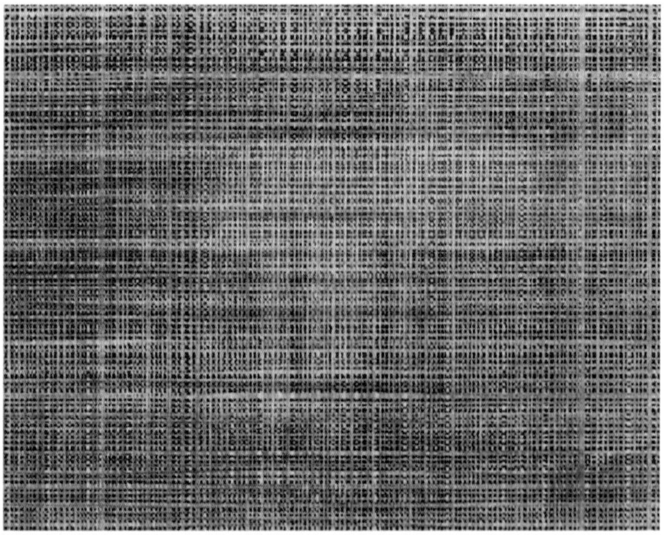

图 2-8

2. 使用材料有遗漏

如在施工图中存在的使用材料在两套材料表中找不到。

3. 材料信息不完整

制作材料表的时候没有完整地描述材料信息，造成后期现场人员根据自己的经验所做出的效果违背设计初衷。如拉槽石材做成光面，木饰面横纹变成竖纹等情况。

上述情况是站在现场施工的角度对前期档案存在的问题进行的总结，很多设计师并不知道这些细节对后期设计还原的影响到底有多大。造成这些情况的原因是在设计过程中双方沟通不畅或粗心大意等。因此，在出具蓝图之前，应该重点关注材料的编号、规格型号、使用部位、表面处理等信息是否有遗漏或冲突。最好在最后出具蓝图的审图环节，针对上述信息逐一审核，有不明确的地方要及时沟通，避免后期在现场施工时产生不必要的纠纷。在实际工作中，材料对应不上是导致纠纷的根源，也是设计方和施工方"打太极"的根源。设计师可以把上述内容当成一份销项清单，在审图时拿出来当作重点排查项目。

装饰工程设计图纸明细表
主要材料表

物料代号	说明	表面处理做法	种类	规格	区域
石料	STONE				
ST-01-H	锦玉	F-荔枝面 H-哑光面 C-斧剁面 D-5*5凹槽 S-防滑面 L-蜂窝铝板复合石材	板材	20mm厚	
ST-02	幻影蓝		板材	20mm厚	
ST-03-D	鱼肚白		板材	20mm厚	
SI-04-S	黑金沙		板材	20mm厚	
ST-05	安哥拉灰		板材	20mm厚	
ST-06	意大利木纹		板材	20mm厚	
ST-07	西班牙米黄		板材	20mm厚	
ST-08	雨林啡		板材	20mm厚	

例如：ST-02 若需要拉槽处理，则会在编号中标示 ST-02-D

图 2-9

第三讲 ｜ 物料系统管控——门表图

关键词： 门表图，设计样板，制图步骤
导读： 本文要解决的问题有：门表图是由哪些项目构成的？门表图的绘制流程是什么？门表审图时有哪些需要规避的问题？

一、门表图是什么

谈到门表图，很多设计师并不陌生，但是又不那么熟悉，有的新人甚至认为门表就只是Excel上的编号信息或者绘制的装饰门节点，因此本文详细介绍一下门表图。

门表图是对一个项目中存在的成品门进行统计与统一管理的图表。门表图中需要统计的门的类型，包含但不限于标准空间装饰成品门、特殊空间装饰成品门、防火门、管井门等。

我们都知道，在当下，大部分中大型设计项目都使用厂家定制生产的成品门，很少会出现现场木工自己动手做门的情况了。因此，在施工图深化阶段的最后，设计方都会出具一套完整的门表图，它是一套完整的施工蓝图中必须具备的一张图，所以门表图的编绘是设计师必须掌握的技能。通常，生产厂家不会自己去核对门的数量、规格尺寸和使用部位，所以，设计师在给出施工蓝图时，一定要保证上述信息是准确无误的，避免造成不必要的二次加工和经济损失。

在设计项目正式开始大面积施工后，相关的成品门生产厂家会直接根据施工蓝图上所列的门表图进行成品门的深化以及生产，以防火门的管理为例，厂家会根据施工图的门表出具如图2-10所示的深化图。

二、门表图解析

在国内的设计项目中，不同公司有不同的规范制度以及说明方式。但是如果我们回归门表图的本质，即门表图是方便我们对设计空间中的成品门进行统一管理的表格，

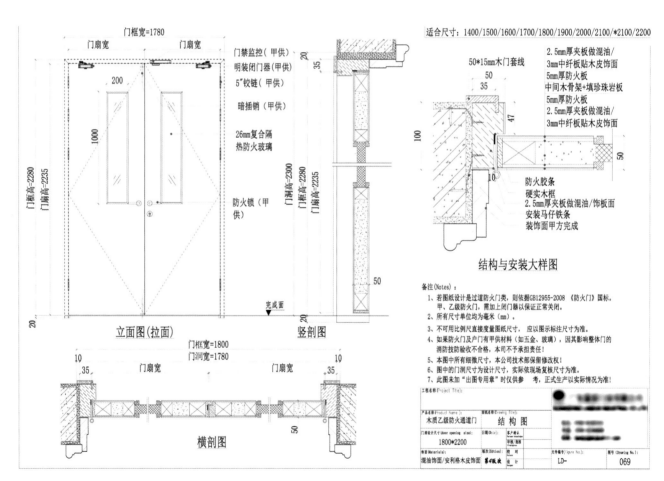

图2-10　防火门深化图

那么，为了达到统一管理的目的，一套可用于施工的门表图必须包含3个版块：门的说明、门的图纸、五金配置，如图2-11所示，下面分别展开叙述。

1. 门的说明

如图2-11所示，门的说明就是对门的详细信息进行说明，让各专业配合人员拿到这张表后，能马上理解门的所有关键信息，并能一一对应到平面图上的门表编号。在一套标准的门表图中，门的说明版块必须包括3方面要素，分别是参数、工艺和备注。其中，参数应包含门的编号、使用数量、使用部位、规格尺寸等信息；工艺应包括门的正反面饰面工艺、门的类型等信息；备注中应包含对门的要求，如防火等级、抗指纹处理、隔音要求等。

2. 门的图纸

由图2-11中我们可以看出，门表图上只有门的说明还不够，上文已经提到，门的生产厂家会直接拿着门表图进行生产，生产厂家会要求设计师出具相应的图纸，然后在这张图纸的基础上再一次进行深化。因此，门表图的第二个版块——图纸部分就产生了。门的图纸版块主要包含立面图和节点图两部分。立面图部分如图2-11所示，需包含门的正反面样式信息；门的节点图如图2-12所示，门扇编号应表达清楚该门的标准安装工艺及其配套的五金安装方式，同时，节点图中应提供横剖图与竖剖图作为细节说明（该图仅作为展示门表信息用，具体节点分析，本书后面的部分会进行讲解，所以看不清也不要紧）。

细心的你肯定也看出来了，相较于前面那份厂家提供的防火门深化图，设计师出具的门表图纸侧重点在于表达门与周边材料的收口关系以及尺度大小等，厂家基于这个图纸的预留尺度和收口关系进行二次深化。因此，两者的图纸深度是有一定区别的。

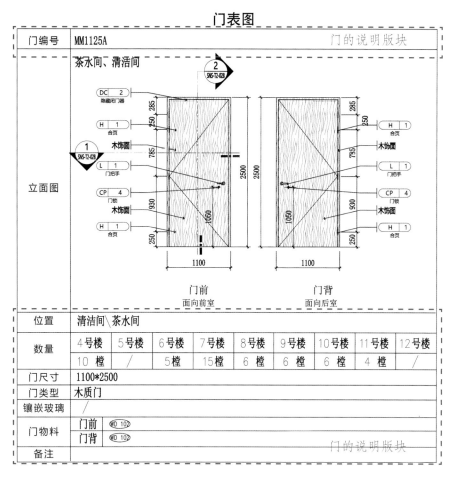

图 2-11　门表图的标准参考图

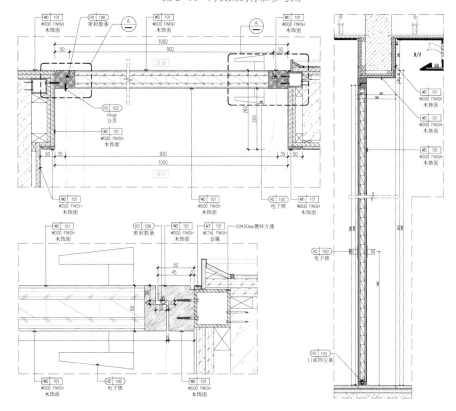

图 2-12　门表图的配套节点图

3. 五金配置

经过前面两个版块的梳理，门表图基本上可以满足门厂家的生产要求了，但是还有一个问题，成品门要有五金配件，每种门的五金配置都不相同，应该怎样在门表图上表达？如果在每张图纸上都画上五金配件是可以解决这个问题的，但是这样会增加很多无意义的工作量（因为厂家还会根据图纸深化），而且，如果后期五金配件有所调整，修改起来也会很麻烦。为了解决这个问题，门表图的第三个版块——五金配置部分就产生了（图 2-13），这个部分主要是以统一的清单形式展现不同门扇根据不同使用功能需搭配的五金配置，便于设计师统一把控，也便于后续的配合单位统一调取及核查。

讲到这里，理解了前面提到的门表图的三大版块后，一张张在施工图上编绘的门表图就产生了（图 2-14）。

三、4 步绘制门表图

理解了门表图的构成，大家可能会有一个疑问：不同部位、不同形式、不同类型的门都有不同的五金配置，而且每个厂家的五金配件都不一样，种类那么多，应该怎么搭配呢？其实，在通常情况下，门表图里的五金配置都是由厂家来帮忙搭配的，设计师只需要在示意图上预留好五金构件的位置就可以了。当然，本书的后续章节也会对不同使用功能的房门的五金配置做系统说明，这里不再赘述，我们把精力拉回到如何画出标准门表图的问题上。

门表图的绘制是非常考验设计基本功的，为了让你快速掌握门表图的绘制方式，这里介绍一套"4 步门表法"（图 2-15），对门表图的绘制过程以及界面划分做一个详细说明，帮助设计师彻底理解在平时的门表图绘制工作中，怎样才能更高效地完成工作。其具体操作步骤如下。

五金器具表			
	数量	编号	
轨道　TRACK			该处五金编号应当与五金档案一一对应。
门铰链　HINGE	4	H-1	
拉手　PULL HANDLE	1	L-1	设计师须留意
推手　PUSH PLATE	-	-	
门挡　DOOR STOP	1	DS-1	
门锁　DOOR LOCK	1	CP-4	
门套　DOOR CASE	-	-	
插销	-	-	
闭门器　DOOR CLOSER	1	DC-2	
推杆锁	-	-	

图 2-13　门的五金配置

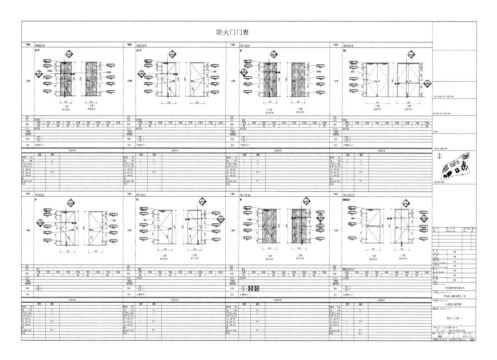

图 2-14

图 2-15

第1步：平面编号

在开始正式绘制门表图前，应该在平面图纸上对要通过门表图管理的门进行统一编号（图2-16）。编号原则是：同一种类型的门编号应当相同，不同类型的门编号不同，切勿混淆。不同公司的制图规范不同，门的代号也不同，因此这里不做统一说明。编号时要细心，严格按照一定的逻辑（如顺时针、逆时针、Z形等）排布，如果遗漏了某一扇门，势必会对后面的造价合同造成影响。

第2步：门表梳理

在平面图上把所有的门编完号后，就需要对门编号进行梳理。把同一种门的数量、位置、规格尺寸等信息全部统一汇总起来，编绘成前文提到的门的说明版块。这里推荐一个快速梳理的方法：可以把编完号的平面图打印出来，然后直接用笔圈注，最后，根据圈好的图纸进行编绘，这样做的效率会比在电子版上梳理高很多。

第3步：节点绘制

门表的说明版块完成后，接下来就是根据编号顺序，对门扇做统一的立面图和节点图绘制，迅速把门表的第二个版块完成。

第4步：五金配置

完成上面3个步骤后，其实对设计师来说，门表图的绘制就告一段落了，剩下的就是把已经填完使用区域和功能需求的门表图拿给五金供应商或成品门厂商，让相关的配合人员来进行五金配置表的完善。完善后，一张合格的门表图就完成了。

虽然绘制的步骤和逻辑看上去并不难，但在门表图的绘制过程和审核过程中，常会出现下列问题（深化设计师和现场施工人员应重点留意）。

（1）门的规格尺寸与门洞或装饰尺寸冲突。如门表图上门扇的尺寸为2100mm高，结果图纸上的门洞只有2100mm高，门表图上门套宽50mm，立面图上的门套宽30mm等。

（2）门表图的五金配置不合理。如玻璃门搭配了木门的闭门器；原锁具型号配有门把手，结果门表图上多了个把手；需要配置自动插销的门配成了手动插销等。

（3）门的数量与使用部位对不上号。如17层客房区域共用17樘平开门，结果门表图上只填写了15樘等。

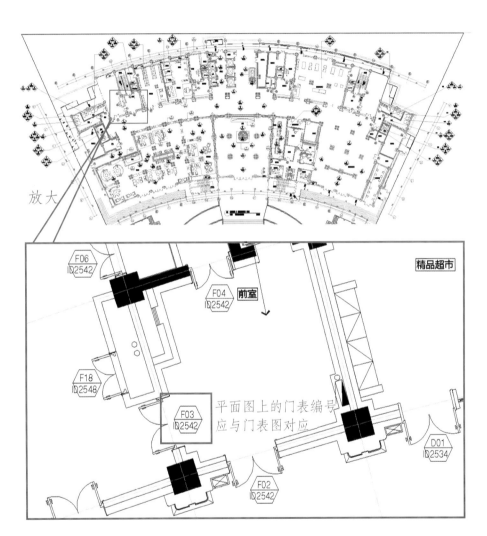

图2-16

因此，在对门表图的管控与审核或者成品门下单时，重点应该排查这些内容：门表图的格式是否完善；该包括的三大版块内容是否全都包括在内；是否遗漏了必要信息；门的数量、表示编号与使用位置是否与施工平面图一一对应，有无冲突；规格尺寸、样式选择、饰面材料是否与施工图纸一一对应，有无冲突；门的节点图和立面图是否表示清楚，必要尺寸是否标注齐全。

跟编制材料表一样，在整个物料管控环节中，最核心的方法就是事无巨细地根据图纸逐一排查，否则在这个环节遗漏的问题，最终落地后造成的损失将不可估量。因此，你可以把上述问题视为关于门表图的核查清单，便于你后期在审图时逐项核对。

第四讲 ｜ 物料系统管控——洁具档案、电器档案、五金档案

关键词：洁具档案，电器档案，五金档案，过程管控
导读：本文要解决的问题有：洁具档案怎样编制？电器设备"打架"怎么办？

一、洁具档案的概述与管控要点

当一个设计项目中涉及的洁具数量较多时，设计方会出具相应的洁具档案，跟材料档案一样，目的是对项目中使用的洁具进行统一管理，如马桶、台盆、浴缸、水龙头、花洒、角篮等。常见的洁具档案中需要包含下列要素：设备规格、使用位置、使用数量、采购信息、材料示意图等信息（图2-17）。其编制样式与编制注意事项和材料档案一致，故在此不做过多阐述。

除了图纸编制格式与注释大同小异之外，洁具档案与材料档案的管控思路也差别不大，最常见的问题主要有以下3个方面。

（1）洁具信息与施工图对应不上。如明明平面索引图上有的洁具编号，在洁具档案中却找不到对应的洁具信息。

（2）洁具设备的尺寸规格与装饰点位冲突。如马桶选样没有参考实际点位，造成排污口的点位对应不上，出现马桶要么远离墙面，要么安装不下等情况（图2-18）。

（3）安装位置或设备选型与装饰造型冲突。如卫生间水龙头安装完后，看上去没有问题，但是打开水龙头就会撞到上边的镜盒。浴缸立式水龙头安装后，同样看上去没有问题，结果当水流较小的时候，淋不进浴缸里（图2-19）。甚至还有些管理不到位的项目，明明是预留下排的排水管，但洁具档案里却是不落地的小便斗，结果施工方没有用心核对现场，盲目下单，造成到场的小便斗出现对应不上的尴尬局面（图2-20）。

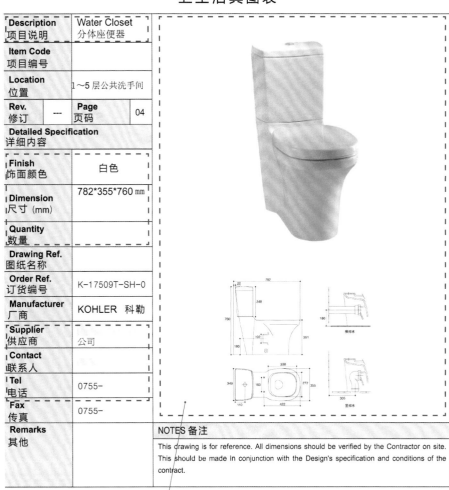

PROJECT 工程名称		PROJECT NO. 工程编号	DATE 日期
Hotel 酒店			2012-5-13

SANITARY FITTING SPECIFICATION
卫生洁具图表

Description 项目说明	Water Closet 分体座便器
Item Code 项目编号	
Location 位置	1~5层公共洗手间
Rev. 修订	--- Page 页码 04
Detailed Specification 详细内容	
Finish 饰面颜色	白色
Dimension 尺寸 (mm)	782*355*760 ㎜
Quantity 数量	
Drawing Ref. 图纸名称	
Order Ref. 订货编号	K-17509T-SH-0
Manufacturer 厂商	KOHLER 科勒
Supplier 供应商	公司
Contact 联系人	
Tel 电话	0755-
Fax 传真	0755-
Remarks 其他	

NOTES 备注

This drawing is for reference. All dimensions should be verified by the Contractor on site. This should be made in conjunction with the Design's specification and conditions of the contract.

重点关注设备尺寸与装饰图是否冲突
红色框线内为必备信息

图 2-17

遇到上述情况时，就是设计方和施工方开始"打太极"的时刻了。因此，在对洁具档案进行管控的时候，重点需要关注设备编号、尺寸、安装位置以及造型选样这四个点与其他装饰造型或设备的关系。碰到如水龙头、修面镜、挂衣绳等可调动设备，不仅要考虑设备的固定点位，还应充分考虑设备使用时的位置和与装饰造型的关系。

二、电器档案的概述与管控要点

电器档案的资料一般出现在中高端项目中，与其他档案一样，它的目的是对项目中涉及的电气设备进行统一管理，如电视机、保险箱、开关插座面板等。

与洁具档案一样，在常见的电器档案中需要包含下列要素：设备规格、使用位置、使用数量、采购信息、材料示意图等信息（图2-21），这些均来自设备供应商的产品库，设计师可作为了解。

无论设计师还是现场管理人员，都容易忽视对电器设备的管控，认为这些电器小零件都一样，不需要花费太多精力。也正因如此，容易造成设计落地效果不好或无故增加成本等业主不想看到的问题。电器档案的管控与其他档案一样，最容易出现的问题是电气点位与装饰点位冲突，或者和相关档案对应不上的情况。如：

（1）开关面板选样及规格与装饰图对不上。甚至还会出现平面点位图上标示的是常规的86型面板，而电器档案里面选用的却是120型面板的情况，并且现场人员也忽视了电器档案，按照常规流程根据蓝图施工，最终造成业主方购买的120型面板无法安装。

（2）电视机与开关插座的冲突（图2-22）。这也是最常见的点位冲突问题，因为电视机的选样是方案设计方与业主方确定的，

图2-18　　　　　　　图2-19　　　　　　　图2-20

1. 龙头与浴缸的关系不协调
2. 若是高层，水流较小的话，是否会流不到浴缸里？

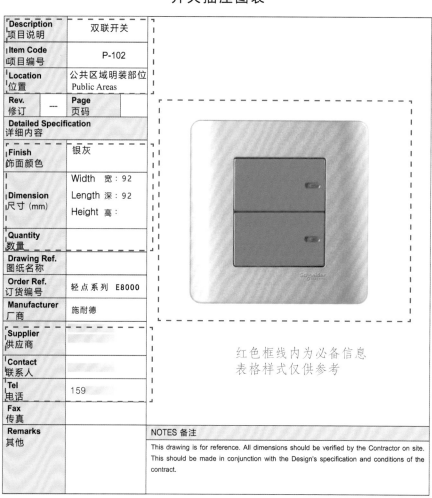

图2-21

PROJECT 工程名称		PROJECT NO. 工程编号	DATE 日期
酒店			2012-8-3

SWITCH SOCKET SPECIFICATION
开关插座图表

Description 项目说明	双联开关	
Item Code 项目编号	P-102	
Location 位置	公共区域明装部位 Public Areas	
Rev. 修订	---	Page 页码
Detailed Specification 详细内容		
Finish 饰面颜色	银灰	
Dimension 尺寸（mm）	Width 宽：92	
	Length 深：92	
	Height 高：	
Quantity 数量		
Drawing Ref. 图纸名称		
Order Ref. 订货编号	轻点系列 E8000	
Manufacturer 厂商	施耐德	
Supplier 供应商		
Contact 联系人		
Tel 电话	159	
Fax 传真		
Remarks 其他		NOTES 备注

红色框线内为必备信息
表格样式仅供参考

NOTES 备注
This drawing is for reference. All dimensions should be verified by the Contractor on site. This should be made in conjunction with the Design's specification and conditions of the contract.

而开关插座的定位是深化设计方出具的。因此，在实际项目过程中，常常碰见开关插座的点位与电视点位对应不上，买来电视机后装不上的情况。

另外一个例子是，设计师按照常规的项目经验，在马桶的后方预留了一个插座位，结果业主方选择了一款新型的智能马桶，该马桶是直接通过接线的方式与预留电源连接，不需要预留插座位，而是要预留电源线（图2-23），结果就因为对物料档案的马虎大意，造成图纸深化的马虎，不得不根据现场情况换了一款马桶。

由上述案例可以看出，在实际项目执行过程中，关于电器档案的管控应该主要关注电器设备的安装位置、设备选型、编号与规格尺度这4个方面。在审核档案或最终出图时，一定要重点核查上述参数是否与其他装饰造型或设备相互冲突，避免不必要的麻烦。

三、五金档案的概述与管控要点

五金档案和其他相关档案性质一样，是对项目中所涉及的五金配件进行统一管理的手段之一。五金档案内包含了项目中使用的主要的五金配件。以酒店客房档案为例，五金档案应包括卫浴五金（毛巾架、晾衣绳、水龙头、角篮、挂衣钩、门档条、地漏、厕纸架等）、门五金（玻璃门夹、闭门器、门锁、门挡、胶条等）和固定家具五金（合页、抽屉导轨、拉手等）三大部分。和其他物料档案一样，一套标准的五金档案必须包含物料编号、供应商信息、详细内容、使用部位、规格尺寸以及示意图等内容信息，如图2-24所示。

五金档案的管控与之前提到的材料、门表、洁具等类型档案管控相比要简单很多，常见的问题主要包括五金选型不适合和档案与相关文件不对应两种类型。

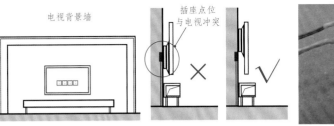
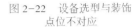

图2-22 设备选型与装饰点位不对应

图2-23 预留电源

PROJECT 工程名称		PROJECT NO. 工程编号	DATE 日期
hotel 酒店			2012-5-13

IRONMONGERY SPECIFICATION
五金器具图表

Description 项目说明	Door Closer 闭门器	
Item Code 项目编号	I-102	
Location 位置	A door 入户门	
Rev. 修订	---	Page 页码	2
Detailed Specification 详细内容		
Finish 饰面颜色	以实物为准	
Dimension 尺寸(mm)	Width 宽: Deep 深: Height 高:	
Quantity 数量		
Drawing Ref. 图纸名称		
Order Ref. 订货编号	M-C2003H	
Manufacturer 厂商	Ingersoll rand 英格索兰	
Supplier 供应商	五金	
Contact 联系人		
Tel 电话	(755)2	
Fax 传真	(755)2	
Remarks 其他		

NOTES 备注

This drawing is for reference. All dimensions should be verified by the Contractor on site. This should be made in conjunction with the Design's specification and conditions of the contract.

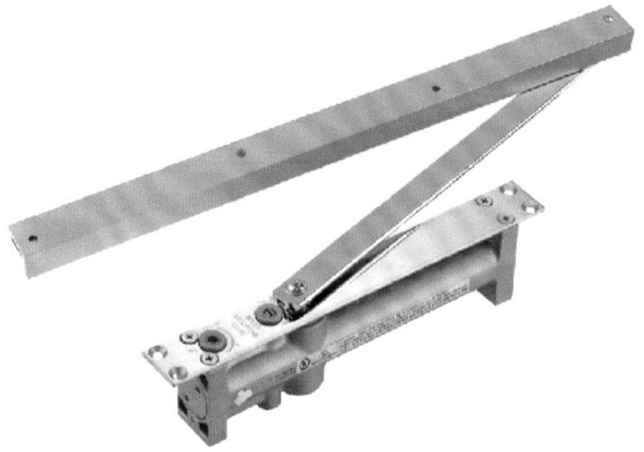

图2-24（单位：mm）

XXXX项目物料动态追踪表（仅供参考）

序号	编号	名称	示意图	品牌	使用部位	单位	供应数量	物料档案	施工样板	打样次数	确认样板	货源	联系方式	签订合同	下单日期	开始加工	到场时间	预计供货周期	备注
一、地毯																			
1	CA-101	地毯（固定）	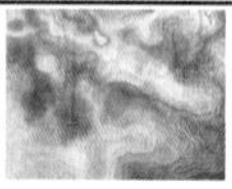	xxx	单床房-地面	m2	512	√	√	1	/	进口	182-*******	√	/	/	/	/	于11月5日取消
2	CA-102	地毯（活动）	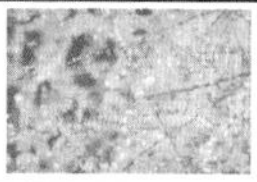	xxx	双床房-地面	m2	42	√	×	3	9月20日	进口	182-*******	√	11月2日	11月11日	12月25日	30	
四、木饰面																			
1	WD-01	灰影木		xxx	双床房-地面	m2	500	√	×	3	9月20日	上海	182-*******	√	11月2日	11月11日	12月25日	30	
2	WD-02	胡桃木		xxx	单床房-地面	m2	240	√	√	1	10月5日	上海	182-*******	√	######	11月25日	12月25日	30	
3	WD-03	黑檀木	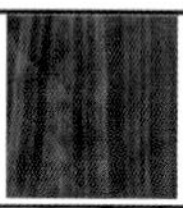	xxx	走道-地面	m2	60	√	√	1	10月5日	上海	182-*******	√	######	11月25日	12月25日	30	
五、石材																			
1	ST-101	新水墨石	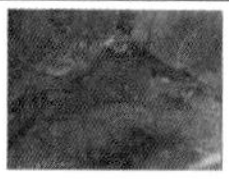	xxx	单双床房-卫生间地面	m2	60	√	√	1	10月5日	水头	131*******	√	10月4日	10月14日	11月20日	30	酸洗处理
2	ST-102	金典蓝爵石（浅）	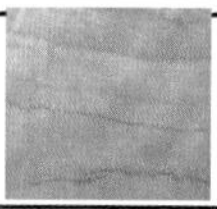	xxx	单双床房卫生间墙面	m2	60	√	√	1	10月5日	水头	152-*******	√	10月5日	10月15日	11月20日	30	
3	ST-103	雅士白		xxx	单双床房-卫生间墙面 电梯厅-地面	m2	60	√	√	1	10月5日	水头	187-*******	√	10月6日	10月16日	12月25日	30	
十、电器设备																			
1	P-101	轻点系列E8000多功能		xxx	公共区域明装部分	个	60	√	√	1	12月5日	水头	187-*******	√					
2	P-102	轻点系列E8000二三极		xxx	公共区域明装部分	个	60	√	√	1	12月5日	水头	138-*******	√					
十三、洁具																			
1	S-110	杜拉维特:坐便器012601白色		xxx	单双床房-卫生间	个	60	√	√	1	12月5日	水头	138-*******	√					
2	S-111	华乐诗面盆WR-270119白色		xxx	单双床房-卫生间	个	60	√	√	1	12月5日	水头	138-*******	√					

图2-25　物料管控表格示意

前文曾提到，门表的五金配件选型是交由专业的厂家或者顾问搭配的。之所以会出现五金选型不匹配的情况，要么是因为没有给顾问或者厂家提供准确的其他配套信息档案，要么是因为其他档案变更后，没有及时同步更新。因此，规避五金选型不匹配的方案是，保证给五金搭配人员的相关档案（如配置清单、门表图、物料表、施工图、变更文件等影响五金搭配的文件）是最新且完整的。

档案与相关文件不对应是指门表上需要匹配的五金件和五金档案上提供的五金件不对应等情况。如门表上的 md-01 需要配置暗装闭门器，结果五金档案上提供的都是明装闭门器，或者立面图上的洗面台画的是圆形的毛巾架，而五金档案上匹配的却是直线形的毛巾架等情况，管控办法与之前的档案类似，这里不再过多阐述。

设计师需要了解的物料管控类型与要点差不多就讲完了，从我们列举出的案例中可以看出，当我们出具蓝图或者材料下单时，在最后审核过程中，一定要事无巨细、逐一排查。核查时，建议将各个档案打印出来，然后以本书提供的极简清单为范本，一项项与施工图、门表图等相关档案对应，并不断在过程中将累积的审核经验编入审核清单里面，将整个审核流程程序化。只有这样，每一次的经验才能形成积累，这也是在整个物料管理系统中，最笨却最有效的方法。

四、施工方的物料系统管控

接下来，让我们站在现场深化人员的第一线看一看，当我们去项目驻场（或者作为施工方的深化设计师）时，应该怎样结合工程进度，管理设计方给的这些物料档案，真正做到有条不紊地对项目物料进行管控。

首先，作为一名驻场设计师或现场管理人员，在现场把控阶段会收到很多前期施工

图的材料，如门表图、五金构件表、设计方出具的物料档案等。面对这些杂乱无章的物料文档和表格，很多设计师都会使用文件夹把档案分门别类地放好，使用的时候再根据一定的文件夹归类逻辑（如设计公司模板等）寻找并审核，有的管理人员会应用一些工具来进行文件管理，这种文档管理的做法在设计前期是完全可行的，对于施工蓝图的审核也没有太大的妨碍。但是，身为现场第一线人员，势必会遇到各种各样的变更，如果只通过文件夹的形式来对物料档案和表格进行管理是远远不够的。因为在施工现场，经常要根据现场的实际情况及时调整设备的选样、规格，甚至品牌等信息，其中还牵扯到一些材料的进场、样板进场的追踪与统计（施工方的深化设计师应该深有体会）。因此，如果还采取原始的文件夹系统来对各个物料档案进行管理，就很容易出现收到变更后的物料档案却没有及时跟进或被遗漏的现象，变更档案数量累积多了，会导致整个物料系统管控的混乱，严重地影响工作效率，甚至会造成经济损失，如一些物料的规格型号发生变更，但是物料表上没有及时更新，造成结算时遗漏；设计方变更了物料品牌，结果还是按照老的品牌下单等情况。

那么，有没有一套好的物料管控方案可以解决以上问题呢？答案是：有。我们可以用 Excel 表格对物料系统实行实时管控。如图 2-25 所示的表格是实际进行的一个施工项目中的一份表的节选，表格中几乎囊括了所有物料管控的必备项目，前端设计师可以把这个表格理解为所有文本档案的索引图，后端设计师可以把该表格作为物料跟踪管控的视觉化呈现表格。设计师或者现场管理人员可以通过该表格把所有物料信息——导入进去，当物料发生变更时，可以在表格中的备注栏加入变更信息，然后把变更后的物料档案按照之前的文件夹分类逻辑放好即可。这样一来，就能很清晰明了地看出哪些材料发生了变更，变更时间是多久，变更内容是什么，哪些物料已经完成样板，确认可以大面积安装了，也可以对在项目进度和成本控制上起到关键作用的要点进行把控。

以上提及的方法，具体流程简化下来有 3 步：获取、记录、追踪（图 2-26）。很多人会觉得这样做很麻烦，不太实用，但是，这套方法是国内最好的几家装饰工程公司管理项目时最常用的方法之一，在一个项目中，它可以为驻场设计师和现场管理人员节约很多时间。

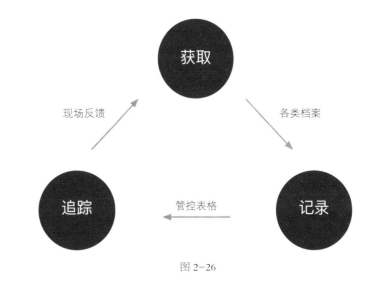

图 2-26

五、关于物料系统管控的总结

物料系统管控这一章主要站在深化设计师的角度，系统地讲解了整个物料系统的管控方式，从常见的物料表类型、标准参照、常见错误到审核重点项都逐一进行了分析与阐述。这些知识看起来似乎很简单、笼统，但恰恰是因为它们实操起来太简单，所以大部分设计团队才屡屡犯错。看似简单的物料系统管控，在实操中需要事无巨细地逐一筛选与核查，才能保证较高的准确率。整个物料管控的过程中，对方案设计方而言，在筛选物料或设备时，需要参照图纸和供应商数据进行匹配；对深化设计师而言，需要根据物料档案一一进行深化与排查；对施工方而言，需要对物料系统的整体实行综合把控和下单安装。设计团队的专业程度不只体现在解决大的设计问题上，更体现在对物料系统的整体管控这种小事上。

基层板材

3

第一讲 ｜ 基层板材——学习方法论

关键词：基层板材，思维模型，"材料三问"
导读：在我们学习一个新的知识点之前，应该先学会如何学习，然后再用这套学习方法去学习具体的知识。本文将告诉大家如何快速地学会选择材料的方法，并探讨下列问题：设计师应该如何选择合适的基层板材？有没有一套通用的方法论来指导我们选择装饰材料？对于基层板材，我们需要掌握的重要知识有哪些？

一、设计师了解基层板材的意义

基层板材是指在饰面材料和骨架材料之间的板材，它能起到连接饰面与基层或主体结构的作用。最常见的基层板材有木工板、多层板、阻燃板、欧松板、刨花板、颗粒板、集成板等，这些属于"骨肉皮"模型中"肉"的部分。对这类材料的学习，应该是每个室内设计师要学的基础课程。相信大家都应该遇到过下列情况。

（1）同样一个装饰造型和通用节点，有些装饰施工图上是使用双层9mm阻燃板做基层，有些图使用双层12mm防水石膏板，有些图则直接使用12mm水泥板。所以，很多设计师会分不清在自己的项目中应该使用哪种板材。

（2）看到别人的图纸在木饰面构造上使用木工板做基层，你也在自己的项目上这样做，但是打印完蓝图拿到现场后，现场人员说不能使用木工板，必须使用阻燃板。

（3）有人说服务台的钢架基层上可以用阻燃板打底来做石材饰面，也有人说必须使用水泥板来做石材才牢固，还有人说不用基层板材就可以做石材饰面，到底应该怎样选择这些板材？

现在，市面上的装饰材料五花八门，连用于构造基层的板材也多如牛毛，同样一种装饰构造里可能会有几种甚至十几种节点做法，这也催生了多种多样的基层板材的选择方案，如选择密度板、刨花板、OSB板、纤维板、阻燃板、夹板、木工板、指接板、玻镁板、防火板、水泥板、石膏板等。作为设计师，最痛苦的就是项目刚做完就出现质量问题，业主、材料商、施工方不停投诉。所以，设计师不仅要了解表面的装饰饰面材料，对常用的基层材料也必须有大致的了解，这样做一是可以避免后期因为基层材料的选择失误而出现质量问题；二是了解几种常见的基层材料后，几乎可以解决市面上所有主要饰面材料的安装问题，让自己负责的设计项目更好地落地；三是基层板材和饰面材料也是设计师的利润来源之一。

二、装饰板材选择的方法论

选择适合自己设计项目的材料是有一定的方法可循的。以选择基层板材为例，当方案的设计效果敲定后，我们就开始进行方案深化设计，着手准备根据设计效果选择合适的装饰材料。在根据完成面线绘制节点图纸时，应该反复问自己以下3个方面的问题。

1. 功能方面：它能满足功能需求吗

比如，该造型的饰面材料是什么？能达到设计效果吗？饰面材料对基层板材有什么性能要求吗，如防火、耐潮、密度高？做这种饰面材料时，空间环境是潮湿的还是干燥的？

2. 安全方面：它能满足安全需求吗

比如，该空间对装饰材料有防火要求吗？使用什么构造做法，才能避免出现质量问题？采用这样的板材厚度安全吗？质量有保障吗？

3. 成本方面：它能保证高性价比吗

比如，同样的材料，用什么品牌性价比更高？同样的效果，用什么材料成本最低？同样的价格，有合适的替代材料吗？

我们可以通过上面提到的3个方面的问题，对图3-1这个空间的饰面材料进行提问，进而选择合适的装饰材料。功能方面，该造型的饰面材料是什么？能达到设计要求吗？

可实现上述装饰效果的材料有很多，如壁纸、壁布、乳胶漆、木饰面等，但综合考虑后，用硬包的形式最为合适。既然选择了硬包形式，那么它对基层材料有什么性能要求吗？

要弄清楚这个问题，我们首先要知道，装饰硬包的构造做法是：先将一层普通的扪布（壁纸）覆盖在板材上（图3-2），通过胶粘与打钉固定，最终形成硬包板材，

图3-1

再将硬包板材与基层板材进行固定，最终达到装饰饰面的效果。所以，我们选择硬包时，需要对这两种板材进行选择：一是用于承载扪布的板材，需要有坚硬及可塑性强的特点，所以多数情况下可以采用玻镁板、密度板、雪弗板或欧松板作为材料板材；二是用于固定硬包的基层板材，需要耐潮且有一定握钉力，所以基层板通常选用多层板、木工板、玻镁板、防潮石膏板等材料。

该空间中做硬包饰面时，对室内环境有什么要求？

当空间过于潮湿时，如果使用硬包饰面，那么，硬包的自身材料及基层材料容易吸潮变形。所以，安装硬包的场所对空间的潮湿程度有很高的要求。同时还应注意，若大面积使用硬包材料，应考虑能否符合消防规范。

安全方面，使用什么样的节点做法才能保证硬包饰面不出现质量问题？

不管是采用胶粘还是采用干挂的做法，只要硬包自身材料能满足功能需求，厚度足够，且环境不过于潮湿，那么，通常情况下不会出现质量问题。

在正常情况下，硬包自身的板材和基层板材需要多厚呢？

为了保证硬包的钢度、稳定性以及可塑性，用作硬包端的板材厚度通常不会低于9mm，而作为基层的板材，则不能低于9mm，否则极有可能不稳定（图3-3）。

通过上面的分析后，有很多材料都可以达到同样的效果，应该用哪一种呢？

先看硬包自身的材料，最后考虑成本因素，可以锁定厚度大于等于9mm的玻镁板、密

度板、雪弗板来做不同场合下的硬包材料。而基层板材则根据使用空间的不同，采用石膏板、多层板、木工板均可。

通过这套方法论，可以根据不同的空间和构造需求找到合适的硬包材料，而不是去模仿其他项目的硬包做法。

现在，回到文章开头提到的3种情况。这些情况的核心问题是设计师没有明白到底是哪些因素决定了装饰材料以及饰面材料的选择。现在，通过前文提到的方法论，我们就可以应对这些情况了。选择材料时，应该从功能、安全、成本这3个方面综合考虑。为了便于记忆，本书将这套方法论称为"材料三问"（图3-4）。

"材料三问"适用于任何装饰材料的选择，如壁纸、木饰面、石材、石膏板、玻璃等材料。方法虽然看上去很简单，但想要用好，还必须不断积累大量的材料基础知识，让自己的思考更全面，选择更准确。那么，面对种类繁多的装饰材料，应该学习哪些重要知识来快速搭建起自己的材料框架呢？在后文的讲解中，会从基层板材入手，挑选几种最常见且设计师必须要掌握的基层板材，从它们能满足什么样的功能需求和安全需求两方面来重点讲解这些材料的基本特性、常见分类、使用技巧、适用场景等。

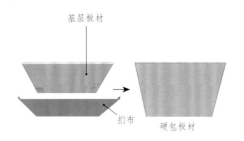

图 3-2 硬包制作过程

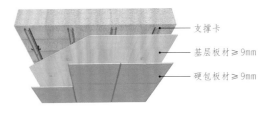

图 3-3

图 3-4 装饰材料选择模型

第二讲 ｜ 基层板材——胶合板

关键词：胶合板，板材特点，加工过程
导读：本文将解决以下问题：基层板材的厚度应该怎样选择？胶合板是怎样影响室内装饰的？设计项目中应该怎样运用胶合板？

> **阅读提示：**
>
> "北大芯、南胶合"是装饰界无人不知的两大基层板材，几乎占领了整个装饰基层板材行业的"半壁江山"，本文将介绍"南胶合"中所指的胶合板相关的知识。

一、材料简介

在装饰领域，胶合板（图3-5）又被称为多层板、夹板、细芯板。它是最常见、最基本的基层板材，由3层或多层1mm厚的单板或薄板胶贴压制而成。我们常听说的三合板、三层板、九厘板、五厘板等都是指不同厚度的胶合板。根据不同的使用需求，可以把胶合板的厚度做成3mm~18mm不等。

设计师所说的阻燃板，在没有特殊说明的情况下指的就是阻燃胶合板，它是在胶合板制作时加入阻燃剂，从而让木板达到B1阻燃防火级别，是普通胶合板的升级版，价格也要比普通胶合板高一些。

在装饰行业中，由于人体工程学以及建筑上的限制，几乎所有的装饰板材（包括饰面板材和基层板材）最常用的规格均为1220mm×2440mm。当然，为满足不同的项目需求，用于饰面的板材可定制长度达3000mm的大板。胶合板也是上述规格，厚度以3mm、5mm、9mm、12mm、15mm、18mm居多。

胶合板是由原木切割成薄木皮，再用胶粘剂胶合而成（图3-6），就像威化饼干一样（图3-7）。胶合板用奇数层单板的情况较多，目的是尽量改善天然木材各向异性的特性，使胶合板特性均匀、形状稳定。

所以，在制作时，其单板厚度、树种、含水率、木纹方向及制作方法都应该相同，层数为奇数可以使各种内应力平衡。国内常见的胶合板原料以杨木、榆木、桦木、落叶松为主，设计师作为了解即可。

二、板材类别

胶合板是覆盖面积最广的基层板材，这得益于它根据不同的室内环境，有不同的选择类型，就像石膏板一样，有耐火、耐潮之分。总体来说，胶合板主要分为以下4类。

一类胶合板为耐气候、耐沸水胶合板，有耐久、耐高温、能蒸汽处理的优点。

二类胶合板为耐水胶合板，能在冷水中浸渍和在热水中短时间浸渍。

三类胶合板为耐潮胶合板，能在冷水中短时间浸渍，适合在室内常温下使用，可用在家具和一般建筑中。

四类胶合板为不耐潮胶合板，可以在室内常态下使用，主要用于基层及一般用途。胶合板用材有桦木、榆木、杨木等。

不同的室内空间应选用不同的胶合板，如固定家具应选用有耐潮性能的胶合板，吊顶要采用有耐火性能的胶合板，卫生间采用耐潮的胶合板，衣帽间采用普通的胶合

图3-5

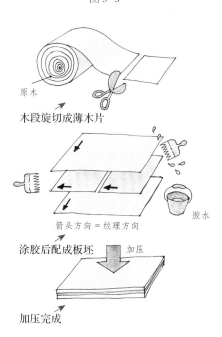

原木

木段旋切成薄木片

箭头方向=纹理方向

涂胶后配成板坯　加压

加压完成

图3-6

图3-7

板等。室内设计师一般关注的多为板材的阻燃性能。

与其他基层板材一样，胶合板只是打底的基层板材，如果在胶合板上胶合各种各样精美的木材薄板或人造面板，就成了所谓的木饰面、木作、薄木贴面板等材料（图3-8），"身价"暴增。

三、性能特点

胶合板的优点是强度较大、抗弯性能好、握钉力强、稳定性强于密度板，纤维板等、价格适中，缺点是环保性相对较差，板材稳定性差，若板材过薄易产生形变。抗弯性能好可以理解成夹板的弹性和韧性较好（图3-9），所以，包圆柱、做曲面等装饰基层（图3-10）就需要用到3mm~5mm的胶合板，这也是其他板材不具备的特点。

四、如何使用胶合板

不同厚度的胶合板在装饰过程中会起到不同的功能性作用，下面以最常见的厚度为3mm、5mm、9mm、12mm、15mm、18mm胶合板为例，来看看在不同场合下应该怎样使用它们。

对基层板材的厚度，设计师一般称"几个厚"或者"几厘"，如3mm厚的阻燃板叫"3个厚的阻燃板"或"3厘板"。3厘板是市面上常见的最小厚度的胶合板，又叫三合板、三夹板，在室内装饰中，通常用于做弧度较大，但需要进行基层处理的曲面造型基层板材，如包圆柱、做吊顶侧板等。

9厘板、12厘板、15厘板、18厘板是室内设计中使用最多的胶合板，被广泛用于室内的家具制作、天地墙的基层构造中，尤其在我国南方地区，几乎所有装修都会用到这些规格的板材做基层。但很多设计师不知道这些板材的厚度应该怎样选择。其实，判断究竟用多厚的胶合板时，只需要记住下面几种情况：

普通的平面吊顶基层（如为吊顶木饰面做基层板时）推荐使用厚度为9mm和12mm的胶合板，因为作为吊顶的板材不能太厚、太重，以免发生脱落。同理，吊顶石膏板的选择也是如此。

如果饰面材料对吊顶基层的强度有要求，则可以考虑使用15mm，甚至18mm的板厚，如窗帘区域、跌级吊顶侧板处。

运用在墙面时，则应该看饰面造型的面积大小以及它对基层强度的要求。比如，若在长10m、高3m的墙面上做木饰面，可以用9mm厚的胶合板做基层，甚至用5mm厚的板材来做，若在10m长、8m高的地方做木饰面，那么为保险起见，基层厚度须做到12mm~15mm。

若胶合板用于地面打底（如做木地板基层、地台基层等），应至少采用15mm厚的板材，才能保证地面的强度。

上面提到的数据，针对任何形式的基层板材都适用，如石膏板的选择、木地板的选择等。总之，板材越厚，稳定性越好，重量越大，成本也越高。一般情况下，使用9mm~12mm厚的基层板都没有问题。

饰面材料对基层板材有承重要求时，采用15mm~18mm厚的板材为宜。

五、注意事项

1. 防火性

虽然胶合板可以做成防火等级为B1的阻燃胶合板，但它毕竟是木头，易燃。如果项目要求特别高（如地标项目、高端五星酒店、高端办公楼等），则应该控制阻燃胶合板的使用面积，必要时，采用玻镁板、硅酸钙板等替代材料或全龙骨基层（图3-11）。

2. 环保性

胶合板是通过胶粘而成的，必然含有一定量的甲醛。但是，按照目前的材料工艺水平，几乎所有基层板材的环保等级至少都能达到E1级别，所以，只要使用正规厂家生产的板材，其环保等级均能符合标准。至于如何选择，就取决于项目对环保等级的要求。

六、案例

最后，图3-12~图3-16展示了胶合板在装饰空间中的应用实景。

图3-8 各类饰面板表皮

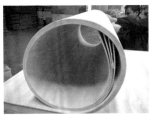
图3-9 高抗弯能力的胶合板（又称弯曲板）

图3-10 以多层板为基层的装饰处理

图3-11 全龙骨基层吊顶

图3-12 用于门套基层

图3-13 用于吊顶侧板

当然，胶合板的用途远远不止于室内装修上，在我们比较熟悉的工业产品、家具领域也都被广泛地应用，比如阿尔瓦·阿尔托的帕米奥椅、伊姆斯椅等各类家具，各种衣柜、橱柜底板等（图 3-17、图 3-18）。

图 3-14　用于墙面造型

图 3-15　用于吊顶基层

图 3-16　现场支模常用的木模板也属于胶合板

图 3-17　帕米奥椅

图 3-18　各类胶合板打底家具

第三讲 ｜ 基层板材——木工板

关键词：木工板，木材特点，板材对比
导读：本文将解决以下问题：木工板到底有哪些性能特点？木工板在设计项目中应该怎样使用？木工板与胶合板应该选择哪一种？

一、材料简介

在装饰领域，大家都听过"木工板""大芯板""细木工板""木芯板"这些板材的名字，虽然叫法各不相同，但其实它们都是指在两片夹板中间粘压拼接实木条而形成的同一种基层板材（图3-19）。绘制正规的设计图纸时（图3-20），建议还是写细木工板或基层板，这是制图规范中的叫法，也是公认的名称。

就防火等级而言，目前市面上对木工板的等级说法比较混乱，有些厂家宣称自己生产的木工板可以达到B1级，有些厂家说只能达到B2级，真假难辨，唯一的鉴别方法就是把使用的材料封样并进行复检，检测燃烧值。国内绝大多数的设计项目中采用的木工板的防火等级为B2级，而为了让B2级的木工板达到防火要求，施工时会进行"防火涂料三度"，但是，即使刷满防火涂料，仍然不能把B2级的木工板刷成B1级。所以，就防火等级而言，木工板并不占优势。

大多数装饰板材最常用的规格为1220mm×2440mm，木工板也不例外。因为它是通过两片夹板夹住实木条，所以，其最小板厚也比胶合板厚，常见厚度为12mm、15mm、18mm、20mm（图3-21）。厚度小于12mm的木工板很少见，因为实木条的厚度小于12mm的话，对板材的强度有影响。

木工板的生产工艺与胶合板类似，它的质量取决于板芯的选材，国内通常使用杨木、桦木、杉木、松木等常见木种作为木工板的芯材。杨木也被称为"小叶杨"，质地细软，性稳，价廉，易得，因为常有绸缎般的光泽，所以也被称为"缎杨"。杉木木质不紧密，材质比较软，容易开裂，但价廉，易得。

二、板材类别

不同的厂家对细木工板的类别有不同的说法，但是总体而言，都是给普通的木工板增加不同的"效果"，比如，木工板环保等级能达到E0级，就是环保木工板，防火等级达到B1级，就是阻燃木工板。因此，设计师只需要记住三种细木工板类别：普通B2+E1木工板、B1+E1木工板、B1+E0木工板。这3类木工板价格依次递增，每张板的价格从60元到230元不等（不同品牌价格差距巨大）。

三、性能特点

木工板的最大优点是握钉力好，强度高，有一定的吸声、绝热效果。它的含水率不高，在10%～13%之间，现场加工简便，防潮性能优于其他木质基层板。缺点是板材稳定性差，防火性能不好，抗弯性差，甲醛释放量普遍较高，价格偏高。

四、如何使用木工板

前文曾讲到不同的饰面材料和装饰部位应该如何选择不同厚度的板材，这些规则对木工板同样适用，但由于木工板最小厚度为12mm，所以，如果项目中要采用木工板做基层，规则应该改为：板材越厚，稳定性越好，重量越大，成本也越高。通常情况下，可以使用12mm~15mm厚的木工板，饰面材料对基层板材有承重要求时，采用18mm~20mm厚的木工板为宜。

木工板的上述特点决定了在室内空间中，它是室内基层的常用板材之一。它的功能与胶合板非常类似，而由于其含水率较低，在北方地区，木工板占有绝对的市场优势，与南方的胶合板形成"北大芯、南胶合"的市场占有局面。

不同于胶合板的广泛应用，木工板的应用范围要稍小一些，主要用于饰面材料对基层强度有要求的情况下，如制作木框架、门套、柜体底板、窗帘盒、吊顶侧板等，但它并不能像胶合板一样，作为活动家具

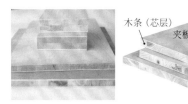

图3-19　细木工板图纸表达

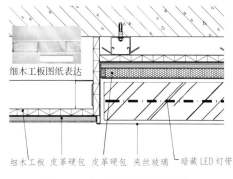

细木工板　皮革硬包　皮革硬包　夹丝玻璃　暗藏LED灯带

图3-20　木工板的常见填充图案

图3-21

的基层板材。因为木工板的抗弯性能差，所以，如果遇到弯曲的墙面造型，只能在木工板的背面每隔20mm~30mm抽一根槽（图3-22、图3-23），用来保证其能够弯曲。

需要注意的是，木工板最大的缺点是防火性能较差，所以，在空间中使用木工板时，必须要在上面涂刷三遍防火涂料（图3-24）。严格意义上来说，在对基层材料有防火要求的空间（如酒店、会所、办公室等）内严禁使用普通木工板，甚至胶合板，必须要使用带有阻燃性质的板材。

五、使用案例

如图3-25~图3-30所示，木工板在室内构造中运用较广，除了活动家具极少用到木工板以外，在其他场合，它几乎和阻燃板拥有一模一样的用途。

六、注意事项

目前，市面上主要品牌的木工板产品抽样合格率较低，而夹板的情况要好很多。也就是说，如果自己去市场上采购木工板，很大概率会买到偷工减料的产品，这样的产品在拼接实木条时缝隙较大，板材内部普遍存在孔洞，如果在缝隙处打钉，则基本没有握钉力，同时，环保性和防火性可能也会有问题。虽然现在设计师主动去逛建材市场选板材的情况已经很少了，但是，设计师仍然需要知道怎么判断一张木工板质量的好坏。

木工板质量好坏的判断标准有很多，最重要的有以下3点。

（1）厚度。如果标注厚度为18mm的木工板，其实际厚度只达到了17mm、16mm，甚至连16mm都达不到，那么其质量可想而知。

（2）芯材。芯材不宜过碎、过小，如图3-31所示。

（3）平整度。质量差的细木工板面层很难做平，通常都有凹凸不平的情况。

虽然现在大多数的项目中，固定家具都是采用成品定制的，但也不排除现场制作的情况，如果项目中涉及现场制作固定家具的情况，就需要设计师格外注意。由于木工板表面比较粗糙，木工现场对表面进行处理时通常会使用大量胶水或油漆，因此，此板材制作出的家具极不环保，这也是装修时会有刺鼻味道的主要原因。此类现场制作的家具对人体的伤害非常大，所以，在项目中，可以采用环保等级能够达到E0级的木工板，或者改用胶合板、刨花板这类环保等级高一些的材料作为底板，千万不要因为还要贴饰面板就不考虑木工板的环保性。

七、胶合板和木工板应该选择哪一种

在实际设计工作中，这两种板材应该选择哪一种呢？本书给大家的建议是：如果要

在这两种板材之间选择，那么尽量使用阻燃胶合板，不建议使用木工板。虽然它们的适用场合、性能特点、满足的功能需求、安全需求都极其相近，但是可以考虑从下面两点来进行判断。

从防火性来看，阻燃胶合板的性能肯定优于阻燃木工板。若木工板也想达到阻燃的级别，它的价格就会比阻燃胶合板高，而且，现在几乎所有的工装项目对基层材料的防火性都有要求，所以，如果既考虑防火又考虑成本，阻燃胶合板是更好的选择。

从环保性来看，只要有胶水必然有甲醛，所以，同样环保等级的板材，还是建议选择胶合板，价格会更低一些。

如果空间对环保的要求特别高（如住宅），那么，上述两种板材都达不到要求，因此，建议选择后续会提到的欧松板或者实木板。

图3-22　　　　　图3-23　木工板背面　　　图3-24　木工板刷防
　　　　　　　　　　切割并包柱　　　　　　　　　火涂料

图3-25　门套基层　图3-26　墙面造型　　图3-27　隔墙基层　图3-28　固定家具
　　　　　　　　　　　　基层　　　　　　　　　　　　　　　　　基层

图3-29　天花吊顶　图3-30　楼梯基层　　　　图3-31
　　　　基层

第四讲 | 基层板材——密度板、刨花板、欧松板

关键词： 密度板，刨花板，欧松板
导读： 本文将解决以下问题：密度板与刨花板有哪些相同点，哪些不同点？刨花板与欧松板的主要区别是什么？怎样选择？在设计工作中，应该怎样合理运用这些板材来保证项目质量？

> **阅读提示：**
>
> 不同于"北大芯、南胶合"，密度板和刨花板用于空间造型基层的情况要少很多，它们常被用于固定家具、活动家具领域以及饰面板材基层等地方，本文将介绍关于这两种板材的基本知识。

一、密度板

1. 材料简介

密度板又叫纤维板（图3-32），它是将树干材、枝丫材等木质原料或其他植物纤维经热磨、施胶、干燥、铺装后热压制成的人造板材。如图3-33所示，如果说胶合板是威化饼干，那么密度板就可以形象地理解成压缩饼干。

就防火等级而言，无论是密度板还是刨花板，都和木工板一样，等级比较混乱，所以，只要记住，这两种板材均可以达到B1级，但是B1级的板材价格相对较高就可以了。密度板的环保等级最高可以达到E0级别，但是其价格也会相对较高，最常用的规格为1220mm×2440mm，厚度为3mm、5mm、9mm、12mm、15mm、18mm等，与其他板材没有太大区别。

2. 产品类别

密度板的类别划分比较简单，按密度可以分为3类：密度大于等于880kg/m³的板材为高密度板；密度为550kg/m³~880kg/m³的板材为中密度板；密度小于等于550kg/m³的板材为低密度板。不同的板材密度决定了板材的使用场合和使用方式，而分辨这几种板材最简单的方式就是用手去按压，不同密度的板材手感是完全不一样的，高密度板很硬，低密度板会相对较软。

3. 性能特点

密度板最大的优点是平整度很高，就像砂纸一样，目数越多，表面越细腻、平整。构成密度板的颗粒极小，所以它的表面平整度特别高，这是其他板材代替不了的特点。再加上超高平整度的特性，各种涂料（油漆）均可均匀地涂在密度板上，各种木皮、胶纸薄膜、饰面板、轻金属薄板、三聚氰胺板等材料也均可贴在密度板表面上。另外一个优点是可塑性超强。密度板的强度很高，韧性很强，在3mm的厚度下也不容易断裂，可雕刻（图3-34），可塑性强，而且还很容易加工。也正因为这两大无可比拟的优点，密度板成了最主要的家具装饰板材，也是饰面板、基层板的优选材料。

密度板的缺点：一是不防潮，就像压缩饼干一样，遇到水马上发涨、软化（图3-35），所以，密度板不适宜用作踢脚板、门套、窗台板等会遇到水汽的地方；二是易膨胀，尤其是中密度和低密度板尤为明显，遇水膨胀，变形大，若在潮湿的空间中长时间承重，变形概率比胶合板、木工板及刨花板都要大；三是握钉力较差，由于构成密度板的纤维非常细碎，导致密度板的握钉力比实木板、刨花板都要差很多。

4. 密度板的使用

虽然密度板的强度高、平整度高、可塑性强，但是它遇水就发涨，且握钉性较差，所以，

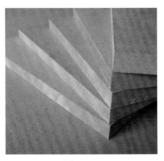

图3-32

图3-33

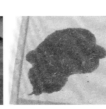

图3-34 密度板做线条　图3-35 受潮的密度板

图3-36 饰面板基层

图3-37 木线条基层

在装饰领域，以高密度板和中密度板两种板材为主。

高密度板由于密度高、强度大，所以常用于室内构件与材料的制作，如强化木地板、门板、饰面板基层、硬包基层、固定家具基层板、护墙板等（图 3-36~ 图 3-38）。中密度板主要用于固定家具、活动家具的板材（图 3-39~ 图 3-41）。

二、刨花板

密度板和刨花板（图 3-42）在功能、形式和外形上都很相似。

1. 材料简介

刨花板是用木屑碎料或实木的边角料加胶合剂压制而成的人造板材。从外形上看，它的板材横截面由三层组成，两侧的表层是细的颗粒，中间一层是比较大的颗粒，所以，刨花板也叫实木颗粒板。如果我们把密度板形象地理解成压缩饼干的话，那么刨花板就可以形象地理解成截面带有芝麻的压缩饼干（图 3-43）。它的防火等级同样可以达到 B1 级，只是价格较高。刨花板的环保性要优于其他板材，市面上常见的刨花板几乎都是 E0 级环保等级。它最常用的规格为 1220mm×2440mm，厚度为 3mm、5mm、9mm、12mm、15mm、18mm 等，与其他板材没有太大区别。

2. 性能特点

刨花板的优点：一是环保性较好，刨花板密度较高，板内木质纤维颗粒较大，更多地保留了天然木材的本质，它的胶粘剂含量一般低于其他板材，因此环保性较好；二是不易变形，稳定性好，强度高，挂上厚重衣物也不容易压弯，所以，在国外的家具市场上备受青睐；三是握钉力较强，内部为交叉错落结构的颗粒状，所以握钉力强。

刨花板的缺点是重量较大，因为其密度较大。另外，它的可塑性较差，因为其内部为颗粒状结构，所以在裁板时，边缘容易造成暴齿的现象（图 3-44），导致边缘粗糙，易吸湿。所以，如果是现场制作固定家具，不宜使用刨花板。

3. 刨花板的使用

刨花板因为拥有握钉力强、环保性好，以及不易变形等优势，在国外被广泛用于室内装饰基层以及家具基层，而在国内，刨花板在家具领域则与密度板的用法相似。同时，它还可作为室内装饰基层板材使用，这一点是密度板达不到的。

三、欧松板

1. 材料简介

欧松板又叫 OSB 板，学名叫定向结构刨花板，由如图 3-45 所示的逻辑关系可以看出，它是刨花板的一个子类，其工艺源自欧洲。由于它的超强环保性，近年来，在国内装饰领域可谓无人不知（图 3-46）。

可以这样粗略理解：非定向结构刨花板就如我们刷油漆时，不按规律地随意涂刷，而定向结构刨花板则相当于刷油漆时，不管是刷底漆、面漆还是打磨，都是同一个方向（图 3-47）。油漆干了之后，按一定规律涂刷的漆面会更牢固、更耐久。所以，这样做的好处是可以增加板材的稳定性、强度以及握钉力。可以说，定向结构刨花

图 3-38　与实木条结合使用，进而保证表面平整度　　图 3-39　用于固定家具基层

图 3-40　柜体门扇雕刻（未刷漆前）　　图 3-41　用作床头柜板材

图 3-42　　　　　图 3-43

图 3-44　刨花板内部颗粒杂乱

```
刨花板 ┬ 实木颗粒板（非定向结构刨花板）
       └ 欧松板（定向结构刨花板）
```

图 3-45

板是前文提到的刨花板的升级产品。2010年，OSB 板被引进国内，同时被赋予了一个名字——欧松板。也就是说，欧松板其实只是一个板材的商标，而非一种特殊板材。

2. 性能特点

欧松板的最大优点是环保性极好。几乎所有主要的欧松板生产厂家都表示自己的欧松板的环保等级可以达到 E0 级别，由此可见，欧松板就环保性而言的确高于其他板材。并且，它的综合性能高于普通的非定向刨花板，如握钉力、自身强度、环保性、防潮性等特性。当然，它的价格也比其他板材更高，一张合格的 18mm 厚的欧松板通常在 160 元以上。

欧松板的缺点是加工不便。虽然欧松板密度大、硬度高、强度好，但是这样的性能同样导致了欧松板加工困难，钉子很难钉入欧松板中。另外，由于欧松板是用不同的薄片热压而成的，因此，加工后的表面经常是坑坑洼洼，平整度、光滑度较差。

3. 欧松板的使用

正因为欧松板有以上特性，所以，它目前几乎成了胶合板、木工板以及密度板的替代品，被大面积用于室内装饰基层以及家具基层板材。而且，因为欧松板的特殊纹样，如图 3-48～图 3-51 所示，越来越多的设计项目直接在欧松板上涂刷清漆，把欧松板当成饰面板材来使用。

4. 欧松板与奥松板

很多人认为，欧松板就是奥松板，只是翻译不同而已。其实，欧松板是一个国内的品牌，就像科定板一样，只是板材企业的宣传名称，它和奥松板并不是同一种板材。奥松板（图 3-52）原产于澳大利亚，是一种高精度的木质板，是中密度板的一种，除了具有密度板的所有特点外，还具有很好的均衡结构。奥松板和普通中密度板的区别是，奥松板采用澳大利亚上乘的原料

木材——澳大利亚松木压制，因为原料的优良特性，加之先进的生产设备，使得奥松板从外观到内在，质量均比普通中密度板高很多，可谓是"站在中密度板金字塔顶端的板材"。

四、小结

刨花板与密度板在装饰行业使用的范围很相近，既可以当装饰造型基材，又可以当家具的基材，同时，还能直接在表面刷漆或贴皮充当饰面材料。

密度板与刨花板的优点与特点不同，适用于不同性质的空间，但是在项目中，使用密度板的情况远多于使用刨花板。欧松板是刨花板的升级版，同时也是有别于奥松板的一种超环保板材，在对环保有要求的空间中可以替代胶合板、木工板等板材。

图 3-46　　　　　　图 3-47

图 3-48　　　　　　图 3-49

图 3-50　　　　　　图 3-51

图 3-52　奥松板

第五讲 ｜ 基层板材——指接板

关键词：指接板，板材特点，板材对比
导读：本文将解决以下问题：指接板是什么板？和其他板材有什么不同？指接板适用于什么样的室内空间？常见室内基层板材属性对比，怎样轻松选择合适的板材？

一、指接板

1. 材料简介

指接板（图 3-53）又叫指接木、集成板，是由多块实木板拼接而成的，上下两面不再粘压夹板。由于竖向木板间采用锯齿状接口，类似两手手指交叉对接（图 3-54），故称指接板。我们可以把指接板理解为实木板材的一种，同时，因为用于制造指接板的原料以杉木居多，所以也有些地区将其称为杉木板。

指接板与木工板的用途几乎一模一样，但是在原料与生产工艺上，指接板与其他板材（木工板、密度板、多层板、刨花板）不太一样（图 3-55），指接板采用的是环保的实木板，而且用胶量也很少，所以更环保，因此，在一些装饰空间基层和家具工艺中，用指接板代替木工板当基层板材的情况比较常见，尤其是在固定家具领域（图 3-56）。

由于指接板使用的是实木材料，所以它的表面有天然的纹理，能够给人一种回归自然的感觉。因此，在作为基层板材时，指接板几乎都是表面刷清漆或者直接上色来充当饰面板，这也进一步降低了项目的成本。当然，在某些装饰场合要慎用，不是每个业主都能接受这种花纹。

指接板属于实木板（图 3-57），所以，防火性能比之前讲到的那些板材差，不建议大面积用于有防火要求的装饰造型基层。但是，就环保等级而言，它有绝对的优势。

指接板最常用的规格为 1220mm×2440mm，厚度为 9mm、12mm、15mm、18mm、25mm 等，同时，指接板的长短可以根据项目实际需求进行定制，定制长度模数为 2000mm、3000mm、3200mm，宽度模数为 1000mm、1250mm、1500mm、1750mm。

2. 产品类别

指接板的用途远不止于室内装饰，根据不同的使用环境，指接板可以分为室内用材和室外用材。室内用材在室内干燥状态下使用，能够满足正常室内使用环境对耐久性的要求即可。而室外用材在室外使用，有较高的耐久性要求。室内设计常见的指接板均为室内用材。

从受结构荷载的角度来看，指接板又可分为结构用指接板和非结构用指接板。结构用指接板是承载构件，具有足够的强度和刚度，用于结构受力；而非结构用指接板是非承载构件，外表美观，不能用于结构受力。对于结构用指接板，设计师了解即可，后文提到的指接板都是指非结构用指接板。

用于室内的指接板从表面的纹理来看，可分为"有节"与"无节"两种（图 3-58），"有节"的存在疤眼，"无节"的不存在疤眼，质量越高的板材，疤眼越少，同时价格越高。

指接截面

图 3-53

指接　　　　木工板

　　　　　　指接板

图 3-54　　　　图 3-55

图 3-56　指接板在室内及家具领域的应用

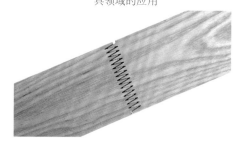

图 3-57

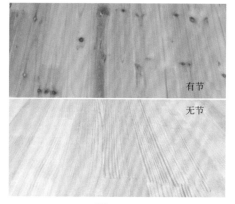

有节

无节

图 3-58

根据不同的空间需求，可选择适合自己项目的饰面效果。

3. 性能特点

指接板的一个优点是环保度高。但单从环保性能来看，指接板与纯实木还是有区别的。与纯实木相比，指接板要用到胶粘剂才能将一条条的木条拼接黏合在一起，并保证其牢牢黏合成为一体，所以，指接板环保性能次于纯实木板。而相比于其他人造板，指接板因为胶粘剂使用较少，环保性能能够轻松达到 E0 级别。

指接板的另一个优点是加工方便，这也是由于它的板材结构和原材料的原因。该板材易加工，可切割、钻孔、锯加工和成型加工，与刨花板相比，它的可塑性更强。

指接板虽然是拼接型人造木材，但是与之前介绍的人造板材有一点区别，因为其材料是实木，用它制作的家具从某种程度上来说属于实木家具，所以，耐用性和可用性都比其他人造板材更强，而且，价格与木工板几乎相同。

指接板的最大缺点是易变形、开裂。指接板的本质是使用实木拼接而成的板材，既然是实木，必然存在含水率较高的缺点，所以，若把该板材用于装饰构造基层，那么，由于温差及湿度的变化，其发生变形、开裂现象的概率很大。当然，到底会不会开裂与板材的原材料、工艺、干燥度有关，好的指接板的品质是有保证的，价格也会高一些。

4. 指接板的使用

指接板虽然环保性好，加工方便，同时具有实木的种种优点，但是，由于其材料的缺陷，会导致变形、开裂的情况发生，所以，在室内装饰构件方面（图 3-59），它的占有率并不高，尤其是近年来，指接板已经逐渐被其他基层板材和薄木饰面板取代。

所以，指接板的应用主要是在家具领域（图 3-60），作为家具的大幅面部件（家具面板、门板、侧板等）、不外露部件（柜类隔板、层板和抽屉底板等）、小幅面部件（抽屉面板、柜类小门等）以及弯曲部件（椅类支架、扶手、靠背等）。

二、关于木质板材的常见问题

1. 项目中，到底应该使用哪种基层板材

前文中讲到了选择材料的方法论——"材料三问"，它可以帮助大家简单地解决选材问题。为了便于选择，表 3-1 把各种板材按重要的参考属性，以"材料三问"的形式做一个排序。

需要注意的是，在通常情况下，板材选择的优先顺序都建议按照表 3-1 所示，但是，在某些特定的使用场合，一定要留意各个板材的特性，根据特性来匹配适用的场合。比如，密度板与刨花板的抗弯能力差，多层板与木工板内部存在毛刺，不易用于雕刻。因此，表 3-1 所示的排序仅供参考，目的是让大家面对不同的设计项目以及室内构造时，能根据项目的实际情况选择最应该考虑的因素，然后根据"材料三问"的形式去权衡并使用适合的基层板材。

图 3-59　榻榻米地台采用指接板

图 3-60　固定家具使用指接板

表 3-1　重要板材的参考属性		
功能方面		
防潮性	多层板 ＞ 木工板 ＞ 刨花板 ＞ 指接板 ＞ 密度板	
握钉力	多层板 ＞ 木工板 ＞ 指接板 ＞ 刨花板 ＞ 密度板	
可塑性	密度板 ＞ 多层板 ＞ 指接板 ＞ 木工板 ＞ 刨花板	
安全方面		
环保性	指接板 ＞ 刨花板 ＞ 木工板 ＞ 多层板 ＞ 密度板	
成本方面		
价格	欧松板、指接板 ＞ 多层板、木工板 ＞ 刨花板、密度板	

2. 木质基层板材能达到绝对环保吗

就目前的技术来说，要达到绝对环保是不可能的。因为，只要有胶水就必然有甲醛，否则胶水会失去胶粘能力。

3. 板材环保等于空间环保吗

许多设计师认为，只要使用了环保等级达标的板材，室内空间就一定能达到环保要求了。其实不然，影响空间环保质量的是甲醛的排放，而甲醛含在胶粘剂里面，也就是说，只要空间中使用了胶粘剂，就必然会有甲醛排放，这也从另外一个角度解释了为什么环保等级要求高的项目中是不允许使用胶粘剂的。而在固定家具上，无论现场制作家具还是成品定制，不管采用什么样的板材，都会涉及封边、油漆等工艺和工序，这些都与环保息息相关。所以，只能说选择环保的板材是保证空间环保的重要一环，但是，不能因为采用了环保的板材，就忽略在构造做法以及使用面积上的把控，尤其是住宅等小空间需要格外注意。

三、小结

（1）指接板是实木板的一种，它比其他人造板更加环保，而且还保留了天然木材的质感与耐用性，这是其他板材不能媲美的。

（2）由于指接板原材料的缺陷，导致它易变形、开裂，因此，指接板在室内装饰构件方面并没有太大的市场占有率，反而在固定家具领域使用较多。

（3）不同的板材有不同的属性，适用于不同的项目，"材料三问"能够帮助大家快速地找到适合自己项目的基层板材。

第六讲 | 基层板材——水泥板、硅酸钙板、玻镁板

关键词： 水泥板，硅酸钙板，玻镁板，板材特点，板材对比
导读： 本文将解决以下问题：设计师应该在空间中使用水泥板吗？水泥板、玻镁板、硅酸钙板的区别是什么？分别用在哪儿？设计师说要用水泥板，工人非说用木板也行，怎么办？

一、水泥板

1. 材料介绍

不同于之前提到的基层板材以及石膏板，水泥板（图3-61）的最大优点就是"水火不侵"。水泥板具有所有"水泥基"材料的共同优点：

（1）防火绝缘。水泥板的防火等级都是不燃A级。

（2）防水防潮。这一点决定了它在室内空间中的用法。

（3）寿命超长。耐酸碱、耐腐蚀，也不会受到潮气或虫蚁等损害。

（4）可加工性较强。可根据实际情况进行锯切、钻孔、雕刻、涂饰，也可以粘贴瓷砖、墙布等材料。

（5）无甲醛。没有使用胶水，所以不存在甲醛释放。

但是，与木质板材相比，它也存在一个不方便的地方，即不能现场弯曲。想做弯曲的水泥板，必须到厂家定制，而且价格昂贵。水泥板最常用规格为1220mm×2440mm、1200mm×2400mm，厚度为2.5mm、3mm、5mm、10mm、12mm、15mm、20mm、30mm等，有的厂家可以定做2.5mm～100mm之内任意厚度的水泥板。厚度在4mm以下的水泥板被称为超薄板，4mm～12mm厚的水泥板被称为常规板，15mm～30mm厚的水泥板被称为厚板，厚度为30mm以上的水泥板被称为超厚板。用于室内装饰的水泥板材以常规板为主。

水泥板本身比较重，若采用3mm~5mm厚度的超薄板容易碎裂和破损，所以，安装水泥板比安装其他基层板材人工费多一些。

另外，水泥板本身也比其他板材贵，所以，在实际项目中，除非其他板材不能使用，否则是不会使用水泥板作为基层材料的。

2. 材料分类

如果去问身边的设计师或者材料厂家"什么是水泥板"，得到的答案一定不尽相同，比如，埃特板、FC板、水泥压力板、纤维水泥板、纤维水泥压力板等，而我们看到的几乎所有施工图纸在标注基层材料时，水泥板也会有不同的叫法，常见的有埃特板、FC板、水泥压力板等。其实这和木饰面一样，同样的材料、同样的做法、同样的基材，可能只是表面纹理不一样，就可以被厂家和设计师叫成不同的名字。水泥板只是一个统称，只要有水泥成分的板材都叫水泥板。对设计师来说，可以从两个维度简单理解水泥板的分类：按强度由低到高主要分为"无压板（普通板）""纤维增强水泥板""高密度纤维水泥压力板"；按水泥板所用的纤维主要分为"温石棉纤维水泥板"和"无石棉纤维水泥板"。

根据这两个维度，就可以理解市面上主流水泥板材料的性能，也可以记住室内空间中常见的水泥板标注了。这里针对图3-62做一个简单的说明。

埃特板是一种纤维增强硅酸盐平板，是纤维水泥板的一种。由图中定位可以看出，它的强度高，无石棉，所以品质优于普通的纤维水泥板。埃特板和欧松板一样，它只是一个品牌。

纤维水泥板的英文缩写是FC板，强度比埃特板稍弱。FC板也是一个品牌。纤维水泥压力板也就是水泥压力板，属性与性能参照坐标图。FC板与水泥压力板均可分为温石棉和无石棉两种类型，但是市面上以温石棉水泥板居多，所以，图中把FC板算作温石棉水泥板。另外，石棉纤维是致癌物质，所以，石棉纤维水泥板不能用于医院、食品工厂等建筑中。不含石棉纤维的板材是采用纸浆、木屑、玻璃纤维来替代石棉纤维起增强作用的，如埃特板。

普通水泥板是普遍使用的最低档的一种产品，没有添加纤维，价格便宜，强度低，在室内装饰项目中已经很少使用了。

图 3-61

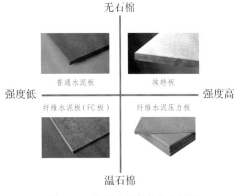

图 3-62 常见水泥板种类坐标图

二、硅酸钙板

1. 材料介绍

硅酸钙板（图 3-63）和水泥板的加工原料不同，一个是硅酸钙，另一个是水泥。作为装饰板材，硅酸钙板具备水泥板所有的性能特点，但是，水泥板的性能比硅酸钙板更优越。

硅酸钙板的常规厚度是 6mm~12mm，最大厚度范围在 4mm~30mm 之间，4mm 以下和 30mm 以上厚度的硅酸钙板是做不出来的，而水泥板的厚度范围是 2.5mm~100mm。另外，由于耐候性的差别，硅酸钙板适用于内装基层，可代替石膏板用于室内吊顶与墙面，而水泥板则多用于外装。

硅酸钙板的价格比水泥板低，但是，从观感和触感等方面来判断（图 3-64），非专业人士是完全看不出来它们的区别的，所以，在很多室内设计项目中，虽然图纸标的是水泥板，但是有些施工单位极有可能用硅酸钙板来代替水泥板。

2. 材料用法

在室内装饰中，水泥板可以加工成各种各样的吸音材料，也可以直接刷漆来充当饰面材料，做出工业风的效果（图 3-65），所以，近年来也被大面积应用于各类餐饮、办公、展示等空间（硅酸钙板用作基层板材居多，很少用于饰面）。

当饰面材料对基层材料有防火、防潮、耐磨的要求，或需要水泥砂浆抹灰时，就会使用水泥板作为基层板材，如卫生间钢架隔墙、厨房钢架隔墙、地下室隔墙、超薄隔墙瓷砖饰面等。换句话说，多数情况下，当空间里实在没有办法用木质基层板或石膏板时，就会考虑使用水泥板。

对常规厚度的基层板材而言，水泥板也好，硅酸钙板也好，在构造做法上与其他木板、石膏板并没有差别，都是使用打钉的固定形式，唯一的区别是在钢架墙上固定硅酸钙板时，建议使用燕尾螺丝。水泥板厚度小于 10mm，且作为饰面板材时，也可以考虑胶粘安装（图 3-66）。当然，这种方式只是针对常规厚度的水泥板，如果水泥板的厚度超过 20mm，则必须使用干挂的形式来固定。但是，在室内用到厚度超过 20mm 的水泥板的情况很少，少到设计师提到固定水泥板想到的就是打自攻螺丝固定。

三、玻镁板

玻镁板（图 3-67）也叫氧化镁板，是以轻质材料为填充物复合而成的新型不燃性装饰材料。它具有防火防潮、无味无毒、强度高、重量较轻等特点。

玻镁板主要用作普通防火板、防火装饰板、防火门芯板等。其生产技术还不规范，所以，国内很多厂家生产的玻镁板性能不稳定，长时间暴露在潮湿的空间中，容易发生返潮、返卤现象，这是玻镁板目前最大的缺点。室内大面积使用玻镁板时，返潮、返卤现象（图 3-68）会导致玻镁板弯曲、老化、发脆，使墙体出现表面拱起、下翘，甚至脱落的情况，更严重的会腐蚀金属基层。

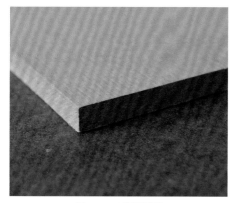

图 3-63 硅酸钙板

图 3-64

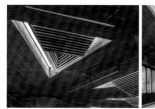

图 3-65 水泥板用于室内

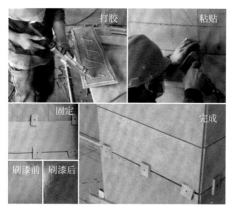

图 3-66 硅酸钙板饰面

图 3-67 玻镁防火板　　图 3-68 地下室顶面使用玻镁板出现返潮

由于以上缺点，玻镁板目前在室内构造上的应用并不算多，主要用于硬包基层板等需要板材强度的场合。在构造做法和节点绘制上，它与水泥板没有任何区别，可干挂，可胶粘。

四、关于水泥板、硅酸钙板与玻镁板的常见问题

1. 硅酸钙板与水泥板性能差不多，为什么很多设计师并不知道硅酸钙板

硅酸钙板完全可以用水泥板代替，但是，在有些情况下，水泥板不一定能用硅酸钙板代替，所以，设计师普遍只知道水泥板。另外，硅酸钙板的价格相对较低，对供应商来说利润较少。

2. 水泥板在室内构造中还有哪些用法

前文提到，水泥板在室内空间中，要么是把表面刷漆用作饰面，要么是做基层打底材料。但是，在空间有些潮湿，又想控制造价，基层使用了木质基层板或石膏板的情况下，为了防止木质基层板受潮发霉（图3-69），可以把水泥板作为木质基层的踢脚线，防止地面的水汽渗透到木质基层板里（图3-70）。

当然，图3-70所示的方法只是补救措施，如果是在气候干燥的地区，只要基层板不落地，空气的湿度就不会影响基层板材。但是，如果是在沿海城市，或者潮湿度很大的地方，要保证后期基层不发霉，则必须使用水泥板或硅酸钙板代替木板和石膏板来做基层。

3. 水泥板可以用作吊顶基层吗

原则上，水泥板是可以做吊顶的基层板的。但由于水泥板自身较重，所以，一般在现场不会这样使用。必须要在吊顶上采用水泥板做基层时，建议采用厚度小于9mm的单层板材来做。

4. 硅酸钙板、水泥板、玻镁板与石膏板应该怎样选择

任何关于基材选择的问题都可以通过"材料三问"来解决，"材料三问"的核心在于对几类板材的侧重点的甄别与排序，如表3-2所示。当室内空间的不同区域需要选择基层板材时，可根据不同位置和不同条件，参考表3-3所示的顺序进行选择。

五、小结

（1）设计师口中的水泥板只是"水泥基"板材的统称，其分类特别细致。但是，只要我们记住水泥板分类的坐标图，那些复杂的叫法就都能轻松理解。

（2）水泥板本身可作为很多吸声材料的基体使用，同时，在室内空间里可用于饰面材料，也可以用于基层材料，当空间对基层材料的防潮、防火性能有要求时，水泥板或硅酸钙板都是基层板的最佳选择。

（3）玻镁板具备一些能够代替石膏板和木质基层板的特性，但由于其柔韧性差，生产厂商鱼龙混杂，受潮气影响后会腐蚀金属基层，所以目前在市场上还没有被普遍使用。

图3-69　木基层吸收地面水汽受潮　　图3-70　改进方式

表3-2　不同板材性能排序	
功能方面	
防潮性	水泥板＞硅酸钙板＞玻镁板＞石膏板
握钉力	水泥板、硅酸钙板、玻镁板＞石膏板
可塑性	石膏板＞水泥板、硅酸钙板、玻镁板
安全方面	
强度	水泥板＞硅酸钙板＞玻镁板＞石膏板
耐久度	水泥板、硅酸钙板＞玻镁板＞石膏板
重量	水泥板、硅酸钙板＞玻镁板＞石膏板
成本方面	
价格	水泥板＞硅酸钙板＞玻镁板＞石膏板

表3-3　不同区域基层板性能排序	
用于吊顶	石膏板
用于潮湿空间的隔墙	硅酸钙板＞水泥板、玻镁板＞石膏板
用于非潮湿空间的隔墙	石膏板＞玻镁板＞硅酸钙板＞水泥板
用于外墙	水泥板
用于地面	水泥板

第七讲 ｜ 软硬包基础知识

关键词：构造解读，工艺节点，施工流程

导读：本文将解决以下问题：为什么客户和设计师都对软硬包"情有独钟"？软包与硬包的区别是什么？应该怎样理解它们？软硬包的构造工艺节点图纸是怎样的？有规律可循吗？

阅读提示：

软包和硬包是设计师常见的饰面。但是，不管是方格的硬包、表面处理的硬包，还是斜拼的硬包，甚至是创意硬包（图3-71），尽管图案、花纹等不一样，但是它们都有一个共同特点——表面都是采用布料或者皮革进行罩面，然后成块应用于吊顶与墙面。

换句话说，只要在基层板材上加一层用于饰面的材料，然后把该成品板材用于室内装饰，就成了我们提到的软硬包。而软硬包之间的区别只是所使用的基层材料是否柔软。

一、软包

软包的通用解释是一种在室内装饰构造表面用柔性材料加以包装的室内装饰方法。简单地说，软包是用在室内空间中表面柔软的装饰板材。软包的材料构成主要有板材、面料、填充物三大部分（图3-72）。

这三大部分都可以用不同的材料随意搭配（表3-4），不同的材料组合会产生不同的饰面效果。比如，要让软包"鼓"，就多加点填充物；要让软包看上去柔软些，就采用细腻的布料；要让软包有更多的拼接方式，就根据造型用不同的基层板材来实现（图3-73）。

因为软包的填充物很难达到B1级防火要求，所以，在对防火有要求的场所不能大面积采用软包材质，即使小面积采用软包，也应该用阻燃剂浸泡饰面面料以及填充物，增加其防火性，目的与"防火涂料三度"一样。

不管是设计师还是业主，对于一些私密空间，或者是能与人有亲密接触的空间（图3-74），墙面都喜欢采用软包设计，因为，从设计效果和功能属性上而言，软包有如下优点。

图 3-71

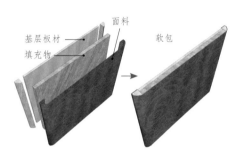

图 3-72

表 3-4　软包材料	
板材	密度板（最常用）、阻燃板
面料	PVC面料：质地硬、耐磨，用于低端场所
	PU：手感柔软，用于低端场所
	布料：防潮、吸湿、耐脏，最常用
	进口布料：性能优于普通布料，用于高端场所
	皮革：质感强、个性强，适用于高端场所
填充物	聚氨酯泡沫：人造海绵，不耐火，最常用
	高密度海绵：质地柔软、不耐火、隔音性能好，用于需隔音的场所

图 3-73　软包常见构成材料

（1）柔化整体空间氛围，让整个空间"软"下来。同时，其纵深的立体感能够增加空间细节，还适合塑造空间的视觉焦点。

（2）可搭配的饰面面料、规格大小以及安装方式多种多样，可以实现更多的创意。

（3）功能方面，它具有吸音、隔音、防潮、防霉、防尘、防污、防静电、防撞的作用。

（4）相较于其他饰面材料和做法，软包更易于保养，表面浮尘及碎屑用吸尘器处理即可。

软包的分类形式各种各样，有的根据形状分类，有的根据填充物分类，有的根据面料分类。这些分类方式都没错，但是，软包的种类太多，而且基本上设计师能想到的图案、形式、创意，用软包几乎都可以实现，所以，单独去了解它的分类并不像其他材料一样必要。因此，本书更倾向于使用几条原则选择和应用软包，如表3-5所示。

在使用软包时，只要考虑到表3-5中的几个典型问题，设计落地就将会轻而易举。如果这些都考虑到了，那么也会更容易说服业主。

二、硬包

硬包（图3-75）和软包的设计要点、使用方法、节点构造都大同小异，所以，这里只需要知道软硬包自身材料结构的区别即可。

硬包是指一种在室内装饰构造表面用面料贴在基层板上包装的室内装饰方法。也就是说，直接把面料"扪"或"粘"在基层板上，用于室内装饰的板材就叫硬包，与软包唯一的区别就是硬包没有填充物。硬包自身的材料构成主要是板材、面料（图3-76、表3-6）。

图 3-74　各类软硬包

表 3-5　选择软包的原则	
功能方面	
面料耐脏吗？	软包一般不能清洗，所以必须选择耐脏、防尘性良好的面料
风格、纹样合适吗？	这是每个设计师都要考虑的问题
软包图案合适吗？	采用带有图案的软包时，建议用有明显的花纹图案和纹理质感的面料
采用软包饰面，预留的完成面空间够吗？	前期要考虑清楚，一般预留30mm足够
安全方面	
面料防火吗？	对软包面料及填塞料的阻燃性能需要严格把关，如果防火等级连B2级都达不到，或者供货商没有提供防火信息，坚决不要使用
使用面积超过了规范要求吗？	国标防火规范里有明文规定，软包弹性填充物厚度不宜超过15mm，面积不能超过该空间顶面或墙面面积的10%
成本方面	
这样色彩（纹样）的面料好找吗？	这一点直接关乎整个软包的造价
规格能匹配吗？	这是设计师最容易犯错误的地方。比如，900mm宽的软包，用1400mm宽幅的布料包，多出来的边角料就浪费了，因此，建议使用软硬包时，应当考虑其面料的宽幅，这样能大大节约该项目的成本，家装设计师尤其要留意

硬包和软包的不同点在于，软包内部有填充物，所以面料必须采用有韧性的布料或者皮革等材料来做，而硬包因为是直接和基层板粘在一起，所以，对面料的韧性要求没那么高，普通的壁纸也能被用于硬包饰面。虽然硬包对于面料没有过多要求，但因为要保证其自身的强度，所以，对板材的强度有很高的要求。因此，现在越来越多的项目中，除了采用高密度板外，也会使用玻镁板来作为硬包基层板材。

通常，采用硬包饰面的效果和直接贴壁纸、墙布或者做木饰面类似。但是，通过硬包的分割处倒角或贴不锈钢收边条，能够让空间呈现极其硬朗、精致的视觉效果，因此，在越来越注重设计细节的当下，这种方式被越来越多的设计师所青睐。

三、软硬包的节点构造

软包与硬包的安装方式、节点构造是一模一样的。安装方式主要分为胶粘和干挂两种类型。胶粘的做法（图3-77）是目前国内最主要的安装软硬包的方式，因为相较于干挂做法，它的成本更低，安装更快。好一点儿的项目会使用结构胶、环保胶，差一点儿的项目会使用硅酮玻璃胶。使用面积越大，对胶水的要求越高。

但是，甲醛来自胶粘剂，所以，胶粘的做法在高要求的项目中是被严令禁止的。干挂做法（图3-78）相对于胶粘做法而言，更牢固，更安全，适用面积更大，对完成面要求更多，同时成本也更高，所以，目前只有高要求的项目中才会使用干挂的做法。这两种做法及其节点图纸都是设计师需要掌握的。

四、软硬包的工艺流程

软硬包的安装流程如图3-79所示，下面对其各步骤进行详细说明。

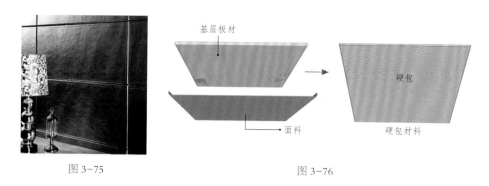

图3-75　　　　　　　　　　图3-76

表3-6　硬包材料	
板材	密度板（最常用）、阻燃板、玻镁板
面料	PVC面料：质地硬、耐磨，用于低端场所
	PU：手感柔软，用于低端场所
	布料：防潮、吸湿、耐脏，最常用
	进口布料：性能优于普通布料，用于高端场所
	皮革：质感强、个性强，适用于高端场所
	壁纸：只能用于硬包，不能用于软包饰面

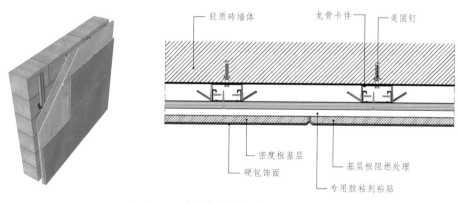

图3-77　软硬包胶粘节点构造做法图解

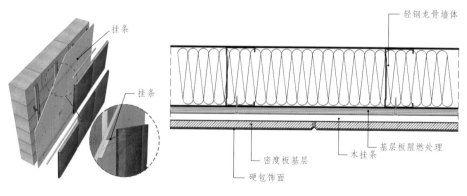

图3-78　软硬包干挂节点构造图解

1. 基层验收

不管后期采用哪种节点做法，软硬包对基层的平整度都有极高的要求。因此，在开始做软硬包时，应对木基层或石膏板基层进行平整度验收，尤其是木质板材基层，更应检查其平整度。在做软硬包前，空间内的机电设备、吊顶饰面、墙面基层、地面湿作业均应基本完成。

2. 弹线定位

在须做软硬包饰面的位置，根据设计图纸进行弹线定位（图3-80），确定软硬包的安装位置。对硬包的弹线定位完成后，接下来的步骤有两种方式，一种是预制铺贴法，另一种是直接铺贴法。这两种方式分别用于不同的场合以及案例。

（1）预制铺贴法

采用预制铺贴法需要经过以下步骤：

① 钉型材条：按照图纸工艺铺钉型材条。将型材条按墙面画线铺钉，遇到交叉时，在相交位置将型材条固定面剪出缺口，以免相交处重叠。遇到曲线时，将型材条固定面剪成锯齿状后弯曲铺钉，原理与弯多层板相同（图3-81）。

② 铺放填充物：根据型材条尺寸，切割并铺放填充物（填充物多为阻燃海绵）（图3-82）。为避免海绵腐蚀，造成海绵厚度减少，底部发硬，以至于软包不饱满，不能使用酸性胶粘剂。切割海绵时，为避免海绵边缘出现锯齿形，可用较大铲刀及锋利刀沿海绵边缘切下，以保证整齐。

③ 插入面料：将面料插入型材条内。与贴壁纸一样，将面料铺于软硬包基面，并通过铲刀将面料铲入型材条内（图3-83）。面料裁割与铲入时，应注意花纹走向，避免花纹错乱影响观感。

④ 表面修整。除尘清理，钉粘保护膜，处理胶痕，完成软包安装（图3-84）。

以上是关于预制铺贴法的全流程及把控要点，此方法只能针对软包构造。

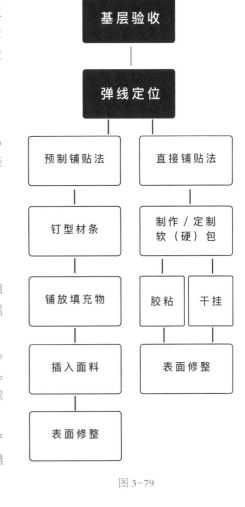

图 3-79

图 3-80

图 3-81

图 3-82

图 3-83　　　　　　　　　图 3-84

（2）直接铺贴法

直接铺贴法与预制铺贴法最大的不同在于直接铺贴法是把每一块软硬包做成成品，然后直接通过胶粘或干挂固定于基层板材上，所以，了解了软硬包的不同制作流程，就等于掌握了直接铺贴法。

根据前文的介绍，我们知道了"软包＝基层板材＋填充物＋面料"。而根据这一公式，我们可以知道在制作单块成品软包时，主要有以下步骤：做好基层板材，基层编号，填充阻燃海绵，根据编号，做成成品软包、粘贴上墙。其制作过程如图3-85所示。同理，"硬包＝基层板材＋面料"，因此，硬包的单块制作过程主要是选定基层板材后，根据单块尺寸裁切好面料，直接用面料包裹基层板材，最终形成成品硬包，其制作过程如图3-86所示。

3. 预制铺贴法与直接铺贴法的比较

预制铺贴法是传统的硬包做法，多年前在小空间装饰中非常流行。它当时流行的原因主要有：一是可以应对不同的硬包造型；二是可以现场切割定制，设计师可以对整体造型有良好的把控，对墙面的平整度要求也没有直接铺贴法那么高；三是它的成本低。

但是，这种做法只能用于简单纹样的软包，不能用于硬包基层，而且，最终做出的饰面效果的好坏完全取决于工人师傅的手艺（图3-87），所以，这种做法并不适合大面积的软包。另外，现在稍具规模的设计项目都会采用成品定制的软包到场直接安装，所以，预制铺贴法只适用于要求较低的小空间装饰领域，而且现在使用得越来越少了。

胶粘和干挂两种节点形式都是基于直接铺贴法而言的（图3-88），直接铺贴法是目前安装软硬包的主要方式，其优点不言而喻——速度快，效率高。设计师应该重点掌握该种形式的流程及把控要点。

五、工艺细节与注意事项

1. 软硬包的收口细节与方式

软包与硬包在构造做法上几乎没有任何差异，因此，图3-89~图3-95以胶粘式的节点构造为例，讲解软硬包的收口方式，使用前文提到的"收边收口"模型来理解这些收口方式，将会事半功倍。

2. 注意事项

（1）不管是软包还是硬包，在选择基层板材时，最需要考虑的就是防潮性和自身硬度。这也是为什么我们看到的主流项目中，如果使用密度板作为基层板材，都是使用高密度板的原因所在。同时，在空间中使用硬包时，除了考虑硬包板材自身的防潮性外，也要留意环境的湿度，否则会如图3-96所示，因为环境的影响，以及板材自身和基层的防潮处理不到位而导致硬包受潮起鼓。

（2）原则上，在高要求的设计项目里不能使用防火等级低于B1级的面料作为软硬包饰面，同时也不能使用木龙骨作为基层材料（图3-97）。为保险起见，在做完软硬包后，建议在其表面喷涂阻燃剂。

（3）不同的饰面面料的宽幅是不同的，在审图时，应当格外关注软硬包的宽度与所采用饰面面料的宽幅是否匹配，如不匹配，应根据饰面面料的宽幅做出适当的尺度调整。比如，使用壁布的宽幅为1450mm，则采用硬包的宽度要么小于等于600mm，要么在1000mm左右，这样对于壁布的损耗才能做到最小。如果采用800mm的宽幅，按一边留50mm的距离来计算，包好硬包后，剩余的壁布为550mm宽，这样剩下的壁布就会浪费掉。以上是硬包宽度小于壁布的情况，硬包规格大于壁布的情况也时常发生，比如，壁布宽幅为960mm，硬包宽度是950mm，这样到现场后，就会出现花纹不对应，或者整个材料不能用的情况。

（4）在某些特殊条件限制下，当硬包不得不使用气钉枪固定时，应尽量将枪钉置于

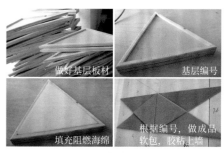

图3-85　主流软包制作流程

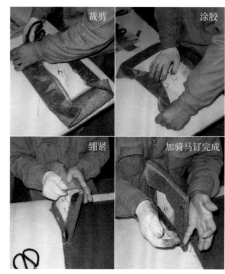

图3-86　玻镁板硬包制作

图3-87　预制铺贴法

图3-88　直接铺贴法

接缝隐蔽处，板材的正面尽量不要用枪钉固定。特别是使用皮革做饰面的硬包严禁用枪钉，因为使用枪钉时容易起皱，造成板材受力不均。另外，枪钉时间久了会生锈，并会在面料表面形成锈点。

（5）通常，在做完软硬包饰面后，整体完成面包括基层的厚度需要在50mm左右，在前期核对完成面尺寸审图时，应当考虑进去。

（6）使用皮革或织物布料制作硬包板时，应将布料绷紧，以免日后硬包板表面出现褶皱。必要时，可以在皮革或布料上涂刷胶水进行粘接，但胶水不能过多，且不能是酸性胶水，否则容易导致布料变色或变形。

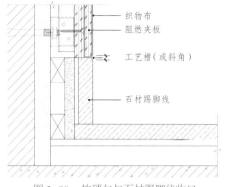

图 3-89　软硬包与石材踢脚线收口
（单位：mm）

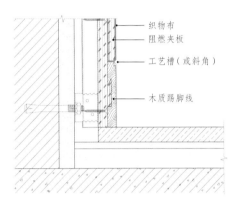

图 3-90　软硬包与木质（金属）踢脚线收口

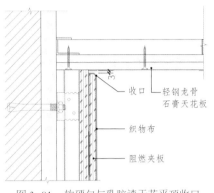

图 3-91　软硬包与乳胶漆天花平顶收口
（单位：mm）

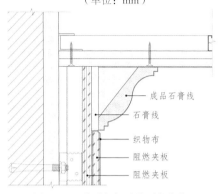

图 3-92　软硬包与天花石膏线收口

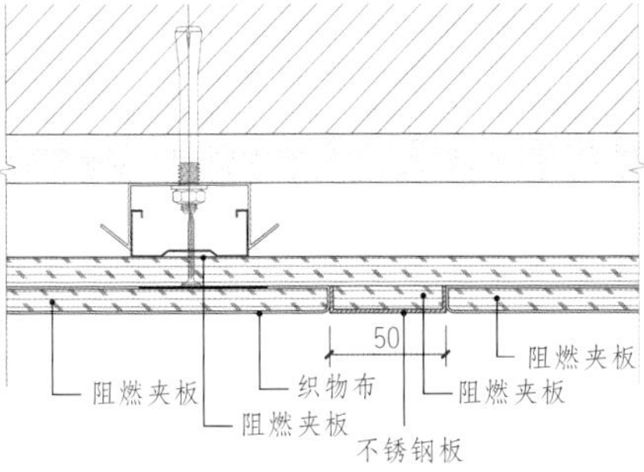

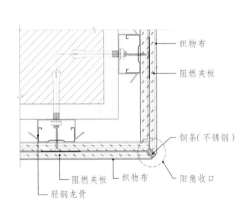

图 3-93　软硬包上金属条分缝
（单位：mm）

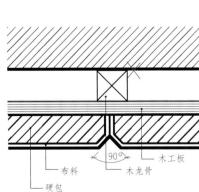

图 3-94　软硬包阳角收口

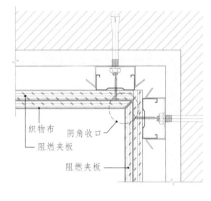

图 3-95　软硬包阴角收口

图 3-96　硬包受潮起鼓

图 3-97　木龙骨基层做硬包

第四章 基层骨架

4

第一讲 ｜ "骨料"——钢材

关键词：节点构造，"骨肉皮"思维模型，钢骨架
导读：本文主要分 3 部分：
　　　　1. 为什么要了解钢材？
　　　　2. 介绍常见的 4 种钢材，以及设计师需要知道的关于钢架基层的基础知识。
　　　　3. 介绍项目现场的明档台从设计到深化再到落地是如何完成的。

一、为什么要了解钢材

在一些设计项目的施工现场，为了节约成本，缩短施工周期，施工队通常会采用木龙骨来做基层（图 4-1），而当基层大面积使用木龙骨时，最后经常会发生消防不过关的情况。尤其是大中型的项目，很容易出现这样的问题。因为消防规范上对各种空间、各种位置的使用材料的防火等级有严格的要求，而且木龙骨承重小、易燃烧、不防潮、易发霉，所以，在严格按照国家相关规范执行的正规工程项目中，都是严令禁止大面积使用木龙骨作为基层的。消防规范上规定，只有纸面石膏板和轻钢龙骨基层才能达到 A 级（不燃）防火等级，而大部分工装空间的吊顶要求的材料等级都是 A 级防火（具体的规范数据和来源会在本书的防火规范篇章中详细解析）。

当然，这只是站在消防规范的角度分析木龙骨基层的可行性，并不是从木龙骨易发霉、不耐火、易弯曲等角度解析。并且，这里指的是大面积使用，如果在一些局部使用木龙骨还是可行的。但是目前，在高标准的项目中几乎是见不到木龙骨的影子的。

在大面积基层不能使用木龙骨的情况下，钢架基层就登上了舞台，并成了装饰市场基层骨架的绝对主力军，被用于几乎所有的室内装饰构造中（欧美市场早在 20 年前就已经开始普遍使用轻钢龙骨来作为基层材料了）。标准的施工现场是以钢架基层为主，国标图集也是如此，如果不了解常见的钢架，去工地的时候很可能

完全发现不了基层可能存在的质量通病。因此，设计师非常有必要了解钢材的基础知识。

二、钢材的基础知识

如图 4-2 所示，在室内空间中，最常用的钢材主要有型钢和轻钢。本文重点介绍型钢。常见的型钢主要有方管、角钢、槽钢、工字钢 4 大类（图 4-3）。

1. 方管

方管骨架几乎适用于所有室内构造的基层（图 4-4），其稳定性和施工便利性都优于角钢，但刚度小于槽钢。方管的型号非常多，有方形（等边）和矩形（不等边）之分（图 4-5），但作为设计师，只需要记住常用的方管型号即可。常用的方管规格有 20mm×40mm、40mm×40mm、40mm×60mm、60mm×60mm、80mm×80mm，常用的壁厚有 3mm 与 5mm，每根钢材标准长度为 6000mm。

在确定室内造型的完成面尺寸时，应考虑基层的尺寸大小，而不是单纯地按 50mm 套用。以墙面干挂木饰面基层为例，当基层材料选择使用钢材时，设计师应该考虑这些尺寸：
空间高度小于 2400mm 时，建议采用 20mm×40mm×3mm 的规格；
空间高度在 2400mm~3000mm 之间时，建议采用 40mm×40mm×3mm 的规格；
空间高度在 3000mm~6000mm 之间时，建议采用 60mm×60mm×3mm 的规格；
空间高度在 6000mm~8000mm 之间时，建议采用 80mm×80mm×3mm 的规格；

图 4-1

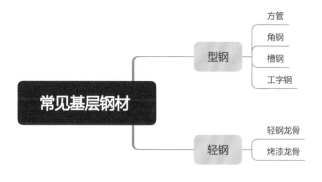

图 4-2

若空间高度大于 8000mm，采用 100mm×100mm 的规格最为保险。

以上数值仅为经验之谈，因为不同饰面、不同承载基体、不同完成面厚度对基层强度的要求都是不一样的，但是，室内设计师只要记住上面这些常用的型号，基本上就能解决平时工作中 80% 以上的基层方管型号的选择问题了，至于怎样计算钢架大小，则可以交给专业的人完成，设计师并不需要深究。

2. 角钢

角钢又叫角码，其性能与其他 3 种常见型钢相似，但承重小于其他 3 种常见型钢，不过其价格便宜，所以被大规模应用于室内需要钢结构连接且不需要太强承载力的地方（如图 4-6 所示的石材干挂处理），也因为价格便宜，所以经常充当钢材与楼面的连接件。

3. 槽钢

槽钢的承重性能好，且价格低于方管，适用于自重比较大的材质及构件的基层钢架，如卫生间隔墙（图 4-7）、钢架地台等。它的作用及特性与方管相同，通常和方管一起使用。

4. 工字钢

4 种常见钢材中，工字钢的稳定性和承重等级是最大的，价格也是最贵的，因此，通常只有在需要承重等级很高的情况下才会使用这种钢材，如增加钢结构楼板（图 4-8）、钢结构楼梯主体等。

以上介绍的 4 种钢材相比于其他类型的基层骨架（木龙骨、轻钢龙骨、加气块等）而言，优点是承载能力强，塑形能力强，不燃烧，自身强度大，体量小，施工便捷等；缺点是材料价格相对较高，自身重量较大，对施工要求较高。

这 4 种钢材在室内构件的基层骨架中，几乎形成了垄断的地位，不管是服务台、转换层、钢架隔墙，还是石材饰面、木饰面干挂、金属板等，只要对基层骨架有一定承重要求的构造，都使用它们作为基层骨架。方管和角钢是基层骨架中最常用的材料，室内装饰中，一多半的型钢骨架几乎都可以采用方管和角钢，如天花转换层、卫生间隔墙、金属板基层、干挂石材基层等各种各样的受力基层。而槽钢和工字钢主要用于承重大，且不方便用方管的构造中（如钢楼梯主体、超高隔墙基层等），因此，它们在室内装饰中的使用频率远远不如方管和角钢，所以很多设计师不了解它们。

型材以重量计价，在同等规格下，这 4 种钢材的价格不等式为：角钢＜槽钢＜方管＜工字钢。所以，有些不规范的施工方为了偷工减料，经常采用槽钢和角钢代替方管。

镀锌层被称为金属的"外衣"，若没有镀锌层保护，所有金属材质都会很容易被空气氧化，造成生锈（图 4-9）。所以，我

角钢

槽钢

方管

工字钢

图 4-3

图 4-4 墙面方管基层

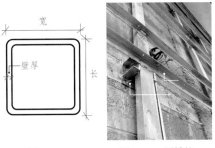

图 4-5

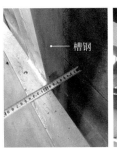

图 4-6 石材护墙板干挂基层

图 4-7 槽钢隔墙 图 4-8 工字钢楼板

们在室内见到的金属材料均为镀锌金属，钢材也不例外。

钢材与钢材之间的固定方式以焊接为主，螺栓固定为辅。焊接时通常要求满焊，焊接完成后会涂刷防锈漆，防止焊缝氧化生锈（图 4-10）。钢材与混凝土须通过膨胀螺栓或化学螺栓进行固定（图 4-11），但钢材与基层板之间的固定则是采用钢钉钉死。

三、钢材骨架的实际应用

下面通过一个实际案例来分析应该怎样应用钢架的知识。

通过图 4-12 可以判断出，这种用石材饰面，且有收纳空间的明档台，考虑到石材的自重及后期的台面稳定性，其基层一定是采用钢架来完成的。根据本文中提到的一些原则，面对这样的石材构造，可以选择 40mm×40mm 和 40mm×20mm 的钢架组合，具体的深化图纸如图 4-13 所示。

从图中我们可以看出，明档台"骨"的部分使用了方管，"肉"的部分使用了阻燃板，"皮"的部分使用了石材饰面。理解了这个节点图纸后，再来看看图 4-14～图 4-16 所示的现场施工流程以及工艺，便于深入理解钢架基层的做法。

看似复杂的一个吧台，只要通过"骨肉皮"的模型来剖析，它的内在构造将变得非常简单，唯一需要做的就是把控吧台的完成面尺寸。

未镀锌的工字钢　　　已镀锌的工字钢

图 4-9

满焊　　　　　　　　点焊
优点：强度较高，　　优点：费用低
稳定性强　　　　　缺点：稳定性弱
缺点：施工慢，费用高

图 4-10　满焊与点焊的区别

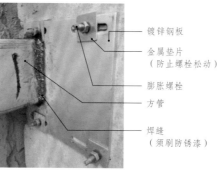

镀锌钢板
金属垫片
（防止螺栓松动）
膨胀螺栓
方管
焊缝
（须刷防锈漆）

图 4-11

图 4-12　明档台参照效果

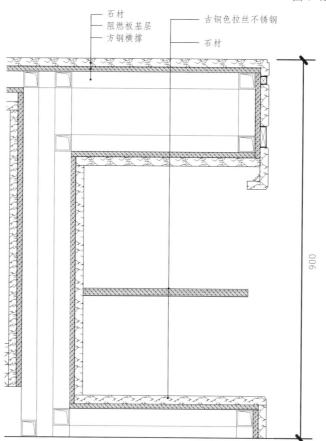

石材
阻燃板基层
方钢横撑
古铜色拉丝不锈钢
石材

900

图 4-13　吧台图纸节点节选
（单位：mm）

固定角码
现场放线
图 4-14

焊接横杆
焊接立杆
图 4-15

骨架完成
细节展示
图 4-16

第二讲 | "骨料"——钢架隔墙

关键词：钢架隔墙，节点构造，施工流程
导读：本文主要分3部分：
　　1. 钢架隔墙的6个常识，认识钢架墙的重要性；
　　2. 钢架隔墙的构造做法，以卫生间隔墙为例，说明标准的钢架隔墙的构造流程；
　　3. 钢架隔墙的控制要点，去工地应该关注的8个问题。

一、钢架隔墙常识

在实际项目中，除了固定家具会使用钢材以外，空间中的墙面、顶面也会大面积使用钢材。本文以比较有代表性的钢架隔墙为例，以点带面，介绍关于钢架基层的应用与注意事项。

在框架结构的建筑中，任何砌墙、隔墙都属于二次结构墙体，只起分隔空间的作用，不起承重作用，钢架隔墙则是二次结构墙体中最常见的墙体。

钢架隔墙根据使用功能可分为主墙（图4-17）和附墙（图4-18），在室内装饰中，主墙是指独立承重的墙体，附墙是指依附于混凝土或砌体墙面之外的墙体。

主墙的钢架基层全部靠钢架自身刚度承重，所以必须"顶天立地"。附墙的钢架基层因为有后方钢架支撑，通常情况下，只需比吊顶完成面高50mm~100mm即可，没必要也到顶（图4-19）。

钢架隔墙骨架搭建完成后，根据饰面材料的不同，可分为粘贴（胶粘和湿粘）和干挂两种处理情况。若饰面材料采用胶粘固定（图4-20），则钢架隔墙的"肉"为阻燃板、大芯板、刨花板、玻镁板等可胶粘的板面。若饰面材料采用湿贴固定（图4-21），则钢架隔墙会采用水泥板、硅酸钙板等板材，加上抹灰饰面，作为"肉"来使用。若饰面材料采用干挂固定，则钢架隔墙又分为需找平后才能干挂（图4-22）和无需找平即可干挂（图4-23）的情况。

图4-17 钢架隔　　图4-18 钢架隔
墙-主墙　　　　墙-附墙

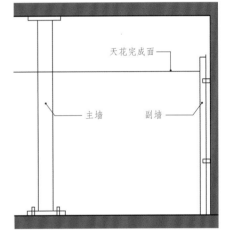

图4-19

图4-20 钢架隔墙粘贴饰面

图4-21 钢架隔墙湿贴饰面

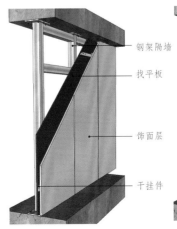

图4-22 需找平板干挂

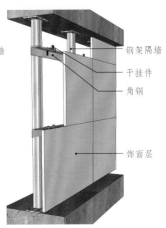

图4-23 无需找平板干挂

钢架基层不能直接与石膏板连接，因为自攻螺丝不能穿过型钢（通常情况下是用钢钉和燕尾螺丝连接板材与钢材），而其他螺钉也不宜用于固定石膏板。如果一定要在钢架隔墙上做石膏板，必须加设一层木板作为缓冲，木板使用钢钉或燕尾螺丝与钢材连接，然后把石膏板固定于木板上，这样才能保证石膏板后期的质量（图4-24）。

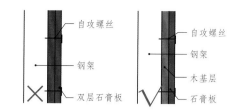

图4-24 钢架竖剖面

二、在什么情况下使用钢架隔墙

前文曾经介绍过，当所需承载的装饰造型和饰面材料重量较重时，建议使用钢架基层。除此以外，当墙面完成面厚度要求较小时，为保证较好的承载效果，也会考虑使用强度高的钢架作为基层使用。而且，当饰面材料为异形时，为满足其基层要求，也会采用钢架隔墙。

因此，在墙体完成面小，基层骨架强度要求高，耐久性及稳定性都有一定要求的情况下，优先选择使用钢架作为基层设计，如公共卫生间隔墙、石材干挂基层、GRG基层、金属板基层等。

三、卫生间钢架隔墙构造做法

钢架隔墙有很多种形式，但是基本做法和构造原理都大同小异。下面通过比较复杂的卫生间隔墙，深度介绍钢架隔墙的构造做法和注意事项。

1. 标准图纸

通常情况下，考虑到卫生间墙面须耐潮防湿，卫生间通常采用瓷砖及大理石作为墙体饰面，所以，本文选择了一个湿贴饰面的钢架隔墙做法作为钢架隔墙的构造解读，其具体图纸表达如图4-25~图4-27所示。

2. 工艺流程

钢架隔墙虽然在构造和形态上会有不同，但从工艺流程上来说，它与其他隔墙是没有任何区别的。具体安装步骤如图4-28所示。

（1）测量放线

①根据平面图，按照墙体完成面尺寸在地面进行放线处理（图4-29）。

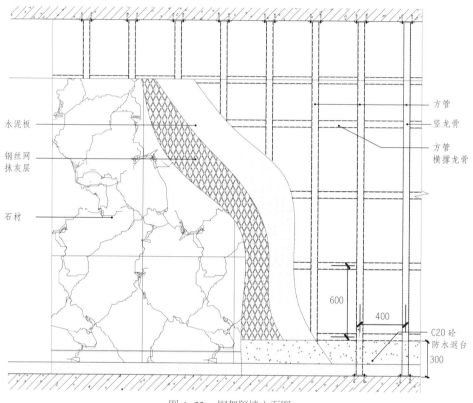

图4-25 钢架隔墙立面图
（单位：mm）

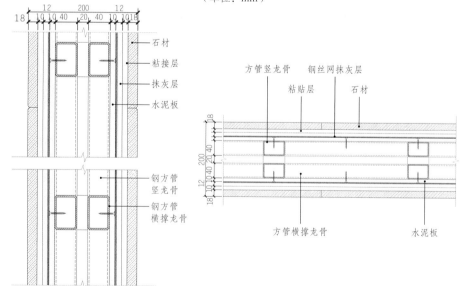

图4-26 竖剖图
（单位：mm）

图4-27 横剖图
（单位：mm）

②完成面的线放完后，依次在地面上弹出龙骨位置线。常规空间下，立杆龙骨采用40mm×40mm、40mm×60mm 或 60mm×60mm的方管。

③若饰面材料为湿贴，则立杆的水平间距小于等于 400mm，若饰面材料为无需找平干挂，则立杆间距小于等于 1200mm 即可。

（2）安装骨架

①钢架根据现场空间的尺寸进行切割，并按照立杆的排布位置，通过膨胀螺栓与楼板连接固定（图 4-30）。

②固定好竖龙骨后，按照竖龙骨间距依次切割横撑龙骨，横撑龙骨间距为 600mm，最底部的横撑龙骨应离地梁约 100mm，从低到高依次按照 600mm 的间距布置横撑龙骨（图 4-31）。

③龙骨之间的连接采用焊接，焊接完毕并清理焊点后，涂刷 3 遍防锈漆（图 4-32）。

（3）浇筑地梁

①地梁又称泛水地台、挡水反坎、挡水反堰、导墙、地垄。地域不同，叫法也不同。但其实从严格意义上说，地梁和泛水地台是有一些区别的。地梁是先浇筑，然后固定墙体，而泛水地台则是在骨架做完后再浇筑，地梁的宽度较大，泛水地台则较窄。但是它们的主要作用都是防止地面返潮，所以，为了方便理解，本书把该构造称为地梁。

②钢骨架施工完毕后，按照设计尺寸对底部的地梁进行凿毛、植筋、支模（图 4-33）。

③模板完成后，进行混凝土浇筑，待混凝土强度满足拆模时间（通常 72 小时）后，拆除模板，并对地梁进行修补（图 4-34）。

（4）安装水泥板

地梁完成后（图 4-35），骨架的部分就完成了，接下来要开始"肉"的安装了。

①水泥板上墙前，应根据龙骨间距在水泥板表面弹墨线，用以确定钉子的固定位置。

②通常情况下，水泥板采用燕尾螺丝与钢架固定，钉距不宜小于 250mm。安装时从上到下或由中间向两头固定，要求布钉均匀，钉尾沉入板面。

③为避免今后收缩变形，板与板拼接处留3mm ~ 5mm 的缝。

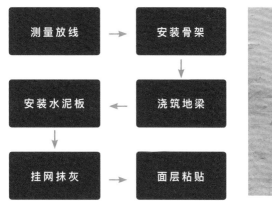
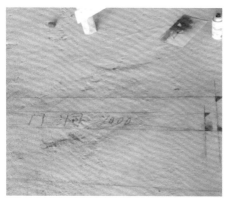

图 4-28　卫生间钢架隔墙安装流程　　　　　　图 4-29

图 4-30

图 4-31　　　　　　　　　　图 4-32

图 4-33　　　　　　　　　　图 4-34

图 4-35　　　　　　　　　　图 4-36

（5）挂钢丝网、抹灰

① 抹灰的目的是更好地粘贴饰面材料，而在水泥板基层上抹灰时，应铺满钢丝网，目的是增加抹灰层和水泥板的粘接性。

② 钢丝网的网眼不宜大于 20mm×20mm，直径不小于 1mm，抹灰砂浆采用水泥砂浆，厚度在 10mm~20mm 之间。墙面抹灰的质量会直接影响后期饰面层的安装质量，本书还会深度剖析抹灰与饰面材料的关系以及质量控制。

（6）面层粘贴

抹灰之后呈现出的墙面就和混凝土基体的抹灰面的性能几乎一样了。至此，"肉"的部分已经完成，可以开始贴"皮"了。贴"皮"（贴石材）的工艺与常规的湿贴工艺相同，以胶泥和镘刀为主，后文会详细讲到，这里不再赘述。

以上工艺流程还是通过"骨肉皮"的思路来分解并说明的，熟悉这个思维模型后，想到构造做法就可以马上从这个角度着手考虑了。

四、钢架隔墙控制要点

以上是对最标准的构造做法进行的分解说明，下面介绍在现场施工过程中经常会碰到的问题，以及面对这些问题时，我们应该重点把控哪些要点。或者说，当我们去现场指导施工，或者参观学习时，碰到钢架隔墙，到底应该看哪些内容？

（1）钢架隔墙主墙的竖向钢骨架必须上下连接楼板及地面（"顶天立地"），用膨胀螺栓连接牢固，以保证稳固性（图4-36）。

（2）表面为湿贴饰面时，钢骨架外面需要用 10mm 厚水泥板封闭。如果对隔音有要求，还应在内部空腔内填满填岩棉。水泥板封闭后，挂镀锌钢丝网，进行水泥砂浆抹灰，外表面拉毛处理，方便饰面铺贴。

（3）因为卫生间需要进行防水处理，故必须浇筑地梁。地梁高度通常为 300mm，最小不低于 200mm，以便防水层上翻施工（图4-37）。通常，地梁植筋间距不大于 300mm，且建议采用植筋胶固定。卫生间采用钢架隔墙，但不浇筑地梁的做法是非常规的做法。

（4）地梁植筋与门洞的钢架交接处，应相互焊接（图4-38），避免后期门扇在开闭时震动，造成地梁开裂。

（5）对于需要设置卫浴五金的位置，如毛巾架、浴缸拉手、淋浴混水器等，需要增设钢骨架加固或预留相应埋件。

（6）在水泥板封闭前，需要对龙骨进行隐蔽验收，并完成内部的机电管线及预留工作。

（7）很多施工单位为了偷工减料，常常会先浇筑地梁，后把钢架固定于地梁上（图4-39），这种做法只有在保证地梁的厚度不小于 200mm 时才可行，否则会因为地梁强度低，厚度又小，造成立杆固定不牢，甚至地梁开裂等现象。因此，不建议采用此种做法。

（8）由于钢架墙体主要受力构件为钢材，钢架墙体随着时间的推移或建筑沉降，会发生轻微变形，当饰面为石材或瓷砖时，则会造成空鼓、脱落等质量隐患。所以，对于需湿贴的饰面材料，不建议使用钢架隔墙，在具备实体墙砌筑的条件下，建议还是尽量采用砌块墙体，因为它的隔音、防水、铺贴质量等均优于钢架墙体。

了解了卫生间钢架墙体，就等于了解了室内空间中主流的隔墙构造，它们的原理大同小异。关于钢架隔墙，我们需要记住最根本的两种模式，即须封找平板隔墙和不封找平板隔墙。须封找平板隔墙基层适用于需整面平面基层的饰面材料，如木饰面、软硬包、不锈钢粘贴乳胶漆、壁纸、烤漆玻璃等（图4-40）。不须封找平板隔墙基层适用于只需要有固定点基层的饰面材料，如干挂石材、GRG、GRC 金属挂板等（图4-41）。彻底理解了这两种隔墙基层的本质后，我们就相当于找到了破解其构造的钥匙，再看到任何形态、构造、饰面的钢架隔墙时，唯一需要做的就是根据不同完成面造型"搭积木"即可。

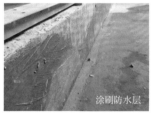

图 4-37　　　　　　　　图 4-38　　　　　　　　图 4-39

图 4-40　　　　　　　　　　　　图 4-41

第三讲 | "骨料"——轻钢龙骨隔墙

关键词：轻钢龙骨隔墙，节点构造，施工流程
导读：本文主要分 4 部分：
　　1. 介绍钢架隔墙和轻钢龙骨墙到底有哪些区别。
　　2. 轻钢龙骨隔墙的种类。介绍几种最常见的隔墙种类，解决绝大多数基层骨架问题。
　　3. 轻钢龙骨的构造图解。通过"四维解构"的方式解析轻钢龙骨墙的构造与做法。
　　4. 隔墙的施工流程及其要点。介绍国内高标准轻钢龙骨隔墙施工过程是怎样的。

阅读提示：

骨架是构造做法的根本，也是保障设计项目质量的根本。前文介绍了"骨肉皮"模型以及钢架隔墙的构造与控制要点，可以说，在构造做法中，懂得了钢架的应用，基本上就等于了解了装饰骨架的大部分内容。本文继续介绍完成面和轻钢龙骨隔墙。

一、钢架隔墙和轻钢龙骨隔墙选哪个

室内常用的钢材分为型钢和轻钢，对隔墙构造来说，既有钢架隔墙，又有轻钢龙骨隔墙。那么，钢架隔墙和轻钢龙骨隔墙有什么区别？什么时候该用轻钢龙骨隔墙？什么时候该用钢架隔墙？

其实，两者的区别很大，主要体现在以下几个方面。

1. 荷载不同
轻钢龙骨隔墙通常是以厚度为 0.3mm、0.6mm、1.2mm 的钢材作为骨架（图 4-42），所以自身的刚度不能满足较重的饰面压力。其耐久性、抗压性、稳定性都没有钢架基层好，故常作为较轻饰面的基层骨架，如乳胶漆饰面、木饰面、软硬包饰面等。

2. 厚度不同
在主墙中，常见的轻钢龙骨隔墙基体的厚度最小规格为 50mm，而钢架隔墙基体的厚度最小可以做到 20mm（图 4-43）。

3. 成本不同
与钢架龙骨相比，轻钢龙骨的成本更低。

这里的成本低不仅体现在材料价格上，从施工速度来看，轻钢龙骨隔墙比钢架隔墙快很多，更节省人工。现在很多时候是人工费比材料费更贵，所以，综合造价来看，轻钢龙骨隔墙比钢架隔墙要便宜很多。

综上所述，虽然钢架隔墙的全方位性能都比轻钢龙骨隔墙好，但轻钢龙骨价格便宜，而且所承载的饰面重量能满足绝大多数装饰材料的要求，所以，在室内空间的"骨架"中，轻钢龙骨具有绝对的优势。

当饰面材料的重量不大，对基层要求不高，但对基层的厚度、防火性、耐久性、承重性、隔音有要求的情况下，我们可以采用轻钢龙骨骨架，如乳胶漆饰面、软硬包饰面、背漆玻璃饰面、壁纸、皮革饰面等。同样的要求下，当饰面材料重量大或基层需要焊接和抹灰的情况下，则偏向考虑钢架隔墙作为基体，如水泥板基层、石材饰面、瓷砖饰面、铝板饰面等。

在装饰过程中会出现一种情况：在方案设计的时候，往往会在墙体没有隔音要求的情况下，用压缩墙体厚度来增加空间，如 120mm 的轻钢龙骨隔墙会被压缩到 100mm，200mm 厚的石材饰面会被压缩到 140mm 左右，100mm 的乳胶漆饰面会被压缩到 60mm 等。通过前文可知，完成面是根据不同材料、不同基层、不同工艺做法"算"出来的，而不是有一个任意尺寸就能实现的，这是很多项目在前期深化时最常碰到的问题。所以，在我们拿到一套图纸审图或者进行深化设计时，第一件事就应该是检查图纸的装饰完成面与对应的材料和基层是否有冲突。

下面我们来看看在不同的完成面情况下，隔墙的基层都有哪些做法，这些做法又能够解决哪些问题。

图 4-42

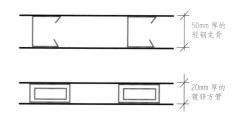

图 4-43 骨架最小完成面示意

二、轻钢龙骨隔墙的种类

在大多数情况下，附墙骨架都会采用轻钢龙骨隔墙的形式来制作（木骨架只在局部的特殊造型上才小范围应用），很多设计师搞不清当墙面完成面厚度分别为 50mm、100mm、150mm、200mm 时，基层的骨架到底应该采用什么基层材料以及饰面样式，因此在节点图纸上只会用打叉来表示（图 4-44）。虽然最后施工方会根据现场实际情况改进图纸的做法，或许不会改变完成面的效果，但即使不考虑预算不准等其他后果，这种状态也会导致很多设计师看了大批节点图、大量教程，最终自己的项目还是不能合理落地这种状况。

本书前文提到了主墙和附墙的概念。两种墙体的构造在钢架隔墙构造中区别不是很大，但对轻钢龙骨隔墙来说，区别就出现了。

轻钢龙骨隔墙骨架至少有 3 种不同形式的附墙来面对不同墙面完成面厚度的情况，下面以双层石膏板、乳胶漆饰面为例，逐一分解一下不同厚度的墙体下，基层应该是什么样的。

1. 支撑卡基层（图 4-45、图 4-46）
适用场合：完成面厚度建议在 35mm~80mm 之间，且对基层有防火及强度等级要求的墙体。
优点：相比于另外两种墙体，它的极限完成面尺寸最小，成本最低。
缺点：承载的墙面饰面重量较小，挂不住重型饰面。

2. 38 卡式龙骨基层附墙（图 4-47、图 4-48）
适用场合：完成面厚度建议在 80mm~300mm 之间，且对基层有防火及强度等级要求的墙体。
优点：比轻钢龙骨墙更灵活，成本更低。
缺点：因为是靠丝杆与墙面连接，受水平向下力，所以，当完成面厚度大于 300mm 时容易向下坠。

3. 轻钢龙骨墙体（图 4-49、图 4-50）
适用场合：完成面厚度大于等于 300mm，且对基层有防火及强度等级要求的墙体。
优点：稳定性强，承载力大。
缺点：成本比前两种形式高。

以上提到的 3 种做法几乎可以解决室内装饰项目中绝大多数附墙的基层构造问题，如木饰面、软硬包饰面、壁纸饰面、皮革饰面等。

三、轻钢龙骨主墙的概述

与其他隔墙基体相比，轻钢龙骨主墙（图 4-51）的主要特点如表 4-1 所示。

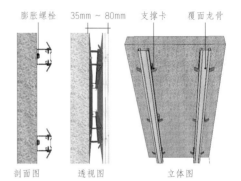

图 4-44

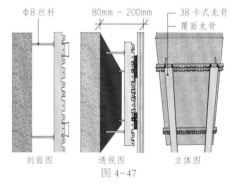

图 4-45

图 4-46

图 4-47

图 4-48

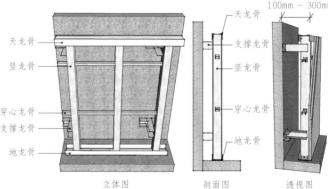

图 4-49

跟前文提到的钢架隔墙相比，轻钢龙骨隔墙的形式比较单一和规范，其通用的标准做法如图4-52所示。前文已经介绍了关于轻钢龙骨附墙的知识以及做法，其实，主墙和附墙的构造几乎一样。了解构造做法前，我们先要对各个龙骨的部件功能和基本情况有大致的了解。

1. 沿顶、沿地、沿侧墙龙骨

沿顶、沿地龙骨和沿侧墙龙骨又分别被称为天地龙骨、侧边龙骨（图4-53），它们都属于C型龙骨，它们的宽度决定了一层轻钢龙骨隔墙的宽度。

2. 竖龙骨

竖龙骨是承载整个墙体重量的龙骨（图4-54），通常情况下厚度为0.6mm和1.2mm，通过铆钉与天地龙骨固定。

3. 横撑龙骨

只有在墙体高度大于2400mm时，才需要设置横撑龙骨，它的作用是让基层板材（如石膏板）在竖龙骨间距处有可以固定的位置，所以它是在板材的长边设置。它的材料与天地龙骨相同，只是固定位置与天地龙骨不同。

4. 通贯龙骨

通贯龙骨又称穿心龙骨（图4-55），属于C型龙骨，起到加固竖向龙骨的作用。通常，穿心龙骨的间距为600mm，配套穿心龙骨卡件一起使用。轻钢龙骨隔墙的穿心龙骨与轻钢龙骨吊顶的38主龙骨是同一种材料。

轻钢龙骨等型材制品的材料长度为每根6m，厚度常见的有0.3mm、0.6mm、1.2mm。这里补充一点小知识，可耐福等德系供应商生产的轻钢龙骨隔墙是没有穿心龙骨的。所以，以后在工程现场看见轻钢龙骨隔墙没有穿心龙骨时，不要急着判定其做法不标准，避免造成不必要的误会。

图4-50　现场图

图4-51

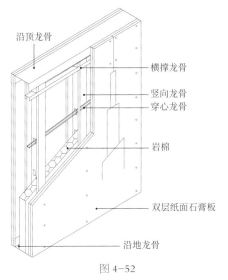

图4-52

表4-1　轻钢龙骨主墙的主要特点	
优点	
施工方便	自重轻，安装快捷
经济耐用	属于难燃材料，防虫、稳定性高（收缩小）、防火、隔热、价格便宜
美观百搭	与之相匹配的饰面材料选择多
缺点	
承载力相对较差	墙体不坚固，不承重，不能装饰重型饰面，如石材、瓷砖、GRG等
环境要求高	墙体怕水，遇热易膨胀，故在屋顶等高温部位不宜使用

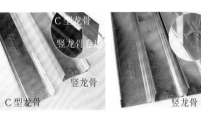

图4-53　　　　　图4-54　　　　　图4-55

四、轻钢龙骨的构造做法解读

在室内空间的隔墙构造中，纸面石膏板和轻钢龙骨隔墙是最常见的搭配方式，所以这里以纸面石膏板为例，展示轻钢龙骨隔墙的标准节点图纸（图 4-56）。此案例的目的是介绍它的骨架构造，因为它的饰面不是只能固定纸面石膏板，并使用"骨肉皮"的思维将其进行分开理解。

理解了图 4-56 所示的构造后，我们对轻钢龙骨隔墙的标准构造做几点补充说明，这些说明也是轻钢龙骨隔墙的质量控制要点，是设计师在工地时需要留意的地方。

（1）现在绝大多数项目的石膏板隔墙均为两层石膏板封闭，单层石膏板的隔墙一般出现在临时建筑或者三四级建筑中。

（2）在有水区域或者潮湿区域做轻钢龙骨隔墙时，需要做至少 200mm 高的地梁来防止地面的潮气和明水腐蚀轻钢龙骨基体，其节点做法如图 4-57 所示。

（3）在高要求的项目中，应在天地龙骨上增加橡胶垫来将墙体与混凝土进行软连接（图 4-58），防止热胀冷缩引起墙面开裂，同时也起到保温作用。

（4）为增加龙骨之间的牢固性，常在门洞或转角处等位置加设龙骨，并用铁皮把龙骨之间连接起来。同理，在竖龙骨与竖龙骨之间也会采用这种手法把龙骨连接起来（图 4-59）。

（5）在轻钢龙骨隔墙门洞处，为增加墙体刚度，通常会采用龙骨正反扣（图 4-60、图 4-61），或者使用钢架内衬在轻钢龙骨上的方式来保证门洞处龙骨的牢靠性。

（6）当空间高度小于等于 3m 时，须设置至少一根穿心龙骨。当空间高度大于 3m 时，

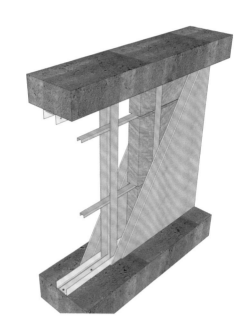
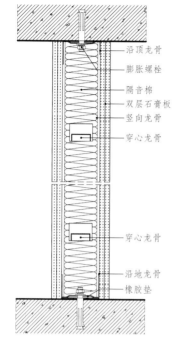

图 4-56

右侧标注：
沿顶龙骨
膨胀螺栓
隔音棉
双层石膏板
竖向龙骨
穿心龙骨
穿心龙骨
沿地龙骨
橡胶垫

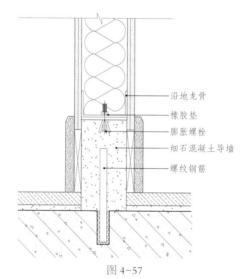

图 4-57

标注：
沿地龙骨
橡胶垫
膨胀螺栓
细石混凝土导墙
螺纹钢筋

图 4-58

图 4-59

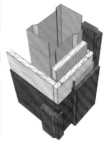

竖龙骨正反扣

图 4-60

每隔 1200mm 须设置一根穿心龙骨。在要求较高的项目中，一般会每隔 600mm 设置一根穿心龙骨（图 4-62）。

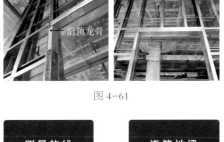

图 4-61

五、工艺流程

理解了轻钢龙骨主墙的标准做法和把控要点后，下面以最标准的带地梁的轻钢龙骨隔墙为例，介绍它的施工过程，进一步阐述"骨"这个概念，其工艺流程如图 4-63 所示。

1. 测量放线

按设计要求确定墙体位置，在地面弹出完成面线（图 4-64），并将线引至侧墙和顶棚，同时标出门、窗洞口位置，然后将各种预留管线纠正到墙位内。

2. 浇筑地梁

根据放线的位置植筋支模，浇筑地梁，地梁高度不宜小于 200mm，若采用双层隔墙，建议地梁浇筑成一高一低的形式，防止开裂。

图 4-62

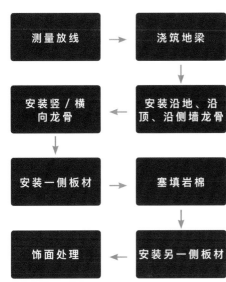

图 4-63　轻钢龙骨隔墙工艺流程

3. 安装沿地、沿顶、沿侧墙龙骨

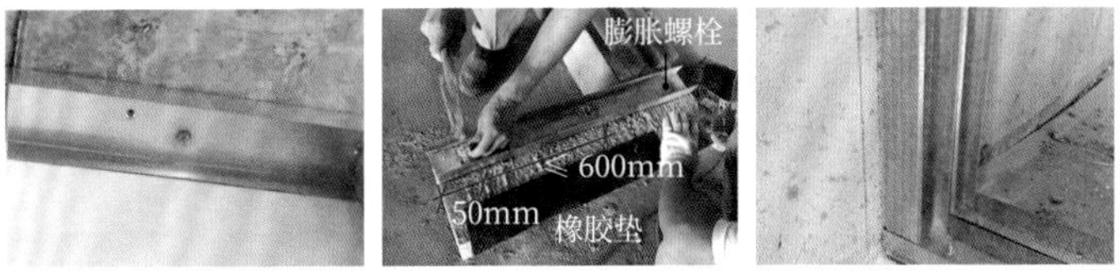

（图 4-65）

（1）固定沿顶、沿地龙骨前首先应在沿顶、沿地及边框龙骨的底面放置橡胶垫。

（2）沿顶、沿地、沿侧墙龙骨按弹线位置准确放好，用 φ3.5 射钉或 φ8 膨胀螺栓将其与地梁固定，钉距应小于等于 600 mm，且距两端 50 mm 为宜。

（3）高标准的装修现场，应在靠墙100mm~150 mm 处增加一根竖龙骨（图 4-66），石膏板固定时与该龙骨固定，而不与靠侧墙竖龙骨固定，以避免结构伸缩产生裂缝。

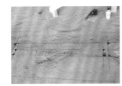

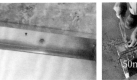

图 4-64　　　　　　　　　图 4-65

4. 安装竖向、横向龙骨（图 4-67）

（1）在安装、固定竖龙骨时，其长度应比实际墙低 5mm～10mm，以便上下各留一定的伸缩缝（图 4-68）。

（2）将竖龙骨卡入沿顶、沿地龙骨内，由墙的一端开始，以 400mm 为间距分档排列。

图 4-66

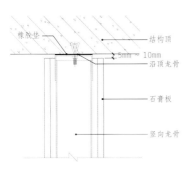

图 4-67

若是墙体承重要求高的空间，建议竖龙骨间距为 300mm。

（3）当设计有通贯（穿心）龙骨时，在切割竖龙骨时应注意，上下端不得倒置，以保证穿心龙骨的开孔在同一水平面上。

（4）如图 4-68 所示，当隔墙高度超过一块石膏板的长度时，必须在石膏板横向接缝处增设横撑（水平）龙骨。横撑龙骨增设位置为距沿地龙骨 3m 处一根，距沿顶龙骨 3m 处一根，保证石膏板横缝位置有横撑龙骨加以固定（家装用的石膏板规格为 1200mm×2400mm，而工装用的为 1200mm×3000mm）。

（5）竖龙骨装完后，安装穿心龙骨。穿心龙骨与竖龙骨通过卡件卡死，在穿心龙骨的末端，应用铆钉与竖龙骨钉死（图 4-69）。

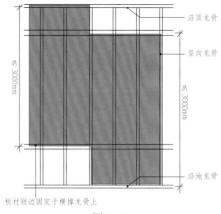

图 4-68

5. 安装一侧板材

上述步骤完成后，轻钢龙骨隔墙的骨架就算完成了，接下来就是封闭一侧板子。注意，这个板子可以是木板，也可以是石膏板、玻镁板等基层材料，具体封板的工艺及注意事项，在"肉"的板块会详细介绍，这里不再赘述。

6. 塞填岩棉

（1）在一侧板材安装完毕后，开始安装岩棉（图 4-70）。先将岩棉裁成略小于竖龙骨间距的宽度备用，在一面石膏板上用粘贴石膏或建筑胶固定岩棉钉，保证每块岩棉板等距固定在 4 个岩棉钉上。

（2）如遇龙骨内部有管线通过，要用岩棉板把管线裹实。

图 4-69

7. 安装另一侧板材

同上述石膏板安装步骤。

8. 饰面处理

不同的饰面会有不同的处理形式和基层需求，后文提到不同材料的工艺时会详细阐述。

六、小结

本文介绍了轻钢龙骨主墙的构造做法、控制要点、施工流程及注意事项，这些知识对于设计师来说非常重要。尤其是对中小型项目而言，设计师去现场做技术交底、质量把控时，了解这些知识能很清楚地知道应该注意哪些问题。

图 4-70

第四讲 | "骨料"——钢制龙骨与曲面墙体

关键词：钢制龙骨，曲面墙体，超高墙体，验收要点
导读：本文主要分两部分：
 1.钢制龙骨的小常识。通过5个小常识，带你更加深入地了解钢制龙骨隔墙。
 2.特殊墙体的解决方案。曲面墙体以及超高隔墙的构造做法是什么样的？

一、轻钢龙骨的5点常识

1.关于轻钢龙骨的安装过程

前文介绍了轻钢龙骨的施工流程和把控要点，因为轻钢龙骨隔墙在室内装饰中的应用范围较广，所以，本文再通过三维模型的形式（图4-71），一步步地还原轻钢龙骨主墙的安装过程。

2.轻钢龙骨可以用钢钉固定吗

要想明白轻钢龙骨是否能用钢钉固定，首先要了解各种钉的本质。

如图4-72所示，钢钉的固定形式是通过载体的强度挤压来"夹"住它，进而起到稳定的作用。它适用于载体对象比较硬，吃钉力比较好的材料，如混凝土、实木板、钢架。

铆钉是通过自身的压缩"夹"住载体的（图4-73），适用于载体较薄、没有吃钉力的材料，如轻钢龙骨、铁片等。

自攻螺丝则是通过自身的螺纹来"夹"住载体的（图4-74），适用于载体自身有一定的硬度（但硬度不能太强）、厚度，且整体强度较高的材料，如密度板、石膏板等。

理解了上述的特点就可以知道哪些材质适合用钢钉，哪些情况下适合用螺丝。回到前文的问题：轻钢龙骨可以用钢钉固定吗？这完全取决于它和"谁"固定，轻钢龙骨与墙面固定是可以通过钢钉，甚至膨胀螺栓固定的，而轻钢龙骨和轻钢龙骨固定，则不建议使用钢钉和自攻螺丝，建议通过

铆钉进行固定。另外，因为轻钢龙骨的壁厚不够（壁厚通常为0.3mm~0.6mm），所以龙骨与龙骨之间是不允许焊接的。

3.隔墙的厚度由什么决定

设计要素，只从构造本身来探讨这个问题。轻钢龙骨隔墙的厚度是由竖龙骨的规格决定的，常见的轻钢龙骨材料的尺寸如表4-2所示。

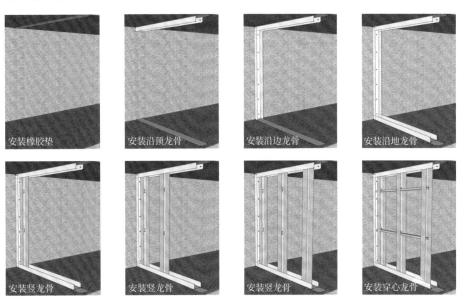

安装橡胶垫　安装沿顶龙骨　安装沿边龙骨　安装沿地龙骨
安装竖龙骨　安装竖龙骨　安装竖龙骨　安装穿心龙骨

图4-71 轻钢龙骨安装流程

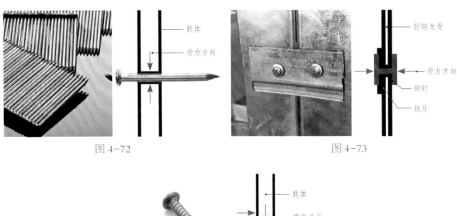

图4-72　　　　　　　图4-73

载体
受力方向

轻钢龙骨
受力方向
铆钉
铁片

载体
螺旋受力

图4-74

产品名称	断面图形	实际尺寸（mm）			适用范围
		A	B	t	
横龙骨（U型）		50	40	0.6/0.8	隔墙与结构主体的连接构件，用作沿顶、沿地龙骨，起固定竖龙骨的作用
		75	40	0.6/0.8/1.0	
		100	40	0.6/0.8/1.0	
		150	40	0.8/1.0	
		50	35	0.6/0.7	
		75	35	0.6/0.7	
		100	35	0.7	
高边横龙骨（U型）		50	50	0.6/0.7	隔墙高度超过4.2m或防火隔墙与楼板的连接构件
		75	50	0.6/0.7/0.8/1.0	
		100	50	0.7/0.8/1.0	
		150	50	0.8/1.0	
竖龙骨（C型）		48.5	50	0.6/0.8/1.0	隔墙的主要受力构件，为钉挂面板的骨架，立于上下横龙骨之中。（2）（3）两翼不等边设计，可以直接对扣，增加龙骨骨架的强度
		73.5	50	0.6/0.8/1.0	
		98.5	50	0.7/0.8/1.0	
		148.5	50	0.8/1.0	
		50	45/47	0.7/0.8	
		75	45/47	0.6/0.7/0.8	
		100	45/47	0.7/0.8	
		150	45/47	0.8/1.0	
通贯龙骨（U型）		38	12	1.0/1.2	竖龙骨的水平连接构件（是否采用通贯龙骨根据规范及设计要求而定）
贴面墙竖向龙骨		60	27	0.6	用于贴面墙系统，作为骨架，用来钉挂面板
		50	19	0.5	
		50	20	0.6	
U型安装夹（支撑卡）		100	50	0.8	固定竖向龙骨的构件，距墙距离可调
		125	60		

表4-2　轻钢龙骨

数据来源：《建筑用轻钢龙骨》GB/T 11981-2008

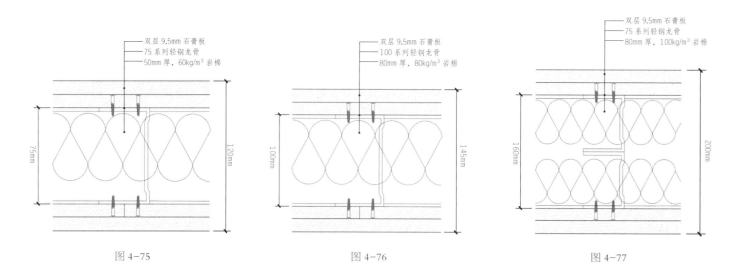

图 4-75　　　　　　　　　　图 4-76　　　　　　　　　　图 4-77

由此可以看出，就厚度而言，常规情况下，单排轻钢龙骨骨架的厚度可选择范围为50mm、75mm、100mm、150mm这4种尺寸。

抛开轻钢龙骨隔墙自身厚度，室内隔墙厚度的决定因素有很多，室内空间的保温性、隔音性、密封性、饰面材料、基层材料等因素都会影响墙体的厚度。下面以轻钢龙骨隔墙和乳胶漆饰面为例，介绍如何设置墙体的厚度。

（1）不考虑室内隔音、保温等措施的情况下，通常的隔墙完成面的厚度为120mm，其构造做法可参考图4-75。

（2）有一定的隔音或保温要求的情况下，如普通办公室、家居隔墙等，隔墙的完成面厚度会做到145mm~200mm。其构造做法可参考图4-76。

（3）对隔音有较高要求的情况下（如会议室、经理室、高端酒店隔间等），隔墙的完成面厚度会做到200mm~250mm。其构造做法可参考图4-77。

4. 轻钢龙骨隔墙能不能贴瓷砖

在一些CAD节点图纸中，经常会看到如图4-78所示的情况，瓷砖直接贴在轻钢龙骨和水泥板的基层上，这种做法在理论上是可以实现的。但是，因为轻钢龙骨自身的刚度不够，就算把竖龙骨的间距缩小到300mm左右，在贴完瓷砖后，短时间内也一定会因为轻钢龙骨的变形而导致瓷砖空鼓、脱落。所以，只有真正理解了轻钢龙骨的特性后，才能准确地判断那些网上流传的做法到底哪些可行，哪些不可行。

5. 轻钢龙骨隔墙验收的关键点

在轻钢龙骨隔墙做完后，需要对其进行验收。国家的验收标准里面有相应的规定，不同基层板材的允许偏差数据有差别。具体数据和验收方法如表4-3所示。更详细的墙体验收细节及工具介绍，会在本书的后续章节中进行详细介绍。

二、特殊墙体解决方案

1. 曲面隔墙怎样做

在当下越来越追求多样化的室内空间中，曲面的墙体越来越流行（图4-79）。曲面墙体的骨架通常是通过轻钢龙骨或钢架的弯曲来实现的，其构造做法与标准做法大同小异，仅仅是在横向上把龙骨进行弯曲即可实现。

横向龙骨的弯曲可以现场切割，也可以到厂家定制（图4-80）。厂家定制的成本比现场

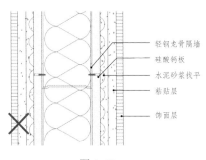

轻钢龙骨隔墙
硅酸钙板
水泥砂浆找平
粘贴层
饰面层

图 4-78

图 4-79

项次	项目	允许偏差（mm）		检验方法
		纸面石膏板	人造木板、硅酸钙板、纤维水泥加压板	
1	立面垂直度	3	4	用2m垂直检测尺检查
2	表面平整度	3	3	用2m靠尺和塞尺检查
3	阴阳角方正	3	3	用直角检测尺检查
4	接缝直线度	—	3	拉5m的线，不足5m拉通线，用钢直尺检查
5	压条直线度	—	3	拉5m的线，不足5m拉通线，用钢直尺检查
6	接缝高低差	1	1	用钢直尺和塞尺检查

表 4-3　轻钢龙骨墙面板安装的允许偏差和检验方法

现场切割弯曲

厂家弯曲加工

石膏板

40mm×40mm方管，间距300mm

图 4-80　　　　　　　　　　　　图 4-81

切割的成本高得多。因此，在大多数情况下，综合考虑成本及工期，不管是钢架墙体还是轻钢龙骨墙体，都是采用现场切割龙骨的方式实现曲面墙体的落地。这样做虽然节约了成本，但从理论上来说，其安全性不如厂家加工的龙骨，因此，如果项目周期和成本可接受，应尽可能选择使用厂家加工的弯曲龙骨。这里还要补充一点，根据上文的数据，我们知道，轻钢龙骨竖龙骨的最小规格是50mm，因此，采用轻钢龙骨隔墙来做弯曲墙面时，其骨架的最小厚度只能到50mm。如果需要进一步压缩曲面墙的厚度，则必须通过钢架隔墙实现。具体做法如图4-81所示。

不管是采用轻钢龙骨还是采用钢架墙体来实现曲面墙落地，都仅限于二维的曲面基体才可行。如果曲面墙体由二维曲面变为三维曲面（图4-82），以上做法是做不到的。因此，面对图4-82所示的这种复杂三维曲面造型，只能通过GRG、FRP、GRC等装饰材料，从"肉"的部分解决。

2. 超高隔墙的两种解决方案

常规的轻钢龙骨竖龙骨材料最大长度为6m，也就是说，轻钢龙骨隔墙的极限高度，在通常情况下只能做到6m。但如果遇到图4-83中的情况，室内需要做11m的有隔音需求的隔墙，应该怎样实现呢？

面对超高墙体，设计师首先会想到混凝土加气块的组合，但是超高的加气块隔墙对楼板的承重有影响，会破坏建筑的结构，所以，超高的隔墙不建议以砌体的形式实现。既然砌体隔墙不能实现，就只能通过钢架隔墙来完成了。当时这堵隔墙的专项解决方案是，直接通过双排100mm×100mm的钢架隔墙"顶天立地"来解决。虽然这个方案在安全性和建筑承重上有保障，但是全采用钢架的成本太高，超过了业主单位的预算，而且也会造成不必要的浪费，所以，设计师对它进行了如图4-84所示的调整。

这个方案在保证了安全性和稳定性的基础上，通过钢架龙骨和轻钢龙骨的相互结合，尽可能地降低了超高隔墙的成本，通过"安神鸟"节点分析模型，最终，后者被选为实际的落地方案。

在实际项目中，设计师有可能会碰到一些非常规的构造和造型，但是，当我们理解了这些造型的构造逻辑后，再回过头来解决遇到的问题，将会有不一样的思路。对钢架墙和轻钢龙骨隔墙来说，怎样保证这两者的安全性？我们只需要记住一个原则：钢架墙面的高度越高，饰面材料的重量越重，则钢架立杆的间距应当越小，以此保证钢架墙的稳定性。通常情况下，建议钢架（含轻钢龙骨）立杆的间距不超过400mm。

图 4-82

图 4-83

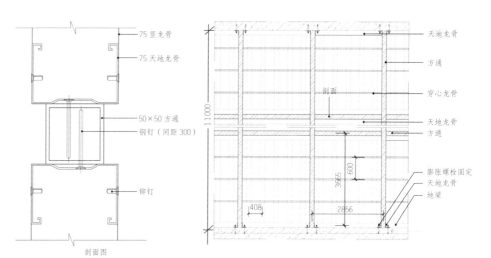

图 4-84　超高隔墙综合解决方案
（单位：mm）

第五讲 | "骨料"——砌体墙构造做法

关键词：砌体墙，概念解释，节点构造
导读：本文主要分 3 部分：
　　1. 了解砌体墙的必要性。
　　2. 常见的砌体墙材料。4 种常见的砌体材料如何选择？
　　3. 标准砌体墙构造做法，使用砌体墙时需要知道的规范。

一、设计师为什么要了解砌体墙

大多数设计师都听过这样的事故：设计做完开始施工，结果现场使用的红砖砌筑被要求拆除重做；明明套用了国标规范中的标准节点图做石材干挂，结果干挂完成后，石材从墙上掉下来了；明明其他人的 LOFT（公寓）项目中，都是用红砖刷清水漆，自己上手后，验收却通过不了。这些看似因为设计师运气不好导致的问题，其实全都是因为设计师没有基础的砌筑常识而导致的。因此，在了解完钢架墙和轻钢龙骨墙体的知识后，非常有必要深度学习关于砌筑墙体的系统知识，目的就是避免类似的情况发生。

严格意义上来说，室内设计师平时在做方案时，接触比较多的应该是前面提到的轻钢龙骨和钢架墙体。砌块墙体通常属于建筑设计的范畴，由建筑设计人员以及土建施工人员来完成。但砌块墙体具有很多其他墙体无可比拟的优点，特别是在调整建筑平面布局，以及室内深化设计过程中，经常会接触到它，所以，掌握砌块墙体的做法能帮助我们更好地进行设计工作。

二、砌体墙是什么

砌体结构在框架结构的建筑内属于二次结构，一般不承重，但由于涉及建筑的抗震要求，砌体结构在建筑设计中属于结构设计，因此，它包含在建筑设计里。

整体的砌体结构也属于主体结构的子项目，

它涉及结构安全，所以在装饰设计中，对砌体结构不能随意拆改，改动后必须要增加相应的承载措施。砌体墙是这一类墙体的泛称，根据不同的砌筑材料会有不同的叫法，如水泥砖墙、加气块墙、石膏砌块墙等。在室内装饰空间中，经常会遇到以下 4 大类砌体墙。

1. 红砖

红砖（图 4-85）和灰砖是以黏土、页岩、煤矸石等为原料烧结而成的烧结型建筑砖块，它的优点是强度高、密度大、可用作承重墙，缺点是自重大、不环保。红砖的标准尺寸是 240mm×115mm×53mm，主要用于多层砖混结构建筑的砌体。

由于生产红砖会破坏大面积土地，造成污染，所以，近年来，越来越多的施工现场遵守国家禁止烧制和使用黏土砖的规定，在正规的设计项目中已经不会看到红砖的身影了。

2. 石膏砌块

石膏砌块（图 4-86）是以建筑石膏为主要原材料制成的轻质建筑石膏制品，是一种新型墙体材料。它的优点是防火性好、节能环保、自身不易开裂、加工性好、自重较轻，而且无须抹灰、无须湿作业即可直接拼接。

它的缺点是强度与隔音效果不如加气块，容易吸潮，板缝处易开裂。石膏砌块的规格是高 500mm，宽 600mm，厚 60mm、80mm、100mm、120mm、150mm、200mm。它适用于干燥地区的空间非承重隔墙，不建议用于有水或潮湿的空间中。石膏砌块有空心和实心之分，但空心砌块占大多数。

3. 混凝土空心砌块

混凝土空心砌块（图 4-87）又称轻集料混凝土小型空心砌块，它是以轻集料混凝土制成的砌块材料。它的优点是强度高、抗震性能好、砌筑方便、墙面平整度好、施

图 4-85　　　　　　　　　　　　　　　図 4-86

图 4-87　　　　　　　　　　　　　　　図 4-88

工效率高，缺点是自重较大，易收缩变形导致砌块开裂，不易二次加工。它的规格是：全长砌块 390mm×190mm×190mm、半长砌块 190mm×190mm×190mm、三分头砌块 90mm×190mm×190mm。

混凝土空心砌块不仅可以用于非承重墙，强度等级高的砌块也可用于多层建筑的承重墙，因此，它尤其适用于多层建筑的承重墙体及框架结构填充墙。

混凝土空心砌块几乎是红砖的代替品，它们的性能与成本都很接近，如果项目中还在用红砖砌体，不妨改用混凝土空心砌块。

4. 蒸压加气混凝土砌块

蒸压加气混凝土砌块（图 4-88）也就是俗称的加气块，它是一种轻质的新型建筑材料，可制成墙砌块、保温块、墙板等制品。它目前在室内隔墙中占主导地位。它的优点是自重轻、保温性好、防火性好、吸音较好、可二次加工、强度适中。缺点是容易吸潮，表面易起粉末，不利于与水泥砂浆粘接。它的规格是长 600mm，宽 300mm、250mm、200mm，厚 100mm、120mm、150mm、200mm、240mm。蒸压加气混凝土

砌块广泛用于室内空间中的非承重墙体，不适合做承重墙体。

以上介绍了 4 种砌体材料，除了红砖已经被禁用以外，其余材料在全国各地使用的频率有所差别，目前应用最广泛的是加气块。

不同材质的轻质砌体隔墙的构造做法几乎一模一样，所以，下面就针对加气块墙体的构造做法进行解析，理解了它的构造，也就理解了其他轻质砌体材料隔墙的做法。

三、加气块墙体的要求和构造

1. 砌体墙体的厚度是不能随意设置的

严格意义上，砌体结构的墙体厚度应该按照规范要求进行高厚比的验算。规范规定，砌体墙体高度与厚度的比值要小于规范允许的数值才能进行砌体施工，当然，根据墙体上是否有窗洞口等因素，允许值可进行修正。具体计算方式如表 4-4 所示（室内设计师只需了解，并严格遵守即可）。

2. 砌体墙体的标准构造做法（图 4-89）

结合前文提到的超高轻钢龙骨隔墙的构造，当面对超高、超大的墙体时，应该尽可能

地把它分割成小块来理解，因为填充材料的单位面积越小越安全。因此，可以把这种理解方式抽象成如图 4-90 所示的思维框架，该框架可用于理解所有超高、超大的室内平面构造做法。

四、砌体墙体的构造做法和把控要点

（1）在框架结构建筑中，砌体填充墙应沿建筑的框架柱，竖向每隔 500mm ~ 600mm 设 2φ6 拉结筋（约两块加气块高）（图 4-91）。

（2）拉结筋伸入加气块墙体的长度与建筑的抗震等级有关，当抗震强度为 6~7 度时，伸入长度小于等于 700mm（图 4-92），抗震强度为 8 度时，应全长贯通（这可以当作判断一个工地的施工质量好坏的标准）。

（3）当砌体填充墙长度大于 5m，或大于 2 倍层高时，墙体中部应设置钢筋混凝土构造柱（图 4-93）。

（4）在砌体墙中间设置的构造柱部件需要预留成马牙槎状（图 4-94），目的是保证

材料	块材规格 （长 × 宽 × 高）	墙体厚度	无门窗洞口	BS/S（有门窗洞口）					
				0.3	0.4	0.5	0.6	0.7	0.8
蒸压加气混凝土砌块	600×125×200（250、300）	125	3200	2800	2700	2600	2400	2300	2200
	600×150×200（250、300）	150	3900	3400	3200	3100	2900	2800	2700
	600×200×200（250、300）	200	5200	4500	4300	4100	3900	3700	3600
	600×250×200（250、300）	250	6500	5700	5400	5200	4900	4600	4500

表 4-4　加气块墙面自承重允许计算高度表（mm）

注：BS/S为洞口面积与墙面面积的比值

构造柱与两侧墙体连接的牢固程度。施工时需要先砌墙，而后支模浇筑构造柱。

（5）当240mm厚的砌体填充墙的高度超过4m（120mm厚的砌体填充墙超过3m）时，应在墙体半高处设置全长通贯的水平系梁（图4-95），梁高需大于等于60mm，在实际项目中，此处的梁高会做到200mm。

（6）为保障门的承载力和安全性，砌体墙的门洞处两侧宜设置构造柱及过梁加固门洞（图4-96）。

（7）砌体墙的转角处、末端处、T形交接点均须设置构造柱（图4-97）。

（8）砌体墙的墙体顶部与结构梁相接部位建议采用混凝土砌块砖斜砌顶紧（图4-98）。

（9）在有防水要求的空间内采用加气砖墙时，为避免水汽对加气块的侵蚀，应当在墙体下方设置混凝土地梁，高度大于等于200mm，宽度同墙体。

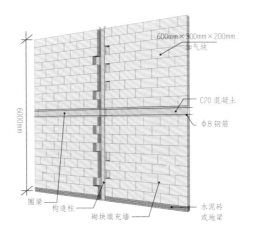

图4-89　室内超高砌体隔墙

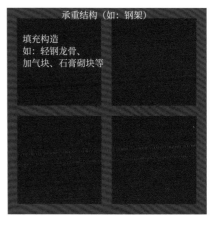

图4-90　超高隔墙的专项方案解决思路

图4-91

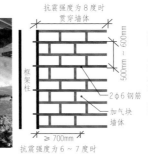

图4-92

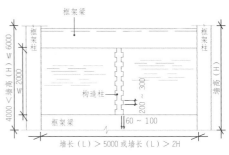

图4-93　墙体构造柱及水平系梁设置示意图（一）（单位：mm）

图4-94

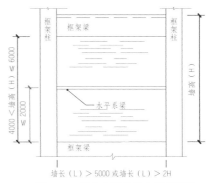

图4-95　墙体构造柱及水平系梁设置示意图（单位：mm）（二）

图4-96

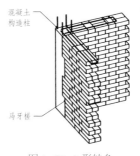

图4-97　L形转角

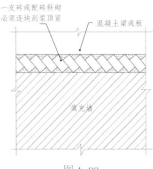

图4-98

第六讲 ｜ "骨料" ——砌体墙工艺流程

关键词：工艺流程，常见问题，隔墙选择
导读：本文主要分 3 部分：
　　1. 砌体墙的工艺流程与把控要点。
　　2. 砌体墙常见的 3 个问题。
　　3.3 种室内隔墙类型。哪些因素决定了我们应该用什么隔墙？

一、砌体墙的工艺流程与把控要点

本文首先介绍砌体墙的标准化工艺流程（图 4-99），结合构造做法标准参考，可以检查自己的项目中有哪些可改进的地方。

1. 测量放线

和钢架隔墙一样，首先根据设计图纸进行墙身、门窗洞口位置弹线。

2. 设置地梁

有水的房间墙体底层应设置混凝土地梁，其他空间用防渗性能较好的实心砖做地梁即可（图 4-100）。地梁的高度约200mm，目的是对砌块墙体做初次找平，同时防潮、防渗。

3. 立参照杆

在正式砌筑前，应对底层的加气块进行预排，如果在砌筑砌块时排序不合理，砌块间咬合不牢，会降低砌体整体稳定性。在墙体各转角，且间距不超过 15m 处设立参照杆（又称皮数杆）并拉通线（图 4-101），目的是控制砌体的灰缝及统一标高。

4. 正式砌筑

加气块隔墙的具体构造要求和注意事项前文已经讲过，这里不再赘述，重点介绍工艺流程和过程控制。

（1）在墙柱面设置拉结筋，拉结筋高度为两皮砖的高度（500mm~600mm），长度根据抗震情况而定（图 4-102）。

（2）为避免砌块吸收过多砂浆中的水分，

砌体施工前应提前 1 ~ 2 天在所用砌块上喷适量水，保持湿润（所有砌块都需要进行这步操作）。

（3）规范规定，砌块含水率不应小于 15％。具体操作为：断开砌块，浸入水中，深度为8mm ~ 10mm，并在开始砌筑前将加气块表面浮灰清理干净（图 4-103）。

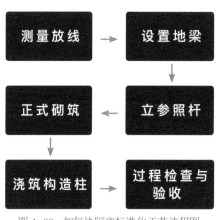

图 4-99　加气块隔离标准化工艺流程图

测量放线 → 设置地梁
↓
正式砌筑 ← 立参照杆
↓
浇筑构造柱 → 过程检查与验收

图 4-100

参照杆

图 4-101

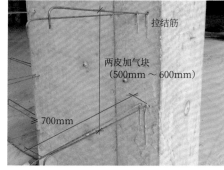

拉结筋

两皮加气块
（500mm ~ 600mm）

≥700mm

图 4-102

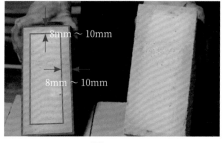

8mm ~ 10mm

8mm ~ 10mm

图 4-103

应该用橡皮锤

图 4-104

（4）正式开始砌筑

砌筑码砖的过程就是重复图4-104所示的步骤：铺贴砂浆、摆放砌块、用橡皮锤压实砌块，最后刮掉被压出的多余砂浆，直至完成整面墙体的砌筑。下面着重介绍设计师去现场指导砌筑时，应该把控哪些要点。

① 砌块的竖向灰缝应相互错开，错开长度宜为300mm，并不小于砌块长的三分之一（图4-105），也就是设计师常说的工字缝。

② 隔墙采用水泥砂浆砌筑，为防止铺浆过长，砌筑过程中砂浆干缩过快，造成砌体粘接强度降低，一般一次铺浆长度不得超过800mm（图4-106）。

③ 加气块隔墙的灰缝宽度按规范要求，宜为8mm～12mm，且应检查灰缝饱满度，横向不宜小于90%，竖向不宜小于80%。太小粘接不牢，灰缝太大强度不够，为确保灰缝饱满，可采用模板在缝两侧夹紧后填塞砂浆（图4-107）。

④ 因水泥砂浆材料的特性，在一般情况下，单日砌筑高度不宜超过1400mm（雨天或回潮天不宜超过1.2m）（图4-108）。这条经验很重要，很多砌体墙出现质量问题就是因为一次砌墙太高。设计师在现场技术交底时，一定要记住这一点。

⑤ 隔墙砌至梁板底时，预留一定空隙，间隔至少7天后，用侧砖由中间向两侧斜砌约60°补砌挤紧，防止上部砌体因砂浆收缩而开裂（图4-109）。

5. 浇筑构造柱

整面墙体砌筑封顶约7天后浇筑构造柱的混凝土。

6. 过程检查与验收

（1）为保证墙体的垂直平整度，砌筑过程中，要求经常用靠尺和线锤检查墙体的垂直平整度（图4-110），发现问题在砂浆初凝前用木锤轻轻修正。

（2）构造柱浇筑完成后，做最终的隔墙验收检查。通常要求隔墙的平整度及垂直度误差不超过3mm。

二、砌体墙的常见问题

1. 砌体墙是不是承重墙

很多设计师认为，只要是实心的砖墙，"顶天立地"后就一定能承重。其实不然，前文介绍过常见的4种隔墙材料，其中提到，只有混凝土砌块和红砖可以在多层砖混结构的建筑中作为承重墙使用，其余墙体均为非承重墙。也就是说，在常规的精装修中，建筑形式如果不是多层（含单层），或不是砖混结构，那么上述两者均不能算作室内承重墙。所以，在精装修空间中，大部分可见的隔墙都是非承重隔墙。所以，在建筑设计方允许的情况下，是可以调整平面布置的（相关建筑结构知识会在后文详细介绍）。

2. 砌体墙能不能用钢架作为附墙

一般在砌体墙外做附墙钢架时，大多数情况下是为了做干挂石材、GRG等重型饰面的装饰。当砌块墙为加气块、空心砖、石膏砌块时，因这些砌块材料的自身强度不大，所以，不能在上面通过膨胀螺栓固定钢架。但如果必须使用钢架作为附墙来承重，就要做出相应的处理措施（图4-111），如打对穿螺杆等。

3. 加气块隔墙在工地上最常见的问题有哪些

（1）加气块隔墙拉结筋设置不规范

这是最常见的偷工减料的做法，隔墙的拉结筋不按规定预留，竖向距离过大，甚至不做拉结筋。拉结筋的预留是为了保证墙面的安全性，不按规范设置拉结筋，后期会造成砌体隔墙不稳定、不安全的现象，轻则发生墙面开裂，重则可能发生隔墙坍塌，所以，设计师去现场时一定要注意把控这一点。

（2）门窗洞口构造做法不符合规定

在建筑的门窗部位未做混凝土过梁及构造柱（图4-112），造成门窗洞口不牢固，留下安全隐患。解决方案是：应先预制加

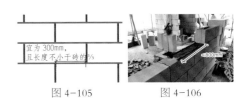

图4-105　　　　　图4-106

图4-107　　　　　图4-108

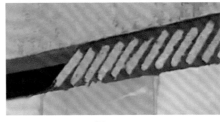

图4-109

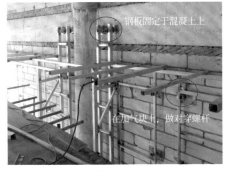

图4-110

图4-111

图4-112

工或现场浇筑对应的门窗洞口的混凝土过梁及构造柱。在现场把控时，应注意，过梁两端搭接长度不应小于200mm。

三、如何合理选择隔墙

至此，本书共提到了3种室内空间中最常见的二次隔墙材料以及它们在构造做法和施工工艺上的把控要点。虽然从形式和构造上而言，这三者有差别，但在使用功能上没有太大差别。那么，在室内空间中，应该怎样合理选择隔墙呢？本书建议如下。

1. 建议使用加气块隔墙的情况

（1）防火性能要求高。对防火分区的分隔墙体、疏散通道的围护墙等防火要求比较高的墙体，应使用砌块墙体。

（2）隔音要求高。用于住宅、公寓、酒店客房的分户墙等对隔音要求高，对墙体厚度也有要求的位置。

（3）自身稳定性要求高。卫生间、厨房、淋浴间等湿贴作业的区域使用砌块墙体，可以保证施工质量。

（4）大面积加气块造价较低。在平面布置、方案确定的前提下，可以对墙体提前进行优化设计时，建议使用砌块墙体。

2. 建议使用钢架墙体的情况

（1）自身强度大。饰面材料重量大，对基层承载能力要求高时，建议使用钢架隔墙，如干挂石材、干挂GRG等。

（2）完成面轻薄。墙面完成面厚度小于100mm，建议使用钢架隔墙或轻钢龙骨隔墙。

（3）满足不同造型。墙面完成面造型复杂或呈曲面墙体时，建议使用钢架隔墙或轻钢龙骨隔墙。

（4）自身可塑性强。在有加气块隔墙的基础上，可以通过附墙的设立来充当砌块墙不能实现的饰面材料基层，如软硬包饰面、烤漆玻璃饰面、铝板饰面等。

综上所述，可以大致得出结论：从隔音角度来看，墙面完成面厚度较薄（小于等于200mm）时，加气块隔墙的隔音效果较好，反之，则钢架隔墙和隔音棉的隔音效果较好；从成本控制角度来看，墙面面积越大，高度越高，使用钢架隔墙的成本越低，反之，使用加气块隔墙的成本更低；从满足特殊造型的角度来看，墙面造型复杂，厚度较薄（小于等于100mm）时，只能使用钢架隔墙作为骨架，而造型简单，且墙面需要抹灰罩面、刷涂料、贴壁纸等饰面时，宜使用加气块隔墙；从防潮、防火角度来看，如果排一个应用上的先后顺序，应该是：加气块隔墙 > 钢架隔墙 > 轻钢龙骨隔墙。但是，这三种类型的隔墙均有较好的防潮、防火性，所以，具体使用哪种完全取决于前面提到的三个方面。

四、小结

经过本章和上一章的系统梳理后，就室内装饰构造做法的角度而言，我们知道了室内空间中最常见的"骨"和"肉"的系统知识。了解这些知识后，再看到不同的设计案例，根据其完成面造型和材质，就可以大致推导出什么样的墙体饰面材料应该使用什么样的骨架基体；同种材料、不同完成面厚度的情况下，应该采用什么基层；在不同空间场合及功能需求下，使用哪种材料作为隔墙为宜。理解了这些"骨"和"肉"的基础后，再看各式各样的节点图纸也将变得更加有规律可循。

第五章

装饰天花

第一讲 | "白色天花"——吊顶理论

关键词：学习方法，跌级吊顶，吊顶构造
导读：本文主要分 3 大部分：
　　1. 我们应该怎样理解吊顶？吊顶是什么？怎样学习吊顶的做法？
　　2. 轻钢龙骨吊顶解析：3 种平面吊顶以及两种跌级吊顶，设计师需要知道的吊顶构造。
　　3. 乐高式组合吊顶。换一种角度理解室内吊顶的构造做法，解决所有吊顶问题。

一、应该怎样理解吊顶

设计师所谓的吊顶，本质上是通过一层假天花饰面板，把顶面的相关专业管道都隐藏起来的装饰措施。它是为了保证空间的美观性而存在的，也就是我们常说的"假天花"（真天花为楼板）（图 5-1）。目前，国内 90% 以上的精装修项目中都使用轻钢龙骨作为基层骨架，以此应对复杂多变的吊顶造型。因此，作为设计师，理解轻钢龙骨的吊顶构成就尤为重要。

有人认为，了解了乳胶漆吊顶就等于了解了室内吊顶的核心，就可以解决关于吊顶的所有问题了。但是，我们所见的室内案例中，吊顶的变化非常大，让人应接不暇，所以，本文以轻钢龙骨吊顶为线索，解开关于室内吊顶的玄机。

当我们理解了本文所说的理论知识后，再面对有吊顶的空间时，不管造型有多复杂，都可以把它理解为由两个标准的做法组合而成。

二、乳胶漆大平顶的两种处理方式

1. 原建筑楼面喷涂

首先要明确的是，并不是只有石膏板吊顶才能做乳胶漆饰面。在没有"假天花"石膏板时，往往会直接在楼板的板面上通过腻子修补，找平后，直接喷涂乳胶漆饰面，形成我们常说的工业风格的顶面刷白处理（图 5-2）。

2. 轻钢龙骨吊顶乳胶漆

当需要隐藏天花上的管道、灯具及设备时，就会采用轻钢龙骨和石膏板饰面的形式来完成。

而根据完成面厚度的不同，轻钢龙骨吊顶的构造做法和造价成本会有所不同。例如，同样是需要吊顶刷乳胶漆，至少有 3 种做法可以选择，每种选择对应的成本及适用场合都是不同的，需要根据具体情况来做判断。

（1）支撑卡吊顶

支撑卡吊顶是把墙面的骨架原封不动地用在吊顶中，也被称为"贴顶式"骨架。它和墙面龙骨一样，能最大限度地缩小完成面的厚度，最小可做到 35mm 的完成面，且材料成本低。缺点是承重小，不受力，

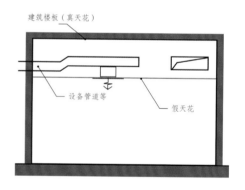

图 5-1

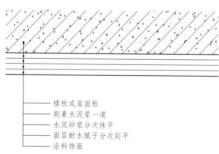

图 5-2　工业风空间原顶（无吊顶）乳胶漆饰面

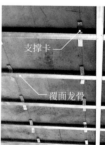

图 5-3

不宜大面积使用。适用于家庭装饰、酒店客房、餐厅包间等小空间的平面吊顶（图5-3、图5-4）。

（2）38卡式吊顶

38卡式吊顶也被称为"卡式龙骨吊顶"，由38卡式主龙骨与常规的覆面次龙骨组成。它的优点是成本低、施工快、节约吊顶空间，缺点是承载力与悬挂式吊顶相比较小。38卡式吊顶适用于吊顶完成面厚度100mm~500mm的空间使用，如家庭装饰、酒店客房、会所吊顶等（图5-5、图5-6）。

（3）悬挂式吊顶

悬挂式吊顶被称为轻钢龙骨吊顶界的"主力军"，几乎占据了吊顶骨架的大半个市场，我们常说的轻钢龙骨吊顶指的就是它。它的优点是承重大、施工灵活、稳定性强，缺点是较浪费室内空间，成本比其他两种龙骨高。悬挂式吊顶适用于吊顶完成面厚度大于等于300mm的空间吊顶，几乎适用于任何室内空间（图5-7、图5-8）。

（4）悬挂式龙骨部件解析

以上3种吊顶的构造做法基本是大同小异的，下面以最典型的悬挂式龙骨为例（图5-9），看看最常见的轻钢龙骨配件都有哪些作用。

①主龙骨+吊件+吊杆（图5-10）

承载整个吊顶的全部受力，主龙骨分上人（50mm、60mm）系列和不上人系列，常见的搭配为60mm厚的主龙骨+配套吊件+φ8吊杆。

②次龙骨+挂件（图5-11）

次龙骨即副龙骨、覆面龙骨，是连接基层板的受力骨架，靠挂件与主龙骨连接，形成完整的骨架。

③横撑龙骨（图5-12）

在需要加固检修口或吊顶的时候，在次龙骨垂直方向设立横撑龙骨，主要目的是让吊顶更稳固，常规项目中使用较少。

④边龙骨（图5-13）

边龙骨最常见的有C形边和L形边，目的是对吊顶骨架进行收边处理，让骨架与墙面能自然地连接，并固定基层板材。

三、轻钢龙骨吊顶的两种跌级方式

1. 带木板的跌级

通过侧边的木垂板（木板多为阻燃夹板）

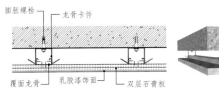

图 5-4

图 5-5

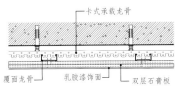

图 5-6

图 5-7

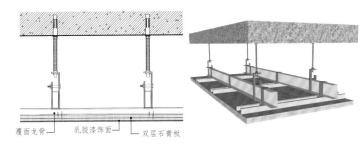

图 5-8

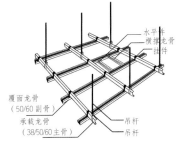

图 5-9

图 5-10

作为受力骨架，连接上下平面龙骨，使平面龙骨的构造做法保持不变（图 5-14）。构造做法如图 5-15 所示。

它的优点是施工便捷、成本低、损耗小、稳定性强、可塑性强，缺点是木板的耐久性较差，不能满足跌级高差太大的情况，板材的防火要求达不到 A 级。这种做法是国内目前最主流的做法，使用的比例几乎占到装饰项目的 90% 以上，被使用于几乎任何室内空间的吊顶装饰中。

图 5-11

2. 全龙骨的跌级

全龙骨的跌级通过全轻钢龙骨的方式，连接上下的平面龙骨，是近年来出现的新型构造做法。构造做法如图 5-16 所示。

图 5-12

根据吊顶龙骨的不同，这种做法会有不同的连接方式，但本质上是通过轻钢龙骨作为侧板来进行连接的。它的优点是防火性能好、稳定性强、安全性高。缺点是施工较麻烦，损耗较大。这种做法主要被用于高要求的装饰项目中，如高端酒店、会所、办公楼等。

图 5-13   图 5-14

综上所述，跌级吊顶和平面吊顶的构造做法完全一致，我们只需要关注跌级处的处理方式即可。两种侧板做法各有利弊，前者是目前市场上的主流做法，而后者目前还未大面积使用。但是，跌级高差小于等于 300mm，可采用木板作为跌级龙骨，跌级高差大于 300mm 的话，建议采用全龙骨侧板，减少变形。

随着消防要求越来越严格，以及成品化龙骨定制的发展，全轻钢龙骨的吊顶系统在未来轻钢龙骨吊顶构造中绝对是一种趋势，设计师需要留意这种新趋势。

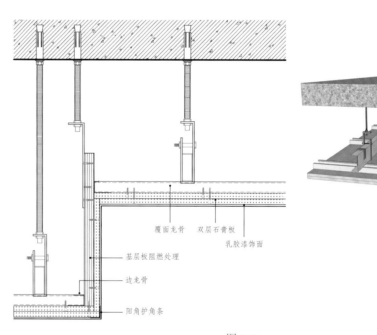

覆面龙骨　双层石膏板
乳胶漆饰面

基层板阻燃处理

边龙骨

阳角护角条

图 5-15

四、处理跌级吊顶的原则

如果深刻理解了本书前面提到的"骨肉皮"模型的话，可能会发现，其实轻钢龙骨石膏板吊顶的做法和乐高玩具一样。到现在为止，我们已经知道了轻钢龙骨吊顶平面和跌级的做法。那么，应对复杂的吊顶关系时，可以把轻钢龙骨吊顶的构造抽象成如图 5-17 所示的构造组合关系。理解了图中所示的跌级吊顶构造原理后，还须记住下面这个原则：小的吊顶跌级（小于等于 150mm 高差），通过"肉"和"皮"

图 5-16

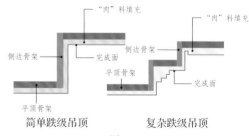

"肉"料填充
"肉"料填充

侧边骨架　　完成面
侧边骨架
平顶骨架　　完成面
平顶骨架

简单跌级吊顶　　　复杂跌级吊顶

图 5-17

的自身变化进行处理；大的吊顶跌级（大于 150mm 高差）通过"骨架"的变化进行处理。

最后，从图 5-18~ 图 5-20 中的这几个案例中可以发现跌级吊顶的底层规律，了解怎样通过图 5-17 所示的构造组合关系解决复杂的跌级关系。

五、小结

本文通过对吊顶龙骨进行由浅入深的解析，展示了 3 种基础的平面吊顶形式和 2 种侧边吊顶的形式，并像乐高积木一样，通过平面和侧板的组合，展示了面对不同造型时，我们应该怎么着手分析与解决。设计师可以通过这套分析思路与原则，在平时的工作中观察与验证不同项目中的吊顶构造的玄机。

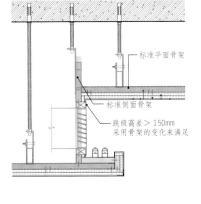

图 5-18 高差大的跌级吊顶

图 5-19 高差小的跌级吊顶

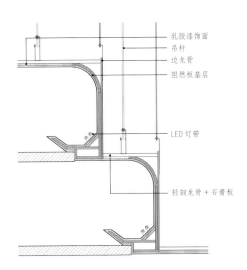

图 5-20 复杂吊顶的做法

第二讲 ｜ "白色天花"——吊顶设计把控要点

关键词：通用原则，把控要点，质量通病
导读：本期内容主要分 3 大部分：8 个各种吊顶骨架都通用的把控要点；8 个保障吊顶安全的控制要点；10 个有关石膏板的知识要点。

阅读提示：

本文可以看作是一份吊顶骨架控制要点的核查清单，设计师去现场时，可以根据本文的条项逐一核对现场问题，这样会有很大的收获。

一、通用吊顶把控要点

通用吊顶把控要点是指不管什么类型的吊顶造型、处理手法，只要骨架是金属骨架，就应该符合相关规定。这些规定对所有类型吊顶的设计把控都适用。

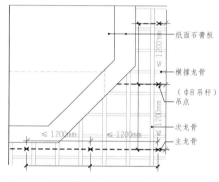 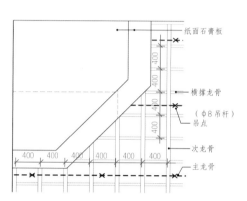

图5-21 轻钢龙骨吊顶平面节点图　　图5-22 轻钢龙骨吊顶平面节点图

（1）规范规定，室内空间吊顶吊杆的间距不能大于 1500mm，但建议在平顶下，吊杆的间距应小于等于 1200mm（图 5-21），在有跌级造型的吊顶下，吊杆间距应小于等于 1000mm，且采用直径不小于 φ8 的吊杆。

（2）为与板材的规格搭配（通常板材规格为 1200mm×2400mm），次龙骨一般有 3 种排布模数（300mm、400mm、600mm），大多数项目的间距为 400mm，间距越小，吊顶越稳固（图 5-22）。

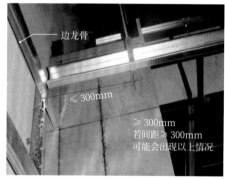

图5-23

（3）在吊顶龙骨末端，吊杆与主龙骨末端距离需小于等于 300mm（图 5-23），目的是防止间距过大，造成吊杆末端不受力，影响吊顶的安全性。

（4）灯槽处轻钢副龙骨应深入灯槽底部，加强灯槽处龙骨刚度，避免开裂，不建议只用木板或石膏板做灯槽支撑（图 5-24）。

（5）天花吊杆长度大于 1500mm 的部位应设置反支撑（图 5-25）。吊杆长度大于 2500mm 时，吊杆会过长，不稳定，需要设置钢结构转换层，钢结构转换层应进行结构承载力计算。

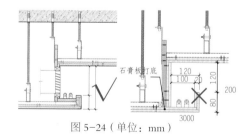

图5-24（单位：mm）

（6）吊杆与管道等设备相遇或吊顶造型复杂时，需要设置钢结构转换层。如吊杆与风管相遇，可采用图 5-26 所示的方式进行转换层设置。

（7）若吊顶空间较高（如大于等于 3000mm），或有大型灯具等设备需要检修时，须预留检修马道，方便后期检修。

图5-25

（8）跌级吊顶的侧板不管是木板还是金属骨架，均须单独安装吊筋（图5-27），且间距建议小于等于1200mm。若侧板造型较重，则须采用角钢作为吊筋，吊筋与木侧板造型通过对接螺栓固定。

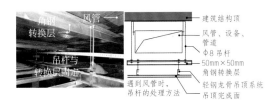

图5-26 吊杆与风管相遇的转换层设置

二、保障吊顶安全性的把控要点

以上提到的通用性的把控要点可以被理解为不得不做的"硬性规定"，而接下来介绍的把控要点，是为了增加吊顶骨架的安全性、牢固性以及耐久性，建议在现场实施的相关措施。

（1）相邻的主龙骨吊件应正反扣，主龙骨的接头应用连接件连接，并使用铆钉，且相邻的接头应错开（图5-28）。

（2）次龙骨挂件应与主龙骨扣死（如果没有扣死，容易导致吊顶整体坍塌，造成安全事故，设计师们一定要留意）（图5-29）。

（3）副龙骨与边龙骨连接时，必须铆固，或用自攻螺丝固定在一起，以免吊顶震动造成危险（图5-30）。

（4）若使用木板（通常为阻燃夹板或细木工板）作为吊顶侧板，为防止开裂，建议板材间的拼接采用"燕尾榫"形式（图5-31）。当然，这会增加一定的施工成本，报价时可体现这一点。

（5）吊顶侧板使用木板时，为防止木板变形，侧板高度不宜大于300mm，侧板高度大于300mm时，建议使用全龙骨吊顶。若高度必须大于300mm，且必须使用木板做侧板时，应当采用图5-32所示的做法，支撑的木板使用三角形和长方形都是可以的。

（6）单个灯具重量大于3kg的话算重型灯具，必须单独设置支撑与结构顶固定，且支撑埋件须做拉拔试验后才能验收。

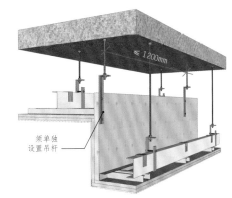

图5-27

图5-28

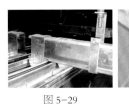

图5-29 图5-30

图5-31

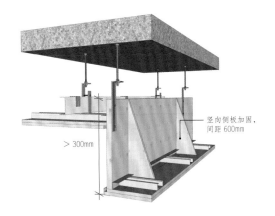

图5-32

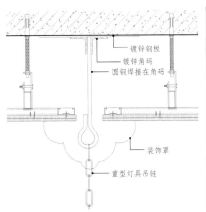

图5-33 两种重型灯具固定做法

（7）灯具重量小于等于 3kg 时，可通过木板基层与龙骨连接，使用龙骨进行受力，无须增加单独支撑（图 5-33）。

（8）在吊顶的转角处、跌级处增加铁皮拉结，可有效地增加吊顶的刚度，避免吊顶开裂（图 5-34）。

图 5-34

三、石膏板与石膏线的知识重点

以上是关于骨架的工艺把控要点和交底要点，接下来以石膏板刷乳胶漆为例，来看看封板时设计师应该关注什么（这些原则不仅是针对石膏板，对于大多数吊顶的基层板材同样适用）。

（1）吊顶石膏板把控的重点是防止后期刷完乳胶漆后，因热胀冷缩、建筑沉降、室内外气压失衡而造成的基层形态变化，进而引起开裂、脱落等风险。

（2）目前用于吊顶的石膏板主要分为纸面石膏板和无纸石膏板（图 5-35）。纸面石膏板根据所用纸面的材料不同又分为防火石膏板、防潮石膏板、普通石膏板等类别（图 5-36），分别适用于不同的空间场合。无纸石膏板的构成有些类似于 GRG，在国内还未大范围使用，但和全龙骨吊顶一样，它可能是未来取代纸面石膏板的一种材料，设计师可以关注。

（3）石膏板常用规格为 2400mm×1200mm 和 3000mm×1200mm，厚度为 9.5mm、12mm。考虑承重原因，12mm 厚的板材用于墙面较多，9.5mm 厚的则更多用于吊顶。

（4）石膏板吊顶建议使用带 V 形槽口的板材，且板缝应预留 3mm~5mm，缝隙用腻子填补并用牛皮纸遮盖，防止热胀冷缩引起的开裂。

（5）轻钢龙骨吊顶转角处应采用 L 形整块套板，套板边长不小于 300mm，否则后期必然造成吊顶开裂，具体做法如图 5-37 所示。

（6）安装双层石膏板时，第一层板与第二层板的接缝应错开，不得在同一根龙骨上接缝（图 5-38）。

（7）为保证石膏板阴阳角的挺拔与顺直，通常会在转角处增加 L 形收边条（图 5-39），且在抹腻子过程中，不断地修正其方正度，进而保证其挺拔程度。

（8）图 5-40 为石膏线安装时应该注意的要点。

（9）石膏线需使用快粘粉进行粘接，并用自攻螺丝与木基层进行固定（图 5-40），严禁使用钢排钉、蚊钉固定。

（10）石膏线与石膏线的接头处需要预留 3mm~5mm 的接缝，接缝处用石膏填补，目的是防止热胀冷缩导致开裂。

无纸石膏板　纸面石膏板

图 5-35

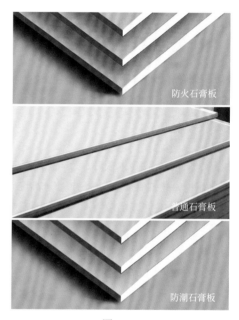

防火石膏板

普通石膏板

防潮石膏板

图 5-36

L 形转角套板　直接拼接

图 5-37

接缝横竖错开

图 5-38

四、小结

轻钢龙骨吊顶的龙骨间距越小，则整体刚度越好，后期开裂、变形的概率越低。因此，在选择轻钢龙骨的型号时，应在造价基本合理的前提下，尽量选择规格大一点儿的龙骨，同时牢记本文提到的最具代表性的要点，这样即可保证吊顶的质量，让设计作品完美落地。

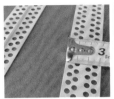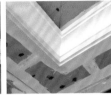

图 5-39

图 5-40

第三讲 | "白色天花"——吊顶系统的三个关键位置构造及工艺流程

关键词： 节点构造，验收标准，吊顶工艺流程

导读： 本文主要分两大部分：吊顶系统的 3 个关键位置——伸缩缝、检修口、窗帘盒的做法是怎样的；通过 7 个步骤深入了解吊顶的标准流程和易忽略点。

> **阅读提示：**
>
> 本书提倡由浅入深地系统学习，因为只有理解了基础概念后，才能更好地掌握高阶的应用。比如，同样是轻钢龙骨基层，当设计"白色天花"时，它可以是在轻钢龙骨上贴石膏板并刷乳胶漆饰面，也可以是在龙骨上挂铝板进行饰面，甚至可以是软包"上天"。饰面材料千变万化，但是，它们所依据的把控要点和构造原理是相同的，只是换了材料而已。
>
> 本文继续介绍吊顶系统的 3 个重要位置和标准工艺流程。

一、吊顶系统的 3 个关键位置

1. 伸缩缝

吊顶伸缩缝是为了防止吊顶由于热胀冷缩或建筑沉降等外部原因，造成顶面开裂而设置的处理手段（图 5-41）。当吊顶长度大于 12m，或平面面积大于 100㎡，或遇到建筑伸缩缝时，石膏板天花需要设置伸缩缝。

伸缩缝的做法很多，根据不同空间、不同需求会做增项处理（如添加隔音棉等），但是不管怎样变，都是建立在"骨肉皮"模型中，也就是说，只要知道了标准做法（图 5-42），再去看各种吊顶伸缩缝，都会很容易理解。

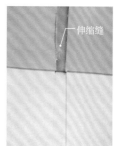

图 5-41

2. 检修口

当吊顶内部有设备、管道的阀门或检修部位时，应在石膏板吊顶中设置检修口（图 5-43），检修口常规规格为 350mm×350mm、400mm×400mm。若检修口不上人，检修口位置调整范围的原则是：检修人员的半个身子进入吊顶后，伸手能检修设备即可（图 5-44）。若检修口须上人，则需要在四周增加覆面龙骨或木板加固。

检修口建议采用成品 GRG 材料或石膏制品（图 5-45），不建议使用现场通过石膏板自制的检修口。在封板之前，检修口应根据现场实际情况进行挂牌开孔，不应该只按图施工，

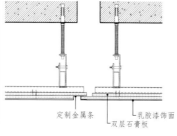

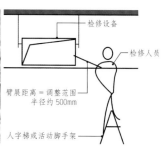

图 5-42　吊顶伸缩缝的标准做法　　　　　　　　　　　　图 5-43　　　　　　　　图 5-44

否则必然出现图纸上的检修口与现场的吊顶设备点位或建筑结构相互冲突，无法检修的情况（更多检修口的内容，我们会在空调系统部分详细说明）。

如图5-46所示，与伸缩缝一样，检修口的做法也多种多样，我们同样只需要理解最标准、最基础的做法和原理即可。

3. 窗帘盒

窗帘的造型做法根据不同的设计而有所不同，窗帘的形式太多，做法各异。图5-47和图5-48展示了两种不同的窗帘盒做法。对于窗帘盒的把控只需记住一点：尽可能地多考虑固定窗帘轨道的承载力。也就是说，窗帘越重，窗帘盒的基层就需要越牢固，握钉力越强，如采用18mm厚或每层9mm厚的阻燃板基层来承载窗帘轨道的力。

二、吊顶的标准工艺流程

前文介绍了关于石膏板吊顶的基础知识，这些基础知识与规定也适用于其他类型的吊顶。下面介绍更加细致的石膏板吊顶的具体工艺流程（图5-49）。

1. 测量放线

（1）在弹线之前，对需要弹线的基面进行基层清理，保证基面无浮尘。

（2）根据施工图纸标高，在墙面、柱面用墨线弹出天花标高水平控制线，并在建筑顶面画出吊筋点位，建议吊筋间距小于等于1200mm，最侧边的吊筋与墙面距离小于等于300mm，同时保证沿主龙骨方向的吊筋处于一条直线，并考虑灯具位置，防止吊筋与灯具冲突。

2. 固定边龙骨（图5-50）

边龙骨可采用L（或U）形镀锌轻钢条，钉的间距小于等于500mm。边龙骨必须与副龙骨固定牢实，可用铆钉或自攻螺丝固定。

3. 安装吊筋（图5-51）

根据吊筋的点位钻眼，安装膨胀螺栓、吊筋及主龙骨吊件，一般吊顶为φ8热镀锌全丝吊筋。

4. 安装主龙骨（图5-52）

安装顺序是先高后低，吊杆长度不得大于1500mm，当超过时，应增设钢架转换层或反向支撑。吊杆距离主龙骨末端不得大于300mm。待主龙骨与吊件及吊杆安装就位以后，以一个房间为单位调整平直。调平时，按房间的十字和对角拉线，以水平线调整主龙骨的平直。

较大面积（≥100m²）的吊顶主龙骨调平时，注意其中间部分应略有起拱（图5-53），起拱高度一般不小于房间短向跨度的1/300~1/200。起拱是为了防止吊顶开裂（这点很重要，后文关于怎样预防吊顶开裂的部分会再次提到）。

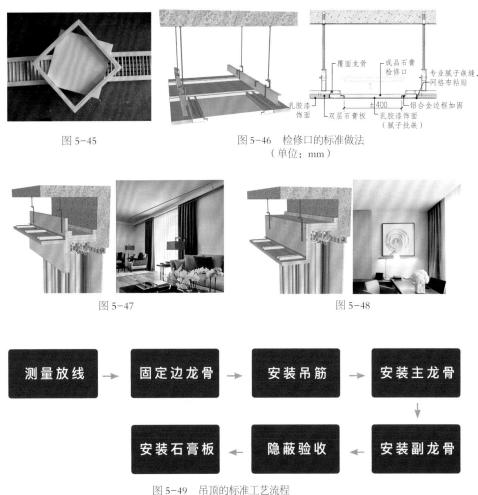

图5-45

图5-46 检修口的标准做法
（单位：mm）

图5-47　　　　　　　　图5-48

图5-49 吊顶的标准工艺流程

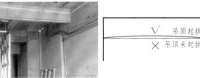

图5-50　　图5-51　　图5-52　　图5-53

5. 安装副龙骨（图 5-54）

主龙骨安装完成后，依次安装副龙骨及横撑龙骨，副龙骨间距一般为 400mm（高要求为 300mm），横撑龙骨间距为 600mm。虽然规范没有规定必须正反安装挂件，但为了安全，建议副龙骨挂件也依次正反安装，避免受力变形。

6. 隐蔽验收

在天花的机电设备安装、试水、打压、调试、检测完毕后，开始对龙骨进行隐蔽检查，办理隐蔽验收。天花龙骨的验收标准如表 5-1 所示。

7. 安装石膏板（图 5-55）

在已装好并经验收合格的龙骨下面，从顶棚中间顺主龙骨方向开始封第一层石膏板。注意，封板时应从板材的中间向四边固定，不得多点同时作业，防止板材开裂。第二层石膏板安装方向应与第一层石膏板垂直，即石膏板长边沿次龙骨方向铺设。

自攻螺丝距离石膏板纸包边距离应为 10mm~15mm，距离切割边 15mm~20mm（图 5-56）。底层石膏板自攻螺丝间距以小于等于 200mm 为宜（图 5-57），面层石膏板自攻螺丝间距以 150mm ~ 170mm 为宜。

螺丝头宜钻进石膏板内 0.5mm ~ 1mm，并不使石膏板纸面破损，螺帽应做防锈处理，用毛笔点涂防锈漆（用密封膏、石膏腻子或掺胶粘剂的水泥砂浆都可行），再用石膏腻子刮平（图 5-58）。石膏板四周不得靠墙，距边应留缝 4mm ~ 6mm（图 5-59）。

图 5-54　　　　　图 5-55

图 5-56　　　　　图 5-57

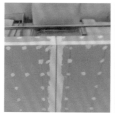

图 5-58　　　　　图 5-59

项次	项类	项目	允许偏差（mm）	检验方法
\multicolumn{5}{c}{**表 5-1　天花龙骨验收标准**}
1	龙骨	龙骨间距	2	尺量检查
2		龙骨平直	2	尺量检查
3		起拱高度	±10	短向跨度 1/200 拉线尺量
4		龙骨四周水平	±5	尺量或水准仪检查

第四讲 | "白色天花" ——工艺缝

关键词：工艺缝，质量通病，把控要点
导读：本文主要分3大部分：
　　1. 工艺缝是怎样影响设计的？为什么说简约的家具更难做？
　　2. 工艺缝的两种类型、5点注意事项。
　　3. 两种大平顶的质量问题与解决方案。

一、工艺缝是怎样影响设计的

现在设计圈很流行简约风（图5-60），无论高端公共场所还是私人住宅，都在崇尚"轻装修，重装饰"的设计方法论。很多设计项目，尤其是住宅项目的空间设计、硬装设计都越来越简单，如吊顶构造，大多数空间都是一个大平顶加几盏筒灯，设计体验和设计理念都是通过灯光和软装陈设来体现的。这就给大多数设计师一种错觉——既然硬装部分这么简单，那么我是不是不需要了解室内深化和工艺构造知识了？是不是只了解最基本的几种做法就够了？

其实这种想法是极其错误的，就如图5-61所示的推导过程，正因为空间越来越简单，才越来越需要通过空间的细节来体现空间的品质。而要想把空间的细节做好，就必须对工艺有深入的理解，否则，我们的空间设计作品永远只是天马行空的构想，即使落地，也是一个品质感极差的作品，因为我们根本不知道怎样来体现空间的细节。

在家具行业里，几乎每个从业者都知道一个简单的道理：大面积平整的东西是最难做的。因为，所有平整的东西落地实施起来的难度都很大，成本很高，如果选用的材料不佳，工人的手艺不好，机器的精度不高，投入和产出比就不高。而且，在使用后也会造成变形、开裂、起鼓等质量问题。所以，在家具行业，只有大型工厂才能做出既简洁，细节又好的家具，一般的中小型工厂不具备这样的实力。理解了这

一点，我们就可以比较理性地看待很多家具品牌，在家具设计上都很难做到简约，反而喜欢雕刻一些极其多余的图案的情况了（图5-62）。

这个道理在装饰行业里面同样适用，下面以最主流的"石膏板＋乳胶漆大平顶"为例，从吊顶品质把控的角度来看工艺做法是怎样一步步增加空间细节，提升空间品质，最终改变设计效果的。

二、工艺缝的相关知识

工艺缝泛指装饰材料之间的凹槽，其尺寸通常为3mm~10mm（5mm居多），它主要的目的是有效防止由材料规格不足、材料间的热胀冷缩等原因引起的质量问题（图5-63）。

很多时候，工艺缝并不是设计师刻意预留的，而是在施工或深化设计过程中，考虑到材料的收口关系，规格尺寸的可实现性，施工和成本的局限性而设置的。也就是说，我们在做方案设计的时候，大多数情况下是没有工艺缝的概念的，也不会考虑工艺缝的设置，工艺缝完全是后期为了更好地实现方案设计而加设的构造。而这一无奈之举，现在却成了简约空间的代表性装饰手法，被广泛用于各个大平面的装饰上。这让工艺缝这种形式从最开始只是满足施工需求的构造，逐渐演化成了增加空间细节感的一种手法（图5-64）。这也是一个因工艺手法而影响设计品质的例子。

图 5-60

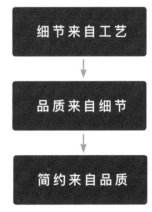

图 5-61

图 5-62

图 5-63　　　　图 5-64

1. 工艺缝用在哪里

在平面与平面的交接处或临边处等人们的视线会着重关注的地方，为了增加整体空间的精致感，会增加5mm~10mm的工艺缝（图5-65）。为了满足材料的规格大小，或不同材料的自然交接，需要设置工艺缝来收口，避免两块材料直接对接带来的施工难度，也就是我们说的"留缝"的处理手法（图5-66）。

2. 工艺缝怎样用

常规情况下，工艺缝的预留有两种形式。

（1）材料与材料之间直接留缝

以石膏板吊顶为例，直接在石膏板之间留出工艺缝即可，有时还会以在工艺缝内涂刷黑色乳胶漆的形式做饰面。这种方法的优点是材料成本低，缺点是收口处很难做到精细，工艺缝转角不挺拔，所以，适用于对施工质量要求不高的空间（图5-67）。

（2）借助另一种材料留缝

这种做法是当下的主流做法，通过在石膏板与石膏板之间添加额外的收口条来实现工艺缝的效果（图5-68）。它的优点是施工快，精细化程度高，工艺缝转角挺拔，适用于各种装饰空间中。缺点是比直接使用石膏板留缝成本高。

图5-69是以π形收口条为例，介绍这种做法的施工流程。

3. 工艺缝使用的注意事项

（1）工艺缝的缝隙最好控制在5mm~10mm，太大不精细，过小又很难施工（图5-70）。

（2）采用不锈钢收边条时，建议采用1.2mm厚的不锈钢材料，同时须注意石膏板工艺缝应预留不锈钢的厚度位（不锈钢的详细知识将在后文说明）。

（3）不建议使用石膏板间直接留缝刷乳胶漆的工艺缝处理方式，一是因为涂刷乳胶漆时很难控制，二是因为石膏板的切角处很难做到挺拔有力，且容易崩坏（图5-71）。

图5-65　　　　　　　　　　图5-66

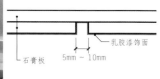

图5-67

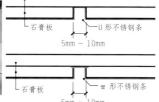

图5-68

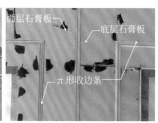

图5-69

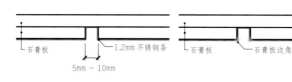

图5-70　　　　　　图5-71　　　　　　图5-72

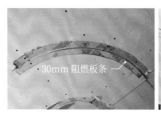

图5-73　　　　　　图5-74　　　　　　图5-75　　"功夫菜"棋盘

（4）在天花与墙面使用工艺缝时，一定要对其平整度进行严格的控制，否则必然出现缝隙大小不一的情况（图5-72）。

（5）遇到吊顶弧形工艺缝时，若采用定制收边条会增加材料成本。为了节约成本，可以使用图5-73的做法：直线处采用不锈钢收边条，弧线处采用30mm宽的阻燃板做成工艺缝的形状，这样既能保证工艺缝的平整，义降低了成本。

三、吊顶开裂的成因分析

吊顶开裂（图5-74）主要有不美观和不安全这两大问题，其危害不言而喻。而当我们面对设计通病和质量通病时，探究其成因和解决方案之前，我们应该回过头来思考，这类问题的本质是什么？是否能与我们提到的"骨肉皮""线面体"模型一样，有一个通用的、系统的思维模型，将这类问题分析得比较透彻全面呢？这个模型就是本书中的又一原创模型：装饰空间质量通病系统分析模型——"功夫菜"（图5-75）。

简而言之，"功夫菜"模型是让我们在分析质量问题时，抛开不可抗力因素（地震海啸、建筑沉降、结构损坏等），纯粹地从材料、施工、环境因素这三大可控的角度入手，系统地理解某个通病现象背后的底层规律，将问题分析得更加深入和透彻，并根据分析出的问题，逐一寻找解决方案，从而系统地解决这一类通病。以吊顶开裂为例，当我们戴上"功夫菜"这一副"眼镜"后，可以分析出如图5-76所示的成因与解决方案。图中的结论基本上可以涵盖90%以上的吊顶开裂的原因及解决办法，可以当作设计师在设计巡场、节点设计、技术交底、现场把控时的核查清单。由于篇幅限制，下面只展开解析两个最典型的吊顶开裂原因。未涉及的内容可作为书后习题，自己尝试分析与理解。

1. 面板受力状态不合理

正常的吊顶系统应该呈拱形状态，在石膏板荷载等全部上去后，吊顶骨架系统受力微微下降，但整个骨架系统仍保持拱形状态，下降产生的重力会被转化成一个水平推力。这时，石膏板板缝在水平推力的作用下将是受压状态，板缝受压有利于防止板缝出现开裂。如果吊顶支架系统起拱不足，在荷载作用下，支架系统下降后呈现略微下凹的形态，那么原来的水平推力将转化为水平拉力，石膏板板缝将处在受拉状态，这种受力状态会促使板缝开裂，是一种极不合理的受力状态（图5-77）。

2. L形转角未做套板加固

从力学上来解释，任何构造的转折处，其承受的应力都是最大的，而在应力的承受点上，如果没有采用L形角或整块套板加固（图5-78），那么，受建筑沉降和热胀冷缩的影响，吊顶的转角处必然会被拉裂。

四、吊顶开裂的预防策略及补救措施

虽然从设计和施工的把控角度而言，只要做到前文核查清单所示的几个把控要点，理论上就能很好地规避吊顶开裂的风险，但是在实践中，往往会因为配合单位的原因造成执行不到位的情况。因此，面对这种须配合的问题，有几个策略可供设计师选择。下策：在施工图纸上写明预防措施。中策：现场对工人进行技术交底，并以纸质的形式存档。上策：找到口碑较好的施工队伍，并尽可能保证施工周期。这是因为不管设计师的技术手段多高超，图纸画得多好，空间方案多精致，如果配合的相关施工单位以及业主方不能保证施工质量，一切的前期设计方案和质量预防策略都没办法保证项目的品质。

如果采用了上述对策后，项目还是出现了问题，那么只能尽可能想办法补救。根据吊顶的不同位置以及开裂的不同时期，补救的方式也有所不同，需要"对症下药"。下面介绍两种最典型的吊顶开裂补救措施。

1. "皮肤病"——油漆自身开裂

（1）典型情况

之所以称为"皮肤病"，是因为这种开裂是因为"皮"的部分出现问题，仅是吊顶

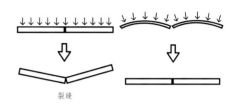

石膏板吊顶不合理状态　　石膏板吊顶合理状态

图5-77

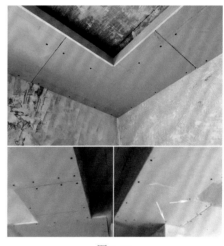

图5-78

图5-79

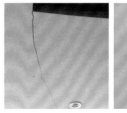

图5-80

漆膜上出现裂纹，一般出现在表面，不会影响吊顶的安全（图5-79）。

（2）形成原因

吊顶"皮肤病"的成因包括一次涂刷过厚或未干重涂、基底过于疏松或粗糙、使用底漆与面漆不匹配等。

（3）处理方式

若缝隙不大，深度不深，那么建议直接在缝隙上贴一层牛皮纸，并刷饰面涂料即可。若缝隙不大，深度不深，但分布较广，那么建议直接铲除受影响的饰面膜，然后按照标准程序重新刮腻子，刷乳胶漆。这样操作的时候需要注意：确保一次施工时漆膜不会太厚；确保前层漆膜干透后再重涂；必要时用合适的底漆封固基底；对于粗糙度大的基底，先用腻子或者嵌缝膏刮平后再刷上乳胶漆。

若缝隙较宽，且很深，裂缝与基底板材接缝处走向一致，那么最好沿裂缝外沿不小于30mm处，连同石膏板一起切割而出，然后用新的石膏板填补在缝隙里，再按照标准流程涂刷饰面涂料即可。

2. "伤筋动骨"——石膏板开裂

（1）典型情况

裂痕与板材接缝处走向一致，或在造型边角部位，且深度足够大（图5-80）。

（2）形成原因

这种情况形成的原因主要是骨架和石膏板的问题，问题多种多样，应根据现场具体情况而定。

（3）处理方式

这种情况几乎可以判定是因为骨架和石膏板开裂造成的，所以，与其说是"抢救"，还不如说是"重生"。修复方法是：直接把石膏板扒开，然后检查吊顶龙骨，处理好基层质量问题后，再按照标准处理流程进行饰面处理。吊顶补救之后再做饰面油漆处理时，一定会留下与原本油漆不同的"肤色"，因此，设计师最应该做的不是开裂后的补救，而是在设计巡场和技术交底时进行把控。

图 5-76

第五讲 | "特殊天花" —— 异形吊顶

关键词：学习方法，节点构造，"线面体"模型
导读：本文主要分 4 大部分：特殊天花的定义及概念概述；线性特殊天花的解读；曲面特殊天花的解读；"网格化思维"和"线面体"模型解读。

一、特殊天花是什么

本书对特殊天花的定义是：由非单一的直线构成的平面吊顶或平面跌级吊顶。由这个定义可以提取出来特殊天花的两大分类（如图 5-81 所示），分别是线性特殊天花，如斜屋顶、菱形顶、假梁顶（图 5-82）和曲面特殊天花，如穹顶、异形顶。曲面特殊天花又可分为单一曲面天花（图 5-83）和三维曲面天花（图 5-84）。单一曲面天花是指室内天花中，只有单一平面弯曲的异形天花；三维曲面天花是指室内天花中，有两个或两个以上平面弯曲的异形天花，如穹顶。

下面以 6 种最典型的特殊吊顶为例，分解线性特殊天花的设计与构造做法的底层规律。

二、线性特殊天花

图 5-85 所示的都是典型的线性特殊天花，这种类型的天花通常被我们称为"斜屋顶"。在使用斜屋顶做吊顶时，通常都会在斜屋面上增加房梁、屋脊、草席面以及瓦楞来营造一种木质建筑的空间氛围，在东方风格的建筑和内装中尤其如此。

图 5-86~ 图 5-91 以一个实例来分析这种斜屋顶吊顶的构造做法和图纸表达是怎样实现的，在看图的时候须注意吊顶平面图与节点图之间的对应关系。

图 5-92~ 图 5-94 进一步结合现场照片进行展示，真正掌握这种吊顶的做法后，再面对斜屋面就可以举一反三进行施工了。

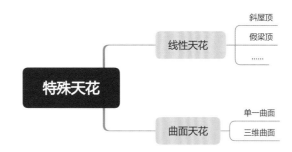

图 5-81

斜屋顶　　线性特殊天花　　假梁顶

斜屋顶天花　　假梁天花

图 5-82

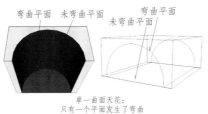

单一曲面天花：只有一个平面发生了弯曲

单一曲面天花

图 5-83

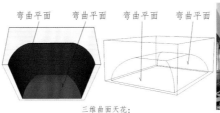

三维曲面天花：两个及两个以上平面发生了弯曲

图 5-84

图 5-85

图 5-86　设计效果图

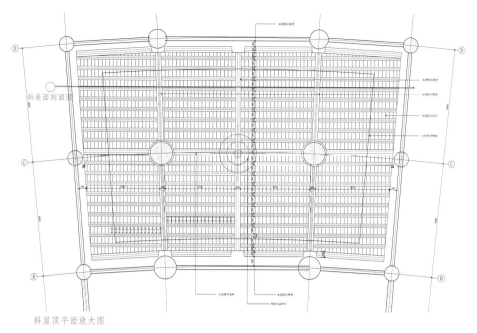

斜屋顶平面放大图

图 5-87　吊顶平面图

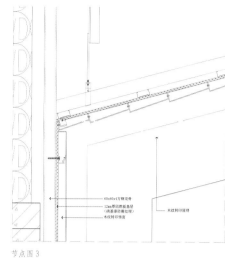

节点图 3

图 5-91

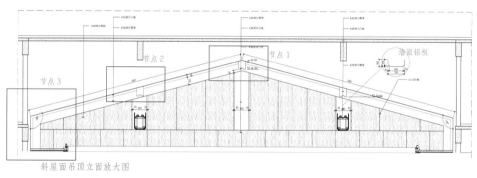

斜屋面吊顶立面放大图

图 5-88

图 5-92

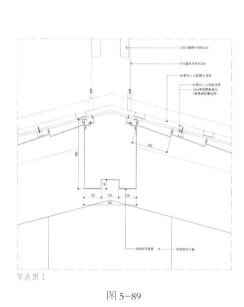

节点图 1

图 5-89

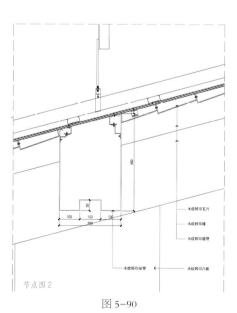

节点图 2

图 5-90

图 5-93

图 5-94

三、采用线性特殊天花时的注意事项

（1）采用线性特殊天花时，斜屋面的低端吊杆的长度很容易大于1500mm，所以在交底时，须核查是否需要设置转换层。

（2）留意吊顶内是否有大型机电设备，是否需要预留检修口、通风口等相关配套设施。如果需要，则应考虑方案设计是否与检修口"打架"。如图5-95所示的情况就是因为方案设计时未考虑现场落地情况，吊顶完工后，又后续增加设备，造成设备风口与装饰造型"打架"的局面。

有风口时，应协调风口与吊顶的关系

图 5-95

（3）为保证此种斜面吊顶的安全性和稳定性，在交底时，一定要注意主龙骨、主吊件、次龙骨挂件的正反扣设置。

（4）在业主对防火要求特别高，验收审核又特别严的情况下，可以用玻镁板代替阻燃板做吊顶基层板材，但不管"肉"的部分怎么变，"骨架"是不会变的，这也是为什么前文要先讲"骨料"的原因。

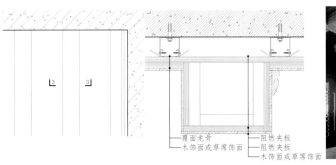

图 5-96　假梁侧面做法一

（5）不同的要求以及不同的尺寸所采用的做法会有一定的差异，但理解上面的这种构造做法后，就可以理解大多数斜屋面构造了。

四、假梁顶天花

接下来通过图5-96～图5-98看看其他3种传统的木饰面和木条是怎样安装到天花上的。

图 5-97　假梁侧面做法二
（单位：mm）

通过对比可以看出，除了木纹转印铝板的做法，用木材做假梁的方法在构造上几乎都差不多，都是通过"骨肉皮"的原则来实现的。但目前消防要求越来越严格，如果是涉及营业性的商业场所，建议尽量采用木纹转印铝板的形式来做假梁的装饰。

五、单一曲面天花

单一曲面天花是指使一个平面吊顶发生线性弯曲的天花造型。这种天花是异形天花的代表，也是设计过程中最常见的异形天

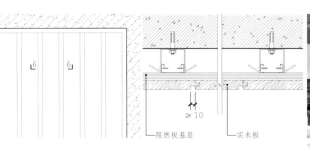

图 5-98　假梁侧面做法三
（单位：mm）

花类型之一。这种曲面的处理手法几乎适用于任何室内空间。下面通过两种典型的单一曲面天花的案例，以图片的形式解析它的构造做法和深化注意事项。

图 5-99

1. 曲面斜顶的空间

图 5-99 是典型的新中式禅意空间，通过简单的白色曲面斜屋面的形式，营造出了一种木质斜顶空间的效果，我们以图中的空间吊顶为例，来看看这样的曲面斜屋面和线性斜屋面在构造做法上有什么区别，其节点图纸表达如图 5-100 所示，具体的安装过程如图 5-101～图 5-103 所示。

这种吊顶的注意事项以及把控要点与普通斜屋顶一样，如吊顶正反扣、转换层、马道设置等，这里不再赘述，只强调一点：遇到这种曲面的吊顶时，一定要注意检修口是否落在曲面上（图 5-104），如果落在曲面上，则须移动检修口的位置，避免开口在曲面上。

与前文提到的斜屋顶比较，不难发现，虽然同样是斜屋面，但只要牵扯到曲面，做法就会有一定的变化，不能单纯地采用弯曲龙骨来实现。因为 U 形主龙骨不能弯曲，要想达到曲面的效果，可以把木板等基层板材当作主龙骨用，进而实现单一曲面的构造做法。这种使用木板做主龙骨的方式几乎可以解决所有单一曲面的吊顶问题。但是，因为是用木板做主要承载"龙骨"，所以，在防火要求特别高的场所是不能满足消防要求的。因此，这种基层做法只能是曲面天花解决方案的 1.0 版本。

为了解决空间的防火性的问题，下面介绍另一种曲面顶的构造做法，也就是曲面天花的 2.0 版本。

2. 波浪形吊顶

类似图 5-105 这样的波浪形吊顶，在餐厅、办公楼、酒店、会所等空间屡见不鲜。这种顶面通过上面提到的将木板作为主龙骨的形式也能实现，但如果想要更好地满足防火要求，就需要通过弯曲轻钢龙骨的方式来解决。

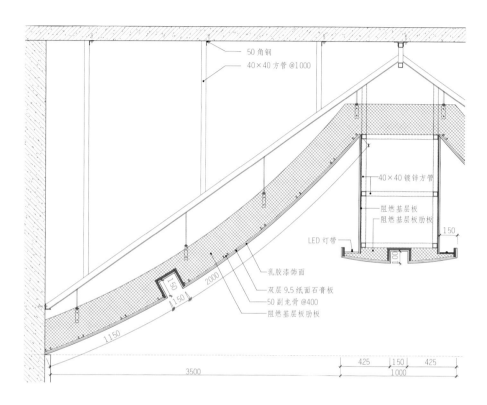

图 5-100　屋面立面放大图（单位：mm）

图 5-101　　　　　　　　　　图 5-102

图 5-103　　　　　　图 5-104　　　　　图 5-105

本书前文介绍过两种龙骨的跌级方式，从中可以发现，其实采用全龙骨的形式，各方面都比有木板参与的龙骨要好，但由于业主方要求不严，在设计师中普及度不高，施工方掌握度不好等原因，国内95%以上的项目都还是采用木板基层。但是，全龙骨基层在未来5~10年中一定是行业趋势，设计师尤其要关注这种工艺。图5-106就是弯曲的全龙骨吊顶构造。

如图5-107所示，因为卡式龙骨可以与次龙骨很好地咬合在一起，保证次龙骨的安全性，所以卡式龙骨天然具备作为弯曲龙骨的特点。卡式龙骨的缺点是承载力不强，所以，只适合做乳胶漆、壁纸、壁布等轻型材料的骨架。我们把这种全龙骨做法称为曲面天花的2.0版解决方案。而如果面对更复杂、更重的造型和材料时，就需要另一种做法。

六、三维曲面天花

三维曲面天花是指有两个或两个以上平面弯曲的异形天花。这种三维曲面的顶面从古罗马时期的万神庙大穹顶开始，就在西方建筑中盛传开来，并越发夸张。随着当下技术手段的进步，新现代主义的出现，原来的小穹顶、通天顶逐渐演化成各种复杂的造型。

三维曲面天花的造型千奇百怪，有穹顶、异形顶、椭圆形顶等，而且随着建筑结构和建筑造型的不同，室内曲面顶的构造也是千差万别。若只从设计手法上而言，这种三维曲面大致可以分为穹顶、有规律曲面以及异形曲面三大类。抛开复杂的表面因素，只从构造做法方面分析，我们可以从图5-108~图5-111所示的案例中看出一些底层的逻辑和构造规律。

这个规律非常简单，抛开所有的造型干扰因素，其实可以把任何"骨架"都理解成

一张网格，只不过在平面吊顶上，这张网格是平铺的，而变成三维空间后，这张网格会按设计造型被折叠和展开，最后形成一个固定的造型。但是，不管怎样变，网格之间的距离和密度是不会变的，因为后续往网格中封基层板和饰面板时，是根据300mm×300mm或400mm×400mm的板材固定间距来固定的。这与我们在三维建模软件中建曲面造型是一个道理，网格的密度越高，精度就越高，模型就越圆润（图5-112）。当用三维建模的思路来理解三维曲面天花的构造时，所有室内构造的"骨架"做法将变得极其简单。用这个思路套回本书前面章节提到的种种构造做法，将会有不一样的收获。

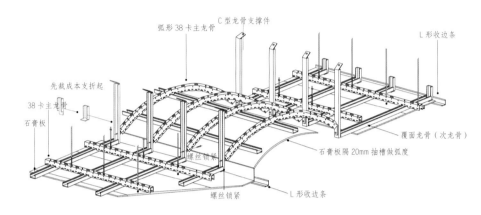

图5-106　波浪形吊顶构造图解

图5-107

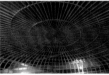

图5-108　穹顶的做法（木龙骨）

图5-109　　　　　图5-110　有规律曲面的做法　　　图5-111　有规律曲面的做法

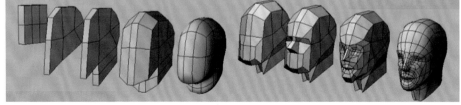

图5-112

最后补充一点，从图 5-108~ 图 5-111 中可以看出，因为木材的可塑性，1.0 版的解决方案被广泛应用于曲面的天花做法中，而 2.0 版的卡式龙骨构造则很少被使用，也可以看出，当吊顶过高、过大，或者基层防火要求较高时，可以采用钢架作为基层。钢架的可塑性好、安全性高、不易变形等特点，让它可以承载多变的造型以及重型的饰面材料，同时还能经得起消防要求的考验。

因此，对比前文，我们可以把钢架基层称为曲面天花基层的 3.0 版本。采用钢架作为骨架的吊顶造型，可以完全代替 1.0 和 2.0 两个版本，但之所以前两者还能存在于市场上，只是因为小空间采用钢架做骨架成本太高，不够经济。

七、"线面体"模型

不管异形天花的造型多么复杂，只要想让它合理地落地，根据"骨肉皮"的原则，它一定符合下面这条简单的规则：先做"线"，后有"面"，终成"体"。也就是说，所有的特殊天花造型都有一个共同的规律，即先通过龙骨或者木料的搭接，做出一条条代表曲面的"线"（图 5-113），再通过这一根根"线"的均匀排布形成一个"面"（图 5-114），最后，在这个"面"上附着"肉"和"皮"，最终形成一个完整的"体"（图 5-115）。这就是本书所讲的"线面体"的思维模型。现在，通过"线面体"模型和"网格化"的构造理解思路，再回过头去看本书涉及的关于室内吊顶的设计案例，是不是已经有了一个全新的理解框架了呢？当拥有了这样的思维方式后，在以后的工作中接触到非常规案例时，想要剖析它的构造做法将变得有章可循。

图 5-113　先做"线"　　　　图 5-114　后有"面"　　　　图 5-115　终成"体"

第六讲 ｜ "特殊天花" ——GRG

关键词：概念解释，节点构造，工艺流程
导读：本文主要分 3 大部分：
　　1.GRG 的概述。GRG 是什么？有哪些特点？适用于什么样的场合？
　　2.GRG 的做法和把控。应该怎样理解 GRG 的构造？有哪些值得留意的地方？材料下单图是什么样的？
　　3.GRG 能解决的问题。国内顶尖案例是怎样应用 GRG 的？

一、GRG 简介

前面我们介绍的方法都是通过改变骨架来满足特殊天花的要求，对小型或有规律的造型来说，这种做法非常适合，但是，如果是大型的顶面，或者复杂的曲面造型，这种做法就无法满足要求了。这和做方案设计一样，简单的空间可以用 Sketch Up 设计软件，而空间造型变复杂后，就需要用犀牛软件。面对复杂度低、成本也低的空间造型，可以用改变骨架的形式来解决，而面对复杂场景时（图 5-116），单纯改变骨架就变得过于烦琐，所以，这个时候就需要使用 GRG。

GRG 的学名叫玻璃纤维加强石膏板，是一种经过改良的纤维石膏装饰材料（图 5-117），造型的可塑性极高，这使其成为个性化设计方案和异形装饰造型的首选材料。它独特的材料构成方式足以抵御外部环境造成的破损、变形和开裂，可制成各种平面板、功能型产品及艺术造型，是目前国际上，建筑材料装饰界最流行的更新换代产品。

GRG 选形丰富，可加工定制成任意曲面形状、几何形状、镂空花纹、浮雕图案等艺术造型，充分体现设计师的创造力。它主要以壁薄、可塑性强、强度高及不燃性（A 级防火材料）著称，并具备如下特点：

1. 无限可塑性

该材料是根据设计图纸转化成生产图，先做模具，再采用流体预铸式的生产方式制

作的，和制作 "冰棍" 的原理一样，因此，可以做成任意造型，与室内空间的其他材质实现无缝对接。同时，GRG 制品也是 3D 打印的主流材质，可轻松呈现不同效果（图 5-118）。

2. 自身强度高

通常，GRG 材料的厚度为 10mm~30mm，每平方米重量为 16kg ~ 18kg。其强度高，超过国际中规定的装饰石膏板断裂荷载强度的 10 倍。

3. 声学效果好

GRG 的厚度可根据声学要求来定制，最薄可到 4mm 左右，可以较好地满足声学反射要求，作为吸声结构，达到隔声、吸音的作用，并保持良好的造型设计。

4. 质量参差不齐

GRG 的价格根据其造型的复杂度而定，从 500 元 /m² ~2000 元 /m² 不等，且国内成熟的 GRG 厂家并不多，高质量的 GRG 材料几乎被几大厂家垄断，市场相对混乱。所以，在室内造型复杂度不高的情况下，为了节约成本，很多业主会选择通过改变龙骨的形式来实现设计效果。

二、GRG 的构造与把控

在 GRG 下单生产前，通常会根据不同厂家的要求，对 GRG 进行建模处理（图 5-119），方便制作过程中的沟通与确认。厂家根据 GRG 下单图进行制作，制作完成后，把成品运输至

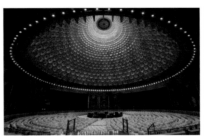

图 5-116　灵山梵宫穹顶

图 5-117　GRG 材料的构成要素

图 5-118

图 5-119

现场，根据排版图进行吊装。GRG 不仅能用于天花，同样适用于墙面构造，它的标准安装节点图如图 5-120 所示。

为了方便理解，下面用一个简单的实际案例展示从施工图到生产图，再到施工落地这个流程，介绍这些图纸有什么不同，以及 GRG 的做法与把控要点。

1.GRG 深化流程

现场施工时，施工方的深化设计师根据现场基层尺度（图 5-121）对原始施工图（图 5-122）进行复核，并根据现场的测量数据进行 GRG 排版下单，并出具深化图纸（把图纸以及供货单等资料交给生产厂家，要求其对材料进行加工以及供货的过程叫材料下单）（图 5-123、图 5-124）。厂家根据深化设计师提供的下料单以及深化图纸（图 5-125），对下单图进行继续深化，这份图纸即我们说的加工图。该图纸由厂家深化人员出具，出具完成后，厂家根据该图纸进行生产加工。加工完成后，厂家会根据下料单按批次对现场进行供货。

2.GRG 现场安装

GRG 的预埋件是在制作过程中预埋进材料内部的，预埋件可随意调节角度，以消除钢架基层的误差（图 5-126）。在安装时，板块与板块间应预留 10mm 拼接缝，并在板块拼接边沿处做 V 形填缝槽（图 5-127）。两个板块拼接时，先用螺栓对锁，然后在拼接缝内填充粘接材料，缝隙填充满后，在两片板片的凹槽内贴 1~2 层 40mm 宽的玻璃纤维网带，加强接缝处的强度

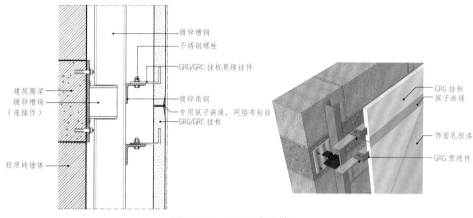

图 5-120　GRG 的标准做法

图 5-121 GRG 安装现场

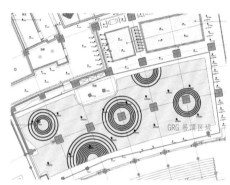

图 5-122　施工图

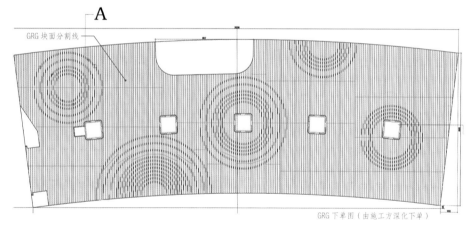

图 5-123　GRG 排版图

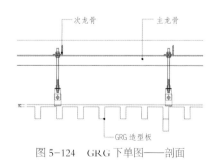

图 5-124　GRG 下单图——剖面

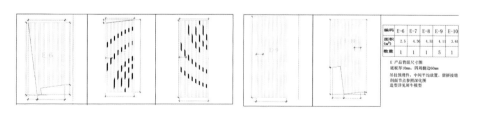

图 5-125　GRG 生产加工图

（图 5-128），贴完网带后，再次用填缝粘接材料，填充补平凹槽，此时就达到了无缝效果（图 5-129），原理与石膏板天花嵌缝一致。

3. 补充说明

由现场图可以看出，GRG 吊顶的安装是通过自身的预埋件连接 φ8 吊杆，悬吊于转换层钢架上的。而墙面 GRG 的安装同样是通过自身的预埋件连接墙体的钢架。由此可见，GRG 的安装其实非常简单，只须在基层钢架预留出与 GRG 自身预埋件相应的连接点即可，而 GRG 的预埋件是在制作时就埋入材料内部的，也就是说，GRG 的做法可以被理解为乐高积木的安装方式——根据预埋件匹配预留钢架的连接点位即可。

图 5-126

GRG 自身的重量很重，在设计和深化时应充分考虑它的重量，不能使用型号小于 40mm×40mm 的方管或角钢作为基层骨架。但是，由于 GRG 造型曲面的每个点位的三轴坐标都在变化，GRG 板片每片板的形状尺寸都是不同的，因此，每块板片的定位都必须非常准确。所以，当 GRG 造型复杂时，就会出具 GRG 的定位图。

图 5-127　预留拼接缝

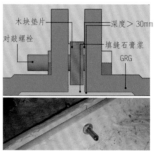

图 5-128　GRG 板之间的固定方式

图 5-129　嵌缝后实现无缝效果

GRG 不只能使用白色乳胶漆饰面，它可以根据设计的需要做任意涂料饰面，可以是仿木纹，也可以是亚光漆，甚至做旧漆都可以在 GRG 的曲面上完成。

三、GRG 能解决的问题

理解了 GRG 的材料特性和构造做法后，最后通过图 5-130~ 图 5-133 所示的几组 GRG 在实际项目中应用的方式与案例，加深对 GRG 的印象。

图 5-130

图 5-131

图 5-132　梅溪湖大剧院

图 5-133　广州大剧院

第七讲 | "发光天花"——软膜

关键词：工艺流程，节点构造，验收标准
导读：本文主要分 3 大部分：关于软膜的基础知识；从几个维度剖析软膜天花的构造做法；3 个步骤了解软膜天花的安装过程。

阅读提示：

提到"发光天花"，大家想到的一定是高端大气的苹果体验店、酷炫的蝙蝠侠基地、极度简约的办公环境（图 5-134~ 图 5-137），所谓的"发光天花"，就是经常被应用于这些场所中。大面积产生均匀照明的顶面称为"发光天花"。发光主要是通过软膜和透光板饰面来实现的。本文从材料概述和工艺解析两个方面介绍软膜天花。

一、软膜基础知识

软膜又叫弹力布（图 5-138），可以把它理解成一种特殊布料，但它并没有那么软。软膜天花早在 19 世纪就出现了，它起源于瑞士，随后因为漂亮的外形迅速占领欧洲、美洲等国家的天花市场。软膜采用特殊的聚氯乙烯材料制成，通过一次或多次切割成形，尺寸及性能在 -15℃ ~45℃ 之间最稳定，同时摒弃了玻璃或有机玻璃的笨重、危险以及小块拼装的缺点。

软膜的厚度通常在 0.18mm~0.2mm，每平方米重 180g~320g，大约相当于两部苹果手机的重量。软膜需要根据现场尺寸定制下单，它可以配合各种灯光系统（如霓虹灯、荧光灯、LED 灯）营造梦幻般无影的室内灯光效果，所以，已逐步成为新的装饰亮点。

图 5-134

图 5-135

二、软膜天花的主要特点

1. 防火达标

软膜天花符合中国、英国、美国等多个国家的防火标准。中国的防火标准有两个级别：B1 级和 A 级，分别用于不同的项目空间。目前，国内使用 B1 级的情况较多。

图 5-136

图 5-137

2. 环保性强

软膜天花在环保方面有突出的优势，符合国内各项检测标准。它由环保性原料制成，不含镉、乙醇等有害物质，可回收，并且在制造、运输、安装、使用、回收过程中不会对环境产生任何有害影响。

3. 防菌

软膜天花在出厂前已经预先进行了抗菌处理，能够抵抗及防止微生物（如一般发霉菌）生长于物体表面。对普通用户来说，它提供了一项额外的保障，尤其适用于儿童睡房及浴室等。

4. 防水

软膜天花是用 PVC 材质做成，安装结构上采用封闭式设计，所以，当遇到漏水的情况时，能暂时承托污水，让业主及时做出处理。

5. 形式多样

因为软膜是一种软性材料，它是根据龙骨的形状来确定形状的，所以造型比较随意、多样。同时，软膜有多种类型及色彩可供选择，如光面、亚光面、绒面、金属面、孔面和透光面等，因此，它能给一些非常规造型提供好的解决方案。

6. 安装方便

软膜可直接安装在墙壁、木方、钢结构、石膏间墙和木间墙上，非常百搭，并适合各种建筑结构。软膜龙骨只要用螺丝钉按一定距离均匀固定即可，安装十分方便。

7. 抗老化

专用龙骨分为 PVC 和铝合金两种材质。软膜的主要构造成分是 PVC，软膜扣边也是用 PVC 和几种特殊添加剂制成的。所有这些组件的寿命都可达 10 年以上。如果经过正确的安装使用，就不会产生裂纹，也不会脱色或小片脱落。

虽然软膜有以上优点，但往往由于工艺把控得不够好，在日常使用过程中，会随着时间的推移而长虫子、积灰等，严重影响美观。

三、软膜天花的常见类型

常见的软膜天花材料主要有 5 大类型。

1. 透光膜（图 5-139）

最常见的照明型透光膜呈乳白色，半透明。在封闭的空间内透光率为 75%，能产生完美、独特的灯光装饰效果。

2. 光面膜（图 5-140）

光面膜有很强的光感，能产生类似镜面的反射效果。

3. 亚光面（图 5-141）

软膜光感仅次于光面，但强于基本膜。整体效果较纯净、高档。

4. 金属面软膜（图 5-142）

具有强烈的金属质感，并能产生类似于金属的光感。具有很强的观赏效果。

5. 精印膜（图 5-143）

可以根据客户的需求定制图案花纹和颜色，更能彰显个性。

四、软膜天花的做法与检修

1. 基本构造做法

软膜天花是通过铝合金特制龙骨进行安装与固定的，根据龙骨形状的不同，软膜的安装节点也不相同（图 5-144）。但是安装原则是相同的，都是直接将软膜边缘嵌入龙骨的卡槽内实现安装。

如图 5-145 所示的这种全发光天花空间，安装软膜天花时，不能用一张软膜全覆盖，这时就需要在中间再增设支撑龙骨，其原

图 5-138　　　　　　图 5-139

图 5-140　　　　　　图 5-141

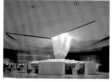

图 5-142　　　　　　图 5-143

H 码龙骨尺寸图　　　H 码龙骨安装示意图

F 码尺寸图　　　　　F 码安装示意图

图 5-144　软膜专用边龙骨示意图

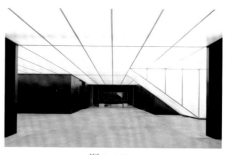

图 5-145

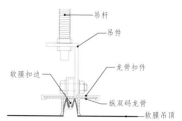

图 5-146　软膜分割
天花示意图

理用"网格化"思维理解起来会非常简单，与轻钢龙骨平顶做法一样，只不过饰面材料由石膏板改为了软膜，固定方式从沿着龙骨打钉变成了沿着龙骨嵌入软膜而已（图5-146）。

软膜的构造做法理解起来相对容易，我们通过图5-147来看看它在图纸上应该怎样表达。需要注意的是，固定软膜龙骨的内部基层如果采用木板做的盒子，应在木板外敷设一层石膏板，并进行刮白处理，灯箱内应密封，防止杂物及蚊虫进入内部。如果采用成品软膜基层，则直接按厂家建议固定即可。软膜的构造做法主要由软膜与龙骨的固定方式决定，因此，图5-148~图5-150介绍了不同龙骨与软膜天花的细部节点做法，通过这些龙骨的灵活搭配可满足不同场景下对软膜安装的不同需求。

2. 安装流程

软膜天花的安装流程如图5-151所示。各步骤的把控要点如下所示。

第一步：基层准备

根据前面介绍的构造做法，我们知道了软膜是通过与龙骨的固定，安装在一个"盒子"上。这个"盒子"可以是现场制作的基层，也可以是采购的成品。目前市场上主流的软膜安装方式主要是现场制作基层，而这里指的基层准备即指准备这个"盒子"以及灯光。基层盒子的制作这里不再赘述，主要谈谈灯光与软膜的关系。

通常，灯槽距离软膜天花面的净空大于等于200mm时（最佳为250mm），选择T4、T5日光灯管（图5-152），若净空小于200mm，则建议选择LED灯带（图5-153），否则会看得到灯管的阴影痕迹，出现光线不均匀的现象。

灯管（带）之间的距离应等于或小于灯管（带）与软膜的间距（图5-154），如灯

管与软膜的净空为250mm，则灯管之间的间距应小于等于250mm。这样打出的灯光比较均匀、柔和。若灯管与灯管之间的间距较大，就会降低出光，影响亮度。

第二步：安装龙骨

根据不同吊顶的需求，选择不同的龙骨进行安装。面对曲线的吊顶时，有两种常见的处理方式：一是与轻钢龙骨一样，隔20mm~30mm切割一段，并沿着基层边缘做弧线；二是定制弯曲的龙骨（图5-155），不同形式的龙骨最小弯曲半径不同，一般最小弯曲半径小于等于300mm。

第三步：安装软膜

安装软膜的基层与龙骨固定完毕后，即如图5-156所示，由四周向中间逐步固定软膜，一边将软膜嵌入龙骨，一边使用胶条来压实已进入龙骨的软膜，直至全部安装完成。

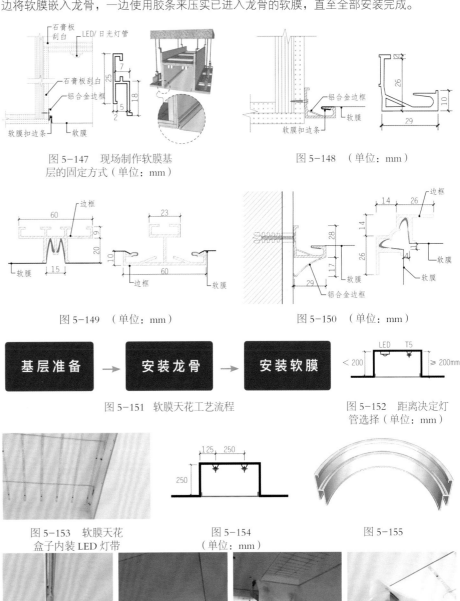

图5-147　现场制作软膜基层的固定方式（单位：mm）

图5-148　（单位：mm）

图5-149　（单位：mm）

图5-150　（单位：mm）

图5-151　软膜天花工艺流程

图5-152　距离决定灯管选择（单位：mm）

图5-153　软膜天花盒子内装LED灯带

图5-154　（单位：mm）

图5-155

图5-156

第八讲 ｜ "发光天花"——透光材料

关键词：材料解读，节点构造，检修方式
导读：本文主要分 3 大部分：透光材料的界定与两种常见透光材料的介绍；两种透光板材的构造工艺解析；软膜与透光板的后期检修问题。

阅读提示：

前文提到软膜材料因为其高度的可塑性以及轻薄性，在室内空间中被广泛使用。但即使软膜有很多优势，在一些地方也还是不适合使用，如经常受到风吹雨打的门头及墙面，经常受到触碰的服务台灯箱，或者特殊透光造型等。当然，软膜只是透光材料的一种，下面整体介绍透光材料。

一、透光材料的概述与应用

透光材料是对光具有透射或反射作用的所有材料的总称。按照透光率和透光效果不同，透光材料可以分为玻璃、透光树脂板、透光蜂窝板、软膜天花、透光大理石、透光人造石、透光混凝土等。其中，透光效果最好的是玻璃。市场上常见的透光树脂板有亚克力、PC 耐力板和一些高分子材料。

透光材料大多数是透明的，人感知上的透明性与材料物理上的透明性是不一致的，无论透明材料还是不透明材料，根据不同的加工方式和不同的观察角度，都会产生不同的透光效果，带给人们不同的视觉感受（图 5-157）。透明的装饰材料只在有光的时候才能显现出透射、反射、折射的物理属性，在光线下通过自身形态与特质呈现不同的光影效果，表达出光与影的艺术魅力。如今，透光材料不再局限于包裹与隐藏两个功能，它以一种新的姿态出现在室内空间中，满足室内空间私密与开放的要求，更是利用视觉上的"透"与"隔"，为室内空间划分带来了新方式。

在当下生活节奏越来越快的大环境下，人们对空间和环境有了更高的要求，康复训练环境、疗养场所、办公空间、博物馆、体育馆、歌剧院等空间都开始大量地使用

透光材料，这为透光材料进入人们的生活领域提供了推动力。也因为广泛的应用，透光材料从过去仅满足采光和围护的单一功能，发展到今天的兼有透光、隔热、隔音、保温、安全、调光、屏蔽、减反射、自洁、装饰和其他各种新功能（图 5-158）。

透光材料不仅能满足上述的功能，同时还能给人的心理和情感带来影响，比如，因为玻璃破碎会令人有心痛的感觉，人们对待玻璃就会更加小心翼翼，行为动作自然就会放慢，而缓慢的生活节奏会让人发现过去没有注意到的美，找到周边事物的更多特色，这种心理感受会使空间呈现出与众不同的效果。

透光材料五花八门，作为设计师，至少需要掌握两种最为常见的透光材料——亚克力板和透光石。

二、两种透光板材

1. 亚克力板（透光云石）

亚克力板又被称为透光板、透光云石（图 5-159），属于亚克力材料的一种。它是高分子复合材料，具有透明、透光的材质特点，配上艳丽悦目的色彩，可以将单调枯燥的板面巧妙地幻化为立体的视觉艺术。

与透光石相比，亚克力板具有以下优势：分量轻、硬度高、耐油、耐脏、耐腐蚀、

图 5-157　　　　　　　　　　　图 5-158

板材不宜变形、抗渗透、易清理、性价比高、多样性强等。另外，它可以根据客户的需求随意进行弯曲，并能做到无缝粘接，真正达到浑然天成的境界。亚克力板的大小、厚薄可以随意调制，但单块面板的最长边不建议大于 3000mm，以便后期施工以及防止自身的热胀冷缩。

图 5-159

正因为亚克力板的这些特点，它被广泛应用于各种建筑物的透光幕墙、透光吊顶、透光灯饰、服务吧台等装饰位置（图 5-160）。

图 5-160

2. 透光石

透光石又被称为玉石（图 5-161），它是由一种矿物或多种矿物组成的集合体（岩石），是纯天然的石材，厚度通常在 5mm~10mm。透光石纹理丰富，色泽典雅，具有特殊的装饰效果，与超薄的砖紧密结合后，在彰显建筑透明感方面具有独特的表现力，玉石的天然质感也能为空间增添独特的艺术效果，它使建筑的表皮具有透明感，能做到和玻璃相似的效果（图 5-162）。

与亚克力板相比，透光石具有以下优势：

独一性。每一块透光石的图案、花纹、色彩等都是独一无二的。

保健作用。透光石富含人体所需的微量元素，能起到保健作用，对人体微循环等有益。

观赏性。透光石是自然界具有晶润光泽、柔和色彩，且温润细腻的特殊矿石。

 竹节玉

 玉凤凰

图 5-161　　图 5-162　天然玉石

通透性。透光石具有良好的透光性能，有多种透光应用形式。

但与亚克力板相比，透光石在价格、多样性及定制性上还有不小的差距。所以，透光石不适用于大块面的位置，只适用于小面积装饰墙面、地面、洗手台、电视背景墙等（图 5-163）。

三、两种透光板材的工艺构造

以上两种透光板材主要有两种常见的做法。

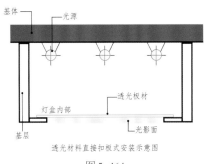

图 5-163

1. 直接扣板式安装

直接扣板式是透光板材直接扣压在"灯盒"的基层或者龙骨上（图 5-164）。这种方式适用于安装面积小或允许存在接缝的构造上，具体构造做法如图 5-165 所示，该做法的应用案例如图 5-166 所示。

2. 背衬玻璃式安装

背衬玻璃式是将超白玻璃作为基体"灯盒"，通过专用胶水与透光板材粘接（图 5-167）。这样做的优点是光线没有死角，缺点是成本过高。这种方式适用于安装面积大或不允许有接缝的构造上。同时，因为天然透光石的硬度较低，若厚度不够，建议采用此种方式来做。

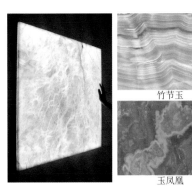

基体　　光源

透光板材

灯盒内部

基层　　　　光影面

透光材料直接扣板式安装示意图

图 5-164

具体构造做法如图5-168所示，该做法的应用案例如图5-169所示。

四、透光材料的检修方式

但凡涉及有光源的构造，很多设计师脑子里第一个想法一定是：发光灯具怎样检修？检修口留在哪儿？下面针对本书提到的软膜天花和透光板材进行说明。

软膜天花根据其是否采用成品规格板可分为两种检修方式。当软膜天花采用成品规格板时，可以直接拆卸规格板，对内部构造进行检修。但是，软膜天花成品规格板的尺寸受限，所以常用于小面积软膜天花吊顶（图5-170、图5-171）。

当软膜天花直接与龙骨连接时，则可沿龙骨拆掉软膜进行检修，但这样检修时，如果软膜面积过大，有一定概率会破坏软膜材料。

透光板材的检修相对简单。根据安装方式的不同主要分为两种情况：若采用直接扣板式安装，则可以直接从正面拆掉单块面板进行检修；若是采用背衬玻璃式安装，则在安装前就应在灯箱背面或侧边预留检修口，从背面进行检修。同时，不管是哪种发光材料，但凡使用有光源的构件，就应使用冷光源（如LED灯带），不能使用热光源（如卤素灯）。若在特殊情况下必须使用热光源，则需要考虑构件内部的散热问题。如有较高温度要求，其光源的设置应距离透光面板100mm以上，并保证合适的采光度和均匀度，或在基层开设散热孔来辅助散热。

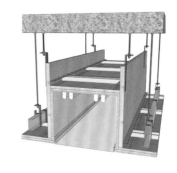
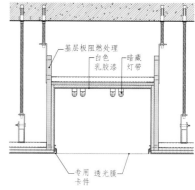

图 5-165

图 5-166

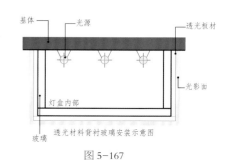

图 5-167

图 5-168　镜面与透光石交接

图 5-169

图 5-170　软膜天花规格板

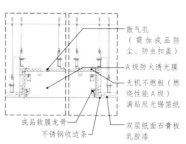

图 5-171　软膜天花规格板节点详图

第六章 室内抹灰

6

第一讲 | 墙面为什么会开裂

关键词：质量通病，成因分析，思维模型
导读：本文将从 3 个方面分析为什么墙面会开裂：
　　1. 材料自身因素：材料的哪些问题将影响抹灰的性能？
　　2. 施工过程控制：工艺流程中，哪些关键位置会影响抹灰质量？
　　3. 环境影响因素：在什么样的环境下，抹灰会出现问题？

一、抹灰层的意义

抹灰是装饰行业术语，大意是把水泥砂浆或石膏等灰料，通过涂抹的形式使其附着于承载基层之上，属于"肉"的部分。墙面抹灰在整个建筑工程中的重要性和必要性不言而喻，可以毫不夸张地说，它是所有建筑墙体的一层"防弹衣"，因为抹灰可增强建筑的防潮、保温、隔热性，对建筑起到保护作用，又能对原本有缺陷的墙面起到弥补作用。抹灰的面层材料丰富多样（包括腻子、纸筋灰、混合砂浆等），进一步起到了装饰作用，可以为后期的一切建筑装饰施工创造有利条件。

但是，因为种种原因，这层"防弹衣"有可能会开裂、空鼓，甚至脱落（图6-1）。为什么会出现这样的现象呢？下面我们抛开不可抗力因素（地震海啸、建筑沉降、结构损坏等），从材料、施工、环境因素（即"功夫菜"模型）（图6-2）这三个人为可控的维度来对墙面抹灰开裂的成因及规避方式进行全面剖析。

二、墙面抹灰出现问题的成因分析

1. 材料性能欠佳

（1）基层材料缺乏附着力

下面提到的基层材料以混凝土、加气块、水泥板、空心砖、石膏砌块等常见"骨料"为讨论对象。

①墙面基层材料过于干燥（图6-3）或潮湿施工前未对墙面进行扫水处理，从而导致

基层材料吸收了水泥砂浆抹灰层的水分，使得抹灰层收缩过大，引起砂浆层开裂。另外，墙面过于潮湿也会导致墙面基层材料的附着力不足。

②墙面基层材料过于光滑（图6-4），缺乏附着力，造成抹灰层下滑、掉落。

③砌块骨料自身的不稳定性及不均匀性导致墙面基层存在质量隐患，从而引起抹灰层开裂及空鼓。砌块不稳定性是指自身强度低、收缩性大、吸水率高、表面松软、易脱落、粘接力不强等缺点。砌块不均匀性是指砌块自身外形尺度偏差大，每一块的密度不一致，局部破损、裂缝，造成砌筑时灰缝宽度不一致。

综上所述，墙面基层材料引起墙面开裂的原因，归纳起来可以理解为：砌体基层自身缺乏附着力，又因砌块自身存在不均匀性及不稳定性，导致砂浆层不能强有力地与墙面贴合，经过一定时间后，砂浆层滑落、收缩，引起墙面开裂和空鼓。

（2）水泥砂浆保水性太差

①水泥砂浆的原材料不合格

水泥不达标，沙子过细，含泥量较高（图6-5），导致配比后的成品砂浆保水性差，水分容易被基层墙体吸收，进而引起水泥砂浆提前硬化收缩，造成抹灰层开裂。

②水泥砂浆制作过程不严谨

水泥砂浆制作过程中没有进行筛选，或受到污染，从而导致水泥砂浆中存在粗骨或异物（如玻璃碴、木渣等）。或者砂浆在搅拌过程中，搅拌时间不足，没有搅拌均匀，导致抹灰材料自身稳固性出现问题，如抹灰过程中出现素水泥层，从而降

图6-1

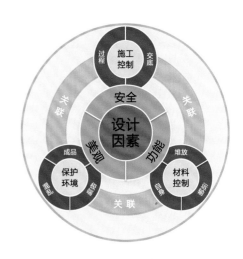

图6-2 "功夫菜"模型

图6-3

图6-4 基层材料缺乏附着力

图6-5 劣质水泥

图6-6 素水泥层过厚

低了抹灰层的强度，并增强了抹灰层的收缩性与吸水性，故导致抹灰层脱落与开裂（图6-6）。综上所述，砂浆的原材料选取、制作、搅拌过程中的操作不当，都是后期抹灰过程中造成抹灰层开裂和空鼓隐患的因素。

2. 施工过程控制不力

（1）技术交底不到位

①未按国标规定分层施工或两层抹灰时间间隔太短

抹灰层施工过程中一次成型，导致抹灰层过厚（图6-7），收缩较大，从而造成抹灰层自身开裂，引起空鼓。这类问题是绝大多数施工场地中导致墙面空鼓的原因，需要着重预防。这就跟化妆的时候浮粉一样，一次过厚肯定会出现粉底掉落的情况。

②未按规范对底灰进行划道处理

施工过程中没有根据国标规范进行划道处理，导致底层砂浆附着力不强，容易脱落与开裂。这是抹灰层自身附着力不强的主要成因。

③墙面不同材料交界处未进行挂网处理

混凝土墙面与其他材质的墙面接口处因墙面材质、硬度和收缩度有所不同，如果施工过程中没有进行挂网处理，会导致抹灰层与基层墙面接触后存在空隙，加上热胀冷缩的作用，会引起墙面开裂、空鼓。这一点也是很多施工人员容易忽略的地方，更是墙面开裂的重要原因之一，必须高度重视。

④超厚抹灰处未进行二次挂网处理

当基层平整度严重不足（主要是土建墙体偏差），而墙面饰面材料对基础墙面的平整度要求又极高的时候（乳胶漆、壁纸等）就涉及超厚抹灰的施工，所谓的超厚抹灰也就是抹灰厚度超过35mm的区域。若抹灰厚度过厚（图6-8），需对其进行挂网处理，目的是增加抹灰层的附着力以及减少砂浆层的收缩性。

⑤抹灰完工后，未按时进行洒水养护

抹灰完成后，抹灰层将逐渐凝固、硬化，这个过程主要通过水泥的水化作用来实现，而水化作用必须在适当的温度和湿度条件下才能完成。也就是说，如果完工后不进行洒水养护，水泥固化得不到保障，缺水会导致抹灰层干裂。

（2）施工过程存在隐患

①抹灰前，未对基层墙面进行彻底清理

墙面残留的浮尘、颗粒物、油渍污染物等未清理干净（图6-9），造成抹灰层粘接不牢，使墙面基层自身的附着力下降，最终导致墙面开裂和空鼓。

②抹灰前没有对墙面基层进行修补处理

在实际抹灰过程中，工地现场的砌体墙灰缝处往往不饱满（图6-10）、不密实，灰缝连接面小，若未对其进行修补就马上开始抹灰，抹灰面肯定会因墙体基层的粘接力不够，对灰缝渗透不饱满而引起空鼓。

③抹灰过程中，砂浆层未压实，砂浆层密度不够（图6-11）

由于配比不当，出现抹灰层自身密度和强度较低的情况，且在施工过程中没有压实抹灰层，完工后抹灰层呈明显收缩，从而导致抹灰层开裂，产生空鼓。

④墙面挂网时，网格未粘贴牢固，没有打钉固定（图6-12）

不同材料基层墙面的交接处，挂网未安装牢固，后期抹灰施工中由于受力，会引起钢网回弹，从而导致墙面开裂。

⑤门窗洞、设备口等预留孔洞及线盒部位周边未进行收边处理（图6-13）

抹完底灰后，没有对预留洞口这类重点位置进行收边、压实处理，进而在后面进行的其他工种作业时，由于施工时产生的震动与磕碰，以及成品设备与洞口的接触不当，导致周边的抹灰层遭到破坏，久而久之，导致抹灰层开裂、空鼓。配电箱、门窗框处的开裂起鼓，就是没有压实收边的后果。

3. 外界因素

（1）成品未及时保护

①野蛮施工（图6-14）

施工现场一片狼藉、尘土飞扬，容易磕碰的部位未进行成品保护，抹灰层与门窗框

图6-7　　　　　　　　　　图6-8　抹灰层过厚

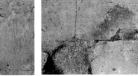
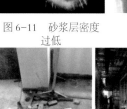

图6-9　基层清理不　　图6-10　　　　图6-11　砂浆层密度　　图6-12
　　　到位　　　　　　　　　　　　　　过低

图6-13　　　　　　　　　　　　图6-14

交界处未按要求嵌塞密实。运输材料、拆除脚手架等过程中，不小心碰到、刮花抹灰层后，未进行修补处理。

②混乱施工

多工种同时作业时，未协调，造成施工工序错误、互相干扰，导致墙体已完成的抹灰层被周边施工操作撞击、压裂、震裂。

（2）施工环境得不到满足

①施工时间不足

很多工程现场由于种种原因，正常的施工时间得不到满足，造成抢工的情况。又因为抹灰工程是装修工程中的"前排兵"，且花费时间长，所以，施工人员只能用各种措施来压缩抹灰的施工时间，最终造成抹底灰与抹面灰的间隔时间过短，且洒水养护时间得不到保证，导致抹灰层未干透就进行面灰施工，面灰未干透就进行饰面施工。这样的非常规处理方式必然会引起抹灰层自身收缩，最终导致墙面开裂、空鼓。

②极端环境下施工

国标规定，在环境温度低于5℃的时候禁止一切湿作业施工，即贴砖、抹灰、批腻子等有水分参与的项目都不允许施工。

三、小结

以上全面分析了墙体抹灰面开裂的原因，最主要的有以下三点。

（1）材料自身性能欠佳，导致墙面基层附着力不足，水泥砂浆保水性差，易收缩。

（2）施工过程控制不力，导致技术交底未遵守标准做法、施工过程中监管不力，造成低级错误。

（3）环境因素难以预防，导致施工过程外的因素对墙面抹灰层造成破坏。

以上是高度概括的三方面内容，可以解释内装中绝大部分的墙面开裂问题。同理，这些成因同样可以解释墙砖、腻子等需要砂浆配合的地方产生开裂、空鼓的现象，只不过使用的材料不一样，对应的各个参数会有一定变化，但是，道理都是相通的，所以，对于抹灰层开裂、空鼓等通病来说，这是一个分析问题的系统的思考框架。

第二讲 ｜ 如何解决墙面开裂问题

关键词：墙面开裂，质量通病，解决方案
导读：本文将从 3 个方面解决墙体开裂的问题，可以作为设计师的一份核查清单，同时着重解决材料性能问题，介绍把控施工现场和克服环境影响的方法。

一、解决材料性能不足

前文介绍了墙面开裂的原因，本文对应之前提到的原因，介绍用什么样的对策逐一规避这些问题。

1. 基层材料缺乏附着力

墙面基层缺乏附着力的主要原因前文已经分析过，概括起来可以理解为，墙面基层材料过于干燥、潮湿、光滑，砌块基层自身的不稳定性以及不均匀性导致墙面基层存在质量隐患。针对这一点，最好的对策就是在施工时使墙面保持湿润状态，再通过用毛、凿毛、挂网（图6-15）、涂刷界面剂等增加基层附着力的方式，应对这类情况产生的墙体开裂及空鼓。

2. 水泥砂浆保水性太差

导致水泥砂浆保水性差的原因是水泥砂浆的原材料不合格、水泥砂浆制作过程不严谨。针对这一点，推荐的解决方式有以下几种。

（1）使用符合国标的材料品牌，且最好是大品牌。

（2）能使用干混砂浆的情况下尽量使用干混砂浆（厂家已配好）。

（3）现拌砂浆时，严禁混用不同品种、不同强度等级的水泥，并且砂的含泥量不大于3%。

（4）不得不现场搅拌水泥砂浆的情况下，必须保证搅拌场地环境整洁，搅拌好的水泥砂浆尽量于两小时内用尽，且越快越好。

（5）材料进场后，严格检查其质量是否达到相应规范规定，且必须要求厂家提供相关技术参数，有条件的话，就近找当地检测局提供检测服务。

二、控制施工过程中的问题

1. 技术指导不到位

（1）抹灰层一次到位、未压密实，引起空鼓

抹灰施工过程中，未按国标规定分层施工或两层抹灰时间间隔太短，是导致抹灰层收缩变大、密度过低的首要原因，所以须重点控制。具体操作方法为：墙面抹灰分三次施工（图6-16）一次抹底灰（附着层），一次抹中层灰（找平层），一次抹面灰（罩面层），待底灰七八成干后（手指用力按压留指纹，但是抹灰层不软），才能进行面灰施工。建议底灰与面灰之间的间隔时间大于12小时，否则很难压实抹灰层，会导致墙面开裂及空鼓。

（2）未对底灰进行划道处理

这一类问题是抹灰层自身附着力不强，面层脱落的主要成因，应在抹完底灰后，待底灰干至七八成时，对其进行划道处理（图6-17），增加底灰和面灰之间的附着力。

（3）墙面不同材料交界处未进行挂网处理

这一点也是很多施工现场容易忽略的问题，这些交界处更是墙面开裂的重灾区，必须引起高度重视。解决方法：在不同材质的交界处采用钢丝网张贴（图6-18），网格间距为10mm~20mm，钢丝直径不小于1.5mm。网格与各材质基层的搭接位置不宜小于100mm。

（4）超厚抹灰处未进行二次挂网处理

若抹灰层过厚，须对其进行挂网处理，目的是增加抹灰层的附着力以及降低砂浆层的收缩性。具体做法：当抹灰层厚度等于35mm时，在底灰层20mm处满挂钢丝网，然后再进行二次底灰施工。当抹灰层厚度

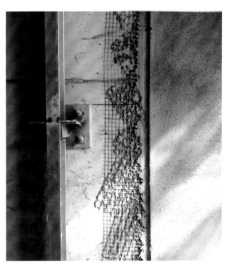

图 6-15

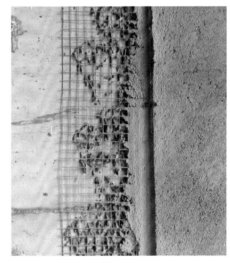

图 6-16

图 6-17

大于 35mm 时，在底灰层 20mm 处满挂钢丝网，进行二次底灰施工至 35mm 处时，再进行二次挂网（图 6-19），然后再抹面层砂浆。

（5）抹灰完工后，未按时进行洒水养护

养护方法：非极端天气（大雨天、回潮天等空气很湿润的环境）下，抹灰工程完成后 12 小时，每隔两小时浇水养护一次（图 6-20），养护时间不少于 14 天。

2. 施工过程中操作不当引起墙面开裂、空鼓

（1）墙面基层未清理

在开始抹灰施工前，必须对基层墙面进行彻底清理，墙面上不得留有浮尘、颗粒物、油渍等污染物。

（2）墙面基层未修补

在开始抹灰施工前，必须对基层墙面的不足、塌陷处进行水泥砂浆修补（图 6-21），且修补部位必须饱满、密实，待修补处彻底干透后，再进行下一道工序。

（3）墙面挂网处不牢固，产生回弹

在不同材料的交界处进行挂网施工时，务必要用钢钉把钢丝网格和墙面锁死（图 6-22），钉距不宜大于 300mm，且网格之间间距越大，固定的钉距越应适当缩小，始终保证网格与墙面的高贴合度。

（4）未对重点部位进行收边处理

抹完底灰后，须对预留洞口、门窗台、线管开关、插座盒等临边位置和容易造成二次破坏的重点部位进行水泥砂浆压实、修边（图 6-23），以防止其他工种施工时损坏临边位置，破坏已完成的抹灰处。

三、积极克服外界因素

1. 成品未及时保护

（1）野蛮施工

这种原因是典型的施工"游击队"的作业方式，只能通过加强管理（图 6-24）来规避。如果达不到效果，只能更换施工队伍或者更换装饰公司。而且，这种野蛮施工的模式不只对抹灰层有损害，它是工程一切质量和安全问题产生的根源。

（2）混乱施工

造成各工种、各工序混乱施工的原因有很多，如设计变更、抢工期、协调不力等。规避这种因素只能靠施工方与各单位协调解决，杜绝混乱施工。

2. 施工环境难满足

（1）施工时间得不到满足

工期紧、环境差、任务重、难度大，导致施工方只能不断压缩抹灰工程这种耗时长的工序。最好的做法不应该是缩短砂浆的养护时间和间隔时间，而是增加施工人手，节约抹灰过程的施工时间。如果一味地大幅度减少养护的时间，后期必然会造成墙面开裂及空鼓。

（2）极端环境下施工

碰到这种情况，最好的办法就是不要施工，否则，后期产生的一切质量问题都应由施工方单方面承担。

四、小结

本文从材料、施工、环境因素三个维度给出了处理墙面开裂的方案。想要保证抹灰面坚韧不开裂，主要是通过分层施工、合理配比的措施保证砂浆的收缩性合理，以及在重点位置通过挂网、甩毛、划道、分层施工等工艺手段控制抹灰面的附着力，共同达到控制墙面开裂的目的。

图 6-18

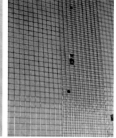

图 6-19

图 6-20　　　　　　图 6-21

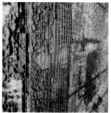

图 6-22　　　　　　图 6-23

图 6-24

第三讲 | 墙面装饰抹灰的标准流程

关键词：施工流程，过程控制，补救措施

阅读提示：

本书提倡规范化施工流程，并分享了诸多规范化的设计流程以及工艺流程，因为，只有规范化操作才是保证工程质量的法宝，墙面抹灰工程也不例外。前文提到了抹灰中的一些质量问题以及对应的解决方案，但是有了解决方案，没有正确的操作流程也是不行的，接下来将介绍抹灰工艺的标准流程。

普通抹灰实操流程

图 6-25

一、抹灰工艺的标准流程

1. 基层清理、修补

抹灰前，不管是任何形式的墙面基层（如混凝土、砖墙、砌体墙等），都应彻底清理墙面浮尘、颗粒状杂物、油渍、残留灰浆等污染物，并在墙面不饱满、有缺陷处进行水泥砂浆修补处理（图6-26）。

图 6-26

2. 扫水湿润

墙面清扫后，分数遍浇水湿润。墙面应用细管自上而下浇水使其湿透，一般应在抹灰前一天进行，目的是为抹灰层创造良好的凝结硬化条件，避免墙面基层过度吸收水泥砂浆的水分，造成收缩空鼓。浇水量以水分渗入砌块深度5mm～10mm为宜。抹灰时，如果墙面仍干燥不湿，应再喷一遍水，目的同上。

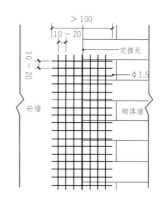

3. 挂网甩毛（在不同材质交界处）

在混凝土、水泥条板及加气块这些类型的墙面材质交接处，应进行满挂钢丝网处理（图6-27），以防止墙面开裂。所挂网格建议为钢丝网，且网格间距为10mm~20mm，直径不小于1.5mm。网格与各材质基层的搭接位置不宜小于100mm。

图 6-27

4. 找规矩、贴灰饼

根据基层表面平整、垂直情况及设计图纸要求完成面厚度，经现场测量后，最终确定抹灰层厚度，抹灰层厚度不应小于7mm。厚度确定之后，用线坠、方尺、拉通线等方法贴灰饼（图6-28）。灰饼宜用1：3的水泥砂浆做成30mm~50mm见方，水平距离为1.5m ~ 2m。

5. 做护角、冲筋

根据灰饼的高度用与抹灰层相同的1：3水泥砂浆做墙面冲筋，冲筋的根数应根据房间的高度或宽度决定，筋宽与灰饼宽平齐（图6-29）。大面积抹灰前，为保证墙柱面阳角抹灰时的挺拔及方正，在抹灰前，须对门窗、柱面等存在阴阳角的位置进行护角处理，操作方法如图6-30所示。护角线同时也起到冲筋的作用，故所用砂浆与冲筋砂浆相同，且高度不应大于2m，两侧宽度不应小于50mm。

6. 抹底灰

底灰施工宜在冲筋结束两天后进行（图6-31），具体步骤为：

（1）先抹一层薄灰（附着层的厚度以2mm~5mm为宜），薄灰层要求将砂浆压实，充分挤入细小的缝隙内。

（2）分层批刮，每一遍的抹灰厚度宜为7mm~9mm，然后找平，使抹灰层平齐于冲筋高度。

（3）全面检查底灰是否平整，保证阴阳角方正，管道处的灰挤齐，墙与顶板交接处光滑平整，并用托线检查墙面的垂直与平整情况，抹灰完成后应及时清理散落在地上的砂浆。

7. 墙面划道（根据抹灰厚度确定是否划道）

待底灰层干至七八成后（手指用力按压留指纹，但是抹灰层不软），用抹子对其进行划道处理，目的是增加底灰附着力，使抹灰层自身附着力增加。一般当抹灰厚度大于30mm时，建议进行划道处理。

8. 修补预留孔洞等临边位置

底灰抹完后，要随即由专人把预留孔洞、配电箱、线槽等部位周边压抹平整、光滑，起到收边的效果（图6-32）。

9. 抹罩面灰

底灰施工结束后，应在底灰干至六七成时，开始罩面层施工（如底灰过干要浇水湿润）。按照先上后下的顺序进行，再赶光压实，然后用钢抹子压一遍，再用木抹子顺抹纹压光，最后用毛刷蘸水，将罩面灰污染的门窗框等部位清刷干净（图6-33）。

10. 完工养护

抹完灰后，注意及时进行洒水养护，防止水泥砂浆收缩而引起空鼓裂缝，并在最后进行表面清理，保证墙面干净整洁。

抹灰流程的注意事项总结起来有三句话：前期准备很重要，过程控制要细心，完工养护要及时。

二、墙面开裂、空鼓的补救措施

抹灰完成后，墙面出现开裂、空鼓等质量问题，唯一的解决方法就是返工处理，没有其他投机取巧的方式。其具体操作方法为：

（1）确定空鼓、开裂的具体位置，用粉笔或铅笔画出切割线（图6-34），切割线比空鼓、开裂的部位宽出不少于100mm的距离。

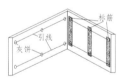

图6-28　　　　　　　　　　　图6-29

图6-30　　　　　　　　　　　图6-31

图6-32　　　　　　　　　　　图6-33

（2）用切割机对划线部分进行切割，且周边切割成斜坡（图6-35）。注意，禁止直接用锤子打凿，以免对周边粉刷层造成影响，形成二次空鼓。

（3）切割后，参照上面提到的做法，对基层进行清理，必须保证基层干净。

（4）参照上述的标准做法，对抹灰层进行扫水，用与抹灰层相同的砂浆材料进行挂网甩毛（图6-36），抹底灰、罩面灰。

（5）最后，对补丁（图6-37）进行洒水养护即可。

图6-31

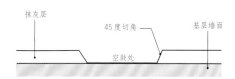

图6-35

图6-36　　　　图6-37

第四讲 ｜墙面抹灰的质量标准

关键词：验收标准，验收方法，质量判断
导读：本文是在介绍清楚抹灰的质量判断方法后，以墙面抹灰验收为例，介绍现场验收的方法和窍门。

一、抹灰的质量判断

判断一个墙面抹灰质量的标准很简单，只要记住以下两个方面即可。

1. 看得见的地方无瑕疵

在抹灰养护完成后，墙面只要在观感上满足抹灰层无脱层、无爆灰、无裂缝、泪痕不明显、干净整洁等，即可算作过了这一关。

2. 看不见的地方够平整

过了观感这一关后，接下来就是肉眼无法识别的质量问题，也就是墙面的平整度、垂直度，这也是抹灰墙面质量的体现，同时也是验收时判断墙面抹灰是否达标的一个重要组成部分。具体验收项目表现为：墙面是否出现空鼓；墙面平整度、垂直度是否达标。

国家工程验收规范里，对抹灰墙面的平整度及垂直度有强制性的规定，在严格的装饰工程中，只有墙面的平整度、垂直度达到表6-1要求后，才能顺利通过验收，设计师需要牢牢记住这些数据。

二、标准检测方法

本文介绍的验收方法不仅针对抹灰验收，对于任何材质的验收都适用。

1. 验收方法

眼睛能看见的"毛病"因为涉及"颜值"的问题，所以解决起来全凭眼力。主要是需要进行细节排查，逐一记录，细心一点儿即可完成。而且，若施工方与参与验收方的意见一致，基本上可免除抹灰观感的这个关卡，直接进入平整度、垂直度实测实量的环节。

而面对眼睛看不见的"毛病"这个关卡，就需要用辅助工具来进行检测，且基本上是不可避免的一个关卡，只有过了这一关才算是一个合格的抹灰墙面。

2. 如何检测墙面空鼓

墙面抹灰空鼓的检测比较简单、快速。同瓷砖空鼓检测方法一致，只须用空鼓锤绕着墙面连续敲击、逐一拖动排查（图6-38），通过不同的声响来判断抹灰层与墙面是否存在空鼓即可。但这里须注意一点：若遇到抹灰层过厚的检测部位时，建议用响鼓锤（图6-39）进行排查，因为响鼓锤是专业检测较厚砂浆抹灰空鼓的工具，特别是对30mm~50mm厚的抹灰墙面来说，效果更佳。

3. 如何检测墙面平整度、垂直度

测试墙面的平整度及垂直度复杂一些，需用2m长的检测尺在现场进行实测实量（图6-40）。具体的验收方法如下。

表6-1　一般抹灰的允许偏差和检验方法				
项次	项目	允许偏差（mm）		检验方法
		普通	高级	
1	立面垂直度	4	3	用2m垂直尺检查
2	表面平整度	4	3	用2m靠尺和塞尺检查
3	阴阳角方正	4	3	用直角检测尺检查
4	分格条直线度	4	3	拉5m长的线，不足5m拉通线，用钢直尺检查
5	墙裙、勒角上口平直	4	3	拉5m长的线，不足5m拉通线，用钢直尺检查

图6-38　空鼓验收现场

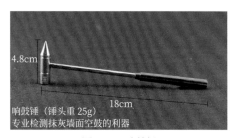

响鼓锤（锤头重25g）
专业检测抹灰墙面空鼓的利器

4.8cm

18cm

图6-39　响鼓锤

（1）墙面垂直度的检测方法

手持 2m 靠尺的中心，竖直地贴于检测墙面，并保持靠尺与墙面的高贴合度（图 6-41），读取靠尺刻度盘上的读数，该数值应处于国家规定的偏差范围内（图 6-42）。若被测墙体高度不足 2m，则须把靠尺折半，使用 1m 靠尺测量，但读数需根据刻度盘上面的标示读取（上面为靠尺 2m 时的读数，下面为 1m 的）。

（2）墙面平整度的检测方法

手持 2m 靠尺的中心，以此为中心点，呈"米"字状分别进行二次检测（图 6-43）。在靠尺与墙面的缝隙，用楔形塞尺进行检测，每次检测取高、中、低三个检测点读数（图 6-44）。读取楔形塞尺上的读数，该数值应处于国家规定的偏差范围内，否则即为不合格。

（3）阴阳角方正度的检测方法

墙面阴阳角方正检测需用到专业设备——内外直角检测尺（图 6-45）。检测方法与用靠尺检测墙面垂直度的方式一样，在一堵墙面的阴阳角竖向选择高、中、低三个点分别测量（图 6-46），最后取平均值，最终的测量数值处于规定范围内即为合格。

三、小结

本文介绍了墙面抹灰验收时的标准和实操步骤，只有当墙面施工完美地通过了上述两个关卡的考核后，才能最终确定为合格，给予完工验收。当然，上面提到的都是国家标准流程及要求，可作为一个标准参考。不排除一些大型企业有更高的标准，所以，具体验收的执行标准应根据各个项目的具体情况而定。综上所述，到底什么样的墙面抹灰才算质量好？观感好，"颜值"高；垂直、平整、无空鼓。

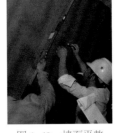

图 6-40　墙面平整　　　图 6-41
度验收现场

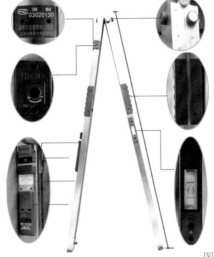

图 6-42

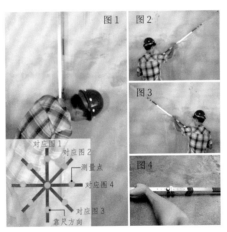

图 6-43　"米"字形—墙
面平整度检测法图解

楔形塞尺
直接读数

图 6-44

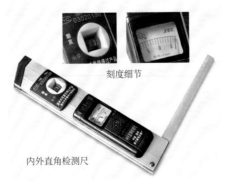

刻度细节

内外直角检测尺

图 6-45

阳角检测　　　　阴角检测

图 6-46

第七章

胶粘材料

7

第一讲 ｜白乳胶、免钉胶、瓷砖胶、发泡胶、植筋胶

关键词： 白乳胶，免钉胶，瓷砖胶，发泡胶，植筋胶

导读： 胶粘剂是很多设计师都会接触到的一种装修辅料，不管是在图纸上还是在现场，都会看到它的身影，但很多设计师乃至工程师对于胶粘剂的了解都只停留在初级水平，导致许多现场出现质量通病、安全问题，也会影响造型的收边收口。本文主要分为 3 个部分：学习胶粘剂知识的必要性；常见胶粘剂的成分和类型；5 种常见胶粘剂介绍。

一、为什么要学习胶粘剂的知识

设计师之所以需要学习胶粘剂的知识主要以下有 3 个原因。

1. 避免出现质量通病

刚入行的设计师在看节点图时，经常会有这样的疑惑：石材专用胶粘剂到底是什么？都在说结构胶好，结构胶到底是什么？都说在收口不理想时，可以通过打胶来补救，那到底应该打什么胶？玻璃胶只能粘玻璃吗？哪些材料可以用胶粘，而哪些材料又不能用胶粘，有规定吗？这些问题看似与设计师无关，但在实际工作中，如果不了解胶粘剂的知识，可能会出现许多意想不到的质量问题。比如，使用玻璃胶粘不住木饰面；使用云石胶干挂瓷砖后，瓷砖整面掉落；用发泡胶固定门套后，使用时连同门套整体脱落……这些问题都是典型的因不懂胶粘剂知识而造成的低级失误。

2. 看清装饰节点做法的全貌

通过对"骨肉皮"模型的理解，我们再看到室内构造的节点图时，就能很快理解其构造原理及逻辑关系。尽管如此，在学习构造的过程中，还会有很多人不理解"骨肉皮"之间到

底是怎样固定在一起的。以胶粘工艺为例，为什么同样的造型，有些图上画的是用结构胶固定，有些画的是用玻璃胶固定，有些又是直接打钉或干挂固定？其实这些问题的本质是我们对材料与材料之间是如何固定的根本不理解，所以只能死记硬背，知其然不知其所以然。

其实，装饰构造及材料之间的固定方式的逻辑非常简单，本书把固定方式主要分为物理固定、化学固定和混合固定（图 7-1）。

物理固定是指通过物理的手段将两块材料连接起来，最典型的就是打钉和干挂的方式，如图 7-2 所示的几种场景均采用了物理固定的形式。化学固定是指通过化学的

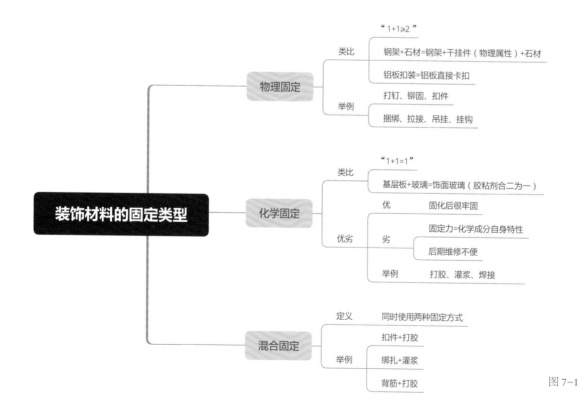

图 7-1

手段将两块材料连接起来，如通过浇筑制作地梁，通过焊接连接钢架，通过湿贴安装墙砖等，如图7-3所示的几种场景均采用了化学固定的形式。而混合固定是将物理和化学两种方式进行有机结合，形成最牢靠的固定方式，石材干挂就是典型的混合固定的例子。

通常情况下，化学固定这种方式就是以胶粘为主，而胶粘剂材料也是站在化学固定的角度来谈材料间的固定方式。也就是说，之所以要学习胶粘剂的知识，是为了设计师以后在理解装饰构造时，能看清构造节点的全貌，同时，也清楚在什么情况下可以使用胶粘，什么情况下必须使用物理固定。

图 7-2

3. 拓展自己的材料知识

提到装饰材料，设计师可能会想到玻璃、石材、木饰面等常见的饰面材料，虽然有时候决定项目表现的有可能是它们，但在项目落地后，绝大多数质量问题往往是源于基层材料和构造的选择不合适，这会导致一个设计作品的细节粗糙。设计师要始终记得：空间的细节处理才是体现设计品质的靠尺。

图 7-3

二、常见胶粘剂的成分和类型

胶粘剂用于粘结装饰材料之间的衔接部位，主要起化学固定作用，用在室内装饰中主要起粘接、密封和收口的作用。人类使用胶粘剂已有数千年的历史，从最原始的天然动植物胶液，到今天的高分子合成粘结剂，胶粘剂不断变更发展。目前，胶粘剂已经成为装饰材料及构造中不可缺少的一种材料。

胶粘剂的连接方式与传统的钉接、焊接、卸接相比具有很多优点，如接头分布均匀，适合各种材料，操作灵活，使用简单等。当然也存在一些问题，如粘结强度不均，对使用温度有要求以及寿命有限等。

胶粘剂的品种繁多，成分不一，但从本质构成来看，主要可分为主剂和辅料两部分（图7-4）。

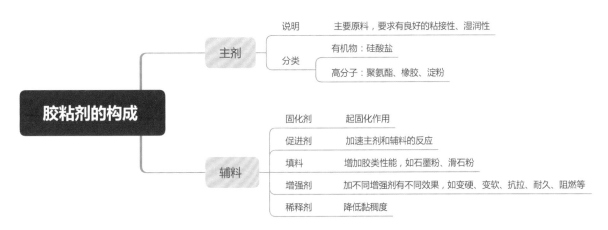

图 7-4

提到胶粘剂，很多设计师可能会想到石材专用粘接剂、502、发泡剂、玻璃胶等。胶粘剂的知识非常零碎，不成体系，因此，本文展示一张常见胶粘剂的体系介绍全貌图（图7-5），便于读者对胶粘剂知识形成一个整体印象，后续内容都是由此全貌图逐步展开的。

三、5 种常见的胶粘剂

为了更直观和高效地理解常见胶粘剂的关键信息，下面通过思维导图的形式概述 5 种常见胶粘剂的基本信息及适用场景。

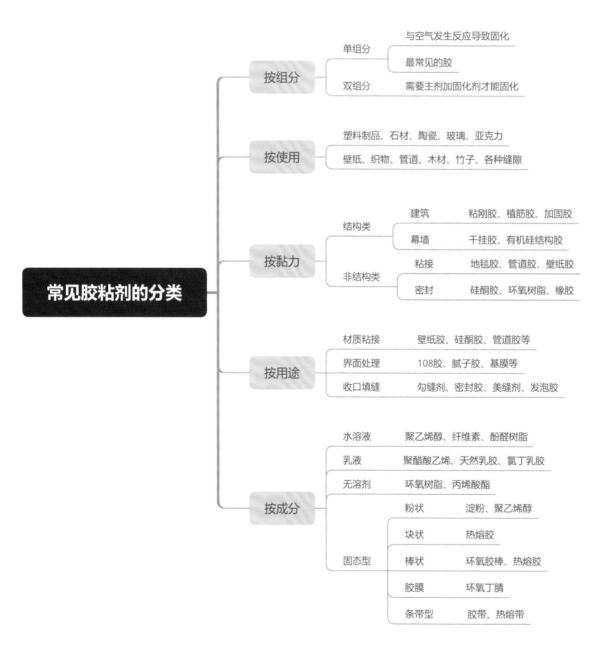

图 7-5

1. 白乳胶

白乳胶（图 7-6）在装饰空间中主要用于木器之间的连接，因此又被称为木工胶。在吊顶、墙面存在木基层板打底时，在木基层板之间会通过涂刷白乳胶的形式使基层板之间更加稳固。

2. 免钉胶

我们常听说的结构胶是一种泛称，主要是指能用于结构连接的胶粘剂，所以，这类胶水一定是粘接力极强的一类胶水。而免钉胶（图 7-7）是结构胶中的佼佼者，各方面性能均为

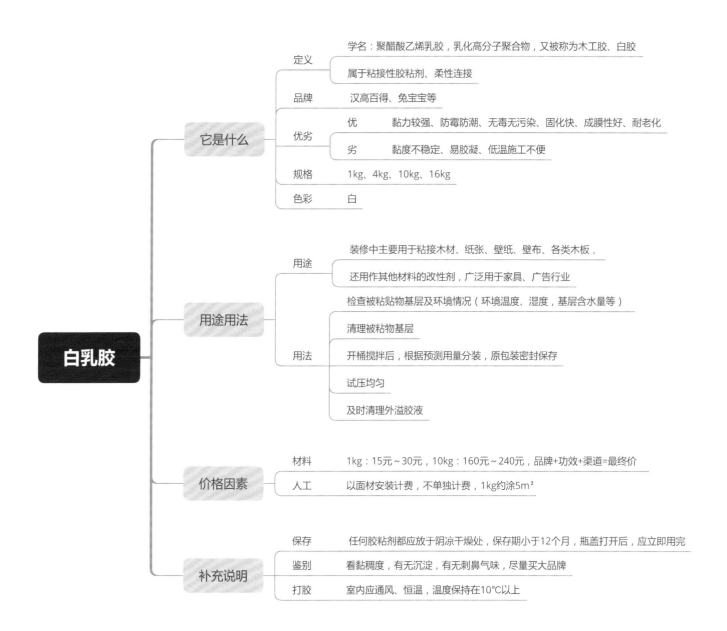

白乳胶

- **它是什么**
  - 定义
    - 学名：聚醋酸乙烯乳胶，乳化高分子聚合物，又被称为木工胶、白胶
    - 属于粘接性胶粘剂、柔性连接
  - 品牌　汉高百得、兔宝宝等
  - 优劣
    - 优　黏力较强、防霉防潮、无毒无污染、固化快、成膜性好、耐老化
    - 劣　黏度不稳定、易胶凝、低温施工不便
  - 规格　1kg、4kg、10kg、16kg
  - 色彩　白

- **用途用法**
  - 用途
    - 装修中主要用于粘接木材、纸张、壁纸、壁布、各类木板，
    - 还用作其他材料的改性剂，广泛用于家具、广告行业
  - 用法
    - 检查被粘贴物基层及环境情况（环境温度、湿度，基层含水量等）
    - 清理被粘物基层
    - 开桶搅拌后，根据预测用量分装，原包装密封保存
    - 试压均匀
    - 及时清理外溢胶液

- **价格因素**
  - 材料　1kg：15元～30元，10kg：160元～240元，品牌+功效+渠道=最终价
  - 人工　以面材安装计费，不单独计费，1kg约涂5m²

- **补充说明**
  - 保存　任何胶粘剂都应放于阴凉干燥处，保存期小于12个月，瓶盖打开后，应立即用完
  - 鉴别　看黏稠度，有无沉淀，有无刺鼻气味，尽量买大品牌
  - 打胶　室内应通风、恒温，温度保持在10℃以上

图 7-6

上乘，适用于不方便打钉连接的构造。但是，因为其价格实在太高，是普通玻璃胶的3~5倍，所以，很少有工程中会用到它，主要在后期业主需要对空间增设构件时采用。

虽然结构胶可以很好地代替物理固定，但是，胶水毕竟是受温度影响较大的材料，而且有寿命限制，所以，前期在一些结构构件处，能采用物理固定时，还是建议优先采用物理固定。

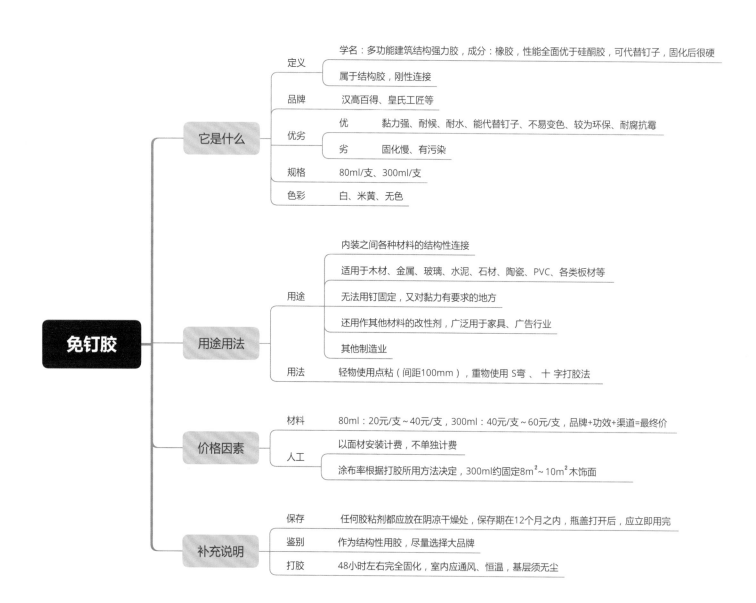

图 7-7

3. 瓷砖胶

瓷砖胶（图 7-8）就是我们常说的胶泥，主要用于石材、瓷砖等材料的湿贴安装。跟传统的水泥砂浆铺贴石材工艺相比，其粘接力更强，施工更加便捷，抗位移性能更好，可以使用更少的用量，以更薄的完成面实现石材安装。而且综合人工和安装成本，采用瓷砖胶也不会比水泥砂浆高出太多。因此，瓷砖胶逐步代替水泥砂浆成为石材和瓷砖铺贴使用最多的材料之一。

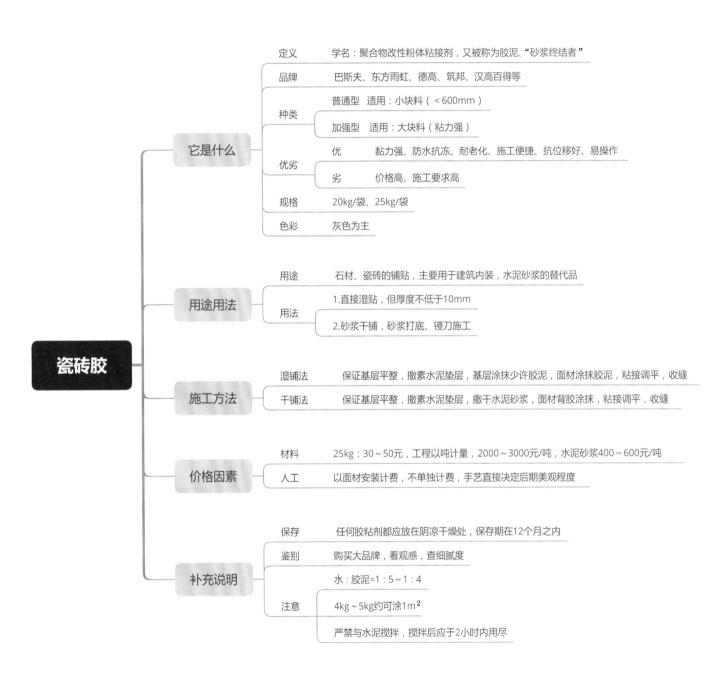

图 7-8

4. 发泡胶

发泡胶（图 7-9）主要用于密封、修补材料与材料之间的缝隙，在室内构造中，最常见的应用领域是对门基层板与门洞基层之间的密封处理。很多设计师有一个误区，认为发泡胶可以直接固定门套，所以，在做门套基层时采用发泡胶。其实这个理解是错误的，发泡胶只起密封作用，可以填补门套与墙体间的空隙，达到隔音的效果，但发泡胶绝不能直接当作结构性固定介质使用，否则，关门力度过大时，整个门和门套有可能会直接脱落。

5. 植筋胶

与前面 4 种胶粘剂相比，室内设计师对植筋胶的了解相对较少（图 7-10）。它在建筑和装饰工程领域使用非常广泛。比如，当我们需要在现场进行砌筑时，就必然要浇筑地梁，而浇筑地梁的第一步就是使用植筋胶对地梁构造进行植筋处理。对室内设计师来说，在做地梁浇筑时，如果需要驻场深化，出具施工指导节点图，建议在画地梁的剖面图时加上植筋胶的做法（图 7-11）。因为各个项目的监理方不同，有些监理会要求室内构件做植筋时，也要加上植筋胶的做法，不然属于不合格，因此，为了避免后期麻烦，可以事先加好。当然，前提是出具的图纸需要达到用于指导现场施工或者验收的施工图纸这样的深度。

图 7-9

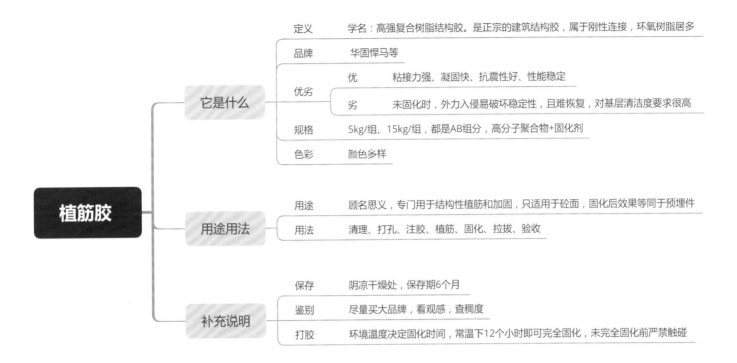

图 7-10

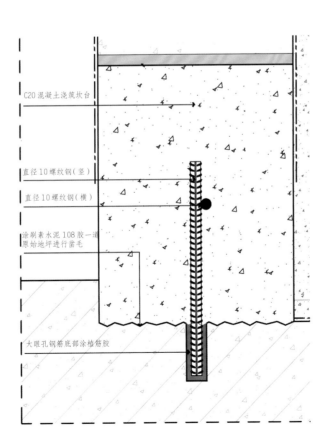

图 7-11（单位：mm）

第二讲 ｜云石胶、AB 胶、石材结晶

关键词：云石胶，石材结晶，质量通病
导读：本文将解决下列问题：在制图中，应该怎样对胶粘剂进行标注？云石胶和 AB 胶都有什么特点和作用？石材结晶是什么？有什么用？怎样操作？

一、关于胶粘剂的常见误区

大多数设计师认为，胶粘剂的知识并不需要花心思研究和学习，了解了常见的几种胶水名称和用途就够了。但在日常工作中，经常会出现这样的问题：

问题 1：石材节点图要用粘贴做法，应该怎样标注材料？

很多人的答案是：很简单，石材胶粘就标注"石材专用胶粘剂"；壁纸粘贴就标注"壁纸专用胶粘剂"；需要材料打胶收口，就标注"专用收口胶"。

问题 2：有一面墙需要贴瓷砖，但是使用湿贴的形式会不稳定，能不能做干挂？怎样做？

很多人的答案是：参考石材干挂的做法，在砖后面粘一块小砖，然后干挂件挑那块小砖就好了，就像图 7-12 所示的做法即可。如果追问："背后的小砖怎样跟大砖面板连接？"得到的答案通常是："当然是用云石胶，云石胶就是粘石头和瓷砖的胶粘剂。"如果项目按这样的图施工，最后就会出现如图 7-13 所示的问题。

以上两个问题是与砖石有关的经典问题。问题 1 中提到的标注方法固然没错，但是，深化设计师或者需要经常去现场的设计师如果对材料胶粘的做法只理解到这种程度，那么，在与一些不负责任的施工方或者工人合作时，很可能就会出现图 7-13 所示的情况。

为了避免以上问题，本章将介绍胶粘剂的知识。室内设计师了解了本章的知识要点后，可以解决装饰过程中大部分的胶粘和打胶收口问题。

二、如何进行节点标注

问题 1 中提到的标注方式是节点图纸的主流标注方式（图 7-14），多数情况下，标注的深度达到这种程度已经可以了。如果想进一步探究某种专用粘接剂，成本非常高，而且对设计师来说并没有太多必要，因此，在标注节点图纸和施工图纸时，这样做是可以的。但是，设计师也应该知道，所谓的石材专用胶粘剂多数情况下仅仅是指"瓷砖胶"或"胶泥"，而非水泥砂浆。壁纸专用胶粘剂可能是"植物胶"或"糯米胶"。用于收口的胶水，在多数情况下是以"玻璃胶"或"密封胶"为主。有了这样的基础知识后，即使不在图中标注出来，设计师去现场巡场时，也可以及时地发现低级失误。如果达不到这样的理解程度，绘制图纸就是在人云亦云。

因此，在使用胶粘做法和绘制节点图时，只需要标注使用"xxx 专用胶粘剂"即可。但是，设计师心中一定要知道，这个所谓的"xxx 专用胶粘剂"是指什么，都有哪些特点。如果是项目负责人或者设计管理者，那么，对设计构造的图纸理解应当达到图 7-15 所示的深度。

图 7-12

图 7-13

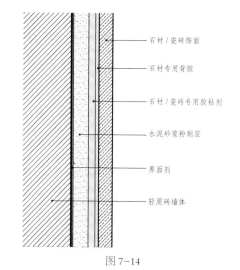

图 7-14

三、云石胶

因为云石胶是刚性胶粘剂（图7-16），固化时间短，一般不到10分钟就能固化完成，固化后非常硬，所以易碎。因此，在实际使用过程中，是先通过云石胶临时固定两块粘接材料，而后再通过固化时间相对较长的结构胶进行结构性固定（图7-17）。除了起到临时固定作用外，云石胶的另一个主要用途是用于修补石材空隙或者缺陷（图7-18），设计师常说的"石材结晶"的第一步就是采用云石胶来对石材的缝隙处进行修补。

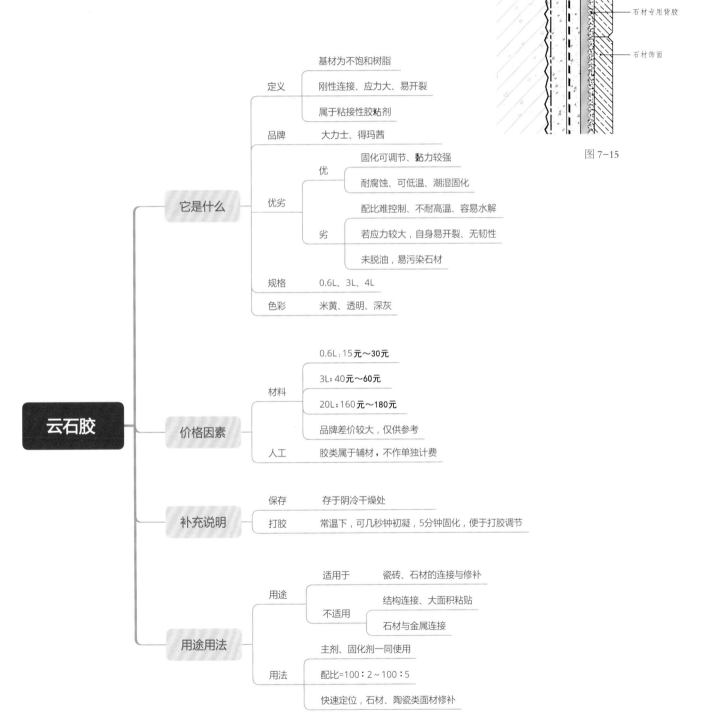

图 7-15

混凝土墙体
墙面凿毛
界面剂
水泥砂浆抹灰找平层
聚合物水泥基防水涂料
水泥砂浆保护层
胶泥专用胶粘剂
石材专用背胶
石材饰面

图 7-16

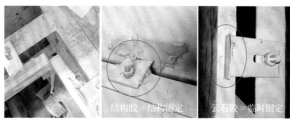

图7-17　　　　　　　　　　　　　　　　　　　　　　　　　　　图7-18

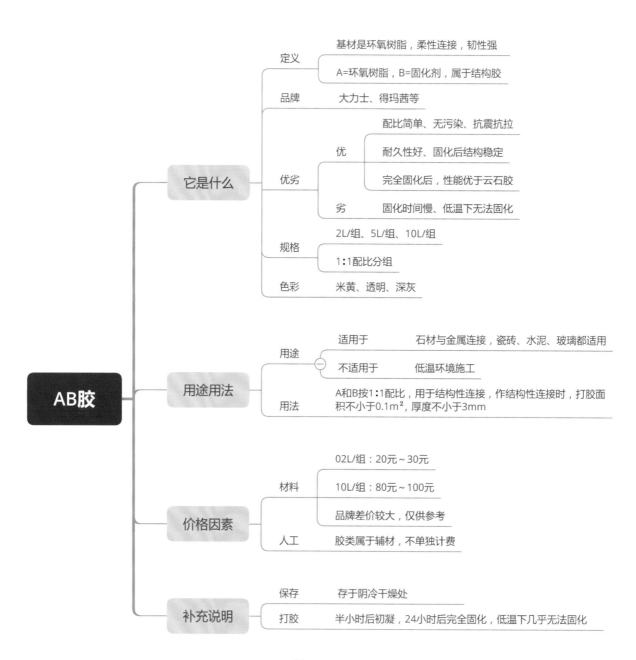

图7-19

四、AB 胶

由图 7-19 可知，之所以叫 AB 胶，是因为它是双组分的胶水，必须由 AB 两组胶水搅拌在一起才能起到固化作用。AB 胶是目前装饰场所使用最多的结构胶之一，特点是固化慢，通常需要几个小时，但一旦固化后，粘接力非常强，可很牢固地粘住两边的物体。所以，瓷砖如果使用背板干挂法，那么，背板和瓷砖面板一定要采用 AB 结构胶固定。如果只是通过起临时固定作用的云石胶来充当结构固定，很容易出现质量问题。

五、石材结晶

石材结晶处理（图 7-20）是目前最理想的石面保养方式，它不会改变石质的结构，也并非在石面上涂上一层覆盖物，而是采用结晶机在一定转速和配重下，通过机器上的百洁布摩擦石材表面的专业药剂，待石材表面达到一定温度，药剂在石材表面结晶，进而形成一层保护层，将石材面层下的毛细孔封闭，阻止污垢渗入石材内部。在石材开始结晶处理之前，先在石材的缝隙处填补云石胶，然后再开始进行结晶处理，这样一来，结晶后的石材表面完全看不出石材与石材之间的缝隙，使得石材饰面从观感和触感上变为一个整体。这也是大家看到一些惊艳的石材拼花时，找不到拼花之间缝隙的原因。

1. 石材结晶处理的特点
（1）大理石结晶后，石材表面整体均匀、清澈，有镜面的感觉，显现出石材原有的天然色泽。
（2）光泽度高，可达 85°～95°以上，基本达到新出厂石材的标准。
（3）硬度高，不易划伤，一般硬物（或人的自然行走）不会对石材造成磨损。
（4）表面干爽，不吸附灰尘，没有缝隙，便于每日推尘。
简单理解石材结晶只需记住 4 个关键词即可：封闭毛孔、增加硬度、保护石材、弥补缝隙。

2. 石材结晶处理的工艺流程
石材结晶处理的工艺流程如下：缝隙修补、整体研磨（6～7 遍）、干燥处理、结晶处理、清理养护、成品保护。
（1）缝隙修补
缝隙修补即在开始结晶之前，通过云石胶（或环氧树脂胶）对地面石材缝隙进行修补。
（2）整体研磨
待修补处干燥以后，使用打磨机对整体地面进行横向打磨（图 7-21）。重点打磨石材间的嵌缝胶处（石材之间的对角处）以及靠近墙边、装饰造型、异形造型的边缘处，保持整体石材地面平整。完成第一遍打磨后，重新进行嵌缝，嵌缝完成后继续进行第二次打磨，再配上由粗到细的金钢石水磨片（150 目、300 目、500 目、800 目、1000 目、1500 目、2000 目），共需完成 7 次打磨，最终打磨到地面整体平整、光滑，再采用钢丝棉抛光，抛光度达到设计要求的亮度（70°），石材之间无明显缝隙即可。
（3）干燥处理
打磨完成，先使用吸水机对地面的水分进行整体处理，再使用吹干机对整体石材地面进行干燥处理。如果工期允许，也可以自然风干，保持石材表面干燥（图 7-22）。
（4）结晶处理
在地面一边洒结晶药水，一边使用多功能洗地机转磨，热能的作用使晶面材料在石材表面晶化后形成镜面效果。

（5）清理养护
当石材表面结成晶体镜面后，使用吸水机吸掉地面的残留物、水分，最后使用抛光垫抛光，使整个地面完全干燥，光亮如镜。如果局部损坏可以进行局部保养，施工完成后可以随时上去行走。
（6）成品保护
做完了结晶后的石材地面成品的保护方式与瓷砖或木地板保护方式一致，主流做法是使用石膏板、木模板、夹板等板材铺贴在养护完的石材面上，防止交叉施工和人对地面造成破坏。

图 7-20

图 7-21 地面与台面研磨

图 7-22

第三讲 ｜ 玻璃胶

关键词：玻璃胶，施工流程，质量通病
导读：对于绝大多数设计师来说，只要提到材料间的收口有问题，需要补救，应该怎么办时，他们想到的第一个答案很可能是"打胶收口"。这里提到的"胶"，主要指的是玻璃胶。那么，玻璃胶是什么？我们应该知道哪些关于玻璃胶的知识？

一、什么是玻璃胶

图 7-23~ 图 7-25 所示的这些室内节点构造中均使用了玻璃胶来进行收口或粘贴。玻璃胶的学名叫硅酮密封胶，是行业内最常见的胶粘剂类别，属于硅酮胶的一种（图 7-26）。简单地说，玻璃胶是将各种玻璃（饰面材料）与其他基材进行粘接和密封的材料（图 7-27）。虽然它叫玻璃胶，但是它绝对不是只能用于粘贴玻璃。只要是自重不大，且对胶粘力要求不高的构造均可以使用玻璃胶进行固定，比如，小面积的画框、小面积木饰面单板和金属单板等。

在业内，玻璃胶是公认的"收口神器""施工救星"（图 7-28）。当因为节点缺陷或者施工问题出现漏边和空洞的情况时，采用同色系的玻璃胶进行修补和收口，可以达到非常好的装饰效果（图 7-29）。

二、玻璃胶的种类

玻璃胶最常见的分类维度有 3 个：一是按组分分类；二是按特性分类；三是按酸碱性分类。

1.按组分分类
按组分主要分为单组分和双组分。单组分玻璃胶是通过接触空气中的水分及吸收热量而产生交联反应，实现固化，是市场上常见的一种产品，多用于普通室内装饰中，如厨卫用品的粘贴、阳光板玻璃粘贴、鱼缸粘贴、玻璃幕墙粘贴、铝塑板粘贴等常见民用工程。

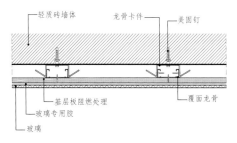

图 7-23　玻璃饰面节点图

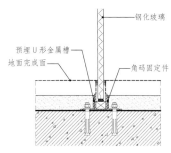

图 7-24　纯玻璃隔断收口节点图

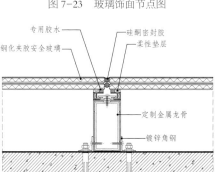

图 7-25　框玻璃地面收口节点图

图 7-26

门框　淋浴间　窗框　水槽　橱柜　吊顶　地板　踢脚线
坐便器底部　灶台　台盆　浴缸　玻璃　铝合　金瓷砖　大理石

图 7-27

图 7-28

双组分玻璃胶以 A、B 两组分开储存，混合后才能实现固化及粘合作用，一般在工程项目中使用较多，如中空玻璃深加工、幕墙工程施工等，是一种容易贮存、稳定性强的产品。

2. 按特性分类

按特性来分，玻璃胶的类别有很多，设计师只需要记住常见的密封胶和结构胶两大类即可。结构胶是指强度高，能承受较大荷载，且耐老化、耐疲劳、耐腐蚀，在预期寿命内性能稳定，适用于承受强力的结构件粘接的胶粘剂的一种泛称。以硅酮胶为主，但是之前提到的 AB 胶、免钉胶也可以算作结构胶。密封胶是指用于缝隙处密封的胶粘剂，有气密性、水密性、耐候、耐脏、抗压、抗拉等特性的胶粘剂才能被称为密封胶。

这两大类别里的具体类别不需要深究，只需要记住：密封胶主要用于材料空隙处的密封，保证材料的气密性、水密性、抗拉性、抗压性，如常见的中空玻璃密封、金属铝板密封、各种材料收口等（图 7-30）。而结构胶主要用于需要强力粘接的构件，如幕墙的安装、室内阳光房的安装等。更简单的理解方式是，只要是暴露在外的胶粘剂，均可认为是密封胶，只要是在室内构件中起到结构性固定作用的胶粘剂，均为我们理解的结构胶。

3. 按酸碱性分类

这个分类维度是设计师最熟悉的，按照这种方式，玻璃胶主要分为酸性玻璃胶和中性玻璃胶。酸性玻璃胶粘接力强，但易腐蚀材料，如采用酸性玻璃胶粘贴银镜后，银镜的镜面膜会被腐蚀掉。而且，如果装修现场的酸性玻璃胶还未干透，用手触摸的话，也会对手指产生腐蚀。所以，在多数室内构造中还是以使用中性玻璃胶粘贴为主。

那么，如果在施工现场，应该如何判断玻璃胶是酸性还是中性呢？答案是，除了根据包装上的字，几乎没办法在没有专业工具的帮助下识别出来。所以，对于独立设计师或者需要经常去现场的家装设计师来说，找到合适的施工队，购买大品牌的玻璃胶产品，不要在这些辅料上贪便宜，才是保证项目后期不出现质量问题的核心。

三、玻璃胶的施工流程

以台盆的挡水条为例，玻璃胶的施工流程如下。

（1）准备好施工所需的工具（硅胶枪、刮板、美纹纸、美工刀、玻璃胶）（图 7-31）。
（2）清理基材表面，一定要清理干净，不要有污垢，以免影响使用寿命（图 7-32）。
（3）在需要密封的部位边缘贴好美纹纸（图 7-33）。
（4）开始施工（图 7-34）。
（5）用刮板将玻璃胶刮均匀（图 7-35）。
（6）撕掉美纹纸，完成施工（图 7-36）。

四、使用玻璃胶时应该注意哪些问题

从设计角度来看，在室内构造中，能不使用玻璃胶收口，就尽量不要使用玻璃胶收口。因为，从视角上来看，打胶收口的确是不美观的收口方式，即使采用同色系的胶粘剂，也还是很容易有痕迹，所以在高端设计项目中，一般要求尽量不使用胶粘剂。但是，如果遇到必须打胶的做法，如凹槽打胶的时候，需要密封和固定效果，就必须采用密封胶来处理了。

从施工角度来看，首先，打胶时必须使用胶枪，这样才能保证喷涂路线不会歪斜，不会让物体其他部分沾上玻璃胶。如果一旦沾上，就要马上清除，因为玻璃胶固化后很难被清除。其次，掌握好胶缝隙宽度。玻璃胶喷涂的面积是有要求的，并非随意而为，这里的

面积就是指胶缝隙。如果缝隙太大，会影响美观，还会造成玻璃胶浪费；如果缝隙小了，又发挥不了黏性。而材料间的缝隙大小与节点收口方式和工人操作水平直接相关。

五、玻璃胶使用方法不当有什么后果

如果选择了不适合的胶粘剂，会出现致命的问题，如瓷砖脱落等。而在玻璃胶的使用中，因为使用错误带来的后果主要有以下几点。

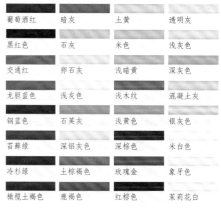

图 7-29　某品牌的玻璃胶色卡

图 7-30　密封胶的使用场合

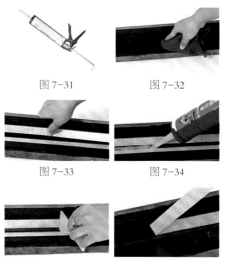

图 7-31　　　　　　　图 7-32

图 7-33　　　　　　　图 7-34

图 7-35　　　　　　　图 7-36

1. 设计不美观

从设计上来看，选择了不合适的玻璃胶颜色，或采用玻璃胶收口的缝隙预留过大，都会给收口处造成很严重的视觉污染（图7-37）。

2. 功能不满足

很多设计师因为不懂玻璃胶的性能，容易把中性玻璃胶与酸性玻璃胶用反。比如，在卫生间的装修中使用玻璃胶的地方一般有木线背面哑口处、洁具、坐便器、化妆镜、洗手池与墙面的缝隙处等，这些地方要用不同性能的玻璃胶。中性玻璃胶粘接力比较弱，但是腐蚀性很小，一般用在卫生间镜子背面这些不需要很强粘接力的地方。而酸性玻璃胶一般用在木线背面的哑口处，做木质连接较多，因为粘接力很强，而且其腐蚀性不会对木质材料造成太大伤害。

3. 耐久度不够

使用玻璃胶还有一点非常重要，一定要防霉。比如，在潮气很重的场所，如果用玻璃胶收口，一定要采用带有防霉属性的玻璃胶或者专业的具有耐候性的密封胶，否则极容易发霉。发霉后，除了影响观感外，更重要的是有刺鼻的气味，必须铲除后重新涂抹（图7-38）。

六、透明玻璃胶为什么会变黄

玻璃胶被称为"收口神器"的其中一个原因就是它几乎可以被调制成任何颜色，其中，最受欢迎、用量最大的是透明的玻璃胶。不过，在使用透明玻璃胶时，最令人头痛的一个现象就是玻璃胶变黄（图7-39）。如果项目完工后，在短期内就出现透明玻璃胶变黄的情况，主要是由于以下3个原因。

（1）胶浆本身存在缺陷，也就是说，玻璃胶的质量存在问题。

（2）中性玻璃胶与酸性玻璃胶同时使用，导致中性胶固化后变黄，这是最常见的情况。

（3）胶的存放时间过长。

七、玻璃胶固化后，表面不光滑的原因及解决方法

设计师在设计巡场或者考察完工项目的时候，如果留意观察采用玻璃胶收口的室内装饰构件，就会发现一个现象：有些用玻璃胶收口的构造上，玻璃胶表面光滑如瓷（图7-40），而有些用玻璃胶收口的构造上，玻璃胶则布满褶皱，非常影响美观。为什么会出现这样的现象呢？主要有3个原因：

（1）玻璃胶在没有固化的情况下受到震动或发生位移。解决方案是在打完胶后，不要在相应区域施工作业，否则容易造成玻璃胶收口起皱的情况。

（2）使用了低档的玻璃胶。低档的玻璃胶中添加了很多增塑剂，胶在固化过程中，增塑剂有一定程度的挥发，使得胶的体积变小，所以胶会收缩起皱。

（3）玻璃胶涂布涂膜太薄，导致胶在固化后也容易收缩起皱。加大施胶的厚度可以减少此现象的发生，因此，建议施胶的厚度在2mm以上。

图7-37

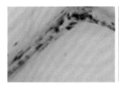

图7-38

图7-39　　　　　　图7-40

第四讲 ｜勾缝剂

关键词：勾缝剂，粘接性胶粘剂，概念解释
导读：只有从材料的连接方式这个角度出发，才能明白：为什么有些材料可以用胶粘，有些不能；为什么玻璃胶可以用来收口，但是不能用来连接大件物件；为什么看似画了合理的石材丁挂节点，最后还是出了问题。学习任何知识都要了解现象背后的底层规律，从更接近本质的角度重新理解这些现象。这一讲分享常见胶粘剂知识中的最后两个知识点：勾缝剂和粘接性胶粘剂。

一、勾缝剂

本书说的勾缝剂是一个统称，指所有用于勾缝的材料。顾名思义，勾缝剂主要用来进行缝隙填补和收口。虽然玻璃胶的主要作用之一就是收口，而且兼容的材料也非常多，可以用在一些边角或者不同材料间的收口，但它的耐污性和耐久性不强，如果是大面积的缝隙收口（如瓷砖缝隙填补），则不宜使用玻璃胶。

这里就引出了有关石材结晶的一个问题：既然石材可以靠结晶处理来实现无缝的效果（图7-41），那么，瓷砖应该如何实现无缝的效果呢？瓷砖能不能做结晶处理呢？答案是瓷砖不能进行结晶处理，而且也几乎不可能做到像石材一样的无缝效果。因为石材结晶是靠打磨机将石材缝隙处打磨平整，进而实现无缝的效果，而瓷砖是不能打磨的，所以，理论上瓷砖要做到石材那样的无缝效果几乎是不可能的（图7-42）。所以，同样是拼花，瓷砖只能靠釉面图案，而石材却可以直接拼在一起。

既然使用瓷砖一定会存在缝隙，那么，要想让瓷砖美观，就必然要对瓷砖进行填缝处理。如果使用玻璃胶或者其他材料填缝隙，时间久了缝隙会变黑，影响美观。虽然瓷砖缝窄到只有几毫米，但如果处理不好，这几毫米就会破坏整个地面的美观，也会影响瓷砖的质量。对设计师来说，瓷砖填缝需要考虑的因素众多，如与整体空间的协调性、色彩搭配、耐久性、防水性能、造价等。由于瓷砖类材料在装修材料市场

占有率巨大，其使用的填缝材料也就逐渐进入了装饰市场。

依据常见勾缝剂的普及时间，可以简单地将勾缝剂分为4个类型。

1. 勾缝剂的 1.0 版——白水泥

白水泥（图7-43）是普及较早的填缝材料，也是设计师常见的一种勾缝材料。它就是传统意义上的水泥砂浆，只不过是以白水泥为主料，加入一些添加剂，再加水搅拌使用。例如，贴瓷砖的时候用瓷砖粘接砂浆，再加一些添加剂，保证瓷砖粘接牢固不脱落，这就是防水水泥砂浆（图7-44）。白水泥主要用来勾白瓷片的缝隙，一般用在地面比较多，墙面较少（图7-45），原因是它的粘接强度不高。不过由于它的白度较高，色泽明亮，虽然不是主要的勾缝材料，但也还有一定的市场。

2. 勾缝剂的 2.0 版——填缝剂

填缝剂（图7-46）可以理解为白水泥的升级版，因为它是以白水泥为主料，加入少量无机颜料、聚合物及微量防菌剂组成的干粉状材料。与白水泥相比，填缝剂虽然粘合性更强，还具有防裂性能，但是不耐水和脏污，所以，很多空间的瓷砖使用填缝剂勾缝后，时间一久会出现变脏、变黑的情况（图7-47）。

3. 勾缝剂的 3.0 版——美缝剂

美缝剂（图7-48）是填缝剂的升级版，色彩丰富亮丽，可以搭配各种颜色的瓷砖。美缝剂外表光洁、易于擦拭，更重要的是防水、防潮、抗油、防污，能有效避免缝

图7-41 石材结晶后没有缝隙

图7-42 瓷砖拼花必然有缝隙

图7-43

图7-44 用白水泥贴砖

图7-45

图7-46

图7-47 填缝剂变色

图7-48

图7-49

隙变黑的尴尬情况。但是美缝剂的缺点是固化后容易塌陷，所以只能表层填缝，不能满填。在现场使用时，需要在美缝剂下先用填缝剂做垫层，然后再使用美缝剂"罩面"（图7-49），这样一来，既保证了缝隙的美观，又保证了缝隙的耐久性。当然，表面的美缝剂并不适用于经常接触明水的空间中，如卫生间、厨房、游泳池等场所。

4. 勾缝剂的4.0版——瓷缝剂（真瓷剂）

瓷缝剂（图7-50）是美缝剂的升级版，耐磨、耐水、耐污、防霉，可以让瓷砖缝、洗手盆、马桶等缝隙持久光洁亮丽，是性能最佳的填缝制剂。

但是，瓷缝剂目前处于一种"性能过剩"的尴尬处境：一方面，美缝剂已经能很好地解决瓷砖勾缝的美观和耐久问题；另一方面，瓷缝剂的性价比并没有美缝剂高。所以，目前在主流的空间中，还是以美缝剂和填缝剂的组合为主，瓷缝剂在中低端市场的占有率没有美缝剂高。也就是说，在勾缝剂中，美缝剂的使用率最高。

二、如何勾缝

除了了解勾缝剂的材料知识外，如何勾缝也是设计师的必备知识。勾缝的方法和打玻璃胶的方法相同，主要有两种：

1. 适合玻化砖、抛光砖、抛釉砖等平滑瓷面的方法（图7-51）

（1）清理缝隙，上胶。
（2）用压缝球推平。
（3）等待固化（约24小时）。
（4）铲掉边缘部分。

2. 适合仿古砖、陶土砖、低温砖等粗糙瓷面的方法（图7-52）

（1）粘贴美纹纸。
（2）均匀上胶。
（3）用压缝球推平。
（4）撕去美纹纸。

三、勾缝处的色彩搭配

在使用勾缝剂时，好的色彩搭配方案往往能给空间增色不少（图7-53），勾缝处的颜色如何搭配才能保证空间的美感？建议参考下面几个原则。

1. 瓷砖与缝隙同色系最保险

毫无疑问，想要空间色调和谐，用同色系的瓷砖与砖缝最安全，即使效果不惊艳，也不会犯错。而且，当采用仿古砖，或者花纹较多、纹样丰富的砖时，就必须采用同色系的勾缝剂来削弱缝隙的存在感。所以，在不采用纯色砖的空间中，勾缝时建议尽量用同色系的勾缝剂（图7-54）。

2. 深色砖搭配浅色缝更显质感

使用纯色系的砖时，深色的瓷砖搭配浅色填缝剂是最容易突出瓷砖质感的做法，这种做法不会让瓷砖与缝隙糊在一起，浅色缝隙会让深色的瓷砖横向、纵向的排列都清楚、分明（图7-55）。

3. 浅色砖搭配深色缝更美观

这种搭配风格在国外比较流行，一是通过深色的勾缝剂可以突出空间的层次感，二是视觉上来看也明亮、简洁。另外，最大的好处就是，深色的勾缝剂更耐脏（图7-56）。

四、粘接性胶粘剂

除了在绘制节点图或深化图时，标注在图纸上的胶粘剂之外，还有专门针对某一类材料或者某几类材料的胶水，但这类胶水通常不会被标注在节点图纸上，设计师可以作为拓展知识了解（图7-57），再结合前面的内容，构建出属于自己的胶粘剂知识体系。

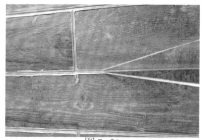
图7-50

1. 清理缝隙，上胶　　2. 用压缝球推平
3. 等待固化（约24小时）　4. 铲掉边缘部分
图7-51

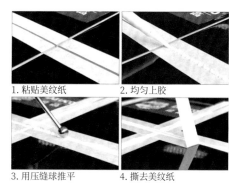
1. 粘贴美纹纸　　2. 均匀上胶
3. 用压缝球推平　　4. 撕去美纹纸
图7-52

图7-53

图7-54

五、小结

本节的内容比较通俗易懂，总结起来有 3 个方面：

（1）勾缝剂是专门解决瓷砖类材料缝隙填补的问题的，从发展历程上来看，主要分为 4 个阶段：白水泥、填缝剂、美缝剂和瓷缝剂。

（2）即使勾缝剂的质量很好，如果色彩搭配不美观，也不会有好的效果。所以，从色彩搭配的角度来看，瓷砖与缝隙同色系最保险，深色砖搭配浅色缝更显质感，浅色瓷砖搭配深色缝更美观。这 3 句口诀可以帮我们搭配出合适的勾缝效果。

（3）专门针对一类材料粘接的胶粘剂，可以称为粘接性胶粘剂，是针对专业材料使用的配套胶水，或是针对某类材料最被推崇的胶粘剂。从类型来看，有管道胶、竹木胶、壁纸胶、地板胶等。

图 7-55

图 7-56

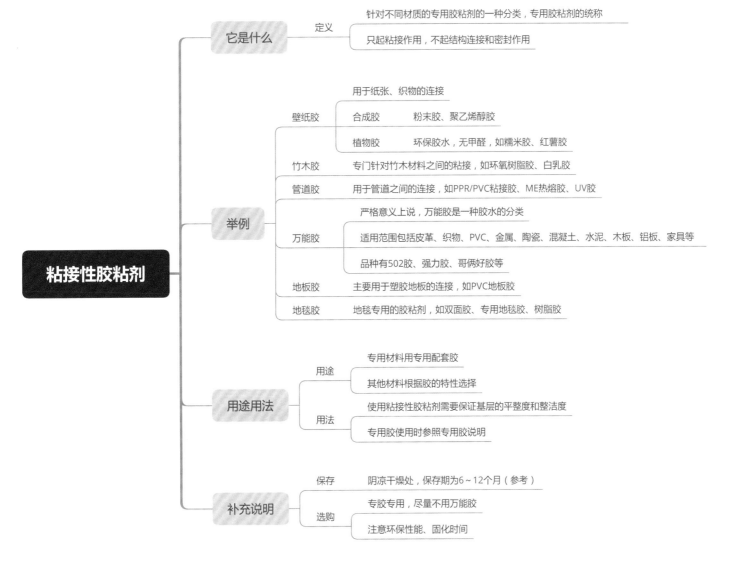

图 7-57　图解粘接性胶粘剂

第八章 涂料

第一讲 | 涂料的分类逻辑

关键词：概念解释，材料构成，分类逻辑
导读：油漆和涂料是几乎每个设计师都会接触到的一种装修辅料，其种类繁多，质量参差不齐，品质真假难辨，品类更是众多，导致设计师在看到饰面效果时，虽然能清楚地判断出这是使用涂料完成的，但是，对于具体是哪一类涂料，为什么采用这一类涂料却并不清楚，这会导致在前期设计和后期落地时出现种种问题。

阅读提示：

涂料的种类众多，而且非常杂乱，如 NC 漆、乳胶漆、环氧地坪漆、PU 漆、PE 漆、封闭漆、混油漆、清水漆、艺术涂料、氟碳漆、硝基漆、木器漆、真石漆……逐一记住这些涂料的属性、作用很困难，所以，如果想应用这些涂料达到预期的设计效果，就要首先构建起一个知识框架，再通过这个框架积累和学习相关知识，最终达到理清思路、灵活应用的目的。

一、如何理解油漆和涂料

提到乳胶漆、肌理漆、氟碳漆等以"xx 漆"结尾的涂装材料，大部分设计师都会下意识地把它们归类到油漆领域（图 8-1）。因为，油漆和涂料在以前的装饰行业内都被称作油漆。但是，随着科学技术的发展，各种高分子合成树脂研制成功，并广泛应用于制漆业，油漆的保护功能、装饰功能也得到了更科学的运用和发展，所以，在当下，"油漆"这个传统叫法其实已经不能科学、全面地概括涂装材料的全部含义了。因此，在《涂料产品分类和命名》GB/T 2705—2003 中，作为所有涂装材料的科学新名称——涂料应运而生。但是由于习惯的原因，现在很多人仍然将油性的涂料叫"油漆"，如清漆、调和漆等，把水性涂料称为涂料，如乳胶漆、真石漆等。但是，无论传统的以天然物质为原料的油漆产品，还是现代以合成化工产品为原料的涂料产品，都属于有机高分子材料，形成的涂膜都属于高分子化合物类型。油漆、涂料是装饰装修的必备材料，是装修的外饰面工程，直接决定装饰装修的最终效果。

从"骨""肉""皮"的关系来理解，涂料是这样一种材料：可以用不同的施工工艺涂覆在物件表面，形成粘附牢固、具有一定强度和连续性的固态薄膜，这样形成的膜统称为涂膜，又称为漆膜或涂层，也就是所谓的"皮"的部分。由此可知，只要有"肉"的附着，几乎任何材料上都可以涂刷涂料，这也让涂料成了室内用量最大的装饰主材。

从最本质的材料构成上来看，涂料的构成与胶粘剂类似，用一个公式表达就是：涂料 = 主料 + 颜料 + 辅料。主料（图 8-2）是指涂料固化成膜的主要物质，是涂料的基本构成，主要分为油料和树脂两种类别。也正因为以前的油漆的主要成分是天然的油料，所以才被人们称为"油漆"。而现代使用天然油料和天然树脂制成的涂料已经越来越少了，人们能接触到的建筑涂料主要还是以人造的树脂为主料制成的，如乳胶漆、硝基漆等。颜料（图 8-3）是一种粉末状的有色物质，其最主要的作用就是给涂料着色，同时，具有一定的遮盖作用，阻挡水、氧气、化学品等透过，如铝粉、玻璃鳞片等。此外，颜料还具有调节涂料的流变性的作用。辅料与胶粘剂中的辅料类似，主要是给主料增加不同的功能，如想降低涂料的黏稠度，就增加稀释剂；想让涂料固化的时间缩短就加固化剂、促进剂等。因此，关于涂料的构成，我们可以用如图 8-4 所示的一张导图概括。

涂料的命名比较混乱，各种五花八门的涂料名称屡见不鲜，有时候会出现同一种涂料在不同的地区、不同的品牌之间叫法不相同的情况。因此，在《涂料产品分类和命名》GB/T 2705-2003 中，对涂料的命名规则也做了规定，即在涂料产品推向市场前，应该严格按照一套命名规则规范执行——涂料名称 = 颜色 / 颜料名称 + 成膜物质 + 基本名称，如：白色（颜色）乳胶（成膜物质）面漆（基本名称）、硝基（成膜物质）清漆（基本名称）。

图 8-1

图 8-2

图 8-3

二、涂料的作用

作为装饰领域用量最大的主材，涂料至少能对遮罩物起到以下作用。

1. 保护作用

涂料通过涂刷、滚涂或喷涂等施工方法涂敷在建筑物的表面上，形成连续的薄膜，厚度适中，有一定的硬度和韧性，并具有耐磨、耐候、耐化学侵蚀以及抗污染等功能，可以提高被遮罩物的使用寿命（图8-5）。

2. 装饰作用

涂料形成的涂层能装饰、美化建筑物。若在涂料施工中运用不同的方法，可以获得各种纹理、图案及质感的涂层，使建筑物产生不同的艺术效果，达到美化环境、装饰建筑的目的。

3. 改善功能

涂料能提高室内的亮度，并起到吸声和隔热的作用。一些有特殊用途的涂料还能使建筑具有防火、防水、防霉、防静电等功能。

4. 标识作用

在其他领域，颜色醒目的涂料可以用于各种标志牌和道路分离线。在室内装饰领域，很多具有科技感的空间也运用涂料让空间的标识系统更醒目和富有创意性。

三、常见涂料的类别

涂料的不同分类逻辑之间有相互穿插的情况，所以，要理解一种涂料的概念，就必须知道它在整个涂料框架体系中处在什么位置，否则难免出现以偏概全、看不清材料属性全貌的情况。下面从几个重要的维度来介绍室内设计师常见的涂料分类方式和类别。

1. 按用途分类

从涂料的用途来看，涂料主要可以分为"保护界面"涂料和"装饰界面"涂料这两大类。比如，硝基漆、防锈漆、防火漆等漆种就是起保护界面作用的涂料（图8-6）；乳胶漆、肌理漆、艺术涂料等更多的是起装饰界面，让界面更加美观的作用（图8-7）。

2. 按主料的性质分类

设计师说的油漆主要分为水性漆和油性漆，从性质上来说，水性漆也就是所谓的"涂料"，它只以清水作为稀释剂，无毒无味、不易燃，也不会向空气中挥发任何有害物质，因此，不会有易黄变等缺陷。但缺点是漆膜耐磨性差，且不易修补，所以，主要用于内装中的墙顶面涂料，如乳胶漆、硅藻泥、真石漆等。油性漆也就是设计师所谓的"油漆"，相对于涂料来说，污染更大，环保性相对较低，但其附着性和耐

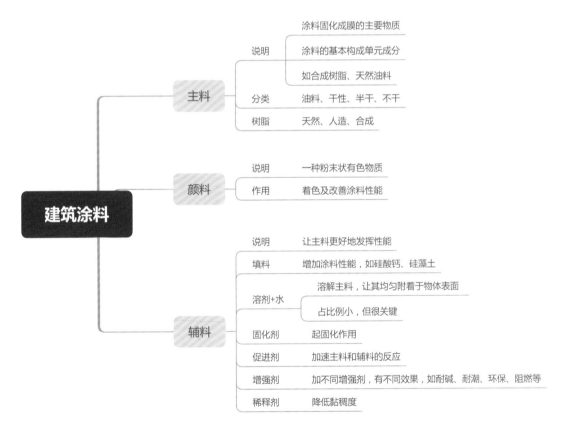

图8-4 涂料的构成

磨性更强，所以，经常用在家具和工业产品上，比如，瓷漆、防锈漆、氟碳漆等。

3. 按涂装部位分类

从涂装的空间部位来看，涂料主要分为外墙涂料、内装涂料、地面涂料，各类涂料的常见类型如图8-8所示。

4. 按涂料形态分类

从形态的角度，涂料主要分为溶剂型、乳液型、水溶型和粉末型。通过形状可以一眼辨别，比如，粉末型的无机干粉、乳液型的乳胶漆等。

5. 按涂料的功能分类

这个分类维度可以理解成各个涂料的不同属性，因为很多涂料都会增加这些功能，比如，防火、防水、防潮等。

6. 按涂装的对象属性分类

这个分类维度非常有用。按照涂装对象，涂料主要分为木器漆（图8-9）、金属漆（图8-10）、建筑涂料（图8-11）和工业涂料（图8-12）四大类。这四大类别的涂料分别对应各自涂布的对象，如乳胶漆、硅藻泥属于建筑涂料类；氟碳漆属于金属涂料；PU漆、PE漆属于木器漆的范畴。

7. 按饰面效果分类

这个分类是最简单的，仅供参考。用于室内空间的建筑涂料的类别主要有平涂效果涂料（图8-13）、带肌理或凹凸效果涂料（图8-14）以及艺术纹样效果涂料（图8-15）。

四、小结

以上介绍了整个建筑涂料系统的理念基础，理解了这些框架之后，后面理解具体的涂料类型和质量通病将会容易很多。

图8-5　涂料可保护遮罩物　　图8-6　喷涂防锈漆　　　　图8-7

图8-8

图8-9　木器漆的应用　　图8-10　金属漆的应用　　图8-11　建筑涂料的应用　　图8-12　工业涂料的应用

图8-13　平涂效果　　　图8-14　肌理效果　　　图8-15　带艺术纹样效果

第二讲 │乳胶漆

关键词：材料解读，节点工艺，质量通病
导读：提到涂料，无论如何都绕不开乳胶漆这种材料，因为它非常重要。可以说，了解了乳胶漆的材料属性和工艺做法，就等于了解了几乎所有建筑涂料的相关属性和工艺做法，因为涂料类的知识几乎都是相通的。

一、乳胶漆是什么

提起乳胶漆（图8-16），设计师可能会想到材料表上的乳胶漆、图纸上的乳胶漆标注、施工现场的乳胶漆。可以说，这是设计师最熟悉的材料了。乳胶漆是乳胶涂料的俗称，是以丙烯酸酯共聚乳液为代表的一大类合成树脂乳液涂料。成膜物质主要是合成树脂乳液，属于水性涂料，它们的漆膜性能比溶剂型涂料要好得多，而且溶剂型涂料中占一半比例的有机溶剂在乳胶漆中被水代替了，从而解决了有机溶剂的毒性问题，其执行标准是《合成树脂乳液内墙涂料》GB/T 9756—2018。前文曾经介绍过，油性漆有一定的污染，水性漆是零污染。2016年6月，国家出台相关规定，明确表示在木制品的油漆使用上，溶剂型涂料（油性漆）将逐步被水性漆取代。

乳胶漆的用途非常广泛，几乎适用于所有的建筑界面，不管是外墙还是内墙，吊顶还是固定家具，楼顶还是地下室，都可以看到乳胶漆的身影。从节点构造的角度来看，乳胶漆的主要节点做法如图8-17~图8-19所示。

结合"骨肉皮"模型可以看出，乳胶漆（其实是所有的涂料）需要附着在腻子层，才能保证其平整度，而不是水泥砂浆层或者混凝土层上，因为涂料对基层的细腻程度要求特别高。这里又引申出一个知识点，直接在木板上涂刷乳胶漆到底行不行？答案是可以，但不建议这样做。现在大多数涂料都是涂刷在石膏板上，这是因为石膏板耐潮、不变形，而木板受潮后会严重变形，所以，在对涂料的平整度和耐久度要求高

的情况下，建议在石膏板上做。如果是在一些隐蔽的，或者不重要的地方，对装饰要求不高，需要控制成本的话，是可以只用一层木板来涂刷乳胶漆的，如一些要求不高的软膜天花内。

所以，如果需要涂刷乳胶漆，只要条件允许，尽可能将乳胶漆附着在石膏板上，而不是木基层上。

图8-16 乳胶漆的应用

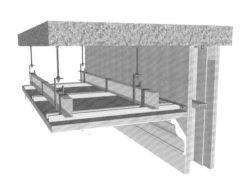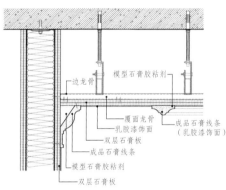

图8-17 乳胶漆吊顶节点图纸

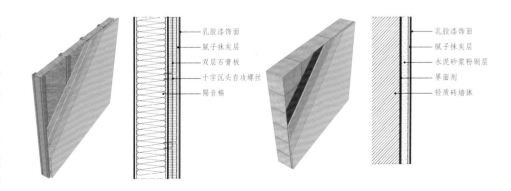

图8-18 乳胶漆墙面节点图纸　　图8-19 原墙上乳胶漆的应用

二、GRG 是什么

这里补充一个多数设计师都容易误解的要点，在本书前面的章节中曾提到，GRG 是指玻璃纤维石膏基层，而不是指异形的白色曲面造型（图 8-20）。从构造上来说，GRG 属于"肉"和"骨"的部分，从这个角度理解，其本质和木基层没有任何区别。由于它是石膏材料，所以是白色的，在大多数设计项目中，设计师喜欢用白色 GRG 来表示异形的曲面，而这个白色指的就是 GRG 表面上的乳胶漆涂料。所以，如果把这个涂料换成绿色、红色、黄色也都是可以的。涂料是"皮"，GRG 是"肉"和"骨"，所以，"皮"不仅可以是乳胶漆，还可以是肌理漆、艺术涂料等其他类型。因此，不要认为 GRG 就只能做成白色，更不要看到白色的异形就认为是 GRG，因为它很可能是玻璃钢或 PU 线条等材料。

三、乳胶漆的特点

关于乳胶漆的节点工艺，还需要设计师了解的是，腻子层的平整度直接影响涂料的饰面效果，所以，涂料饰面的关键在于腻子层的施工质量。而为了保证施工质量，在腻子层的阴阳角处，通常会采用收边条收边，并通过石膏打磨（图 8-21）。从材料本身来拆解，乳胶漆主要分为底漆和面漆。很多涂料也是这样分的，与胶粘剂有 A 组分和 B 组分一样，在常规情况下，底漆和面漆的功效各不相同，其具体区别如图 8-22 所示。

乳胶漆具有如下特点：

（1）干燥速度快。在 25°C 时，30 分钟内表面即可干燥，120 分钟左右可以完全干燥。

（2）耐碱性好。涂于呈碱性的新抹灰的天棚及混凝土墙面不返粘，不易变色。

（3）色彩丰富。漆膜坚硬，表面平整无光，观感舒适，色彩明快而柔和。颜色附着力强，配色丰富，几乎可以配出任意颜色。

（4）可在刚施工完的湿墙面上施工。允许湿度可达 8%~10%，而且不影响水泥继续干燥，这一点是很多艺术涂料无法做到的。

（5）无毒。即使在通风条件差的房间里施工，也不会给施工工人带来危害。

（6）施工方便。可以刷涂，也可辊涂、喷涂、抹涂、刮涂等，施工工具可以用水清洗。

（7）保色性、耐候性好。大多数外墙乳胶白漆不容易泛黄，耐候性可达 10 年以上（这个数据由厂家提供，不具有普遍意义）。

当然，以上提到的这些特点只针对优质的大品牌油漆，如多乐士高端系列、都芳、立邦，一些贴牌的劣质漆不一定具备这些特点。

乳胶漆的单位是桶，常见的规格是 1L、5L、8L、15L，乳胶漆有底漆和面漆之分，在常规情况下，一般是两桶面漆配一桶底漆最合适。

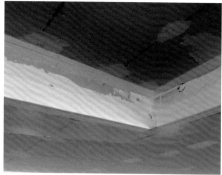

图 8-20　　　　　　　　　　　　　　图 8-21

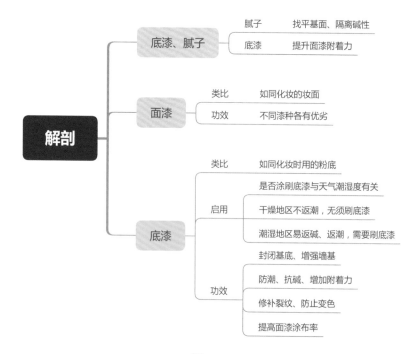

图 8-22

图 8-23

图 8-24

四、四种常见的乳胶漆

从类别上来看，乳胶漆分为外墙乳胶漆和内墙乳胶漆，对于外墙乳胶漆，室内设计师涉及较少，下面介绍几种常见的内墙乳胶漆。

1. 高光漆
高光漆（图 8-23）的特点是耐洗刷、涂膜耐久、不易剥落、遮盖力强、光亮如瓷、坚固、美观，另外，它还具有很强的防霉抗菌性能，是较为理想的内墙装饰材料。但是，这种漆面反光性太强，与当下流行的极简、冷淡风格不符。

2. 有光漆
有光漆（图 8-24）的漆膜坚韧、附着力强、干燥快、色泽纯正、光泽柔和、防霉、防水、遮盖力高，是比较常用的乳胶漆类别。

3. 丝光漆
丝光漆（图 8-25）具有优良的防水、耐碱性能，涂膜可洗刷，光泽持久、平整光滑、质感细腻、遮盖力高、附着力强，其极佳的抗菌及防霉性使它适用于医院、学校、宾馆、写字楼、饭店、民居等场所。

图 8-25

4. 亚光漆
亚光漆（图 8-26）又可分为半亚光和亚光两个种类，两者的区别顾名思义，主要在光泽度上。这种油漆安全、环保、施工方便、流平性好、无毒、无味，并且具有较高的遮盖力、良好的耐洗刷性和耐碱性，适用于工矿企业、学校、安居工程、民用住房。它也是当下最主流的内墙乳胶漆涂料，我们能看到的大多数"网红"建筑案例，几乎都用这种亚光乳胶漆。

图 8-26

五、什么是涂布率

关于涂料的知识中，涂布率这个概念设计师一定要了解。简单来说，涂布率就是一桶涂料在保证密度的情况下，能涂在多大面积的载体上。因为涂布率与采用的施工手段、材料品牌、涂料配比都有关系，所以没有一个固定的数据。因此，只能以个人的经验取一个参考值（图 8-27），便于计算和控制成本，仅供参考。

六、乳胶漆标准工艺流程

乳胶漆的标准流程有基层处理、腻子打磨、底漆封闭、刷罩面漆。看上去简单的 4 步，学问很多，下面以石膏板墙体为例来分开拆解（虽然是以石膏板隔墙为例，但具体工艺、工法相差不大，所以其他构造也可参照该流程）。

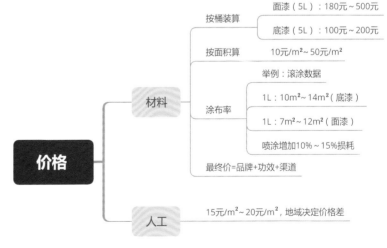

图 8-27

1. 基层处理

（1）基层清理

清理墙面的灰尘、黏附物，检查钉头是否高出纸面，墙面是否平整（图 8-28）。

（2）钉眼、拼缝处理

用防锈漆或者水泥修补石膏板上自攻螺丝的钉眼，补眼时要饱满、平整（图 8-29）。

（3）装护角条、贴绷带

为保证阴阳角挺拔，会在墙（顶）面的阴阳角处采用护角条对其加固，防止后期磕碰损坏。护角条采用粘接剂固定，并通过腻子批嵌。腻子干透后，采用石膏板专用纸绷带补缝，均匀涂刷白乳胶后粘贴纸带，纸带不得起皱和空鼓（图 8-30）。

2. 腻子打磨

待阴阳角的纸带干透后，采用成品腻子对墙面进行满批嵌平处理，一般腻子层是分批涂 3 遍，依靠阴阳角，使用刮尺进行刮平。若墙面过大，可先根据完成面线进行冲筋。若墙面批嵌过厚，可先用粉刷石膏进行打底批嵌，防止墙面因批嵌滑石粉或腻子过厚而开裂（图 8-31）。同时注意，每一次批刮腻子层的厚度不应大于 2mm，否则后期容易起皮脱落。

当第一遍满刮腻子初凝后，用砂纸进行初次打磨（图 8-32），8 小时后进行二次打磨，直至保证墙面平整不毛糙（图 8-33）。基层用的腻子应与后期使用的涂料性能配套，坚实牢固，不得粉化、起皮、裂纹，卫生间等潮湿处需要使用耐水腻子。打磨后，检查阴阳角是否方正，墙面平整度、垂直度是否符合规范要求（图 8-34），边角收口是否打磨到位，是否存在铁板印、波浪痕。腻子的工艺和墙面抹灰极其相似，只是腻子比水泥砂浆抹灰更加细腻，而且平整度更好，所以，一些工艺做法和把控要点可以参考抹灰知识。

3. 底漆封闭

腻子层验收完毕后，即可进行底漆的涂刷

（图 8-35），从工艺构造来看，乳胶漆的涂刷主要分为一底两面、两底两面、三底两面三种情况。一底两面是多数装饰公司的做法，两底两面是比较理想的做法，三底两面是最稳妥的做法。

常规情况下，底漆按 1∶1 添加清水，进行稀释，同时搅拌均匀，无气泡后，即可开始涂刷。而在乳胶漆的涂刷过程中，有三种方式是最常见的，分别是涂刷、滚涂和喷涂（图 8-36）。这三者的优劣对比与施工流程的对比如图 8-37 所示。

底漆干后，对细部发现的破损和瑕疵进行修补，然后用细砂纸将风干的涂饰面进行磨光，打磨光滑平整，注意不能磨透漆膜。

4. 刷罩面漆

底漆做完后，开始涂刷第一遍面漆，采用与底漆同样的涂刷方式，2～4 小时后检测墙面，对有缺陷处进行修补清扫，再涂刷第二遍即可。

面漆完工后，须做好其他面层材料的成品保护，防止交叉污染。成品乳胶漆墙面阳角用护角条进行保护，防止磕碰损伤（图 8-38）。常规情况下，乳胶漆饰面需至少 10～15

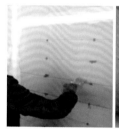

图 8-28　石膏板墙面清理　　　　　　　　图 8-29

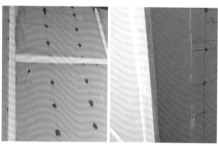

图 8-30　　　　　　　　　　　图 8-31　石膏冲筋和批
　　　　　　　　　　　　　　　　　　嵌处理

图 8-32　　　　　　　图 8-33　　　　图 8-34　平整度验
　　　　　　　　　　　　　　　　　　　　　收现场

天的干燥硬化后，才可达到最佳状态。当然，在干燥的过程中并不是不能使用空间，只是乳胶漆未彻底干燥硬化就被磕碰的话，留下的痕迹会与周边的色彩差异很大，不容易修补。所以，完工后的成品保护很重要。

七、乳胶漆饰面常见的问题

1. 工人说墙面不需要刷底漆也能保证面漆质量

设计师在现场要求工人刷乳胶漆底漆时，应该听到过这样的答复："我从来就没用过底漆，放心，不会有问题的。"那么，到底该相信现场工人的经验之谈，还是相信有经验的设计师的建议呢？这要从底漆的作用说起。早期，装饰项目中的乳胶漆是不分底漆、面漆的，都是刮完腻子后，直接涂刷乳胶漆，后来工艺上有了改进，开始有了底漆这一层过渡（图8-39）。其作用主要如下：

（1）加强腻子与面漆的附着力

它可以渗透到基础的毛细孔内部，形成爪形，深深嵌入基层，与基层形成牢固的黏着力，同时与面漆紧密结合，起到承上启下的作用。

（2）封闭基层的毛细孔

防止水泥中的碱分渗透出来，导致面漆返碱（即通常所说的"发花"），也能减少面漆的使用量。

（3）提供一定的遮盖力

使表面看起来更白，更能遮住底层的颜色。就像化妆前要先打粉底，妆面才可以牢固一样，涂刷墙面漆前使用底漆，它的特殊功能就可以全面配合面漆，提升表现力，令涂布效果更好，达到事半功倍的效果。

从上面的描述来看，底漆和腻子的作用好像差别不大。其实不然，腻子层的作用是找平墙面，隔离水泥的弱碱性，为刷漆提供良好的条件，而底漆的作用是隔离腻子层，提高面漆的附着力和寿命。既然底漆和腻子的用途区别那么大，那为什么行业内还有很多设计师和工人认为不需要涂刷底漆呢？其实，这与"南胶合、北大芯"的情况一样，到底用不用底漆的主要分歧在于，当地气候是否常年干燥。如内蒙古、陕西、北京等内陆地区，常年气候干燥，返碱、发霉、腐蚀漆面的概率比较小（除非防水未做好发生渗水），所以，很多设计师认为直接涂刷面漆即可，因为的确很少出现返碱的情况。而反观我国南方地区，尤其是沿海地区，常年湿度都比较高，"梅雨天""回南天""黄梅天"年年都要来，所以在南方城市，一底两面是标准配置，否则，发霉、返碱的情况必然会发生。由此可以得出一个简单的结论：刷底漆一定比不刷底漆要好得多。而且，目前市面上的品牌底漆价格适中，一大桶大多不超过200元，花很少的钱就可以有效防止后期出现质量问题。

2. 需要的油漆量应该怎样计算

前文介绍过涂布率这个概念。由于乳胶漆的品牌、漆种、施工方式不同，其涂布率肯定也有所不同。所以，一般在选购油漆时，厂家都会给出该品牌的详细涂布率计算参照表，设计师只需要按照表格的参照值选择即可。但是，即使是大概的计算，各个装饰公司给出的标准也不一样，计算方式更不同。本文介绍一个参考值：在工装领域，做概预算时，一般按照1L底漆刷10~14m²，1L面漆刷7~12m²的面积来计算。这是部分用料量，将各部分装修用料量乘以各自单价后逐个累加，就得出了装修工程的总材料费用。

图8-35 滚涂的方式

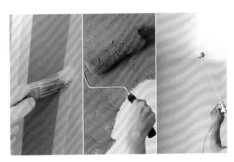

图8-36

施工方式			
涂刷	优势	省材料、可精细涂抹任何基面	
	劣势	费人工、效率低	
	流程	基体处理、底漆封闭、涂刷面漆、清理场地	
滚涂	优势	速度快、效率高、最常用	
	劣势	只适用于大平面涂刷，不合适异形墙面	
	流程	基体处理、底漆封闭、涂刷面漆、清理场地	
喷涂	优势	施工快、工期短、饱满平整、表面差异小	
	劣势	材料损耗大、后期难修补、损耗增加10%~15%	
	流程	遮蔽现场、设备喷涂、清理现场、修整边角	

图8-37

图8-38

3. 使用乳胶漆饰面时，常见的质量问题有哪些？

考虑任何材料的质量通病时，都可以使用"功夫菜"模型进行全局思考。

（1）产生裂纹（开裂）

①成因分析

由季节原因引发的开裂称为正常开裂，多见于天花线、门框的接缝等处。由施工方法不当造成的开裂则属于不正常开裂。如腻子层与基体的接缝未处理，底层腻子粘接差，底漆面漆涂刷间隔小于两小时，施工环境温度低于10℃，腻子抹得太厚，超过50mm等原因，必然会引起裂纹或开裂（图8-40）。

②解决办法

这种情况下，需要铲掉涂料和基底材料，重新涂刷。同时，涂刷的时候要注意材料的质量，基体之间的抗开裂处理，施工间隔和施工环境等要素，避免再次出现质量问题。

（2）变色及褪色

①成因分析

造成漆面变色、褪色、泛黄（图8-41）的原因有多种，如日照时间长，墙体温度过高，基体潮湿返碱。返碱的问题，有的是因为墙体内含碱值太高，有的则是施工不当造成的。还有在通风条件较差的环境下，空气与乳胶漆的成分发生化学反应，也会导致墙面泛黄等问题。

②解决办法

针对不同的原因要考虑各自的解决办法。最常见的方法是不要同时使用乳胶漆和聚氨酯油漆，还要控制墙面的湿度，避免长期的不均匀日照。

（3）起皮及剥落

①成因分析

墙内的潮气使漆膜脱离墙面，会造成起皮剥落的现象（图8-42）。另外，因为基层处理不当，如有不干净的油渍，使用木基层刮腻子等情况也会造成起皮脱落。

②解决办法

如果是因为潮气使墙面起皮脱落，除了除

湿外，建议用耐久性强，且防水的弹性腻子对墙面做预处理，然后再按常规涂刷，就可以避免起皮和脱落。如果是因为基层处理不当造成的，从工艺节点和认真清理基层两方面把控即可。

（4）流挂现象

①成因分析

涂料黏度过低，涂层太厚，或者涂刷方法不对，比如，滚涂的时候是不能横向滚涂的，很容易出现流挂现象（图8-43）。

②解决办法

提高涂料的浓度，避免每次的涂层过厚，待漆膜干燥后用细砂纸打磨，清理饰面后再涂刷一遍。

（5）干燥后出现刷痕

①成因分析

使用了劣质乳胶漆，或二次刷涂、滚涂部分干燥的涂装区域使用了不适当的滚筒或劣质刷子，造成乳胶漆涂刷后，墙面出现非常明显的刷痕（图8-44）。

②解决办法

使用高质量的乳胶漆，它们通常含有可提高流平性的成分，因此，刷痕和辊印会容易"流开"并形成平滑漆膜。或使用滚筒时，确保滚筒的毛长符合所用油漆类型的要求。使用高质量刷子很重要，劣质刷子对任何涂料都会造成流动，流平性不佳。

（6）露出底色

①成因分析

使用了劣质乳胶漆或使用了不适当的调色基础漆或色浆。也有可能是因为加水稀释的比例大于10%，乳胶漆浓度太低，导致干燥后乳胶漆没有覆盖住基层，露出底色（图8-45）。

②解决办法

保证乳胶漆的质量，增加涂刷次数以及减少清水稀释的比例，提高乳胶漆的浓度。

4. 如何判断乳胶漆的优劣

这是设计师最常遇到的问题，对家装设计师来说尤为重要。检测方法由难到易依次是检测甲醛含量、检测遮盖力、检测散发

气味。除了检测气味之外，前面两种属性都很难检测出来。所以，想买到优质乳胶漆，最简单的方法就是买大品牌的优质涂料，不买低于市场价很多的涂料。因为，凡是低于市场价很多的涂料，要么是以次充好的贴牌产品，要么是偷工减料，起不到遮罩作用的产品。

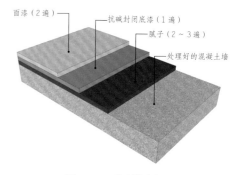

图8-39　乳胶漆分解图

面漆（2遍）　抗碱封闭底漆（1遍）　腻子（2～3遍）　处理好的混凝土墙

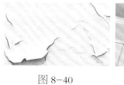

图8-40　　　　　　　图8-41

图8-42　　　　　　　图8-43

图8-44　　　　　　　图8-45

第三讲 | 艺术涂料

关键词：艺术涂料，马来漆，壁纸漆
导读：理解了乳胶漆的框架后，关于建筑涂料的重要知识就已经掌握了一半了，至此，我们不仅构建起了关于建筑涂料的整体框架，更了解了"建筑涂料之王"——乳胶漆的材料知识、工艺做法和质量通病。这一讲将介绍艺术涂料。

一、艺术涂料是什么

提到艺术涂料，大家一定会想到一些美观的墙面纹理和其突出的质感，如图8-46、图8-47所示的这类画面。从美观度上来看，艺术涂料与壁纸相差无几，而且更加自然、大胆、富有个性，其丰富的肌理和图案表现可以满足设计师们各种艺术风格的表现，目前已经被越来越多的设计大师应用于室内乃至建筑设计领域。未来，在这些领域还会有更多创新的涂料出现。

近年来，艺术涂料的使用量快速增长，品类也越来越多，原因是艺术涂料把传统乳胶漆的单色时代带进了个性化的质感、纹理及色彩涂装的新时代，而且还克服了墙纸有接缝、易翘边、寿命短及不易个性化定制的缺点，迎合了设计师求新、求变以及定制的需求。

艺术涂料只是一个宽泛的叫法，在业界，艺术涂料的定义有一个公认的说法：表面涂层低于3mm厚，并能做出视觉效果的涂料就是艺术涂料（图8-48），如设计师常见的金属漆、马来漆、浮雕漆等。下面介绍艺术涂料的特点、常见艺术涂料的类别和两种比较典型的艺术涂料的应用。

二、艺术涂料的特点

广义上说，艺术涂料是一种新型的墙面装饰艺术漆，是以各种高品质的具有艺术表现功能的涂料为材料，结合一些特殊工具和施工工艺（图8-49），制造出各种纹理图案的装饰材料。艺术涂料与传统涂料最大的区别在于，艺术涂料质感肌理的表现

力更强，甚至可直接涂于墙面，产生粗糙或细腻的立体艺术效果。另外，可通过不同的施工工艺和技巧，制作出更为丰富和独特的装饰效果，艺术涂料集乳胶漆和墙纸的优点于一体，其具体特点如下。

（1）艺术涂料是水性涂料，所以，它具有水性涂料的所有优缺点——无毒、环保，但耐磨程度低。

（2）与墙纸相比，艺术涂料内外墙通用，而墙纸仅能在内墙使用。同时，艺术涂料可任意调配色彩，也可以自己动手涂刷出图案，图案有层次感和立体感，装饰效果好。最重要的是，与壁纸相比，艺术涂料效果自然，可以做到无缝效果，因此，又被称为"液体壁纸"。

（3）正常状态下，艺术涂料性能稳定、不起皮、不开裂、不变黄、不褪色、易清理、品质优异，能使用10年以上。

（4）艺术涂料能防止墙面滋生霉菌，安全卫生，并且易于清理，方便二次装修。

（5）艺术涂料在光线下会产生不同的效果。

三、艺术涂料的类别

艺术涂料既然是一种泛称，那么，必然有各种各样的品类。不同品牌、不同地区对

图 8-46

图 8-47

图 8-48

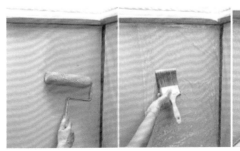

图 8-49

艺术涂料品类的叫法各不相同，下面根据风格的不同，介绍几种最普遍，也被各个厂家所熟知的品类，主要有真石漆（仿大理石漆）、板岩漆、壁纸漆（液体壁纸）、浮雕漆、幻影漆、肌理漆、金属金箔漆、裂纹漆、马来漆、砂岩漆。

1. 真石漆

真石漆（图 8-50）是一种装饰效果酷似大理石、花岗岩的涂料，主要采用各种颜色的天然石粉配制而成。这种涂料在室内用量相对户外使用量较小，后文会单独介绍。

2. 板岩漆

板岩漆（图 8-51）采用了独特材料，其色彩鲜明，具有板岩石的质感，可创作出艺术造型。通过艺术施工的手法，板岩漆能呈现各类自然岩石的装饰效果，具有天然石材的表现力，同时又具有保温、降噪的特性。

3. 壁纸漆

壁纸漆（图 8-52）也被称为"液体壁纸"或印花涂料，是一种新型水性内墙装饰涂料。

4. 浮雕漆

浮雕漆（图 8-53）是一种质感逼真的彩色墙面涂装艺术涂料，装饰后的墙面可以呈现出浮雕般的效果，所以被称为浮雕漆。

5. 幻影漆

幻影漆（图 8-54）是通过专用漆刷和特殊工艺，制造各种纹理效果的特种水性涂料。幻影漆名副其实，能使墙面变得如影如幻。

6. 肌理漆

可以做出肌理效果（图 8-55），使用肌理漆装饰的墙面具有肌肤般的触感。

7. 金属金箔漆

金属金箔漆（图 8-56）是由高分子乳液、纳米金属光材料、纳米助剂等优质原材料，采用高科技生产技术合成的新产品，适用于各种内外场所的装修，它具有金箔闪闪发光的效果，给人一种金碧辉煌的感觉。金属金箔漆和金属漆是不同的概念，真正意义上的金属漆是涂刷在金属表面的油漆，如氟碳漆等。

8. 裂纹漆

裂纹漆（图 8-57）是用硝化棉、颜料、有机溶剂、裂纹漆辅助剂等研磨调制而成的，有各种颜色。

9. 马来漆

马来漆（图 8-58）又被称为威尼斯灰泥，是一类由凹凸棒土、丙烯酸乳液等混合而成的浆状涂料，它通过各类批刮工具在墙面上批刮操作，可产生各种纹理。

图 8-50　真石漆

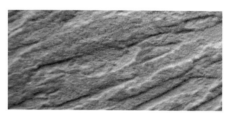
图 8-51　板岩漆

图 8-52　壁纸漆

图 8-53　浮雕漆

图 8-54　幻影漆

图 8-55　肌理漆

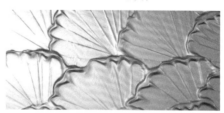
图 8-56　金属金箔漆

图 8-57　裂纹漆

图 8-58　马来漆

图 8-59　砂岩漆

10. 砂岩漆

砂岩漆（图 8-59）一般又被称为仿石漆，是一种仿真石材的建筑涂料。砂岩漆以天然骨材、石英砂为主料，由耐候性佳的粘接剂和各种助剂、溶剂组成的中间层，以及抗碱封底漆和罩面漆共同组成。

常见的艺术涂料种类众多，每一种艺术涂料的种类都对应着不同的工艺做法，而且价格也各不相同，不能一概而论。但究其本质，从节点层面来看是不变的，完成面厚度基本上可以控制在 30mm 以内。从工艺做法上看，其主要步骤与乳胶漆类似，会有些许差别，但总体来说，可参照乳胶漆的把控要点，这里不再赘述。市面上大多数艺术涂料的价格区别比较大，每平方米从 100 元到上千元不等。

四、两种常见的艺术涂料

1. 马来漆

马来漆（图 8-60）是一种新型墙面艺术漆，漆面光洁，有石质效果，花纹讲究，若隐若现，有立体感。其花纹可细分为冰菱纹、水波纹、碎纹纹、大刀石纹等，均以朦胧感为特点。马来漆的艺术效果明显，质感和手感滑润，是新兴艺术涂料的代表。

马来漆表面的漆膜具有一定的强度和硬度，所以在使用维护过程中，很少出现破损、开裂、深度划伤等问题。但在施工过程中，尖锐器具剐蹭，重物撞击墙面的情况较多，容易造成其表面的乳胶漆类污染、油漆类污染、划伤，墙体阳角破碎，踢角线与墙体结合处开裂等问题。

马来漆附着力较强，但墙面基层的强度和种类也会影响漆料的质量。在使用前，用目测、敲打的方式检查一下，只要墙面基层不掉粉、没有空鼓和起层开裂的现象就可以刮腻子使用。其特点如下：

（1）需要独特的施工手法和蜡面工艺处理，具有特殊肌理效果和立体釉面效果，手感细腻，有如玉石般的质地和纹理。

（2）易操作，可大面积施工，有一定的防污功能，易清理。

（3）在使用的过程中不会褪色、不起皮、不开裂、耐酸、耐碱、耐擦洗。

（4）绿色环保，不会造成环境污染。

马来漆饰面的质量好坏以及设计是否美观，很大程度上取决于施工工人的操作手法。因此，从施工工艺的角度来对马来漆进行分类，可分为随意的大刀纹漆（图 8-61）、规整的叠影纹理漆、批金马来漆（图 8-62）、金银线马来漆（图 8-63）、幻影马来漆（图 8-64）等。从后期的质量来看，马来漆随着时间推移会略有褪色，所以，建议使用马来漆时，设计的色彩稍微深一些。

如图 8-65 所示，马来漆的涂刷和其他艺术涂料有一定区别，主要是在基层处理好之后，要用专用的批刀一刀一刀地在墙面上批刮，一般通过 3 层的批刮可以达到最终的饰面效果。

图 8-60

图 8-61 大刀纹　　图 8-62 批金马来漆

图 8-63 金银线马来漆　　图 8-64 幻影马来漆

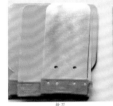

图 8-65

图 8-66

2. 壁纸漆

壁纸漆也被称为液体壁纸，是集壁纸和乳胶漆优点于一身的环保型涂料，可根据装修者的意愿营造不同的视觉效果（图 8-66），既克服了乳胶漆色彩单一、无层次感的缺陷，也避免了壁纸容易变色、翘边、有接口等缺点，具备环保健康、色彩丰富、图案多样、装饰个性化等特点。在设计项目，尤其是家装空间中，环保的要求越来越高，所以，很多设计师在空间中采用环保涂料来代替需要用胶粘剂粘贴的壁纸（图 8-67），因为只要是用在室内的胶水，几乎都是含有甲醛的。

壁纸漆的主要特点有施工周期短、可高度定制化、色彩与光泽度选择大、色彩丰富、纹样繁多、耐潮、耐水，但相对于壁纸来说，造价略高、不耐污、不耐刮、难修复、对基层的平整度要求高。其具体的节点做法与施工工艺和乳胶漆相似，但从形态上来说，它的涂料类型又可分为溶剂型和干粉型，干粉型的涂料做出的效果相对较好。

图 8-67

第四讲 ｜ 硅藻泥

关键词：硅藻泥，概念解释，数据分析

一、硅藻泥的特点和使用方法

提到硅藻泥，设计师一定不会陌生（图8-68）。硅藻土是硅藻这种生物死后留下的二氧化硅残骸，沙子、石英石的主要成分也是二氧化硅，而硅藻泥就是由硅藻土、成膜物质、特种颜料、助剂等材料混合而成的内墙环保装饰壁材。硅藻泥本身没有任何污染，在硅藻泥的施工过程中没有味道，图案可随意定制，后期修补也比较方便，这是乳胶漆等传统涂料无法比拟的，其主要特点如下。

1. 防火阻燃

硅藻泥是由无机材料组成的"泥巴"，不燃烧，即使发生火灾，也不会产生任何对人体有害的烟雾。

2. 呼吸调湿

随着不同季节的环境、空气、温度的变化，硅藻泥可以吸收或释放水分，起到调节室内空气湿度的作用，使湿度相对平衡，所以，很多展会上，在硅藻泥的展区，厂家会用小水壶向墙上洒水，展示硅藻泥的吸水性。也因为这个特点，在日本，硅藻泥的主要成分——硅藻土更多地被用来做吸湿脚垫（图8-69）、雨伞架等快速吸湿产品，这也是硅藻土主要的应用领域之一。虽然硅藻泥墙面能起到呼吸调湿的作用，但是效果很微弱，达不到一些厂家宣传的可以"调节室内湿度"的程度。

3. 吸音降噪

与传统涂料相比，硅藻泥自身的多孔结构使其具有一定的降低噪声的功能。

4. 保温隔热

硅藻泥的主要成分是硅藻土，它的热传导率很低，本身是理想的保温隔热材料，根据产品行业内提供的数据，其隔热效果是同等厚度水泥砂浆的6倍。

5. 不沾灰尘

硅藻泥不含任何重金属，不产生静电，浮尘不易附着，墙面永久清洁。

因为与传统涂料相比的这5大特点，硅藻泥在几年的时间内迅速被设计师和消费者熟知，成为对环保要求极高的中高端住宅墙面的理想装饰材料，尤其经常出现在一些有展示意义的墙面上（图8-70）。当然，由于其具有不同于传统墙面涂料的优势，它的价格也相对较高，而且施工难度也比较大，市场上包工包料的均价每平方米在200~600元之间。通常，具有1~2年相关经验的工人才能独立完成硅藻泥施工，而且，图案越复杂、花色越多，施工的程序就越多，价格也越高。

同为涂料，单从图纸表达和节点做法上来看，任何艺术涂料与乳胶漆的做法基本都没有太大区别，只要给它们提供一个平整的腻子基面，剩下的就是根据不同饰面效果采用不同的涂抹方式而已。因此，任何建筑涂料的节点图纸表达和构造做法都可以参考乳胶漆的通用节点，这里不再赘述。

图 8-68

图 8-69　　　　　　　　　　　图 8-70

二、硅藻泥的分类

根据硅藻泥表面涂抹的装饰效果和涂抹工艺（图 8-71），它至少可以分为 4 大类别。

1. 表面质感型硅藻泥

这种硅藻泥含有一定的粗骨料，抹平后会形成较为粗糙的质感表面（图 8-72），适用于大面积装修，效果质朴大方，酒店房间及家居住宅等均适用。

2. 表面肌理型硅藻泥

这种硅藻泥含有一定的粗骨料，用特殊的工具制作成一定的肌理图案，如布纹（图 8-73）、祥云等，可用于家庭客厅背景墙、卧室背景墙以及酒店会所等高档场所。

3. 艺术型硅藻泥

这种类型的硅藻泥是用细质硅藻泥找平基底，制作出图案、文字、花草等模板（图 8-74），再在基底上用不同颜色的细质硅藻泥做出图案。当然，也可以利用颜料采用手绘法在墙面作画，或将硅藻泥与颜料直接调和，在平整的硅藻泥基底上堆砌作画。这种壁材装饰的文化气氛很浓，具有很高的品质，可用于会所、客厅等场所。

4. 印花型硅藻泥

这种硅藻泥是在做好基底的基础上，采用丝网印出各种图案和花色（图 8-75），类似壁纸装饰，可以用在房间的各个地方。

硅藻泥适用范围很广泛，几乎任何室内空间都适用，但是，有两类空间要尽量少用硅藻泥材料：一是直接受水浸淋的地方，如卫生间、室内水景墙，因为它毕竟是"泥巴"，经不起水的长时间侵蚀；二是人流量大的公共空间，因为硅藻泥墙面弄脏后不宜清洗，需要二次修复。

三、硅藻泥真的环保吗

关于硅藻泥到底是不是环保的、能不能净化空气，在设计圈内众说纷纭。提到环保，大家首先会想到甲醛，很多设计师都听说过"硅藻泥可以分解室内甲醛、净化室内空气"这种说法。到底是不是环保，首先要看国家是怎样认定环保的。从 2013 年出台的《硅藻泥装饰壁材》JC/2177—2013 来看，除了甲醛外，环保还有其他检测指标，而规范中很清楚地规定，在硅藻泥出厂前，一定要满足所有有害物质的检测结果都小于检出限值的要求。这些检测项目与乳胶漆相同，没有太多变化。而能够按照《硅藻泥装饰壁材》JC/2177—2013 这个标准出具检测报告的硅藻泥厂家，报告都是合格的，因此，我们可以认为这些厂家出具的硅藻泥产品是环保的合格产品，其本身对人体是无害的。

虽然硅藻泥产品本身是环保的，但很多厂家在介绍硅藻泥时，设计师都会被一个概念打动——硅藻泥是"分子筛"结构，可以吸收和净化空气中的甲醛，使空气更清晰，无异味。这样看来，硅藻泥完美地解决了甲醛问题，但是，这种说法忽略了"空间中甲醛的释放是长期的，而能被吸收的量是很有限的"这个基本事实。硅藻泥的确有吸收空气中甲醛等分

子的效果，但是，即使其孔状结构很密集，硅藻泥墙面的体积有限，也不会像吸尘器一样强力吸附空气中的甲醛分子，只有靠近墙面的一点被吸收而已。而且，当硅藻泥中的甲醛分子在硅藻泥的孔洞中堆砌满后，如果不能及时催化，随着时间的推移和温度的变化，它会慢慢地将吸进去的甲醛"吐"出来。

有厂家宣称硅藻泥可以分解甲醛，净化率能达到 80%，但到底能不能净化空间中 80% 的甲醛呢？其实，80% 的净化率也是有实验数据支撑的，但首先这是实验室数据，而且实验场景是这样的：两个 $1m^3$ 的试验舱，由厚度为 8mm ～ 10mm 的玻璃制造，试验舱内壁尺寸为 1250mm×800mm×1000mm，

图 8-71

图 8-72　　　　　图 8-73

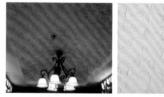

图 8-74　　　　　图 8-75

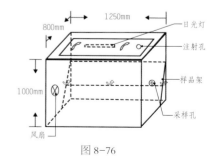

图 8-76

其中一个为放置测试样品的样品舱，另一个为放置空白玻璃板的对比舱，舱接缝处采用密封胶处理，采气口为试验舱侧壁中心点，试验舱内顶部中心位置放置 30W 日光灯 1 支，用于对需要光照的光催化类材料进行测试，试验舱内左侧中心位置放置一个功率为 15W 的风扇，让舱内空气可以均匀分布。试验舱长度方向放置 4 个不锈钢样品架（钢管外径为 5mm），用于放置样品板，而且可以使样板与舱壁成 30°，样板距离舱底部 300mm。试验舱示意图如图 8-76 所示。

由此可知，试验舱甲醛的含量是一定的，试验是将刷了硅藻泥的样品放进去之后，再对比前后的甲醛量，而在这个过程中，要保持日光灯的照射。这里涉及了 TiO_2 光催化剂作用原理，简单来说，有效成分是二氧化钛类的光催化剂，需要很强的紫外光照射才能发挥催化作用，而人眼看不到 380nm 波长的紫外光，它会对视力有损伤，所以，灯光研发工程师会极力避免这种紫外光在人造光源里产生，因此，几乎不可能靠家里的灯光放出的紫外光来催化。当然，这种波长的紫外线，阳光里面有，照度很强的日光灯里面也有，但是，在室内空间中很难利用这些光照来催化硅藻泥中的甲醛，进而达到分解的目的，因为在普通场景下，在硅藻泥墙面上一直开着非常强的日光灯照射不容易实现。

简而言之，有些材料商鼓吹的硅藻泥能分解甲醛的功能从严格意义上来说的确是存在的，但是，达到使用硅藻泥分解甲醛的条件比较苛刻，需要足够的紫外线照射以及足够多的硅藻泥饰面量，因此，对常规的室内空间来说，硅藻泥起到的净化空气的作用微乎其微，基本可以忽略这个噱头。

所以，如果在空间中使用硅藻泥的理由只是听说硅藻泥可以分解甲醛、净化空气，就完全没有必要了，因为它的价格的确比同类型的艺术涂料高出很多。但是，如果是欣赏硅藻泥的特殊质感、纹理和自然的气息，还是可以使用硅藻泥作为饰面材料的。

四、小结

（1）硅藻泥是一种美观、环保且适用范围广泛的内墙涂料，从成分来说，它由硅藻土和石膏等组成，自身不释放甲醛、苯等有害物质，可以放心使用。

（2）从节点构造和施工工艺上来看，硅藻泥与乳胶漆、艺术涂料没有实质性的差别，对设计师来说，了解了乳胶漆的特点和注意事项就等于了解了主流涂料的构造做法和质量通病。

（3）硅藻泥的吸湿和分解甲醛的功能从严格意义上来说，的确是存在的，但是，也只是起到轻微调节潮湿度的效果，绝对没有部分商家吹嘘的"有效调节室内湿度"这么强大，而吸收和分解甲醛这个功能就更加被商业化了，因此，因为吸收、分解甲醛的功能而采用硅藻泥来代替其他涂料或者壁纸作为饰面是不明智的选择，毕竟价格高出太多。

（4）本书前文曾提到，室内空间的甲醛来源主要是胶粘剂，所以，使用大量胶粘剂的劣质人造板材是室内甲醛的主要来源，其释放的甲醛量是涂料和壁纸的很多倍，因此，从环保角度出发，控制甲醛主要是要控制板材量，而非涂料。

第五讲 ｜ 书写墙

关键词：概念解释，材料对比，施工流程
导读：本文将解决下列问题：直接在墙面上书写有哪些优势？黑色系的书写墙有哪些落地方法？都适用于什么样的空间？白色系的书写墙有哪些落地方法？应该注意哪些要点？

一、以墙为纸

做过商业空间设计的设计师一定听业主提过这样的要求："我想要在墙面上随意涂涂写写，方便开会，也方便大家平时涂鸦，给空间增添一些趣味性（图 8-77）。"在家装空间中，黑板墙在"网红"案例中的出镜率也越来越高（图 8-78），它集合了可以随性涂鸦、提高装饰性、满足孩子好奇心、加强家庭成员互动等优点于一身。可以说，近年来，无论是在工装空间还是家装空间中，直接在墙面涂写、绘画的设计越来越多了。

为什么会出现这样的情况呢？原因很简单，在墙面绘画本身就是人类记录和表达的方式，远到古代的壁画，近到街头的涂鸦，都是绘画的形式。当我们面对无限大的"画板"时，创意能随意挥洒，不受图幅的限制，更容易思如泉涌，迸发灵感。

如在开会时，我们对着整面可用来随意涂写的墙体，可以尽情地进行头脑风暴，并将观点呈现出来，而如果在同样的场景下，涂写空间只局限于一张 A4 纸，那么思路一定会受到影响。这也是设计师在创意构思时，总喜欢在一张大大的桌子上来回勾画的原因所在。

所以，本文介绍除了满足常规的美化空间和基体保护的功能外，涂料是如何将整面墙变成一张张用于书写的"纸"的。接下来介绍将墙体变为"纸"的方案。

二、黑色系书写墙面实现方法

1. 黑板漆

提到黑色系的书写墙面，多数设计师想到的就是通过黑板漆来实现（图 8-79）。黑板漆是一种类似乳胶漆的涂料，工艺节点及施工工序与乳胶漆类似，都是在已经打磨好的腻子层上封闭底漆，并涂刷黑板漆罩面。黑板漆最大的优点是可以随心所欲地做造型，圆形、方形、异形都可以，也容易融入各种设计风格的空间中，包括近年来流行的极简主义。黑板漆成膜后，涂膜层很坚硬，可以用无尘粉笔在上面随意涂鸦，类似课堂上使用的黑板，非常适合用于亲子空间或者创意互动的场景。

黑板漆对基层的平整度要求特别高（图 8-80），需要对现场环境做好保护，要求底部平整，无起灰。基层平整度好，黑板漆呈现出的效果就会非常好，再搭配手绘的涂鸦，有别样的装饰效果。从类型上来说，黑板漆主要分为"带磁性"和"不带磁性"这两种类别，带磁性的黑板漆性能优于不带磁性的黑板漆。

以最常规的腻子基体和水性磁漆为例，黑板漆的施工流程如下。
（1）清理基面粉尘、油污，保证基面平整，无脱落，无松动（如果基面有破损、裂缝等，先用补墙膏修补，并且打磨平整）（图 8-81）。
（2）在墙体需要涂刷部位的四周贴美纹纸，避免涂刷过界（图 8-82）。
（3）水性磁漆使用前务必搅拌均匀（图 8-83）。

图 8-77

图 8-78

图 8-79

（4）用刷子蘸取磁性漆均匀涂刷于墙面，建议涂刷两遍以上，每遍间隔3小时左右（图8-84）。

（5）水性磁漆干后，用砂纸打磨平整再涂刷面漆或贴墙纸等装饰（图8-85）。

（6）面漆涂刷（图8-86）1小时左右即可用小刀沿着美纹纸贴合处切割，撕去美纹纸。

这里应留意一点，采用上述方法涂刷出的墙面，在干燥后可测试磁性，如果磁性不够，须再次涂刷。涂刷遍数越多，磁性越强，磁漆涂刷之后建议涂刷深色系列黑板漆或面漆（如黑色、绿色、赭石等深色系列），如果需要涂刷浅色系的面漆，须在磁漆打磨后涂刷两遍隔离封闭剂后再涂刷浅色面漆。

图 8-80

图 8-81　　　　　　图 8-82

2. 黑板贴

第二种黑色系墙面书写材料是黑板贴（图8-87）。顾名思义，黑板贴是一块带黑板面的贴纸，利用胶粘剂固定。在设计项目中，黑板贴最大的优点是安装、拆卸方便，成本低，适合临时增设书写墙体验时使用，在很多场合中都是作为临时性的墙面构造使用。这种书写墙面的处理方式比黑板漆对基层的要求低很多，只要是光滑的墙面都可以粘得很牢固，如乳胶漆、瓷砖、玻璃、塑料等饰面都可以粘牢。

图 8-83　　　　　　图 8-84

与黑板漆一样，这种贴纸也分为带磁效果和不带磁的效果，带磁的效果性能优于不带磁的，当然，价格也相对较高。同样以最常规的腻子基体为例，黑板贴的安装方式如图8-88所示，具体安装步骤如下。

（1）选择光滑干燥的平面，擦干净表面，去除灰尘或水汽。

（2）把贴纸一角从底纸上揭起，准备粘贴。

（3）将一角固定在墙上，用毛巾抚平。

（4）两人配合，一人拉低纸，一人用毛巾从上到下抚平。注意每次不要撕太多，这样就不会有气泡产生。

图 8-85　　　　　　图 8-86

黑色系的书写墙体主要适用于创意类、互动类和培训类的空间，如学生活动室、商场展示墙、家庭互动墙以及各类教学机构，一些怀旧风和工业风的空间（图8-89）也是这类涂料的主要使用场所，如咖啡厅、水吧等。看到这样类似"黑板"的墙面时，很容易让人想到曾经的学生时代，勾起过往的回忆。

黑色系书写墙面跟白色系书写墙面相比，除了颜色和环保性的差别外，更重要的是书写工具的差别。白色系的墙面主要是以水性白板笔为书写工具，环保、卫生、选择多。黑色系的书写墙主要是用无尘粉笔作为书写工具，因此，从卫生和环保的角度来看，显然是白色系书写墙更好。

图 8-87

在空间中使用黑色系书写墙作为饰面，主要是强调互动性和参与感，如果设计师只是考虑最终墙面的美观而使用这种涂料进行饰面，那么，只有请到专业的墙绘人员来作画才能达到较好的设计效果，否则书写墙可能会被涂得面目全非（图8-90），毫无装饰感可言。因此，在使用黑色系的书写墙时，要想好这样做的目的是什么，否则，最终的效果会不尽如人意。

图 8-88

三、白色系书写墙面实现方法

如果从心理上来看，黑色系的书写墙给人一种怀旧和亲切的感觉，而白色系的书写墙给人的感觉是简洁、高效。看到有白色系书写墙的空间，就会想到高效办公、头脑风暴和团队协作的种种场景。在这种可随时书写的白色墙面旁进行会议和沟通，是有助于提高沟通效率、降低沟通成本的，而目前，实现这种墙面的效果主要是靠一款书写涂料。

图 8-89

书写涂料是一种涂刷在墙上的由特殊高分子纳米覆膜形成的涂料，它属于新型涂料，可反复书写和擦除，以满足人们随地书写、沟通、创作的需求。与黑板漆不同，在书写涂料上书写的工具主要是水性白板笔、水洗颜料、软头蜡笔等常见涂鸦工具。书写涂料可以替代现在常用的教学黑板、教学白板、办公白板、投影幕布，避免了黑板用粉笔书写造成的粉尘污染，省去了购买成品白板、投影幕布的成本。

画家　　　　别人家　　　　你家

图 8-90

书写涂料是一种特殊的水性环保涂料，是针对人们个性化的需求，现场制作白板的一款专用功能漆。与普通白板、黑板、墙贴相比，书写涂料具有更环保、易操作、空间大小无限制、颜色可任意搭配、形状变化可设计、不占额外空间等优点。与上文提到的两种黑色系书写墙相比，白色系的书写涂料主要具备如下特点。

（1）防水性能较好，抗碱、防腐、耐脏、耐擦洗，不易起皮开裂。

（2）天然环保、无毒无味，自身不含重金属，不产生静电，不吸灰尘。

图 8-91

（3）防毒、防霉，防止墙面霉菌滋生，安全卫生，放大 50 倍后无明显霉斑。

（4）易于施工，方便快捷，对基材有广泛的适应性。

（5）易清洗，水性白板笔笔迹容易擦干净，不留痕迹，甚至笔迹在留存 1 个月后也很容易擦除。

图 8-92

这种白色书写涂料最大的劣势就是其成本较高，与 100~200 元的黑板漆相比，不同特点的白色书写涂料系列产品的价格在每平方米 300~1000 元不等。而且，国内生产这种涂料的厂家较少，所以，在短期内大幅度降低价格的可能性不大。从施工工艺上来说，书写涂料须在平整致密的乳胶漆表面施工，对墙面底材有较严格的要求，在表面粉化严重、大面积空鼓、裂纹严重、坑洼不平的墙面上不建议施工。

当然，白色系的书写墙不仅可以通过书写涂料来实现，在书写涂料出现之前，传统的白色系书写墙体主要是通过白色的烤漆玻璃或者白板膜来实现的（图 8-93）。白板膜与白板贴类似，而白色的烤漆玻璃因为其自重大、成本高、有接缝，已经逐渐被淘汰了。

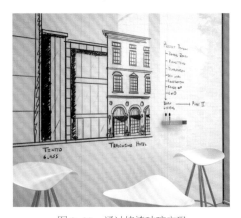

图 8-93　通过烤漆玻璃实现
书写墙功能

第六讲 | 木器漆

关键词： 概念解释，工艺流程，质量通病
导读： 本文将解决下列问题：

　　1. 木器漆是什么？有什么用？设计师为什么要了解木器漆？
　　2. 木器漆的种类、常见做法有哪些？
　　3. 木器漆的施工流程是什么样的？有哪些质量通病和解决方案？

阅读提示：

提到涂料，木器漆和金属漆是绕不开的话题，几乎所有室内设计师都会接触木器漆，但木器漆的知识非常混乱、庞杂，各个地域对木器漆的叫法、使用方法又各有不同，因此，下面介绍一些设计师有必要了解的木器漆知识。

一、木器漆是什么

我们常说的木器漆主要是指涂刷于木制品（门窗、护墙板、家具、地板等）表面的油漆（图 8-94）。我们现在能接触到的室内木制品，90% 以上都做了油饰处理（图 8-95、图 8-96），只不过用了不同的木器漆和不同的油漆工艺。现在在施工现场做油漆的情况变得越来越少，几乎室内空间的固定家具以及活动家具都是在厂家定制，根据现场实际尺寸下单，然后在现场做好基层，成品饰面板到场后，再进行统一安装。这样做除了更环保之外，室内木制品的质量以及制作周期也变得更有保障。因此，在目前主流的装饰施工现场，几乎看不见涂刷油漆的情况。虽然现场很难看到涂刷油漆的情况，但有关木器漆的重要知识，设计师还是有必要知道，因为对油漆的了解程度直接决定了在选择木质家具搭配时，是否能准确地描述自己的需求，以此更好地跟相关专业人员沟通。

图 8-94

图 8-95

图 8-96

二、木器漆的基础知识

如图 8-97 所示，从功能性上来说，木器漆与其他油漆一样，对覆盖的物体主要起装饰和保护作用。涂刷木器漆的作用主要体现在解决木料由于温度、湿度、紫外线照射等因素的变化而引起的开裂、翘曲、发霉、白斑、黄变等问题。

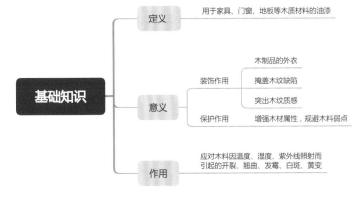

图 8-97

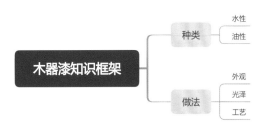

图 8-98

提到木器漆时，设计师会想到开放漆、封闭漆、混油漆、UV漆、硝基漆、清漆等，这些叫法都是木器漆特有的，但是这些名词容易混淆，本书重新整理了一套科学的木器漆知识框架，了解了这个框架后，对木器漆的理解会更清晰。如图8-98所示，要想搭建起木器漆的知识框架，要从木器漆的常见种类和木器漆的常见做法两方面入手，下文将逐一阐述。

三、木器漆的常见种类

木器漆的常见种类如图8-99所示。从图中可以看出，木器漆主要分为油性漆和水性漆两大类。油性漆的优势是耐磨、耐剐、寿命长，缺点是环保性差，一些劣质油性漆甚至还有致癌的危险。而水性漆的特点刚好与油性漆相反，它环保，不会致癌，但是不耐磨、不耐剐。因此，可以说这两类油漆是站在对方的对立面的。目前，市面上同价位的水性漆性能不如油性漆，但出于市场对环保的要求，水性漆的市场空间会越来越大，产品也会越来越好。根据图8-99这个知识框架，下面着重介绍4种最常见的木器漆的特点和用途，并用思维导图的形式展示，方便读者的理解、消化与记忆。

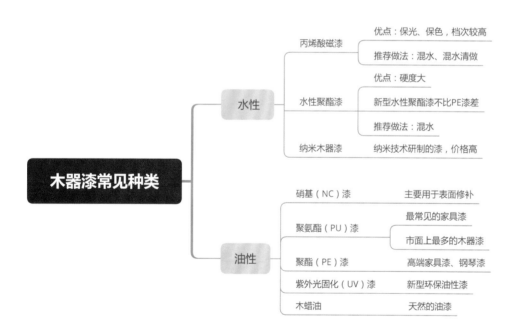

图8-99

四、四种木器漆介绍

1. 聚酯（PE）漆（图 8-100）

PE漆、PU漆、NC漆是木器漆中最常见的3类,理解了它们各自的性能特点后,可以通过表8-1
所示的对比关系再深度理解它们的优劣势及适用领域，便于在不同场景下选择最合适的油
漆饰面。

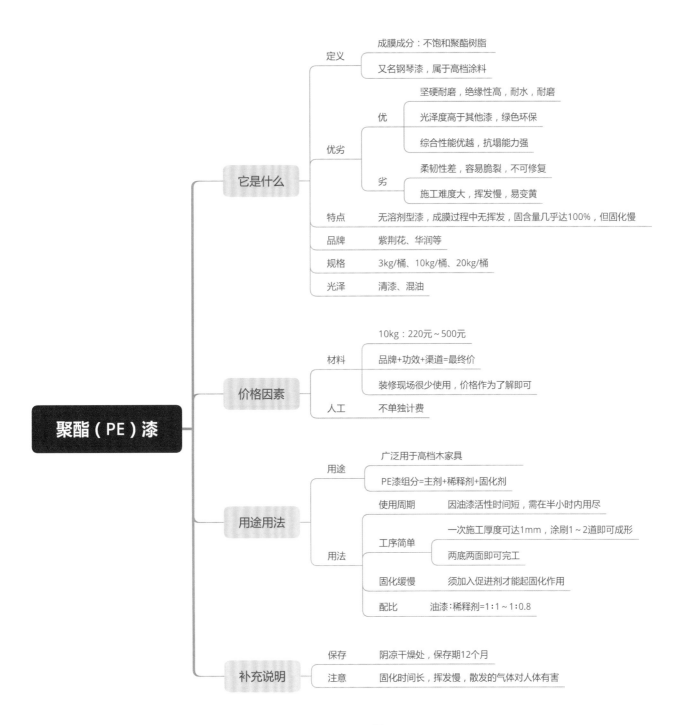

定义
　成膜成分：不饱和聚酯树脂
　又名钢琴漆，属于高档涂料

它是什么
　优劣
　　优
　　　坚硬耐磨，绝缘性高，耐水、耐磨
　　　光泽度高于其他漆，绿色环保
　　　综合性能优越，抗塌能力强
　　劣
　　　柔韧性差，容易脆裂，不可修复
　　　施工难度大，挥发慢，易变黄
　特点　无溶剂型漆，成膜过程中无挥发，固含量几乎达100%，但固化慢
　品牌　紫荆花、华润等
　规格　3kg/桶、10kg/桶、20kg/桶
　光泽　清漆、混油

聚酯（PE）漆

价格因素
　材料
　　10kg：220元～500元
　　品牌+功效+渠道=最终价
　　装修现场很少使用，价格作为了解即可
　人工　不单独计费

用途用法
　用途
　　广泛用于高档木家具
　　PE漆组分=主剂+稀释剂+固化剂
　用法
　　使用周期　因油漆活性时间短，需在半小时内用尽
　　工序简单
　　　一次施工厚度可达1mm，涂刷1～2道即可成形
　　　两底两面即可完工
　　固化缓慢　须加入促进剂才能起固化作用
　　配比　油漆：稀释剂=1:1～1:0.8

补充说明
　保存　阴凉干燥处，保存期12个月
　注意　固化时间长，挥发慢，散发的气体对人体有害

图 8-100

2. 聚氨酯（PU）漆（图8-101）

图8-101

3. 硝基（NC）漆（图 8-102）

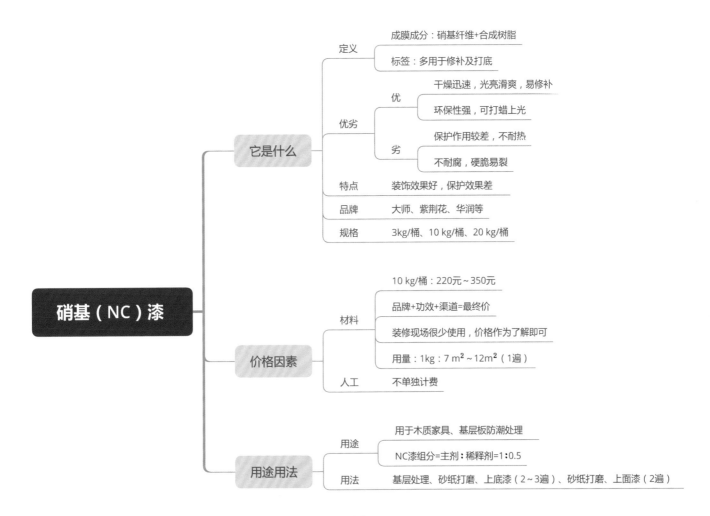

图 8-102

表 8-1 三大主流木器漆对比		
漆种	PE 漆	PU 漆	NC 漆
	干燥迅速	漆膜坚韧，附着力强	干燥迅速
	低污染，比较环保	硬度高、膜厚、透性好	操作比较方便
特点	漆膜基本没有塌陷	光泽和色泽维持时间久	气味清新
	干膜稳定，不易受影响	兼具保护性和装饰性	装饰作用较好
	耐磨、耐酸碱、耐热、耐污染	耐磨、耐水、耐热、耐化学腐蚀	具有较高的硬度和亮度
	高硬度、高光泽度、高丰满度	综合性能优秀，应用最为广泛	不容易出现漆膜弊病，补修容易

4. 水性（W）漆（图 8-103）

图 8-103

五、木器漆的常见做法

木器漆常见做法主要指木器漆的工艺做法和表面处理。设计师经常听说清漆、封闭漆、混油漆等叫法，但是它们到底是什么意思，有什么用，很多人并不清楚。接下来本文将从油漆的外观、光泽和工艺这三个维度介绍这些木器漆名词的含义和用法。在此之前，先熟悉表 8-2 中介绍的木器漆的常见做法。

表 8-2　木器漆常见做法概述表

工艺	外观	做法	特点	缺点
油饰	开放漆	天然植物油蜡满涂（可调色）	渗透性好，最大限度保持原木风格和手感，施工简单，环保，后期保养、修复较简单	不成漆膜，不耐磨
清水做法		透明底漆 + 透明面漆	透明全显木纹，手感较好，要求原木的纹路比较丰富	施工较复杂，难度较大，破损难修复
清水混做	封闭漆	透明底漆 + 混色面漆（半透明）	保留木纹的同时改变原木颜色，可选风格多变	颜色不易把握，比清漆施工难度更进一步
混水做法		实色底漆 + 实色面漆（木纹全覆盖）	完全遮盖底板和木纹，适用于所有木材表面，只显油漆颜色，施工比较简单	时间久了容易发黄，出现色差
混水清做	半开放漆	实色底漆 + 实色面漆（木纹半覆盖）	颜色全覆盖，但保留木纹，木纹可单独擦色	比清水施工要求高，这种擦色难度最大，价格最高

由表 8-2 可知，从油漆的外观来看，木器漆主要有三大类别：开放漆、半开放漆和封闭漆；从工艺来看，又分为油饰、清水做法、清水混做、混水做法、混水清做 5 大做法。通过图 8-104 可以知道这些名词分别代表什么含义。对这些名词有了一定的认识后，接下来就这对些内容进行深度说明。

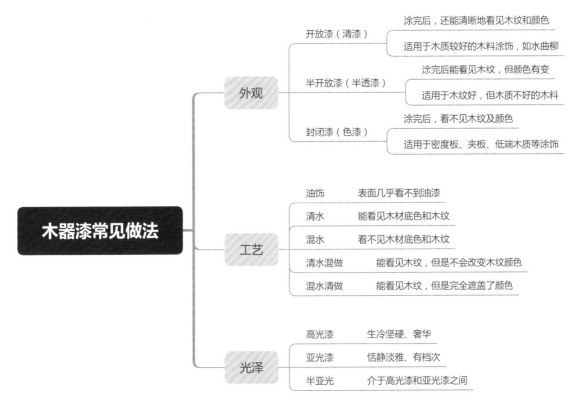

图 8-104

1. 开放漆

开放漆是指一种能完全显露木材表面管孔，使木材纹理更清晰的涂饰工艺（图 8-105），多用于纹理粗大或丰富的材质，如水曲柳、桦木、橡木等，也就是设计师经常说的清漆或清水漆。

开放漆特别适合木纹明显、无节疤的材质，以及想要彰显木料原始质感的情况。从油漆的种类上来说，开放漆最佳的选择是使用硝基（NC）漆来完成，因为其涂布量小、亚光、自然质感强。此外，聚氨酯（PU）漆稀释后也可以做出开放效果。

2. 半开放漆

半开放漆是介于开放漆和封闭漆之间的一种状态，所呈现的效果是可以看到木纹和导管，但是颜色上会有一定的变化，而且导管用填充剂完全填充（图 8-106）。

3. 封闭漆

封闭漆又被称为"混油"，顾名思义，它能起到封闭基材气孔、毛孔、纤维导管的作用。从呈现效果上看，封闭漆完全覆盖木纹，呈膜胶状，很难打磨（图 8-107），是质量一般的家具最常做的漆种，因为其成本低，而且任何板材均可做封闭漆。常用的材料是聚

图 8-105　开放漆饰面

图 8-106　半开放漆饰面

酯（PE）漆。需要说明的是，一般木器漆也需要分为底漆和面漆两层，而这两层使用的油漆种类可以不同（表8-3），一般都是用不同的油漆搭配底漆和面漆，以发挥不同油漆的特点。

六、木器漆的光泽度

除了从常见的木器漆种类和工艺做法两个维度分类之外，在饰面效果的光泽度方面，也可以将木器漆分为亚光、半亚光和高光3类（图8-108）。亚光是指反光指数小于30%的受光效果，半亚光是指反光指数为50%~70%的受光效果，高光则是指反光指数大于70%的受光效果（图8-109）。这3种效果是可以用于任何木器漆工艺上的。光泽度越高，材料表面成像越清晰，反之则越模糊，因此，在选择面漆的时候，还须考虑表面光泽度，避免出现光污染和漏灯珠等现象。

正常情况下，亚光面或半亚光是主流的选择类别，从功能上来说，这两个种类相对更耐摩擦（不容易看出划痕），而且可以避免家里的光污染（灯光、阳光在其表面的漫反射）。而高光漆除了需要刻意做出波光粼粼的效果外，很少会被用到当下的室内设计领域。

七、木器漆的工艺流程

当下主流的室内家具和木制品几乎都是厂家的成品定制，油漆饰面在成品定制时就已经完成，所以，下面介绍的木器漆施工工艺适用于下列情况：现场制作的实木家具刷漆（多为实木指接板）；人造板材（大芯板、多层板、指接板等）表面实木贴皮后刷漆；现场生态板定制，实木条封边后刷漆（一般刷清漆）。

1. 基材处理
先清除基材上的灰尘，并用砂纸打磨（图8-110）。当木质材料含水率高于12%，用手触摸有潮湿感时不能施工。木材基材必须干净、平整，上面不能留存油污、胶水等杂质，如有油污可用天那水等清除，然后采用万用底漆或清面底漆进行封闭，防止基材受污染（图8-111）。

2. 刮涂腻子
处理好基材后，若表面粗糙，则需刮涂1~3遍透明腻子，间隔2~3小时，刮涂均匀，平整层间无须打磨、干透。

3. 涂刷底漆
涂刷2~3遍底漆，间隔4~5小时，每遍干好后（具体视湿度及气候状况而定），用800号砂纸打磨，底漆用10%~20%的清水稀释（图8-112）。

4. 涂刷面漆
涂刷2~3遍面漆（图8-113），间隔4~5小时，每遍干好后用800号以上砂纸轻轻打磨。

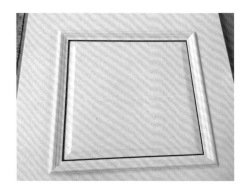

图 8-107

表 8-3	
开放漆搭配	
底漆	面漆
聚氨酯（PU）漆	硝基（NC）漆
聚氨酯（PU）漆	聚氨酯（PU）漆
硝基（NC）漆	硝基（NC）漆
封闭漆搭配	
底漆	面漆
聚酯（PE）漆	聚氨酯（PU）漆
聚氨酯（PU）漆	聚氨酯（PU）漆

图 8-108　亚光面与高光面

图 8-109　光泽度对比

图 8-110　　　　　　图 8-111

八、木器漆的质量通病

1. 油漆干后出现刮痕（图8-114）

（1）成因分析

①水性木器漆兑稀不够，漆的黏度过高。

②进行涂装的工具刷太硬、刷毛过短。

③反复涂刷或重刷次数过多。

④漆膜快干时复刷。

⑤施工手法不适当。

（2）解决办法

①严格地按不同产品的指导比例加水兑稀。

②一定要使用细羊毛刷等软刷进行涂刷。

③不要重复多刷或轻刷。

④漆膜快干时不能重刷。

⑤施工时，必须注意上下轻刷薄涂，涂刷均匀。

2. 漆面出现流挂现象（图8-115）

（1）成因分析

①涂刷太厚。

②水性木器漆兑水太多。

③施工湿度太大。

④使用的喷枪喷孔太大。

（2）解决办法

①建议选择轻薄型羊毛工具刷，注意薄刷、轻刷。

②加水兑稀，必须注意配比，不能将漆调得太稀。

③保证施工环境通风，控制好室内湿度。

④调整喷枪喷孔。

3. 涂膜干后有裂纹（图8-116）

（1）成因分析

①施工漆膜厚度不一，涂膜收缩不一，形成开裂。

②板材品质不好，出现收缩。

（2）解决办法

①注意薄涂，保证漆膜厚度适中。

②选择品质好的板材，确保稳定性。

4. 油漆漆膜发白（图8-117）

（1）成因分析

①施工环境湿度过大，室内温度低于5℃。

②涂刷过程中，漆膜太厚，无法完全干燥。

（2）解决办法

①调整施工环境的湿度和温度，湿作业室内温度不能低于5℃。

②注意不要厚涂，保证漆膜完全干燥。

图8-112　　　　　　　　图8-113　　　　图8-114

图8-115　　　　　　　　图8-116　　　　　　　　图8-117

第七讲 ｜ 金属漆和真石漆

关键词：金属漆，真石漆，概念解释

一、金属漆

每位设计师应该都接触过金属漆，最典型的就是在工地上，基层钢架与钢架之间焊接后，涂刷的一抹猩红的防锈漆（图 8-118）。但是，除了防锈漆外，金属漆的应用场景还有很多。我们在一些"网红"案例中看到的让人眼花缭乱的饰面材料（图 8-119），只要涂抹于金属基体之上的，都被称为金属漆。

金属漆又被称为金属涂料（图 8-120），是指在漆基中加了细微金属粒子的一种双分子常温固化涂料。其主要作用是封闭金属表面，保护金属基层，防止其氧化生锈，同时，通过不同的漆面工艺和颜色处理，让金属基层更美观。金属漆被广泛用于建筑内外的所有金属上，同时，在外幕墙、GRC 板、门窗、混凝土及水泥等基层上，也可以通过金属漆让这些基层达到具有金属观感的效果。

图 8-118　钢架上涂刷防锈漆

1. 金属漆的特点

金属漆是一种泛称，它与木器漆一样，也有庞杂的分类，但是，不管是何种金属漆，都具有以下特点。

（1）色泽丰富饱满，能够塑造各种金属质感。

（2）耐腐蚀性能佳，具有突出的耐盐碱性能，可以在沿海等具有盐雾腐蚀的地方使用。同时具有耐化学腐蚀性，是最佳墙体防腐蚀装饰涂料之一。

（3）具有极强的耐水、防霉功能，即使在阴暗环境中也能长期抵御霉菌的侵蚀，使墙面不产生霉斑、不粉化、不脱落，能令墙面历久弥新。

（4）特别添加紫外线隔离因子，漆膜具有很好的抗紫外线性能和保色、保光性能，能有效保护墙体，延缓墙体老化。

（5）具有很强的附着力，漆膜经久不脱落，拥有很强的墙面装饰性和保护性。

（6）具有强耐候功能，可抵抗多种恶劣气候的侵蚀，久经日晒雨淋不变色、不发花，能确保使用 20 年以上。

金属漆还常作为车漆和创意雕塑的外层涂料。虽然金属漆的性能很好，但是价格并不高，一般每平方米 50~150 元，而且不仅适用于金属基体，也适用于各类水泥砂浆面、混凝土面、石膏板、木料、纤维板（图 8-121），可谓"涂料之王"。

图 8-119

2. 金属漆的分类

严格意义上来说，金属漆主要分为溶剂型金属漆和水性金属漆。

溶剂型金属漆的优点是易于干燥固化，化学亲和度强，透明度较高，缺点是黏度过高时会影响流平性，黏度过低时易产生"流挂"。典型的溶剂型金属漆主要包括丙烯酸金属漆和氟碳金属漆。

图 8-120　　　　　　　图 8-121

水性金属漆的特点是硬度高，耐划，附着力强，同时，也具有水性涂料的环保特点，无毒、无味、无污染等。常见的水性金属漆主要包括水性烘烤金属漆和水性自干金属漆。

金属漆从饰面效果上来区分，主要有高光漆、亚光漆、珠光漆、透明色漆和手感漆（图8-122）。这些漆的工艺与字面意义一样，这里不再赘述。当然，根据不同的漆面处理要求和设计手法，还可以做出不同的肌理效果。

3. 金属漆的工艺和涂刷

从工艺做法上来看，任何油漆都是按照"滚""喷""刷"这3种施工工艺进行的。金属漆的涂刷主要有5个步骤：

（1）基底封闭

用配套的专用封闭底漆对基层进行全面封闭，以加强漆膜与墙体之间的层间附着力。

（2）施涂中间漆

根据不同的配套方案选用合适的中间漆，施涂1道。

（3）施涂金属漆

使用前将漆品充分搅拌均匀，用F901稀释剂调节黏度至适合施工的程度，用专业喷枪连续喷涂。

（4）施罩光清漆

待金属漆干燥后，施罩光清漆。使用前，将漆品充分搅拌均匀，用专业喷枪施工。

（5）特殊饰面

可将基层处理成橘皮状、浮雕状、波纹状等，以增强饰面的立体质感。

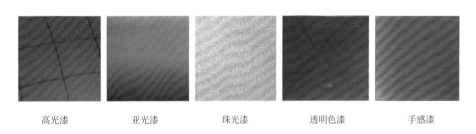

| 高光漆 | 亚光漆 | 珠光漆 | 透明色漆 | 手感漆 |

图 8-122

图 8-123

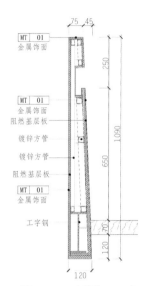

图 8-124 （单位：mm）

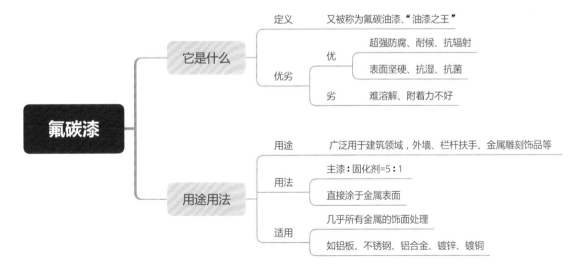

图 8-125 氟碳漆简介

当然，既然是涂料，那么在图纸上，它与其他涂料几乎是没有任何差别的，如图 8-123 这样的金属楼梯的饰面，在图纸上（图 8-124）只需要表达清楚其"骨""肉""皮"的关系即可，至于油漆，只用文字标注油漆饰面即可（在图纸中甚至都不会体现油漆的厚度）。

这里需要补充一点，金属怎样能达到无缝的效果呢？答案是现场做好基层后，将金属面板焊接在一起，然后现场打磨并修补原子灰（高级腻子）后，直接涂刷金属漆即可达到金属表面无缝的效果。

4. 两种常见的金属漆

（1）氟碳漆

氟碳漆（图 8-125）施工后干燥较慢，其漆膜的耐久性和耐候性是常见的金属漆中最好的，因此也被称为"油漆之王"（图 8-126）。严格意义上来说，氟碳漆和金属漆是不同的分类方式，都是一种泛称。也就是说，氟碳漆可以做出金属漆和非金属漆的效果，而金属漆包含氟碳金属漆和非氟碳金属漆。但是，在业内提到氟碳漆时，在多数情况下还是指氟碳金属漆。

（2）防锈漆

只要到使用钢架的室内施工现场，就一定能看到不同类型的防锈漆被涂于钢架的焊接处（图 8-127）。可以说，防锈漆（图 8-128）是室内设计师群体里知名度最高的金属漆了。

二、真石漆

真石漆是艺术涂料的一种，也是室内设计师比较常用的油漆涂料之一。真石漆是一种装饰效果酷似大理石、花岗石的涂料（图 8-129），主要采用各种颜色的天然石粉、高温染色骨料、高温煅烧骨料与乳液等助剂配制而成。

用真石漆装饰后的对象，具有天然真实的色泽，给人以高雅、和谐、庄重的美感，

适用于各类建筑物的室内外装修。单从观感上来看，真石漆已经可以达到类似于石材的效果了（图 8-130）。

1. 真石漆的特点

真石漆之所以在当下非常流行，主要是因为其具有防火、防水、耐污染、无毒无味、黏

图 8-126 氟碳漆的应用

图 8-127 银粉防锈漆的应用

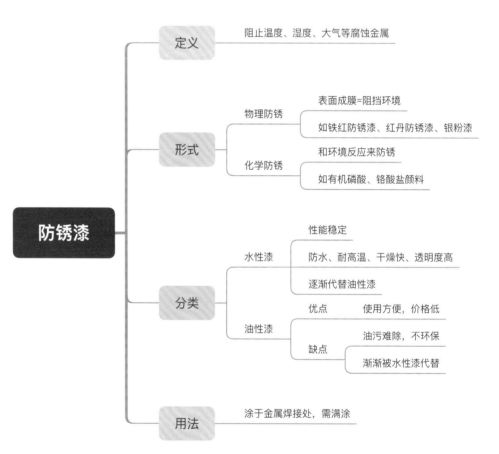

图 8-128 防锈漆简介

图 8-129   图 8-130

结力强、性价比高等特点，还能有效地阻止外界恶劣环境对建筑物的侵蚀，延长建筑物的寿命。由于真石漆具有良好的附着力和耐冻融性能，因此，特别适合在寒冷地区使用。在北方地区，很多建筑外墙均摒弃了高成本的石材干挂，而采用具有同样饰面效果的真石漆作为替代材料（图8-131）。我们现在能看到的绝大多数住宅或商业楼，外墙只要是石材饰面，有很大的可能是用真石漆来做的。

2. 真石漆的类别

从饰面效果来看，真石漆主要分为单色真石漆、多色真石漆、岩片真石漆和仿砖真石漆4大类。

单色真石漆（图8-132）采用一种彩砂制作而成，颜色单一，仿石效果不及多色和岩片真石漆，但由于价格相对较低，市场需求很大。

多色真石漆（图8-133）采用两种或两种以上的天然彩砂配合乳液和助剂调制而成，色彩丰富，仿石效果更为逼真，属于高档类真石漆。

岩片真石漆（图8-134）是用天然彩砂和树脂岩片调制而成，仿花岗石的产品，仿真度高，富有质感，属于高档类真石漆。

仿砖真石漆（图8-135）是传统瓷砖的替代品，在色彩和形态上比传统瓷砖更丰富，更有品质感，装饰性更强。

目前来看，真石漆的主要使用场景还是在建筑外墙和景观领域，在室内设计中使用相对较少，主要用于一些想凸显空间年代感和粗犷风格的建筑中。

3. 真石漆的工艺流程

从图8-136所示的三维构造图来看，真石漆与其他涂料没有任何区别，下面主要介绍真石漆的工艺流程。真石漆主材（石材颗粒层）必须采用喷涂的方法施工，工具为气泵和喷枪。底漆和面漆可以喷涂，也可以用滚筒滚涂。从工艺流程上来看，真石漆施工主要有基体处理、涂刷底漆、贴格缝纸、涂刷主材、涂刷面漆5个步骤。

（1）基体处理

清理基面，处理基层（多为混凝土或水泥砂浆）的凹凸、棱角等位置，清理浮灰。然后涂刮腻子，根据基面平整度状况，刮1~2遍专用防水腻子。平整度控制在误差值4mm以内（图8-137）。

（2）涂刷底漆

采用滚筒或者喷枪均匀涂刷底漆1遍，目的是防水、封碱、格缝上色（图8-138）。

（3）贴格缝纸

按照设计要求的分格方式测量、划线、贴纸，将格缝的位置用美纹纸贴上（图8-139）。

（4）涂刷主材

用喷枪喷涂真石漆主材，依据设计要求的花纹大小、起伏感强弱调整喷枪出气量。喷涂次数根据颜色调整，喷涂1~3遍。待真石漆的主材干燥完毕后，即可除去美纹纸（图8-140）。

（5）涂刷面漆

涂刷透明面漆，滚涂或喷涂透明保护面漆1~2遍，提高真石漆的自洁性（图8-141）。每道工序的施工都需要在面漆彻底干燥后进行，待饰面的保护面漆干燥后，才能做最后的表面清扫和收尾工作。

图8-131　　　　　　　　　　　　　　图8-132

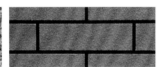

图8-133　　　　　　　图8-134　　　　　　　图8-135

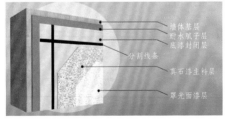

图8-136　　　　　　　　　　　　　　图8-137

图8-138　　　图8-139　　　图8-140　　　图8-141

第九章

天然石材

9

第一讲 ｜ 天然石材基础知识

关键词：概念解释，材料对比，加工流程
导读：本文将解决下列问题：石材是怎样分类的？应该怎样理解与应用？常见的几种石材有哪些特点？天然石材规格板是如何诞生的？我们应用的石材是怎样被选上的？

一、天然石材与室内设计

在西方，几乎所有的皇宫府邸都是采用天然石材堆砌而成的，所以，西方的建筑又被称为"石头的史诗"。在设计大师的案例中，也随处可见石材的身影，可以说，几乎每个设计大师都是使用石材的高手。

天然石材作为一种高端的建筑材料，在主流的室内设计项目中几乎是不可或缺的。除了常见的大平板外，圆柱、方柱、弧形线条、旋转楼梯、图案拼花、壁炉、洗面台等位置都可以看见石材的身影，其中弧形、异形等设计效果是很难通过瓷砖或人造石达到的。并且，天然石材在呈现复杂造型的同时，还能毫无保留地体现它原本的厚重感和质感，这是人造石材不能比拟的。因此，天然石材是很难被人造材料取代的。

不过我们需要清楚的是，就市场总体占有率来说，石材是远远低于瓷砖的。但是，如果只看高端的室内设计市场，石材的占有率则远远超过了瓷砖。这个现象也反映了一个事实：由于价格过高，很多业主摒弃了天然石材，选择了人造石材或瓷砖。又由于近年来大家对环保的重视，天然石材的价格一再上升，更难以与瓷砖抢占市场占有率，最终形成了现在这样石材占领高端市场、瓷砖占领中低端市场的情况。

这里不得不提到关于天然石材有辐射这种观点，其实这种说法是子虚乌有。根据《天然大理石荒料》JC/T 202—2011、《天然大理石建筑板材》GB/T 19766—2016 以及关于调整《出入境检验检疫机构实施检验检疫的进出境商品目录（2009 年）》中的条文规定以及检测数据，石材中具有的放射性物质是远远低于瓷砖的。

二、石材基础知识

装饰石材主要分为天然石材和人造石材两大类，天然石材源于地壳中的岩石层，岩石层根据形成条件的不同又分为岩浆岩、沉积岩和变质岩 3 大类，根据石材的特性可分为如图 9-1 所示的几个常见类别。

三、七种常见的石材

1. 天然大理石

天然大理石（图 9-2）属于地壳中的变质岩一类，属于中硬石材，主要由方解石、石灰石、蛇纹石和白云石组成。天然大理石一般都含有杂质，会发生种种化学反应，导致大理石容易风化和溶蚀，原石表面会很快失去光泽。天然大理石有以下优缺点。

（1）天然大理石的优点

①纹理丰富

大理石属石灰变质岩，色彩艳丽、光泽照人，会呈现各种云彩状的花纹。

②可塑性强

大理石物理性稳定，表面不起毛边，不影响其平面精度，能保证长期不变形，线膨胀系数小，机械精度高，防锈、防磁、绝缘。

（2）天然大理石的缺点

①易风化

由于普通大理石都含有杂质，而且碳酸钙在大气中受二氧化碳、碳化物、水汽的影响，也容易产生风化和溶蚀，使外表很快失去光泽。

②质地软

大理石质地相对比较软，仅适用于室内装饰。石材自身较脆，须在背面加网格对其加固。

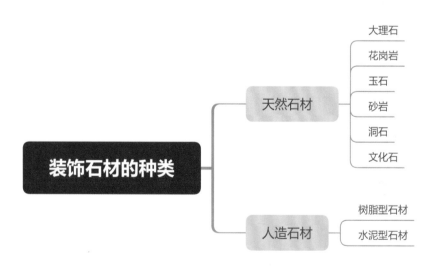

图 9-1

③不耐污

由于自然石材表面有细孔，所以在耐污方面相对差一些，而人造石材会在加工厂中进行表面处理。

2. 花岗岩

花岗岩是火山喷发时流出的岩浆或火山喷溢的熔岩冷凝结晶而成的岩石，其中的二氧化硅含量大于65%，属于酸性岩，因为这种岩石中斜长石、正长石、石英等基本矿物质构成晶体时呈粒状构造，所以称为花岗岩（图9-3）。

与大理石相比，花岗岩具有良好的硬度，抗压强度好，孔隙率小，吸水率低，导热快，耐磨性好，耐久性高（一般使用年限为75~200年），抗冻（可经受100~200次以上的冻融循环），耐酸，耐腐蚀，不易风化，因此，被广泛地应用于当下的室内外装饰中。

3. 玉石

凡是外表美观，润泽如玉，质地细腻坚韧，有一定硬度，有一定透光度，又利于雕刻和保存，由一种矿物或多种矿物组成的集合体（岩石），均可称为玉石（图9-4）。与其他天然石材相比，玉石具有特殊的装饰效果，在彰显空间透明感方面具有独特的表现力。而且，这种表现力与亚克力材料天差地别，玉石可以使空间处在柔和、温暖的光线中，为空间增添独特的艺术效果。同时，因为其非常稀缺，又被称为"站在石材金字塔顶端的材料"。

玉石具有如下特点。

（1）美观性

玉石是自然界具有晶润光泽、柔和色彩，且温润细腻、天然通透的特殊矿石。通过电脑分析和数控设备高精度的加工，玉石的纹理图案可进行完美拼接，形成的画面更壮观。天然玉石有天然、原真、尊贵的特点，是东方文化的传承，也是文化、财富与品位的象征。

（2）可塑性

玉石是天然的大体量矿料，可以直接加工成直板，也可以加工成其他各种造型，如线条、栏杆、柱子，甚至精美的工艺品等，使一体化的装修效果更美观。

（3）通透性

玉石具有良好的透光性能，有多种透光应用形式。利用现代高精度切削工艺可以将玉石切成极薄的薄片，令玉石在灯光作用下具备特殊的通透感。

4. 砂岩

砂岩这种石材（图9-5）由石英颗粒组成，经加工后，可制成窗花、板材、特殊造型石材或雕塑饰品，并可根据设计要求定制样式。

砂岩最大的优点是风格鲜明，能让空间更有个性，符合当下个性化定制的设计思想。但其表面有凹凸纹路，易附着污垢。另外，砂岩的可塑性和表现力都相当差，因此，可将其用作室内装饰的局部点缀，但不建议作为大面积装饰使用。

5. 洞石

洞石（图9-6）是一种天然石材，多孔表面是其最大的特色。其洞孔是地壳运动过程中受挤压、碰撞产生的。因其纹理特殊，搭配其他材料使用可凸显材质的对比效果。若设计项目中需要彰显粗犷自然的效果，采用洞石可轻易达成。但由于其表面有洞，所以时间久了之后，一定会脏，极大地影响了设计的效果。因此，选用该材料时，就必须接受这个特点。

6. 文化石

文化石分为天然和人造两种。文化石（图9-7）本身并不具有特定的文化内涵，但文化石具有粗粝的质感、自然的形态，可以说，文化石是人们回归自然、返璞归真的心态在室内装饰中的一种体现，这种心态也可以被理解为一种生活文化。文化石是体现空间回归自然最常采用的装饰材料之一。

文化石按照石材品种可分为很多类别，如砖石、木纹石、鹅卵石、石材乱片、洞石、风化石、层岩石、火山岩等。几乎任何石材种类都可以加工成文化石，甚至有的文化石还可仿木头年轮。天然文化石质地坚硬、色泽鲜明、纹理丰富，具有抗压、耐磨、耐火、耐寒、耐腐蚀、吸水率低、价格高、施工较困难等特点。人造文化石模仿天然石材的外形纹理，具有质地轻、色彩丰富、不燃、便于安装、价格低廉等特点。从表面处理方式来看，常见的文化石分为蘑菇石、片岩石、板岩石（图9-8）。同样的石材基体，采用不同的表面处理手法，带给空间的氛围是不同的。

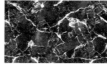 

图9-2　　　　　图9-3

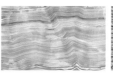

图9-4　　　　　图9-5

图9-6　　　　　图9-7

板岩石　　　片岩石　　　蘑菇石

图9-8

7. 人造石材

凡是采取不同方式模仿天然石材的形成、特点、物理特性、化学特性与使用性能并人工制作的材料，统称为人造石材（图9-9），如微晶石、水磨石、人造合成石、实体面材、人造砂岩、陶瓷砖等。人造石材的类型主要有水泥型和树脂型。

水泥型人造石材以水泥为粘接剂，砂为细骨料，碎大理石、花岗岩、工业废渣等为粗骨料，经一系列工序加工而成。用它制成的人造大理石具有表面光泽度高、花纹耐久、抗风化的特点，耐火性、防潮性也优于一般的人造大理石。

树脂型人造石材多是以不饱和聚酯为黏结剂，与石英砂、大理石、石粉等材料一起经过一系列工序加工而成。树脂型人造石材具有天然花岗岩和天然大理石的色泽花纹，几乎可"以假乱真"。而且它的价格低廉，吸水率低，重量轻，抗压强度较高，抗污染性能优于天然石材，耐久性和抗老化性较好。

人造石材是针对天然石材在使用中出现的问题而研发出来的，它在防潮、防酸、防碱、耐高温、易拼凑性方面比天然石材更有优越性。但与人造木皮一样，人造石材普遍缺乏自然感，纹理相对较假，所以多被用于对美观度要求不高的场所，如厨房、洗手间等。另外，人造石材的制造工艺、性能、特征差别很大，由于市场混乱，很有可能买到次品。

以上是对于设计师最常接触的7种石材的简要概述，这些信息是本书提炼出的关于石材的必备知识，希望你能够对它们有个简单的印象。接下来，我们通过表9-1、表9-2的内容，来综合对比下这些石材的优缺点与适用场合。

四、天然石材规格板的诞生

不管是花岗岩、玉石还是大理石，只要是天然石材，其板材的制作流程基本都大同小异。装饰石材规格板诞生的大致流程是荒料开采、大板加工、规格板加工、排版与防护、表面处理、包装与运输。

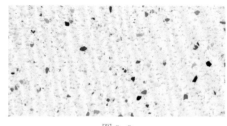

图9-9

表9-1　天然石材和人造石材对比

	天然石材	人造石材
图例		
优点	1. 花纹自然，选择多 2. 硬度大、密度大、耐磨损	1. 易清洁、抗污垢、耐冲洗 2. 可修复 3. 可塑性强
缺点	1. 纹理不可控 2. 不易清理 3. 损耗高，易碎	1. 色调单一 2. 缺乏真实感

表9-2　不同石材适用区域推荐

石材品种	室外墙面	室外地板	室内墙面	室内地板	卫浴地板
大理石	推荐使用	勉强使用	推荐使用	推荐使用	不推荐
花岗岩（光面）	推荐使用	推荐使用	推荐使用	勉强使用	正常使用
花岗岩（粗面）	不推荐	不推荐	推荐使用	推荐使用	推荐使用
玉石	正常使用	正常使用	推荐使用	正常使用	勉强使用
砂岩	推荐使用	正常使用	推荐使用	正常使用	不推荐
文化石	不推荐	不推荐	推荐使用	正常使用	正常使用
人造石材	不推荐	不推荐	推荐使用	推荐使用	勉强使用

1. 术语解释

（1）石材荒料

石材荒料是由刚开采出来的毛料经加工而成的，具有一定规格，用以加工饰面板材的石料（图9-10）。大理石荒料规格为2800mm×800mm×1600mm，花岗岩荒料规格为2450mm×1000mm×1500mm。

（2）石材大板

石材大板是由荒料经锯切加工而成的，具有规定的厚度、饰面，用以加工规格板，暂无固定尺寸的板材（图9-11）。通常，厚度大于等于12mm称为厚板，厚度小于12mm称为薄板。

（3）规格板

规格板（图9-12）是由石材大板加工而成的，具有规定尺寸的板材，也就是我们经常说的石材板材。大理石规格板最长边长不建议大于1000mm，花岗岩不建议大于1200mm。同时，不管是什么天然石材，当边长大于800mm时，均须做背筋处理。

（4）石材拼花

由两种及以上品种的板材拼接而成的装饰石材，具有规定的尺寸及形状，也是设计师最熟悉的石材样式。

（5）异形板

区别于平面板材而言，主要包括线条和弧板两大类，如石材门套、圆柱等。

2. 荒料开采

根据设计需要，进入石材矿山（图9-13）进行荒料开采。

3. 大板加工

荒料开采完后，要把荒料切割成大板，便于后期的规格板加工，其主要步骤如下。

（1）网布包胶

给荒料包网布主要是对石材进行保护，防止在大板切割的过程中出现碎裂（图9-14）。

（2）切割荒料

如图9-15所示，将荒料切成一片一片的大板（厚度为16mm、18mm、23mm等），厚度根据石材的特性及客户要求而定。

（3）粗打磨

将切成一片一片的大板表面进行第一次打磨（图9-16）。

（4）烘干打胶

将粗打磨完的大板进行第一次烘干后，进行表面打胶处理，之后再烘干，再打胶（图9-17）。

（5）细打磨

打过胶的大板静置48小时，然后通过打磨机进行最后一次细打磨（图9-18），最终形成表面光洁的石材大板。

4. 规格板加工

根据石材下单图，将大板切成图纸所标注的尺寸（图9-19），切割时须注意根据彩色石材排版图进行纹样选取，通过对石材规格的控制降低石材大板的损耗。

图9-10　石材荒料

图9-11　石材大板

图9-12　规格板

图9-13　开采现场

图9-14　网布包胶

圆盘锯：切异形、修边角　　绳锯：切方块、多边形
图9-15　切割荒料

图9-16　粗打磨

图9-17　烘干打胶

图9-18　细打磨

图9-19　大板切割成规格板

5. 排版与防护

根据图纸把切好的规格板进行预排，预排时需要注意石材对纹，对破裂的规格板进行胶补（图9-20），然后按顺序贴上与图纸相符的标签，喷完石材防护剂后，等待下一道工序。

6. 表面处理

根据石材下单图进行石材的表面处理，最终完成成品规格板的制作（图9-21）。

7. 包装与运输

根据材料下单图和顺序，用木箱包装已完成的成品规格板，并统一配送至现场安装。

以上是最常规的石材规格板加工过程，知道了这些流程后，再去看一些复杂的水刀加工、圆弧加工、线条加工（图9-22）将更容易理解。其大体的加工步骤是一样的，只是加工时所采用的机器不同，不同的机器可以加工出不同的样式，如同使用不同的雕刻刀会呈现不同的雕刻效果一样。

五、小结

关于天然石材的内容很重要，本文系统地选择了几个关键知识点，简要地搭建了一个关于石材的知识框架，其中主要阐述了这3个知识点：

（1）因为材料价格和恶性商业竞争，最终导致中低端装饰市场中，瓷砖和人造石占有绝对的领先地位，而高端市场中，天然石材则是绝对的垄断材料，形成了严重的两极分化。

（2）在装饰石材的大类别中，本文挑选了7种设计师必须了解的石材类别，并对其进行了简要介绍，相信通过这些简短的介绍，能带领设计师进入装饰石材的"大门"。

（3）系统地介绍了一块石材是如何从大山里被挖掘出来，再一步步地被加工成我们平时看见的装饰石材的。

图9-20　现场预排与防护

石材线条打磨　　45°倒角

图9-21

图9-22　不同机器处理不同石材表面

第二讲 ｜ 花岗岩和大理石

关键词：材料解读，案例赏析，选材清单

阅读提示：

前文提到天然石材的加工过程中，至关重要的一步是荒料的选择，因为石材和木料不同，它的纹样完全取决于石材荒料的种类。虽然石材的纹样不能控制，但是只要石材的种类相同，加工出来的纹样就会很相近，所以，石材的品种决定了石材的纹样。但是石材的种类及衍生种类有很多，有可能只是简单的纹样变化就形成了一种或多种石材品类，而且，石材市场上的材料鱼龙混杂，有可能同一种材料只换了个名字就价格暴增。所以，本文对石材种类进行了划分，挑选一些常用的石材种类进行简要说明。

一、花岗岩

1. 黑金沙

黑金沙（图9-23）属于花岗岩的一种，分为大金沙、小金沙。黑金沙，有大、中、小沙之分，产地为印度（石材的产地有很多，产地不同，性能和价格均不同，所以，本文均以最知名的产地为主，其余产地暂不涉及）。其神秘而性感的黑适用于一些高档场所的装修，主要用于地面、墙面、背景墙、台面板、壁炉等处。

石材的规格取决于荒料的大小，但通常来说，大理石的边长不大于1000mm，花岗岩的边长不大于1200mm。其他石材品种均可参照大理石的规格而定，下面不再赘述。

图9-23

2. 山东白麻

山东白麻即白麻花岗岩（图9-24），产地是中国山东。山东白麻的品质优良，又名芝麻白，表面光洁度高，耐腐蚀，耐酸碱，硬度、密度大，质地坚硬，细腻如雪，主要用于内墙地面、外墙干挂工程等。

图9-24

3. 深灰麻

深灰麻花岗石（图9-25）产地是中国山东，其结构致密、质地坚硬、耐酸碱、耐气候性好，可以在室外长期使用，多用于室外墙面、地面、柱面的装饰等。

图9-25

二、大理石

1. 白色系

（1）雪花白大理石

雪花白大理石（图9-26）产地为意大利，底色白，纹路或灰线纵贯板面，且纹路分布不均，质地细腻，光泽度高，在大理石中属于高档种类，无论用于墙柱面、吊顶、地面还是固定家具面，只要位于室内都可以。

图9-26

（2）鱼肚白大理石

鱼肚白大理石（图9-27）产地为意大利，其独特的材质、花纹、光洁度深受设计师和业

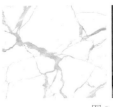

图9-27

主的喜爱，被广泛应用于高档装修中。这种石材有玉的温润和高雅的质感，铺设后使人仿佛置身于宫殿中。

（3）卡拉卡塔白大理石

卡拉卡塔白大理石（图9-28）产于意大利，它彰显高贵，有自然的纹理，又有瓷砖的坚硬与耐磨性能。这种大理石以全白色为底，黑色线点缀，装饰效果极佳。

图 9-28

2. 黄色系

（1）雨林啡大理石

雨林啡大理石（图9-29）产于印度，其图案如龟裂的岩石，极具个性与艺术美感。浑然天成的纹理凹凸分明，风格热情、豪迈。

（2）浅啡网大理石

浅啡网大理石（图9-30）产于土耳其，表面分布着白色的不规则线条，形成行云流水般的浅啡网纹，独特的网纹效果让土耳其浅啡网大理石成为当之无愧的经典石材之一。

（3）黄洞石

黄洞石（图9-31）产于意大利，拥有意大利天然黄洞的典雅纹理，浅褐色和深褐色交融共存，不同浓淡，层次分明，黄色的泥质线上点缀着点点白光，是使用范围最广、最经典的大理石之一。

（4）意大利木纹大理石

意大利木纹大理石（图9-32）产于意大利，为意大利名石，畅销世界。意大利木纹大理石深褐的颜色、粗犷的纹理刚柔相济，产品饱含古朴、简约、沧桑之美。

（5）西班牙米黄大理石

西班牙米黄大理石（图9-33）产于西班牙，底色为米黄色，带有少量细红线，光度好，种类繁多，是几年前欧式空间中极其流行的石材。

3. 黑色系

（1）深啡网大理石

深啡网大理石（图9-34）产于西班牙，深咖啡色中镶嵌着白色的网状花纹，让粗犷的线条有了些细腻的感觉，极具装饰效果。

（2）黑金花大理石

黑金花大理石（图9-35）产于意大利，以古典的黑色为底色，其间浮白，如金花般流动的线条炫丽迷人。天然的黑金花大理石已经近乎绝迹。该类石材也是瓷砖极力模仿的品种。

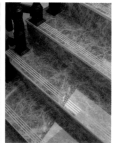

图 9-29　　　　　　　　　　　图 9-30

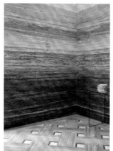

图 9-31　　　　　　　　　　　图 9-32

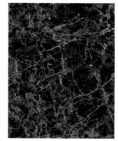

图 9-33　　　　　　　　　　　图 9-34

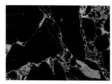

图 9-35　　　　　　　　　　　图 9-36

（3）劳伦特黑大理石

劳伦特黑大理石（图9-36）产于意大利，拥有天然的纹理，还有瓷砖的优越性能，品质坚硬，黑白相间的纹理简约鲜明，可以为空间带来自然脱俗的高品位装饰效果。

（4）黑白根大理石

黑白根大理石（图9-37）产于中国广西，其纹理清晰、底色黑、光度好、花纹白，具有较好的耐久性、抗冻性、耐磨性，硬度可达国际标准。黑白根大理石是当下极简风格中最常用的大理石之一。

4. 绿色系

（1）雨林绿大理石

雨林绿大理石（图9-38）产于印度，可用于中式、现代风格空间中。雨林绿大理石拥有不可复制的纹理及色彩，给人一种回归大自然的感觉。

（2）田园绿大理石

田园绿大理石（图9-39）产于巴西，其天然翠绿的纹路能使人领略到田园风光的美妙之处。

5. 蓝色系

（1）宝石蓝大理石

宝石蓝大理石（图9-40）产于意大利，其拥有特殊的纹理、流动的线条，如蓝宝石般高贵迷人。成品性能优越，价值不菲。

（2）景泰蓝大理石

景泰蓝大理石（图9-41）产于巴西，因其独特的色彩与丰富的纹理而备受青睐，但这种石材产量极少，近乎绝迹。景泰蓝大理石复制了景泰蓝的纯正纹理，由深蓝、浅蓝、黑、米色等颜色组成梦幻一般的景泰蓝图案。黑色的线条、深蓝色的斑点、诡异的纹理，充满着神秘的气息。

6. 灰色系

（1）意大利灰大理石

意大利灰大理石（图9-42）产于意大利，灰色点缀着纯白，层次分明，晶莹剔透，狂野而不凌乱，具有低调的奢华美感。

（2）法国木纹大理石

法国木纹大理石（图9-43）产于法国，这种石材充分展现了木质的温暖。

（3）云灰石

云灰石（图9-44）产于意大利，拥有纯灰底色、闪电白纹，还有瓷砖的优越性能。云灰石色彩简约，层次分明，华而不奢，静谧而灵动，是灰色系石材中的珍品。

7. 红色系

蝴蝶石（图9-45）产于意大利，其红黑色的纹理代表着忠贞、执着与热情。

图9-37

图9-42

图9-38

图9-43

图9-39

图9-44

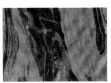
图9-40

图9-45

图9-41

石材的品类有很多，以上只是最常见的石材类别，对设计师来说，可以把石材按两个维度进行分类记忆：一是色系（红、黄、白等），二是纹样（直纹、网纹、乱纹等）。不同的项目需要不同色系和纹样的大理石进行搭配。有了这两个记忆维度后，就可以在使用时轻松找到对应的石材品类，也便于日后在积累石材相关知识时，能够连点成面，形成自己的知识框架。

第三讲 ｜ 石材的表面处理

关键词：表面处理，思维模型，案例赏析
导读：本文将解决以下问题：为什么设计师要了解石材的表面处理方式？哪些石材可以进行表面处理？常见的石材表面处理形式有哪些？

多年前，笔者向身边的前辈设计师请教石材在室内装饰中的表现形式时，前辈说："作为设计师，我们只要记住石材分为亚光、抛光、拉槽3种常见形式就可以了，其他表现形式都是特殊形式，在空间中基本不会用到，没必要去研究。"于是，笔者信以为真，以后许多年里再也没有去研究石材的更多处理形式，直到遇到了以下两个场景。

场景1
在某酒店的卫生间区域，按照常规的石材拉槽防滑形式，设计师做了一块5mm×5mm拉槽的黑金花石材地面。结果，很多客人在使用时不小心被石材割到了脚趾，纷纷投诉。

这种情况比较常见，是设计师在使用拉槽石材时最容易犯的错误。优化方式有两种：一是像图9-46一样，把5mm×5mm的槽口边缘打磨成圆角；二是改用其他石材表面处理形式，如酸洗面、自然面。

场景2
在人来人往的电梯厅（图9-47），考虑到设计要求的复古意境，设计师在地面采用了粗荔枝面的形式。结果，地面藏污纳垢，不易清洁，时间久了极其影响美观。

随着接触实际项目的数量越来越多，我们经常会碰到类似的问题，为了避免后期犯这种低级错误，我们的确非常有必要了解更多有关石材的表现形式和注意事项。

一、为什么石材要做表面处理

了解具体石材的表面处理之前，我们首先要明白，为什么石材需要做表面处理。其原因有3个：

1. 满足石材自身的安全性
由于石材是天然材质，若不对其进行表面处理，出厂后，很容易由于化学反应导致返碱、泛黄，甚至风化。

2. 满足功能性
不同的空间，需要不同的设计手法，需要不同属性的石材满足其功能性。如卫生间的湿区不能采用光面石材；酒店大堂不会采用毫无光泽的石材；服务型空间需要考虑石材的耐用性等。

3. 满足美观性
这一点不言而喻，任何装饰材料都是在为空间赋予装饰性，不同的石材表面处理方式也能满足不同的设计理念。如想达到富丽堂皇的效果，可以使用高光的石材；想要营造回归自然的意境，不规则的亚光面则是最佳选择。

以上3点还是本书第一章"功夫菜"模型中提到的核心因素。任何眼花缭乱的材料属性和设计效果，最终的目的永远是在安全、功能、美观三者之间权衡与选择，而设计的一切目的都可以追溯到这个本质。基于这个本质理解和记忆材料的属性，就会简单很多。

从材料的属性上来看，除了纹理自然、质感细腻以外，石材丰富的表面处理形式和超强的可塑性才是它与瓷砖的本质区别，也是瓷砖只能处于中低端装饰市场的主要原因。

二、什么是石材的表面处理

在保证石材自身安全的情况下，对其表面采用不同的处理手法，让其呈现出不同的材料样式，以此来满足各种设计需求，这就是所谓的石材表面处理（图9-48）。任何天然石材均可以进行表面处理，石材的种类和纹样不同，适合的表面处理形式也不同，需根据石材的软硬程度以及特性选择合适的表面处理形式。例如，黑金沙大理石适合做剁斧面或拉槽面，而雨林啡大理石则只适合亚光和抛光处理。

石材的表面处理手法多种多样，应用广泛。根据上面提到的设计的3个要点，在保证石材的安全性后，最终影响石材选择的只有功能和美观，所以，一切石材表面处理

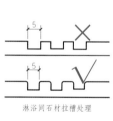 

淋浴间石材拉槽处理
图9-46（单位：mm） 图9-47

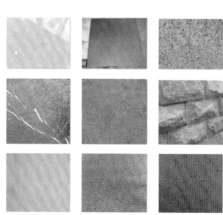

图9-48

形式都是围绕着这两个要点展开的，从功能方面的防滑、耐污、易清洁和防撞，到美观方面的酸洗、火烧、荔枝面、倒圆角等。除了防滑和防撞外，剩下的所有表面处理都可以理解成是为了满足装饰设计的需求而存在的，如仿古面、蘑菇面、面包面等。

下面沿着这个思路，介绍几种最常见且有特色的石材的表面处理形式以及应用方式。

三、常见的石材表面处理

1. 常规表面处理形式

（1）抛光面

抛光面（图9-49）的表面非常平滑，高度磨光，有镜面效果，光泽度高。花岗岩、大理石和石灰石通常是抛光处理，并且需要不同的维护以保持其光泽。

抛光这种处理手法几乎适用于任何石材种类，也是设计师最熟悉的方式，用于营造金碧辉煌、大气恢宏的效果尤为合适。采用这种处理方式时，应留意石材与周边灯光的关系，避免出现漏灯珠和光污染。

（2）亚光面

亚光面（图9-50）指表面平整，用树脂磨料等在石材表面进行较少的磨光处理，使石材具有一定的光度，但光度较低，对光的反射较弱的板材。这也是最常见的处理形式之一，很容易营造出自然典雅的空间氛围，也是诸多岩板相继模仿的表面处理形式，适用于需要表面平整，无漫反射，不产生镜面效果，无光污染的空间中。

2. 防滑表面处理形式

（1）酸洗面

酸洗面（图9-51）是采用强酸腐蚀石材表面，使其具有小的腐蚀痕迹，处理后的石材外观比亚光面更为自然质朴。大部分的石头都可以酸洗，但最常见的是大理石和石灰石。酸洗也是软化花岗岩光泽的一种方法。酸洗面石材防滑、耐污、易清洁，特别适用于有水、潮湿、人常接触的空间，如淋浴间地面。

（2）荔枝面

荔枝面（图9-52），顾名思义，表面粗糙，凹凸不平，犹如荔枝皮。采用凿子在石材表面上凿出密密麻麻的小洞就形成了荔枝面，模仿水滴经年累月地滴在石头上的效果。荔枝面的颗粒感较重，适用于装饰饰面，不宜用于经常接触水汽且容易堆积污垢的场所，如淋浴间。

（3）布纹面

布纹面（图9-53），顾名思义，石材表面被处理成布纹肌理，给人一种壁布的感觉。布纹面保留了石材的质感，并模仿壁纸的肌理，给人别样的美感，它在很多大师的作品中都有运用，如贾雅·易卜拉欣（Jaya Ibrahim）的上海璞丽酒店。

（4）水喷面

用高压水直接冲击石材表面，剥离质地较软的成分，形成独特的毛面装饰效果，就形成了水喷面（图9-54）。其材质肌理的凹凸感及颗粒感比酸洗面和荔枝面弱，质感比亚光面更好，适用情况与亚光面类似。

（5）菠萝面

菠萝面（图9-55）表面纹理比荔枝面更凹凸不平，颗粒更明显。其材质肌理与水喷面相反，

图9-49

图9-50

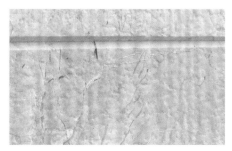

图9-51

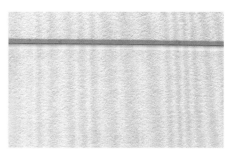

图9-52

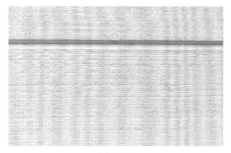

图9-53

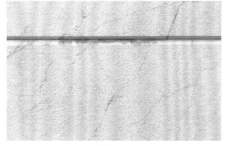

图9-54

凹凸感较强，颗粒感重，且凹凸比荔枝面明显，因此，只有在空间需要明显的石材颗粒感时才采用。

3. 装饰表面处理形式

（1）剁斧面

剁斧面（图9-56）的纹理非常有规律，有方向性，且密集。行业内称其效果类似龙眼表皮，故又被称为"龙眼面"。这种石材表面纹理丰富，适合在彰显个性或者回归自然的空间中使用。

（2）仿古面

仿古面（图9-57）是通过一系列技术手段，模仿石材使用了一定年限后的古旧效果。它的风化感强，纹理自然。在刻意需要做旧的空间中，经常会采用这种手段进行饰面处理，尤其是在几年前的地中海风格空间中尤为流行。

图9-55

（3）拉槽面

拉槽又称"拉沟""拉丝"，是指在石材表面上开一定深度和宽度的沟槽（通常是5mm×5mm），通常是拉直线槽口（图9-58），若有要求也可采用水刀拉曲线槽口，但其材料成本较高。拉槽的处理手法应用很广泛，从最简单的楼梯踏步拉槽，到时下流行的简约风空间中，这种石材处理手法屡见不鲜。但采用这种做法时，应考虑槽口的钝化处理，必要时可做打磨，避免出现意外伤人的情况。

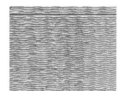

图9-56

（4）蘑菇面

蘑菇面（图9-59）一般是人工劈凿的，效果和自然开裂相似，但是石材的表面呈中间突起、四周凹陷的山丘状。该石材普遍较重。这样处理过的石材通常用在建筑围挡、外墙以及自然风格的室内空间中。采用该种石材时，应注意它的规格、厚度与工艺做法的关系，若采用的石材规格过大或过重，不可胶粘，宜用干挂工艺。

（5）自然面

自然面（图9-60）的表面粗糙、凸起，但不像蘑菇面那样夸张，这种表面处理通常是用手工切割或在矿山錾，从而露出石头自然的开裂面，因为完全还原了石材开采时的原貌，所以被称为自然面。它适用于需要体现自然风格的空间中，是近年来极其流行的粗犷风格中最常采用的石材形式之一。与蘑菇面一样，采用这种石材处理方式时，应当考虑重量、厚度、规格与安装工艺的关系。

图9-57

（6）酸洗仿古面

酸洗仿古面（图9-61）是在酸洗面的基础上，结合仿古面的优点进行综合制作，取长补短，最终形成的表面形式。这种表面处理的形式及效果适用于任何需要做旧和风化处理的空间中。

图9-58

以上这些表面处理的方式和应用技巧看似繁复，但抛开这些流于表面的形式，从更加底层的规律出发，可以发现如图9-62所示的石材表面处理的共性，以这个共性规律为思路，即可轻松记忆这些看似复杂的表面处理形式，做到根据不同场景灵活选择不同的表面处理效果。

这里需要注意一点，在绘制详细的节点图时，可以把石材凹凸的这个细节添加到节点图上（图9-63），让配合人员清晰地了解哪些石材是有凹凸处理的，避免后期出现不必要的收口通病。

图9-59

本文仅列举了最常见的13种表面处理形式，一些石材雕刻板和表面经过特殊处理的石材不做详细说明，因为和雕塑一样，只要是我们能想到的表面纹理和创意，都可以通过石材雕刻板的形式来实现，如图9-64~图9-67所示的这些空间一样，唯一会受限的就是成本和设计师的想象力。

图 9-60

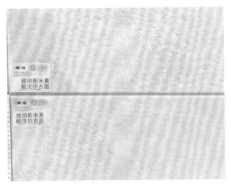

图 9-61

图 9-64

图 9-66

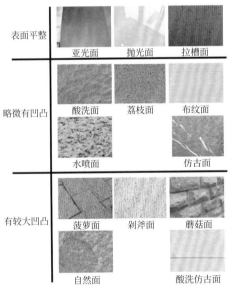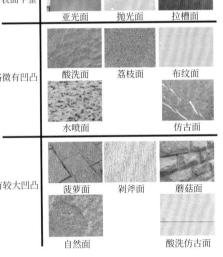

图 9-62 石材表面处理的理解和应用逻辑

图 9-65

图 9-67

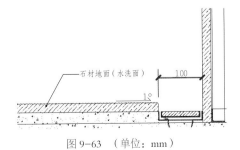

图 9-63 （单位：mm）

第四讲 ｜石材干挂

关键词： 节点构造，思维模型，常见问题
导读： 本文将解决以下问题：应该如何理解石材干挂节点做法？异形空间的石材干挂应该怎样处理？关于石材干挂，设计师应了解哪些基础知识？

一、石材干挂的标准通用节点做法

图 9-68~ 图 9-70 是室内空间中最标准的石材干挂通用节点图，所有复杂的石材干挂造型都是基于这个模板演变而来的。但是，在设计项目中，如果出现稍微复杂一些的石材饰面造型，很多设计师往往会不知从何下手。其实，通过右侧的标准节点图和工艺基础知识，就可以解决绝大多数石材干挂的节点问题。下面我们针对这个观点，逐步展开。

二、如何理解石材干挂

任何构造做法都是可以通过"骨肉皮"模型来实现的，石材干挂也不例外。我们可以用图 9-71 所示的方法理解它的"骨""肉""皮"关系。

只要理解了石材干挂的"骨""肉""皮"关系，再面对不同的石材造型时，需要做的就只是在石材的后面通过干挂件来连接钢架。也就是说，石材干挂的节点图可以理解为一个公式：石材干挂做法 = 石材 + 干挂件 + 基层钢架。面对任何石材造型，都可以根据造型的完成面尺寸，通过合理的钢架基层和合适的石材造型来呈现设计效果，绘制节点图纸。这句话有 3 个关键词，分别是完成面尺寸、合理的钢架基层、合适的石材造型，下面我们分开来解释。

1. 完成面尺寸

我们已经知道了绘制任何节点图纸的前提都是要满足设计造型的完成面尺寸。道理

很简单，完成面 80mm 厚的石材隔墙和完成面 200mm 厚的石材隔墙，采用的节点做法是完全不一样的。

2. 合理的钢架基层

钢架是承载干挂件和石材饰面的基层材料，需要有足够的刚度以及承载力，且采用石材干挂的做法时，它的"骨料"必须是钢架（图 9-72），不能是轻钢龙骨、木龙骨等不能承重又容易变形的材料。面对不同的墙体类型（加气块、轻钢龙骨、混凝土）和不同的装饰

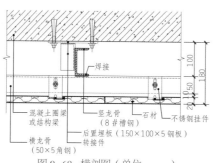

图 9-68　横剖图（单位：mm）

图 9-69　三维示意图

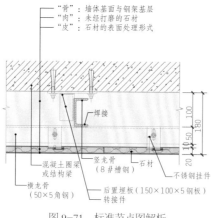

图 9-71　标准节点图解析
（单位：mm）

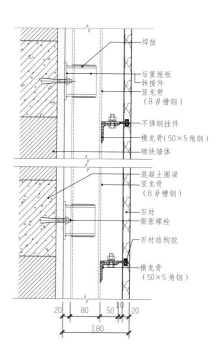

图 9-70　竖剖图（单位：mm）

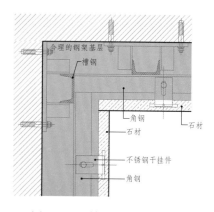

图 9-72　石材干挂的骨架部分

设计造型，需要采用的钢架的规格尺寸、焊接形式都是不一样的。这也很好理解，针对平面墙体和曲面墙体所需要焊接的钢架基层形式是不一样的，所以，根据不同的设计完成面，合理地选择钢架规格与焊接组合形式是石材干挂节点图的难点和重点所在。

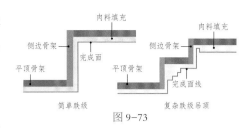

图 9-73

3. 合适的石材造型

通过"骨肉皮"模型可以知道，施工完成后，最终呈现在人们面前的是石材表皮，而表皮的造型是附着在"肉"上的，所以，与理解跌级吊顶的思路一样（图 9-73），当造型的起伏关系大于 300mm 时，可以通过调整"骨料"来达到造型的目的，而当造型的起伏关系小于 300mm 时，直接通过改变"肉"和"皮"来实现即可。

比如，面对欧式空间时（图 9-74），它的基层钢架与标准石材干挂节点图一样，没有任何变化，是通过石材自身的线条、雕刻等手法最终实现复杂的造型效果。

下面我们通过几个案例来看看是不是这样的。

案例 1：完成面为 200mm 的加气块墙体干挂石材
从图 9-75 所示的节点案例中可以得到以下信息：因为其基体是加气块墙体，所以，在加气块区域的预埋板需要使用对穿螺栓进行固定。在混凝土圈梁和构造柱的区域，可以直接通过膨胀螺栓来固定。

20mm 厚石材板 +10mm 厚干挂件调节位 +50mm 厚角钢 +80mm 厚槽钢基层 =160mm 厚的完成面，没有达到设计要求的 200mm，所以，需要通过横向的骨架撑出来，进而满足 200mm 的完成面尺度要求。

案例 2：完成面为 80mm 的混凝土墙体干挂石材
从图 9-76 所示的节点案例中可以看出，当完成面只有 80mm 时，刚好可以做 20mm 石材 +50mm 角钢 +10mm 的干挂件调节位，所以，直接将角钢固定于混凝土墙体上即可实现。当然，该种做法只适用于石材干挂不高的情况，若石材干挂高度大于 5m，则建议采用第一个案例的做法。

图 9-74　欧式空间中复杂的石材表面

 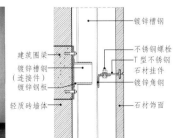

图 9-75

 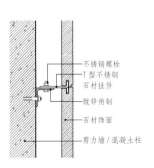

图 9-76

案例 3：3500mm 高的门洞处石材干挂

图 9-77、图 9-78 所示的案例是在没有墙体的情况下，通过全钢架基层的形式，搭建起一个用于承载石材的载体。我们从其对应的节点图上可以看出，就算是靠钢架搭建的载体，其石材干挂的做法也还是根据标准石材节点图的思路来完成的。

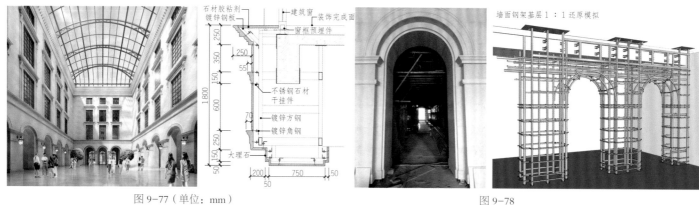

图 9-77（单位：mm）　　　　　　　　　　　　　　　　　　　图 9-78

案例 4：完成面直径为 800mm 的圆柱面干挂石材

从图 9-79 所示的圆柱面解决方案中可以看出，其节点做法与标准节点图的思路一模一样。唯一的区别只是把钢架基层和石材饰面做成圆弧形而已。

通过上面讲到的理解方式，设计师可以尝试自己画出图 9-80 所示的多边形钢架墙面的石材干挂节点图。通过本书提到的方法论和标准节点图，相信大家会对石材干挂有更深一层的理解。

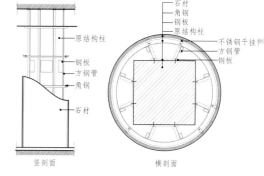

图 9-79

三、石材干挂的常见问题解答

1. 怎样选择钢架基层的规格大小，以及钢架的间距排布方式

在常规的室内空间中，石材干挂竖龙骨的规格一般为 5 号~8 号的槽钢、60mm~80mm 的方管。在超高空间中，也会考虑 10 号以上的槽钢和 100mm 以上的方管。决定钢材规格的因素主要为空间层高和钢架固定点位预埋板之间的间距，当随埋板上下间距小于等于 2500mm 时，竖龙骨可选用 5 号槽钢及同规格方管，若石材厚度为 30mm 以上，随埋板上下间距为 3000mm~4000mm 时，建议选择 8 号槽钢及同规格方管。

横龙骨的规格一般与竖龙骨的间距及所用单块石材尺寸有关。在通常情况下，若室内空间中的竖龙骨横向间距为 1000mm，横龙骨竖向间距在 1000mm 以内，横龙骨可采用 50mm 的角钢。若采用石材干挂的室内空间过高，或者石材干挂面积过大，则需要根据具体面积与层高邀请相关结构专业的配合人员来进行结构荷载计算，才能保证石材干挂的安全性。

2. 石材干挂最小完成面可以预留到多少

石材干挂完成面的尺寸是根据横竖龙骨的规格与连接方式来推算的。通常，单面墙体石材干挂在保证安全和耐久的情况下（如图 9-81 所示），完成面最小可以做到 80mm（20mm 石材 +50mm 干挂件 +10mm 调节空间），所以在项目中，一般都会预留 100mm 的石材完成面，避免现场墙体有误差。

图 9-80

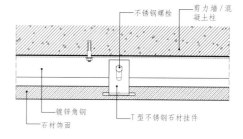

图 9-81　完成面为 80mm 的石材干挂做法

3. 什么情况下需要使用石材干挂

在《天然石材装饰工程技术规程（JCG/T 60001—2007）》规定中，对石材干挂的工艺做法有明确的规定：当石材板材单件重量大于40kg或单块板材面积超过1m²或室内建筑高度在3.5m以上时，墙面和柱面应设计成干挂安装法。

4. 石材干挂工艺对石材有什么要求

在室内空间中，由于石材种类不同，排版分格时要考虑石材的特性。一般花岗岩类石材质地坚硬，强度较高，板块可以加大。大理石、砂岩、卞石等强度差，容易断裂，单块板材尺寸不宜大于1m²，必要时背面采用加强肋加固。采用石材干挂做法时，石材的厚度不宜小于20mm，若墙面高度高于4m，建议石材厚度大于等于25mm。大理石类石材开槽后为加强挂件部位强度，可以在开槽部位背面用结构胶粘贴加固石材。

5. 关于石材干挂的知识补充

若墙体没有混凝土圈梁，或结构梁之间距离大于4m，则建议采用穿墙螺栓固定预埋板，在中间位置增加连接点，以此来保证基层骨架的牢靠性（图9-82）。一般来说，石材挂件位于两个石材板块之间时（如与吊顶和地面收口时），挂件可进行干挑处理（图9-83）。

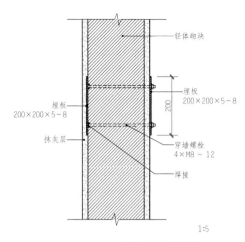

图9-82 砌块墙体穿墙埋板大样图
（单位：mm）

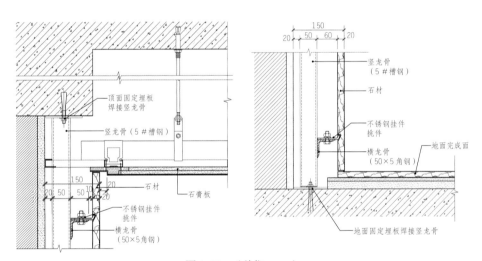

图9-83 （单位：mm）

四、小结

石材干挂是室内设计师必须掌握的节点做法之一。从工艺节点上来看，石材干挂属于石材幕墙的一部分，只是室内石材干挂所受的风荷载的影响较小，一般干挂的墙体高度不高。所以目前室内设计中，大部分还是采用"石材＋干挂件＋基层钢架"的工艺形式。

通过"骨肉皮"的思考方式和"根据造型的完成面尺寸，通过合理的钢架基层和合适的石材造型来呈现设计效果，绘制节点图纸"，我们可以把标准的石材干挂节点图用于解决相关石材干挂问题。

第五讲 ｜石材粘贴

关键词：节点改造，施工流程，工艺对比

阅读提示：

石材安装方式主要分为干挂、粘贴、湿挂3种类型，干挂的做法在前文已经解析过。湿挂（图9-84）是指石材基层用水泥砂浆作为粘贴材料，先挂板、后灌砂浆的石材安装方法。因为这种方式费工、费料，且成本高，适用范围有限，所以，现在室内空间几乎很少采用这种方法，设计师了解即可。接下来解析关于石材粘贴的做法以及石材各种做法的对比。

一、石材粘贴

了解石材粘贴的工艺之前需要介绍一个概念。能用于石材粘贴的材料主要有胶粘剂和水泥砂浆。根据胶粘剂的不同，石材粘贴的工艺叫法也有所不同，分别称为湿贴和干贴。

湿贴是指用水泥砂浆或胶泥作为石材粘接剂，基层用水泥类材料打底，再粘贴石材的做法（图9-85）。干贴是指用干粉型粘接剂作为粘贴材料，基层用水泥类材料或其他类型材料打底，再粘贴石材的做法（图9-86），通常又称为胶粘。

当下，业主对石材品质的要求越来越高。如果采用水泥砂浆粘贴石材，即使石材的六面防护得很好，水泥砂浆中的水分也有可能渗透到石材里，最终导致石材产生返碱现象（图9-87）。而如果采用石材粘接剂来做石材粘贴，则能起到良好的保护作用，同时，石材粘接剂的粘接强度也远远优于水泥砂浆，不易发生石材脱落与空鼓现象。所以，当下主流的空间装饰中，已经很少采用水泥砂浆来粘贴石材了，尤其是墙面石材，会采用干挂或者采用石材胶粘剂粘贴，以保证石材饰面的质量和后期呈现的效果。

最常见的石材粘接剂主要有瓷砖胶、结构胶、胶泥（图9-88）等。很多家装公司又

把采用石材胶粘剂粘贴石材和瓷砖的工艺做法称为薄贴法（图9-89），因为采用该做法可以缩小完成面的尺寸。直接采用胶泥来粘贴石材时，胶泥层的厚度不能大于10mm，否则会造成后期性能不稳定，而传统的采用水泥砂浆来粘贴石材的做法，最小厚度至少大于

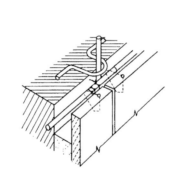

图9-84　石材湿挂节点图与现场

图9-85　石材湿贴现场　　　图9-86　石材干　　　图9-87　石材返碱
　　　　　　　　　　　　　　贴现场

图9-88　胶泥　　　　　　　图9-89　瓷砖薄贴法

30mm。所以，相对于传统水泥砂浆的做法而言，采用胶粘剂的做法被称为薄贴法也有一定的道理。

石材粘贴和瓷砖粘贴工艺从构造做法上来看完全相同。若石材用于空间的墙面，那么不管采用胶粘剂还是水泥砂浆，安装工艺和节点图均如图 9-90 所示。

因为墙面基层不同，所以选择的石材胶粘剂也不同。墙面是水泥砂浆基层时，采用胶泥作为胶粘剂。墙面是木基层板或其他非水泥基层时，则采用结构胶、AB 胶等胶粘剂来进行石材的粘贴。因此，当采用石材粘贴的做法时，节点图中的粘接层应标注为石材粘接剂，而不是标明具体的粘接材料——水泥砂浆、胶泥、结构胶等。

相对于墙面直接通过石材胶粘剂来粘贴石材，地面的石材铺贴要更复杂。从构造做法上来说，地面铺贴石材主要分为两种形式：一是现找平铺贴；二是预找平铺贴。现找平铺贴的做法是采用 1：3 的干硬性水泥砂浆对地面进行初找平，而后在干硬性水泥砂浆找平层上进行地面石材的铺贴，其现场工艺步骤和节点构造如图 9-91～图 9-93 所示。

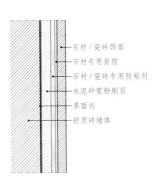

图 9-90

图 9-91 现找平铺贴

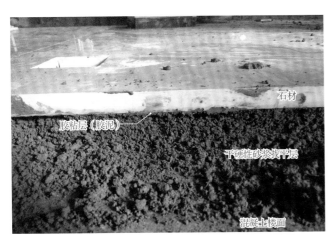

图 9-92 现找平铺贴做法分解图

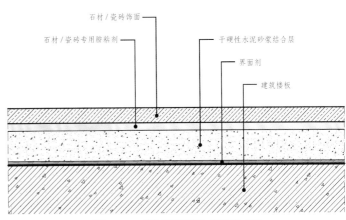

图 9-93 "现找平铺贴"做法节点图

预找平铺贴的做法是先用细石混凝土对地面进行找平，然后在平整的地面上，通过胶泥对石材进行铺贴，其现场工艺步骤和节点构造如图9-94~图9-96所示。

请注意图片展示的现找平做法和预找平做法之间的微小区别。这两种做法各有优缺点，但都是当下主流的地面石材铺贴做法。现找平铺贴最大的优点是对地面基层的平整度要求不高，无须先找平就可以直接使用1：3的干硬性水泥砂浆打底。缺点是完成面较厚，单是干硬性水泥砂浆层的厚度就不能低于4cm。同时，干硬性水泥砂浆层易吸收环境中的水分，所以，不宜用于潮气重的空间，否则必然产生空鼓现象。这种做法适用于大面积的空间地面铺贴，如大堂、开放办公区、餐厅等。

预找平铺贴的优点是平整度高，整体施工快，后期不易出现空鼓与开裂的现象，缺点是对地面找平层要求特别高。这种做法适用于面积较小的场所，如电梯厅、楼梯间、办公室、客厅、卫生间等。

当然，这两种地面铺贴方式最终做出的效果是相同的，没有好坏之分，具体选择采用什么做法需要根据不同空间环境进行分析。以家装空间为例，一般厨房、卫生间等有水空间采用预找平铺贴，起居室、卧室等无水空间可采用现找平铺贴。

地面铺贴石材若采用预找平铺贴，建议在技术交底时，先要求现场人员或供应商铲除石材的背网（图9-97），然后再进行粘贴。若不铲除石材的背网，后期很可能因为背网的脱落出现空鼓的现象。另外，因为采用石材胶粘剂粘贴能让石材的背部与水汽隔离，所以也不用担心铲除背网时可能破坏石材六面的防护效果。

若设计项目中出现木纹石或纹理极为明显的石材（如雨林啡、灰木纹等），安装在

墙面时，建议采用石材干挂的方式，安装在地面时，则建议采用预找平做法进行铺贴。如果采用粘贴的施工方式，在安装过程中，工人会用橡皮锤敲打石材进行找平，但纹理明显的石材都很脆，稍有不慎石材就会破裂（图9-98），而天然石材又是不可复制的，因此，一块石材破裂后，其纹样很难被替代，由此导致成本增加的同时，还影响了设计效果。

图9-94 预找平铺贴

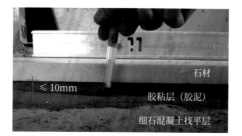

图9-95 预找平铺贴做法分解图

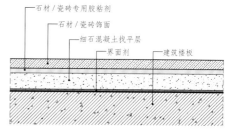

图9-96 预找平铺贴做法节点图

图9-97 石材背网铲除现场

图9-98 铺贴石材时，不慎敲碎石材

在绘制墙面石材的节点图纸时，石材与石材之间的接缝尽量不采用密缝拼接，因为在施工过程中容易造成石材崩边，最终影响美观。可以采用 V 形或 U 形凹缝的形式来做石材拼接（图 9-99）。

在石材的粘贴安装现场，可以看到一道道的胶粘剂刮痕，这种做法的专业叫法为锓刀施工（图 9-100），目的是通过一道道刮痕来保证胶粘剂的平整度和厚度，对石材完成面的控制以及后期的施工质量。这样的工艺并不是很多设计师认为的只有国外才有。

二、石材安装方法对比

在实际的项目中，到底应该选择哪种石材安装做法呢？下面通过一张表格（表 9-3）来对比这 4 种石材安装的做法。

总的来说，干挂做法具备其他做法的所有性能优点，但浪费空间，而且价格高；湿贴的性能相对于干挂差一些，但是节约空间，价格比较便宜；干贴介于干挂和湿贴之间，性能比湿贴好，但是成本高，而且不适合大面积的施工；湿挂除了安全外，几乎没有其他优势。

所以，高端的空间墙面（墙面高度超过 3.5m，石材版面分格较大）宜采用干挂，如大堂、建筑门厅、展示空间等。对完成面尺寸有要求，且空间狭小，需要控制成本的墙面和地面宜采用湿贴，如过道、客房、卫生间等（只有湿贴能用于地面，其他 3 种都是用于墙面的做法）。固定家具、特殊造型或非大面积铺贴的矮小空间，宜采用干贴，如服务台、楼梯踏步、空间装饰品等。而对安全性要求极高的场所需要使用湿挂，如建筑外墙的围裙处等，该做法在室内项目中几乎不会使用。

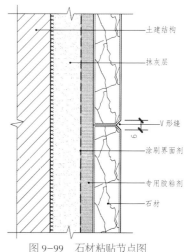

图 9-99 石材粘贴节点图
（单位：mm）

图 9-100 锓刀施工

项目	优点	缺点	最小完成面（石材厚度 20mm）	成本（元/m²）
	表 9-3 石材安装方式对比			
干挂	1. 安全可靠 2. 防止返碱 3. 耐冻、抗震	1. 占用空间，完成面大 2. 要求石材厚度大于 20mm 3. 采用钢架，增加了建筑荷载 4. 抗冲击力差	≥80	>200
湿挂	安全性高，可防止坠落伤人	1. 易产生空鼓、脱落的问题 2. 工效低	≥50	90～130
湿贴	1. 节省空间 2. 造价低 3. 施工方便，墙面、地面均可使用	1. 粘贴强度低 2. 温湿度变化适应性差 3. 易返碱吐白 4. 抗震性差	≥50	40～60
干贴	1. 强度高，柔韧性好 2. 温湿度变化适应性强 3. 可有效防止空鼓、脱落 4. 防止返碱，耐水性好	1. 安装高度有要求，不能大面积干贴 2. 抗震性差	≥40	70～100

三、小结

（1）不管室内空间的造型多么变化多端，收口方式多么精美，回归本质，主流石材的节点做法只有干挂、湿挂、粘贴3个类别。了解它们的底层规律后，可以解决所有石材粘贴的节点问题。

（2）根据材料的不同，石材粘贴分为湿贴和干贴；根据石材铺贴位置的不同，又分为墙面铺贴和地面铺贴。其中，地面铺贴可根据铺贴的工艺分为现找平铺贴和预找平铺贴。不同的铺贴方式适用于不同的空间，设计师一定要分清。

（3）每种石材安装的做法都有优缺点，通过优点和缺点的对比，可以根据实际情况选择适合自己项目的方法。

第六讲 | 石材留缝与石材天花构造

关键词：节点构造，石材留缝，设计要点

一、石材留缝处理的优点

前义提到了绘制墙面的石材节点图时，石材接缝尽量不采用密缝拼接，因为在施工过程中容易崩边，质量不好控制，可以采用 V 形或 U 形凹缝的形式来做石材拼接。除了工艺方面的因素外，更重要的是成本和设计效果的因素。

现在越来越多的空间中，在墙面石材的处理上都增加了一个小细节——留出缝隙（图 9-101）。这种处理手法在酒店大堂、售楼处、小区入户处等空间中随处可见，特别是米黄色系、浅灰色系、黑色系的墙面石材，在大空间中更是把石材留缝的细节运用到了极致。为什么越来越多的大空间中都开始使用石材留缝处理？这样做的好处是什么？下面从 3 个方面来分析。

1. 观感因素

（1）大面积石材留出缝可以有效避免石材在现场施工过程中由安装不平整、不垂直引起的观感差的问题。

（2）石材留缝可以有效缓解石材自身所出现的色差对碰问题。留缝之后，色差会得到淡化，不像密缝那样明显（图 9-102）。

（3）留缝可以有效弱化石材的边角因磕碰、切割误差等产生的缺陷（图 9-103），边角小的磕碰不会非常明显（如果边角磕碰较大，留缝的处理手法是不能掩盖的，必须更换石材或由厂家进行修补）。

（4）若石材自身的纹样不明显，或者是接近纯色（如西班牙米黄、雅士灰等），不做留缝处理会使整个空间模糊成一片，与涂刷涂料呈现出来的效果相似，而如果通过留缝的手法来进行处理，可以使整个空间硬朗起来（图 9-104）。

2. 施工因素

（1）留缝处理后，大面积石材安装更加方便、快捷（图 9-105）。以 600mm×600mm 一块砖来计算，一组合格的工人每天大概能做干挂 15m²~30m²，比密缝时的干挂效率高一些（密缝时，一组工人每天能做干挂 10m²~20m²，2 人为一组）。

（2）留缝处理的干挂石材安装方式不容易出质量问题。因为墙面干挂石材最容易出的质量问题是表面不平整、不垂直，对角不方正，而通过留缝处理后，可以很轻松地规避这些问题，避免不必要的返工。需要说明的是，采用干挂工艺安装的石材，在正常情况下是不需要预留伸缩缝的。干挂石材热胀冷缩，导致材料形变的可能性不大，因为干挂不同于湿贴，没有砂浆和胶粘剂的作用，正常的热胀冷缩不会对石材有太大影响。

3. 造价因素

若做大面积石材留缝处理，为了保证缝隙处不割手，必然要进行磨边扫光处理，这笔费用会算在石材的加工费里，通常为 5 元 ~8 元 /m，而大面积墙面的缝隙长度较大的话，对施

图 9-101 石材留缝处理

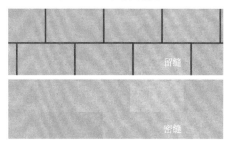

图 9-102 相同的石材贴图，有缝和无缝效果对比

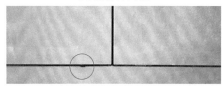

图 9-103 留缝处弱化石材磕碰影响

图 9-104 同样的墙面，密缝和留缝的区别

图 9-105 石材干挂现场

工方来说，可以适当增加项目利润。如果为满足某种设计效果而保留过小的石材间缝隙的话，还需要对石材进行勾缝处理，这样会增加项目的成本，但会达到更好的装饰效果。

二、石材留缝的弊端

大面积干挂石材留缝有很多好处，但也有弊端。

（1）从观感上来看，这种做法并不适合小空间。在小空间里，人们与墙的距离很近，近到可以很明显地感受到缝隙的粗糙感。留缝的位置如果不合适，刚好留在了人的视平线上下的位置（距地面1300mm~1500mm），人会透过缝隙看到里面的固定钢架，这就失去了留缝的意义。

（2）虽然留缝处理规避了色差，平整度、垂直度不够，收口大小头等密缝拼接常见的问题，但缝隙的大小需要严格控制，如果缝隙大小不一，最终效果会很差（图9-106）。

（3）留缝处理对工人的手艺、施工过程的管理有更高的要求。如果采用密缝处理，干挂胶粘剂可以随意涂抹，但是如果留缝处理，则需要严格控制干挂胶粘剂的剂量，一旦使用得过多，后期未及时清理，待胶粘剂固化后将很难清理掉，最终会形成明显的胶痕，影响成品的观感。

三、石材留缝的形式

留缝最大的好处就是避免石材边角的磕碰，表面的不平整、不顺直，由此产生了目前最常见的4种留缝方式，如图9-107所示。

关于缝隙的大小，光滑的石材表面处理宜留2mm~5mm的缝隙；粗糙的石材表面处理宜留5mm~10mm的缝隙。但粗糙的石材本身就自带留缝产生的一些优点，所以留缝的意义不大。

四、石材在吊顶上怎样做

前面已经介绍了大部分主流石材的节点和工艺做法，但还有一种特殊情况没有提到：如果石材要做在吊顶上应该怎样做？也是用干挂件来做吗？还是用背栓式的干挂来做？和木饰面不一样的是，石材在吊顶上需要考虑的不是防火问题，而是自身重量的问题。想要在吊顶上做石材饰面，一定不能将石材直接干挂或粘贴在顶面基层上。因为石材本身太重，直接受向下的力时，很容易掉下来，有极大的安全隐患。设计师需要谨记。

如果石材要做在吊顶上，目前主流的做法有两种：一是通过石材复合蜂窝铝板实现；二是通过石材转印铝板实现。

1. 石材复合蜂窝铝板

为了减轻石材自身的重量，并保证石材自身的纹理和质感，最好的解决方案是把原本20mm厚的石材切成3mm~5mm厚的石材单片，然后将石材单片复合在金属蜂窝铝板上（图9-108），再将金属蜂窝铝板进行吊顶干挂，从而达到石材吊顶饰面的效果（图9-109、图9-110）。这种做法的优点是切割的石材单片纹理自然，平整度高，重量轻，安全可靠。缺点是成本高，

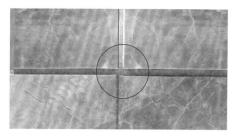

图9-106   缝隙大小不一

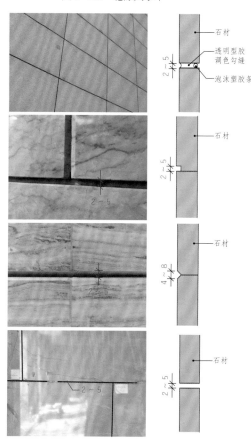

图9-107   墙面石材留缝的四大类型（嵌胶缝、U形缝、V形缝、明缝）（单位：mm）

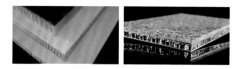

图9-108

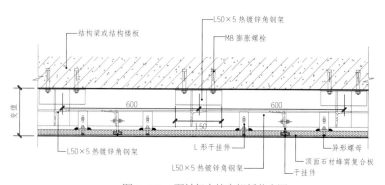

图9-109   石材复合蜂窝铝板节点图
（单位：mm）

且纹理丰富的软质石材易碎。不适合做复合石材处理。因此，这种做法只适合在大面积吊顶，且吊顶较低，能清晰地观察到石材纹样的时候采用。

2. 石材转印铝板

与木饰面一样，这种做法是用电脑生成石材纹样的图像，经过铝板转印技术的处理，使铝板带有石材纹样，直接用铝板代替石材作为吊顶饰面（图9-111）。这样做的优点是安全性高，成本相对较低，施工流程快；缺点是石材纹样不自然，观感较差。所以，这种做法适合吊顶较高的空间。其节点做法与常规的铝板吊顶一样，在后文金属铝板章节中会详细解析，这里不再赘述。

上面提到的这些做法和形式都是针对石材直接上顶做饰面板材的情况，但如果是做石材门套这样的顶面石材（图9-112），是可以直接采用干挂的形式的。因为石材门套面积小，而且除了向下的力以外，还有侧面的力挑住石材，所以在安全性上是有一定保障的。

五、如何用最低的成本让石材粘贴得更加牢固

前文提到，无论石材还是瓷砖，直接使用湿贴做法的问题是抗震性差，当墙体高度超过3.5m时不建议采用该做法。同时，因为热胀冷缩，大面积采用湿贴做法时，很容易出现脱落的现象。所以，为了保证湿贴做法的牢固性，通常在大面积墙面使用湿贴工艺时，会采用金属挂片（图9-113）或铜线（图9-114）来充当物理连接，进一步保证石材的牢固性。

这种细节的做法通常不会体现在节点图纸上，而主要体现在对现场工人的技术交底里（图9-115）。当理解了这种做法的本质后，以后在项目现场看到如图9-116所示的这种固定发泡砖等轻质砖体的场景时，就不会大惊小怪了。

六、小结

（1）石材留缝是当下空间中常见的设计手法。石材留缝从某些方面来讲能做到效果更美观、施工更方便、成本易把控，但缺点是石材留缝有时会有粗糙感，缝隙大小难控制，对工人手艺要求高。所以，墙面石材是否需要留缝，须结合空间的大小、石材的纹路样式以及施工的周期长短来综合权衡。

（2）石材规格板因为重量大，不能直接通过干挂和粘贴作为石材饰面的吊顶材料使用。所以，如果室内的吊顶需要石材饰面时，可采用石材复合蜂窝铝板和石材转印铝板的形式来实现。

（3）为了保证石材、瓷砖湿贴的牢靠度，避免后期出现空鼓、脱落等现象，在石材湿贴前，应当在石材背部进行金属埋件处理，物理连接和化学连接双管齐下，保证墙面石材的牢固度。

图9-110 现场安装实景

图9-111 石材转印铝板

图9-112 石材门洞钢架基层

图9-113

图9-114

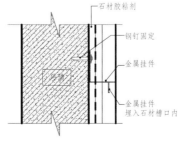

图9-115 湿贴石材加固方案节点

图9-116 发泡砖湿贴

第七讲 ｜石材收口

关键词：收边收口，思维模型，案例图库
导读：本文将解决以下问题：面对石材装饰构造的收口问题时，应该怎么办？石材自身收口有哪些形式？石材与其他材料的收口有哪些规律？

一、收口处理的方法论

任何装饰材料的收口都是有规律可循的，其中必须要遵守的是下面这条铁律：所有收口都尽量在阴角，哪怕在平面上，也一定不要在阳角，不得不在阳角收口时，要想办法把阳角转换成平面或阴角（图9-117）。在这条铁律的基础上，再分两步分析收边收口的问题。

第一步："谁"和"谁"收口
要明确：收口的是什么材料？"谁"来收"谁"的口？"谁"来压"谁"？在哪儿收口？如果不收口会怎么样？能不能改变收口方式？明确这些必要条件后，才能判断使用的收口方法（图9-118）。

第二步：如何找到适用的收口形式
任何分析都一样，只有了解了它的前因后果以及环境因素后，才能行之有效的方法论对它进行快速处理。在明确了"谁"和"谁"收口后，就可以从收边收口的5种形式中（图9-119），选择适合的一种甚至是多种形式的组合，用于解决室内装饰构造的收口问题。

根据第一步，本书把石材的收口类型分为"石材与石材收口"和"石材与其他材料收口"两部分，下面分别对其进行阐述。

二、石材与石材收口

1. 石材的平面收口

石材荒料的最大边长通常不会大于3m，因此石材大板规格也不会超过3m（图9-120）。从天然石材的材料限制和人

体工程学的角度来看，质地较软的石材（如大理石、砂岩等），单块的规格不建议大于800mm×800mm，若大于该尺寸，须在石材背部增加背筋（图9-121）来保护石材不开裂。质地较硬的石材（如花岗岩），单块的规格不建议大于1000mm×1000mm。同样，大于该尺寸后，须在石材背部做背筋保护。

前文提到，无论采用干挂还是粘贴的安装方式，只要墙面使用了石材，在设计风格允许的前提下，都建议做石材留缝处理。若设计风格不允许，则采用密缝处理。由此可见，石材与石材的收口方式以留缝和密缝最常见。当小范围采用石材饰面（如背景墙），或需要对石材进行分格装饰时，可在石材自身或石材的周边采用金属条收口，金属条可直接嵌入石材表面或胶粘至石材的缝隙处（图9-122）。

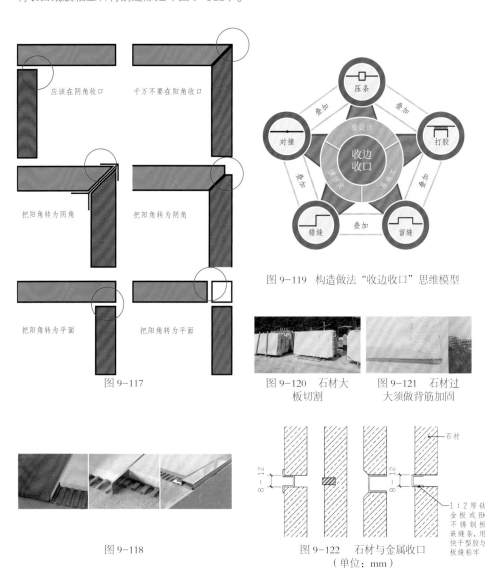

应该在阴角收口　千万不要在阳角收口

把阳角转为阴角　把阳角转为阴角

把阳角转为平面　把阳角转为平面

图9-117

图9-119　构造做法"收边收口"思维模型

图9-118

图9-120　石材大板切割　　图9-121　石材过大须做背筋加固

图9-122　石材与金属收口（单位：mm）

2. 石材的阳角收口

石材自身的物理性能稳定，不会像木饰面一样因为热胀冷缩而变形，所以，在石材的阳角收口时，只要选择合理的收口方式，并在安装时避免磕碰，就能很好地避免后期出现质量问题。提到石材的阳角，设计师应当想到各类石材台面的阳角处理，如洗面台、吧台、柜台等。在设计石材台面时，切勿将石材的阳角做成小于等于90°的锐角。否则，除了石材后期会磕碰开裂外，还会出现伤人的情况。在设计石材的台面阳角时，应当采用如图9-123所示的这些做法。

图中的任意一种石材台面的阳角收口方式都能很好地规避掉台面石材直接90°切角收口的弊端。这些石材阳角的收口方式，因为常用于横向的石材构造中，所以又被称为横向阳角收口。既然有横向阳角收口方式，就必然有竖向阳角收口的方式。用于墙柱面竖向转角处的石材收口方式称为竖向阳角收口，这种石材的收口方式设计师都比较熟悉。从常用和不常用两个角度来说，有5种最典型的收口方式，常用的石材阳角收口方式如图9-124、图9-125所示，不常用的石材阳角收口方式如图9-126~图9-128所示。

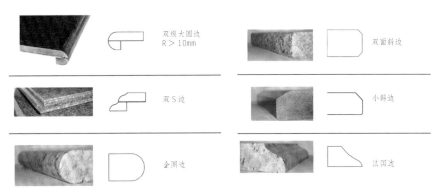

图 9-123

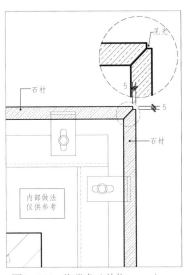

图 9-124　海棠角（单位：mm）

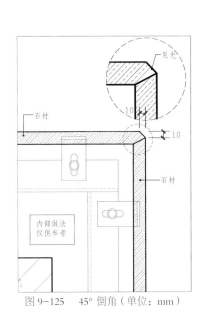

图 9-125　45°倒角（单位：mm）

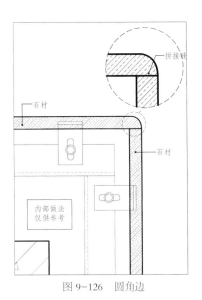

图 9-126　圆角边

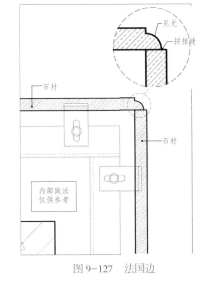

图 9-127　法国边

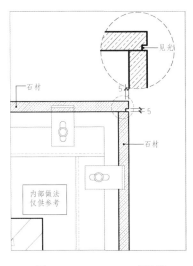

图 9-128　5mm×5mm 侧边槽（单位：mm）

在网络上流传的很多室内设计课程中，讲到石材阳角收口时，都会将用于空间构造中的竖向阳角收口直接应用在石材台面的横向阳角收口上，图9-129中的节点构造就犯了典型的石材收口应用错误。在石材台面上应用这样的收口，除了影响美观，会刮伤人外，后期的清洁和维护也将非常麻烦，时间久了之后，收口槽内会滋生大量细菌，非常不卫生。而这一切的源头，就是错误的石材收口方式。

3. 石材的阴角收口

石材与石材的阴角收口相对于阳角而言，其形式较为单一，主要有图9-130、图9-131所示的两种收口方式。

这里需要强调的是，当石材墙面采用U形槽的方式收口时，因为阴角两边的石材都有缝隙，所以会在阴角处出现如图9-132所示的空洞缺陷。为了避免这个问题出现，碰到使用U形槽做阴角收口时，应当做出如图9-133所示的设计处理方案。这个要点很容易被设计师忽略，切记。

当墙面石材与天花吊顶收口时，我们也可以把它当成一个典型的阴角收口方式来处理，套用"收边收口"模型，主要有如图9-134所示的几种收口方式。

三、石材与其他材料收口

因为不同材料的强度、收缩性、防潮性等均不同，所以，不同材料之间不建议使用对撞（密缝）的方式来收口。下面通过前面提到的所有的收口原则，介绍一些石材与其他材料的收口方式。石材与木饰面收口的做法如图9-135~图9-137所示；石材与壁纸、乳胶漆收口的做法如图9-138所示；石材与瓷砖收口的做法如图9-139~图9-141所示；石材与镜子、玻璃收口的做法如图9-142所示；石材与木地板收口的做法如图9-143所示；石材与地毯收口的做法如图9-144所示。

看完这些收口方式后，你会发现一个规律：虽然材料多种多样，但理解了收边收口的原则后，面对各种各样的材料收口，我们需要做的就只是套用简单的原则，并尽可能收集与记忆少数正确且通用的收口方式即可。这样就可以构建起属于自己的收口"图库"，解决装饰空间中常见的收口问题。

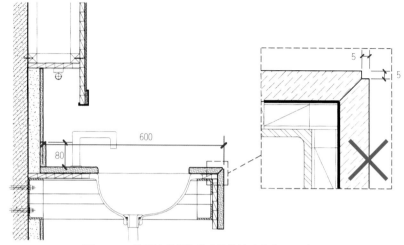

图9-129　洗面台采用海棠角的做法（单位：mm）

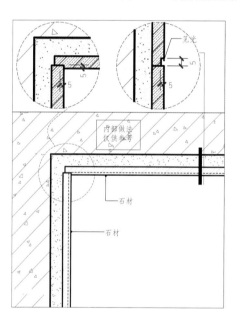

图9-130　5mm×5mm横向U形槽
（单位：mm）

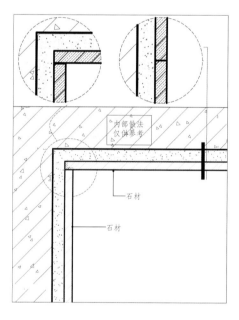

图9-131　石材密缝收口

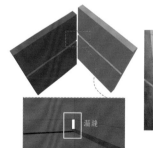

图9-132

图9-133　U形槽的阴角处理方式

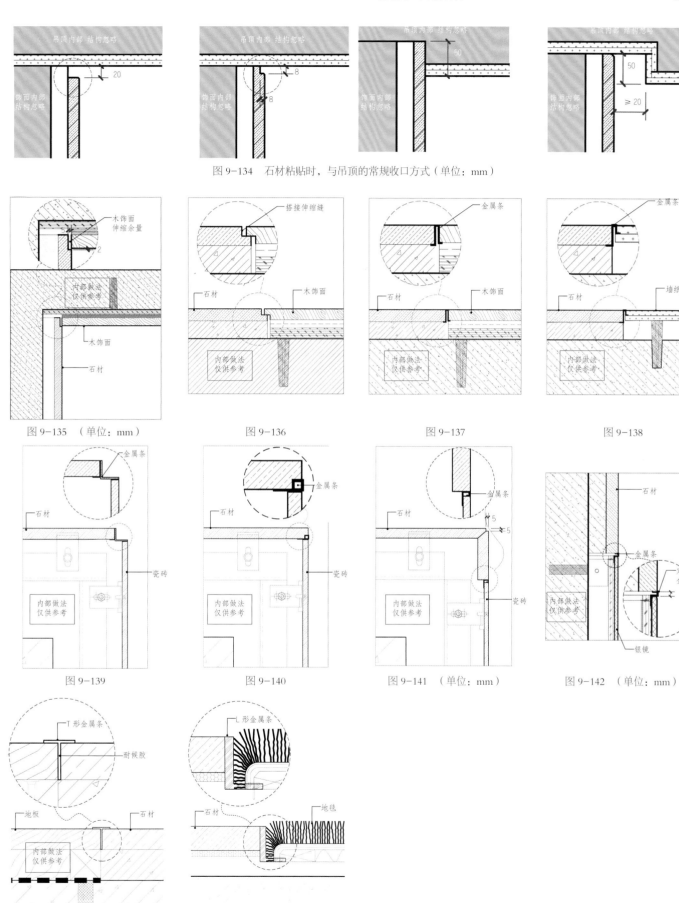

图 9-134 石材粘贴时，与吊顶的常规收口方式（单位：mm）

图 9-135 （单位：mm）

图 9-136

图 9-137

图 9-138

图 9-139

图 9-140

图 9-141 （单位：mm）

图 9-142 （单位：mm）

图 9-143

图 9-144

第八讲 | 石材质量通病与预防

关键词： 质量通病，系统分析，解决方案

阅读提示：

前文曾提到一个质量通病的分析模型——"功夫菜"。这个模型是抛开不可抗力的因素（地震、海啸、建筑沉降、结构损坏等），单从施工（功）、保护（夫）、材料（菜）这3个人为可控的维度来对室内构造问题的成因及规避方式进行全面分析。前文并没有提到设计因素对项目质量的影响，但"功夫菜"这3个因素全都围绕着设计因素，也就是说，如果在做设计时没有考虑安全、功能、美观这3个因素，那么最终项目落地后必然会出现质量问题。而如果一开始在设计时就考虑到了后期落地的隐患，将在很大程度上降低后期质量通病发生的概率。

下面从设计因素、材料因素、施工因素和成品保护4个方面介绍设计师需要了解的常见的石材质量通病。

一、设计因素

根据"功夫菜"模型，因设计失误而造成的最典型的石材质量通病主要有两个方面。

1. 石材分缝不合理

（1）墙地面石材排版时未做冲缝处理，后期效果不理想（图9-145）。

①成因分析

深化设计考虑不周，未注意细节处理。

②预防与解决

可参照瓷砖的排版方式，对石材的缝隙进行冲缝处理（图9-146）。若无法实现墙与地面完全对缝，应把不对缝处留在空间角落，或采用波打线来规避墙面石材与地面石材直接对缝的情况。

（2）墙面石材做留缝时，缝隙处于人眼可直接观测的高度。

①成因分析

深化设计时，未考虑拼缝与视线之间的关系。

②预防与解决

根据图9-147所示，在视线上方的石材工艺缝应留在石材下方；反之，视线下方的工艺缝应留在石材上方。

（3）墙面石材的分缝不恰当，影响观感

①成因分析

深化设计考虑不周，未注意细节处理。

②预防与解决

图9-148所示的分割方式不适用于墙面有暗门的场景，否则必然会在暗门处出现缝隙，让人一眼看出暗门的位置，让暗门失去隐蔽性。所以，在有暗门的墙面，要么不采用该种排版方式，要么接受这个通病。

2. 收口样式不恰当

（1）墙角出现朝天缝隙（图9-149）

图 9-145

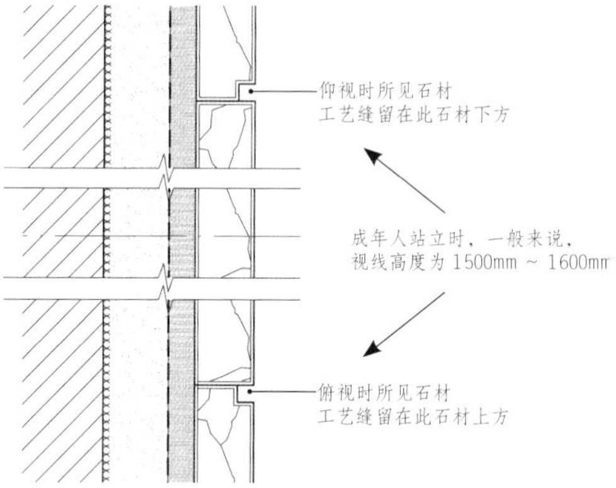

图 9-146

墙砖与地砖等宽　　两块墙砖与三块地砖的宽度相等

墙砖　地砖

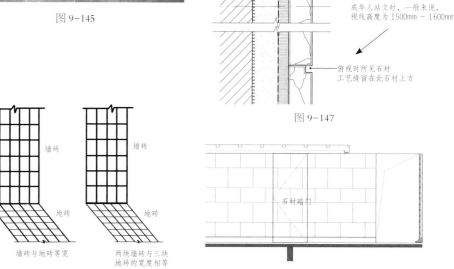

仰视时所见石材
工艺缝留在此石材下方

成年人站立时，一般来说，
视线高度为1500mm～1600mm

俯视时所见石材
工艺缝留在此石材上方

图 9-147

石材暗门

图 9-148

①成因分析

深化设计考虑不周，未注意细节处理；现场管控不到位，出现工序错误。

②预防与解决

深化图纸时，应如图9-150所示，采用墙压地的方式收口；技术交底或设计巡场时，提醒施工班组考虑工序，最下面一块石材最后做。

（2）凹凸不平的石材表面收口不合理（图9-151）

①成因分析

深化设计考虑不周，未注意细节处理。

②预防与解决

采用表面凹凸不平或者有槽口的石材时，一定要考虑它的形态和它与墙面的关系，而不是单纯地认为它是图纸上表示的平整的线。遇到这类问题时，一定要考虑清楚两边材质到底是"谁"来收"谁"的口，理清这个收口关系后，即可采用如图9-152所示的这类收口方式来规避。

二、材料因素

石材常见的质量通病中，有两个是在石材还未进场或在工厂加工时就埋下的隐患，分别是石材出厂未预排和石材保护不到位。

1. 石材出厂前未预排

（1）石材安装时存在色差（图9-153）

①成因分析

因为石材是天然材料，不同石材在矿山里的位置不同，必然会有色差，就像色彩渐变一样。如果把它们按照渐变的规律放在一起，是看不出太大差别的。但是，如果没有按照渐变的顺序排列，色差就会很明显（图9-154）。其次，石材的加工批次不同也会导致石材的色彩出现偏差。如果石材出厂时没有编号，或者编号混乱，现场安装时未按编号安装也会使石材的色彩混乱。

②预防与解决

设计师控制不了石材的色差，需要厂家在

石材出厂前就进行控制，把相同矿山坑口开采出的石材按照下单的顺序进行预排。利用渐变的原理保证石材的色差不明显。石材排版下单时，同一面墙的石材也要要求石材厂家采用同一批材料加工。

（2）石材不对纹（图9-155）

①成因分析

制作石材排版图时，没有根据实样进行石材预排、对纹，或石材自身存在缺陷导致纹样不连贯。供应商未在工厂根据石材纹样进行预排或预排后编号错误。

②预防与解决

对纹样明显，且需对纹的高端石材，应让厂家提供石材大板图片，然后进行石材的彩色排版（图9-156），绘制下单图，这样才能满足高标准的空间设计要求。另外，要求厂家在石材加工时，在厂内根据石材纹样进行预排（图9-157）。

图9-149

图9-151　指示牌在自然面石材上的收口问题

图9-152

图9-153

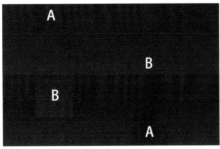

图9-154　同样的颜色在不同位置的视觉区别

图9-155

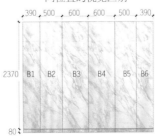

图9-156　石材排版（单位：mm）

图9-157　现场排版

2. 石材保护不到位

（1）石材返碱（图9-158）

①成因分析

造成石材返碱的本质是采用水泥砂浆湿贴时，水泥中的碱性物质起水解反应，大量的 Ca^{2+}、OH^- 以水为介质，通过石材的拼接缝隙或毛细孔到达石材表面，水分挥发干燥以后留下白色的粉状物质。当石材在工厂内未做好保护，直接进场用水泥砂浆粘贴时，会出现返碱的现象。

②预防与解决

返碱对石材有腐蚀性，严重时会在石材表面产出白华现象，所以在石材返碱后，应采取相应的处理措施，主要分为以下几步。

断水：断绝一切水和潮气的来源，如拖地的水、直接的水源、石材背面的水源等。

干燥：可通过门窗通风，用鼓风机吹，增强空气流通等。

清洗：先用铲刀清理返碱严重的部分，然后用干的抹布将石材表面擦干净。

防护：用专用的防护剂进行石材防护处理并打磨，每隔一周时间重复处理一次，处理2~3次后即可防止白华透过毛细孔溢出。返碱的处理方式比较复杂，设计师作为了解即可。而且针对石材返碱问题，应当做好预防，而不是形成后补救。在石材出厂前，应要求厂家做好石材的六面防护，并谈好返碱后的责任及保修时长等。

（2）石材污染（图9-159）

①成因分析

如果石材防护不到位，在石材表面遇到有色液体时（果汁、墨水、油等），这些液体必然会渗透进石材的内部，形成有机色斑，不易清洁。

②预防与解决

面对质量问题，首先要想的是如何预防。石材六面防护以及结晶处理是防止污染的重要手段。判断石材防护得好坏最简单的方法就是滴几滴水在石材表面，等待一段时间后观察水滴的情况，以此判断石材的防护处理是否合格（图9-160）。如果已经发生了石材的污染现象，就只能根据残留污渍的颜色，结合现场大致判断污渍的

类型，然后找到针对该污渍的色素，采用化学脱色的方法，即破坏污染物的分子结构，有针对性地清洗。

（3）石材泛黄（图9-161）

①成因分析

石材防护不到位；成品石材保护不到位；石材养护不规范，劣质酸性药剂中的酸与钢丝棉反应后生成的物质渗入石材毛孔，导致黄变；打磨过程不规范，使用的石材蜡含有色素或酸碱性的物质，导致石材黄变。

②预防与解决

针对上述原因与厂家逐一沟通，并要求厂家做好石材的六面防护，或施工完成后做好石材结晶处理。

三、施工因素

根据"功夫菜"模型的逻辑，由施工因素造成的质量问题主要有两个方面的原因，分别是技术交底不到位、施工过程存隐患。本文分别从这两个方面介绍石材安装过程中常被忽略的细节。

1. 技术交底不到位

（1）大面积吊顶直接采用石材干挂处理，导致石材掉落（图9-162）

①成因分析

大面积吊顶直接采用厚度大于等于20mm的石材规格板，后期会留下安全隐患。

②预防与解决

小面积可采用该方式，但若是大面积，且层高大于3.5m，建议采用石材复合蜂窝板或转印铝板代替。

（2）石材阳角处45°拼角有缝隙。

①成因分析

下单图纸与后场加工交底不清；石材倒角大于45°，导致石材在转角处留有空隙，如图9-163所示。

②预防与解决

石材阴阳角施工应45°对角（须工厂加工）。若石材倒角已经大于45°，那么则可采用图9-164所示的方式进行收口处理。

图9-158

图9-159　六面防护不到位，导致石材污染

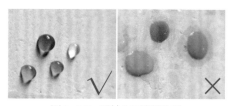

图9-160　石材六面防护的质量好坏检测

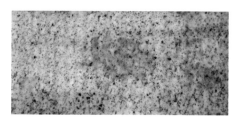

图9-161

图9-162　吊顶干挂石材下掉

图9-163

2. 施工过程存隐患

（1）石材安装未对缝，细节不完善（图9-165）

①成因分析

施工管理不到位；石材自身有缺陷。

②预防与解决

石材与石材之间拼接安装时，必须用红外线测量仪器做垂直水平辅助，如果是石材本身的原因，必须通知负责人，根据情况决定是否返厂。

（2）石材与石材对角不通缝（图9-166）

①成因分析

放线不到位，对墙面、地面完成面不能准确弹线到位；在现场切割时，由于人的因素或设备的因素，加工度不够，导致45°角对不上。

②预防与解决

排版下单时，事先将拼角石材做成整块，不用做斜切角。石材到场安装时，经过试拼后，根据尺寸现场切割直角边即可（图9-167）。驻场检查人员必须严格控制两边的石材宽度，否则安装后无法对上，或者建议厂家加工后，现场安装成品。

四、成品保护

根据"功夫菜"模型，石材施工完成后，应进行成品保护，具体的保护措施与预防措施和木饰面成品保护相同，如图9-168、图9-169所示，这里不再赘述。

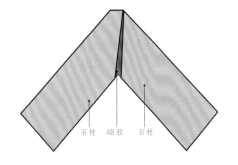

石材　AB胶　石材

图 9-164

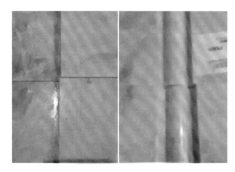

图 9-165

图 9-166

图 9-167

图 9-168　石材墙面加护角条保护

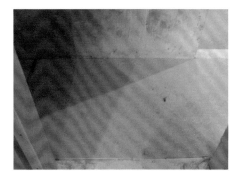

图 9-169　石材地面用石膏板做成品保护

第九讲 ｜ 石材墙面安装流程

关键词：工艺流程，石材粘贴，石材干挂
导读：本文立足于石材安装现场，结合节点图纸，还原了石材安装的全过程。

一、墙面石材粘贴流程

石材固定于墙面时，标准的粘贴流程为检查作业条件、基层处理、粘贴石材、石材勾缝。

1. 检查作业条件

石材施工前，须由施工方进行深化设计，并出具石材排版图（图 9-170）。石材排版图一定要在施工方对现场实际尺寸检查、复核无误的基础上进行。除此之外，施工方的设计师必须出具对应的节点详图，详图中需要表示出地面与墙面相交部位、墙面与天花相交部位、地面楼梯、台阶、检修洞口、检修井口、墙面开口部位（如消防箱、窗洞口等）、墙面阴阳角转角部位以及石材地面分格缝的处理方式。石材安装作业前，须保证墙体结构已经验收，水电、通风设备安装等已施工完毕，并接好加工饰面板所需的电源和水源。

2. 基层处理

（1）验收平整度：根据不同的墙体基层，验收其表面的平整度（图 9-171）。
（2）基层处理：若墙体为钢架墙，应保证墙体表面水泥砂浆抹灰完毕。若墙体为混凝土结构，应采用界面剂等毛化基体界面材料进行基面处理（图 9-172）。另外，进行墙面石材粘贴时，不建议使用木板打底。
（3）清理、放线：将墙面浇水湿润，并将表面清理干净，表面不得有浮尘。随后按照图纸要求在墙面进行分块弹线处理。

3. 粘贴石材

采用胶泥粘贴石材时，为了防止石材空鼓脱落，须将石材背网及胶水铲除干净，同时补刷一遍防护剂，之后晾干。晾干后，在石材背面满涂 3mm ~ 5mm 厚的胶泥（图 9-173），并用镘刀划道后放置在一边。同时，在墙面对应位置满刮一层胶泥，用镘刀划道，墙面与石材背面胶泥划道的方向应垂直，随后进行镶贴。铺贴后，用木锤或橡皮锤轻轻敲击（图 9-174），随时用靠尺找平、找直。

从当下市场来看，墙面石材饰面的安装方式以胶泥粘贴为主，水泥砂浆粘贴石材的做法越来越少。胶泥除了能保护石材以及粘接力强之外，还有一个好处就是胶泥的厚度很薄，通常情况下，在节点图上只需预留 10mm 的厚度即可（水泥砂浆铺贴石材，通常情况下预留厚度达 30mm）。

4. 石材勾缝

待墙面石材铺贴完成 24 小时后，清除石材表面的标签、残留的灰浆及缝隙定位条等，将石材缝隙多余的砂浆清理干净，然后根据石材的饰面效果，用专业的石材勾缝剂勾缝，要求缝隙饱满，且勾缝剂的颜色与石材大致相同。

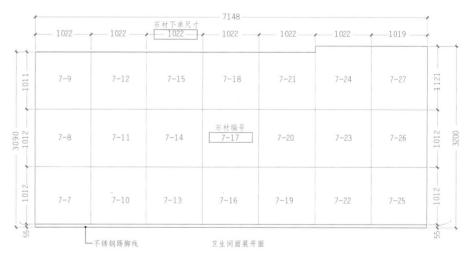

图 9-170 （单位：mm）

图 9-171　　　　图 9-172　　　　　　图 9-173　　　　图 9-174

5. 注意事项

做完以上步骤后，墙面石材的铺贴就已经完成了，接下来要进行设计验收。规范中对石材粘贴的要求如表9-4所示。

为了防止出现外饰面石材颜色不一致的情况，施工前应事先对石材板进行认真挑选和试拼。为防止线角不顺直，缝隙格不均匀、不直，施工前应认真按设计图纸的尺寸核对结构施工的实际尺寸，分段、分块弹线要精确细致，并经常拉水平线和吊垂直线检查校正。

以上是使用胶泥粘贴石材的全流程，若使用结构胶粘贴石材，流程、做法和注意事项也是同样的，只是将基层由水泥基面换为阻燃板、木工板等基面而已（图9-175）。但是需要注意，使用结构胶加木板的做法建议只用于固定家具（服务台、吧台等）以及层高小于等于2m的情况，否则会存在安全隐患。

二、石材干挂流程

石材干挂这种构造形式主要适用于墙柱面的石材安装，其标准的工艺流程如图9-176所示。

1. 施工准备

与石材粘贴一样，干挂石材之前，应由施工方的设计人员出具对应的石材排版图、钢架排版图以及石材大样详图，并在开始施工前，开箱检查石材，根据石材排版图的编号对石材进行分区域放置。然后根据石材排版图以及钢架排版图（图9-177）对墙面基层进行放线定位。

2. 立杆安装

与粘贴不同，干挂的方式并不需要对墙面基层进行处理，而是直接依据放线的位置对立杆进行安装。立杆一般是从底部开始，然后逐级向上推移进行。验收规范要求，立杆与立杆之间的距离最大不能超过

项次	项目	允许偏差（mm）	检验方法
	表9-4 石材饰面板镶贴的允许偏差和检验方法		
1	立面垂直度	1	用2m拖线板和直尺检查
2	表面平整度	1	用2m靠尺和楔形塞尺检查
3	阴阳角方正	1	用20cm方尺和楔形塞尺检查
4	接缝直线度	1	拉5m线，不足5m拉通线，用钢直尺检查
5	墙裙、勒脚上口直线度	1	拉5m线，不足5m拉通线，用钢直尺检查
6	接缝高低差	0.5	用钢直尺和楔形塞尺检查
7	接缝宽度	1	拉5m线，不足5m拉通线，用钢直尺检查

图9-175 墙面石材粘贴于木质基层板上

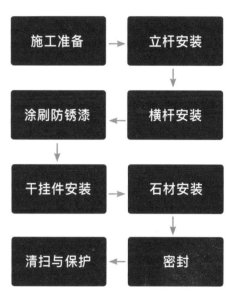

图9-176 石材干挂施工流程

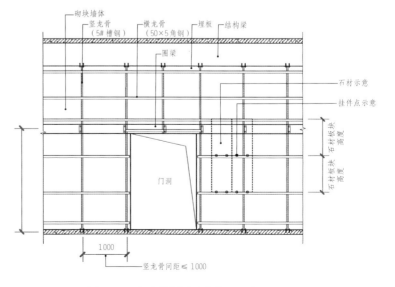

图9-177 钢架排版图 （单位：mm）

1200mm（图9-178），以1000mm为宜。在安装立杆之前，首先对其进行直线度的检查，将误差控制在允许的范围内。钢架等骨料的大小与间距等节点选择，请回看本书中关于骨料的篇章。立杆与墙面、地面的固定形式主要有如图9-179、图9-180所示的两种类别。当墙面为非混凝土墙体时，应采用穿墙螺杆固定预埋板，进而通过预埋板固定立杆。

3. 横杆安装

立杆安装好后，根据钢架排版图检查分格情况，符合规范要求后进行横杆的安装（图9-181）。室内钢架的横杆多为5号角钢，其间距为石材的大小。横杆通过焊接与立杆进行连接，在焊接前，须对角钢进行开孔，为后期固定干挂件做好准备。

4. 涂刷防锈漆

所有钢结构制品在焊接完成后都须处理焊缝，做到无毛刺、无焊渣。随后要在焊缝处涂刷防锈漆防止钢材生锈。防锈漆通常为银粉漆（图9-182）和丹红漆。

5. 干挂件安装

钢架基层完成后，根据石材的排版图开始安装石材的干挂件（图9-183）。需要注意的是，一般石材干挂件的中心距石材板边不得小于100mm。50mm×50mm×5mm的热镀锌角钢上安装的挂件中心的间距不宜大于700mm，边长小于等于1m的25mm厚的石材可设两个挂件，边长大于1m时，应增加1个挂件（图9-184）。

6. 石材安装

干挂件安装完成后开始安装石材。首先对石材进行开槽（图9-185），在石材板块上下两边各开两个短槽，槽长100mm左右，槽深度不宜大于25mm，且槽口处不能出现背部断裂等情况。槽内应光滑、洁净，开槽后应将槽内的石屑吹干净。除了在石材规格板上开槽外，还可以通过背栓式（图

9-186）和背部粘贴石材的形式（图9-187）来满足干挂的要求，但在国内绝大多数的室内空间中，都是采用规格板开槽的形式来进行石材干挂的。

石材开完槽后，使用专用的环氧树脂AB结构胶，A胶与B胶的比例为1：1，使用前应充分搅拌均匀，使用时应将每个石材开槽位补满，待挂件入槽，再将多余的胶水清理干净，不得污染石材板面。

图9-178 立杆间距≤1200mm

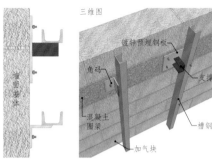
图9-179 钢架与墙面固定示意图

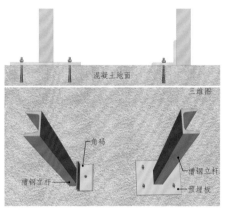
图9-180 钢架与地面固定示意图

图9-181 横杆固定

图9-182 钢架焊接处涂刷防锈漆

图9-183 干挂件安装

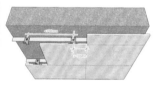
图9-184 干挂件的间距要求

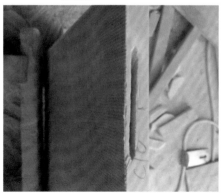
图9-185 石材开槽

图9-186 石材背栓式干挂

图9-187 背部粘贴石材干挂

这里需要注意，云石胶是刚性胶水，只起临时固定石材和修补石材的作用，不起固定石材的作用，长期固定石材必须采用结构胶。在开始干挂石材板块后，应当采用木楔子垫起最下方的石材，并通过木楔子和其他辅助工具进行石材墙面的调平，边挂边进行调平（图9-188～图9-191）。

7. 密封

石材干挂完成后，即可对墙面石材进行密封处理。密封处采用清洁剂进行清洁，最后用干燥清洁的纱布将溶剂蒸发后留下的痕迹拭去，保持密封面干燥。为防止密封材料使用时污染装饰面，同时使密封胶缝与面材交界线平整，应贴好纸胶带，要注意纸胶带本身的平整。

注胶（图9-192）应均匀、密实、饱满，同时注意注胶方法，避免浪费。注胶后，应将胶缝用小铲沿注胶方向用力施压，将多余的胶刮掉，并将胶缝刮成设计形状，使胶缝光滑、流畅。胶缝修整好后，应及时去掉保护胶带，并注意撕下的胶带不要污染板材表面，及时清理留在施工表面的胶痕。

8. 清扫与保护

密封完成后，须对墙面石材进行清洁。同时，墙面石材的墙柱面阳角处、结构转角处的石材棱角应有保护措施（图9-193），防止石材表面的渗透污染。拆改安装架时，应将石材遮蔽，避免碰撞墙面。整个立面的石材安装完毕后，方可进行设计验收和监理验收，石材干挂的设计验收规范要求如表9-5所示。

虽然以上内容是基于石材平板的标准工艺来介绍的，但只要是能采用干挂来解决的造型，如柱面、异形面等，其安装节点的工艺流程和把控方法都是一样的（图9-194～图9-196），我们需要做的就是使用这些相同的规则，配合不同类型的墙面石材造型，通过标准节点图和节点方法论应对不同的设计问题。

图9-188 石材干挂步骤详解　　　图9-189

图9-190　　　　　　　图9-191 胶水干之前辅助固定

图9-192 在石材缝隙中注胶　　　图9-193 石材阳角保护

图9-194 外墙小红砖干挂　　图9-195 蘑菇面石材干挂　　图9-196 欧式拱门与线条干挂

表9-5　石材干挂的设计验收规范

项次	项目	允许偏差（mm）		检验方法
		光面	粗面	
1	立面垂直度	1	2	用2m垂直检测尺检查
2	表面平整度	1	2	用2m靠尺和塞尺检查
3	阴阳角方正	1	2	用20cm方尺和塞尺检查
4	接缝平直	1	2	用5m小线和钢直尺检查
5	墙裙上口平直	1.5	2	用5m小线和钢直尺检查
6	接缝高低	0.5	1	用钢板短尺和塞尺检查
7	接缝宽度	1	1	用钢直尺检查

第十讲 ｜ 石材彩色排版图

关键词： 制图标准，制图方法，读图识图

一、材料下单图

材料下单图顾名思义，就是对装饰材料进行下单的图纸。何为"下单"？大意就是需求方向供给方下的订单。也就是设计项目方需要厂家配合提供材料，所以给材料厂家下订单，厂家根据合同对这份订单（图9-197）的材料进行生产加工，最后按时、按量地把这份订单的材料送到项目上进行安装，从而保证项目的顺利推进。但是，只凭借一张订单是不够说明应该怎样对材料进行加工的，所以，配合这份订单，往往会有一套图纸作为附件，对所需的材料进行解释和说明，把材料"翻译"成厂家能看得懂的，能做得出的指导性图纸。

图9-198、图9-199就是材料下单图，因为图中表达的材料是石材，所以，这份图纸也叫"石材下单图"或"石材加工图"。在这套加工图中，针对地面与立面需要石材饰面的区域，施工方的深化设计师会根据现场的实际尺寸对石材饰面区域进行石材的预排，方便后期厂家对石材进行编号，现场工人根据石材排版图和石材编号进行安装。而这份根据设计立面（或地面）制成的石材图纸，就被称为石材排版图。

很多设计师会有疑问：石材排版图和地面石材的铺装图有什么不同吗？其实这个问题很简单，平时出具的施工图中的石材铺装图和立面图可以作为石材安装的草稿，它不需要很精准，只是为后期石材排版图的绘制提供参考。但石材排版图需要非常精确，有时，石材的排版图中会出现一些不是整数的地方（图9-200），这是因为石材在实际铺贴过程中的确会出现非整数的情况，石材排版图需要根据现场实际情况来表达实际数值。

生 产 通 知 单

工程名称	XXXXX 万豪酒店		工程编号		003
部　位	一层大堂立面4#单原待定加工石材按此图纸加工		材　料		见单
包　装	木箱（共30箱/箱号：E12#-E21#）		交货日期		

产品汇总表

序号	产品项目	材料	规格	单位	实际数量	备注
1	规格板	ST05	25厚	m²	3.611	
2	规格板	ST07		m²	41.176	
	规格板	ST13		m²	62.057	
3	3×3抽槽			m	12.461	
7	撇底45°留3mm			m	183.013	
8	直边磨见光边			m	12.461	
10	以下空白					

☆加工说明：
1. 用料：请联系_____业务，折率：____%。
2. 所有石材做六面防护处理。
3. 质检，排版，编号，装木箱，入库。
4. *此单全部按图纸加工，清单仅供装箱算量使用。*

● 板材/异型料（加常规余量）：

箱号	部位、品名	材料	长	宽	厚	数量	长度/面积	编号	备注
E12	大堂服务台2立面展开	ST-13	422	756		4	1.276m²	2D-2~5	
E12		ST-13	422	192		1	0.081m²	2D-6	
E12		ST-13	87	756		16	1.052m²	2D-7~10, 2D-26~29, 2D-41~44, 2D-60~63	
E12		ST-13	87	192		4	0.067m²	2D-11, 2D-30, 2D-45, 2D-64	
E12		ST-13	795	756		8	4.808m²	2D-31~34, 2D-36~39	
E12		ST-13	795	192		2	0.305m²	2D-35, 2D-40	
E13		ST-13	910	756		8	5.504m²	2D-65~68, 2D-70~73	
E13		ST-13	910	192		2	0.349m²	2D-69, 2D-74	
E13		ST-13	87	756		16	1.052m²	2D-75~78, 2D-94~97, 2D-104~107, 2D-12	
E13		ST-13	87	192		4	0.067m²	2D-79, 2D-98, 2D-108, 2D-127	
E13		ST-13	1069	756		4	3.233m²	2D-99~102	

图9-197 材料订单

关注微信公众号"dop设计"
回复关键词"SZZN05"
获取书籍配套石材排版图CAD源文件

总之，材料下单图就是材料加工图。在它的图面上，只会表达与需要加工的材料相关的信息（如长、宽、高、厚、饰面造型等），不会存在其他多余的信息。

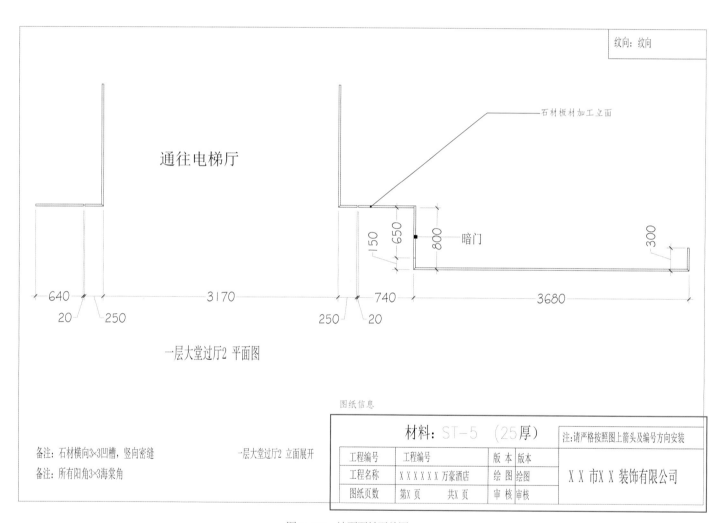

图 9-198　墙面石材下单图

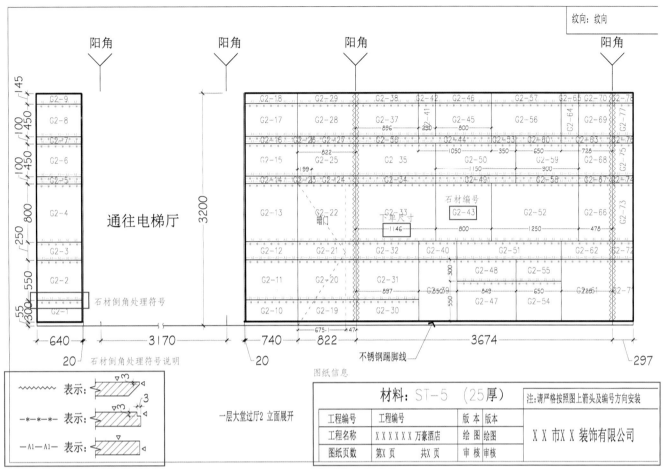

图 9-199 墙面石材下单图

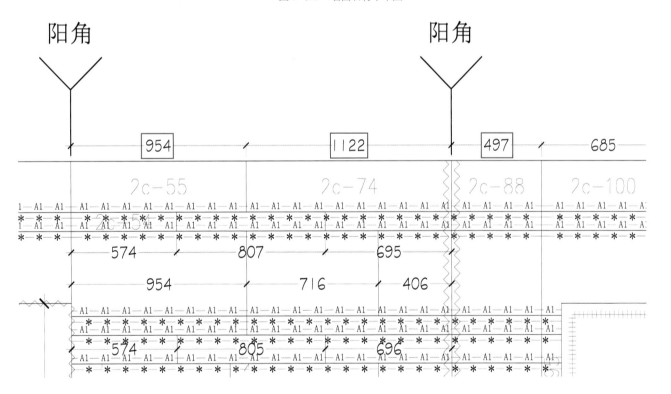

图 9-200

二、石材下单时的注意事项

任何材料下单时，损耗都是需要考虑的因素。前文提到，石材的规格不建议大于1000mm，根据这个前提，在挑选石材时需要格外注意，如果在墙面采用800mm长的石材做分缝，而供应商提供的石材有效边长在2m左右，就相当于浪费了400mm的长度。所以，在实际石材排版时，应根据厂家提供的石材大板数据进行合理分割和调用，尤其在转角、收口线条处，要更加留意石材的损耗。这也是石材线条在深化时，大多数情况下都是由两块板材拼接而成的原因（图9-201）。

石材在下单时，四周的板材建议在实际尺寸的基础上多预留50mm，因为石材边长稍大的话，现场还可以随意切割，但是，如果因为现场原因造成石材过短，出现缝隙的话，用同色漆进行修补就显得很不美观。所以，下单时多加一点儿余量更稳妥。

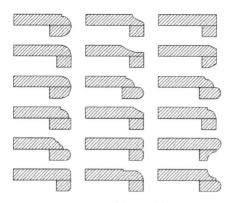

图 9-201　石材台面线条拼接

在排版时，直纹的石材应标明石材纹理的方向，避免工人随意安装。若是乱纹的石材，则需要厂家进行对花处理。如果遇到重点区域，如需要刻意用石材的纹样突出品质的空间，就必须要采用石材彩色排版图。

三、石材彩色排版图

1. 为什么需要石材彩色排版图

在设计方案中标后，施工方进场开始施工，此时石材排版图已经绘制完成。接下来就需要针对纹样鲜明（图9-202）或名贵石材（图9-203）的对纹石材饰面进行石材的彩色排版图绘制，并把排版图交给石材厂家，石材厂家根据石材彩色排版图进行石材的切割与准备。

图 9-202

图 9-203

石材彩色排版图的意义在于对最终落地的石材饰面样式起到合理化的把控。如果石材彩色排版图不是由深化设计方出具，而是由材料厂家制作，就很可能会造成最终石材不对纹或者错纹的情况，进而造成成本的增加（图9-204）。所以说，石材彩色排版图既能有效避免浪费石材、节约材料成本，又能保证石材最终的落地效果，避免不对纹的情况出现。

2. 石材彩色排版图与彩色平面图的区别

石材彩色排版图（图9-205）与方案设计

图 9-204　未经彩色排版的石材
背景墙

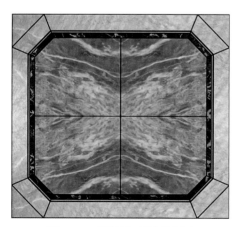

图 9-205　石材地面彩色排版图

时出具的彩色平面图（图9-206）极其相似，但它们有本质的区别。彩色平面图可以让业主更加直观地理解设计师对这个空间的规划以及布置，而最终落地的效果和彩色平面图并没有太大联系。而石材彩色排版图是根据实际的石材大板，一比一地体现石材的真实切割位置以及预排位置，它能真实地还原石材的铺贴情况，是现场石材安装时"所见即所得"的指导性施工图。所以，石材彩色排版图和彩色平面图是两个不同的概念，出具方也不一样。

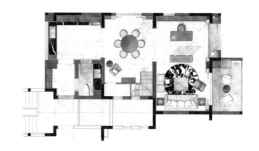

图9-206 酒店客房彩色平面图

3. 在什么情况下需要使用石材彩色排版图

石材彩色排版图虽然能更加直观地解决复杂石材的排版问题，但绘制石材彩色排版图的时间成本较高，所以在实际项目中，并不是所有有纹理的石材都需要用石材彩色排版图来表示。一方面，除了一些需要特定纹样或者连贯纹样的空间外，其他绝大多数空间对石材的纹理都没有太高要求；另一方面，一些直纹的石材纹样比较单一，完全可以通过铺贴的石材排版图来排版，没有必要花时间做石材的彩色排版图。所以，只有在处理纹理特别明显的石材品类，以及需要通过石材的纹理来做对纹处理的场合，才需要使用石材的彩色排版图。

黑金花 大板文件

亚马逊绿 大板文件

云灰 大板文件

彩色排版区域底图 CAD 文件

图9-207 石材排版必备文件

4. 绘制石材彩色排版图5步法

下面通过一个实战案例来讲解关于石材彩色排版图的制作流程以及设计师必须知道的石材排版的注意事项。

（1）准备文件

石材的彩色排版图是在石材排版图绘制完成，并在相关责任方签字确认的情况下，由施工方的深化设计师（或材料商）制作。所以在开始制作之前，需要先拿到CAD版本的石材排版图，以及由石材厂家出具的石材大板的相关数据（图9-207）。

（2）确定位置

找到需要进行石材彩色排版的区域，将该区域单独导出PDF，为下一步做好准备（图9-208）。

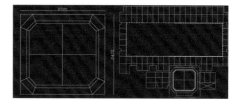

图9-208

（3）导入排版

将该区域的石材排版图导入Photoshop。导入时，须留意该区域在Photoshop中的尺寸大小应与实际情况一致，同时分辨率建议为72像素。将厂家提供的石材大板文件导入Photoshop，导入时应设置石材实际的尺寸，分辨率设置为72像素。如果分辨率与石材排版图不同，则会出现尺寸不一致的现象（图9-209）。

图9-209

（4）石材对纹

根据石材的纹样选择合适的石材区域进行对纹排版。需要石材对纹的区域选择完成后，再以同样的方法导入其他区域的石材进行排版，直到石材排版完成（图9-210）。

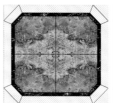

图9-210 石材排版完成（方案1）

（5）确认方案

完成石材排版后，可按照上述步骤在使用石材样板的不同位置出具不同的石材彩色排版方案（图9-211）。做完上述步骤后，将全部石材彩色排版方案交由方案设计、业主、监理等相关责任方签字确认。最后，将石材排版的文件和抠取石材的部位文件作为石材下料单的附件交给石材厂家，要求厂家按图裁切（图9-212）。至此，完成整个石材排版过程。

当然，石材彩色排版图并不只是针对名贵的石材，普通的石材品种（如圣罗兰）也可以做出不一样的花样。石材排版做得好，普通的石材拼花也能有很好的效果（图9-213、图9-214）。

图9-211 石材排版完成（方案2和方案3）

四、小结

（1）所有材料下单图的原理和操作模式都相同，主要是指由施工方主导、出具图纸后，由各责任方签字下发，并交由厂家出货的材料加工图。

（2）石材加工图主要是体现石材自身长、宽、高、收口方式、切割方式等信息，便于材料厂家生产，所以一般由材料厂家主导深化。而石材排版图主要体现石材在空间中的位置关系，目的是便于现场工人按图施工，所以一般由施工方的深化设计师主导深化。

（3）当遇到名贵石材或者花样繁杂的石材时，为了保证饰面效果、降低材料成本，深化设计师会根据现场和材料的实际情况分 5 步制作石材彩色排版图。

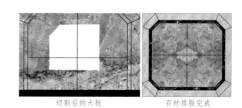

切割后的大板　　石材排版完成

图 9-212

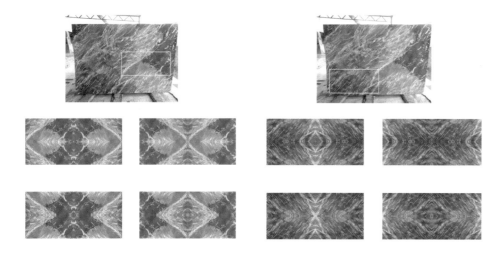

图 9-213　　　　　　　　　　图 9-214

第十章 木饰面

10

第一讲 ｜ 木饰面板

关键词：思维模型，学习方法，材料解读

阅读提示：

设计师在方案中想要体现木饰面的效果，如果只提供参考图片（图10-1），那么在后期项目落地时必然会出现问题。比如，实木的效果做成了人造木；成品木饰面做成了科定板；大面积对纹的效果实木板不能实现等。而目前市场上，实木饰面、薄木贴皮、科定板、防火板、生态板等叫法层出不穷，导致很多设计师在选材时容易混乱。所以，本文从木饰面材料的本质出发，介绍设计师必须了解的知识点。

一、木饰面与实木板的区别

木饰面一般有两层含义：广义上，所有表面能呈现木纹效果的材料都叫木饰面（图10-2），如实木板材、木纹转印铝板、薄木贴皮、科定板等；狭义上，木饰面是指以人造木板为基层，以木皮（也叫薄木、单板）作为装饰面板，经加工制成的各种装饰面板（图10-3）。实木板则是指整个板材由内而外都是实木，在板材的结构上没有进行任何改造的板子（图10-4）。从这一点可以看出，相对于实木板，木饰面板的防潮效果更好，适用范围更广，成本更低。但在触感和环保性能上，实木板更具优势。

二、木饰面的分类

木饰面板具备实木板不具备的种种优点，另外，使用木饰面板还能起到保护原木资源的作用。根据粘贴木皮所用基层板材类别和厚度的不同，装饰木饰面分为薄木贴面板和常规木饰面两种类别。

薄木贴面板是利用珍贵木料（如紫檀木、楠木、胡桃木、影木等），通过刨切制成厚度为0.2mm~0.5mm的木皮（图10-5），再以胶合板为基层，进行一系列工艺加工制成的木饰面板。常见的规格为2440mm×1220mm×3mm。常规木饰面是指

图 10-1

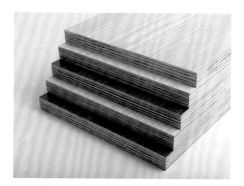

图 10-3　多层板上贴单板的木饰面

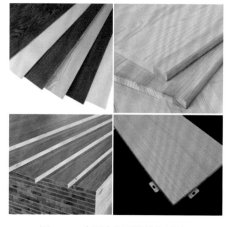

图 10-2　表面有饰面效果的板材

图 10-4　实木板

图 10-5　木皮

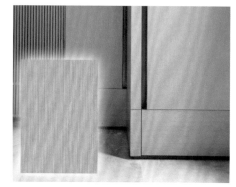

图 10-6　常规木饰面板使用场景

基层板厚度不小于9mm的木饰面板（图10-6），木皮与薄木贴面板一样，只是改变了基层板，所以可以理解为，厚度在3mm左右的木饰面就是薄木贴面板，而厚度不小于9mm的就是常规木饰面板，它们只有厚度差别。

三、人造饰面板

很多年前，木料行业从业者就开始尝试用人造手段代替珍贵的天然木皮，模仿天然木皮的纹理，同时改良木皮的性能，于是出现了所谓的"科技木""浸渍胶膜纸"等人造木皮。之后，再用人造木皮与不同的基层板材结合，最终形成人造木皮的木饰面板材。最后，根据不同的饰面纹理、光泽处理方式、所使用的基层板材类型及厚度，把这些人造饰面板命名为大家耳熟能详的三聚氰胺板、生态板、科定板（图10-7）、防火板、免漆板等饰面板材。

原木板是直接将开采出来的木材切割成块，用整块原木做成的装饰板材。它具备木材的所有特点：纹理自然、价格昂贵、怕火、怕潮、怕虫害。所以在目前的室内设计领域，原木一般用在活动家具上，装饰构造和固定家具很少使用原木板。木饰面是木皮和基层板合成的人造板材，根据基层板和木皮的不同，市面上常见的木饰面板的区别如图10-8所示。

四、两种人造饰面板

科定板又称KD板，起初是一个品牌名称。在国内，科定板几乎成了人造薄木贴面板的代表，但是，该品牌同时也生产天然薄木贴面板。科定板是以普通木材（如杨木）为原料，采用电脑模拟技术，经过高科技手段制造出来的仿真天然木饰面。还有另一种人造木皮是以浸渍胶膜纸为原料，模仿天然木皮制作而成的人造薄木贴面板。这两种是目前市面上代替天然木皮的最常见的材料。

五、不同木皮的特点

木皮种类不一样，做出来的产品风格也不一样，其性能与特点也不一样。

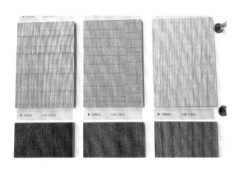

图10-7 科定板样板

优点：纹理自然、观感佳、饰面效果好
缺点：价格较贵、损耗较高、没有超大规格木皮

天然

适用：高端室内装饰构造、固定家具、活动家具饰面等，如曲面墙面、包柱、贴面板

适用：高端室内装饰构造、固定家具、活动家具饰面等，如护墙板、装饰线条、木质马赛克等

天然薄木贴面板
代表：水曲柳贴面板

常规木饰面板
代表：红檀木饰面

薄板   **常规**

人造薄木贴面板
代表：科定板

人造木饰面板
代表：三聚氰胺板

适用：中低端室内装饰构造、固定家具饰面等

适用：中低端室内装饰构造、柜门、台面、踢脚线等

人造

优点：色泽丰富，符合可持续发展理念，可定制尺寸多，加工处理方便
缺点：纹理不自然、触感差

图10-8 木饰面属性坐标图

1. 天然木皮

具有木材的自然香味、质感强烈、纹理自然、饰面效果好（图 10-9）。

2. 科技木皮

色泽丰富，成品利用率高，符合可持续发展理念，装饰幅面尺寸宽大，加工处理方便，但做出的木纹不自然（图 10-10、图 10-11）。

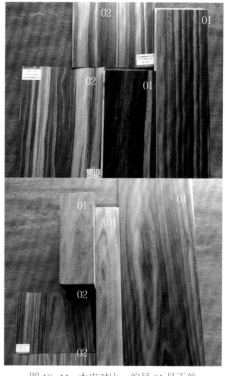

图 10-9　天然木皮

图 10-10　科技木皮

图 10-11　木皮对比，编号 01 是天然木皮，编号 02 是科技木皮

3. 染色木皮

利用高新加工技术，对天然木材进行着色及缺陷处理后，制作出的一种新型装饰材料，国内通称染色木。用染色木加工而成的木皮被称为染色木皮（图 10-12）。它的特点是具有天然的质感，表面零缺陷，可随意定制颜色。

4. 树瘤木皮

树瘤木皮以天然名贵的树瘤为原料，在保留天然原木优点的基础上，还具有树瘤特有的稳定性、自然性，更具高档木皮的品质（图 10-13）。其特点是质感细腻，能给人原始美的感受，比起一般的天然木皮，更不易开裂、变色，色系稳定。

图 10-12　染色木皮

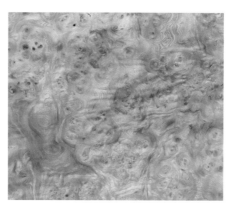

图 10-13　树瘤木皮

六、木饰面的生产流程

无论什么形式的木饰面，其板材的制作流程都大同小异。下面介绍从原木到木饰面的整个生产流程。

木饰面的大致生产流程是处理原木、制作木皮、粘贴木皮、热压胶合、表面处理。

1. 处理原木

如图 10-14、图 10-15。

图 10-14　原木

图 10-16　对已处理的原木
进行木皮切割

图 10-15　对原木进行一系列蒸煮、
修方正、去木皮处理

图 10-17　收集木皮

图 10-18　切割修方正

2. 制作木皮

如图 10-16 ～图 10-18。

3. 粘贴木皮

用热熔胶缝纫，像缝衣服一样（图 10-19）。因为后期是热压，温度达到了热熔胶的熔点，所有成品都是无法看到胶的，这样就能杜绝木皮开裂。木皮处理完成后，开始对基层板进行过胶，为后期的热压胶合做准备。基层板材建议使用多层板或者密度板。基层板过完胶后，开始粘贴木皮（图 10-20）。

图 10-19　缝纫木皮

图 10-20　基层板通过过胶机过胶，并粘贴

4. 热压胶合

把粘贴好的木皮与基层板放入热压胶合机器，启动机器，开始胶合（图10-21、图10-22）。几分钟后，木饰面就出炉了。

图10-21　贴好木皮进入胶合机器

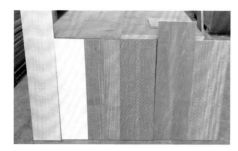

图10-22　胶合后的木饰面

5. 表面处理

最后，把已经胶合完成的木饰面做饰面油漆封闭和饰面处理（图10-23），即完成了整个木饰面的制作。

图10-23　木饰面油漆处理

七、木饰面表面处理方式

木饰面的表面处理方式多种多样，但究其本质，可以这样理解：从饰面工艺上可分为清漆和混油，从饰面光泽度上可分为高光和亚光。这两个维度是交叉的，因此会出现4种典型的饰面效果：高光清漆饰面、高光混油饰面、亚光清漆饰面、亚光混油饰面（图10-24）。

清漆是指表面刷漆后，还能清晰地看见木饰面的纹理；混油的处理形式有很多，但大多数木饰面做混油处理，都是通过油漆把原本的木纹覆盖，只留油漆的颜色，适合品质和纹理不好的木饰面使用。一些有造型的木饰面，如欧式护墙板、木线条等，它们的做法流程与上述流程描述相同，只是操作起来更耗费人工。

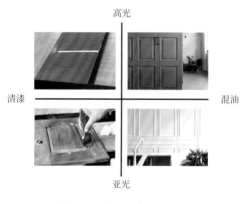

图10-24　木饰面表面处理方式

八、小结

（1）设计师口中的木饰面在多数情况下指的是有木纹效果的饰面板材，所以，木纹转印铝板这样的金属板很多时候也会被称为木饰面，要留意区分。

（2）木饰面是由木皮和基层板构成的，常见的木饰面有常规木饰面、人造木饰面、天然薄木贴面板、人造薄木贴面板4类。这4个分类几乎可以涵盖市面上所有主流的木饰面材料。

（3）了解常规木饰面板的制作流程，从本质上理解木饰面的构成。

第二讲 │ 木饰面板节点做法

关键词：节点构造，设计问题，安装工艺

一、木饰面板的构造做法

本文及后文提到的木饰面，如未做特殊说明，均为常规的木饰面板，也就是厚度大于等于9mm的厚板。

在介绍木饰面的节点构造前，根据"骨肉皮"的思维模型，首先需要了解承载木饰面这张"皮"的"骨"和"肉"应该怎样选择。承载木饰面的"骨"，按基层安装材料可分为金属龙骨基层、木龙骨基层两类。金属龙骨基层包含轻钢龙骨基层和钢架墙体基层，其特点为耐用性好，适用范围广。在基层或空间湿度大、对防火性要求较高，且造型不复杂的情况下推荐使用。木龙骨基层的特点是可塑性好，造价比金属龙骨低，工艺简单，但达不到防火要求，只适用于小空间以及对防火要求不高的空间。

在绘制木饰面的节点图时，要根据隔墙种类、完成面尺寸等约束条件来选择"骨料"。"骨料"的工艺及方式与其他饰面没有任何差别，可以直接参考本书骨料篇章中介绍的选择方法进行选择。

与软硬包一样，承载木饰面的"肉"多种多样，只要耐潮、可塑性高、有握钉力、有足够的强度即可，阻燃板、玻镁板、细木工板、欧松板等均可。但考虑到成本及防火性能，在使用基层板材时，建议采用12mm的阻燃板。

二、木饰面安装工艺

理解了"骨"和"肉"的选择，接下来理解木饰面的节点做法就会很简单。目前，国内主流的木饰面安装工艺分为胶粘式和干挂式两类。

胶粘式是采用免钉胶（液体钉）将木饰面固定于基层板上（图10-25）。这种固定方式是目前国内最常见的方式，适用于所有面积较小、木饰面较薄（3mm~9mm），且需满铺的木饰面节点（但是市面上绝大多数的木饰面安装，都是直接使用硅酮玻璃胶来安装木饰面，在木饰面高度不大于3500mm的情况下，这样做也很少出现问题）。

胶粘式安装的特点是操作简便，安装快捷，安装成本低，完成面厚度较小，但对基层平整度要求较高。

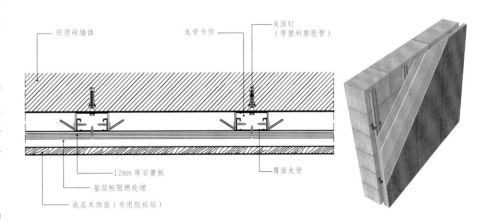

图10-25 胶粘式安装方法节点示意图

干挂式是采取干挂件（正反挂件）固定木饰面的一种安装方法（图10-26、图10-27）。这种固定方式适用于面积较大，木饰面较厚（≥ 9mm）、较重的场合。同时，采用干挂式做法时，更便于后期的拆卸、维修等。

根据干挂件的不同，干挂式做法又可以分为木挂件式和金属挂件式两类（图10-28）。木挂件适用范围较广、可调节性好、来源广、成本低，但是不防潮，耐久性差，所以，不建议在特别潮湿的空间中使用。金属挂件是木挂件的升级版，相较于木挂件，金属挂件的性能更好，不怕潮，耐久性好，节点做法和安装方式与木挂件没有任何区别，但成本更高。所以，如果业主没有特殊要求，该挂件一般会被用于特别潮湿的空间。

从耐久性上来看，金属挂件的性能最好，木挂件次之，胶粘式最差。从成本角度看，金属挂件成本最高，胶粘式成本最低。从安全性来看，层高小于 3500mm，且面积不大的情况下，这几种方式没有差别。所以，国内绝大多数项目在使用木饰面时，都是直接采用胶粘的形式来安装的。

另外，木饰面的节点做法与软硬包是完全一致的（图10-29）。当理解了"骨肉皮"模型后，就不需要再记忆更多的节点图，因为很多做法都是相同的，只是换了"骨"和"肉"而已。

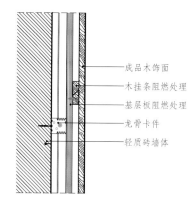

图 10-26　干挂式安装节点图纸

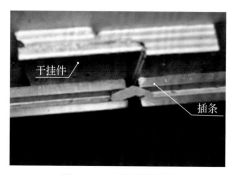

图 10-27　木饰面板干挂

图 10-28　木挂件与金属挂件

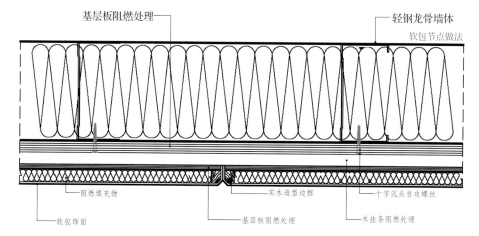
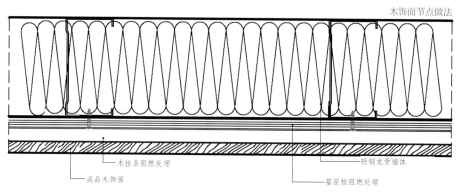

图 10-29　软包与木饰面节点做法对比

三、木饰面包柱节点实例

如果遇到如图 10-30 所示的室内空间饰面，应该怎样绘制节点图纸呢？

图 10-30

图 10-31 的做法看上去是正确的，但如果采用这样的做法，后期项目落地时很可能会出现问题。因为，如果把 12mm 厚的木饰面厚板弯成这样的曲面，一方面，木饰面下单时不易控制；另一方面，成品弯曲的木饰面在运输时很可能损坏或变形，而且这样的木饰面厚板成本也很高。这种做法只有在业主的预算很多和要求非常高的项目中可采用，而普通的设计项目，可以参照图 10-32 所示的做法。这种采用 3mm 薄木贴面板的做法很好地解决了上面提到的问题（图 10-33）。

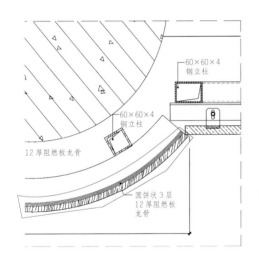

图 10-31　木饰面包柱节点图（优化前）
（单位：mm）

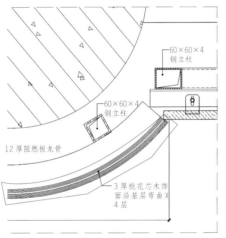

图 10-32　木饰面包柱节点图（优化后）
（单位：mm）

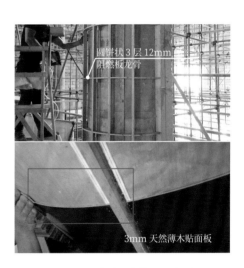

图 10-33　木饰面包柱现场施工图

以上提到的曲面造型处理方式是薄木贴面板的一种最常见的用法。为了节约项目的木饰面整体成本，可以把薄木贴面板当成木饰面来用，定制 3mm 厚的成品，直接在现场粘贴即可。但前提是木作构造中，没有凹凸造型，只有平面。这样利用薄木贴面板能在保证效果的情况下，合理地降低项目的成本。

掌握了这两种节点做法和"骨肉皮"模型的思考方法后，就可以看出各种木饰面场景是通过什么方法来实现的，以及什么样的木饰面组合更合理。

四、木饰面在吊顶上的应用

上面提到的节点做法都是在木饰面用于墙面时采用的做法，如果木饰面想应用在吊顶上（图10-34），应该怎样做呢？

图10-34　吊顶采用木饰面的空间

首先，根据《建筑设计防火规范》，在A类建筑的装修中，大多数商业空间的吊顶材料严禁大面积使用A级以下的装饰材料，而狭义上，木饰面是达不到A级防火要求标准的。所以，在工装空间的吊顶中想大面积使用木饰面，严格意义上来说，只能使用木纹转印铝板（图10-35）来满足其防火要求。但如果全部采用木纹转印铝板的方式来做吊顶，当吊顶空间过低时，人们就会看出木纹转印纹理和真实木纹的区别。所以，很多高品质的设计项目往往会采用天然木皮制成的薄木贴面板，贴在金属蜂窝铝板上，以此达到防火要求（图10-36）。当然，采用这种方法从严格意义上来说，木饰面还是达不到A级防火要求标准，所以使用这种方式时，需要上报消防部门，得到确认才能采用。而对家装和小空间等这种对消防要求不是特别高的空间来说，多数情况下，木饰面可以直接应用在吊顶上。

对消防要求不高或小面积使用木饰面的空间，可以选用薄木贴面板，或厚度为9mm的木饰面，直接使用免钉胶粘贴即可。因为《建筑设计防火规范》规定，多层民用建筑中的商业营业厅每层建筑面积小于1000m² 或总建筑面积小于3000m² 时，吊顶可以采用B1级装饰材料。

而在采用木线条吊顶的空间中，可以通过在打底木条基层上直接使用胶粘木线条，也可以直接在木饰面上打蚊钉，使之固定在顶面基层上，然后使用同色的高级腻子进行修补。

五、小结

（1）木饰面的常见做法主要有胶粘式和干挂式两种，根据不同的饰面大小，应选择不同的节点做法及基层材料。

（2）木饰面板在有防火要求的空间中不能大面积采用，可通过复合木饰面和木纹转印铝板木饰面来满足防火要求。

（3）在不考虑防火要求的空间吊顶上使用木饰面时，可以直接通过免钉胶和打钉修补的方式安装木饰面。

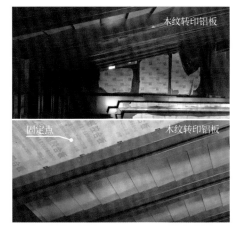

图10-35　吊顶木纹转印铝板的安装

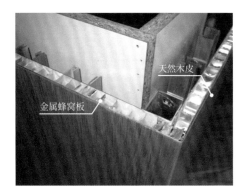

图10-36　金属蜂窝复合木饰面板

第三讲 │ 木饰面收口

关键词：构造节点，标准图集，收边收口

阅读提示：

本书第九章关于石材收口的内容中，介绍了收口问题的一般原则。按照这套方法论，本文将介绍常见木饰面板的收口方式与思路。

一、木饰面与木饰面收口方法

木饰面的收口类型可以分为"木饰面与木饰面收口""木饰面与其他材料收口"两个类型，下面先看木饰面与木饰面的收口。

1. 木饰面平面收口

从材料特性和安装运输的角度来看，单块木饰面板的规格不建议大于2400mm×1200mm，因为大于该尺寸后，一方面，木饰面的基层板需要拼接后才能贴皮，增加了单块木饰面的成本；另一方面，大于2400mm×1200mm的木饰面单板不便于运输和安装。所以，在设计项目中大面积采用木饰面时，一定要从最后落地的角度控制木饰面和工艺缝的预留，否则项目落地后，木饰面的分缝必然会影响设计效果（图10-37），因为现场人员下单时是不会考虑设计效果的。

图 10-37 下单时未考虑工艺缝的后果

（1）木饰面分缝的原则

为了避免以上情况发生，木饰面分缝时应遵循下面几条原则。

①尽量按标准单板的尺寸来分割，即尺寸小于2400mm×1200mm。

②在一面墙面或一个空间，尽量减小单板木饰面的尺寸，这样可以有效降低成本且保证美观。

③如果有顶角线和踢脚线，不建议集成在一起，尽量考虑和中间的木饰面分开做，这样既方便运输又方便安装。

（2）木饰面板的拼接方式

在拼接两块木饰面板时，主要采用留缝和对撞的方式对工艺缝进行收口。一般有三种拼接方式：

①U形工艺槽拼接（图10-38）

②V形工艺槽拼接（图10-39）

③密缝工艺槽拼接（图10-40）

（3）工艺缝收口的注意事项

以上3种方式是木饰面分割时最常见的工艺缝形式。在采用这些形式时，应注意以下问题。

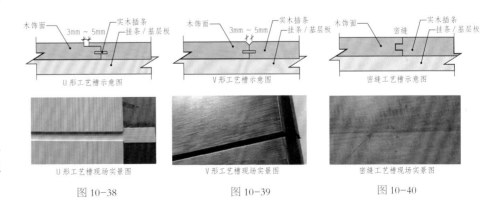

图 10-38　　　　　　　图 10-39　　　　　　　图 10-40

①工艺缝尺寸小于 5mm 时，只能用与大面板相近的油漆来饰面，工艺缝尺寸大于等于 5mm 时，槽内可贴木皮，刷油漆，所以，建议工艺缝的尺寸大于等于 5mm。

②木饰面的拼缝处应尽量避开人的视线。

③大面积无缝的木饰面板可以采用薄木贴面板的方式实现，其收缩性会小于木饰面厚板。

另外，在木饰面与木饰面板块间，虽然也可以通过压条的方式收口，但除非有设计造型，否则是不会采用这种形式的，因为如果采用这种形式收口，每隔一块面板就要有一圈收边条（图 10-41），非常不美观。

图 10-41

2. 木饰面阳角收口

图 10-42 是木饰面最常见的阳角处开裂的情况，之所以开裂是因为在工厂制作、运输的途中，以及现场的搬运、安装过程中，木饰面的阳角一定会受到不同程度的磕碰，所以，如果没有对阳角处进行加固处理（图 10-43），直接采用 45° 拼角，必然会出现问题。可以进行以下优化：

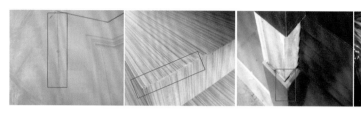

图 10-42　木饰面板阳角开裂

方案一：保留 45° 拼角，背后采用三角撑固定（图 10-44），这样做的优点是保留了阳角硬朗、转折的设计效果，缺点是后期开裂的风险较大，而且因为收口在阳角上，角度太过尖锐，容易撞伤人。所以，根据前文提到的收口原则，尽量在阴角和平面处收口。在此基础上，可以做出下面的优化方案。

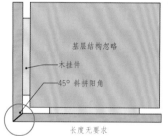

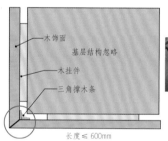

10-43　未做加固处理的木饰面阳角

图 10-44

方案二：收口变为阴角或平面（图 10-45）把阳角转为阴角的好处是抗开裂的性能优于方案一，缺点是转角处不能保持方案一的硬朗风格。如果采用 5mm×5mm 的海棠角（图 10-46），从设计角度来看，既为整个空间增加了细节，也不影响空间效果。需要注意的是，如果把阳角收口变为在一侧平面收口（图 10-47），应将平面上的工艺槽尽可能留在人的正常视线范围以外（非主视面即可）。

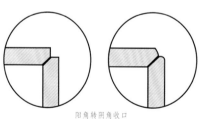

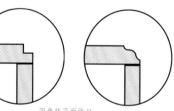

图 10-45　阳角收口的常见样式

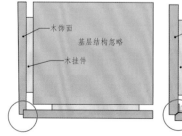

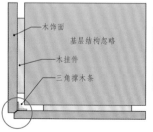

图 10-46　海棠角木饰面

3. 木饰面阴角收口

阴角不同于阳角，开裂的情况比较少，所以很多设计师在做木饰面阴角的深化设计时，一般会采用和石材阴角收口一样的方法绘制节点图纸。但这样做会有新的问题出现，即木饰面受外界温度的影响，导致含水率不稳定，从而形成收缩缝，最后导致阴角出现空洞（图 10-48）。

虽然木材的收缩是无法避免的，但可以与木地板的做法一样，在木饰面的阴角处留一些伸缩缝，保证木材收缩后，从表面上看不出空洞（图 10-49~ 图 10-51）。

二、木饰面与其他材料的收口

因为不同材料的强度、收缩性、防潮性等均不同，所以，不同材料之间不建议使用对撞的方式收口（图 10-52）。图 10-53~图 10-57 是几种不同的收口方式。了解了收口的原则后，各种材料收口的情况都可以通过套用几个简单的原则以及尽可能收集与记忆少数正确且通用的收口方式解决。

三、小结

本文提到的木饰面收口方式，对常规木饰面的厚板和贴在基层板上的薄木贴面板均适用。

（1）无论什么类型的材料收口，都可以通过几条简单的原则处理。

（2）木饰面与木饰面的收口可以分为平面收口、阳角收口、阴角收口这 3 大类型。

（3）通过收边收口的几个原则去理解与记忆木饰面与其他材质的收口关系，将更有规律可循。

图 10-47　阳角一侧收口

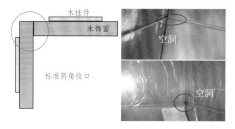

图 10-48　木饰面收缩导致阴角工艺缝处收缩，出现空洞

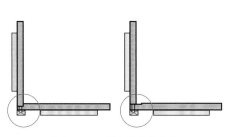

图 10-49　阴角线优化方案

图 10-50　木饰面收缩导致与其他材料连接的阴角处收缩开裂

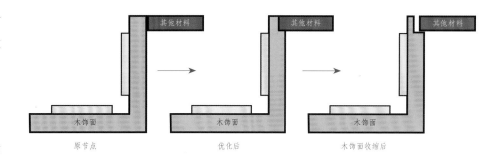

图 10-51　节点优化过程图

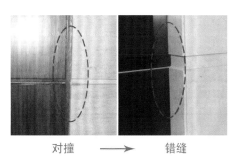

图 10-52　对撞与错缝在不同材料收口处的应用

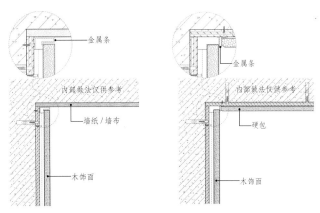

图 10-53　木饰面与石膏板压条

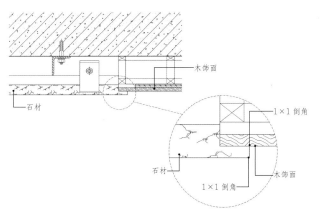

图 10-54　木饰面与石材错缝收口
（单位：mm）

图 10-55　石材与木饰面的收口（石材企口）
（单位：mm）

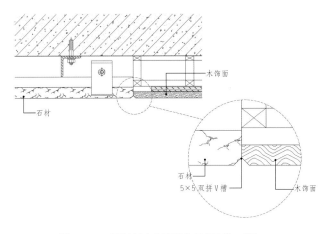

图 10-56　石材与木饰面的收口（双拼 V 槽）
（单位：mm）

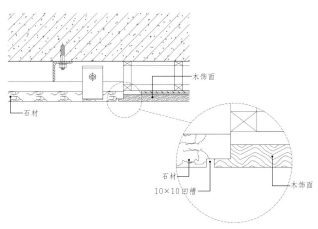

图 10-57　石材与木饰面的收口（企口＋凹槽）

第四讲 ｜ 木饰面深化设计的把控要点和工艺流程

关键词：设计原则，施工流程，过程解读
导读：本文将解决下列问题：木饰面设计有哪些原则？成品定制的木饰面板应该怎样安装？想实现无缝的整面木饰面拼接效果应该怎样做？

一、木饰面设计的原则

对于木饰面的运用，很多设计师只在乎其设计表现形式以及理念，并不考虑进行细节优化，让该材料以更低的成本、更高的质量落地。这样会导致设计做完后出现种种质量通病，增加维修成本，还会破坏原本的设计效果。木饰面的质量问题不可能完全规避，但如果能牢记下面几条重要的原则，则可以从设计角度尽可能规避。

（1）木饰面单板的尺寸不建议超过2400mm×1200mm，这是一个重要的设计要点。通常情况下，市面上最大板幅会做到3000mm，但采用该宽幅时，后期由热胀冷缩导致开裂的可能性较大，因此，建议单独设置工艺缝（图10-58）。

（2）木饰面单向安装长度超过6000mm时，必须设置伸缩缝（图10-59），不得做密缝处理，否则木饰面必然会因为热胀冷缩而造成开裂。伸缩缝的形式主要有木插条、收边条、木线条等。

（3）绘制节点图时须留意，当墙面采用满铺木饰面粘贴时，所需基层板材的厚度建议不小于12mm。

（4）如果需要在木饰面单板上留凹槽（图10-60），当凹槽宽度大于5mm时，凹槽内可贴木皮，保证木纹的一致性。若凹槽宽度小于5mm时，则只能使用同色油漆对凹槽内部进行修补。因此，在木饰面上预留凹槽时，应留意凹槽内部的木纹表达，若要求凹槽木纹必须与大板一致，则凹槽宽度不能小于5mm。

（5）绘制节点图或现场交底时，应注意木饰面的基层板不得与地面接触（图10-61），否则后期地面的水汽必然会顺着基层板向上蔓延，导致木饰面遇水发霉。

（6）设计方案中，若采用大于5分光泽度的木饰面板，就必须考虑暗藏灯带或明装筒灯在木饰面板上的反光污染（图10-62）。因此在绘制节点图时，要留意遮光板的设置，或采用成品带灯罩的LED硬灯条来做暗藏光源（图10-63）。

以上6个把控点涉及设计过程中最容易出现问题的地方，但是规避成本极低。

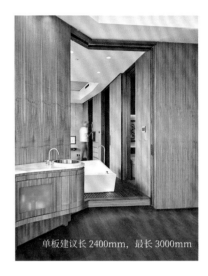

单板建议长2400mm，最长3000mm

图 10-58

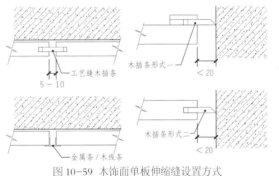

图 10-59 木饰面单板伸缩缝设置方式（单位：mm）

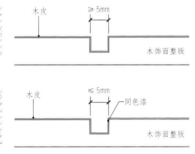

图 10-60 木饰面单板槽口处理方式

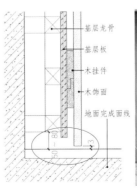

图 10-61（单位：mm）

图 10-62 未考虑暗藏灯带导致漏灯珠

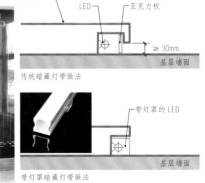

图 10-63 暗藏灯带的做法

二、木饰面干挂式做法工艺流程

前文曾提到，干挂式的做法除了成本高之外，其他条件几乎都好于胶粘式做法。因此，在未来高标准的项目中，干挂式做法是趋势，现阶段也已经相对成熟且适用范围较广。下面解析干挂式做法的安装流程（图10-64）。

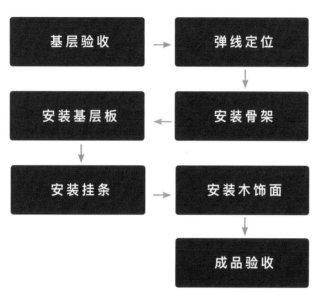

图10-64 木饰面干挂式做法安装流程

1. 基层验收

任何"骨料"安装之前，均须检查基层表面的平整度、垂直度、牢固度、含水率等硬性指标。同时，保证吊顶、墙面、地面的水电、设备及管线的铺设已完成，且进行了隐蔽验收。若采用木龙骨做基层骨架，基层的含水率更应该严格控制，其基层含水率不应大于8%（图10-65）。

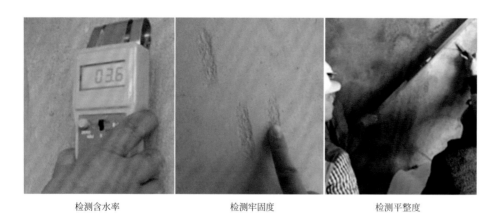

检测含水率　　　　检测牢固度　　　　检测平整度

图10-65

2. 弹线定位

要求施工人员根据木饰面的深化施工图对木饰面完成面进行放线，同时确定基层龙骨的分格尺寸并排布基层龙骨。在排布基层龙骨时，应根据木饰面面积，从中心向两边按照300mm~400mm的模数均匀分格排布基层龙骨。龙骨排布时，应尽量避开墙面管线、砌块砖墙的砖缝等处。

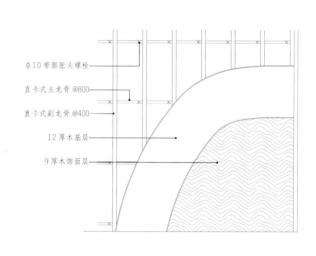

Φ10 带膨胀头螺栓
直卡式主龙骨 @800
直卡式副龙骨 @400
12 厚木基层
9 厚木饰面层

图10-66 卡式轻钢龙骨附墙示意图
（单位：mm）

3. 安装骨架

目前几乎所有主流的隔墙骨架都采用轻钢龙骨来实现（图10-66），其工艺流程、注意事项、把控要点可以参照本书中的隔墙章节。

4. 安装基层板

骨架完成后，根据干挂式做法的标准节点图可知，需要在龙骨上固定基层板。基层板建议使用阻燃夹板，同时钉距要小于等于200mm，且布钉均匀，避免由内应力导致基层起伏不平。

5. 安装挂条

若采用木挂条，则须经过"三防"处理。同时，木挂条的宽度不得小于200mm，间距不得大于500mm，宜为300mm~400mm。若采用金属挂件，则建议采用不锈钢挂件，金属挂条的间距不得大于500mm，间距宜为300mm~400mm（图10-67）。

6. 安装木饰面

如图10-68所示，在木饰面的背面安装位置弹线，将两片挂条中的另一条临时固定在木饰面背面，进行试装。之后，调整挂片位置至合适的尺寸后，用自攻螺丝将挂条固定在木饰面背面板上。根据挂条的位置与排布，从低到高或从一侧到另一侧按顺序挂装木饰面。同时，注意伸缩缝的预留，直至木饰面安装完成。

7. 成品验收

如图10-69所示，木饰面安装完成后，应

对空间中1500mm以下的易被碰触的面、边、角装设保护条、护角板、护角套或木饰面专用保护膜进行保护，或对该区域进行封闭保护，直至交付使用。成品保护不到位是后期木饰面出现质量问题的诱因之一，所以，驻场设计师应该要求施工队伍对其进行保护，用最小的成本避免质量问题的出现。

以上提到的高标准的木饰面安装流程适用于所有装饰项目，尤其是对复杂的空间更实用。但由于其成本较高，所以在很多中小型项目中，很可能为了降低成本而采用下面的安装方式实现木饰面的落地。

三、低标准的木饰面落地工艺流程

如图10-70中这样没有缝隙的木饰面墙体，是不能把护墙板的线条和面板集成在一个

成品定制的木饰面上来安装的，否则会存在缝隙。因此，这种做法很有可能是通过现场涂刷或现场对线条进行修补来实现的。但目前几乎已经没有现场涂刷油漆的情况了，如果想用低成本实现这样的护墙板无缝效果，可以购买免漆的木饰面单板和线条，然后现场组装，从而实现无缝的效果，如图10-71~图10-74所示。

这种低标准的安装方法直接略去了基层打底的步骤，甚至不采用胶粘的形式，而是直接在木饰面上打钉固定。而且，这种把线条和平板分开制作和拼装的方式极有可能造成大板和线条的色彩、纹样不统一，色差严重，观感差的结果。这种方法最大的优点是成本低廉，但呈现的效果比干挂木饰面差，所以称为低标准的工艺流程。在条件允许的情况下，尽量采用成品定制整块板材而后现场组装的形式来实现木饰面的落地，这样效果最佳。

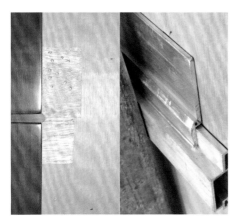

图10-67 木挂条和金属挂条

图10-68

图10-69 木饰面的成品保护

图10-70

图10-71 基层处理，弹线定位，制作龙骨基层

图10-72 固定木饰面大板，并预留出线条位

图10-73 安装天花线条、踢脚线、框线

图10-74 对线条的打钉处进行修补，留意线条和大板的色差

第五讲 | 木饰面质量通病

关键词：质量通病，系统分析，解决方案
导读：本文将解决下列问题：如何使用"功夫菜"模型来分析现场质量问题？有哪些设计上的失误会导致木饰面质量问题？设计师需要了解的木饰面质量问题有哪些？

阅读提示：

本书第一章中曾提出一个用来分析质量通病的模型——"功夫菜"，想要熟练使用"功夫菜"模型需要一定的知识储备和工作阅历。这个思维模型里的一些把控点并不是室内设计师能够管控的，也不在设计师的责任范围里，但有了这样看待问题的视角后，与相关单位的配合会更容易。下面介绍下如何用这个模型来理解木饰面的质量通病。

一、木饰面常见的质量通病

下面通过"功夫菜"模型来总结木饰面常见的质量通病。

1. 设计因素

（1）受潮发霉（图 10-75）

①成因分析

深化设计考虑不周，未注意细节处理；止水暗坎及防水施工不到位。

②预防与解决

木质门套与石材地面之间预留 3mm ~ 5mm 的间隙，且基层板材不落地；门框套底部采用大理石门蹬等防潮材料进行收口；要求现场人员严格管控防水与止水暗坎施工。

（2）木饰面不对缝（图 10-76、图 10-77）

①成因分析

深化设计师在木饰面排版时未留心。

②预防与解决

在木饰面排版与设计时，应留心核对木饰面的平立面关系及板幅规格。

（3）收口不正确（图 10-78）

①成因分析

图纸深化不到位，或与现场尺寸不符，未对现场及图纸进行复核；在各工种交接施工中，未考虑不同材质或转角处的相互关系，缺乏有效沟通（图 10-78）。

②预防与解决

在图纸深化时考虑不同材质交接及转角处的细部处理，选择合适的收口关系；技术交底时，对现场尺寸及图纸进行严格的复核，确保尺寸一致；在不同材质交接或转角处预留工艺槽，或在有造型的端部与平面板块处对接（图 10-79）；针对门套与踢脚线收口，踢脚线凹陷3mm 左右，用门

超市空间木质门框直接落地，造成受潮发霉现象　　采用门蹬的形式解决

图 10-75　木饰面受潮发霉

图 10-76　木饰面不对缝

图 10-77　木饰面面积过大，分缝明显

踢脚线与门套收口关系不正确　　对门套细部收口进行优化

不同材质交接或转角处存在空隙、空洞等现象　　木饰面自身阳角收口处存在空洞

图 10-78

套收踢脚线，或踢脚线与门套平齐；如无法避免门套与踢脚线收口，踢脚线可斜切45°收于木门套侧面。

（4）收口处翘曲

①成因分析

墙纸与木饰面界面未打柔性胶连接；图纸深化不到位，未考虑材料间的细部收口问题（图10-80）。

②预防与解决

采用同色系的胶粘剂对翘曲处进行粘接；对节点图纸进行深化，防患于未然。

②预防与解决

严格控制木饰面、木料、基层板材的含水率；加强木质线条拼角处的整体性，必要时采用适当的方法进行加固（图10-81）。

（2）木饰面存在色差

存在是色差是材料自身的问题。所以，在成品木饰面出厂前，务必要求厂家对其进行预排，若有色差，在厂里及时处理（图10-82）。

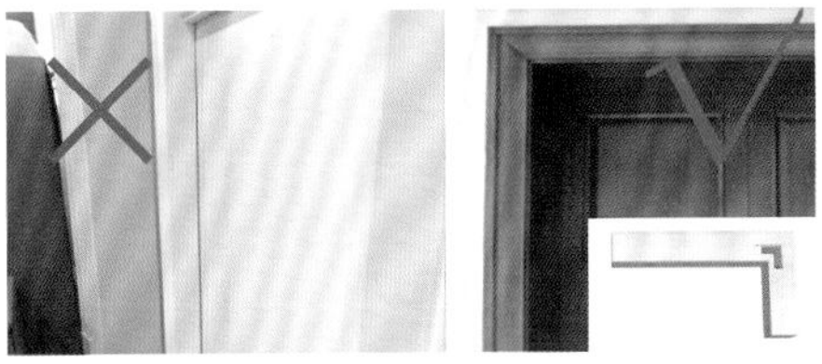

②预防与解决

应先做地面施工，再进行墙面施工，形成墙压地的关系，避免朝天缝的出现。另外下面这5个方面也需要留意：先安装大面木饰面，后安装小面木饰面；先安装墙面木饰面，后安装门框、柱子、窗套等；先安装木饰面，后安装顶角线、腰线、踢脚线等；木饰面中有软硬包、镜面、玻璃、墙纸时，先安装木饰面套框，后安装框内材料等；如果采用干挂，须先做木饰面墙，再对天花封板，采用胶粘或打钉时，则没有先后顺序要求，做好成品保护即可。

（2）技术交底不到位（图10-84）

①成因分析

以上施工现场的通病在很多监管不严的项目中屡见不鲜，究其本质，一是设计师对现场工人交底不到位，导致工人不熟悉木饰面的安装注意事项；二是现场管理人员监管不严。

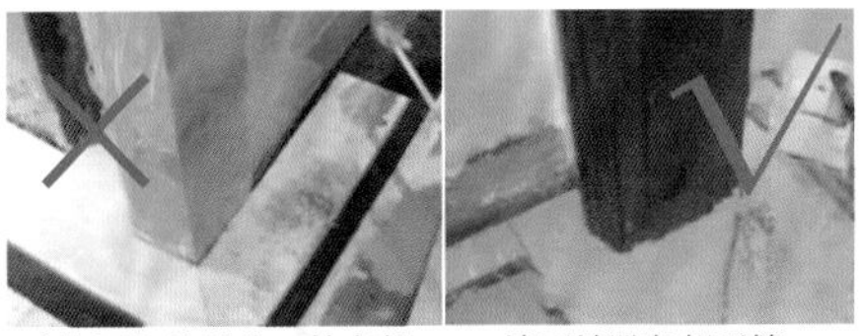

对不同界面材料收口进行优化　　木饰面自身存在空洞的解决方案

图 10-79

门套/护墙板接口开裂　　木质线条加固示意图

图 10-81

木饰面与地砖收口处有朝天缝　　墙压地避免朝天缝

图 10-83

2. 材料控制

（1）接口开裂

①成因分析

木质线条由于含水率、热胀冷缩等原因产生形变，尤其是边角处易起翘；木质线条拼角处整体性不佳，接缝处易变形开裂；基层变形引起木质线条拼角处形变，造成开裂。

3. 施工控制

设计师去现场做技术交底或者设计巡场时，经常会遇到以下两方面的问题。

（1）木饰面安装的先后顺序

①成因分析

工种的施工顺序颠倒导致木饰面与地砖收口处存在朝天缝（图10-83）。

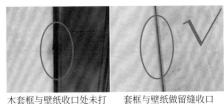

木套框与壁纸收口处未打胶，导致翘曲　　套框与壁纸做留缝收口

图 10-80

木饰面存在色差　　木饰面存在严重色差

图 10-82

②预防与解决

一定要禁止采用发泡胶固定木饰面的情况，以避免后期木饰面整体脱落。应改用结构胶、免钉胶或挂条的形式进行固定。并要对现场人员进行设计交底，要求现场人员加强监管力度。

4. 环境保护

（1）未做成品保护（图10-85）

①成因分析

门套运输中未对门套进行保护，导致门套磕碰和破损；门套安装完成后，未进行成品保护，被其他班组破坏；工序交接不到位，野蛮施工。

②预防与解决

与木饰面厂家沟通，确保门套运输过程中无损坏；当门套制作完成后及时保护，防止被破坏；对现场人员进行设计交底，要求现场人员加强监管力度。

（2）成品保护不到位（图10-86）

①成因分析

因现场管理人员的失职造成成品保护不到位，费时费力还得不到好的效果。

②预防与解决

对现场人员进行设计交底，要求现场人员加强监管力度。

木饰面使用发泡胶进行固定　采用枪钉直接固定成品木饰面

木饰面安装不对缝　木饰面拼接缝隙明显，影响观感

图 10-84

木套线未验收，就被磕碰　采用保护条对门套进行保护

图 10-85

保护条过短　保护条离顶≤200mm

保护膜脱落，造成交叉污染　保护膜饱满，无丝毫死角

图 10-86

第六讲 ｜ 木饰面下单图

关键词：制图标准，制图方式，读图识图

阅读提示：

简单来说，材料下单图就是材料加工图，它的图面上只会表达与需要加工的材料相关的信息（如长、宽、高、厚、饰面造型等），不会存在或直接忽略了其他多余信息。

一、怎样理解材料下单图

相信很多设计师都听说过材料下单图（图10-87），但是它究竟是做什么的？有什么用？和设计师有什么关系？本文将做一个详细介绍。

顾名思义，材料下单图就是对装饰材料进行下单的图纸。何为下单？大意就是需求

方向供给方下的订单。简单来说，设计项目方需要厂家配合提供材料，因此，要给材料厂家下订单。厂家根据合同对这份订单里的材料进行生产加工，最后按时、按量地把这份订单里的材料送到现场安装，保证项目的顺利推进。

但是，如果只凭借这张订单是不能说明应该怎样对材料进行加工的，所以，配合这

份订单，往往会有一套材料下单图作为附件，对设计师需要的材料进行解释与说明，把设计师要的材料"翻译"成厂家能看得懂的、做得出的指导性图纸，如图10-88、图10-89所示。因为图中的材料是木饰面，所以，这份图纸也叫木饰面下单图或木饰面加工图。

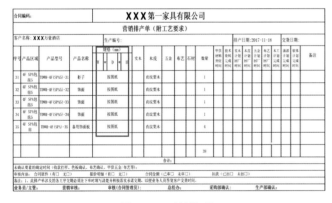

图 10-87　材料订单

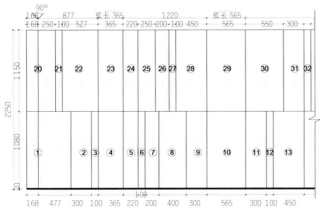

图 10-89　墙面木饰面下单图-立面展开排版
（单位：mm）

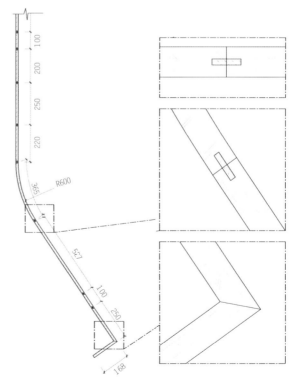

图 10-88　墙面木饰面下单图-平面排版
（单位：mm）

设计师理解材料下单图并不难，能看懂节点图就可以看懂材料下单图。如门套节点图（图 10-90）可以指导现场施工人员按图施工，同时，也可以指导材料下单图的绘制。材料下单图与节点图并非同一套图，所以，看图时可以忽略细节，着重看构造关系。两张图很相似，材料下单图就像是从节点图中剥离出来的。也就是根据"骨肉皮"模型，把"皮"的部分保留下来，单独给它标上"身高""三围"等信息（图 10-91），然后让厂家根据这些尺寸进行加工。

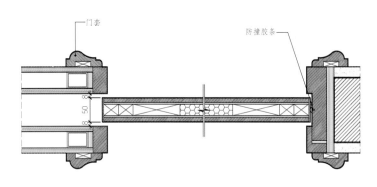

图 10-90　推拉门木饰面节点图
（单位：mm）

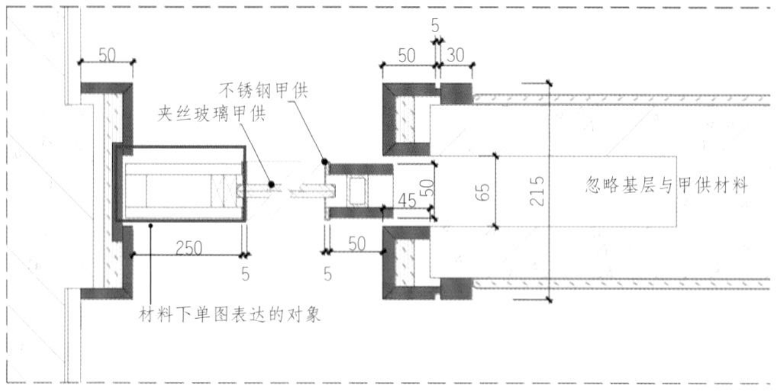

图 10-91　抽象理解推拉门的材料下单图
（单位：mm）

如果这样理解材料下单图，它就与节点图没有任何区别。如果节点图是一个乐高玩具的整体图纸，材料下单图则是每块乐高积木的加工图。材料下单图的作用是让厂家能根据图纸加工出自己需要的材料，因此，图纸上只会重点表达需要制作的材料，对于基层和骨架几乎都是忽略不计的（图 10-92、图 10-93）。

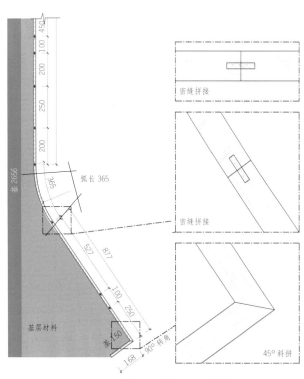

图 10-92　木饰面下单图——平面排版
（单位：mm）

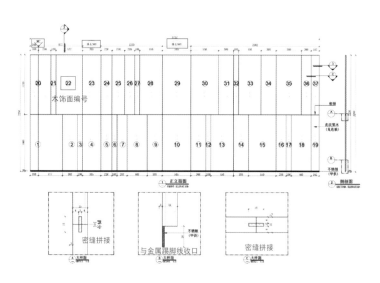

图 10-93　木饰面下单图——立面展开排版

二、设计师了解材料下单图的必要性

很多设计师都认为，看材料下单图是厂家的事情，与自己没有关系，不需要了解。如果把自己定位成一名偏向于前端的设计师，在工作过程中接触材料下单图的机会确实比较少，甚至到自己做的项目的施工现场也不一定能接触到。但是，如果是需要绘制施工图的设计师，并且需要去现场指导施工，做设计巡场，配合施工单位等工作，那么材料下单图就是必须掌握的一个知识点。因为必然会接触到，所以，首先要能看懂。而且，在国内的很多设计公司里，施工单位的材料下单图如果没有一定的数量，会完全由深化设计师完成，然后交给厂家审核。这就像境外设计公司的设计师做国内项目时，不会考虑方案的落地细节，因为业主会请专人帮助。如果是国内的设计师，就需要自己考虑设计落地的问题，也就需要更全面的能力。因此，设计师需要了解一些现场知识，具备一定的综合管控能力，尤其是专业的深化设计师或者中小型设计企业的从业者。

三、木饰面材料下单图实例解析

下面介绍一套较为完整的材料下单图，从中挑选出几张图纸（图10-94~图10-99），解读设计师拿到材料下单图时应该怎样入手查看与审核。

图10-94　整套图纸

图10-95　图纸目录

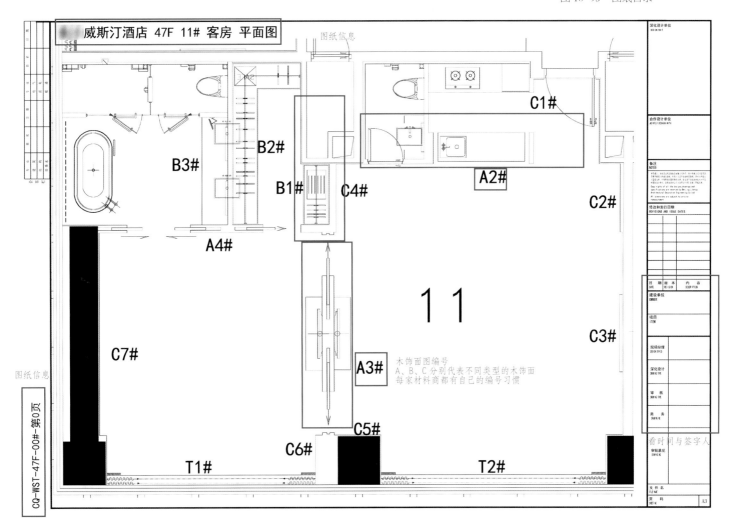

图10-96　平面索引图

拿到一套木饰面下单图时，与看普通的图纸一样，首先了解图纸目录提供的信息，然后找到目标空间的平面索引图。图10-97~图10-99是以图10-96中的编号A2#、A3#、B1#为例，展示的具体图纸。木饰面的下单图形式多种多样，但究其根本，都大同小异，理解了这套图纸后，也能理解其他图纸。

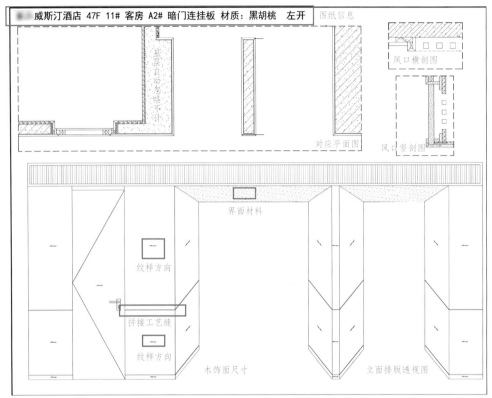

图 10-97　黑胡桃护墙板下单图

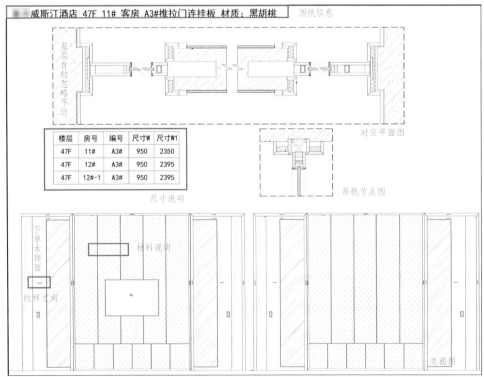

图 10-98　推拉门木饰面下单图

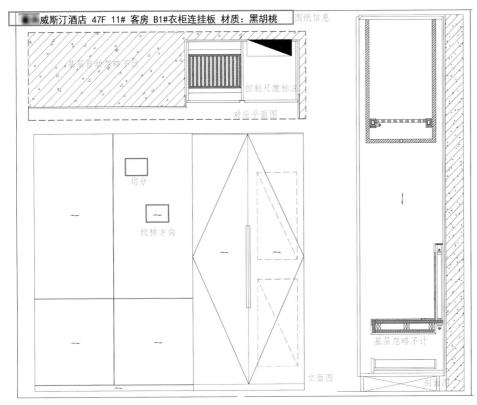

威斯汀酒店 47F 11# 客房 B1#衣柜连挂板 材质：黑胡桃

图纸信息

均分

纹样方向

对应平面图

控制尺度标注

立面图

剖面图

基层忽略不计

图10-99 衣柜木饰面下单图

必须精确，下单时尽量短一些，因为如果尺寸短，可以通过打胶修补；如果过长，就会浪费整块材料。

3. 核对收口

这一点在本书木饰面收口章节已经提到。需要注意的是，不仅要把关注焦点放在材料与材料的转角处，更应该关注木饰面自身宽度超过 2400mm 时，伸缩缝的设置是否影响设计观感，这一点是很多设计师和下单人员都容易忽略的。

4. 核对纹样

设计有纹样走向的材料时，一定要留意纹样走向是否正确。这一点虽然简单，但如果出错，造成的后果是最严重的。

5. 核对顺序

通常情况下，无论是什么材料，都必然是根据施工顺序下单，现场先做哪个就下哪个。因为材料加工是需要时间的，所以在审核完材料下单图后，应该根据下单的先后顺序权衡到底应该先制作哪一批，后制作哪一批，这样可以配合现场的施工节奏，避免发生"人等材料"的怠工情况。

五、小结

（1）材料下单图是对设计项目需要的材料订单进行的补充说明，是便于材料厂家进行加工制作的图纸。

（2）材料下单图纸可以理解为是去掉"骨"和"肉"的节点图深化版，它重点表达下单材料自身的尺寸与周边收口的关系，对基层材料会自动忽略甚至不绘制，所以，重点关注材料自身即可。

（3）在审核材料下单图时，至少有 5 个要点，建议将这 5 个要点作为核查清单执行。

四、材料下单图的把控要点

因为材料下单图是直接涉及工厂加工的图纸，因此，在检查与核对图纸时，尤其要留意下面介绍的这 5 个要点。因为无论哪一个要点出错，都会造成损失。

1. 核对节点

节点图既是指导现场施工的图纸，也是指导材料下单的图纸，所以，在核对材料下单图的时候，首先就应该根据材料平面图找到对应的下单图，然后对比材料下单图与节点图，确保下单的材料尺寸与节点结构需要的尺寸是一致的。以木饰面下单图为例，如果节点图上使用的是 12mm 厚的木饰面进行表面抽槽，然后干挂，下单图上却采用两块 9mm 厚的木饰面进行拼接，这个时候，设计师就需要提出审图意见，找下单人员确认。如果是下单人员的失误，则要求其改正；如果是下单人员认为这样

做能控制成本，且不影响设计效果，则需要权衡利弊变更图纸，或者找到节点图绘制者征求意见。总之，审核下单图的第一步，一定是核对它与节点图有无构造上的差别。

2. 核对尺度

审核下单图时，除了核对节点构造外，还需要结合平面图、立面图、剖面图等图纸，对其在图纸上的尺寸进行确认。同时，还要让现场施工人员根据下单图的尺寸去现场复核完成面线是否与材料下单的尺寸冲突。也就是说，不仅要核对施工蓝图与下单图的尺寸是否一致，更需要对现场与施工蓝图的尺寸进行复核。

特别需要说明的是，石材、木材这些可以后期切割打磨的材料，对现场尺度要求不高，只要差别不大即可。而且在下单时，都会尽量把尺寸加长，便于现场切割。但如果是金属和玻璃这些材料，现场尺度则

CHAPTER 11

第十二章
金属

第一讲 ｜ 不锈钢的应用与类别

关键词：思维模型，学习方法，材料解读

一、金属材料的应用

随着国家对建筑消防的要求越来越高，各地消防部门对建筑的消防验收也越来越严格。因此，从基层骨料到饰面材料都需要想办法"降火"，设计师通过新的工艺代替传统木龙骨和木板的基层，材料商通过各种化学和物理的手段降低材料的燃烧性能。但这还不够，因为材料自身的属性已经决定了，无论怎样处理，也不能把能燃烧的质地变成不能燃烧的质地。一方面，材料突破不了物理属性的限制；另一方面，项目要通过严格的消防报审和验收，所以，近几年采用 A 级不燃的金属材料代替传统可燃材料的情况屡见不鲜（图 11-1~图 11-4），尤其是在大中型的工装空间中，吊顶上几乎看不见大面积木质材料的身影了，空间内木质材料的使用也越来越少，反而是木纹转印的工艺在空间中频繁出现。

除了能代替石材以外，金属板块还可以转印几乎任何纹样，如石材转印、图片数码打印等。同时，因为金属体量轻、成本低、可塑性强，金属材料在室内空间中还有更广泛的应用，如各种冲孔铝板、镜面铝板、多边形铝板、蚀刻不锈钢、古铜雕刻、薄边金属门套等。

二、不锈钢简介

不锈钢是 20 世纪冶金领域的重大发明。提到不锈钢，首先要介绍一个基本概念：不锈钢不是指不会生锈的钢铁，而是指不容易生锈的钢铁。它是在普通碳钢的基础上，加入一组质量分数大于 12% 的合金元素铬（Cr），使钢材表面形成一层不溶解于某

些介质的氧化薄膜，使其与外界介质隔离而不易发生化学作用，从而保持金属光泽，具有不易生锈的特性。铬含量越高，钢的抗腐蚀性越好。

根据构成不锈钢的化学元素的含量不同，不锈钢被分为不同系列。装饰领域常见的不锈钢种类有 201 和 304 等，这个概念如同 18k 金和 24k 金一样。不锈钢的分类非常多，大类有马氏体钢（410、420、440C 系列）、奥氏体钢（200 系列、300 系列）、铁素体钢（430 和 446 系列，也称不锈铁）、双相体钢、沉淀硬化型钢等。

304、201、316 这些不锈钢名称都是国外使用的称呼，国标的标号比较烦琐，用得比较少，因此本文不过多介绍了。如果按常见不锈钢型号的耐腐蚀性来排列，大概是这样的不等式：316 > 304 > 202 > 201 > 430 > 420。在这个不等式里，设计师只要记住最常用的 4 个不锈钢型号——201、202、304、316 即可。

1. 201、202 不锈钢

201、202 不锈钢含锰量较高，表面很亮（带暗黑）。由于成本比较低，这两种不锈钢在中低端装饰市场上使用最广，但比起

图 11-1　木纹转印的金属饰面板

图 11-2　多边形金属饰面的应用

图 11-3　水纹不锈钢的应用

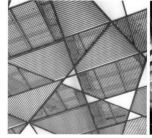

图 11-4　金属网格与挂板的应用

304和316不锈钢,这两种不锈钢容易生锈,所以,一般用于中高端项目的非精装区域,在精装修区域,建议不要采用。

2. 304 不锈钢

304 不锈钢是国家认证的食品级不锈钢,被广泛运用于工业生产、建筑装饰、餐饮、医疗等行业,也是设计师比较熟悉的不锈钢型号。其具有良好的耐蚀性、耐热性和机械特性,并且冲压、弯曲等热加工性好,无热处理硬化现象(无磁性,使用温度为 -196℃~800℃)。

304 不锈钢虽然有很好的耐腐蚀性,但在一些空气中含有大量盐分和水汽的地区,如海滨地区,也会出现生锈的情况,这时就需要使用防腐蚀性更好的 316 不锈钢来做饰面材料了。

3. 316 不锈钢

316 不锈钢的最主要的特点是耐海洋和侵蚀性工业大气的侵蚀。它可以用于生产纸浆和造纸设备的热交换器、食品工业器材、外科手术器材、染色设备、胶片冲洗设备、管道、沿海区域建筑物外部材料。不锈钢的价格与其耐腐蚀性有关,所以 316 不锈钢的价格比其他常见的用于装饰的不锈钢要高得多。

不锈钢的标号越高,价格越高,加工难度也越大。成本的差别决定了在室内设计领域使用范围最广的是 304 不锈钢。尽管 316 不锈钢各方面性能都更好,但除了在海南、广东这样的潮湿地区外,目前 316 不锈钢极少应用在普通的室内空间,因为其材料、加工成本和产品均价都过高。

不锈钢的具体制作工艺,本书不再具体展开,这里介绍一个设计师需要了解的不锈钢制作工艺的概念:不锈钢分为冷轧和热轧两种制作工艺,冷轧生产的不锈钢综合性能比热轧更好,表面非常细腻,市面上的不锈钢

饰面也多为冷轧工艺(图 11-5)。冷轧工艺适合制作薄的不锈钢,热轧工艺适合制作厚的不锈钢。

三、不锈钢在室内装饰中的应用

不锈钢在室内有两种常规的使用方法。

在装饰领域,不锈钢被称为"收口神器"(图 11-6),可被用于各种各样的收边条、门框门套线、分割垭口条、各类装饰线条、金属背景墙、软装小饰品等。不锈钢的反射性能极佳,能够营造出当下最流行的低调、奢华的室内氛围,是许多高格调空间中装修、陈设、点缀、收口的必备材料。另外,不锈钢因为其独有的特质,也常被用于室内空间的栏杆扶手、楼梯栏板等处。

四、不锈钢产品的种类

室内不锈钢产品花样繁多,层出不穷,如拉丝玫瑰金不锈钢、黑钢、镜面钢、蚀刻不锈钢、不锈钢金属隔断等(图 11-7)。下面介绍不锈钢的分类逻辑,并提供一个判断工具,以此梳理不锈钢产品的种类。

1. 按表面效果分类

室内装饰中常见的不锈钢表面处理形式如图 11-8 所示。

2. 按颜色分类

设计师常见的玫瑰金不锈钢就是颜色分类逻辑下的一种不锈钢产品类型。在这种分类形式下,不锈钢产品的种类繁多,颜色也多种多样,如钛黑(黑钛)、天蓝色、钛金、咖啡色、茶色、紫红色、古铜色、玫瑰金、钛白、翠绿、绿色、香槟金、青古铜、粉色等(图 11-9)。

3. 按表面着色工艺分类

对金属表面进行着色处理需要使用不同的工艺完成,比较常见的着色方式有下面几种。

图 11-5

图 11-6

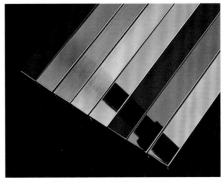
图 11-7 各类不锈钢产品

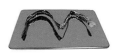
镜面不锈钢

拉丝不锈钢

喷砂不锈钢

蚀刻不锈钢

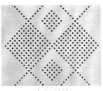
冲孔不锈钢

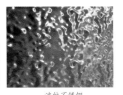
波纹不锈钢

图 11-8 不锈钢常见表面处理

古铜色　香槟金　钛金　玫瑰金　本色

图 11-9

（1）电镀工艺

电镀工艺是利用电解作用使金属或其他材料制件的表面附着一层金属膜的工艺。可以起到防止金属被腐蚀，提高金属的耐磨性、导电性、反光性及美观程度等作用。这种方式也是最常用的处理方式。

（2）水镀工艺

这种工艺是在水溶液中不依赖外加电源，直接靠水镀的溶液与金属发生化学反应，使金属离子不断还原在自催化表面上，形成金属镀层的工艺方法。与电镀相比，这种方式不是很常用。

（3）氟碳漆工艺

这种工艺以氟树脂为主要成膜物质的涂料，涂于金属表面，为金属表面着色。

（4）喷漆工艺

这种工艺用压缩空气的形式将涂料喷成雾状，涂在不锈钢板上形成不同的颜色。经过喷涂这种工艺处理的不锈钢金属，后期很容易磕碰掉色，建议要求厂家使用电镀或水镀的工艺。

4. 一个不锈钢类别判断工具

下面介绍一个本书原创的模型（图11-10），可以为不锈钢构建一个便于设计师理解的分类坐标轴，让设计师根据不锈钢的不同特性选择不同的使用场合。

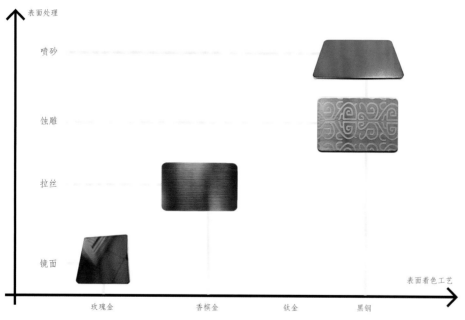

图11-10　不锈钢类别坐标图

第二讲 │ 不锈钢的工艺节点做法

关键词： 节点构造，设计原则，安装工艺

一、关于不锈钢的重要原则

目前，由于材料市场的不规范，同样颜色的不锈钢有可能会有不同的叫法，如一家材料商叫"钛金不锈钢"，另外一家叫"黄铜不锈钢"。因此，设计师不需要额外记忆一些不锈钢的名称和型号信息，只需要记住所有不锈钢的普遍规律即可，也就是下面几条简单的数据。

（1）在建筑装饰领域中，不锈钢常规厚度范围在 0.5mm~3mm 之间。小于 0.5mm 的不锈钢表面非常容易起波纹，导致表面不平整；大于 3mm 会增加不锈钢的重量，并增加施工难度，同时也会浪费材料。

（2）1.2mm 和 1.5mm 厚的不锈钢目前在国内内装项目中使用得最多。其折边的最小临界值做到 5mm 为宜（图 11-11）。也就是说，不锈钢收边条在正常情况下最小做到 5mm 最为合适。目前国内的不锈钢大厂在不锈钢折边时，1.2mm 厚的折边临界值能做到 3mm 厚。但并不建议采用这样的方式来做 3mm 厚的收口条，因为如果要采用 3mm 厚的不锈钢，直接使用 3mm 厚的纯不锈钢条即可。

（3）小于等于 1.2mm 的不锈钢适用于一些局部装饰饰面和收口条，但是面积不能太大（不建议超过 $1m^2$）。大于 1.2mm 的不锈钢通常用于大型隔断、大型不锈钢饰面板等处。

（4）不锈钢的折边只要遵循上面提到的最小折边原则，理论上来说，在不考虑成本的前提下，几乎可以做出任何二维形状（图 11-12）。

掌握了以上这几条原则后，再看一些不锈钢的使用场景，就可以了解这些不锈钢的材料规格和型号了。对于不锈钢宽幅，设计师没有必要记忆，因为无论多大面积的不锈钢，都可以通过焊接和高级腻子的形式做到看不出焊缝。所以，重点是要记住不锈钢的厚度和折边厚度，而不是其他颜色属性和规格信息。

二、不锈钢的安装方式

不锈钢在室内装饰中通常有 3 种形式：不锈钢条、饰面板材、独立框架（隔断）。它们的安装方式大同小异，主要有打钉（上螺丝）、扣装、焊接、胶粘、预留卡槽这几种。

1. 打钉（上螺丝）

主要是用于有翻边的不锈钢固定（图 11-13）。

先装好不锈钢，然后再固定其他饰面材料。

2. 扣装

预留好用于固定不锈钢的缝隙后，可以直接将不锈钢扣（粘、挂）在预留的缝隙上（图 11-14）。

3. 焊接

任何金属材料都可以采用"焊接 + 原子灰修补"的方式实现无缝的效果（图 11-15）。但不同的金属材料应采用不同的焊条焊接，否则会因为焊条和金属材料的不兼容造成金属生锈开裂。

4. 胶粘

胶粘的固定方式（图 11-16）对任何装饰材料都适用，根据不同的材料选择不同的胶粘剂即可。

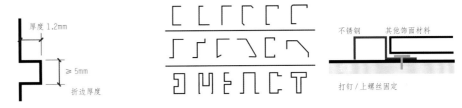

图 11-11 不锈钢折边厚度　　图 11-12 常见的不锈钢折边造型　　图 11-13 打钉（上螺丝）固定方式原理图

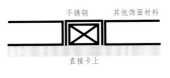 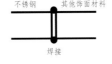 

图 11-14 扣装固定方式原理图　　图 11-15 焊接固定方式原理图　　图 11-16 胶粘固定方式原理图

5. 预留卡槽

这种方式（图11-17）是所有隔断材料都适用的方式。最典型的应用是通过一个小"限位器"达到固定整个门扇的效果。

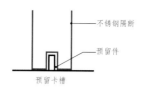

图11-17 预留卡槽固定方式原理图

这里提到的所有不锈钢的安装固定原理都同样适用于绝大多数金属板材。基于以上固定方式的解读，下面介绍最常见的不锈钢通用节点图（图11-18~图11-20），同时结合"骨肉皮"模型来了解它采用了上述哪种方式固定。

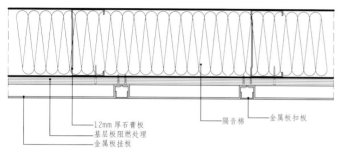

图11-18 打钉固定

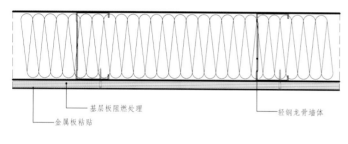

图11-19 胶粘固定

这里留意一点，不锈钢适用的固定方式同样适用于铝单板。所以，理解了上面提到的5类不锈钢的安装固定方式后，就等于掌握了绝大多数金属材料的固定方式。如图11-21~图11-24这些案例，分别采用了哪些方式固定，相信大家应该一目了然了。

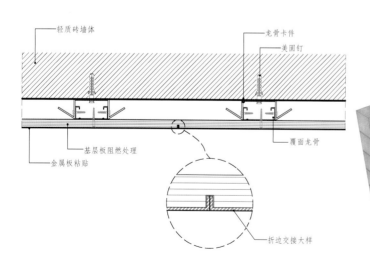

图11-20 扣装固定

图11-21　　　　图11-22

图11-23　　　　图11-24

第三讲 ｜不锈钢材料的常见设计问题和质量通病

关键词：设计问题，施工问题，环境问题

阅读提示：

任何质量通病都可以通过"功夫菜"模型分析，通过这个模型分析问题至少有两个好处：一是帮助设计师更清楚、更全面地看到设计质量问题的成因；二是有助于设计师对设计通病的记忆与理解。关于不锈钢的质量通病也不例外，接卜米从设计因素、施工控制以及环境因素3个方面深入分析装饰工程中不锈钢饰面、框架、边条、隔断等做法的常见质量问题以及影响质量的因素。

一、设计因素导致的质量问题

发生质量问题时，首先应该想到是否是由于设计前期考虑不周，导致后期施工出现漏洞。没有合理的设计方案和材料选样，必然把握不好施工控制这一关。不锈钢的施工难度不大，只要保证设计合理，材料合格，基本上不会有问题。

1. 与周边材料无法收口、收口不密实

由于设计师缺乏经验或没有留意，做深化设计时过于理想化，没有考虑到现场施工的误差以及复杂性，导致深化的图纸往往都是"理想化收口"（图11-25~ 图11-28）。因为施工现场会有各种因素造成实际情况与图纸存在偏差，或者不锈钢本身生产弯曲，导致收口不平，所以，对不锈钢来说，在选择收口方式时要遵循"能留槽就留槽，能折边就折边，能压实就压实"的原则（图11-29）。

2. 材料选择不合理，既影响美观，又难以保证施工质量

设计选样时，应根据项目实际情况选择合适的材料。设计师往往误认为实心不锈钢条比折边不锈钢条质量好，而盲目采用3mm、5mm、10mm等厚度的实心不锈钢条作为收口条（图11-30）。其实这是对材料的浪费，会增加不必要的成本。而在大多数情况下，深化设计对成本的把控就体现在这些方面。

在前期设计时，优化一下超薄金属门套的节点做法，在保证设计效果的前提下就会极大地降低门套的造价（图11-31）。深化设计的作用就是在这些细枝末节的地方体现出来的。最终选择做不锈钢饰面时，可多参考几个品牌和厂家，打几个小样进行综合对比，最后根据色泽、质感、刚度等几个方面来综合评定所用材料。

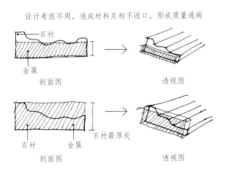

图 11-25　没有考虑到材料之间的收口关系，形成质量通病

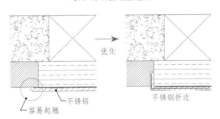

图 11-26　没有考虑到不锈钢材料的特性，形式质量通病

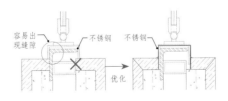

图 11-27　没有考虑到现场施工的工艺难度，形式质量通病

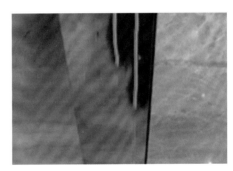

图 11-28　不锈钢与石材之间存在缝隙

图 11-29　不锈钢收口原则

图 11-30　实心不锈钢条

当不锈钢单块面积过大（超过 $1m^2$）时，厚度应大于等于 1.2mm，且面积越大，厚度越大。否则会因不锈钢自身刚度差造成表面不平整、起坡有凹凸面、面板整体观感差等后果。当采用反射强度高的不锈钢，或对不锈钢的平整度要求较高时，可以采用金属蜂窝板进行打底处理，以保证面板的平整度，避免波光反射的现象。

选择使用不锈钢隔断或者收边条时应注意，不锈钢条的折边宽度不宜小于 5mm，否则必然造成厂家通过减小不锈钢厚度来满足其折边宽度，最终造成材料成本增加，不锈钢自身刚度变低。不锈钢条最小可以折边到 3mm（图 11-32），但如果是用于隔断或收边条时，建议直接采用 3mm 厚的不锈钢板。

二、施工过程导致的质量问题

在施工过程中，往往会由于施工方对工程控制不力、对接不到位、交底不及时等原因而造成质量问题。在不锈钢施工方面，最常见的施工问题有下面几种。

1. 板材安装不平整、不顺直
由于不锈钢饰面板和不锈钢条多为背部打胶，然后贴于基层板上，所以如果使用劣质饰面板，当厚度不足时，往往会由于打胶不匀称、胶液收缩，造成后期不锈钢表面不平整的现象（图 11-33）。建议不锈钢厚度不小于 1.2mm，胶粘施工时胶体不宜过多，这样可以有效杜绝胶粘时胶体过厚或过薄造成的表面不平整。并且，在进场验收时必须加强检查力度，以防供应商用劣质或厚度不满足要求的不锈钢以次充好，造成后期的质量通病。

2. 焊接不规范
在制作与安装不锈钢隔断、栏杆扶手、花格造型等需要焊接的不锈钢制品时，没有使用专用的不锈钢焊条，随意使用其他钢管通用焊条，破坏了不锈钢的涂层（图 11-34），最终导致焊口处生锈老化。焊接不锈钢时，未分时间段焊接，使焊口一直处于高温状态，导致焊接时破坏不锈钢的稳定性，造成氧化现象，进而使不锈钢生锈老化。

3. 现场野蛮施工
在安装过程中，有些不规范的施工队会直接使用榔头或尖锐物简单粗暴地安装不锈钢，造成直接损坏。所以，在安装前，一定要对施工方或者工人进行设计交底，要求在安装不锈钢时必须使用柔性手法来施工，并在施工过程中佩戴手套，防止指纹污染。

三、现场环境导致的质量问题

在实际施工过程中，除了材料的选择和施工过程的控制，环境因素也是设计师需要了解的，很多质量问题都来自这个方面。

1. 工序倒置
由工序倒置引起的施工冲突，或做完后又拆除重做，会造成材质之间收不了口或各工种互相破坏的问题，留下质量隐患（图 11-35）。

2. 成品保护不到位
完工后，未做成品保护或保护不到位，封闭不密实，导致不锈钢条被刮花或出现咬色等现象（图 11-36）。

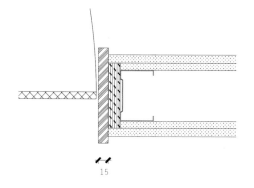

图 11-31　超薄金属门套的优化做法
（单位：mm）

图 11-32　折边厚度 3mm 的
不锈钢板

图 11-33　不锈钢饰面不平整

图 11-34　不锈钢焊接不规范，
为后期留下隐患

图 11-35　未对不锈钢进行成品保护，
导致被其他工种破坏

图 11-36　未做成品保护，未完工
就刮花不锈钢

第四讲 ｜ 金属铝板

关键词： 铝单板，材料解读，思维模型

随着消防规范越来越严格以及金属材料生产技术的逐渐成熟，不燃的A类金属材料全面代替易燃的B类材料只是时间问题（图11-37~图11-39）。所以，未来的室内设计行业（尤其是工装行业）对金属材料的应用程度也会与现在的石材、木饰面在同一个数量级。

图11-37 金属代替木料做吊顶　　图11-38 金属代替白色乳胶漆做饰面　　图11-39 金属代替硬包（皮雕）做饰面

一、铝板的分类

提到铝板材料，设计师可能会想到很多专业名词（图11-40）。分辨这些有不同叫法的金属板材非常困难。所以，设计师需要建立起对铝板的整体认知。从分类逻辑上来看，用于建筑装饰行业的铝板主要分为铝单板和铝复合板两个类型，通常用于大型隔断、大型不锈钢饰面板等处。

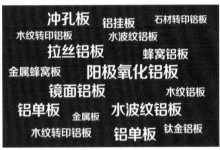

图11-40 设计师口中的铝板叫法

图11-41 铝单板

1. 铝单板简介

铝单板（图11-41）是指采用铝合金板材为基材，经过铬化等处理后，再经过数控折弯等技术成型，采用氟碳漆或粉末喷涂技术加工形成的一种新建筑装饰材料（图11-42）。我们常说的木纹转印铝板、冲孔铝板、仿石材铝板、镜面铝板等都属于这一类板材。

2. 铝复合板简介

铝复合板（图11-43）是一个统称，主要是指通过种种复杂的加工手段将经过化学处理的涂装铝板（铝单板）作为表层材料，复合在适合的基层材料上，最终形成的新建筑装饰材料。根据复合基层材料的不同，铝复合板具有不同的材料特性，比如，我们常见的铝塑板就是塑料和铝单板的复合板材，既保留了塑料材料的特点，又通过金属材料克服了塑料材料的不足。

图11-42 铝单板在室内空间与建筑幕墙中的应用

 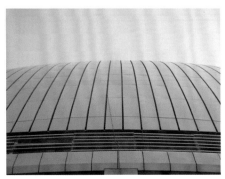

图11-43 铝塑板在室内空间与建筑幕墙中的应用

另一种常见的铝复合板是蜂窝铝板（图11-44）。它是蜂窝金属和铝单板构成的复合材料，在保留了铝单板的饰面性能特点的同时，通过蜂窝金属结构基层极大限度地弥补了铝单板容易弯曲的缺点。为保证饰面材料的平整度，越来越多的大型空间中采用这种材料。由此可知，铝复合板就是兼顾了两种材料的优点，以此达到更广泛的用途。

二、铝单板与不锈钢板的区别

同样是金属单板，铝单板和不锈钢板在材料的属性上区别很大。之前提到过，不锈钢板的表面是直接通过电镀、水镀等方式在纯不锈钢板上进行拉丝、喷砂或蚀刻处理的，而铝单板的处理方式要复杂一些，如图11-45所示。

普通铝单板主要由面板、加强筋和角码组成（图11-46），表面经过铬化等处理后，再采用氟碳漆或粉末喷涂处理，一般分为二涂、三涂或四涂。

铝单板一般采用2mm～4mm厚的纯铝板或优质铝合金板为基材来做表面处理。国内一般使用3mm厚的铝合金板作为建筑外墙装饰材料。氟碳漆涂层具有卓越的耐腐蚀性和耐候性，能抗酸雨、盐雾和各种空气污染物，耐冷热性能极好，能抵御强烈紫外线的照射，长期不褪色、不粉化，使用寿命长。这些性能特点也是很多建筑都采用铝板做外幕墙而不使用不锈钢板的主要原因之一。

三、铝单板的特点

铝单板具有以下特点。

1. 重量轻、强度高

3mm厚的铝板每平方米板重8kg，抗拉强度100～280N/m²（N=牛顿，是力学单位）。

2. 耐候性和耐腐蚀性好

铝单板采用氟碳漆或粉末喷涂，耐候性和耐腐蚀性极佳。

3. 易加工

采用先加工后喷漆的工艺，铝板可加工成平面、弧形和球面等多种几何形状，满足建筑复杂的造型要求。

4. 抗涂层均匀、色彩多样

先进的静电喷涂技术使油漆与铝板间的附着均匀一致，颜色多样，选择空间大，符合建筑学的要求。

5. 不易粘污，便于清洁保养

氟涂料膜的非黏着性使表面很难附着污染物，具有良好的自洁性。

6. 安装、施工方便快捷

铝板是工厂根据下单图加工完成后，施工人员到现场直接安装的，不需要现场裁切、加工，因此施工效率很高。尤其是需要多边形、二维曲面造型时，更凸显了这个特点。

图11-44　金属蜂窝板

图11-46　铝单板样板

7. 可回收再利用，有利于环保

不同于玻璃、石材、陶瓷、铝塑板等装饰材料，铝板可100%回收，回收残值高。

铝单板最大的缺点是在代替传统材料时，触感上很难高度还原。其次，铝板非常容易起波纹，大面积使用铝单板做饰面材料时，要想保证铝板的平整度很难，因此，在对平整度有要求的情况下，不建议使用铝单板，宜选用蜂窝铝板。

四、铝单板的处理形式和饰面效果

为了便于理解，如图11-47所示，通过一张坐标图概括铝单板的处理形式和饰面效果。

五、常见的铝单板处理方式

1. 喷涂处理

喷涂处理即在铝单板外表喷涂颜色涂料，然后烘干，可分二涂、三涂等。好的喷涂

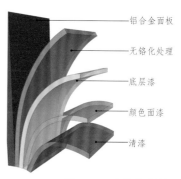

铝合金面板
无铬化处理
底层漆
颜色面漆
清漆

图11-45　图解铝单板

板色彩散布均匀，差的喷涂板从侧面会看到涂层呈波纹状散布。

2. 辊涂处理

铝单板外表进行脱脂和化学处置后，辊涂优质涂料，枯燥固化。辊涂铝单板外表漆膜的平整度高于喷涂铝单板。辊涂板最大的特点是色彩的仿真度极高，可头现各种仿石、仿木纹等效果。

3. 覆膜处理

选用高光膜或幻彩膜，板面涂覆专业黏合剂后复合。覆膜铝单板光泽鲜艳，可选择的花色品种多，防水、防火，且具有很强的耐久性和抗污能力，防紫外线性能优越。

4. 金属拉丝处理

以铝板为基材，选用进口金刚石布轮在外表拉纹，然后经压型、辊涂等多种化学处理。处理后的铝板外表色泽光亮、均匀，时尚感强，能给人以强烈的视觉冲击。

5. 阳极氧化处理

这种处理可以使铝板具有更高的硬度，并能提高耐磨性、附着性、抗蚀性、电绝缘性、热绝缘性、抗氧化性。

6. 冲孔处理

铝单板也大量应用于建筑室内吊顶，结合恰当的穿孔表面处理（图11-48），既可以做空间装饰，又可以作为吸声材料，一举两得。

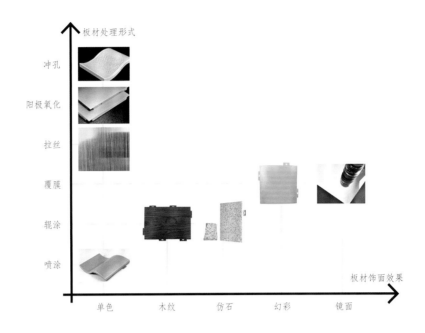

图 11-47　铝单板坐标图

图 11-48　创意冲孔铝板

第五讲 | 铝单板节点做法

关键词：节点构造，设计原则，图纸表达

阅读提示：

与分辨铝板种类一样，理解铝单板的节点做法也很复杂，因为铝单板不同于木材和石材这样只有几种工艺做法的材料。铝单板的节点做法与构造造型、安装部位、面积大小、完成面尺度以及施工工期都密切相关。本书在介绍不锈钢时，提出了5种最常见的节点做法——打钉（上螺丝）、扣装、焊接、胶粘和预留卡槽，这5种做法是对几乎所有金属板材安装固定的抽象化表达。其中，胶粘、打钉、扣装（又叫卡扣、挂装）这3类做法同时也适用于铝单板的安装。本文将通过图解的形式介绍3类（共4种）切实可行，也是目前最主流的铝单板的节点做法。本文探讨的铝单板节点做法主要针对的是室内空间的板材状的铝单板，格栅天花、铝方通、铝挂板等天花铝板会在后文详细讲解。

一、铝单板的节点图表达

国内多数厂家的铝单板最大规格可以做到6000mm×2000mm，只有一些特殊尺寸可以做到8000mm（长）×1800mm（宽）。铝单板的常规厚度为2.5mm、3mm、4mm，有特殊需求可以做得更薄（1.5mm、2mm）或更厚。铝单板最常见的规格为600mm×600mm、600mm×1200mm，常用宽度为1220mm或1500mm。这些是设计师常用的铝单板的规格数据，这些数据涉及后期下单排版时的分缝设计，如果运用不熟练容易出现分缝不和谐的问题。

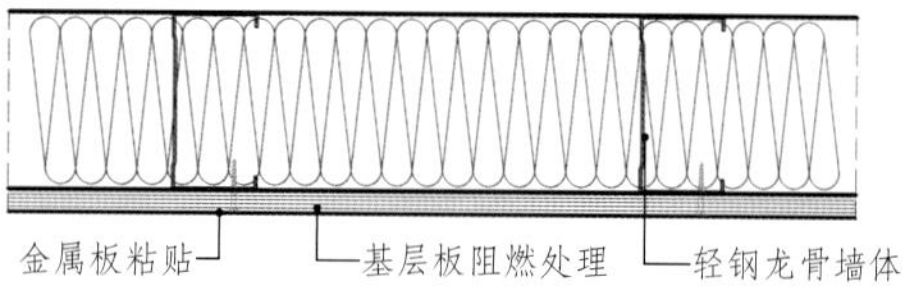

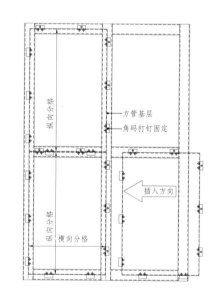

金属板粘贴　　　基层板阻燃处理　　　轻钢龙骨墙体

图11-49　胶粘式铝单板节点图

1. 胶粘式铝单板的节点做法

胶粘式铝单板节点做法最简单，如图11-49所示。这种做法是制图难度最小、施工难度最大、质量隐患最多的做法。因为金属板面积越大，对平整度要求就越高，板子也就越厚，越容易产生波光效果，所以，这种胶粘的方式只适用于板材厚度薄的材质，如不锈钢板、铜板等，壁厚一般为1.2mm～1.5mm。这样的节点做法用于铝单板的安装时，只建议用于小面积的墙面铝板装饰上，吊顶和大面积装饰不建议采用这种做法。一般在项目上几乎用不到这样的铝单板做法。

2. 打钉式铝单板的节点做法

铝单板的安装方式决定了铝单板的出厂形态，如果采用打钉的方式，在铝单板上就会有使用角码形成的"小耳朵"，接着通过打钉的方式将"小耳朵"与基层钢架固定，之后再将缝隙处通过压条或打胶的方式收口。其节点做法和现场示意如图11-50～图11-54所示。这种打钉固定铝单板的方式，可以解决60%以上大面积铝单板的安装问题，也是设计师接触最多的铝单板安装方式，被广泛用于铝单板吊顶、墙柱面的安装中。

方管基层　　　角码打钉固定

插入方向

纵向分格　　横向分格

图11-50　铝板立面安装示意图

3. 扣装式铝单板的节点做法

打钉和胶粘的形式已经可以解决绝大多数铝单板在室内装饰中的安装问题，但难免还会有一些铝板工艺形式不便采用以上两种做法。下面介绍两种铝单板扣装式的工艺节点方式——干挂式和卡扣式，便于设计师灵活应用。这两种安装方式的名称没有统一标准，所以不需要记住它们的名称，记住节点做法即可。

（1）干挂式铝单板的节点做法（图11-55、图11-56）

这种做法是近年来在工装空间逐渐流行起来的节点做法，尤其针对一些墙面铝单板。其施工工期快，可调节幅度大。这种干挂式的铝单板节点做法比较典型，它的工艺流程和基层做法可以代表所有采用扣装式和打钉式安装的金属板构造。下面介绍墙面金属板在安装时的施工流程和把控要点。

①标准流程

测量、弹线、固定角钢角码、固定竖向龙骨、安装U形槽铝、安装金属板、清理、保护。

②步骤详解与把控

a.测量、弹线

按照设计图纸及板块分格图纸，对应竖龙骨位置，用红外线放线仪将龙骨中线弹到墙面上。通常龙骨采用50号方管，间距依据板块宽度设置。

b.固定角钢角码

按照龙骨位置以及角码的间距，计算角钢角码位置。在墙体上用冲击钻钻眼，用膨胀螺栓固定角码，角钢角码提前用台钻钻眼。

c.固定竖向龙骨

竖向龙骨与角码通过螺栓连接固定，竖向龙骨采用50号热镀锌方管，提前按照角码间距在龙骨上钻孔，安装完竖龙骨后，先不要将螺栓拧紧，待大面积竖龙骨基本安装完毕后，整体调直、调平，确认无误后，将螺栓拧紧。

d.安装U形槽铝

根据金属板块的挂件槽口位置确定槽铝的位置，用自攻螺丝固定槽铝，槽铝固定后，中间采用螺栓固定作为金属板挂点。

e.安装金属板

安装金属板时，自下而上安装，并调整金属板的垂直度、平整度、接缝高低差，以符合规范要求。

安装完毕，应用塑料薄膜覆盖，做好成品保护，并采用木夹板或泡沫板对阳角进行防护，如果金属板本身带有保护膜，需要保证至交工清理时再撕除保护膜。

③设计把控要点

a.采用这种干挂式做法，竖龙骨间距与板块宽度相同，建议金属板块宽度小于等于1200mm。

b.为保证最终饰面效果的平整度，采用干挂式做法的金属板厚度不宜小于2mm，板块越大，厚度越大，且需在板材背部加设背筋（加强筋）保证金属板的平整度。

c.固定竖龙骨的角码间距宜小于等于1200mm，但如果在轻体砌块上安装，则不能采用这种角码固定的方式，应将角码固定在混凝土圈梁或楼板、结构梁上。

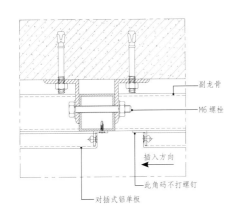

图11-51　横剖节点图

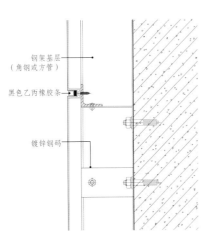

图11-52　竖剖节点图
（非同一节点，供参考）

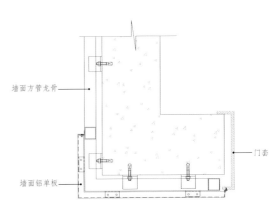

图11-53　打钉做法的阳角节点图

图11-54　铝板打钉固定现场图

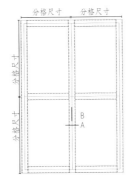

图11-55　铝单板立面示意图

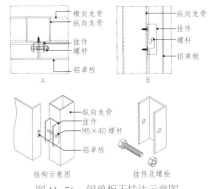

图11-56　铝单板干挂法示意图

（2）卡扣式铝单板的节点做法

卡扣式铝单板的节点做法如图11-57~图11-59所示。这种做法比较简单，也是比较新的铝单板固定法。其优点是比干挂式铝单板安装更快，成本更低，构造也非常简单，目前被广泛用于一些小空间的铝板墙面。但是从市场占有率方面看，这种做法远不及干挂式和打钉式做法，作为了解内容即可。

二、铝板是否能焊接

不锈钢板可以通过焊接的形式实现无缝连接的效果，那么铝单板安装时能不能进行焊接？铝单板理论上可以通过焊接连接，并通过原子灰修补实现无缝效果。但实际工作中鲜有项目会这样做。这与焊接材料的属性有关。不锈钢板有专用的焊条，可以在现场很简单地由工人焊接，而铝板的焊接对焊接设备、焊接材料和环境有很高的要求，否则铝材料很容易被氧化。所以，工人不能拿着焊条像焊接不锈钢板一样在现场焊接。因此，考虑到焊接成本和材料耐久度，除了一些临时装饰，市面上很少看到铝单板在现场通过焊接实现无缝效果的案例。

三、小结

铝单板的工艺做法还有很多，其节点做法与构造造型、安装部位、面积大小、完成面尺寸以及施工工期都密切相关。本文列举了室内装饰中最常见的4种节点做法，分别是胶粘式、打钉式、干挂式以及卡扣式，并通过干挂式的例子，浅析了安装铝单板时的工艺流程和设计把控要点，虽然没有穷尽主流铝单板做法的节点构造，但只要掌握了这4种做法，市面上80%的铝单板饰面的节点图就可以绘制出来了。

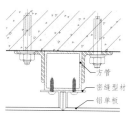

图11-57 卡扣式铝单板处理效果　　图11-58 卡扣式节点示意图

图11-59 卡扣式做法样板

第六讲 │ 蜂窝板

关键词：蜂窝板，材料特点，工艺节点
导读：本文将解决以下问题：蜂窝板是指什么？有哪些特点？在什么场合下需要使用蜂窝板？使用时又应该注意什么？金属蜂窝板有哪些类别，它的节点是什么样的？

一、蜂窝板是什么

蜂窝板是根据蜂窝结构仿生学的原理开发的高强度新型环保建筑复合材料，之所以叫蜂窝板，是因为它采用了蜂窝芯作为基层板材（图11-60）。为什么要用这种蜂巢状的蜂窝芯来做基层呢？简单来说，在这个六边形的蜂窝芯里，每个小"蜂房"的底部都由3个相同的菱形组成，这些结构是由近代数学家精确计算得出的，相互之间的角度完全相同，是最节省材料的结构。用这种基层做的板材强度大、重量轻、平整度高，且容量大，极其坚固，不易传导声和热，是建筑及航天飞机、宇宙飞船、人造卫星等的理想材料。

随着技术的成熟，成本的降低，在近几年的装饰市场上，蜂窝铝板凭借着重量轻和平整度高的优点，占有率已经超过厚度3mm以上的铝单板，成了大面积使用铝板且对平整度有要求的空间中最受欢迎的材料。目前，常见的蜂窝结构板材主要分为两类：装饰性蜂窝板（图11-61）及功能性蜂窝板（图11-62）。顾名思义，装饰性蜂窝板就是以蜂窝芯为基层，用于装饰性用途的蜂窝板材，如木纹转印蜂窝复合板、石材蜂窝复合板、木饰面蜂窝复合板等。而功能性蜂窝板是主要用于建筑功能性上的板材，如阳极氧化的外墙金属蜂窝板等。

二、蜂窝板的性能特点

1. 重量轻，平整度高

厚度为25mm的蜂窝板每平方米仅重6kg，与6mm厚的玻璃相当，仅是同厚度石材重量的1/5，平整度远超相同厚度的实心铝板。

2. 板幅大，强度高

蜂窝板是优异的室内建筑装饰材料，抗冲击强度比3mm厚的花岗岩大10倍，而且冲击后不会整块破碎，即使经过酸冻融测试（-25℃~50℃）循环120次，强度也不会降低，是良好的装饰材料。

3. 表面可复合不同材料，选择范围广

表面可复合不锈钢、纯铜、钛、天然石材、木板、软装等。

4. 安装方便，可加工成异形板

安装蜂窝板通常不需要大型设备，适合单元式幕墙安装。材料重量轻，可采用普通黏结剂固定，从而降低安装成本。

5. 隔声、隔热好

蜂窝板的隔声、隔热效果均好于30mm厚的天然石材板。石材铝蜂窝复合板的规格可以改变，标准板规格为1200mm×2400mm，厚度为20mm，其中石材厚4mm，铝蜂窝芯层厚14mm，高强度过渡层和胶层厚度共为2mm。

6. 抗风压性好

蜂窝板是沿海地带建筑和机场航站楼的适合材料。总厚度25mm，双面铝板厚1mm的蜂窝板，通过9100MPa的负风压测试，板面回弹后仍能平整如初。

也正是因为金属蜂窝板的这些特点，市场上主流饰面材料都能跟它有联系。

三、蜂窝板的类别

目前，市场上常见的蜂窝结构板材主要有以下几种：石材蜂窝复合板、铝蜂窝复合板、木质蜂窝复合板、布艺蜂窝复合板、不锈钢蜂窝复合板、玻璃蜂窝复合板、钛锌蜂窝复合板等。

1. 石材蜂窝复合板

石材蜂窝复合板（图11-63）是由表面的3mm~5mm厚的天然石材和轻质铝蜂窝的基材复合而成的金属板材。它具有以下特点。

（1）铝板和石材均为不燃材料，能对建筑外墙起到阻燃作用。

（2）铝蜂窝板表面经环氧氟碳处理，具有较强的耐腐蚀性。盐雾喷射48小时无针孔、裂纹，不起泡。

图11-60　金属蜂窝板及铝蜂窝芯层

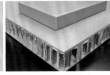

图11-61　装饰性蜂窝板　　图11-62　功能性蜂窝板

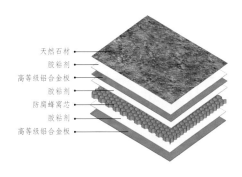

天然石材
胶粘剂
高等级铝合金板
胶粘剂
防腐蜂窝芯
胶粘剂
高等级铝合金板

图11-63　石材蜂窝复合板分解图

（3）蜂窝板属于纯铝产品，不挥发任何对人体有害的气体，无放射性，并可以完全回收利用，石材也是天然材料，所以，石材蜂窝复合板是纯粹的环保型产品。

（4）石材铝蜂窝复合板完全规避了天然石材的缺点。它有天然石材的环保性能，回归自然的时尚装饰效果，但没有天然石材脆性大、易碎、重量大等缺点。

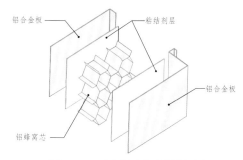

图 11-64　金属蜂窝复合板分解图

2. 金属（铝）蜂窝复合板

金属（铝）蜂窝复合板（图 11-64）采用蜂窝式夹层结构，是以高强度合金铝板作为面，底板与铝蜂窝芯经高温、高压复合制造而成的复合板材。它具有重量轻、强度高、刚度好、耐蚀性强、性能稳定等特点。由于面、底板之间的空气层被蜂窝分隔成众多封闭孔，热量和声波的传播受到极大的限制，所以与其他幕墙装饰材料相比，金属（铝）蜂窝复合板具有良好的保温、隔热性能，被众多地标建筑用作外幕墙。

3. 木质蜂窝复合板

木质蜂窝复合板（图 11-65）采用厚度为 0.3mm~0.4mm 的天然木皮与高强度铝蜂窝板通过航空复合技术复合成型。木质蜂窝复合板的特点如下。

（1）保留了天然木材的质感。

（2）木材用量少，并具有重量轻、耐腐蚀、抗压等铝板的特性。

（3）可塑性强，通过木材镶花、拼花、穿孔等特殊工艺，可以为设计师提供更多的设计灵感。

图 11-65　木质蜂窝复合板使用场景

4. 布艺蜂窝复合板

布艺蜂窝复合板（图 11-66）采用不同风格的饰面布与铝蜂窝板复合而成，主要应用于室内墙面。使用传统的墙布装饰，墙体受潮会导致墙面起鼓发霉，墙面的边角部位容易翘边。布艺蜂窝复合板可以有效地避免以上问题，不仅平整度高，而且配合专用的内墙系统，可以实现每一块墙板单独拆装，方便日后的维护保养和重复利用。

5. 玻璃蜂窝复合板

玻璃蜂窝复合板（图 11-67）采用 3mm ~ 5mm 的彩釉玻璃与铝蜂窝板复合而成。相比于传统的玻璃而言，玻璃蜂窝复合板既保持了玻璃华丽的质感，又减少了约 2/3 的重量，大大提高了使用的安全性。不仅如此，玻璃蜂窝复合板最大板面尺寸可达 3.6m×1.5m，可以为设计师提供更大的空间。

图 11-66　布艺蜂窝复合板使用场景

四、蜂窝板的构造做法

在了解了蜂窝板的节点之前，首先以图解的形式解析主流的饰面材料是如何与金属蜂窝板复合的，金属蜂窝板的安装方式又是怎样的。

1. 蜂窝板的复合方式

蜂窝板的安装原理很简单，下面以石材蜂窝复合板为例进行说明。

石材蜂窝复合板采用铝合金挂件与建筑物墙体基层固定的龙骨相连，铝合金挂件和石材蜂窝复合板之间通过预置螺母或后置背栓连接，挂件和龙骨系统及其连接方式随施工方设计方案而定。

图 11-67　玻璃蜂窝复合板使用场景

首先，拿到成品的金属蜂窝板基层，并在上面开孔。然后，将石材（饰面材料）与蜂窝板复合在一起。做完这一步后，成品的石材蜂窝复合板就已经完成了（图11-68）。其余的工艺与本书石材板块部分提到的石材干挂式工艺节点相同，如图11-69～图11-72所示。

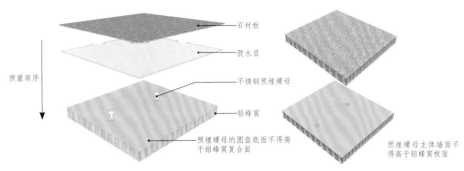

图11-68　成品石材蜂窝复合板分解图

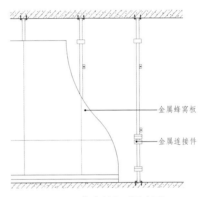

图11-69　蜂窝板立面示意图

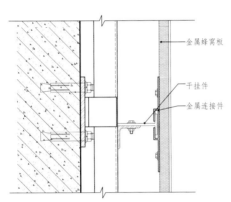

图11-70　蜂窝板节点图

图11-71　石材蜂窝复合板现场图片　　　图11-72　安装细节特写（供参考）

石材、木材、壁纸、铝单板饰面的蜂窝板，其节点做法都与上述做法完全相同。绝大多数使用蜂窝板饰面的案例全部是采用这种工艺完成的。除了干挂式以外，还有一种常见的蜂窝板节点做法——打钉式做法，其节点做法如图11-73所示。

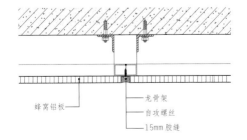

图11-73　蜂窝板打钉固定节点示意图

第七讲 ｜ "金属网格"

关键词： 材料解读，穿孔铝板，金属网帘

一、穿孔板

在近几年的建筑与室内设计作品中，经常可以看到一些图案精美的饰面板、建筑幕墙、雕塑，远看像是在铝板上进行了彩绘，近看却是带有一个个小孔的金属板材（图 11-74），这种材料就是穿孔板。穿孔板能极大地还原最初的设计效果，看似简单的板材冲孔工艺，却能通过对孔洞大小和位置的控制，呈现各种各样的饰面风格。也因为这种可高度 DIY 的特点，它能为设计师提供更多的设计思路。同时，穿孔材料能起到一定的降噪作用，是近几年风靡装饰市场的金属板材。

1. 穿孔板是什么

穿孔板又叫冲孔板。广义上说，只要是表面材质能冲孔的板材，都可以称为穿孔板，但行业内最常见的穿孔板块还是以铝板为主。因此，当设计师提到穿孔板，如果未做解释说明，基本就是指穿孔铝板。"穿孔"这个工艺可以被理解成是给板材增加饰面效果的一种形式，与做表面拉丝、喷漆没有任何区别。

图 11-74

穿孔铝板是指用纯铝或铝合金材料通过机械压力加工（剪切或锯切）制成的横断面为矩形、厚度均匀的板材。其生产方式比较简单，在选择完穿孔的原材料后，直接根据不同材料的规格，剪裁为适宜的尺寸，在数控冲床上穿孔即可（图 11-75）。

图 11-75　在数控冲床上穿孔

2. 穿孔板的特点

穿孔板的特点主要有材质轻、耐高温、耐腐蚀、防火、防潮，可高度 DIY，安装方便，有一定的隔音作用。穿孔板的种类非常丰富，常见的可用于穿孔的材料主要包括不锈钢板、低碳钢板、镀锌板、PVC 板、冷轧卷板、热轧板、铝板、铜板等，本文以介绍穿孔铝板为主。

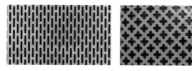

图 11-76　不同孔洞类型的金属板

3. 穿孔板的孔型

除了穿圆孔外，还有很多孔型可以选择，如方孔、菱形孔、六角形孔、十字孔、三角孔、梅花孔、鱼鳞孔、图案孔、不规则孔、异形孔、百叶孔等（图 11-76）。在保证板材质量的情况下，最常见的是孔径为 6mm、间距为 15mm 的孔型。

4. 穿孔率

除此之外，设计师还需要了解穿孔率这个概念。穿孔率是指穿孔面积范围内，穿孔孔眼的总面积占整个面积的百分比（图 11-77）。目前的机械设备，最高穿孔率能达到 65% 左右。穿孔板尺寸在 1500mm×3000mm（常规板）的范围内，如果超出此范围，穿孔就需要二次定位。穿孔率越高，对成型后的铝板平整度影响越大，对板材的厚度要求越高。穿孔率高的板材检验标准要低于正常铝板的相应规定。而且，穿孔率高会直接影响空间的通透性和室内采光，所以，设计师要根据不同项目的效果与需求谨慎选择。

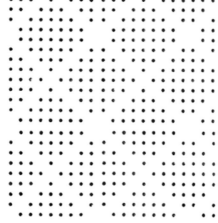

图 11-77　穿孔率 = 黑色面积 ÷ 整体面积

5. 穿孔板的分类

以穿孔铝板为例，为了满足不同建筑或室内空间的需求，可以按照穿孔铝板的合金成分和厚度对其进行分类。按合金成分分为高纯铝板、纯铝板、合金铝板、复合铝板、钎焊板、包铝铝板等。按厚度可以分为薄板（0.15mm～2mm）、常规板（2mm～6mm）、中板（6mm～25mm）、厚板（25mm～200mm）等。

6. 穿孔板的节点做法

根据不同的穿孔材料，穿孔板的安装方式也略有不同，但如果从同一种材料的节点来看，板材是否穿孔与其节点做法没有任何关系。也就是说，如果是用铝单板作为穿孔铝板，其节点做法与前面提到的几种标准做法没有任何区别。使用穿孔铝板的注意事项与把控要点跟铝单板一样，主要考虑材料的板幅规格和各装饰点位的定位。

二、金属网帘与钢板网

1. 金属网帘是什么

除了冲孔铝板外，近年来还有一类"孔洞材料"也越来越流行，就是金属网帘。市场上的金属网帘产品主要分为金属绳网（图11-78）、金属环网（图11-79）、金属布（图11-80）、金属网带（图11-81）、金属扩张网（11-82）及金属帘（图11-83）。

图11-78　金属绳网　　图11-79　金属环网　　图11-80　金属布　　图11-81　金属网带　　图11-82　金属扩张网

金属绳网一般分为用金属丝和钢丝绳经纬交叉编织而成的钢丝绳网和用卡扣与钢丝绳固定编织而成的钢丝绳网。金属环网是用铝合金、铜、碳钢等材料制作而成，再用金属扣或环环相扣的方式连接成片状结构。金属环网的颜色各异，多以垂直悬挂的方式作为隔断使用。

图11-83　金属帘　　　编织网机械加工　　编织机编织加工
图11-84　金属帘加工过程

金属布由多个单独铝片咬合卡扣组成，铺平后如竹席般平整，通过电镀工艺可以做出不同的颜色，在光线和角度的变化下呈现出鱼鳞般的效果，多用在酒店、舞厅等娱乐场所，是一种时尚的装饰材料。

金属扩张网、穿孔板（图11-85）都属于"冲压网"。这两者采用了不同的技术，穿孔板主要采用冲孔机在不同材料上打出不同形状的孔，其加工结构简单，操作方便，以简单图形为主，难以加工较为复杂的图案。金属扩张网是对常用金属切割、穿孔的同时施以压力

拉伸的方式，形成相当于原面积几倍的金属板网，市场上也称钢板网。与穿孔板相比，金属扩张网利用材料的效率更高，其效果也独具特色，更接近"网格"，所以，可以把它算作金属网格材料的一种，也是近年来大热的一种装饰材料（图11-86、图11-87）。

金属帘是采用优质铝合金丝、铜丝、不锈钢丝等经过经纬交错编织或螺旋编织而成的具有一定的柔韧性的金属网。根据编织方式和工艺的不同（图11-84），它可以形成多种多样的效果，供设计师选择，是现代建筑很好的"柔性"装饰界面材料。

2. 金属网帘的特点

金属网帘广泛应用于空间分割、墙体装饰、屏风、橱窗等（图11-88），是宾馆、酒店等室内装饰的理想材料。它具有以下特征。

（1）金属网帘具有金属丝和金属线条特有的柔韧性和光泽度，颜色多变，在光的折射下色彩斑斓，艺术感很强，能够显著提升空间品质。

（2）比起布艺窗帘，金属网帘能让光和空气进入室内，使人的视觉感受和舒适性更好。

图11-85　异形穿孔板

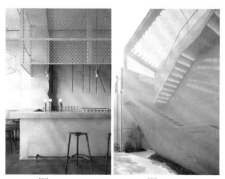

图11-86　　　　　　图11-87

（3）金属网帘不易燃，不会成为火灾的隐患。

（4）耐用性极好，可回收性强。使用时间相对于其他产品来说更长，而且不易损坏。

（5）安装快捷，没有烦琐的程序，省时省力。

本文介绍的穿孔铝板和金属网帘表面均可采用多种表面处理方式提升产品的外观形式，但对不同材料基体，这些表面处理方式稍有区别，如阳极氧化、粉末喷涂（氟碳）、喷漆处理，这些方法多用于铝制原材料产品处理，而不锈钢材质的表面处理多为电解抛光、电镀、表面做旧等。

图 11-88

三、小结

（1）穿孔板是一种广义上的称谓，设计师常说的穿孔板是指穿孔铝板。其具有质轻、防火、隔音、可高度 DIY、安装方便等特点，是近年来市场上的主流板材。

（2）穿孔率是指穿孔面积与孔眼面积之比，穿孔率越高，铝板平整度越差，对板材厚度要求越高。穿孔率也会直接影响空间的视觉通透性和采光，因此，在设计上要根据落地后的效果选择适合的穿孔板。

（3）从本质上说，穿孔板与铝单板的节点做法没有任何区别，穿孔只是铝板的一种处理方式，与拉丝、幻彩没有太大差别，它的节点也均为通用节点。

（4）市场上的金属网帘产品主要分为金属绳网、金属环网、金属布、金属网带、金属扩张网及金属帘。

（5）金属材料的形式多样，每种材料形式的工艺做法也千变万化，同时，金属的可塑性又非常高，几乎可以做成任何形状。所以，设计师应该重点学习金属材料的材料特性及设计上的应用，在工艺做法和施工把控方面，只需要掌握最基础的几个原则，更多节点样式与节点把控交给专业的供应商即可。

第八讲 | 古铜解析

关键词：材料解读，节点构造，施工过程

一、铜是什么

大部分设计师对铜的熟悉程度都比铝高得多，在室内空间中想表达古朴、历史、中国文化、装饰艺术这些主题时，必然会用到铜这种材料，尤其是在东方风格的酒店设计中，几乎都能看到铜。从贾雅的上海璞丽酒店（图11-89），到上海万达瑞华酒店的大堂（图11-90），再到LTW团队设计的西安君悦酒店，但凡是想体现东方韵味的空间，都会涉及铜的点缀。

由于铜的价格相对较高，当下的室内装饰中，铜的应用是以铜饰面板和铜铸饰品两种形式为主。在建筑上的应用也主要分为两种：一种是高档酒店、商场、别墅的入户大门（图11-91），用以彰显尊贵华丽的质感；另一种是集中在建筑外幕墙或屋顶，在重点部位用铜点缀。另外，少数宗教建筑会大量采用铜做装饰饰面。虽然铜的市场占有率非常小，但如果想熟练驾驭东方风格，铜是必须要了解的金属材料之一。

铜是人类最早使用的金属之一，早在史前时代，人们就开始采掘露天铜矿，并用获取的铜制造武器、食具和其他器皿，铜的使用对早期人类文明的进步影响深远。纯铜是柔软的金属，表面刚切开时为红橙色，带金属光泽，单质呈紫红色。纯铜的新鲜断面是玫瑰红色的，但表面形成氧化铜膜后，外观呈紫红色，故常称紫铜（纯铜）（图11-92）。因此，紫铜所呈现的颜色又被称为古铜色。

铜的延展性好，导热性和导电性高，因此被广泛用于电缆和电气材料（如BV、BVR、BVVR线）上。而且，紫铜会抑制细菌生长，导热特别快，所以，目前多数给水管道均采用紫铜管。热水器的内胆水箱、电脑CPU的散热管道也采用铜为材料。当然，铜也可用作建筑材料，可以组成众多种合金。这些合金被称为铜合金，最常见的有青铜、白铜和黄铜这三类。

二、铜的特点

铜属于无磁性金属，具有以下特点。

1. 导电、导热性

铜的导电、导热性仅次于银，位居第二。而它的价格远低于金、银。纯铜可拉成很细的铜丝，制成很薄的铜箔。

2. 耐腐蚀性强

铜的耐腐蚀性很强。与铝相比，铜更耐碱和海水的腐蚀，但在大气、弱酸等介质中，铜的耐碱性要弱于铝。

3. 易加工成形

铜的强度适中，抗形变力大于铝，但远小于钢铁和钛。因此铜的塑性很好，可以承受大变形量的冷热压力加工，如轧制、挤压、锻造、拉伸、冲压、弯曲等。

4. 色泽丰富

纯铜为古朴典雅的紫色（古铜色），铜合金则有各种各样的颜色，如金黄色（H65黄铜）、银白色（白铜、锌白铜）、青色（铝青铜、锡青铜）等。

5. 抑菌性

铜能抑制细菌等微生物的生长，水中99%的细菌在铜环境里5小时就会全部被灭杀。这对饮用水传输、食品器皿、海洋工程等方面非常重要，也因此，铜被广泛用于给水的输送与储存。

图11-89 上海璞丽酒店大堂吧

图11-90 上海万达瑞华酒店大堂

图11-91

图11-92 纯铜（紫铜）

6. 可焊性

铜易进行焊接，可在现场实现无缝焊接的饰面效果。

三、铜合金的分类

纯铜制成的器物太软，易弯曲，不宜用于建筑装饰等场合。我们在室内常见的铜饰面几乎都是铜合金，很少会有项目使用纯铜饰面。常见的铜合金有如下三种。

1. 黄铜（铜锌合金）

黄铜的颜色随含锌量的增加会由黄红色变成淡黄色。从材料属性上来说，黄铜的力学性能比纯铜高，在一般情况下不生锈，也不会被腐蚀，而且可塑性较好，被广泛用于机械制造业中，制作各种结构零件（图11-93）。

2. 青铜（铜锡合金，除了锌、镍外，加入其他元素的铜合金均称青铜）

青铜具有良好的耐磨性、铸造性能和耐蚀性，并有良好的力学性能，在室内装饰饰面中提到的古铜主要指青铜（图11-94）。

3. 白铜（铜镍合金）

相对于前两种铜合金，白铜（图11-95）在室内领域的使用情况要少很多。但它在精密的电工测量仪以及电热器、电气领域是不可或缺的材料。

图11-93　黄铜工艺品　　图11-94　青铜工艺品　　图11-95　白铜工艺品

四、铜在室内空间的应用

铜的装饰效果好，并带有很强的历史感。随着时间的推移，铜的表面会产生变化。但铜的市场价格较高，所以存在大量的仿铜效果制品，如不锈钢仿铜和表面镀铜的工艺制品，效果也较为接近。因此，我们在多数中低端场所看到的铜饰面效果几乎都是仿铜制品。

从室内装饰的角度来看，铜的应用可以分为两个方面：铜饰面板和铜铸饰品。

铜饰面板是通过铜艺的方式对室内的铜饰面板材进行加工、雕刻处理，最终通过铜饰面的专用工艺进行饰面固定，达到室内饰面的效果。我们常见的设计作品采用的古铜饰面几乎都可以归到这一类。而铜铸饰品是指除铜饰面板外，其余用在室内空间的铜制品，如铜门、铜雕、屏风扶手等单独的饰品，其工艺做法主要属于材料工艺这一类，在出厂时就已经完成了。

五、30m 高铜柱的构造做法

室内空间中铜饰面板的安装属于施工工艺的范畴，是设计师需要了解的。与不锈钢一样，铜饰面板在后期可以通过修补的方式实现无缝的效果，所以，它的材料规格几乎可以忽略，而厚度规格也与不锈钢无异。以某五星级酒店大堂为例，现场高30m（约8层楼）的两根铜柱（图11-96），其工艺做法实现的主要思路是靠背部内衬一块金属板基层，然后将铜焊接在金属基层上，最后通过修补的方式实现无缝的安装。其流程如图11-97~图11-102所示。

六、小结

（1）想要实现复古的东方风格，铜是绕不过去的材料之一。

（2）纯铜质地柔软，呈紫红色，故称为紫铜。紫铜与不同的金属材料合成，最终形成铜合金，主流的铜合金包括黄铜、青铜与白铜。室内设计师口中的铜材料多为铜合金。

（3）在室内空间，铜主要以两种形式发挥作用，一是铜饰面板，二是铜铸饰品。

（4）从构造做法上来看，铜饰面与不锈钢饰面无太大差别，可以实现无缝的饰面效果。

图11-96　某五星级酒店大堂效果图

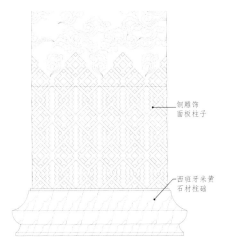

图 11-97 铜柱立面图

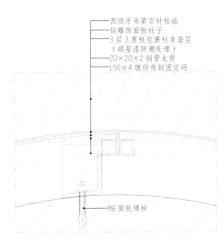

图 11-98 铜柱横剖节点示意图
（单位：mm）

图 11-99 铜柱安装前的现场

图 11-100 柱面做完金属基层，准备安装古铜

11-101 箍古铜饰面

11-102 铜雕焊接完成

第九讲 ｜ 金属吊顶

关键词：节点构造，图纸表达，三维图示
导读：本文将解决下列问题：主流的金属吊顶有哪些形式？模块化金属吊顶的规格有哪些？金属吊顶的节点做法都是什么样的？

一、金属吊顶概述

金属吊顶主要是指采用铝合金、钢板、不锈钢、铜等金属材料为基材，经机械加工成型，而后在其表面进行保护性和装饰性处理的吊顶装饰材料。前面介绍的 3 大金属材料都是金属吊顶的主流材料。金属吊顶的防火等级为 A 级，又因为金属材料本身易加工，好成型，耐火极限高，形式多样，颜色丰富，可塑造千变万化的形态，所以，越来越多的金属板材代替了其他材质，应用于各大室内空间，尤其是工装空间（图 11-103）。

金属板材的面板材质、板块形式、尺寸规格、构造部位不同，工艺节点也会有所不同。但通常，其安装做法还是以打钉式、卡扣式以及粘贴式最为多见（图 11-104）。而当金属板材固定于吊顶时，除了可以通过常规的 5 类工艺做法安装外，更多的是通过不同金属吊顶类型的专用龙骨来直接安装固定。

抛开一些不规则的金属饰面板用作吊顶的情况（如多边形、三角形、异形金属等）外，用于独立吊顶的金属吊顶主要是一些模块化的金属材料，这些模块化的金属板主要的形式有条形、格栅、方形、宽板、网等。被用于吊顶的模块化金属材料的常见规格为 300mm×600mm、600mm×600mm、500mm×500mm、600mm×1200mm 等。因此，除了前面章节介绍的 5 类金属饰面板的节点做法外，本文再补充 14 种通过金属板专用龙骨来安装的模块化金属吊顶的节点做法。为便于理解，接下来将通过三维模型加节点图的形式，展示模块化金属吊顶的一些形式以及安装工艺。

二、金属吊顶节点做法

1. 条形金属面板图

如图 11-105~ 图 11-109 所示。

图 11-103　某五星级酒店大堂效果图

图 11-104　某五星级酒店大堂效果图

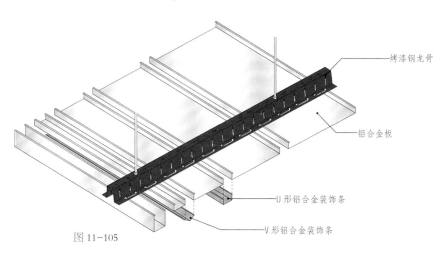

图 11-105

烤漆钢龙骨

铝合金板

U 形铝合金装饰条

V 形铝合金装饰条

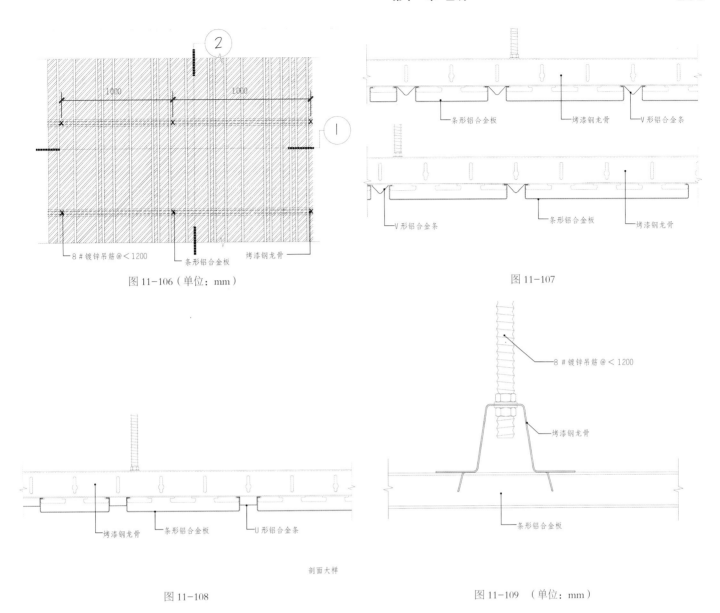

图 11-106（单位：mm）

图 11-107

图 11-108

剖面大样

图 11-109　（单位：mm）

2. 条形金属面板——圆弧倒角

这种金属面板吊顶与二维曲面吊顶一样，可通过龙骨的弯曲处理实现弧面、斜面等造型效果，如图11-110~图11-112所示。

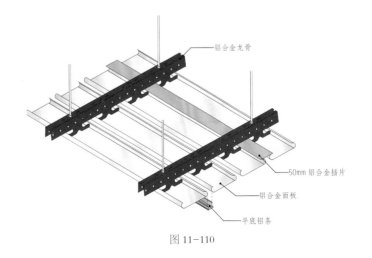

图 11-110

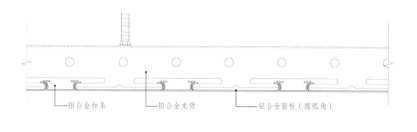

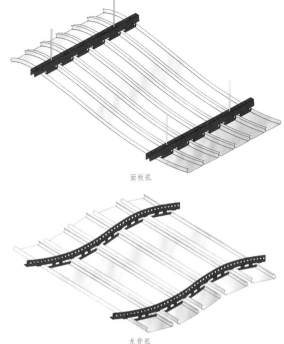

面板弧

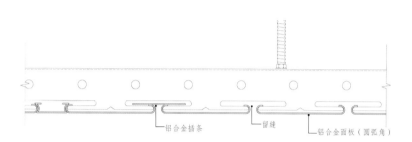

图 11-111

图 11-112　二维平面弯曲

龙骨弧

3. 条形金属面板——C 形

如图 11-113、图 11-114 所示。

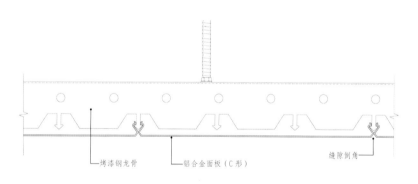

图 11-113

铝合金板

图 11-114

4. 条形金属面板——无缝拼接

如图 11-115、图 11-116 所示。

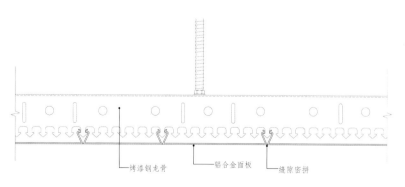

图 11-115

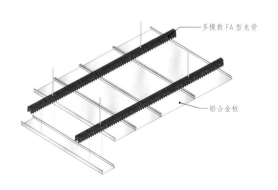

图 11-116

5. 条形金属面板——拼插型

如图 11-117、图 11-118 所示。

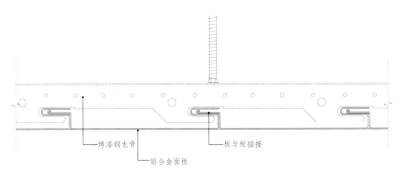

图 11-117

图 11-118

6. 金属挂板——垂片

三维模型与节点图如图 11-119、图 11-120 所示。

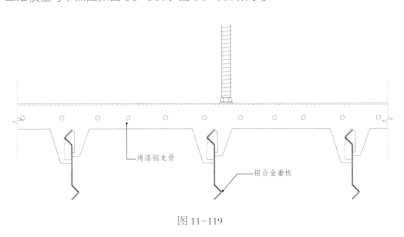

图 11-119

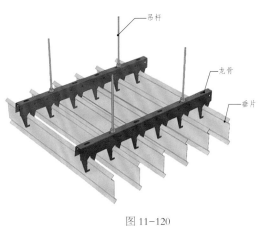

图 11-120

7. 金属挂板——U 形

如图 11-121~图 11-124 所示。

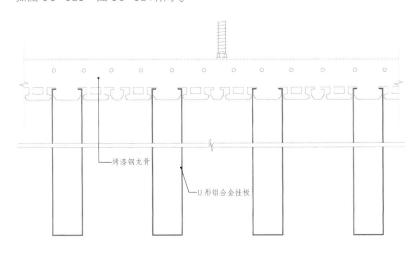

图 11-121

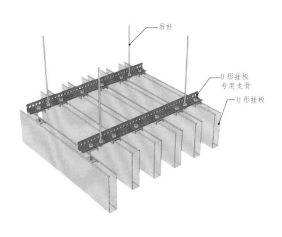

图 11-122

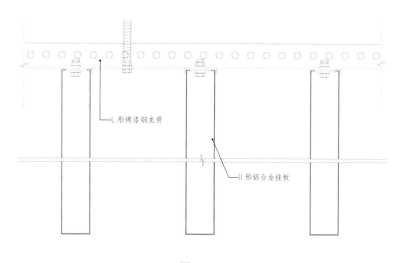

图 11-123

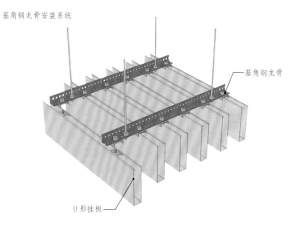

图 11-124

8. 金属挂板——梭形

如图 11-125、图 11-126 所示。

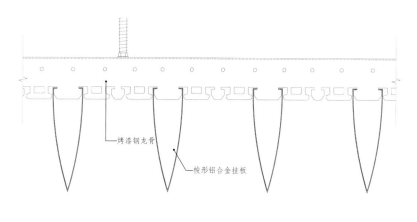

图 11-125

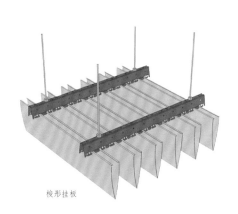

图 11-126

9. 金属挂板——圆管形

如图 11-127、图 11-128 所示。

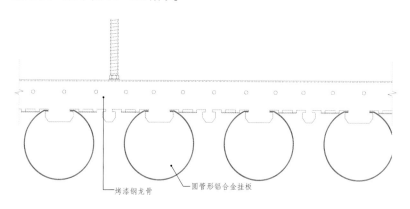

图 11-127

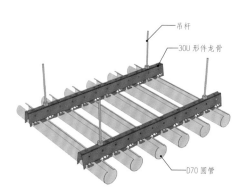

图 11-128

10. 金属挂板——圆头形

如图 11-129、图 11-130 所示。

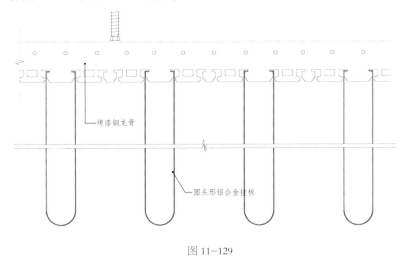

烤漆钢龙骨

圆头形铝合金挂板

图 11-129

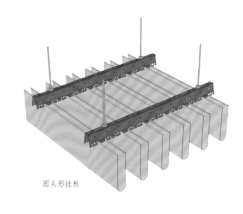

圆头形挂板

图 11-130

11. 金属矩形板——暗架式

暗架式即将板块之间密拼拼接，以达到隐
藏龙骨的目的，如图 11-131 所示。

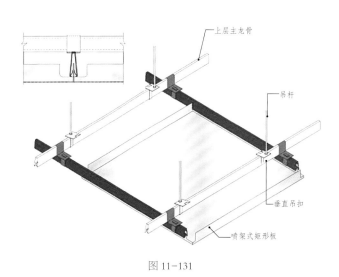

上层主龙骨

吊杆

垂直吊扣

暗架式矩形板

图 11-131

12. 金属环矩形板——明架式

如图 11-132 所示。

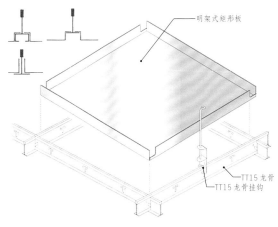

明架式矩形板

TT15 龙骨

TT15 龙骨挂钩

图 11-132

13. 金属宽板

金属宽板的板块宽度大于 300mm，根据安装形式分为暗架式、明架式。

如图 11-133~ 图 11-136 所示。

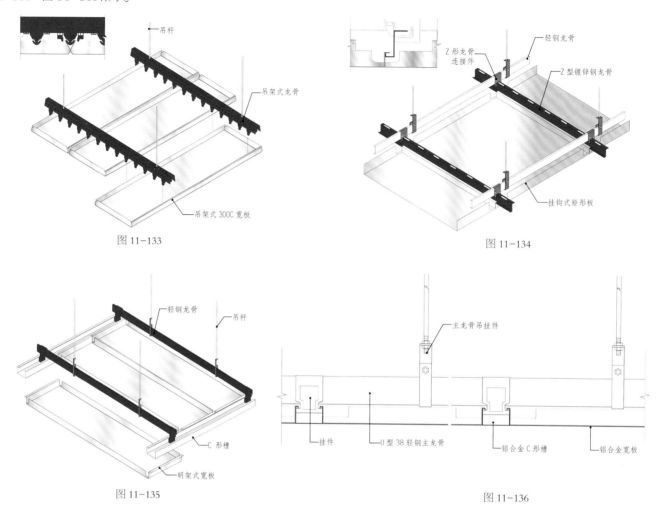

图 11-133

图 11-134

图 11-135

图 11-136

14. 金属方管格栅

如图 11-137、图 11-138 所示。

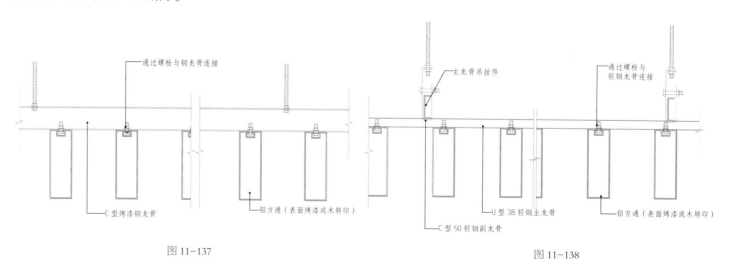

图 11-137

图 11-138

第十二章

装饰地材

12

第一讲 ｜主流地面板材解读

关键词：材料解读，案例赏析，选材清单

一、常见地面装饰板材

本书中的地面板材泛指房屋地面或楼面表面层的装饰材料，它们基本上是用木料或其他常规材料做成。为了与石材、地毯等区别开，首先把地板进行一次简单的分类（图12-1），方便设计师从整体上认识地面板材。

地板种类有实木地板、强化地板、实木复合地板、竹木地板、防腐地板、软木地板、塑料地板、运动以及抗静电地板等；按用途分有家用地板、商用地板、防静电地板、户外地板、舞台专用地板、运动馆场内专用地板、田径专用地板等；按环保等级分有E1、E2级地板，JAS星级标准的F4星级地板等（E1是欧标，F4是日标，国内厂家常说的E0是国内标准说法，在欧标里没有E0这个说法）。这些分类逻辑与其他分类不同，是直接抓住材料属性本质的分类，更加简洁，也更便于设计师理解。

二、十种主流装饰地板解读

设计师在日常工作中，经常会遇到以下问题：在给用户选择地板时，应该选择哪一类？地面使用地暖了，能用实木地板做地面吗？强化地板的质感、稳定性、性价比都比实木地板更好，为什么业主不选择？实木复合地板和强化地板哪种更适合商业空间？实木地板和实木复合地板的本质区别是什么？之所以会有这些问题，主要是因为设计师对地板的材料属性不熟悉。接下来，本书尝试用表格的形式，高度概括设计师需要了解关于木地板的"最少必要知识"。

1. 实木地板

表12-1、图12-2～图12-4描述的内容是关于实木地板，设计师需要了解的"最少必要知识"，也就是对某个专业知识点，设计师需要了解的最精华、最简练的知识，了解了这些就等于了解了这个知识点的本质。这里没有按木材品种分类，而选择按构造方式分类，因为树木品种繁多，更新速度太快，用通用的结构分类更便于记忆与理解。

2. 实木复合地板

表12-2、图12-5～图12-10描述的内容是关于实木复合地板设计师需要了解的"最少必要知识"。

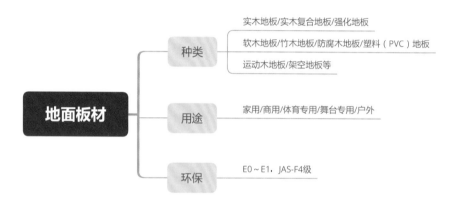

图12-1

图12-2　实木地板细节

图12-3　直接在实木上做油漆封闭，基体是一整块实木

图12-4　实木地板在空间中的应用

表 12-1 实木地板

定义	类别	基本特点	优缺点	适用范围	防火与环保
实木地板是天然木材经烘干、加工处理后，制成条状或块状的地面铺设材料，也就是说，它由真正的整块原木制作而成，无任何其他添加。普通条木地板（单层）常选用松、杉等软木树材，硬木条板多选用水曲柳、柞木、枫木、柚木、榆木等硬质树材。竹地板是以毛竹为原料，经切削加工、防霉、防虫处理，控制含水率，经过侧向粘拼和表面处理，开榫槽，施涂油漆而成	平口实木地板	长方形条块，生产工艺简单	优点： 1. 纹理自然、柔和，富有质感，能抵抗细菌，脚感舒适 2. 由于木料与生俱来的特性，使得实木地板冬暖夏凉 缺点： 1. 不耐火，不耐腐，耐磨性差，易受潮变形，热胀冷缩等 2. 价格高，且需要经常打蜡保护	高端会所、居室空间、酒店空间等对地板舒适度有较高要求的场合	防火等级 B2 级 甲醛含量高于国标
	企口实木地板	板面长方形一侧有榫，一侧有槽，背面有抗变形槽			
	拼花实木地板	由多块木条按一定图案拼成方形，生产工艺要求高			
	竖木地板	以木材横截面为板面，加工中经过改性处理，耐磨性较高			
	指接地板	由宽度相等、长度不等的小木板条指接而成，不易变形			

表 12-2 实木复合地板

定义	类别	基本特点	优缺点	适用范围	防火与环保
实木复合地板是利用珍贵的木材或木材中的优质部分与其他装饰性较强的材料作为面材，把质量差的竹、木或其他材料作为底层。各层木材互相垂直胶合，降低了木材的热胀冷缩系数，变形小，不开裂。表面优质硬木只需要 3mm ~ 5mm 厚，既达到了实木装饰的效果，也解决了实木地板存在的种种不良问题	三层实木复合地板	采用三种不同的木材黏合而成，表面使用硬质木材，中部和底部采用软质木材，经过防虫、防潮、防霉处理后压制而成	优点： 1. 保留了实木的优点，纹理自然、柔和，富有质感，不需要打蜡保护 2. 耐磨、耐腐、耐水、耐燃、耐热，抗冲击性优于实木地板 缺点： 1. 压制而成，含有一定的甲醛 2. 市面上的实木复合地板质量参差不齐，部分产品基层会偷工减料	适用于家居空间和人流量不多的场所地面	防火等级 B2 级 甲醛含量达国标
	多层实木复合地板	以夹板为基材，表面贴硬质实木饰面板，通过专用胶压制而成			
	新型实木复合地板	表面使用硬质木材，中部和底部使用密度板等板材为基材			

图 12-5 三层实木复合地板

图 12-6 多层实木复合地板

图 12-7 实木复合地板细节

图 12-8 地板的锁扣连接

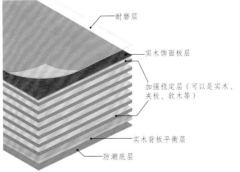

耐磨层
实木饰面板层
加强稳定层（可以是实木、夹板、软木等）
实木背板平衡层
防潮底层

图 12-9 实木复合板结构解析

图 12-10 实木复合地板在空间中的应用

3. 强化地板

表 12-3、图 12-11 ~ 图 12-15 描述的内容是关于强化地板设计师需要了解的"最少必要知识"。

在大多数情况下，中高端工装项目以及住宅建筑中以实木复合地板为主，而强化地板和实木地板分别占领了高端市场和低端市场，这三种地板在装饰圈逐渐形成了"三足鼎立"的形势。

表 12-3 强化地板					
定义	类别	基本特点	优缺点	适用范围	防火与环保
近几年流行的地面材料，是在原木粉碎后，加入胶、防腐剂、添加剂，再经过热压机高温高压压制处理，从而打破原木的结构，克服了原木稳定性差的弱点。复合地板由耐磨层、装饰层、基层、平衡层（防潮层）胶合而成。基层为中、高密度板或优质刨花板	标准强化板	耐磨层耐磨系数高于 6000 转	优点：耐磨度高，稳定性好，容易护理，性价比高，色彩、花样种类丰富，防火性能好，价格区间大 缺点：水泡损坏后不可修复，脚感较差。在地热采暖的情况下，强化地板易出现起鼓、变形等问题	会议室、办公室、高清洁度实验室、中高档宾馆、饭店及民用住宅等对地面耐磨要求较高的空间	防火等级 B1 级甲醛含量勉强达标
	耐磨强化板	耐磨层耐磨系数高于 9000 转			
	浮雕面强化板	装饰层为浮雕面，耐磨层系数不低于标准强化板			
	防水强化板	平衡层后要加消音垫，耐磨层系数不低于标准强化板			
	静音强化板	对地板企口进行密封处理，达到密闭防水的效果			

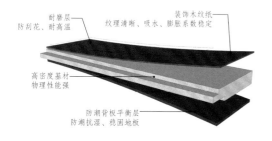

图 12-11　强化地板结构图

图 12-12　耐磨强化地板

图 12-13　强化地板在空间中的应用

图 12-14　浮雕面强化板

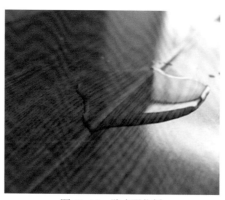

图 12-15　防水强化板

4. 软木地板

软木地板属于高档地板，被称为"金字塔尖上的地板"。软木在室内设计领域的应用主要有软木地板、软木墙板、隔音板和软木告示板等。除此之外，软木还可以用作冷冻设备绝热层，或制作软木家具及工艺品，如桌凳、灯具、玩具、瓶塞等。其具有弹性、密封性、隔热性、隔音性、电绝缘性和很好的耐磨性，无毒、无味、比重小、手感柔软、不易着火。目前仍没有其他人造产品可以与其媲美，但其价格与其他地板相比也更高。

图 12-16　粘贴式　　图 12-17　锁扣软木地板细节　　式软木地板细节

图 12-18　软木地板的应用案例

软木地板虽然有种种优点，但也有致命的缺点，即遇水极有可能膨胀。红酒瓶塞之所以能塞紧，是因为酒一直浸泡着瓶塞，瓶塞膨胀能隔绝空气，这就是藏酒时，酒瓶不能直立放置，一定要瓶口朝下的原因。如果软木地板长期浸水，也一定会膨胀，因此，不推荐把软木地板铺在卫浴、茶水间等有水汽的空间。另外，软木地板应避免与砂粒或其他质硬物质产生流动摩擦，也不可将温度过高的物品直接放在地板上，以免烫坏表面漆膜（表 12-4）。软木地板的结构、细节和应用案例见图 12-16~ 图 12-19。

表 12-4　软木地板					
定义	类别	基本特点	优缺点	适用范围	防火与环保
软木地板以树皮为原料加工而成，比起其他地板更具环保性、隔音性、防潮效果也更好，能带给人极佳的脚感，老人或儿童意外摔倒时，可提供极大的缓冲 软木地板可分为粘贴式软木地板和锁扣式软木地板。软木地板可以由不同树种做成不同的纹理	粘贴式软木地板	由耐磨层、软木基层和树脂平衡层构成	优点： 柔软舒适、安全环保、自然生态、吸音、隔音、抗静电、纹理独特 缺点： 价格较高，耐磨度不高，打理不便	适用于家居空间和人流量不多的场所地面	防火等级 B1 级甲醛含量高于国标
	锁扣式软木地板	由耐磨层、软木薄板、硬质基层板与平衡层构成			

图解结构

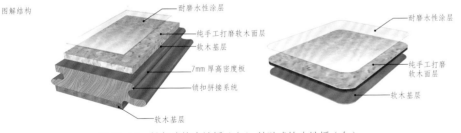

耐磨水性涂层
纯手工打磨软木面层
软木基层
7mm 厚高密度板
锁扣拼接系统
软木基层

耐磨水性涂层
纯手工打磨软木面层
软木基层

图 12-19　锁扣式软木地板（左）粘贴式软木地板（右）

图 12-20　竹木复合地板

5. 竹木地板

有设计师认为，竹木地板只能在我国南方使用，其实不然，无论任何材料都能在南北方使用，只是由于南北气候的差异，材料会发生一定变化。对竹木地板来说，在南方，竹木地板有可能生虫；在北方，竹木地板会收缩开裂。因此，极少有设计师会把竹木地板用于气候干燥的地域，这也就产生了所谓竹木地板只适用于南方地区的说法。竹木地板的简介和实物如表 12-5、图 12-20、图 12-21 所示。

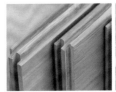
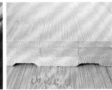

图 12-21　全竹地板

表 12-5　竹木地板					
定义	类别	基本特点	优缺点	适用范围	防火与环保
以竹子为原料，脱去竹子的原浆汁，经过高温、高压拼压，涂刷多层油漆，最后烘干而成。竹木地板有竹子的天然纹理，清新文雅，给人回归自然的感觉。它兼具原木地板的自然美感和陶瓷地砖坚固耐用的优点	全竹地板	全部由竹材加工构成	优点：能减少噪声，避免过敏性气喘症，消除疲劳，有自然芳香 缺点：1.易出现分层开裂现象，纹理单调 2.在南方，竹地板容易生虫，在气候干燥的北方，收缩明显，接缝会越来越大	家居空间、高端写字楼、宾馆酒店、高级商场	防火等级 B2 级 甲醛含量高于国标
	竹木复合地板	竹材做面板，芯板及底板则用木材或木材胶合板制成			

6. 塑料地板

塑料地板又名 PVC 地板，泛指采用聚氯乙烯材料生产的地板（表 12-6），它是目前非常流行的一种新型轻体地面装饰材料。因为其具有种种优点，在国内的装修市场中已经得到普遍认可，使用非常广泛，几乎涵盖了所有室内空间。

表 12-6　塑料地板					
定义	类别	基本特点	优缺点	适用范围	防火与环保
目前非常流行的一种新型地面装饰材料，在国内使用非常广泛。以聚氯乙烯及共聚树脂为主要原料，加入填料、增塑剂、稳定剂、着色剂等辅料，在片状连续基材上，经涂敷工艺或经压延、挤出或挤压工艺生产而成	多层复合塑料地板	由多层结构构成，一般由 4～5 层结构叠压而成，一般有耐磨层（含 UV 处理）、印花膜层、玻璃纤维层、弹性发泡层、基层等	优点：超轻，超薄，超强耐磨，高弹性，抗菌性能强，吸音防噪，防火阻燃，超强防滑，接缝小，无缝焊接，安装施工快捷，选择范围大 缺点：对施工基础面要求高，怕烟头烧伤，怕利器划伤	几乎涵盖了所有类型空间的地面材料，适用于对耐磨度要求高的场合	防火等级 B1 级 甲醛含量高于国标
	同质透心型塑料地板	上下同质透心，即从面到底、从上到下都是同一种花色			
	半同质塑料地板	结合了同质透心的耐磨优势和多层复合的良好吸音效果，一般由纯 PVC 耐磨层（厚度为 1mm）和背层结合在一起			

塑料地板对基层平整度及基层质量要求极高，因此，在高端的项目中，地面找平后，建议再用水泥自流平进行一次找平。塑料地板与地毯相比，具有使用寿命长，清洁保养便捷，地面阻力小，有利于有轮推车运行，可以通过拼贴、切割呈现出各种定制图案等优势。

塑料地板种类众多，不同的空间应根据厂家的推荐选择不同的类型。如医院建议选用有抗菌参数的产品，避免堆积污垢；机房可选用抗静电的 PVC 地板；有地暖的空间应选用适合的 PVC 地板，注意 PVC 地板的幅宽与空间尺寸的匹配，避免损耗过大。

塑料地板与其他地面板材不同，它与墙面的收口比较特殊——需在墙角与地面交接处进行倒圆角处理。常规情况下，有 3 种收口方式（图 12-22 ~ 图 12-24）。不同的结构决定了塑料地板的不同属性，也决定了它们的适用场合不同。不同类型的塑料地板，设计师作为了解即可（图 12-25、图 12-26）。

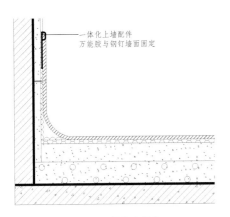
图 12-22 一体化上墙收口

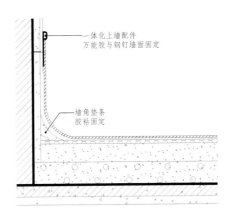
图 12-23 采用墙角垫块，上墙收口

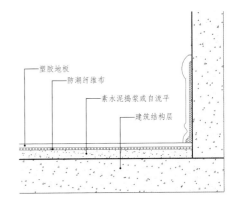
图 12-24 采用塑料收边，不上墙收口

图 12-25 PVC 地板细节图

图 12-26

7. 运动木地板

很多室内体育场（图 12-27），尤其是篮球场的地面都采用木地板饰面。能用于运动场的地板，其耐磨、耐腐程度及自身硬度一定要高于之前提到的强化地板，而且还需要具有一定的抗震性能。这种耐磨、耐腐及抗震效果好的木地板就是运动木地板（表 12-7）。

表 12-7 运动木地板

定义	基本特点	优缺点	适用范围	防火与环保
运动木地板是一种具有优良承载性能、高吸震性能、抗变形性能的地板，它由防潮层、弹性吸震层、防潮夹板层、面板层组成	面板层在国内以枫木实木板居多，也有采用实木复合板和强化地板做面层的情况	优点： 高度耐磨、耐腐、吸震，弹性良好，可减轻运动员的疲劳感 缺点： 不宜暴晒，防潮性能较差，施工及后期维修不方便	篮球场、排球场、羽毛球场、乒乓球场等室内体育场馆	防火等级 B2 级甲醛含量达国标

因为运动木地板的构造特殊（后面的构造板块会讲到），所以面板本身较厚，且铺装完成面至少需要保证在100mm以上。运动木地板大多数情况下都是用于体育竞技的场馆中，从某种意义上来说，是一种专业材料（图12-28、图12-29）。

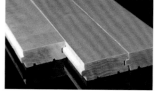

图12-27　　　　　　图12-28　运动木地板细节　　　　图12-29　测试运动木地板的钢度

8. 抗静电地板

在办公空间里面，还有一种地面材料不得不提，那就是抗静电地板，表12-8、图12-30～图12-37描述的内容，是关于抗静电地板设计师需要了解的"最少必要知识"。

表12-8　抗静电地板					
定义	类别	基本特点	优缺点	适用范围	防火与环保
主要应用在电脑机房或其他通信机房、电台控制机房等。由于这些场所对环境要求较高，需要使用防静电地板改善机房条件。这种地板接地或连接任何较低电位点时，能使电荷耗散，以电阻在105～109Ω之间为特征。防静电地板铺设后，一定要进行防静电接地处理，并接保护电阻盒，否则起不到防静电作用	钢制防静电地板	全钢组件，上板为硬质钢板，下板为深级拉伸钢板，承载力大，抗冲击性强，互换性能好，价格适中	优点：地板表面不反光、不打滑、耐腐蚀、不起尘、不吸尘、易于清扫、耐磨度高，几乎不受热胀冷缩的影响 缺点：不易安装与拆除、形式单调、噪声大	适用于无尘的净化车间、洁净室、净化房、计算机房、微电子实验室等场所	防火等级A级 甲醛含量无
	陶瓷防静电地板	面层为高耐磨防静电瓷砖，复合全钢基或复合基，四周由导静电胶条封边加工而成，是目前国内大中型工程使用最多的防静电地板			
	复合防静电地板	技术成熟，互换性能好，价格便宜。以刨花板或其他基层板做板基，上面可选择多种贴面材料			
	网络地板	在普通抗静电地板的基础上加了暗藏线槽的构件，其他特征与普通抗静电地板相同			
	PVC防静电地板	面板以PVC为主体，经特殊加工工艺制作而成			
	直铺式防静电地板	将防静电陶瓷地板直接铺贴于地面，是直铺地板中性价比较高的产品		适用于布线量不大的各种空间	

图12-30　钢制防静电地板　　图12-31　陶瓷防静电地板　　图12-32　复合防静电地板　　图12-33　网络地板　　图12-34　PVC防静电地板　　图12-35　直铺式防静电地板

9. 网络地板

网络地板属于抗静电地板一类的分支，其构造做法、固定方式与其他类型的抗静电地板非常相近，区别只是网络地板有网线槽，而普通抗静电地板没有，如图 12-38、图 12-39 所示。因此，在当下主流的出租写字楼的办公区域做地面铺贴时，基本上都采用网络地板来做基层，租户进场后，再根据自身的设计需求，在网络地板上做二次地面装饰。

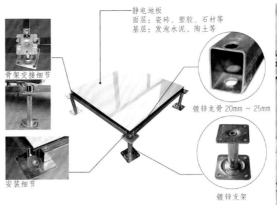

图 12-36　抗静电地板图解　　　　图 12-37　抗静电地板检修场景

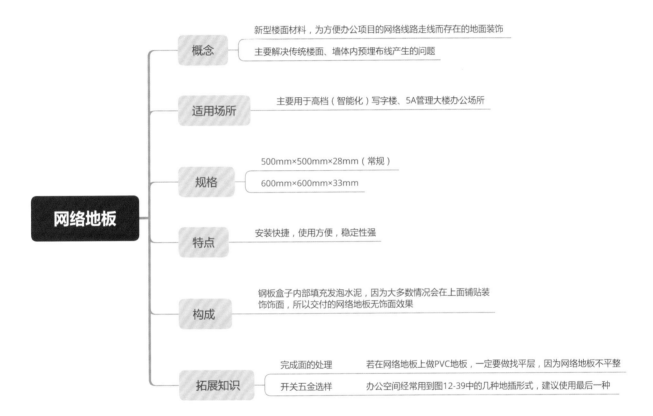

图 12-38　网络地板解析

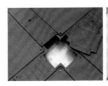

图 12-39　网络地板细节

10. 防腐木地板

木地板可以铺在室外，只是铺在室外时，使用的木头和对材料的处理手法不一样。用在室
外的木地板一般称为防腐木地板（表 12-9、图 12-40 ~ 图 12-42）。

表 12-9　防腐木地板					
定义	类别	基本特点	优缺点	适用范围	防火与环保
将普通木材地板通过防腐处理，大大提升其性能，起到防腐、防霉、防蛀、防白蚁的作用	普通防腐木地板	普通木材经过防腐处理	优点： 自然、环保、安全、防腐、防潮、防霉、防蛀、防白蚁侵袭，易于涂料着色，能满足各种设计要求 缺点： 易膨胀，易变形，易开裂，颜色不均，无光泽，易变色	桑拿房、浴室、园林景观、户外木平台、露台、户外木栈道及室外防腐木凉棚等对防水要求较高的场所	防火等级 B2 级甲醛含量达国标
	碳化木地板	将木材的有效营养成分碳化，通过切断腐朽菌生存的营养链达到防腐的目的，是一种真正的绿色环保建材			

图 12-40　防腐木地板

图 12-41　碳化木地板

图 12-42　防腐木地板的使用场景

三、小结

为了便于理解，本文用表格形式展示常见的装饰地板类材料的种种优缺点。最后，再通过
一张各类地板的横向对比表（表 12-10）总结它们之间的差别，便于设计师更全面地了解
这些地板的性能特点，从而指导后期的设计工作。

表 12-10　常见地板属性对比						
对比项目	实木地板	实木复合地板	强化地板	软木地板	竹木地板	塑料地板
美观	纹理清晰自然	纹理清晰自然	时尚但不生动	纹理清晰自然	纹理清晰自然	时尚
脚感	舒适	舒适	不舒适	舒适	舒适	舒适
变形	容易	不容易	不容易	容易	不容易	不容易
膨胀收缩	容易	不容易	不容易	不容易	不容易	不容易
耐磨性	中	中	高	中	中	一般
性能（自然环境）	干缩湿胀	性能稳定	性能稳定	性能稳定	干缩湿胀	性能稳定
地热（地热环境）	极不适合，易开裂变形	较合适	极不适合，易开裂变形	较合适	极不适合，易开裂变形	较合适
重复打磨	可重复打磨	薄皮可打磨，厚皮可打磨	不可打磨	可重复打磨	可重复打磨	不可打磨
寿命	30 年	8 ~ 15 年	5 ~ 10 年	10 ~ 20 年	10 ~ 15 年	3 ~ 5 年
资源利用	资源浪费	有效利用	有效利用	资源浪费	有效利用	有效利用
价位	高	中	低	高	高	低
甲醛含量	高	达国标	达国标	高	高	高
防火等级	B2	B2	B1	B1	B2	B1

第二讲 | 榻榻米

关键词：材料解读，设计原则，图解原理
导读：本文将解决以下问题：榻榻米是什么？榻榻米有哪些设计要点？榻榻米垫由哪些部分构成？

一、榻榻米是什么

说起榻榻米，我们的第一印象是日本家庭房间里那种在上面喝茶、吃饭、睡觉的家具（图12-43），或是住宅飘窗部位的小型休闲空间。其实榻榻米仅是指铺在上面的那层类似"草席"的材料，也被称为塌塌米、他他米等。榻榻米是用蔺草编织而成，一年四季都铺在地上供人坐、卧的家具，旧称"草垫子"或"草席"。它传至日本后演变为日本的传统房间——和室内用于睡觉的地方，即日本家庭的床（在早期的日本，榻榻米也是计算房间面积的计量单位）。

简单来说，榻榻米就是用蔺草等原材料编织而成的一种特殊风格的铺地材料，也可以作为床上用的健康床垫，铺在任何物体表面用于坐卧，用途比较广泛。而在国内市场，榻榻米的概念逐渐演变，铺地的材料与抬高的地台或下面有储存空间的柜子等并称为榻榻米。

二、榻榻米的特点

1. 经济性

榻榻米有床、地毯、凳椅或沙发等多种家具的功能。一个榻榻米相当于一套组合家具。粗略计算，同样大小的房间，购买榻榻米的费用只是传统布置所需费用的1/2，甚至更少。因此，榻榻米是最亲民的空间装饰手法。

2. 超高的空间利用率

在空间不大的情况下，如果放置一个榻榻米，基本上可以把整个空间能利用的地方都利用起来，最大限度地提高空间的利用率（图12-44）。榻榻米隔音、隔热，持久耐用，搬运方便，使用灵活，并且，榻榻米可在最小的范围内展示最大的空间。

3. 健康、养生、老少皆宜

榻榻米是天然材料，赤脚走在上面可以按摩通脉、活血舒筋。

如果环境适宜，榻榻米的材质合适，榻榻米本身会有良好的透气性和防潮性，起到调节空气湿度的作用，使整个空间冬暖夏凉。也有研究报告表明，长期坐柔软的沙发会使腿、臀、腰部肌肉松弛，不利于身体健康，而如果同样的时间坐在榻榻米（或瑜伽垫）上，肌肉会处于紧张状态，保证活力，从而起到美形、美体的作用。研究成果还指出，榻榻米散发出的草的芳香对人体有益。当然，这类榻榻米价格也相对较高。

4. 营造禅意空间，体验更好

在茶馆、养生馆等注重体验的地方，或是日韩风格的空间，基本都会使用榻榻米营造更好的空间体验。

三、榻榻米的设计要点

在日本，有按榻榻米分配来修建房子的做法（图12-45）。榻榻米在日本的家居文化中非常重要，它不仅是一个名词，也是一个空间计量单位。在日本，计算房间的大小一般不是用平方米，而是根据能铺几张榻榻米来计算，据史料记载，在古代日本，有的地方的房屋税多少是由榻榻米的张数决定的。

在日本，一般一张榻榻米的面积是1.62m²，规格为900mm×1800mm×50mm，一张榻榻米也就是一叠。在日本的传统建筑中，房间也是根据榻榻米来计算面积的，以900mm为基数，依次倍增。值得一提的是，日本京都和关西地区的榻榻米要比东京和关东地区的大一些，东京的榻榻米尺寸是850mm×1800mm，面积是1.53m²。

榻榻米的厚度为20mm～55mm，通常有地热或具有储物功能的地台适用薄的榻榻米。而没有地热或者储物的空间，直接铺在地板上的地台适用厚的榻榻米。

上面提及的数据是标准的日式榻榻米的规格尺寸，或者说满铺地面时所用的榻榻米规格。在国内，整个房间满铺榻榻米的情况比较少，因此，厂家对榻榻米的尺寸做了调整。一般尺寸都可以根据需求定制，

图12-43　　　　图12-44

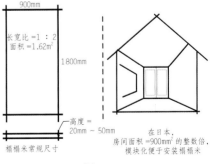

900mm
长宽比=1：2
面积=1.62m²
1800mm
榻榻米常规尺寸
高度=20mm～50mm

在日本，房间面积=900mm²的整数倍，模块化便于安装榻榻米

图12-45

定制的规格通常为宽度 ≤ 950mm，长度 ≤ 2000mm。

前面提到在日本铺设榻榻米时，都是以整间房间为单位满铺，根据榻榻米的数量有不同的排列方式（图 12-46），但一般除了用于丧葬及房间面积很大的情况，榻榻米一定不能摆放成格子形，即不能出现 4 块榻榻米的角聚在一处的组合（图 12-47），所以一般日本和室的面积至少有四叠半，否则无法避免四个角聚在一起的组合。如果在国内遇到纯正的日式餐饮空间或涉及满铺榻榻米的情况，就需要记住铺设的禁忌。

四、榻榻米垫

榻榻米垫（图 12-48）的材质由席面、芯材、背部垫层、包边 4 个部分组成。榻榻米地台一般是用普通家具的板材，如密度板、指接板、木工板或实木板制作，工艺做法与做普通柜子大同小异，可以粗略地理解为把墙面的柜子放在地上。架高满铺榻榻米的空间做法与普通的地台架高做法一样。下面重点介绍榻榻米垫的常规材料与构成。

1. 席面材质

榻榻米席面的材质分为纸面席（图 12-49）和蔺草席（图 12-50）两个品种。

纸面席席面一般采用原木浆纤维与棉纱做成纸张，切割后，卷成圆柱状，按一定纹理编制而成，最后用于榻榻米表面。纸面席的优点是结实度高，具有一定的抗水、抗拉、抗氧化性能，且耐磨性高于蔺草席。它有很强的抗击打能力，一般的踩踏对它来说几乎不起作用，因为这个特点，纸面席适用于儿童房、桑拿房、茶馆等磨损频率较高的空间。

相对于蔺草席来说，纸面席在饰面纹理图案方面也有优势，款式既有传统的素面样式，又有很多厂家自主研发设计的各种图案样式。

蔺草是一种高纤维的植物，富有弹性，具有通气、吸湿、清凉的作用，夏季能保持适度的干燥，冬季的保温效果也较为理想，被广泛用于竹席、草席的制作中。蔺草席的榻榻米席面制作工艺与纸面席相差不大。有研究报告表明：每 1000g 蔺草能吸收 800g 以上的水分，吸水量是普通水草的 2 ~ 3 倍，由此可见，蔺草面的榻榻米透气性更好，它具有补水、除湿、吸汗的功能，适合天气燥热、潮湿的地区。由于其突出的保温、断热、触感佳的特质，蔺草席是夏天睡眠卧具的绝佳之选。

蔺草席面与普通草席席面大同小异，只是选用的蔺草品质不同，会有一些变化。但是，这种草席的缺点是在潮湿的南方很可能生虫。

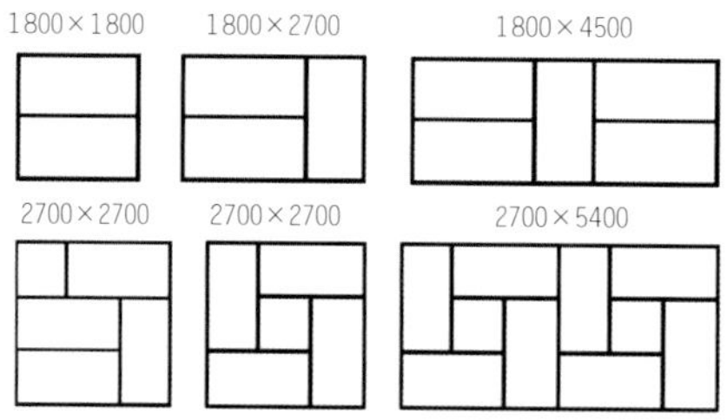

2. 榻榻米芯

芯层材质直接决定了榻榻米垫的价格与品质。在传统的榻榻米工艺中，榻榻米芯层在不同的地区，根据当地风俗及材料资源分为很多不同的内芯及做法，常见的有棉麻芯、木质纤维芯、椰棕芯、稻草芯、布料芯、竹炭芯、复合芯等。随着工艺技术的提高，现在国内市场比较常见的只有稻草芯、无纺棉椰棕芯、棉麻芯 3 种类型。

（1）稻草芯

纯天然，不含任何化学物质，适合在干燥的地区使用，北方更多见，是传统的榻榻米芯材，缺点是怕潮，需要经常晾晒，受潮后容易长毛和生虫，并且不平整。随着生活水平的不断提高以及地热的出现，选购这种榻榻米的人越来越少。

（2）无纺棉椰棕芯

无纺棉椰棕芯（图 12-51）一般用椰子壳外层纤维作为原料，经过一整套的专业技术

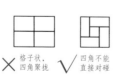

图 12-46　榻榻米的排列方式（单位：mm）

图 12-47　正确与错误排放方式对比

图 12-48

图 12-49　纸面席

图 12-50　蔺草席

处理，使棕丝芯垫保留了纯天然椰棕丝的无毒、无味、透气、防腐、防虫、不释放甲醛等特性，同时具有保健功能，特别适合偏爱硬床的人群及处于发育期的儿童。目前这种芯垫已经是市面上较为常见的榻榻米芯材，被广泛用于装修市场中。由于其特有的透气除湿性，在南方市场上最常见的也是这种榻榻米垫，其触感较之稻草芯与棉麻芯更好，但价格也比其他内芯更高。

（3）棉麻芯

棉麻芯（图 12-52）以棉麻纤维为内芯，通过一系列技术处理，使天然的棉麻材质达到一定的硬度及可塑度，并用于榻榻米垫层中。棉麻纤维主要用于家纺、窗帘、服饰等布艺领域。在棉麻芯中，黄麻芯更具代表性，黄麻纤维素有"黄金纤维"之称。黄麻芯榻榻米含有黄麻纤维，因此具有天然抗菌、透气导湿、防潮保温、防虫驱螨等作用。

3. 背部垫层

背部垫层（图 12-53）一般用无纺布或常规的聚酯纤维等材料制作，用于满足榻榻米基本的耐磨、防滑要求。每种榻榻米的垫层材质差别都不大，主要差别在于与包边的连接方式及工艺。无纺布是新一代环保材料，具有防潮、透气、柔韧、质轻、阻燃、无毒等优点，被大面积用于装饰布艺中，涉及各个领域，如壁纸、靠垫、坐垫等。

4. 包边

榻榻米包边（图 12-54）是连接以上三层构造的连接器。一般来说，包边与席面的花纹是消费者选择榻榻米的一个重要因素，所以商家比较重视包边条花纹的设计与制作，各种花纹层出不穷（图 12-55）。从包边的形式来看，榻榻米包边分为四边包边和两长边包边（图 12-56）。从包边工艺来看，榻榻米分为无线包边和线缝包边

两种形式（图 12-57）。一般的包边宽度为 20mm ~ 35mm。一般在榻榻米厚度小于 20mm 时，厂家会默认采用无线工艺进行包边处理。无线包边的优点是美观大气，不露线头；缺点是工艺为胶粘，含有一定量的甲醛，且转角处容易脱落。线缝包边的优点是比无线包边更平整、结实、耐用；缺点是有明线，不美观。从包边材料来看，目前市场上较为常用的材料为无纺布和聚酯纤维等常规材料。

图 12-51　无纺棉椰棕芯示意图

图 12-54　榻榻米包边示意图

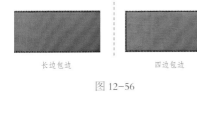

长边包边　　　　四边包边

图 12-56

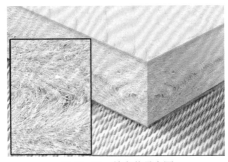

图 12-52　棉麻芯示意图

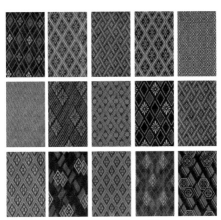

图 12-55　包边纹样

有线包边　　　　无线包边

图 12-57

图 12-53　背部垫层示意图

第三讲 | 木地板的四种铺贴方式及收口形式

关键词： 节点构造，标准图集，收边收口
导读： 本文将解决以下问题：怎样合理地理解所有木地板的构造做法？常见的木地板构造是什么样的？木地板有哪几种铺贴方式？

一、木地板构造的通用原则

无论什么样的地板，无论何种安装形式，如果抛开表象看实际的内容构造，都可以用一个公式理解：地面板材构造 = 找平层 + 垫底层 + 饰面层。任何木地板的工艺构造都是这样，理解了这个原理后，接下来就是对这几层进行补充和延伸（图12-58 ～图12-60）。

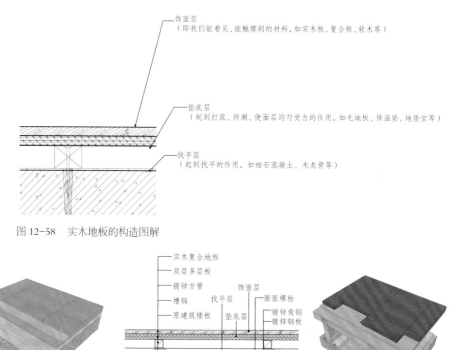

图12-58　实木地板的构造图解

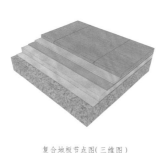

复合地板节点图（CAD图）

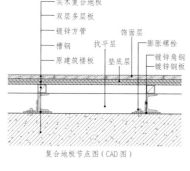

复合地板节点图（三维图）

图12-59

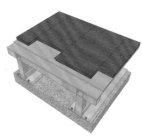

复合地板节点图（CAD图）

复合地板节点图（三维图）

图12-60

二、四种木地板安装方式解读

在了解主流做法之前，必须先熟知木地板在安装前对环境的要求：地板一定要铺设在平整且整洁的地面上，凹凸高差不能超过50mm；地板是极怕水汽的材料，在安装过程中要考虑防水、防潮的问题；安装时要考虑材料的热胀冷缩及地板与墙面的收口和伸缩缝；安装地板时，最好保证油漆作业已经完毕，防止污染木地板。

图12-61

目前国内使用最广泛的安装地板的方式分为实铺式铺设和架空式铺设两种类型（图12-61）。实铺式中，比较主流的铺设方式是悬浮式和胶粘式；架空式铺设中比较主流的是龙骨架空铺设和毛地板架空铺设。

1. 悬浮式铺设法

所谓悬浮式铺设法（图12-62）就是地板不直接固定在地面上的一种做法，这种方法是目前最流行，也是最科学的铺设方法之一。通常，它的标准做法是在平整的地面上铺设地垫，然后在地垫上将带有锁扣、卡槽的地板拼接成一体。目前较常用的地垫材料是"铺垫宝"，当然，也有不规范的做法是直接在防潮膜上面铺贴木地板。这种铺贴方式（图12-63）适用于家居空间及中小型工装空间。中高端工装场所中有时也使用聚苯乙烯保温板做垫层材料。适合这种铺设方法的地板有强化复合地板、实木复合地板等复合型木地板（实木地板最好不要使用这种方式）。悬浮式铺设的优势是铺设过程简单，工期短，污染少，易于维修保养，地板不易起拱，不易发生瓦片状变形，出现地板离缝或局部不慎损坏等情况时易于修补更换。劣势是地板直

接和地面接触，通过这种方法铺装的地板容易受潮，尤其是在南方。

2. 胶粘式铺设法

胶粘式铺设法（图12-64）是将地板直接粘接在地面上，这种安装方法快捷，施工时要求地面十分干燥、干净且平整。由于地面平整度有限，过长的地板铺设可能会产生起翘现象，因此，此方法一般只适用于长度在350mm以下的长条形实木、塑胶及软木地板的铺设。但值得注意的是，一些小块的柚木地板、拼花地板必须采用直接粘接法铺设。

该做法（图12-65）是目前很多国外木地板大厂的主流做法，使用胶的环保等级也能达到国标要求。这种方法适用的地板种类有拼花地板、软木地板、复合木地板、塑胶地板、地板革。它的优势是安装快捷，经济实用，安装效果美观，是一些块状地板必须使用的铺设方法。劣势是对施工地面要求高，如果过程控制不好，容易产生起翘，且对胶粘剂的环保等级要求较高。此方法与铺贴塑胶地板有出入，后面在塑料地板的做法中会提及。

3. 龙骨架空铺设法

这是一种相对传统、普遍，也是国内使用最广泛的铺设方式。龙骨架空法（图12-66）是用木方作为骨架材料隔开地板与地面，木方既起到调平的作用，又起到防潮的作用。凡是实木地板，只要抗弯强度足够，都可以用打龙骨铺设的方法铺装（实木吸水率高，容易受潮变形、发霉，所以必须架空安装）。

龙骨的原材料有很多，其中使用最广泛的是木龙骨，其他还有塑料龙骨、铝合金龙骨等。选择材料时要考虑功能空间对应的防火要求。该铺贴方式（图12-67）适用于家居空间及中小型工装空间，只适合小面积铺设，且已经逐渐被毛地板架空铺设法取代。适合这种方式的地板有实木地板、实木复合地板、运动地板等，只要地板的抗弯强度足够，就能使用这种方式。

龙骨架空法的优势是施工方便，结构稳定，能有效防止地板受潮；劣势是木龙骨架空层如未做防潮和防火处理的话，很容易出现质量隐患，且工期较长。

图12-62

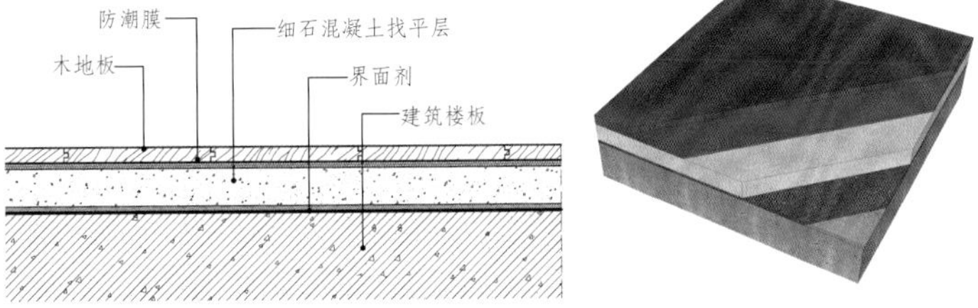

图12-63 悬浮式铺设节点图

图12-64

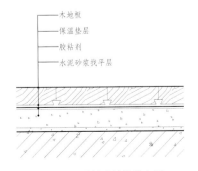

图12-65 胶粘式铺设节点图

图12-66

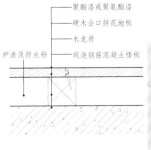

图12-67 龙骨架空铺设节点图

4. 毛地板架空铺设法

这种做法是先铺好龙骨，然后在上面铺设毛地板（夹板、大芯板等基层板），将毛地板与龙骨固定，再将地板铺设于毛地板之上，这样不仅加强了防潮能力，也能使脚感更舒适、柔软。简单理解就是在架空的龙骨上加了一层板材，不仅起到了加固稳定的作用，还解决了因地板自身硬度较低，不能使用龙骨架空法铺贴来有效防潮的问题（图12-68）。

图 12-68

这种铺贴方式（图12-69）在各种室内场所均可使用，是大中型工装空间中常见的地板铺设方法。适合的地板种类有实木地板、实木复合地板、强化复合地板、软木地板等。毛地板架空法的优势是铺设的地板防潮性好，脚感舒适，可以理解为结合了龙骨架空和悬浮铺设两者的优点。劣势是会损耗较多的层高，与其他方法相比，成本也更高。

三、木地板构造的常见图纸表达

图12-70～图12-73所示是最典型的木地板标准做法，可以用来解决其他与木地板有关的构造做法。当然，不同的木地板材料对应的构造做法是不一样的，选择哪种构造做法取决于使用的是什么类型的木地板。

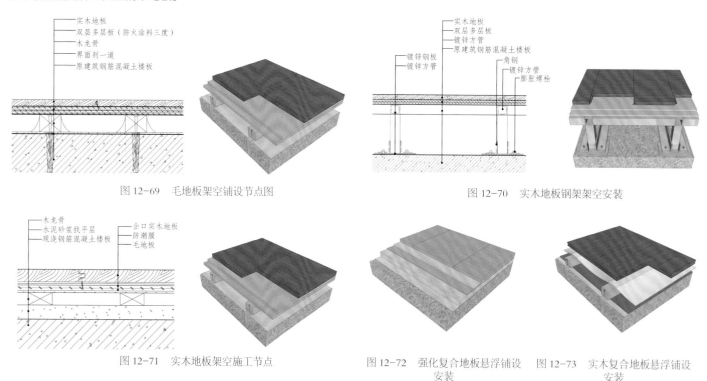

图 12-69　毛地板架空铺设节点图　　　　　图 12-70　实木地板钢架空安装

图 12-71　实木地板架空施工节点　　图 12-72　强化复合地板悬浮铺设安装　　图 12-73　实木复合地板悬浮铺设安装

四、木地板构造的细节解读

1. 什么情况下需要架高地面

前文提到木地板的构造分为架空式和实铺式，那么，什么时候用架空式，什么时候用实铺式呢？可以这样理解：当存在下面这些情况时，木地板建议采用架空式铺贴。

（1）地面平整度太差，即平整度高差大于等于30mm时。

（2）找平成本（包括设计成本及施工成本）较高的时候。

（3）设计项目需要抢工的时候。

（4）地板下要求空间比较大的情况，如特别潮湿或难以散热的空间。

2. 架空地面骨架设置有哪些细节

（1）关于地面骨架的间距

使用架空安装的方式安装木地板，一般间距为300mm～400mm。为了增加整体性，在龙骨之间应设横撑（个别施工方为节约成本而不设横撑），横撑间距为800mm～1200mm比较合适。

（2）关于地面骨架与地面固定

一般固定于预先埋在地面的木楔子上，金属龙骨可用螺栓固定于地面。

（3）关于骨架内的填充材料

骨架做好后，一般会在龙骨空隙处填充轻质材料，如干焦石、矿棉毡、珍珠岩等，起到防水、防潮、防虫的作用。

3. 护坡的作用

在CAD图纸中，经常可以看到水泥砂浆护坡处理，那么，护坡的作用是什么？什么时候需要这样的护坡呢？当采用架空式铺贴安装木地板时，若使用木龙骨做基层，往往会在龙骨两侧打上水泥砂浆护坡（图12-74），作用是进一步加强龙骨的稳定性，保证地板的牢固。因此，当不能保证龙骨的稳定性时（如木楔间距过大），需要使用护坡。

4. 木龙骨不防火，为什么铺木地板还用木龙骨架空

吊顶和墙面之所以禁止使用木龙骨，是因为其防火等级达不到A级，所以是严令禁止的。但规范上只对天花和墙面材料的防火等级要求较高，地面是允许使用B级材料的。当然，如果项目的确要求很高，业主方包括监理方都不允许使用木龙骨时，也可以使用钢架来做架空层。

五、木地板常见的收口方式

本书前文提到了关于收口方式的一个思维模型，在这个思维模型的基础上，可以把木地板的收口按收口对象的不同分为三种形式。

（1）两种地面材质之间的过渡收口（图12-75），如地毯与地板，石材与地板。

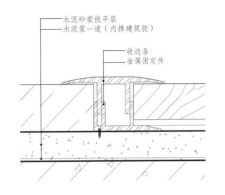
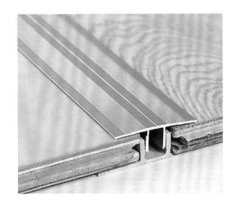

图12-75 两种地面材质之间的过渡收口

（2）地面材质的收边收口（图12-76），如高低差收口、材料临边收口等。

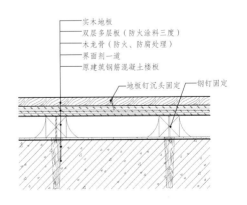

图12-74 木龙骨做护坡处理

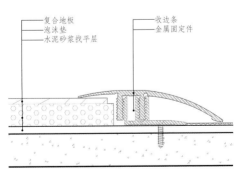
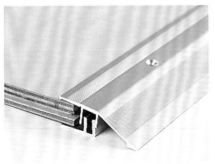

图12-76 地面材质的收边收口

（3）地面材质的贴墙收口（图12-77），如靠墙收口、地脚线收口、压条收口等。

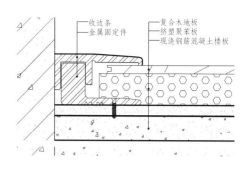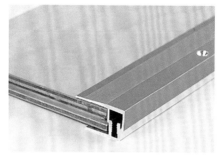

图 12-77　地面材质的贴墙收口

木地板与其他收口对象的收口主要采用压条的形式，不建议使用对撞的形式，因为这种方式对施工方的要求很高，不容易做好。常见的收口条多为金属和木质两种。

六、地板的连接方式

地板基本上都是用锁扣的形式相互制约的，图12-78介绍了3种具体的锁扣连接形式。在国内，这3种连接方式中，企口的使用频率最高，其次是压口，最后是截口。

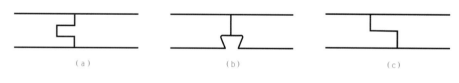

（a）企口　（b）截口　（c）压口

压口连接（大锁扣）　　　　企口连接（小锁扣）

图 12-78　三大主流的木地板收口方式

第四讲 ｜ 主流地板的安装方式与流程

关键词：施工流程，节点构造，步骤解读

一、运动场所的木地板安装概要

在之前的章节中提到，各大运动场所往往对地面的减震、弹性、耐磨度、吸音性有较高要求，因此需要使用运动木地板（图12-79）。从工艺构造的角度来看，运动木地板通常采用架空式的安装方式实现。架空式的构造一般又分为单层龙骨架空（图12-80）和双层龙骨架空（图12-81），这里指的架空工艺和之前提到的抗静电地板的架空式完全不同。

1. 单层龙骨安装

单层龙骨安装方式是一种架空式的安装方式，用这种方式安装后的地板具有优良的运动弹性，均匀吸震，耐磨、耐用，维护简单，能满足各种运动场所的需求。这种构造做法是在运动场所中最经济、性价比最高的安装方式，同时也是使用最多的构造。当采用该做法时，最小完成面应保证大于等于100mm。

2. 双层龙骨安装

双层龙骨安装方式是目前国际上最先进的全纵向层叠式安装方式，它不但具有单层龙骨系统的种种优点，还有效地提高了地板的抗弯、抗震性能，大大提高了木方的弹性，能满足各大运动场所的需求。这种做法是各大高端运动场所优先选择的安装方式，它是单层龙骨安装方式的升级，除了体验更好外，价格也更高。当采用这种做法时，最小完成面应保证大于等于140mm。

3. 运动木地板的安装流程

运动木地板的安装流程与普通木地板的龙骨架空法相同，如图12-82所示。

二、抗静电地板和网络地板的安装

抗静电地板和网络地板的安装方式都是架空铺设，这种方式是针对架空地板专门定制的，与之前提到的运动地板的固定构造不同。以最常见的抗静电地板为例，这类架空地板安装过程如下。

（1）清洁地面，保持地面的干净整洁，以便于安装。

（2）认真检查地面平整度和墙面垂直度，拉水平线，保证铺设后的地板在同一水平面上。

（3）用螺钉将横梁固定到支架上，并用水平尺调整横梁，使之在同一平面上，并互相垂直。用吸板器在组装好的横梁上放置地板。

（4）若墙边剩余尺寸小于地板本身长度，可用切割地板的方法进行拼接。

（5）封边。

（6）清理现场，完成。

从构造做法来说，网络地板和抗静电地板最大的区别在于是否预留了走强弱电线的线槽

图12-79

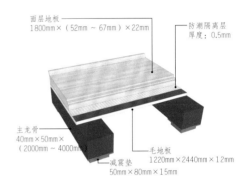

图12-80　单层龙骨安装三维示意图

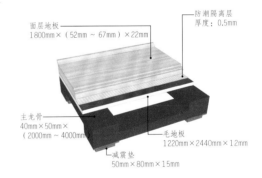

图12-81　双层龙骨安装三维示意图

1.骨架垫层安装　　2.基层龙骨安装　　3.垫层毛地板安装

4.运动木地板安装　　5.画线分场　　6.保洁清理

图12-82　运动木地板安装流程简图

（图12-83），其他地方几乎完全相同。通常情况下，网络地板是在土建移交时就已经完成的，只需要在这类地板上设置找平层，然后做饰面处理即可，并不需要在地坪图上绘出。抗静电地板则不一样，抗静电地板一般用于机房、控制室等有大量机器的场所，所以，抗静电地板的面板就是地面饰面，在地坪图上，应标注抗静电地板的规格大小，在立面图上也应该标注其完成面高度。这种地板的完成面高度通常情况下不会小于200mm，以便于在地板下走线。

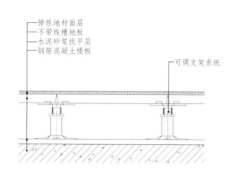 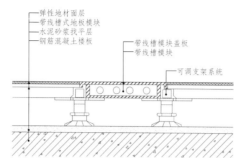

图12-83　网络地板与抗静电地板节点图对比

三、塑料地板的铺贴

1. 材料背胶粘贴

安装流程如图12-84所示。

1. 保证地面干净、整洁，然后把地板按照花纹顺序排列，再撕开地板背胶层直接铺贴　2. 按照花纹顺序铺装　3. 依次排列，完成安装

图12-84　材料背胶粘贴

2. 直接胶粘法（块状）

安装流程如图12-85所示。

1. 保证地面干净、整洁，进行地板预铺　2. 预刷胶水　3. 铺装地板

4. 逐一铺装，完成后进行地面保洁

图12-85　直接胶粘法（块状）

3. 直接胶粘法（卷材）

安装流程如图 12-86 所示。

1. 清洁地面，保证地面干净、平整

2. 卷材预铺

3. 卷材对花

4. 按尺寸剪裁

5. 铺贴方法一：直接胶粘
优点：粘接牢固
缺点：安装周期长

6. 铺贴方法二：双面胶粘贴
优点：安装周期短
缺点：不太牢固

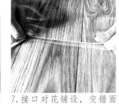
7. 接口对花铺设，交错面宽度不小于 50mm

8. 安装完成

图 12-86　直接胶粘法（卷材）

由于塑料地板的材料属性限制，当大面积铺贴塑料地板时，对基层的平整度要求极高。如果在大面积空间内铺设塑料地板，并想保证其平整性的话，可以采用水泥自流平的形式对已经找平的地面做二次找平，保证地面的平整性（图 12-87）。

在水泥砂浆找平层上做水泥自流平　　水泥自流平凝固后做地板胶铺贴

满铺塑料地板卷材　　边角收口

图 12-87

第五讲 ｜ 防腐木工艺及木地板的质量通病与预防

关键词：防腐木，材料解读，质量通病
导读：本文将解决以下问题：防腐木地板的基础构造是什么样的？防腐木的主要做法及参数有哪些？室内铺贴木地板有哪些值得留意的质量问题？

一、防腐木的构造

建筑的开敞阳台、平台或室外景观（图 12-88）的地面经常使用木地板，而在室外长期处于日晒雨淋的环境，木地板必须具有耐久性，所以通常会采用防腐木地板（图 12-89）。

防腐木地板按照材料的材质、加工工艺不同，大体分为防腐木（如樟子松）、碳化木（如花旗松、美南松）等。室外木地板的安装铺贴一般采用架空式铺贴，与之前提到的实木地板一样，用于做架空层的龙骨可采用木龙骨或钢龙骨，但由于木龙骨会变形，强度也有局限性，建议在造价允许的情况下采用钢龙骨（图 12-90）。根据之前提到的木地板构造通用原则（地板构造＝找平层＋垫底层＋饰面层），可以推导出室外防腐木的构造做法（图 12-91 ~图 12-94）。防腐木直接用不锈钢螺丝与骨架固定，螺丝可外露。

图 12-88　开敞阳台、滨水景观平台　　　　图 12-89　防腐木地板　　图 12-90　铺贴过
程图示

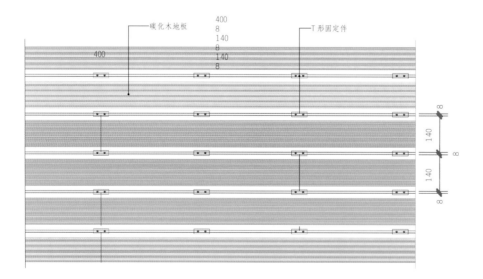

图 12-91　室外平台防腐木地板平面示意图
（单位：mm）

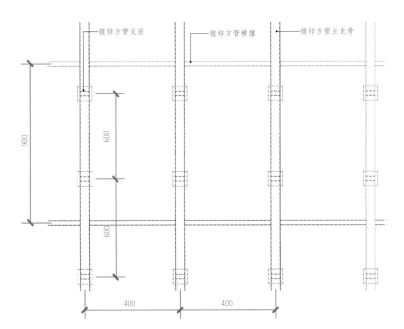

图 12-92 防腐木地板龙骨布置图
（单位：mm）

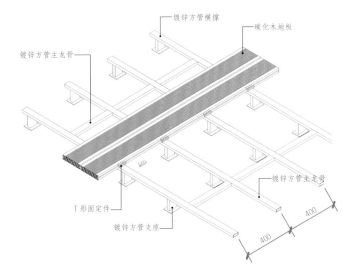

图 12-93 防腐木地板构造轴测图
（单位：mm）

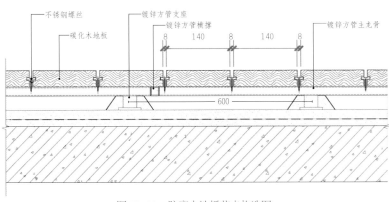

图 12-94 防腐木地板节点构造图
（单位：mm）

防腐木地板的构造细节及参数如下。

（1）基层龙骨间距为 400mm，横撑龙骨间距可达 900mm。

（2）用于室外的防腐木地板厚度一般须大于等于 20mm，需要中间开槽的防腐木地板厚度须大于等于 35mm。

（3）位于有防水层阳台的木地板，在施工时要避免破坏防水层，必要时采用水泥砂浆固定底座。

（4）防腐木地板铺设时应错缝交叉铺设。

（5）木地板之间留设至少 2mm ~ 3mm 的缝隙，以防止胀大时挤压变形。如果木地板位于雨量比较大的区域，建议缝隙稍大，达到 5mm ~ 8mm，可以有效排水，如我们常见的景观水榭平台。

（6）本文介绍的木地板的构造做法及工艺形式不仅适用于地面的铺贴，还可以用于墙面，甚至顶面，只要它的构造满足前面提到的通用原则，该构造做法就是成立的。

二、木地板的质量通病与预防

如果在木地板铺装时，不按照标准的构造或推荐的细节设计和交底来执行的话，会产生什么样的后果呢？下面列举几种情况。

1. 不根据空间功能进行地板选样及应用

在做住宅设计时，如果设计师为业主推荐木地板，往往会忽略根据具体空间的环境因素选择对应的木地板种类。比如，业主住在一层，那么选择木地板时，就应考虑到潮湿天气对空间的影响，因为不同品种的木地板吸水率是不一样的，如果在一层使用吸水率较高的实木地板，那么，只要到了潮湿天气，地板必然会受潮发霉（图 12-95）。为规避这种情况，可以选择吸水率低的木地板，或者在构造上做足防潮处理。总之，不能按照常规形式选材，必须考虑气候对空间的影响。

我国把木材中所含水分的重量与绝干后木材重量的百分比称为木材含水率。按照国家相关规范规定，实木地板的标准含水率为 7%，实木复合地板的标准含水率为 5% ~ 14%，强化木地板的标准含水率为 3% ~ 10%。如果我们使用的同类型木地板含水率高于标准值（看检测报告），在使用时，就尤其要注意环境对木材性能的影响。

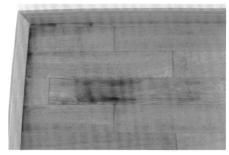
图 12-95　木地板受潮发霉

2. 防水防潮层偷工减料

为了规避地面潮气对木地板的影响，在木地板的铺设中，防潮层一般用防潮膜或保温板来做铺设。但如果在施工过程中未做防潮层或防潮层施工不到位，会带来很严重的后果（图 12-96）。

3. 木地板出现变色、发黑

出现这种情况，极有可能是由下面这 3 点原因造成的。

（1）空间中的潮气进入地板，使木地板发霉变色。

（2）材料的品质不达标，尤其是强化复合地板抗污染不合格。主要原因是地板的表面耐磨层在干燥的过程中产生预固化现象（过干），在地板材料的表面产生许多微小气孔，后期清洁地板时，细小的污物进入微小气孔中，引起地板变黑。

（3）光照的区域不同，地板产生光变色反应。

图 12-96　木地板受潮发霉

4. 缩缝、翘边、起鼓等问题

（1）与地板的含水率发生变化有关

尤其是安装在潮湿环境中或基层水泥找平层尚未干燥时，由于地板吸水膨胀，在冬季或环境变化时造成地板收缩，从而产生一系列质量问题（图 12-97）。

（2）房间内的重物摆放不当

由于重物布置在房间两侧，造成木地板的变形，不能自由伸缩，从而出现起拱、鼓包等现象，导致人在上面走动会出现响声。

（3）未设置伸缩缝

设置伸缩缝的目的是当板材受自然气候影响而产生热胀冷缩的现象的时候保护板材。如果未设置伸缩缝或距离过小时，板材容易受到挤压出现裂缝、起翘等情况。伸缩缝应设置在地板与建筑结构的交界处，且不小于 8mm 为宜，否则很容易出现缩缝、翘边、起鼓等情况。

图 12-97　地板起翘、胀裂

5. 没有考虑各专业配合

由于地板的安装一般是在施工的末尾，所以涉及打钉安装地板的时候，往往会忽略已经完成的管线安装，导致在安装过程中打坏已经埋好的管线。为了避免这种情况，应该在安装管线的时候严格按图纸施工，如无图纸，则需要明确记录管线位置（拍照、视频记录都是不错的方式），把后期出错的概率降到最低。如果在这个过程中遇到了破坏管线的情况，一定要及时维修，不能隐瞒，即使是一点儿磕碰也要扒开周围的地面找平层，避免造成不必要的损失。

综上所述，为了规避或解决上述质量问题，应在设计选材及绘制图纸时，充分考虑空间环境以及配合单位的问题，设计师也要对此有清晰的认识。

第十三章

装饰玻璃

13

第一讲 ｜ 装饰玻璃的底层规律

关键词：思维模型，学习方法，材料解读

一、玻璃材料的应用

混凝土、钢铁和玻璃的出现催生了现代建筑，而随着现代化酒店、办公空间、商业设施、体育娱乐中心以及高层住宅等的建造，玻璃因其独特的效果成了建筑装饰中最普遍的一种材料，也因其独特的装饰效果和材料特性越来越受到设计师的关注，各种新型建筑装饰玻璃的新产品也不断涌现。尤其是当下，室内空间逐渐向个性化、艺术化、定制化方向发展，大面或局部采用玻璃材质的艺术处理和点缀既能丰富室内空间的艺术形象，又能提高空间的实用功能、经济价值和社会价值。因此，了解常见玻璃的基本属性、特点、适用场所等知识，搭建起关于玻璃材料的知识体系，是每个设计师的必修课程。

玻璃在建筑装饰工程项目中应用很广，应用场景主要有两种。一是在建筑外墙使用，通常使用量非常大。随着现代主义设计成为主流，建筑"玻璃盒子"的概念在大都市成为潮流，延伸出了以菲利普·约翰逊为代表的国际主义建筑设计风格（图 13-1）。提供建筑外墙玻璃的通常是一些大品牌、有规模的厂商。近年来，一些小型精品建筑项目也采用定制的玻璃产品作为建筑外墙表皮，如 U 形玻璃、玻璃砖、印刷玻璃等。二是这类玻璃在室内设计项目中，统称为装饰玻璃，如常见的彩绘玻璃、隔断屏风、玻璃墙面、玻璃地面、玻璃家具、玻璃灯具等。这类产品更多的是根据设计师的创意定制加工，因此，生产这种产品的工厂不会太大，更多的是一些手工作坊，但不影响产品的质量和艺术性。

由于奢侈品店及高级酒店对装饰玻璃的大量使用，加上玻璃这种材质本身的可塑性很强，创造出的视觉效果很炫目，因此玻璃受到了设计师的喜爱，也让更多室内设计师在设计作品时有了全新的思路，如在空间中追求更细的边框，甚至没有边框的设计效果（图 13-2）；玻璃的板面切割更趋向模数化或黄金比例分割（图 13-3）。设计师的创新想法和定制需求越来越多，设计的图案、色彩也更加具有立体效果，视觉冲击更大。玻璃的深加工更加专业化（图 13-4），具有创意性的玻璃构件在室内空间中也越来越普遍。更多与科技结合的玻璃展示出了前所未有的空间体验（图 13-5）。所以，对装饰玻璃的应用是设计师必须掌握的技能。

二、玻璃的分类

在现代的设计项目中，玻璃已不再只是采光材料，也是现代建筑的一种结构材料和装饰材料。建筑行业所用的玻璃分类方法多种多样，玻璃的命名方式更是五花八门，不同供应商对玻璃的称呼都不同。比如，钢化玻璃、印花玻璃、釉面玻璃、冰花玻璃、夹胶玻璃、中空玻璃、夹丝玻璃、钛化玻璃等。本文从 3 个方向对常见的用于建筑装饰领域的玻璃进行了归类（图 13-6），分别是玻璃材料的加工工艺、玻璃材料的性能特点以及玻璃材料的种类，方便设计师理解和梳理装饰玻璃的相关知识。

三、浮法玻璃

玻璃是以石英砂、纯碱、长石和石灰石为主要原料，加入一些助熔剂、着色剂、发泡剂、澄清剂等辅助原料，在 1500℃ 以上的高温下熔融、急速冷却而得到的一种无定形硅酸盐制品。玻璃的形成过程可以参照玻璃灯具的制作过程（图 13-7）。玻璃的生产主要由原料加工、计量、混合、熔制、成形和退火等工艺组成，最常见的装饰玻璃是平板玻璃，也叫净片玻璃，即未经过其他形式加工的原始玻璃。平板玻璃与原始玻璃主要的不同点在于成形方法，目前常见的成形方法有垂直引上法、水平拉引法、压延法、浮法等。其中效果最好、应用最广泛、制成的平板玻璃宽度和厚度调节范围较大的方法是浮法，通过浮法做

图 13-1　国际主义风格建筑

图 13-2　玻璃无边框　　图 13-3　模数化切割
　　　　　效果

图 13-4　玻璃砖　　图 13-5　光电玻璃墙

出的平板玻璃自身的缺陷少（如疙瘩、气泡等）。所以，在装修项目中，我们看到的绝大多数平板玻璃都是通过浮法生产出来的，这样的普通平板玻璃也被称为浮法玻璃（图13-8）。

在玻璃的生产和使用过程中，常常会因为要满足功能性和装饰性的需求而进行表面加工处理，如蚀刻、磨光、抛光、着色、镀膜、钢化等。我们看到的大多数装饰玻璃都是在平板（净片）玻璃的基础上进行深度加工而成的品类。比如，想要玻璃硬度变大就进行钢化处理，变成钢化玻璃；想要玻璃有颜色，就采用一系列的手段对玻璃进行着色处理，让其成为彩色玻璃；想要玻璃有凹凸关系，就将玻璃处理成浮雕玻璃。也就是说，绝大多数用于建筑装饰的平板玻璃都是对浮法玻璃进行深度加工形成的玻璃类别，如夹层玻璃、辐射玻璃、光电玻璃、磨砂玻璃。所以，浮法玻璃可以被称为"装饰玻璃之母"。但是，浮法玻璃只是普通平板玻璃的一种工艺做法，不是通过浮法工艺制作的普通玻璃也可以进行后续的深度加工，做成一系列装饰玻璃（图13-9）。只是从目前业内的普通玻璃的份额来看，以浮法玻璃为基础进行深度加工的平板装饰玻璃几乎垄断了市场，所以本书才称浮法玻璃是"装饰玻璃之母"。

图 13-6

四、钢化玻璃

钢化玻璃又叫强化玻璃（图13-10）。它是用物理或化学的方法，在玻璃表面形成一个压应力层，使玻璃本身具有较高的抗压强度，不会造成破坏。当玻璃受到外力作用时，这个压力层可将部分拉应力抵消，避免玻璃的碎裂。虽然钢化玻璃内部处于较大的拉应力状态，但玻璃的内部无缺陷存在，不会造成破坏，可以达到提高玻璃强度的目的。

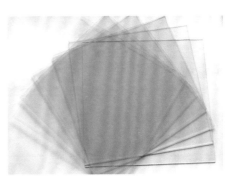

图 13-7　　　　　　　图 13-8　浮法玻璃

图 13-9　浮雕玻璃、钢化玻璃、彩色玻璃

钢化玻璃最大的特点是强度特别大，同等厚度的钢化玻璃比普通玻璃抗折强度高 4~5 倍，抗冲击强度也高很多。除此之外，相对于净片玻璃，钢化玻璃弹性好、热稳定性高、阻燃性好、抗化学腐蚀性强、透光性高、抗紫外线性能强、安全性好。

通过物理方法处理后的钢化玻璃由于内部产生了均匀的内应力，局部破损就会碎成无数小块（图 13-11），这些小碎块没有尖锐的棱角，不易伤人，所以，物理钢化玻璃是一种安全玻璃。也由于这个特点，在当下的建筑装饰领域，除了一些后期添加的装饰物件使用的玻璃（如画框的玻璃），几乎所有装饰玻璃都是钢化玻璃。

图 13-10　钢化玻璃楼梯踏步

这里还要理清一个关系，当下最主流的钢化玻璃均是在浮法玻璃的基础上进行钢化处理，所以可以得到一个结论：普通的浮法玻璃易碎，而且碎后的玻璃碴容易伤人，而钢化后的浮法玻璃不易碎，碎后产生的玻璃碴也不易伤人。因此从性能上，装饰玻璃分为普通玻璃和钢化玻璃。

图 13-11　破碎的钢化玻璃颗粒

五、小结

（1）随着科技的发展，玻璃材料已经不仅能满足采光的需求，更多的是向艺术化、科技化和结构化的方向发展，这也给了设计师更多灵感。

（2）玻璃可以从材料工艺、材料性能和材料种类这 3 个方向分类，便于指导设计师学习、理解与应用玻璃知识。

（3）平板玻璃又称净片玻璃，是常见的装饰玻璃的"原"玻璃。制作平板玻璃最好的方法是浮法。基于对玻璃不同属性的需求，后期浮法玻璃要深度加工，形成不同种类的装饰玻璃，用于各类建筑装饰场所中。

第二讲 ｜ 功能性玻璃

关键词：材料解读，特点分析，图解原理
导读：本文将解决以下问题：什么是功能性玻璃？常见的功能性玻璃有哪些？有什么特点？应该怎样使用？需注意哪些问题？

一、功能性玻璃和装饰性玻璃

装饰玻璃至少可以从三个维度分类：一是按照材料加工的工艺分为普通平板玻璃和深度加工玻璃；二是按照玻璃自身的性能分为普通玻璃材料和钢化玻璃；三是根据花样繁多的玻璃种类分为功能性玻璃和装饰性玻璃。前面一讲着重介绍了按材料工艺和材料性能分类概括的两个维度。第三个分类维度和前面两个有所不同，这一维度下的分类是相互交叉的，而且如果按照玻璃的种类材料划分，面临最大的问题就是玻璃材料非常多，每个厂家的玻璃样板名称都不同，所以，本书把这些种类繁多的装饰玻璃根据功能性和装饰性的比重的不同，划分为功能性玻璃和装饰性玻璃。

当然，每一种装饰材料都要同时满足功能性和装饰性两方面要求，只不过所占比重不一样。所以，本书把功能性比重较大的玻璃归类为功能性玻璃，反之则归类为装饰玻璃，没有第三种类别。

功能性玻璃是指为了满足建筑空间的某种特有功能而制作的玻璃。如中空玻璃满足了隔音需求，夹胶玻璃（图13-12）满足了安全需求，光电玻璃满足了展示需求。装饰性玻璃是指为了满足建筑空间的装饰要求制成的玻璃，如釉面玻璃、压花玻璃、夹丝玻璃（图13-13）等。

二、常见的功能性玻璃

1. 夹层玻璃

夹层玻璃（图13-14）是一种泛称，指在两片或多片玻璃原片之间夹一层或多层有机聚合物中间膜，再经加热、加压黏合而成的平面或曲面的复合玻璃制品。常见的玻璃原片有浮法玻璃、钢化玻璃、彩色玻璃、吸热玻璃或热反射玻璃等，夹层材料有纸、布、植物、丝、绢、金属丝、胶等。所以，夹层玻璃是一种很广泛的称谓，不同的夹层材料有不同的作用。本文主要介绍功能性的夹层玻璃，即被称为安全玻璃的夹胶玻璃。

夹胶玻璃（图13-15）是采用树脂胶片作为中间膜的复合玻璃。通常，做成夹胶玻璃的原片主要是透明的钢化玻璃，因为夹胶玻璃安全性高，成本适中，透光度好，没有风格偏向，所以它是室内空间中最常见的玻璃。夹胶玻璃的层数可以为 2、3、5、7 层，最多可达 9 层，两层原片常用的厚度规格有 3mm+3mm、3mm+5mm、5mm+5mm、6mm+6mm 等。原片越厚、层数越多，越安全。采用不同的原片玻璃还可使夹胶玻璃具有耐久、耐热、耐湿等性能（图13-16）。

虽然玻璃的规格可以根据设计师的要求随意定制，且在理论上，多大的尺寸都能实现，但玻璃面积越大，单块的成本就越高。所以，考虑到性价比的因素，单块钢化玻璃的长度在850mm ~ 1800mm 之间最合适。

夹胶玻璃的透明性好，抗冲击性能也比一般平板玻璃高几倍，采用不同玻璃原片复合而成的夹胶玻璃，可制成防弹玻璃

图 13-12　夹胶玻璃　　图 13-13　夹丝玻璃

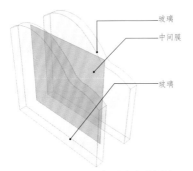

图 13-14　夹层玻璃示意图

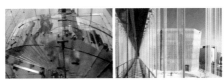

图 13-16　夹层玻璃的应用案例

图 13-15　夹胶玻璃

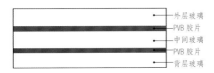

图 13-17　防弹玻璃原理图

（图 13-17）、防爆玻璃以及防火玻璃。因为防弹玻璃中的 PVB 树脂胶片具有超强黏合作用，即使玻璃破碎，碎片也不会飞扬伤人，所以，夹胶玻璃是业内公认的安全玻璃。

2.U 形玻璃

U 形玻璃（图 13-18 ~ 图 13-21）又叫槽形玻璃，是用先压延、后成形的方法连续生产出来的玻璃材料，因其横截面呈 U 形而得名。U 形玻璃透光不透影、隔热性强、保温性强，可进行表面处理，机械强度高，而且施工简便，工期短，有独特的装饰效果。从环保角度来看，它还能节约大量轻金属型材，所以被用于制作许多建筑的外幕墙。

U 形玻璃从颜色上来看，有无色和着色两类；从透光性上来看，有透明与磨砂两类；从强度上来看，有夹丝夹网和无夹丝夹网两类，可以满足设计师不同的使用需求。其具体规格尺寸如表 13-1 所示。

3. 吸热玻璃

吸热玻璃（图 13-22）是指能吸收大量红外线辐射热，并保持较高可见光透光率的平板玻璃。它是普通的原片玻璃，与浮法玻璃属于一个层级。它可以进一步加工制成磨光、钢化、夹层或中空玻璃。

吸热玻璃主要有灰色、茶色、蓝色、绿色、古铜色、青铜色、粉红色和金黄色等饰面颜色（图 13-23），其中，在国内最常见的是前 3 种颜色。与前面提到的夹胶玻璃不同，吸热玻璃的厚度主要有 2mm、3mm、5mm、6mm 等 4 种规格。

与铺贴的浮法玻璃相比，同样作为原片（净量片）玻璃的吸热玻璃，具有如下特点。
（1）能吸收太阳辐射，产生"冷房效应"，节约冷气消耗。如 6mm 厚的透明浮法玻璃，在太阳光照射下透过总热量为 84%，而同样条件下，吸热玻璃透过的总热量为 60%。

吸热玻璃的颜色和厚度不同，对太阳辐射热的吸收程度也不同。
（2）吸收太阳可见光，减弱太阳光的强度，起到防眩作用，可以使刺眼的阳光变得柔和、舒适。
（3）具有一定的透明度，并能吸收一定的紫外线，减轻了紫外线对人体和室内物品的损坏。

因此，这种玻璃主要用于建筑物的门窗、玻璃房（图 13-24）、外墙以及车、船等需要透光、透明又需要隔热、防眩的功能空间中。

4. 中空玻璃

中空玻璃（图 13-25）是一种由两片或两片以上平行的玻璃组成，周边用间隔框隔开，四周用密封胶密封，由干燥空气或其他气体填充中间腔体的玻璃产品（图 13-26）。这样处理后的玻璃具有很好的节能、保温、防结露和隔音的作用。所以，在对隔音有要求的地方，中空玻璃被广泛使用，如会议室的中空玻璃百叶窗（图 13-27）、建筑外墙等。这里需要明确一点，中空玻璃与其他玻璃形式不一样，它是定尺寸玻璃，只能在中空玻璃厂家定制，在材料下单时一定要留意。

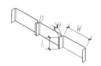

图 13-18　　图 13-19　U 形玻璃在建筑中的应用　　图 13-20　　U 形玻璃在室内空间的应用　　图 13-21　透明 U 形玻璃

表 13-1　常规的 U 形玻璃尺寸（mm）	
宽度（W）	220、250、300、330、400、450、500、550
高度（H）	40、55、60、65、70、75、80
厚度（D）	5、6、7、8、9、10
长度（L）	根据设计师要求随意定制

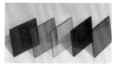

图 13-22　吸热玻璃原理图　　图 13-23　　图 13-24　玻璃房中吸热玻璃的应用　　图 13-25　中空玻璃原理图

图 13-26　　　　　　　　图 13-27

5. 镀膜玻璃

镀膜玻璃又叫反射玻璃（图13-28），是在玻璃表面涂镀一层或多层金属、合金或金属化合物薄膜，以改变玻璃的光学性能，满足某种特定要求的玻璃制品。镀膜玻璃按产品的不同特性可分为以下几类：热反射玻璃、低辐射玻璃、导电膜玻璃等。其中建筑领域接触最多的是热反射玻璃。

热反射玻璃是有较高的热反射能力，又保持了良好透光性的平板玻璃，也称镜面玻璃，常见的有金色、茶色、灰色、紫色、褐色、青铜色和浅蓝色等颜色。热反射玻璃的热反射率高，6mm厚的浮法玻璃的热反射率仅16%，同样条件下，吸热玻璃的总反射热量为40%，而热反射玻璃则高达61%，因而在建筑外墙中，常用它作为玻璃原片，制成中空玻璃或夹层玻璃，以增加其绝热性能。所以，可以简单地把它理解成吸热玻璃的增强版。镀金属膜的热反射玻璃还有单向透像的作用，即白天能在室内看到室外的景物，而在室外看不到室内的景象，汽车就是使用了这种镀膜玻璃（图13-29）。

6. 光电玻璃

光电玻璃（图13-30）就是光能、电能和玻璃的有机结合体。它被广泛应用于展示方面，如舞台设计、导视设计、建筑屏幕等领域。光电玻璃主要分为下面3种常见的类别。

（1）LED点阵光电玻璃

LED点阵光电玻璃（图13-31）的色彩丰富，形式多样，变化层出不穷。产品还可以用于标志、隔断、顶棚、内外墙面，艺术效果更丰富。

（2）LED视频显示玻璃

LED视频显示玻璃（图13-32）采用独特的创新技术，将LED光源复合嵌入玻璃内，使电光技术和传统玻璃融为一体，既保留了玻璃的透光特性，又能展示动画及各种绚丽的色彩，大大提升了玻璃的应用范围，如用于汽车后视镜的电子导航栏就是采用了这种玻璃。当然，这种玻璃的价格也非常高。

（3）LED调光玻璃

LED调光玻璃使用透明电路，通电后内置LED灯源发光，除光源点外，玻璃也发光（图13-33），但关闭电源后与普通玻璃无异（图13-34）。在室内（或暗处），画面效果清晰绚丽，在强日光下，画面依然清晰可见，并且无尺寸和形状局限（可按需进行超大尺寸制作）。

图13-28

图13-29

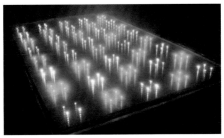

图13-30

图13-31

图13-32

图13-33 LED调光玻璃应用（通电后）

图13-34 LED调光玻璃应用（未通电）

第三讲 ｜ 九种装饰性玻璃

关键词： 材料解读，特点分析，图解原理

阅读提示：

装饰性玻璃的种类比功能性玻璃更多，而且每个厂家、每个地区甚至每个公司对同一种装饰玻璃的叫法都有可能完全不同，受篇幅限制，本文从玻璃的本质入手，介绍最常见的 9 种装饰玻璃。

一、烤漆玻璃

烤漆玻璃（图 13-35）是一个泛称，在业内叫法很多。背漆玻璃、釉面玻璃、彩釉玻璃等都属于我们常说的烤漆玻璃。烤漆玻璃根据制作方法不同，主要分为油漆喷涂玻璃（图 13-36）和彩色釉面玻璃（图 13-37）。油漆喷涂的玻璃，刚使用时色彩艳丽，多为单色或用多层饱和色进行局部套色，用于室外时，经风吹日晒后一般会起皮、脱漆，所以常用于室内空间。油漆喷涂的烤漆玻璃常用于室外。彩色釉面玻璃从工艺上分为低温制成和高温制成两类，这两类釉面玻璃均可用于室外，但是低温制成的釉面玻璃容易出现划伤人或掉色的现象，在使用时要留意。本文介绍的是用量最大、性能更好的釉面玻璃。

釉面玻璃是将无机釉料（又称油墨）印刷到玻璃表面，经烘干、钢化或热化加工处理，将釉料永久烧结于玻璃表面而得到的一种耐磨、耐酸碱的装饰性玻璃产品。釉面玻璃一般以平板玻璃为基材，其特点是图案精美、不褪色、易清洗，有许多不同的颜色和花纹，如条状、网状和电状图案等，也可以根据客户的不同需要另行设计花纹，因此，它也是设计师非常钟爱和非常容易把控的玻璃材料。常见的烤漆玻璃根据表现形式可分为实色系列（色彩丰富，可根据潘通或劳尔色卡上的颜色任意调配）、玉砂系列（可提供彩色无手印蒙砂效果）、金属系列（有

金色、银色、铜色及其他金属颜色效果）、珠光系列（能展示出珠宝高贵柔和的效果）、半透明系列（主要应用于特殊装饰领域中，实现半透明、模糊效果）。

如果想让釉面玻璃的颜色更纯正、鲜艳，在选择釉面玻璃时，就应选择基材为超白玻璃（图 13-38）打底的釉面玻璃，效果会更好。之前提到，大多数装饰玻璃的规格都可以根据现场需求定制，所以设计师只需要记住装饰玻璃的常规厚度即可，单块的釉面玻璃厚度以 3mm、5mm、6mm、8mm、10mm 最常见。这种玻璃具有很强的功能性和装饰性，性价比也极高，因此，被广泛用于各类家具装饰、室内装饰墙面、门窗等部位，尤其对室内设计领域来说，它是应用最广泛的装饰玻璃之一。

二、夹丝玻璃

夹丝玻璃是一种安全玻璃，中间膜可以使用的材料众多，夹层间的粘接方法不同，夹层数不同，性能也会不同。只要玻璃内部夹杂着一些网格、丝等装饰物的玻璃就可以被简单称为夹丝玻璃（图 13-39）。夹丝玻璃具有以下特点。

（1）夹丝玻璃有较好的透明度和抗脏污能力。

（2）夹丝玻璃通过热处理工艺，强度提高了 3～5 倍，具有良好的抗冲击性，可承受一定强度的外来撞击和温差变化。

（3）夹丝玻璃即使碎裂，碎片也会被粘在中间膜上，破碎的玻璃表面仍保持整洁光滑，具有极好的安全性。

（4）采用不同的原片玻璃，夹丝玻璃还可具有耐久、耐热、耐湿、耐寒等性能。

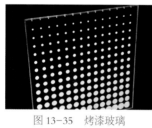

图 13-35　烤漆玻璃

图 13-36　油漆喷涂玻璃

图 13-37　彩色釉面玻璃

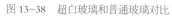

图 13-38　超白玻璃和普通玻璃对比

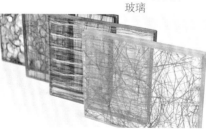

图 13-39

（5）使用纸、丝、绢等夹层材质的夹丝玻璃和印刷夹层玻璃还具有装饰性，使用金属丝、金属网的夹层玻璃还能防盗。

（6）夹玻璃不能切割，需要选用定型产品或按尺寸定制。

夹丝玻璃高度可定制化的特点，使得市面上的夹丝玻璃种类众多，如夹绢玻璃（图13-40）、夹毛发玻璃、夹狗尾草玻璃、夹草玻璃（图13-41）等。夹丝玻璃和其他玻璃不同，需要根据尺寸定制，且不可现场切割。所以，规范中对夹丝玻璃的厚度有一定的要求：夹丝玻璃的厚度有6mm、7mm、10mm，规格尺寸一般不小于600mm×400mm，不大于2000mm×1200mm。因为安全性、美观性和高度可定制的特点，当下主流的装饰空间中，夹丝玻璃主要用于天窗、天棚、阳台、易受震动的门窗以及需要特殊效果的装饰构造上，尤其在高端项目中的玻璃隔断处，应用极其广泛（图13-42）。

三、印刷玻璃

印刷玻璃(图13-43)也常被称为印花玻璃，是基于印刷技术发展的工艺玻璃，它可以将任何画面通过印刷的形式展现在玻璃上（图13-44），JPEG、PDF、EPS格式的图案可直接印刷。印刷玻璃也可作为钢化、镀膜、夹层、中空玻璃的原片。印制时可以选择玻璃的单面或是双面印刷。安装时花纹面朝向内侧，可防污、防剐。印刷玻璃规格板的尺寸可达2800mm×3700mm，厚度一般在2~15mm之间。

四、彩绘玻璃

彩绘玻璃（图13-45）又被称为彩绘镶嵌玻璃，常在教堂和奢华的宫殿中使用。它是用特殊颜料直接着墨于玻璃上，或者在玻璃上喷雕、镶嵌成各种图案，再加上色彩制成。彩绘玻璃可以逼真地复制原画，并且画膜附着力强，耐候性好，可擦洗。

彩绘玻璃上的美丽图案都是绘画作品的再现。设计师可以在选择好绘画内容、形式之后，交给工匠制作拼接，把经过精制加工的小片异形玻璃用金属条镶嵌焊接，最终制成一幅完整的图案（图13-46）。制作彩绘玻璃的原材料比较稀有，特别是一些肌理特殊的原料需要进口。制作时需要格外谨慎，任何微小的失误都会让整块原料报废。彩绘玻璃的艺术性和制作工艺的高技巧让它的价格也很高，目前，市场价格通常为2000~5000元/㎡，远远高于其他玻璃材料。所以，高品质的彩绘玻璃一般用在高端场所。也因为真正的彩绘玻璃价格昂贵，所以一些项目中会采用印刷玻璃或釉面玻璃做成彩绘玻璃的样式进行装饰处理。

五、磨砂玻璃

磨砂玻璃（图13-47）又被称为毛玻璃、喷砂玻璃，是经研磨、喷砂加工，使表面均匀粗糙的平板玻璃。根据加工工艺的不同，叫法也不同。用硅砂、金刚砂或刚玉砂等做研磨材料，加水研磨制成的是磨砂玻璃；用压缩空气将细砂喷射到玻璃表面制成的是喷砂玻璃。

磨砂玻璃最大的特点是可起到遮挡视线，透光不透视的作用，同时能使光线变得柔和，具有一定的装饰作用。其主要特点如下。

（1）加工效能好，能源消耗低，成本低。

（2）能满足设计的功能性，可使室内光线柔和、不刺目。

（3）从工艺上划分，喷砂分为干喷和湿喷，干喷的效率高，粉尘大，磨料破碎多，玻璃的加工表面较粗糙；湿喷对环境污染小，对玻璃表面有一定的光饰和保护作用，常用于较精密的加工。

图13-40　夹绢玻璃　　　图13-41　夹草玻璃　　　　　图13-42

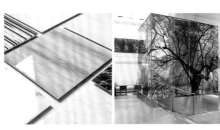  

图13-43　　　　　图13-44　　　　　图13-45　　　　图13-46

因为磨砂玻璃的这些特点，它被广泛用于建筑物的厕所、浴室、门、窗、间隔墙等，起到隔断视线、柔和光环境（图13-48）的作用。

六、压花玻璃

压花玻璃（图13-49）又叫花纹玻璃或滚花玻璃，具有透光不透视的特点。它的表面有各种图案花纹，且凹凸不平，当光线通过时会产生漫反射，因此，从玻璃的一面看另一面时，物像模糊不清。它是很多年前非常流行的装饰玻璃品种，近年来因为"轻装修"理念的兴起，大面积使用压花玻璃的人已经越来越少了。

压花玻璃由于表面有各种花纹，具有一定的艺术效果，多用于建筑的室内间隔、卫生间门窗及需要阻断视线的场所。使用时应将花纹朝向室内。因其花纹有一定的模数可循，所以规格以800mm×700mm×3mm为宜。

七、热熔玻璃

热熔玻璃又被称为水晶立体艺术玻璃（图13-50），是近年来行业中出现的新型材料，并以其独特的装饰效果成为设计师、业主及材料商的"新宠"。热熔玻璃跨越现有的玻璃形态，充分发挥了设计者和加工者的艺术构思，以平板玻璃为基础材料，结合现代或古典的艺术构思，呈现了各种凹凸有致、色彩各异的艺术效果（图13-51）。热熔玻璃图案丰富、立体感强，解决了普通平板玻璃立面使人感到单调、呆板的问题。热熔玻璃光彩夺目，格调高雅，其珍贵的艺术价值是其他玻璃产品不可比拟的，这也使它在工装领域逐渐被接受。

热熔玻璃产品种类较多，常见的有热熔玻璃砖、门窗用热熔玻璃、大型墙壁嵌入玻璃、隔断玻璃、一体式卫浴玻璃等，其独特的

艺术品性质和艺术效果使它的应用十分广泛，常用于隔断、屏风、门、柱、台面、文化墙、玄关背景、天花、顶棚等部位（图13-52）。

八、雕花玻璃

雕花玻璃又叫雕刻玻璃（图13-53）、刻花玻璃，是在普通平板玻璃上，用机械或化学方法雕刻出图案或花纹的玻璃。雕花图案透光不透形，有立体感，层次分明，同时，还可根据图样定制加工，曾经在国内非常流行。

雕花玻璃分为人工雕刻和电脑雕刻两种。人工雕刻成本高，但是效果好、图案逼真。电脑雕刻又分为机械雕刻和激光雕刻，激光雕刻的花纹细腻，层次丰富，是当下的主流雕刻手段。雕花玻璃的常用厚度为3mm、5mm、6mm，常见模数的最大规格为2400mm×2000mm。雕花玻璃以前主要用于中低端酒店、餐厅的门窗和背景墙，可以配合喷砂效果处理，图形、图案丰富，但

图13-47

图13-49　　　　　　图13-50

图13-52

与压花玻璃一样，在当下"轻装修"的倡导下，高端场所使用雕花玻璃的情况已经越来越少了。

九、镜面玻璃

镜面玻璃即镜子，指玻璃表面通过化学（银镜反应）或物理（真空铝）等方法形成反射率极高的镜面反射的玻璃制品。为提高装饰效果，在镀镜前可对原片玻璃进行彩绘、磨刻、喷砂、化学蚀刻等加工，形成具有各种花纹图案或精美字画的镜面玻璃。

目前，在国内的项目中，最常用的镜面玻璃有明镜、墨镜（也称黑镜）、彩绘镜和雕刻镜等，尤其是W酒店、艾美酒店等以时尚为卖点的装饰空间，格外喜爱使用彩色镜面玻璃增加空间的张力。同时，在一些层高低的室内空间，常利用镜子的反射和折射增加空间感和距离感，或改变光照效果，从视觉上加大空间感，避免造成压抑的空间氛围。

图13-48

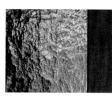
图13-51

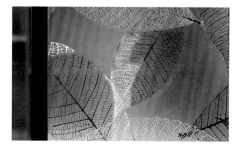
图13-53

第四讲 | 三种应用广泛的新型玻璃

关键词：调光玻璃，彩色夹胶玻璃，玻璃纤维制品

阅读提示：

本文将介绍三种能广泛用于室内空间中的新型玻璃。

一、调光玻璃

调光玻璃是将液晶膜复合进两层玻璃中间（图13-54），经高温高压胶合后一体成型的新型特种光电玻璃产品。使用者通过电流的通断控制玻璃的透明程度。调光玻璃本身不仅具有一切安全玻璃的特性，同时又兼具开放共享、隐私保护的转换功能。在国内，调光玻璃又被大家称为智能玻璃、液晶玻璃、电控玻璃或魔法玻璃等。当调光玻璃关闭电源时，电控调光玻璃内的液晶分子会呈现不规则的散布状态，使玻璃外观透光而不透明。当调光玻璃通电后，里面的液晶分子整齐排列，光线可以自由穿透，此时，调光玻璃瞬间呈现透明状态。其主要特点如下。

1. 隐私保护
调光玻璃的最大功能是保护隐私，它可以随时控制玻璃的透明或不透明状态（图13-55）。

2. 投影功能
调光玻璃还是投影硬屏，在光线适宜的环境下，如果选用高流明投影机，投影成像效果非常清晰（建议选用背投成像方式）。

3. 安全
调光玻璃具备安全玻璃的优点，包括破裂后防止碎片飞溅、抗打击性能好等。

4. 环保
调光玻璃中间的调光膜及胶片可以隔热，并可阻隔99%以上的紫外线及98%以上的红外线，减少热辐射及热传递，保护室内陈设不因紫外线辐照出现褪色、老化等情况，保护人不受紫外线直射。

5. 隔音
调光玻璃中间的调光膜及胶片有声音阻尼作用，可阻隔部分噪声。

单块调光玻璃的价格较之其他玻璃较贵，通常市面上的价格在1500 ~ 3000元/㎡不等，其余属性与之前介绍的钢化玻璃并无差别，设计参数可参考钢化玻璃。调光玻璃因为这些特性，除了可以当作隔断和装饰玻璃（图13-56、图13-57）外，还被越来越多的公司当作投影屏幕使用。

二、彩色夹胶玻璃

之前提到夹胶玻璃是建筑装饰领域使用最多的一种玻璃材料，玻璃厂家基于这种玻璃的高强度和安全性，并从装饰的角度出发，研发出了集安全和美观于一身的彩色夹胶玻璃。彩色夹胶玻璃也叫彩色夹层安全玻璃（图13-58），是在两片或多片浮法玻璃中间夹以强韧PVB胶膜，经热压机压合，并尽可能排出中间空气，然后放入高压蒸汽机内，利用高温高压使残余的少量空气溶入胶膜而成的彩色玻璃。与传统的彩色平板玻璃相比，这种彩色夹胶玻璃具有如下特点。

1. 安全性高
由于玻璃内的中间膜坚韧且附着力强，受冲击后碎片不会脱落，具有耐震、防盗、防弹、防爆等夹胶玻璃具有的一切特点。

原片玻璃
EVA胶片
PDLC液晶膜
EVA胶片
原片玻璃

图13-54

图13-55

图13-56　办公室使用调光玻璃保证私密性

图13-57　淋浴隔断使用调光玻璃保证私密性

2. 节能

中间膜层可减少阳光辐射，防止能源流失，还能对声波振动产生缓冲作用，达到隔音效果。

3. 美观

传统彩色玻璃是在玻璃溶液中加入混合颜料制成的。这种玻璃的颜色主要由里面的颜料物质控制，所以，除了玻璃本身的安全性不高外，色彩选择也相对较少，而且很难实现渐变色彩的效果。而使用彩色夹胶玻璃除了安全性有保证外，还可以做出彩色玻璃做不出的复杂效果（图 13-59）。

彩色夹胶玻璃的价格与夹胶玻璃相差不多，其高性价比的特点使它几乎可以代替易碎的传统彩色平板玻璃，成为彩色玻璃界的主流装饰材料。

三、玻璃纤维制品

玻璃纤维制品（图 13-60）美观，可塑性强，价格高，供货周期长。这种玻璃艺术品的原材料以柔性硅硼玻璃管为主，制作工序非常烦琐。一个以玻璃为载体的艺术装置，首先要在前期推敲模型，然后经过切、磨、抛光、窑铸、弯曲、烧制等加工和蚀刻的流程，逐一安置在统一固定件中，再由工人安置在选定的位置（图 13-61）。通常，一个艺术品至少要有成百上千根玻璃管（图 13-62），人工成本非常高。

这种玻璃艺术品比较适用于小型空间（图 13-63）。小体量的玻璃艺术品造价低，安装也更简单。在工厂做好后，现场根据图纸预留好钢架基层，然后直接固定即可，与普通平板玻璃的安装没有任何差别（图 13-64）。随着这种玻璃装饰品在室内项目中的普及，也有越来越多的装饰品和灯具厂家加入，因此，成本也已越来越低了。

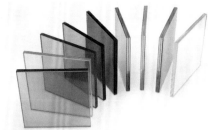

图 13-58　　　　　　　　　　　　图 13-59

图 13-60

图 13-61　现场吊装过程

图 13-62　　　　　　　　　　　　图 13-63

图 13-64　安装过程（先做艺术品，后封板）

第五讲 | 四种装饰玻璃的安装方法

关键词：节点构造，施工工艺，图纸表达

阅读提示：

本书前文提到，内装中任何节点做法都可以用"骨肉皮"模型理解，过往的很多安装工艺与节点做法中，往往都是"骨""肉""皮"非常分明，所以很好判断。但玻璃的构造做法与"骨""肉""皮"的概念有一些出入，与石材干挂一样，有时候会存在"骨肉相连"的情况。装饰玻璃的安装方式主要分为胶粘式、点挂式、干挂式和压边式这4种类型。本文主要介绍前3种节点做法。

一、胶粘式——最常用的内装玻璃安装方式

顾名思义，胶粘式的玻璃安装方式是在玻璃背部直接采用胶粘剂与基层材料进行连接的做法，安全性全靠胶粘剂的性能，所以不宜作为大面积单块玻璃的安装做法（图13-65）。

1. 注意事项

胶粘式做法适用于玻璃厚度小于等于6mm，单块面积小于等于1㎡的装饰构造中。若单块玻璃面板超厚、超大，会为后期留下安全隐患，所以使用这种做法时，一定要留意玻璃的尺寸和厚度。

图13-65　胶粘式玻璃安装应用

采用胶粘式固定玻璃时，根据玻璃厚度和规格的大小，可灵活使用AB胶、玻璃胶、结构胶，而在收口处，应采用密封胶。通常情况下，玻璃采用胶粘式的安装方式需配合收边条一同使用，常规情况下，金属收边条最多见。胶粘法是室内小面积装饰玻璃的首选安装方式，如卫生间镜面安装等。安装时，应注意选择材料的刚度及所用胶的质量，并注意收口处的柔性连接及预留1mm~2mm伸缩缝，否则后期会引起崩边、破裂等情况。

2. 胶粘式的节点做法

玻璃的胶粘式节点做法是严格按照"骨""肉""皮"的结构实现的，与本书前面讲到的木饰面或软硬包胶粘并无太大差别。图13-66~图13-70介绍了一个场景下胶粘式玻璃的安装节点。

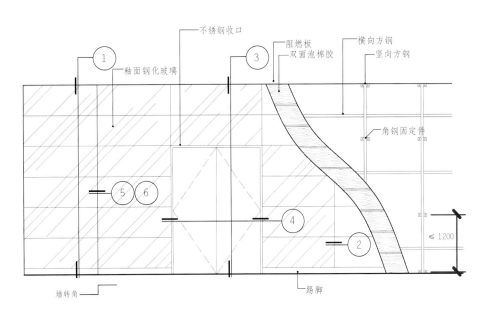

图13-66　胶粘玻璃的立面示意图
（单位：mm）

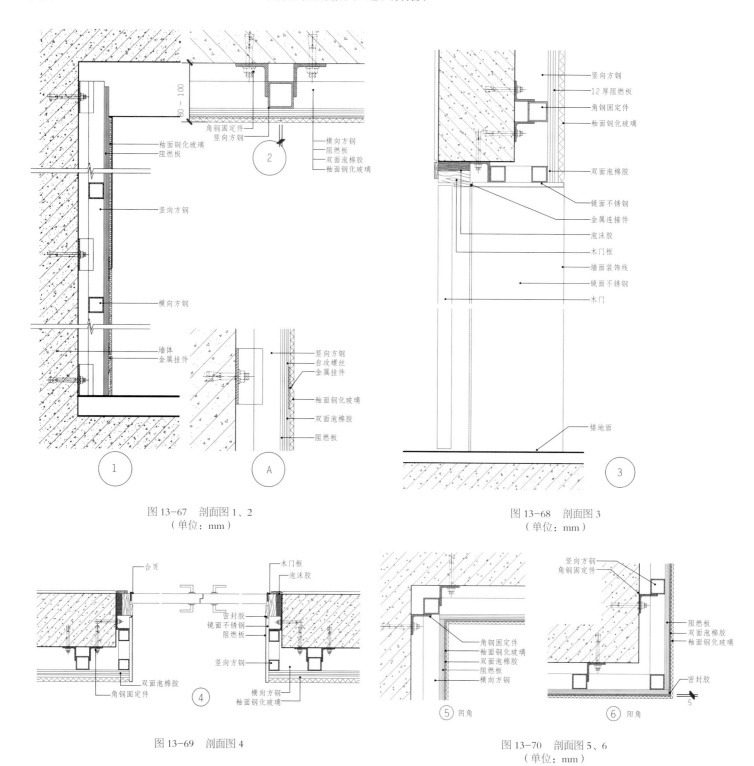

图 13-67　剖面图 1、2
（单位：mm）

图 13-68　剖面图 3
（单位：mm）

图 13-69　剖面图 4

图 13-70　剖面图 5、6
（单位：mm）

3. 胶粘式施工工艺

（1）具体工序步骤

步骤依次为测量，弹线，安装基层龙骨，龙骨验收，安装基层夹板，安装、粘贴玻璃镜面板块。

（2）工序把控要点

①测量和弹线

按照设计图纸及板块分格图纸，对应竖龙骨位置，用红外线放线仪将龙骨中线弹到墙面上。

通常龙骨采用 50 号轻钢龙骨，间距小于等于 400mm。

②安装基层龙骨及验收

龙骨通过U形支撑件与墙体连接，支撑件间距小于等于600mm，龙骨安装完毕，应保证龙骨外边缘的整体平整度。龙骨安装完毕进行验收。

③安装基层夹板

封板前应确保基层内机电等管路施工完毕，并通过验收。基层板采用9mm阻燃夹板为宜，封钉前先根据龙骨双向间距在基层板表面弹墨线，用以确定钉子的固定位置。安装时从上向下或由中间向两头固定，要求布钉均匀，钉距为100mm～150mm，钉尾陷入板面。

图13-71 点挂式在玻璃安装时的应用

为避免后期收缩变形，板与板的拼接处留3mm～5mm的缝隙。

④安装、粘贴玻璃镜面板块

粘贴玻璃板块应采用前面提到的专业用胶，玻璃与玻璃之间预留1mm～2mm的缝隙，确保板块之间伸缩变形不受影响。

二、点挂式——多用于外墙或大面积玻璃饰面

点挂式玻璃的安装方式（图13-71）多用于外墙、室内栏杆或大面积玻璃安装。它的优点是安装灵活、安全性高，缺点是不美观。点挂式玻璃的节点构造相对来说比较简单（图13-72～图13-77），稳定性主要靠爪件结构，所以是安全性很高的玻璃安装做法。但是，点挂式的玻璃具体使用多大的爪件要根据使用面积、玻璃厚度、使用部位进行结构计算，所以，室内设计师了解这种做法的节点构造即可，具体的实施一定要找专业的团队。

三、干挂式——用于大面积墙面

与前面两种常见的安装方式相比，干挂式的玻璃做法处在这两者之间。与胶粘式相比，干挂式的安全性更高；与点挂式相比，干挂式更加美观。所以出于安全考虑，大面积安装玻璃时，通常会考虑采用干挂式的做法来做。干挂式的做法多用于外墙或墙面大面积玻璃安装。优点是安全性高、较为美观，缺点是安装成本较高。从观感上看，常见的干挂式玻璃的做法分为明框做法和暗框做法。

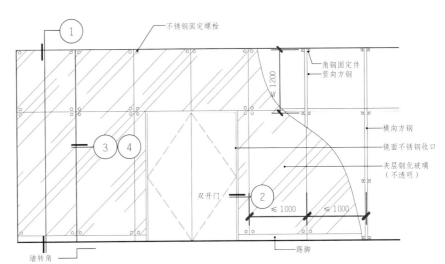

图13-72 点挂式节点立面示意图
（单位：mm）

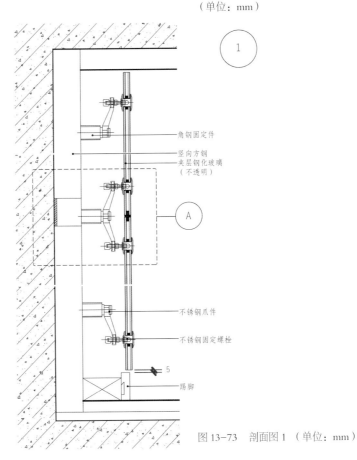

图13-73 剖面图1（单位：mm）

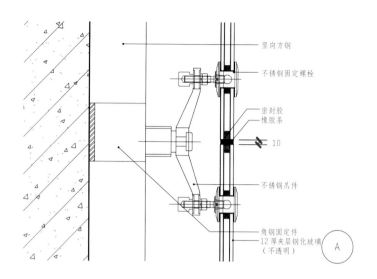

竖向方钢
不锈钢固定螺栓
密封胶
橡胶条
10
不锈钢爪件
角钢固定件
12厚夹层钢化玻璃
（不透明）
A

图 13-74　剖面图 A　（单位：mm）

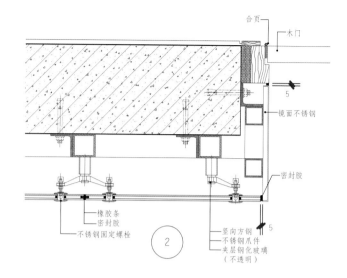

合页
木门
5
镜面不锈钢
密封胶
橡胶条
密封胶
不锈钢固定螺栓
2
竖向方钢
夹层钢化玻璃
（不透明）
5

图 13-75　剖面图 2　（单位：mm）

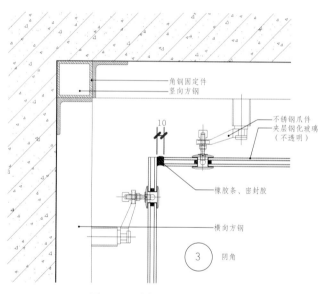

角钢固定件
竖向方钢
10
不锈钢爪件
夹层钢化玻璃
（不透明）
橡胶条、密封胶
横向方钢
3　阴角

图 13-76　剖面图 3　（单位：mm）

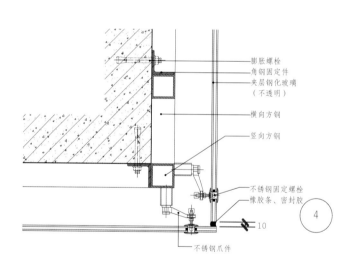

膨胀螺栓
角钢固定件
夹层钢化玻璃
（不透明）
横向方钢
竖向方钢
不锈钢固定螺栓
橡胶条、密封胶
4
10
不锈钢爪件

图 13-77　剖面图 4　（单位：mm）

1. 玻璃干挂的明框做法（图 13-78）

其节点构造如图 13-79 所示。

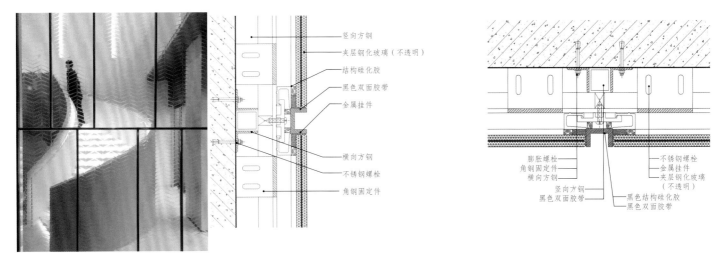

图 13-78　明框干挂法墙面效果

图 13-79　明框干挂节点图（横剖和竖剖）

2. 玻璃干挂的暗框做法（图 13-80）

其节点构造如图 13-81 所示。

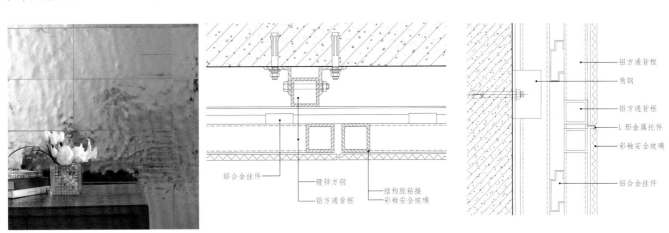

图 13-80　暗框干挂法墙面效果

图 13-81　暗框干挂节点图（横剖和竖剖）

四、压边式——用于小面积吊顶

压边与玻璃栏杆的凹槽打胶做法类似，是指通过玻璃周边的材料与玻璃收口，靠周边材料压住玻璃，起到固定玻璃的作用（图 13-82）。压边与凹槽打胶做法之间的关系如图 13-83 所示，主要用于门窗、隔断、画框以及小规模玻璃吊顶等情况。

通常，在单块小面积的玻璃做吊顶时，考虑到成本等因素，都会选择以压边为主，胶粘为辅的形式安装。压边的做法只适用于小面积吊顶中的玻璃饰面，不宜大面积安装，因为它的安全性较低。当大面积吊顶都需要采用玻璃饰面时，可以采用点挂式的方式实现，因为点挂式最大的优势就是安全性特别高。但是，即使点挂式的做法安全性高，也还是不建议

图 13-82　压边式安装方式效果

大面积在吊顶上使用装饰玻璃（图13-84），因为玻璃的材料属性是易碎，而且重量较大，大面积使用在顶面上会给人带来危险的感觉。如果空间中需要大面积采用玻璃饰面吊顶，建议采用透明的亚克力板、镜面铝板、镜面不锈钢板代替玻璃材料。

五、小结

（1）常见的装饰玻璃安装方式主要有胶粘式、点挂式、干挂式和压边式4种类型。

（2）胶粘式的玻璃安装方式是目前室内最常见的类型，适用于单块玻璃厚度小于等于6mm，且面积小于等于1m^{2}的装饰构造中。

（3）点挂式的安装方式安全性很高，但美观度较低，所以通常被用于外墙构件。

（4）干挂式安装方式安全性比胶粘式更高，美观性比点挂式更高。在室内空间需要大面积使用玻璃饰面时，建议使用干挂式做法。干挂式做法根据观感又分为明框和暗框两类，分别适用于不同的场所。

（5）如果想在吊顶上使用装饰玻璃，要采用安全的点挂式或压边式实现。面积比较大时，建议采用亚克力板或镜面金属板代替沉重的玻璃，避免出现安全事故。

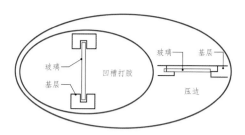

图13-83　压边式安装方式效果

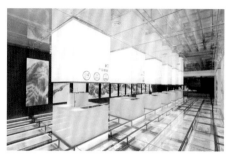

图13-84　压边式安装方式效果

第六讲 ｜ 地面玻璃的做法

关键词： 节点构造，图解原理，图纸表达

阅读提示：

随着玻璃制作技术的逐渐成熟，安全性越来越能得到保障，为了让空间显得更通透，在室内空间中使用地面玻璃的形式越来越多。现在，只要建筑条件允许，使用玻璃地面的安全性几乎不需要担心。从构造上来看，玻璃地面的主流做法分为框支撑（图13-85）和点支撑（图13-86）两种形式。

一、框支撑玻璃地面

框支撑玻璃地面就是在地面上打一个框，然后将玻璃块面放在这个框上，用这个框承载玻璃地面上的所有荷载（图13-87），即把玻璃的四个边均放在一个承载框上，再通过密封胶或收边条进行收口。其构造类似网络地板，只是将面板改为了钢化玻璃（图13-88）。

框支撑是最常见的地面玻璃构造做法，其优点是安全性高、稳定性强；缺点是美观性差。这种做法非常适合悬空的玻璃地面，以及大面积地面的结构处理，也是目前最主流的做法。常见的框支撑玻璃地面的节点构造主要如图13-89～图13-92所示，小面积的地面需要做玻璃饰面时，可直接套用该节点。

图 13-85　　　　　图 13-86

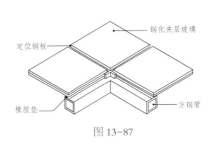

图 13-87

图 13-88

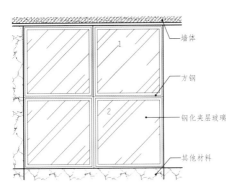

图 13-89　框支撑玻璃
地面平面图

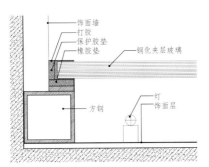

图 13-90　框支撑玻璃
地面与墙面收口

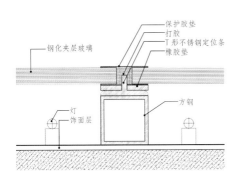

图 13-91　框支撑玻璃
地面与墙面收口

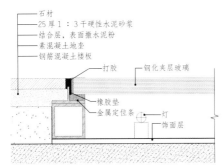

图 13-92　框支撑玻璃地面与
石材地面收口　（单位：mm）

二、点支撑玻璃地面

图13-93　点支撑地面
示意图

点支撑与前面提到的点挂式做法非常相似（图13-93、图13-94），点支撑玻璃地面的原理是通过金属爪件抓住玻璃并承受玻璃带来的向下的力，因为这种支撑方式只是固定玻璃的4个点，所以，对玻璃自身刚度的要求特别高，并不适合地面装饰玻璃面积较大的情况。从金属爪件与玻璃的关系来看，点支撑玻璃地面的形式又可分为沉头式（图13-95）和背栓式（图13-96）两种方式。

相较于框支撑的做法，点支撑玻璃地面的美观性更高，也更适用于非悬空的地面玻璃部位。其标准的节点做法如图13-97～图13-99所示，中小型的空间需要使用这种节点方式时，可直接调用。

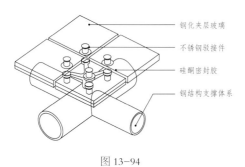

图13-94

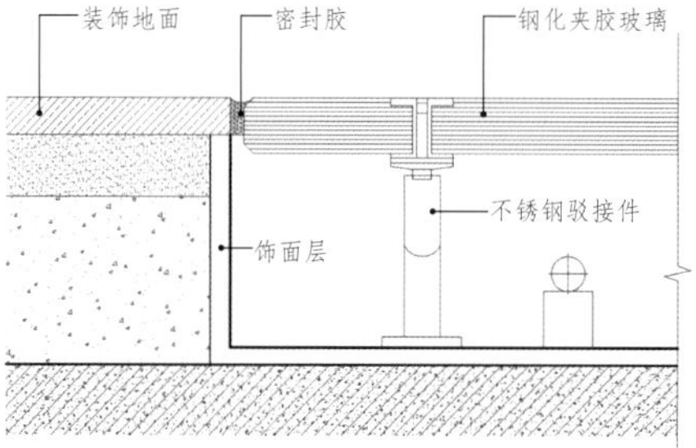

图13-95　点支撑（沉头式）

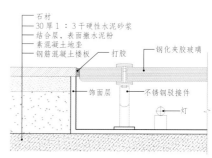

图13-96　点支撑（背栓式）
（单位：mm）

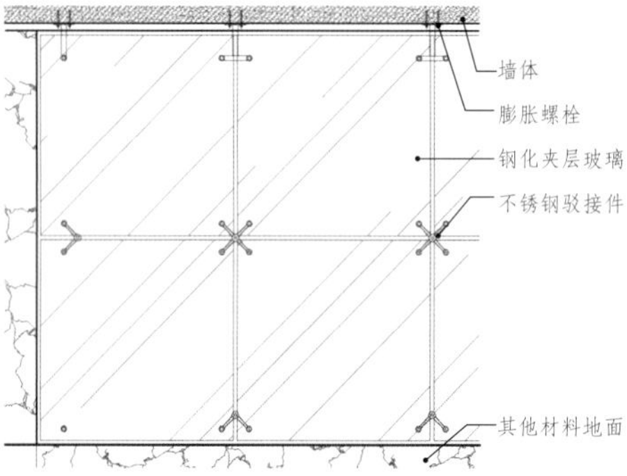

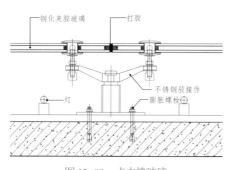

图13-97　点支撑玻璃
地面平面图

图13-98　点支撑玻璃
地面与玻璃地面收口

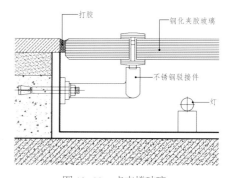

图13-99　点支撑玻璃
地面与墙面收口

三、设计规范与注意事项

玻璃安装于地面的难度比装在吊顶和墙面上高很多，因此，与建筑玻璃相关的规范对地面玻璃构造的要求比较严格。以下从各规范中精选出的设计要点可以在一定程度上帮我们避免玻璃地面出现安全事故。

1. 应采用钢化玻璃

只要是用于地面受力的玻璃，必须采用夹层玻璃。其中采用点支撑的地面玻璃必须是钢化夹层玻璃，以此保证地面玻璃的安全性。

2. 踏步应做防滑处理

用于楼梯踏步的玻璃必须是经过防滑处理后的钢化玻璃（图 13-100），否则容易发生安全事故。

图 13-100

3. 玻璃须磨边、倒角

钢化玻璃的孔、板边缘均应进行机械磨边和倒棱，磨边宜细磨，倒棱宽度不宜小于 1mm（图 13-101）。

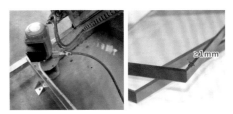

图 13-101

4. 地面玻璃的厚度

用于地面的夹层玻璃，单片厚度相差不宜大于 3mm，且夹层胶片厚度不应小于 0.76mm（图 13-102）；采用框支撑做法时，玻璃单片厚度（非总厚度）不宜小于 8mm，点支承地板玻璃单片厚度不宜小于 10mm。

5. 地面玻璃伸缩缝预留

考虑到热胀冷缩，地面玻璃之间的接缝不应小于 6mm，采用的密封胶位移受力应大于玻璃板缝位移量计算值（图 13-103）。

以上 5 个要点均源于《建筑玻璃应用技术规程》JGJ 113—2015，更多有关结构计算的部分应交由专业人员处理。虽然玻璃地面有种种优点，但也存在一系列问题，如收口处难清扫、反射强，用在半空中时，还应考虑到人们的视线能否穿透地面，以及穿裙子的女士的使用体验等。

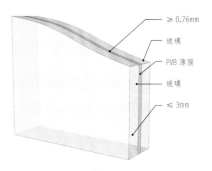

图 13-102

四、小结

（1）如果地面使用玻璃，要采用高安全性的框支撑或美观的点支撑实现。

（2）在设计玻璃地面时，不仅要考虑设计效果，更应留意规范上对地面玻璃的要求，避免出现安全问题。

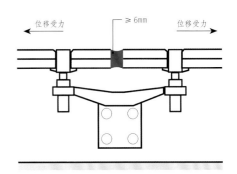

图 13-103

第七讲 ｜玻璃隔断的节点做法与收口做法

关键词：手边收口，构造细节，标准图集

一、玻璃隔断的分类

本文将基于压边式做法的模型，把玻璃隔断的节点做法拆解成标准图集，便于设计师使用这些标准图解决实战中的问题。本书粗略地将玻璃隔断分为固定玻璃隔断（图13-104）、活动玻璃隔断（图13-105）以及纯玻璃隔断（图13-106）三类。固定玻璃隔断主要是指将玻璃固定于某个"框"内，形成分割空间的室内玻璃构造，如办公高隔、鲁班墙等构件。活动玻璃隔断是指那些可以活动的玻璃隔断构造，主要包括玻璃推拉门、折叠门等。纯玻璃隔断是指用于分割空间的玻璃构件，无明显的"框"，整个面均为玻璃饰面。这三者在严格意义上并不是相互独立的关系，这样划分是为了让大家更简单地理解玻璃隔断的类别，仅供参考。在相关规范中，玻璃隔断的安装分为点支撑、框支撑和玻璃肋支撑（图13-107），属于另一个分类维度。

二、玻璃隔断做法的底层规律

前面提到过一种主要用于玻璃材料安装的特殊节点做法，本书称之为凹槽打胶。玻璃是一种易碎材料，所以，玻璃在与玻璃槽连接时，一定要使用软连接，也就是在它们之间加入橡胶垫和玻璃胶等柔性连接材料，不让它们"硬碰硬"，而这种方式就被称为凹槽打胶式的玻璃固定形式（图13-108）。本书前面将玻璃安装的压边方式与凹槽打胶的方式做了划分，明确了压边包含凹槽打胶的逻辑关系。本文着重介绍的玻璃隔断的构造做法和节点绘制形式，主要就是通过凹槽打胶的方式实现的。本书把这种形式称为理解玻璃隔断做法的钥匙。

三、关于玻璃隔断的设计规范

除了玻璃地面外，在室内构造中，对玻璃材料自身属性要求最高的就是玻璃隔断，在设计时，除了要考虑隔断的保温、隔音和美观外，还要考虑相关规范对玻璃隔断的要求。

1. 对落地窗、玻璃门厚度的要求

室内玻璃隔断易受人体冲击，因此应采用安全玻璃，根据玻璃厚度的不同，玻璃的抗冲击能力也不同，玻璃越厚，抗冲击能力越强。因此，活动门玻璃、固定门玻璃、落地窗玻璃和有框玻璃的选用应符合表13-2的规定。采用无框玻璃应使用公称厚度不小于12mm的钢化玻璃。

2. 对公共场所中玻璃厚度的要求

人群集中的公共场所和运动场所中装配的室内隔断玻璃应符合下列规定：有框玻璃应使用符合表13-2中规定的公称厚度不小于5mm的钢化玻璃或公称厚度不小于6.38mm的夹层玻璃；无框玻璃应使用符合表13-2规定的公称厚度不小于10mm的钢化玻璃。

3. 对淋浴间玻璃隔断厚度的要求

浴室、淋浴间用的玻璃隔断应符合下列规

图13-104　固定玻璃隔断　　图13-105　活动玻璃隔断　　图13-106　纯玻璃隔断　　图13-107　超大面积玻璃需玻璃肋支撑

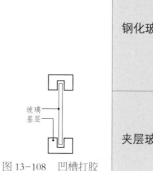

图13-108　凹槽打胶式的抽象表达

玻璃基层

表13-2　安全玻璃最大许用面积			
玻璃种类	公称厚度（mm）		最大许用面积（m²）
钢化玻璃	4		2.0
	5		3.0
	6		4.0
	8		6.0
	10		8.0
	12		9.0
夹层玻璃	6.38　6.76　7.52		3.0
	8.38　8.76　9.52		5.0
	10.38　10.76　11.52		7.0
	12.38　12.76　13.52		8.0

定：淋浴隔断、浴缸隔断玻璃应使用符合表 13-2 规定的安全玻璃；浴室内无框玻璃应使用符合表 13-2 规定的公称厚度不小于 5mm 的钢化玻璃。

4. 防护措施

透明玻璃隔断可采取在视线高度设醒目标志或设置护栏等防碰撞措施。

四、活动玻璃隔断节点解读

活动玻璃隔断主要的呈现形式是以玻璃推拉门、玻璃折叠门实现其活动轨迹（图 13-109），所以，它的固定方式基本上是在用于固定玻璃的玻璃框或玻璃夹层的上下部分设置滑道或滚珠，并连接天花与地面的构造，实现移动玻璃的目的。玻璃框内部构造根据不同类型的饰面层而有所不同，具体的五金轨道与类型选择需要由专业的厂家配合，设计师只要知道活动玻璃隔断的安装原理以及需预留80~100mm 的轨道位即可。

五、固定玻璃隔断节点解读

这里提到的固定玻璃隔断的做法主要是指通过玻璃框固定玻璃的隔断形式，以办公高隔（图 13-110）、装饰隔断以及鲁班墙等构件为主。这种固定玻璃隔断的节点做法理解起来很简单，所采用的玻璃框根据材质分为金属框（图 13-111）和木质框（图 13-112）两种常见类型。

六、纯玻璃隔断节点解读

纯玻璃隔断（图 13-113）是玻璃隔断的做法中最难理解，也是最需要考虑玻璃材料自身安全性的一种类型，还是近年来应用越来越多的隔断形式。在采用这类玻璃隔断时，尤其要注意前面提到的设计规范。从单纯采用钢化平板玻璃实现纯玻璃隔断，到现在采用 U 形玻璃和玻璃砖实现的室内

设计作品层出不穷，反映了玻璃材料进步的同时，也展示了设计师对空间通透性和纯粹性的追求。受篇幅的限制，本文提到的纯玻璃隔断的做法主要是指钢化平板玻璃的隔断，玻璃砖的做法会在后面的章节中介绍。就室内空间的钢化平板玻璃的纯

玻璃隔断构件而言，采用的安装方式主要有框支撑和点支撑两种。点支撑的形式只适用于面积不大的隔断，因此在纯玻璃隔断的做法中，框支撑最多见，而点支撑很少见，很多设计师都不知道它的存在。

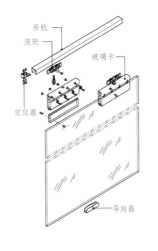

图 13-109　活动玻璃隔断示意图　　图 13-110

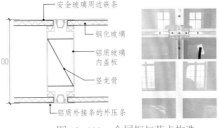
图 13-111　金属框与节点构造
（单位：mm）

图 13-112　木质框与节点构造
（单位：mm）

图 13-113

1. 点支撑纯玻璃隔断构造

案例一：卫浴门的点支撑纯玻璃隔断
如图 13-114、图 13-115 所示。

案例二：平开门的点支撑纯玻璃隔断
如图 13-116、图 13-117 所示。

2. 框支撑纯玻璃隔断构造

框支撑的纯玻璃隔断是我们一直在强调的凹槽打胶式的纯玻璃隔断构造。在玻璃收口的部位预留出槽口，将玻璃直接插入这些槽口即可。而为了便于记忆，把这些凹槽理解成玻璃框，与前面提到的固定玻璃隔断做法联系起来，就是所谓的框支撑。因此，要掌握框支撑形式的纯玻璃隔断节点构造，只需记住玻璃与吊顶的固定方式、玻璃与地面的固定方式即可。

（1）纯玻璃隔断与吊顶的固定方式
如图 13-118 所示。
（2）纯玻璃隔断与地面的固定方式
如图 13-119 所示。

七、收边收口模型的应用

装饰玻璃因为材料的特殊性，节点做法相对于其他材料要复杂一些。装饰玻璃在吊顶、墙面、地面以及隔墙、隔断上的构造做法和标准节点总结起来有几个关键词：胶粘式、点挂式、干挂式、压边式、点支撑和框支撑。本文在这几个关键词的基础上，介绍玻璃构造在收边收口上的处理手法。

无论什么样的构造做法与材质材料，收口目的都是让各材质之间有更好的连接，修饰材质本身规格尺寸、物理属性的不足，以及弥补工艺做法的偏差。本文可以看作是对本书前面提到的收边收口理论的实践补充。在选择收口方式之前，首先要明确下面几个问题。
（1）设计要达到什么样的效果？更改或增加收口方式会不会影响最终效果？

图 13-114

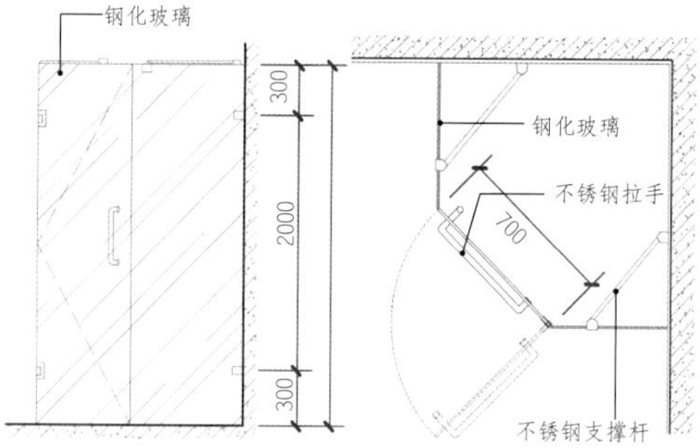

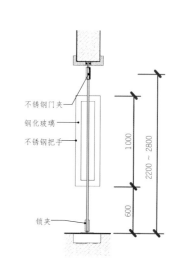

图 13-115　（单位：mm）

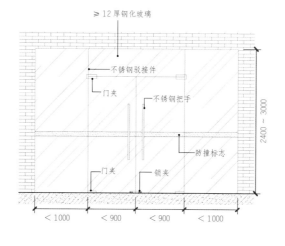

图 13-116　平立面图
（单位：mm）

图 13-117　剖面节点图
（单位：mm）

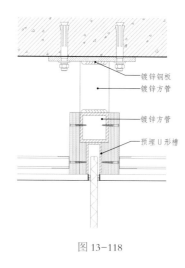

图 13-118

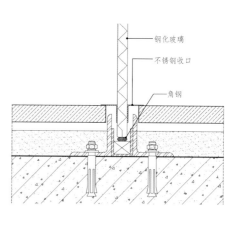

图 13-119

（2）如果不做收口处理，现场会产生什么问题？是否会影响效果？

（3）根据材质的不同属性和便捷性做法选择收口方式——到底"谁"来收"谁"的口？去掉"谁"？保留"谁"？

（4）理清楚材质之间的逻辑关系——"谁"压"谁"？怎样压？

八、玻璃与玻璃收口

玻璃与玻璃的收口方式主要以压条（图13-120）、密缝（图13-121）或留缝（图13-122、图13-123）的方式实现。

九、玻璃与其他材料收口

玻璃与其他材料的收口形式和玻璃与玻璃的收口形式大同小异，如图13-124～图13-132所示。

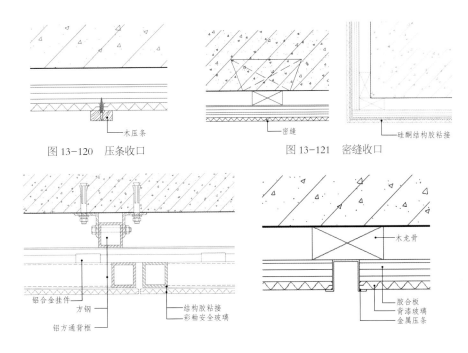

图 13-120　压条收口

图 13-121　密缝收口

图 13-122　留缝收口

图 13-123　压条＋留缝收口

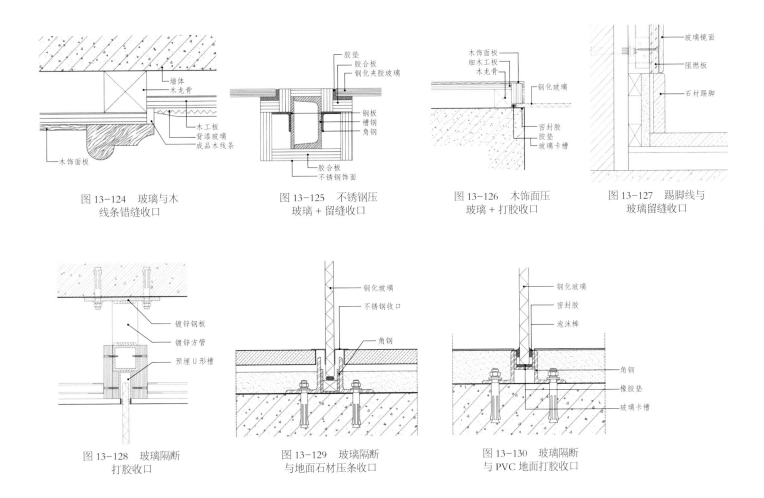

图 13-124　玻璃与木线条错缝收口

图 13-125　不锈钢压玻璃＋留缝收口

图 13-126　木饰面压玻璃＋打胶收口

图 13-127　踢脚线与玻璃留缝收口

图 13-128　玻璃隔断打胶收口

图 13-129　玻璃隔断与地面石材压条收口

图 13-130　玻璃隔断与PVC地面打胶收口

十、玻璃阴阳角的收口

阴阳角的收口是材料收口中的难点，玻璃虽然是易碎品，但其热胀冷缩性比较好，所以阴阳角收口比较简单，如图13-133～图13-138所示。

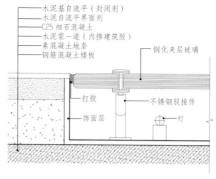

图13-131　玻璃地面
与自流平打胶收口

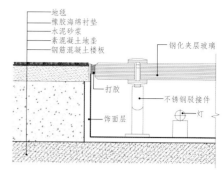

图13-132　玻璃地面
与地毯压条打胶收口

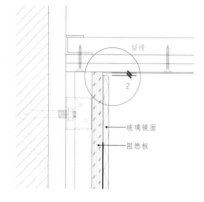

图13-133　阴角留缝收口
（单位：mm）

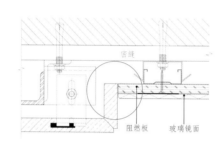

图13-134　阴角密缝收口
（单位：mm）

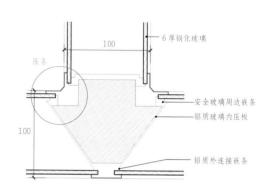

图13-135　阴角压条收口
（单位：mm）

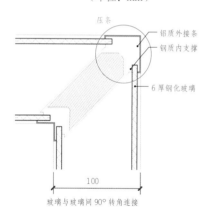

图13-136　阳角压条收口
（单位：mm）

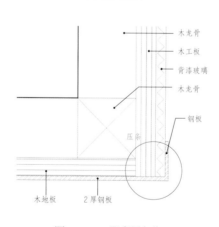

图13-137　阳角压条收口
（单位：mm）

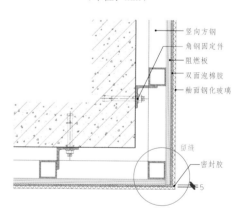

图13-138　阳角留缝收口
（单位：mm）

十一、小结

（1）凹槽打胶的模型是理解常见玻璃隔断构造的钥匙。

（2）本书定义中的活动隔断和固定隔断从本质上来说，其节点做法几乎相同，都是将玻璃放入"框"中实现的，区别在于一个加入了五金导轨，一个没有。

（3）纯玻璃隔断不单指钢化平板玻璃的隔断。钢化平板玻璃隔断的节点做法主要分为点支撑和框支撑。

（4）玻璃的收口方式以密缝和留缝为主。

第八讲 | 装饰玻璃的质量通病

关键词：质量通病，系统分析，解决方案

阅读提示：

本文将通过前面提到的"功夫菜"模型分析室内空间中装饰玻璃的常见质量问题以及预防措施。目前，巾面上大部分装饰玻璃都是以钢化玻璃为基础进行二次加工制作而成的深度加工玻璃，所以下面提到的质量通病与防范内容是建立在钢化玻璃的基础上进行探讨的。抛开因为厚度及规格不按规范选择而造成的质量问题，装饰玻璃安装中的质量问题主要有波光反射、崩边崩角、整体破碎、无法收口等。下面通过"功夫菜"模型，从设计落地的角度分析装饰玻璃安装工艺中常见的质量通病的成因以及如何预防和解决。

一、材料自身问题

1. 自身刚度不够

玻璃自身刚度不够，容易破碎。

2. 成品玻璃平整度不够，材料自身产生波光现象

任何饰面材料在设计无要求的情况下，表面都应该是平整垂直的，否则会出现各种问题，这些问题在装饰玻璃上体现为波光现象，也叫波浪形反射（图13-139）。波光现象与后期安装工人的定位放样、调平检测的水平息息相关，但首先要求材料自身平整。因此，大面积使用玻璃饰面时，如果想从根源上避免波光现象的产生，就应该严格把控材料的质量，尽量使用厚一点儿的玻璃，因为在能满足功能条件的情况下，玻璃越厚，平整度越好，质量问题也越少。

3. 边角不顺直，凹凸不平

如果装饰玻璃边缘加工差，凹凸不平（图13-140），后期热胀冷缩产生的内应力必然会从凹口处开始破坏，导致玻璃开裂。与破窗效应同理，如果没有切入点，玻璃就不会受到内应力的破坏。

4. 成品玻璃效果不理想

钢化玻璃经过不同的处理后会有不同的名称，不同的处理方式在加工时会产生不同的质量通病，下面主要介绍时下使用最多的钢化平板玻璃、底漆玻璃和夹丝玻璃的质量问题。

（1）钢化平板玻璃

加工不到位时常表现为表面有气泡（图13-141）、剐痕、边角不顺直等。

（2）底漆玻璃

加工不到位时常表现为底漆不饱满、不均匀、有色差、存在色斑、容易掉漆（图13-142）等。

（3）夹丝玻璃

加工不到位时常表现为原片玻璃有剐痕、气泡，所夹材料不饱满、不密实、中部存在大量气泡等。

二、安装工艺问题

1. 玻璃崩边崩角、整体破碎

在安装过程中，玻璃崩边崩角、整体破碎的情况并不少见（图13-143），常见的原因有以下几种。

（1）未设置软连接（缓冲层）

没有配备合适的橡胶垫或泡沫条，玻璃与其他材料"硬碰硬"（图13-144），很容易出现崩边崩角的现象。

（2）软连接（缓冲层）设置不到位

一般软连接不到位的主要原因是缓冲用的垫子过薄，规格不合适，材料以次充好。

（3）未预留伸缩缝

在通常情况下，用于玻璃安装的凹槽内部空间一定要比玻璃厚度大，否则由于热胀冷缩的作用必然导致开裂甚至玻璃自爆。

（4）基层不平整或未清理干净

如果采用胶粘或凹槽打胶的形式安装玻璃，对基层平整度的要求非常高。否则玻璃贴不紧，玻璃边缘有磕碰，墙面因震动导致玻璃轻微位移，与硬物相接，必然造成"硬碰硬"的局面，最终导致玻璃开裂。这个

图13-139 玻璃 　图13-140 平板
表面发生波光现象 　玻璃不顺直

图13-141 　　　图13-142

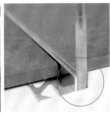

图13-143 　　　图13-144

原因也是多数小块玻璃开裂的根本原因，如车边镜等小块玻璃拼接的墙面。

（5）现场切割不到位、切割孔洞存隐患

首先需要明确的是，钢化玻璃绝对不能开口，一旦开口就会碎裂。如果需要开口（图13-145），只能在钢化前做好，然后经钢化处理。银镜等镜面玻璃建议只开圆孔，禁止其他类型的孔洞。

2. 下单失误造成无法安装

大多数不参与现场跟进的设计师对材料下单相对陌生，但在玻璃、金属这类材料的质量问题中，有极大一部分是由现场管理人员或驻场设计师在材料排版和下单时的失误造成的。前期排版不精准或未经过现场实地复核，非常容易造成材料与现场对不上的现象（图13-146），从而引发玻璃安装不上，无法收口，甚至与其他材料冲突等情况。而且，钢化玻璃是不能二次加工的，尺寸稍有误差，一块刚到现场的玻璃就会变成废品。所以在玻璃现场下单或订货时，应遵守"宁短勿长"的原则。但这种情况并不多见，除非是整块定制的情况，否则，下单失误造成最多的问题还是玻璃与玻璃、玻璃与其他材质的收口问题，如银镜下单失误，露出基层木板，且切割过程中导致爆边。

3. 玻璃缝隙不一、不密实、安装不平整

这种原因导致的质量问题是最常见，也是最难控制的，主要体现为：安装不平整造成整体饰面层形成波光反射；玻璃饰面或隔断收口之间的缝隙大小不一，存在"八字脚""大小头"，只可远观，不可近看；玻璃收口补胶时，接口不均匀，涂抹不到位，造成整体观感较差，缝隙大小不一。目前，唯一的解决方案就是找到规范的施工合作方。

4. 玻璃与基层固定不牢

采用凹槽打胶或胶粘的装饰玻璃固定不牢固，经常出现只用胶粘剂固定，未留槽口，或者预留槽口过浅的情况，极易留下玻璃

隔断倒塌的隐患。造成这种情况的原因主要有现场工人偷工减料，欺骗业主；设计方或技术人员缺乏现场知识，指挥错误。

以最具代表性的凹槽打胶的方式为例，虽然玻璃隔断（隔板）的高度、面积、厚度、样式等都影响安装的方式，但通常情况下，采用凹槽打胶的安装方式时，玻璃栏河栏杆（受水平推力的玻璃栏杆）插入地面的深度应不小于露出地面的栏杆高度的1/3，且不小于150mm（图13-147）。如果有可能，以插入地面300mm为宜。幕墙式栏杆插入地面深度应不小于100mm（图13-148）。长度在3m以内的纯玻璃隔断墙，上下凹槽深度均宜大于50mm。

5. 玻璃收口不密实，有缝隙

这种情况在墙面采用背漆玻璃时最为多见。密拼不密实，导致基层板露出底色，影响观感（图13-149）。这种情况在项目中极其多见，无论采用干挂还是胶粘的做法都会因为收口缝隙处有留缝而造成观感较差

图13-145

图13-146　后期补胶收口，勉强解决基层露出问题

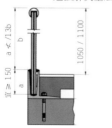

图13-147　承受水平推力的玻璃栏杆（单位：mm）

图13-148　不承受水平推力的玻璃栏杆（单位：mm）

的问题。解决方案（图13-150）非常简单，只需要在节点图纸上将玻璃的密缝收口更改为如图13-151的两种方式，并在技术交底时将该区域作为重点区域交接给施工方即可。

三、环境因素

除了以上提到的两方面原因外，环境因素也会影响装饰玻璃的选样和质量。由"功夫菜"模型可知，成品保护、施工现场及施工环境都会影响工程安装的质量，所以对玻璃这种易碎品而言，安装完成后应进行成品保护，避免后期现场施工的磕磕碰碰。同时也应该注意成品玻璃运输及堆放的保护（图13-152）。

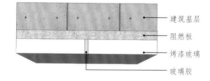

图13-149　　　　图13-150

建筑基层
阻燃板
烤漆玻璃
玻璃胶

不锈钢卡条

图13-151　避免缝隙不密实的收口方案

图13-152　玻璃现场堆放

第九讲 │使用玻璃饰面时的注意事项

关键词：设计原则，节点构造，施工工艺

一、在设计中使用玻璃饰面的注意事项

本书曾提到，考虑任何设计问题都应该满足"安全＞功能＞美观"这个不等式，因此，采用装饰玻璃作为饰面材料或隔断材料时，除了必须达到特定的美观要求外，更重要的是能让玻璃饰面满足安全性和功能性这两方面的要求。

1. 安全性

首先，所使用的饰面玻璃应满足玻璃相关规范的规定数值（表13-3），不能采用又薄又大的玻璃做装饰，否则安全性必然会受到影响。同时，在室内吊顶上尽量不要采用大面积玻璃，这种做法从长期来看并不安全。另外，因为玻璃和玻璃收口时，多数情况下是采用直接预留缝隙的思路，所以，为了避免玻璃割到人，在设计说明中或者材料使用说明中，应当写明玻璃面板四周采用四边磨边的处理方式。最后，在项目中采用纯玻璃隔断或玻璃栏杆时，一定要留意玻璃插入地面的深度，审图时要重点审核这个地方。

2. 功能性

从功能性来看，玻璃墙面不宜用于消防通道（图13-153）。同时，在需要防火分隔，或某些会承受高温的构件中，应当采用防火玻璃，如壁炉、全日餐厅明档台等。根据空间性质不同，应采用不同性质的玻璃作为饰面材料，如需要隔音就采用中空玻璃；需要做展示，就可以考虑光电玻璃；需要透光不透明可以采用调光玻璃或者磨砂玻璃等。

在常规的镜子饰面上，尽量避免开孔装插座的情况出现。可以采用镜面不锈钢

代替镜子开孔（图13-154），防止镜子破碎的情况发生。如果一定要在玻璃或镜子上开孔，建议开圆孔，且在圆孔周围垫橡胶片进行软连接。如果遇到必须开方形孔的情况，应在方孔周围设置木垫块或者橡胶垫等垫层，达到软连接的作用，进而保护玻璃（图13-155）。另一种情况是，当采用防雾镜时（图13-156），在镜子上开圆孔的方式也不适用，因为镜面后期加热后必然会开裂，这也是很多设计师在设计卫生间时常出现的错误。

表 13-3　有框平板玻璃、超白浮法玻璃和真空玻璃的最大许用面积		
玻璃种类	公称厚度（mm）	最大许用面积（m²）
有框平板玻璃 超白浮法玻璃 真空玻璃	3	0.1
	4	0.3
	5	0.5
	6	0.9
	8	1.8
	10	2.7
	12	4.5

图 13-153

用镜面不锈钢替代玻璃镜面，防止面板开口后玻璃破碎

图 13-154

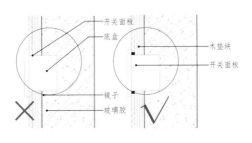

图 13-155

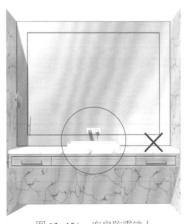

图 13-156　客房防雾镜上放水龙头

玻璃镜面位于顶部灯槽位置时，顶部应进行磨砂处理（图13-157），否则灯槽内会出现反射，由于灯槽内施工操作相对困难，经常会出现由于施工质量不好，人通过反射看到灯槽内部的情况。

二、玻璃隔断与墙面收口的注意事项

前面提到纯玻璃隔断与地面收口时，主要是以玻璃打胶或压条的方式收口。那么既然纯玻璃隔断和地面是这样固定的，那玻璃与墙面是不是也这样固定呢？从常规情况来看，纯玻璃隔断与墙面的收口方式有两种：一是直接留缝（图13-158），玻璃与墙面不连在一起，这种做法在纯玻璃栏杆上尤为多见；二是直接将玻璃插入墙面的饰面材料做收口处理（图13-159）。

图13-159的做法是设计师在做玻璃和墙面收口时最常采用的方式，但采用这种看似合理的做法恰恰犯了一个小错误：因为玻璃或镜面是透明或带反射的材料，所以当采用上面这种做法收口时，在收口处就能直接看到墙面基层里的情况，露出了基层。因此，图13-159的节点做法可以按照图13-160和图13-161优化。

1. 在凹口处采用金属槽收口

2. 在凹口处采用磨砂纸或黑胶带收口（图13-161）

这种方式相对于第一种成本更低，是多数设计师会选择的节点优化方式。

三、防火玻璃与普通玻璃的异同和用法

防火玻璃主要用于需要耐火的玻璃饰面处，在某些特定的功能构造中，使用的玻璃必须是防火玻璃，如挡烟垂壁、防火隔墙等。防火玻璃和普通玻璃最大的不同在于耐火

极限，防火钢化玻璃最高耐火极限能达到3.5小时，因此，防火玻璃作为一种新型建筑防火产品开始在越来越多的建筑中使用。在室内空间，只要涉及大面积区域需要使用防火玻璃的情况，就应注意以下问题。

（1）防火玻璃运用在室内隔断上时，并不是简单地将隔断使用的非耐火性能的材料改为耐火的材料就可以，更不是将普通玻璃换成防火玻璃就万事大吉，而是要将防火玻璃作为一个防火系统全面考虑。本书在后文消防规范的篇章中会详细阐述。

（2）防火玻璃幕墙与隔断能达到的耐火性能等级，需要综合考虑整个系统各因素的耐火等级才能确定，主观地推测可能会不准确，必要时须做检测试验确定。

（3）设计选用防火玻璃时，须注意玻璃板块的尺寸与耐火性能等级的对应关系。

当项目中涉及使用防火玻璃时，一定不能自己主观地做决定，应尽可能找到消防设计的相关专业人员参与，否则等待我们的结果，多数是返工重做。

四、消火栓暗门的表面可以使用玻璃饰面吗

行业内有很多人认为：消火栓暗门的表面不能使用玻璃饰面（图13-162），或消火栓暗门的表面采用玻璃饰面时，必须采用防火玻璃。

但是，相关规范上并没有规定消火栓暗门的表面不能做玻璃饰面，只是要求当消火栓暗门采用玻璃饰面时，使用的玻璃厚度不宜小于4mm。

五、室内空间中哪些部位不宜使用玻璃饰面

从功能和安全方面来看，消防通道、天花

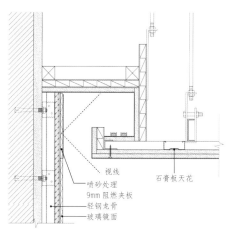

图13-157　灯槽处玻璃镜面处理节点

视线
喷砂处理
9mm阻燃夹板
轻钢龙骨
玻璃镜面
石膏板天花

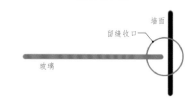

墙面
留缝收口
玻璃

图13-158　玻璃与墙留缝收口

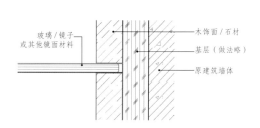

玻璃/镜子或其他镜面材料
木饰面/石材
基层（做法略）
原建筑墙体

图13-159　玻璃直接插入墙面

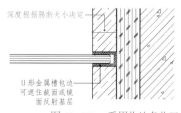

深度根据隔断大小决定
U形金属槽包边可遮住截面或镜面反射基层

图13-160　采用收边条收口

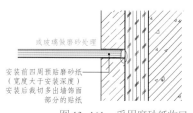

或玻璃做磨砂处理
安装前四周预贴磨砂纸（宽度大于安装深度）安装后裁切多出墙饰面部分的贴纸

图13-161　采用磨砂纸收口

吊顶等区域不宜采用玻璃饰面。同时，如果在人流量大的场所设置玻璃隔断，一定要注意安装防撞带（图13-163）。从美观性上看，玻璃饰面有独特的质感和饰面效果，但应注意玻璃反光和透明的形式对整体空间体验的影响，尤其要注意玻璃反射的光是否会与灯光一起造成光污染，这也是设计师在前期深化平面方案时需要着重考虑的问题。

六、玻璃的替代材料

虽然装饰玻璃有诸多优点，但玻璃材料价格比较高，尤其是对一些中小型空间中的艺术隔断来说，如果全部采用玻璃，除了安全性需要着重考虑之外，整体造价也会很高。所以，在采用一些非典型的玻璃隔断方式时，设计师往往会受成本的限制，在保证同样效果的情况下，将玻璃材料改为亚克力或树脂板（图13-164）来实现整体空间的效果。而如果想要达到镜面玻璃的效果，可以采用镜面金属板材代替玻璃材料，除了不会影响效果外，安全性也得到了保障。

七、玻璃厚度的适用范围

不同厚度的玻璃有不同的适用范围，表13-4为笔者使用玻璃材料时的经验，里面的数值仅供参考。

图13-163　玻璃防撞带

图13-162

图13-164

表 13-4　不同厚度玻璃的适用范围		
玻璃类型	厚度（mm）	适用范围
普通玻璃	3	画框表面、小面积装饰物件
钢化玻璃	5～6	外墙窗户、门扇等小面积透光
	8	室内屏风等面积较大但又有框架保护的造型中
	10	室内大面积隔断、带框栏杆等装修项目
	12	地弹簧玻璃门和一些人流量较大处的隔断
	15	一些人流量较大处的隔断、纯玻璃栏杆
	20	1.这种规格的玻璃多数是夹胶玻璃或中空玻璃，用于有安全要求的装修项目 2.中空玻璃大多用于门窗和幕墙等领域
	25 至更高	防弹玻璃和特种玻璃需要在厂家的建议下使用

第十讲 ｜ 玻璃砖

关键词：节点改造，材料解读，施工流程

一、玻璃砖简介

近年来，设计师越发重视空间的通透性和透光性，玻璃砖的应用也越来越广泛了，尤其是奢侈品店，更擅长使用玻璃砖。玻璃砖是用玻璃料压制成型且体积较大的块状或空心盒状玻璃制品。它具有良好的采光、隔热性能，在装修市场占有率很高，一般用于比较高档的场所（图13-165），用来营造琳琅满目的效果。

从功能上来看，玻璃砖（图13-166）属于建筑二次结构，不能做建筑承重使用，因此，在室内空间中，玻璃砖作为空间分隔材料使用，主要形式为分隔墙、屏风、隔断等。它半透明的效果保证了私密性，同时也能用来装饰和分隔空间。玻璃砖结构的隔音性、通透性非常好，又非常结实，所以也很适合作为建筑的外墙建材。

与现代其他新型的装饰玻璃不同，玻璃砖的历史可以追溯到19世纪80年代末。到了20世纪30年代，有了更先进的玻璃砖，并开始广泛流传。玻璃砖适应性强，模块化和稳定的材质使它成了一种适用范围很广的材料，也受到了那个时代建筑师们的青睐，现代主义建筑师皮埃尔·夏洛（Pierre Chareau）的建筑作品"玻璃之家"（图13-167）标志着工业玻璃砖正式进入建筑设计之中。从此，玻璃砖的应用越来越广泛，奢侈品牌爱马仕用了13000块定制的方形玻璃砖做出了东京银座总部，香奈儿在阿姆斯特丹的旗舰店（图13-168）也使用了大量的玻璃砖。玻璃砖的使用范围也慢慢转向了室内空间。

二、玻璃砖的性能

玻璃砖之所以应用广泛，与其材料特性是密切相关的，它具有透光不透视、保温、隔热、隔音、抗压、耐磨、耐高温、图案精美等优点，其主要性能如下。

1. 使用灵活

玻璃砖的使用比较灵活，用途多，不同规格的玻璃砖组合能呈现不同的空间美感，既能解决防潮湿问题，又有朦胧的含蓄美。

2. 高透光性和选择透视性

玻璃砖的高透光性是一般装饰材料所达不到的。用玻璃砖砌成的墙体具有高采光性，可以使整个房间充满柔和的光线。

3. 节能环保，防尘、防潮、防结露

玻璃砖属钠钙硅酸盐玻璃系统，是由石英砂、纯碱、石灰石等硅酸盐无机矿物质原料高温熔化而成的透明材料，是绿色环保产品。玻璃砖在防尘、防潮和防结露方面优于普通的双层玻璃。玻璃砖在防止雾化方面也有出色的表现，即使室外温度在-2℃时也不会雾化。

4. 抗压强度高，抗冲击力强，安全性能高

单块玻璃砖的最小抗压强度为6.0MPa，优于普通红砖，与空心砖的强度相近。玻璃砖霰弹冲击实验值为1.2m/45kg冲击力（最大值），是普通玻璃的5~10倍，玻璃砖的抗冲击力比钢化玻璃更好。

5. 隔音、隔热、防火

玻璃砖具有良好的隔音效果，同时具有良好的防火性能。

图13-165

白色直透纹　　　白色云雾纹　　　超白梦幻珍珠彩

祥云蓝色　　　　星空金色　　　　涟漪彩色

图13-166

图13-167　　　　　　　图13-168

三、玻璃砖的类型和规格

目前市面上流行的玻璃砖，从类型上主要分实心玻璃砖（图13-169）和空心玻璃砖（图13-170）。

实心玻璃砖由两块中间呈圆形凹陷的玻璃体粘接而成。目前，国内生产这种玻璃砖的厂家都是小型厂家。这种砖的质量比较重，一般只有粘贴在墙面上或依附于其他加强的框架结构上才能使用，只能作为室内装饰墙体，所以用量相对较小。空心玻璃砖是一种隔音、隔热、防水、节能、透光良好的非承重装饰材料，由两块半坯在高温下熔接而成，可依玻璃砖的尺寸、大小、花样、颜色来做不同的设计表现。使用不同尺寸的玻璃砖可以在家中设计出直线墙、曲线墙以及不连续的玻璃墙。

玻璃砖的规格主要分为常规砖、小砖、厚砖和特殊规格砖这4类。其具体规格如图13-171所示。

四、玻璃砖墙体的设计要点

（1）玻璃砖墙体不适用于有高温熔炉的工业厂房及有强烈酸碱性介质的建筑物，不能用作防火墙。

（2）玻璃砖墙体适用于建筑物的非承重内外装饰墙体。当用于外墙装饰时，一般采用95mm、80mm厚玻璃砖。玻璃砖装饰外墙一般适用于高度在24m及以下的房屋和抗震设防烈度在7度及以下的地区。基本风荷载大于0.55kN/m²的地区以及抗震设防烈度高于7度的地区，玻璃砖墙体的控制面积需经个别计算确定。

（3）玻璃砖墙体外墙开孔的尺寸应控制在1500mm×1800mm（h）的范围内，窗上允许砌筑的玻璃砖墙体高度应小于等于1000mm。当高度大于1000mm时，洞口加强框的尺寸由计算确定。

（4）玻璃砖的施工图表达和构造做法如图13-172~图13-175所示。

图13-169 实心玻璃砖　　图13-170 空心玻璃砖

长 × 高 × 厚（mm）		
常规砖	190×190×80	
小砖	145×145×80	
厚砖	190×190×95	145×145×95
特殊规格砖	240×240×80	190×90×80

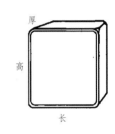

图13-171 玻璃砖规格

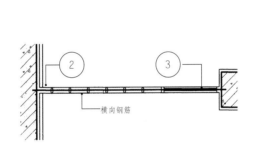

图13-172 玻璃砖墙面平面图

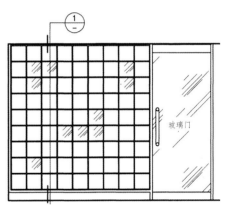

图13-173 玻璃砖墙面立面图

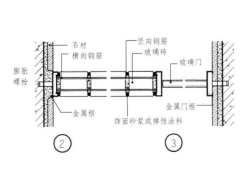

图13-174 横剖节点图

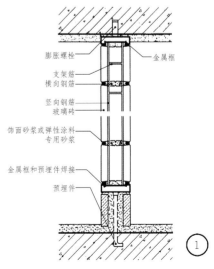

图13-175 竖剖节点图

（5）为什么玻璃砖墙体不需要使用构造柱和圈梁呢？因为玻璃砖墙体本身需要保障美观性，如果隔几米就设置一根构造柱，就违背了使用玻璃砖的初衷。而为防止玻璃砖墙体横（纵）向膨胀或收缩变形造成破坏，玻璃砖墙必须每隔 3.5m 长或高设置一道伸缩缝。最常见的伸缩缝设置的方式有两种类型：当墙体面积较小时，可设置大于等于 6mm 宽的伸缩缝（图 13-176）；当墙体面积较大时，可设置 30mm 宽的金属收边条型的伸缩缝（图 13-177）。

（6）由于玻璃砖不能像加气块一样随意切割，所以在排版和下单时就要计算得很精准，充分考虑到缝隙大小对玻璃砖高度的影响，否则就会出现原本计划采用 30 块玻璃砖高度的墙体，结果最上面那一层玻璃砖的安装位置不够的情况。

（7）同样，由于玻璃砖不能随意切割，所以在面对曲面墙体时就要尤其注意，要在 CAD 中进行模拟排版，根据玻璃砖墙的弧度选择合适规格的玻璃砖材料，并计算好每个弧度的玻璃砖应该如何排列，角度是多少，否则任何一块玻璃砖排歪后，都需要重新排版。所以，任何和玻璃材料有关的下单事项，都需要慎之又慎。

五、玻璃砖隔墙是如何落地的

安装玻璃砖隔墙主要有 6 个步骤：准备材料、按图放线、立竖向钢筋、玻璃砖砌筑、勾缝与清洁、刷防水涂料。

1. 准备材料
在材料准备阶段，除了常规的施工工具外，还须准备 1：2 的水泥砂浆作为粘接剂使用。

2. 按图放线
通过红外线设备确定水平点，做完标记后开始拉皮数线（图 13-178）。

3. 立竖向钢筋
根据图纸在地面弹出竖向钢筋的位置，地面打眼，插入竖向分格钢筋（图 13-179）。

4. 玻璃砖砌筑
根据图纸分完钢筋后，开始从下至上砌筑玻璃砖（图 13-180～图 13-185）。

5. 勾缝与清洁
通过白水泥或者玻璃砖专用勾缝剂对玻璃砖进行勾缝处理（图 13-186、图 13-187）。

6. 刷防水涂料
防水涂料涂完后（图 13-188），整个玻璃砖隔墙就完成了。

六、小结

（1）玻璃砖从 19 世纪末诞生以来，就一直走在潮流装饰的前端，发展至今已有多种类型，可以满足不同空间的需要，是非常美观的二次结构隔墙。

（2）玻璃砖从构造做法上来看，主要分为有框和无框两种类型，其构造类型与加气块隔墙类似，但须留意其规格尺度、伸缩缝设置，以及曲面时，玻璃砖下单的严谨性，驻场深化设计师尤其要注意这一点。

（3）从施工工序上来说，玻璃砖隔墙与加气块隔墙同样没有太大差别，设计师应着重把控工序中的勾缝和防水的质量，避免后期影响美观和使用。

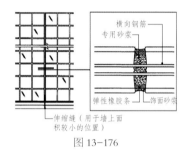

图 13-176

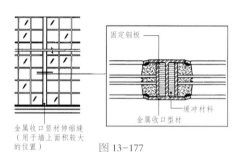

图 13-177

图 13-178

图 13-179

图 13-180　开始由下往上砌筑

图 13-181　通过玻璃砖卡件和卡尺调平

图 13-182　根据图纸位置，设置墙面横向拉结筋

图 13-183　完成后，对整个墙面调平

图 13-184　转角处的做法

图 13-185　根据图纸放置横向拉结筋

图 13-186

图 13-187　清洁勾缝后的墙面

图 13-188　沿着勾缝处涂刷防水涂料

第十四章 门、门五金与门套

14

第一讲 ｜门五金配置框架解读

关键词：材料解读，开合构件，图解原理

> **阅读提示：**
>
> 在空间设计中，我们经常会遇到自己设计门样式或者做门选型的情况，也会遇到自己搭配门的五金件的情况。门的选样和设计方案匹配，设计效果会更好。但在设计做完后，有时会出现各种问题，比如，关门不流畅、门有松动等。这些体验不好的情况很有可能与门五金的配置有关。五金配件除了能装饰物件外，更重要的是能满足物件的功能性需求，所以设计师有必要了解五金件的基础知识。

图 14-1

一、门的五金配置简介

门五金是指安装在门上的五金配件，其作用是满足门的功能性和装饰性需求。本书把门的五金配置按照功能结构的不同分为门锁、开合构件、门拉手以及辅助构件四个板块（图14-1）。大多数情况下，门锁、开合构件以及门拉手是每扇门必备的五金配置，也就是说，常见的室内门都应该具备这三种五金配置，否则它就不具备门的基本属性。辅助的五金配件是指在具备上述三种五金配件的情况下，为满足不同门的需求而增加的各种功能性或装饰性的小五金配件，如挡尘条、闭门器、防尘筒、猫眼等，目的是让门更加符合各个空间的需求，增加门的属性。上述四个板块随意组合就能得到设计师需要了解的不同门的五金配置图。

图14-2 机械锁和智能锁

二、门锁

常见的门锁按构件类别主要分为机械锁和智能锁（图14-2）。机械锁是指需要通过机械钥匙才能打开的锁具，如常规的执手锁、推杆锁等；而智能锁恰恰相反，它可以不通过机械的方式打开，更适合现代人的生活方式。智能锁具目前正被越来越多的装饰项目所采用，为了满足不同人群的需求，智能锁具的种类也越来越丰富，最常见的有指纹识别锁、电子密码锁、一卡通等。未来的装修市场中，智能锁具的使用量一定会逐渐提高，设计师需要更加关注。

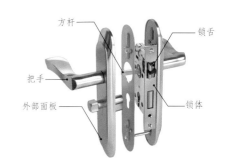

图14-3 门锁+拉手爆炸图

从锁具结构上来看，锁具有锁体、锁盖板、锁扣盒和锁芯几个部分（图14-3、图14-4）。根据门类型的不同，常见的锁体主要包括推拉门锁和平开门锁。平开门作为室内最常见的门种类，根据其门与门套的形式不同，有不同的锁体选样方式，设计师可作为了解内容。

锁体的种类繁多，形式各异，搭配的时候需要根据每扇门的功能需求、设计样式以及规格尺度而定，锁具的具体规格尺度可参照厂家提供的五金产品清单，这里不再赘述。

图14-4 门锁+拉手配件图

三、门拉手

门拉手是指能用手拉开门扇的五金构件，该构件主要分为明拉手（图14-5）和暗拉手（图14-6）。明拉手通常指突出于门扇外，能被一眼看出的拉手构件，它的受力属性适用于前后开合的门，故常用作平开门的拉手。暗拉手通常指藏于门扇内，与门扇齐平，不易被看出来的拉手构件，它的受力属性适用于左右开合的门，故常用作移门的拉手。

很多设计师误认为门拉手和门锁是同样的东西，其实从构造上来说是不同的，它们可以单独配置。有些门需要有门拉手，但不需要带锁眼的锁体配置，有些使用大拉手的门可以采用天地插销固定门，不用安装锁体（图14-7）。明拉手按照组合方式又可以分为盖板与拉手分离式、盖板与拉手一体式、大拉手三种情况，它们的适用范围有区别，带给人的感受也不一样。不同的门需要配置不同的拉手和锁体。

图14-5 明拉手 　　图14-6 暗拉手

盖板与拉手分离式的明拉手（图14-8）经常用于没有钥匙孔的门上，它能弱化明拉手的存在，最大限度地保留门的材质，显示出门精致的一面，因此，现在越来越多的场所使用这种样式的明拉手。盖板与拉手一体式的门拉手（图 14-9）是最常见的门拉手，因为其形式过于普遍，现在更多的厂家或设计师会通过对拉手和盖板进行创意性的定制设计增加拉手的装饰性。大拉手（图 14-10）具有独特的装饰性，能满足设计师的种种造型需求，所以这种拉手常用于需要重点强调的门，如宴会厅、入户大门、大型空间门等。同时，还因为其独特的功能性，常被作为淋浴间等空间的拉手使用。

暗拉手（图 14-11）是与门扇平齐或者刻意被设计隐藏的拉手样式，因为其不能抓握，常作为推拉门、移门等左右开合门扇的拉手使用。暗拉手经常和钩锁一同使用，因此，现在市面上出现了一些把拉手和锁体合二为一的形式。

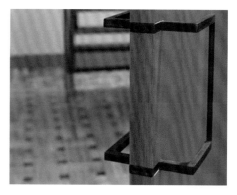

图 14-7　不需要门锁的门

四、门的开合构件

门的开合构件是能让门顺利开关的五金配件，如三叉合页、升降合页、地弹簧等。与锁具和拉手一样，不同的五金选配适用的场景是不一样的。根据室内门开合形式的不同，五金开合构件又分为给平开门用的构件和给移门用的构件。根据图 14-1 中对门五金的分类，在平开门的五金开合构件中，最常用的有合页、天地转轴、地弹簧、门夹 4 种类型，移门是通过导轨和滑轮的形式开合。因此，本章后面的内容会围绕着平开门与移门的开合构件展开，构建起系统的门五金知识体系。

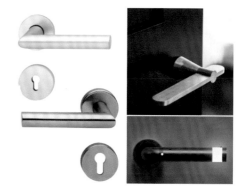

图 14-8

图 14-9

图 14-10

图 14-11

第二讲 ｜ 合页基础知识

关键词：材料解读，设计规范，图解原理

一、门的合页应该怎样搭配

很多小型私宅、别墅的设计师经常会带业主去选择合适的室内装饰门，如果不清楚门的合页选配，会导致精挑细选的门在后期使用时噪声大、拉动不流畅、力道不适合、开关不自如等。那么，平开门合页到底应该怎样搭配？首先要明确这个问题的本质，也就是门开合时需要达到什么样的效果，是需要自动关闭，还是想让门能流畅打开，还是既要满足流畅和静音，又要能从合页处走线？想要达到的效果不同，适用的合页也不一样。因此，想要合理地选择各扇门的配置合页，就应该清晰地知道合页到底有哪些，它们有什么不同，适用于什么样的门，安装时应该注意什么。而在解决上述四方面的问题之前，我们首先要了解平开门的合页是怎样安装的。

合页的安装有以下几个步骤（图 14-12）：合页定位、开槽、与门套固定、与门扇固定、完成安装。需要注意的是，这是购买成品门时的做法，如果是工装项目，多数门套与门扇都已经在厂家开好槽口，现场无须开口，直接安装即可。同时，为了保证合页安装后的门扇的开合质量，在国标《门、窗、幕墙窗用五金附件》04J631 中关于门尺寸和合页的关系的规定应该同时符合表 14-1 的要求，安装尺度建议参考图 14-13。

通常，使用合页开合的平开门，要么只能推，要么只能拉，不能双向开启，而且合页还有左右之分，在选择前，一定要确认好方向，避免出现低级错误。至此可以得到两个结论：不同大小、不同重量的门需要配置不同数量的合页，不能一概而论，只配置 2 个或 3 个；正常的室内门高度不会超过 2200mm，以这个高度为分界线，不超过 2200mm 时可以使用 3 个合页，如果门更小或比较轻，也可以装 2 个以节约成本。超高、超大门（如宴会厅门，门扇重量在 300kg 以上）设置合页时，除了要按照规范的数量设置外，合页的类型也应采用重型轴承合页，同时还必须加设防盗链保证门的安全性。

二、合页规格与常识

合页的规格是由门的长度、宽度、厚度和重量共同决定的，不同厂家的合页规格配置不同，但主要有两个参数：合页的规格尺寸和承载负荷。合页的规格是指合页打开后，长、宽、厚的尺寸（图 14-14），一般长和宽以英寸（in）为单位，厚度以 mm 为单位。不同厂商出具的合页规格尺度会有一定的偏差，因为 1in=25.4mm，所以制作时会存在一定误差，设计师牢记 3in ≈ 76mm、4in ≈ 100mm、5in ≈ 125mm、6in ≈ 150mm 这几组常用的数据即可。

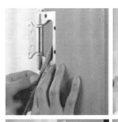

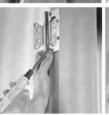

1. 合页定位
2. 开槽
3. 与门套固定
4. 与门扇固定
5. 完成安装

图 14-12

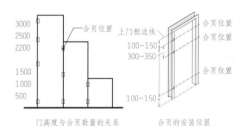

门高度与合页数量的关系　　　合页的安装位置

图 14-13　合页的安装位置示意图，仅供参考
（单位：mm）

表 14-1	合页与门的配置关系	
门宽（mm）	**门高（mm）**	**数量**
≤ 940	≤ 1524	2 个
	1524 ~ 2286	3 个
	2286 ~ 3048	4 个
940 ~ 1219	在此门范围内，应按上表格各增加 1 个合页	

6 英寸　　　4 英寸

图 14-14

一般合页的叶片厚度决定了它的载重性能以及刚度，常见的叶片厚度有 1.5mm、2mm、2.5mm、3mm。叶片越厚越耐用，价格也越高。如果是轻型门（模压门、PVC 门、铝合金门等），建议使用 2mm 厚的合页，而一些稍重的门（实木门、实木复合门、钢门）建议使用 3mm 厚的合页，如果是超高、超重门（门高大于 2400mm，门重大于 200kg），则需要专用的重型合页。

理解了上面的几个概念，当我们选择合页的规格时，只需要考虑两个因素：一是门的宽、高、厚各是多少；二是门的重量多大。门的厚度决定了合页的宽度，门的重量决定了合页的荷载极限。以常规的 2100mm×900mm 的实木复合门为例，通常情况下，这种规格尺度的门厚度范围应该在 40mm~50mm 之间，重量不会超过 50kg，因此这扇门可以配 3 个 4 英寸轴承合页（具体合页的承载荷载数据来源于各个厂家提供的参数），至于合页的厚度，建议不小于 2mm 即可。当然，选择合页时应预留一定的荷载量。

三、有弹簧的合页和无弹簧的合页

搭配合页的第一步是明确平开门的门型是平口门、企口门，还是平企口门，不同的门型需要搭配的合页是不同的。我们遇到的大部分装饰门都属于平口门，防火门或有特殊要求的门才会采用企口和平企口门的形式（图 14-15），其目的是达到更好的分隔效果，作为设计师，这些知识都需要有所了解。

门的合页是门扇与门套的连接件，市面上的合页种类有很多，如普通合页、烟斗合页、大门合页等。首先，抛开合页的外在形式，根据合页的内在功能可以把合页分为有弹簧的合页和无弹簧的合页两类（图 14-16）。有弹簧的合页是指在合页的转轴内加入弹簧构件的合页类型，如液压合页、双弹簧合页等。它的优点是能通过弹簧的作用让门扇自动关闭，且能达到较好的开合体验。缺点是因为弹簧的限制，可承受的荷载相对较小（一片 4 英寸的弹簧合页可以承受 15kg~20kg 的重量），而且有弹簧的合页耐用程度相对来说差一些。无弹簧的合页是指合页的转轴内没有弹簧构件的合页类型，多数情况下是采用转轴内预制的滚珠来让门扇开合，如轴承合页、三叉合页、过线合页等，也有非滚珠类型的合页，如升降合页、抽芯合页等。其优点是能达到开启流畅、静音及灵活搭配的效果，而且价格不高，承受的荷载较大（一片 4 英寸的轴承合页可以承受 30kg~40kg 的重量），所以大多数常规装饰门都是采用该类型的合页。它的缺点是，因为没有弹簧的作用，所以不能自动停门以及关门，而且推门时没有阻力，如果想达到自动关门以及停门的效果，需另外加设辅助配件，会增加额外的成本。

四、常见合页

在目前的装饰市场中，常见的合页主要有轴承合页、升降合页、子母合页、过线合页、弹簧合页、液压合页、隐藏（暗）合页、玻璃门夹。它们的作用与适用场合各不相同。

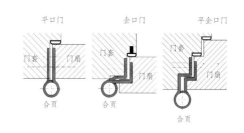

图 14-15　门类型与合页的选型图

1. 轴承合页——合页界的"万金油"

轴承合页（图 14-17）是装饰项目中最常见的合页，而且很多功能性合页都是在它的基础上附加功能形成的，如重型合页、子母合页、过线合页、尼龙合页、弹簧合页、液压合页等。所以，轴承合页可以说是合页界的"万金油"。轴承合页通过合页轴承的滚珠开合，属于典型的无弹簧合页，所以它具备无弹簧合页的一切特点，其质量取决于轴承的工艺，轴承内会增加润滑剂，保证合页内部滚珠的流畅性。这种类型的合页适用范围最广，几乎所有常规室内门都可以使用，价格适中，因此，它尤其符合中端装饰市场的需求。

2. 升降合页——最"聪明"的合页

升降合页（图 14-18）是能在门扇开启后，通过合页的升降回落实现自动关闭功能的合页。它的优点是可以不借助弹簧的功能实现自动闭门的效果，而且开门的手感好，价格低。缺点是，虽然它可以自动关闭，但如果想启动这个效果，就必然会使门上下、升降，而且质量相对来说也差一些，所以它只适用于中低端的装饰空间中，门不到顶，且需要自动关闭的轻型门，如卫生间的隔断门（图 14-19）、成品隔断门、吧台门等。

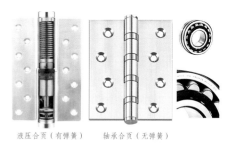

液压合页（有弹簧）　　轴承合页（无弹簧）

图 14-16

图 14-17

图 14-18

图 14-19

3. 子母合页——最"瘦"的合页

子母合页（图14-20）是把原本两片合页的厚度压缩成了一片的厚度，进而减小了合页的整体厚度，在很多时候不用开槽就可以安装，故也被商家称为隐形合页、免开槽合页。多数情况下，它是采用滚珠轴承作为转轴的，其优点是能让门免于开槽，减少门扇掉漆的风险。它的大页片与门框连接，小页片与门扇连接，所以，它的缺点是承重荷载较差（一片4英寸子母合页可承受15kg~20kg的重量）。因此，这种类型的合页特别适用于荷载不大，门扇又不想开槽，且对门的美观性有要求的空间中。

4. 过线合页——能穿过电线的合页

装饰项目中经常会出现这样的问题，当空间没有吊顶但门的密封和隔音已经做好时，还需要在门上穿过一些强弱电线，如后期增加智能控制线、视频监控线等，这样的情况就可以使用过线合页（图14-21）解决。过线合页在合页上预制了接线端，合页安装好后能通过直接接线完成室内外连线。它的优点是安装在门上看不出任何过线痕迹，可穿过强电及弱电系统，且自身为轴承合页，具备轴承合页的种种特点。所以，过线合页能低成本解决门铃、智能家居、可视对讲及电子门锁的布线问题，适用于小区入户门以及别墅入户门，设计师可作为拓展知识了解。

5. 弹簧合页

弹簧合页（图14-22）是通过在转轴内部加入弹簧构件实现自动闭门，弹簧构件内置于转轴中（或外露）的合页。它分为双弹簧合页和单弹簧合页（图14-23），单弹簧合页只能向一侧开关门，而双弹簧合页则可以实现内外双向开关门。它的优点是可以自动闭门，且价格便宜。缺点是没有缓冲效果，开关门时会反弹得很厉害，而且弹簧合页的承重荷载不大，使用寿命不长，并且因为它是以弹簧构件作为承载轴，所以随着使用次数增多，其闭门力度

会逐渐减弱。因此，弹簧合页适用于需要通过合页完成闭门效果的轻型门，同时也经常被当作柜体的合页使用。它一般被应用在中低端场所，很少会用在高端场所。

6. 液压合页——"一顶三"的合页

液压合页（图14-24）又被称为液压铰链、阻尼铰链，它是当下最流行，也是设计师最愿意推荐业主方采购的合页类型。液压合页通过一种高密度油体在密闭转轴中流动，利用液体的缓冲性能，达到理想的消声缓冲效果，并依靠一些新的技术来调节门的关闭速度（图14-25）。具体表现为：当门的开启角度小于85°时，门开始自行缓慢关闭，合页起到闭门器的作用，即使用力关门，门也会轻柔关闭，避免反弹和撞击；当门的开启角度在95°~165°时，合页会有门吸的作用，能让门停止摆动。

（1）液压合页的优点

液压合页的优点众多，主要有三点：

①闭门速度可调节

液压合页不仅能自动闭门，闭门速度还可根据自己的需求调节，因此，很多厂家号称使用液压合页后可以省掉闭门器。

②可自动停门

当门达到一定的开启角度（通常是70°~80°）后可以停住，方便日常使用，可省掉门吸及门挡等配件。

③开合的体验好

闭门缓冲效果好，无明显碰撞，进而达到静音的效果。

（2）液压合页的缺点

①承重荷载小，但合页尺寸无法做小

因为技术的限制，导致它的尺寸不能做小，市场上的液压合页基本上都在6英寸以上，6英寸以下的液压合页的性能等会大打折扣，所以它的适用范围比较窄，既不能用于重型门，也不能用于太轻的门。

②低温下转轴易漏油

密封材料在不同温度下收缩不同，在低温下容易开裂漏油。

③耐久度不如轴承合页

与普通弹簧合页一样，它的闭门力会随着弹簧闭门次数的增加而衰减。

④不能用在防火门上

液压合页里都有液压油，极端情况下会助燃，无法通过防火认证。

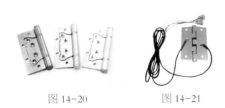

图14-20　　　　　图14-21

图14-22　　　　图14-23

图14-24

——角度调节器

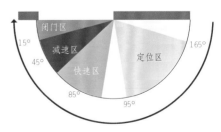

定位区：在95°和165°左右定位，防止门自动闭合
快速区：进入自动关门区域，关门速度较快
减速区：进入减速区后关门速度会慢慢减下来
闭门区：进入闭门区后自动闭门

图14-25　某款液压合页的开启参数

⑤价格高

目前五金市场上，根据品牌和规格等不同，液压合页的售价大多都在150元/片~400元/片。

综上所述，液压合页的种种优点的确足以让它成为目前市场上的流行产品，它能很好地满足大部分业主对平开门的需求，同时也能带来很好的开关体验，值得一些可以接受它的价位的业主采购。目前很多厂家都号称液压合页除了合页的功能之外，还可以当作闭门器和定位器。但它毕竟只是合页，用久后会出现各种质量问题，所以，如果需要自动闭门，建议还是使用专业闭门器。

图 14-26

7. 隐藏（暗）合页

隐藏合页又被称为暗铰链（图14-26）、十字合页。它是安装在门扇上，关门后合页会隐藏起来的合页类型。隐藏合页的优点是隐蔽性强，美观耐用，符合当下注重细节刻画的设计观。

暗合页的长度多在110mm~150mm之间，埋入深度30mm~40mm（图14-27），设计时应考虑门扇是否有足够的安装空间。除了作为常规的门五金外，暗合页还可以作为防盗门、移动隔断、固定家具等的构件使用，通过隐藏合页达到美观的效果。暗合页的缺点是承重荷载小，不适尺寸偏大以及重量偏重的门使用，而且价格比明合页更高。在某种程度上，隐藏合页是一种被设计师过度追捧的合页类型，很多设计师在不清楚暗合页承载负荷的情况下，盲目地把它用于重要的空间中，很容易为后期使用留下隐患。

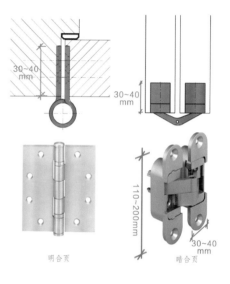

图 14-27　明合页与暗合页安装对比

第三讲 | 天地转轴、地弹簧与闭门器

关键词： 天地转轴，地弹簧，闭门器

阅读提示：

我们提到的门合页或铰链，它们在很多情况下只能让门从一侧打开，而不能双向打开，也就是说，要么只能推，要么只能拉。而很多时候，我们在商场会发现，人们无论进入商场还是从商场出来，都可以把门推开，这种门可以双向打开，而且门扇上没有任何一个合页。还有很多时候，我们看到一些大师的设计作品中往往会出现一些固定的旋转屏风等（图14-28），这些门扇是怎样做到不使用合页而完成开合的呢？这种能双向打开的门使用的开合构件通常就是设计师经常提到的天地转轴或地弹簧。

一、天地转轴

顾名思义，天地转轴（图14-29）是指在门扇或者承载构件上安装天轴和地轴两个承载轴，利用这两个承载轴的作用使门扇或承载构件实现自由开合的构件。在理解天地转轴和地弹簧的具体概念之前，先看它们的通用构造做法。

从形式上看，天地转轴有两种常见的种类：无需焊接转轴（图14-30）和需焊接转轴（图14-31）。无需焊接转轴就是常见的双向门使用的转轴，这种类型的产品因为厂家的不同和针对载体的不同，又被分为可开启90°、180°和360°的转轴。它的优点是体量小、开关流畅、手感轻盈、隐蔽性好、安装便捷，而且价格便宜，所以被大量地用于室内双向门、柜体双向门、旋转屏风、展示柜门等处。缺点是天地门轴是通过滚珠实现转动效果的，所以，它不能实现自

动闭门的效果，如需达到自动闭门的效果，还要增加闭门器，会增加成本。

需焊接转轴是设计师比较熟悉的类型，也就是石材暗门所用的转轴，可以形象地理解为把轴承合页的中轴直接拿下来，放大后用在门上。所以使用它时，需要把它焊接在钢架上，便于定位（图14-32）。这种转轴的优点是，它和无需焊接转轴一样，具备开关流畅、手感轻盈、隐蔽性好、价格便宜（每个10~30元）等特点，而且可以根据不同场合的需求，选择不同的位置安装，安装更加灵活。其缺点是安装不方便，需要焊接，成品不美观。因此，需要焊接的这种天地转轴多用在一些重量大的钢架暗门上，如消火

栓暗门、石材检修口暗门等，而且配置这种天地转轴时，会加配门碰等构件，为门定位，防止门扇乱撞。

从轴心的位置来看，天地转轴又分为偏心轴和正（中）心轴两种类别（图14-33），偏

图14-30　无需焊　图14-31　需焊接转轴
接转轴

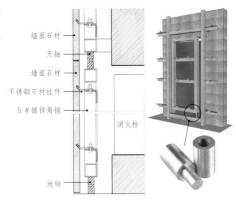

图14-32

图14-28

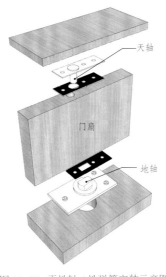

图14-29　天地轴／地弹簧安装示意图

偏心转轴　　　　　　正心转轴

图14-33

心轴常用于室内装饰门上，而一些固定家具、固定旋转屏风等构件使用正心轴居多。

二、地弹簧

本书曾提到，如果是人流量大的场所，最好设置可以双向开门的五金配件，因为人们走进、走出的时候更习惯推门，而非拉门，为满足平开门能双向打开的要求，就需要天地轴和地弹簧的辅助，前文提到了天地轴，接下来我们聊聊地弹簧。

地弹簧（图14-34）是通过弹簧构件实现门的开合的五金构件，与之前提到的弹簧合页类似。之所以称为地弹簧，是因为它是埋在地下的门轴（图14-35），与之对应的是天轴或上轴，天轴只负责转动，不负责回门。既然它是通过弹簧构件实现门的开合，

那么它必定具备弹簧构件的一些特点。与自动液压合页一样，它有自动闭门、液压缓冲、定位门扇等功能（图14-36），但性能以及承受荷载重量都比自动液压合页更好。

由地弹簧的构造图纸（图14-37、图14-38）与安装流程（图14-39）可以看出，地弹簧与天地转轴完全相同，只是地弹簧的地轴所需的面积更大，暴露更多，所以现在很多高端项目为了隐藏这块又大又不美观的地弹簧盖板，会与供应商配合，把地弹簧盖板换为地面饰面材料，只把转轴留出来，以达到更加美观的效果。但有些厂家会以不能下盖板，或者下盖板之后对地弹簧性能有影响的说法来避免与设计配合，但是在要求较高的项目中，把盖板换为饰面材料的做法目前并未出现过任何问题。

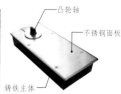

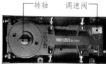

图 14-34　玻璃门＋地弹簧搭配

图 14-35　开盖后的地弹簧

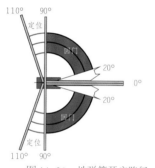

图 14-36　地弹簧开启路径

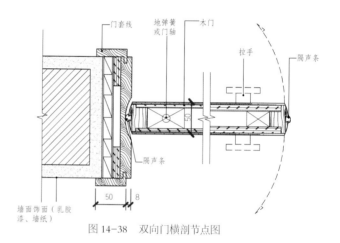

图 14-38　双向门横剖节点图

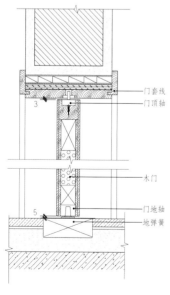

图 14-37　双向门竖剖节点图

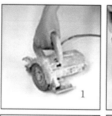

1. 根据地弹簧大小开槽
2. 固定地弹簧
3. 对齐上下轴
4. 调节地弹簧天地轴参数
5. 检查并固定螺丝
6. 安装盖板

图 14-39　纯玻璃门地弹簧安装流程

三、地弹簧与天地转轴对比

1. 地弹簧与天地转轴的共同点

地弹簧和天地转轴从外观、功能、形式、安装方式上来看都极其相似，所以大多数设计师容易混淆，不知道应该怎样选择搭配。它们的相同点主要包括以下三点。

（1）使用功能相同

天地转轴与地弹簧都是可以使门扇或者受载设施进行双向开合的构件。

（2）产品形式相同

它们都是通过上下两个轴来固定门扇的。

（3）构造做法相同

它们的安装方式和安装位置基本相同。

2. 地弹簧与天地转轴的不同点

它们之间最大的区别在于能否使门扇自动关闭。前文说过，天地转轴在大多数情况下是不带自动闭门功能的，因为它是通过滚珠进行转动的，如果想要达到自动闭门的效果，必须额外加装闭门器进行辅助闭门。而地弹簧则是自带闭门效果的构件，通过内置弹簧构件实现自动闭门的效果，很多玻璃门夹都固定于地弹簧之上，让很多不方便安装闭门器的玻璃门实现自动闭门的效果。由此可以得到如下结论：

（1）天地转轴类似于无弹簧合页，多数情况下是靠滚珠进行旋转的，所以更加轻巧、静音、流畅。而地弹簧则类似于有弹簧合页，开启更有手感，但也更容易出现问题。

（2）地弹簧与天地转轴都适合作为双向门扇的开合构件使用，在一般的设计项目中，门扇大多都是以地弹簧和偏心天地轴为主，而一些固定家具、固定旋转屏风等的构件使用中心天地轴占多数。

（3）天地转轴的隐蔽性比地弹簧更好，地弹簧体量大，但地盖板可以用地面饰面材料代替，使它更加美观。

四、地弹簧使用注意事项

常规的合页是不能与天地转轴及地弹簧一起使用的，它们的开门路径相互冲突，只能选择其中之一。由图14-40中的开启路径可以看出，双向开门的门扇与门套的交界处会存在一定缝隙，门扇与门扇之间也会存在缝隙，所以如果作为项目现场管理人员或现场巡场的人员，应该重点关注双向开门的门扇与门套、门扇与门扇的缝隙处是否用密封条密封严实。如果存在缝隙，容易造成各种质量问题，比如，宴会厅的门扇之间如果存在缝隙，场内的声音就会从缝隙中传出。

选择开合五金配件时，主要考虑的是五金件的承重荷载和门扇的规格尺寸。而对地弹簧和天地转轴而言，更要侧重于考虑承重荷载。天地转轴和地弹簧都可以定制加重款，也就是说，无论门多重、多厚都可以同时使用这两种开合类型，而合页却不可。地弹簧的价格比天地转轴高很多（天地轴的价格是地弹簧的50%~70%）。因此在常规设计项目中，为节约成本，天地轴更适用于偏厚重的门、暗门以及固定家具，而地弹簧更适用于轻薄型的装饰门（如玻璃门）。

五、闭门器

天地转轴与地弹簧都属于门的开合构件，能够让门实现开合的功能。而闭门器是能帮助门扇自动关闭的辅助构件，主要用于配合无自动闭门效果的开合构件实现自动闭门。

根据安装方式的不同，常见的闭门器分为明装闭门器（图14-41）与暗装闭门器（图14-42）。明装闭门器顾名思义，闭门器外装在门扇上。它的优点是闭门的力量大，可调节范围广，且易于安装，不会破坏门扇。但是体积较大，安装后比较明显，不美观，故适用于室外门或室内较重的门扇。暗装闭门器暗藏于门扇内，相对于明装闭门器来说，闭门力量较小，且安装时会破坏门扇。尽管它有这些弊端，但它更美观，隐

蔽性强，所以被广泛应用于室内成品门中。通常，明装闭门器会用在金属门或木门上，而暗装闭门器则安装在木门上居多，较少与金属门一起使用。

通常，暗装闭门器安装于门扇内的主体部分宽度不会小于30mm，因此，若门扇厚度小于40mm，建议做明装闭门器，且安装时还须注意闭门器与门框止口的宽度关系（图14-43）。在确定配置暗装闭门器时，应该要注意闭门器埋入门扇的尺度大小，如果设计师出具的节点图中选择的闭门器以及安装方式是能放下暗装闭门器的，但是因为物料管控不到位，造成到场的闭门器装不上，最终会导致退换货甚至经济损失。

六、小结

（1）设计师有必要了解五金件的知识，因

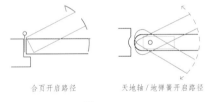

合页开启路径　　　天地轴/地弹簧开启路径

图14-40

图14-41

图14-42

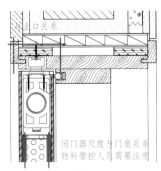

图14-43

为工作中有时需要自己搭配五金配件，而且更重要的是，可以让业主方信赖设计师的专业能力。

（2）平开门的开合构件主要包括合页、天地转轴以及地弹簧。合页适用于单向开门的空间，天地轴和地弹簧适用于双向开门的空间。

（3）不管是合页还是天地转轴以及地弹簧，它们都有能否自动闭门之分，选择配件时需要考虑的主要因素是门扇的用途、尺寸大小、荷载重量这 3 个因素，其次才是装饰效果。

（4）若平开门有自动闭门的需求，则可以选择在门扇上加装闭门器来实现其功能。对美观没有太高要求时，可以使用明装闭门器；而对美观要求较高时，可使用暗装闭门器来实现自动闭门功能。

第四讲 │ 移门解析

关键词：节点构造，设计规范，图解原理

一、关于移门的常识

目前，国内设计市场渐渐开始注重多功能空间的设计以及小空间的最优化配置处理，各种五花八门的移门纷纷出现，如 PD 门、隐藏移门、移动旋转门、活动隔断门、谷仓门等。这些门可以平开，可以推拉，甚至还可以边平开边旋转，款式也很多，所以设计师必须抛开千变万化的外在形式，研究它们不同的内在构造，这样才能更清晰地掌握与应用它们。

由本章第一讲中的门五金配置图中可以看出，移门的开合构件五金主要分为导轨、吊轨和滑轮三个部分（图 14-44）。也就是说，能让移门运动起来主要靠这两个构件。下面首先从移门的类型与构造做法入手来理解移门。

图 14-44

移门顾名思义，是能移动的门扇，根据它的开门形式可分为手动移门和电动移门。电动移门被广泛应用于各大商铺、办公楼、营业厅、酒店的入口等，通常是由专业的电动门厂家配合深化。室内设计师需要重点关注的是空间中的手动移门。

移门的轨道主要有吊轨和地轨两种类型（图 14-45），若是配套的成品推拉门，还会有推拉门门框的构件。地轨和推拉门门框在很多年前经常出现在设计作品中，近两年越来越多的设计项目为了在门开启时保证地面材质的统一性，取消了地轨的安装，采用吊轨承重的形式安装移门。

有地轨　　无地轨

图 14-45

1. 一体式移门和分散式移门

根据移门门扇的完整性，本书把常见的移门分为两类：一体式移门和分散式移门。

（1）一体式移门

一体式移门（图 14-46）是指让一整扇（或相互连接的多扇）门扇沿着固定的轨道平行滑动开合的移门形式，它的路径可以是曲线，也可以是直线（图 14-47）。该移门的类型既可以是常规的玻璃推拉门，也可以是折叠门，甚至是类似于 PD 门这样的既能折叠又能平开的门扇。只要它的门扇是相互连接成一个整体的，都可以称为一体式移门。一体式移门是市面上最普遍、最常见的一种移门的类型，它最大的优点是操作简便，不足之处是这种门只适用于单一的空间划分，灵活性差。

图 14-46

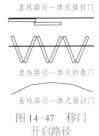

直线路径一体式推拉门

直线路径一体式折叠门

曲线路径一体式推拉门

图 14-47　移门开启路径

相比于新型推拉门，传统推拉门的优点是能有效地节约空间，最大化利用空间的使用面积，而且美观、隐藏性强，易于设计搭配。缺点是隔音效果差，且开关门的体验不好。所以，现在越来越多的设计师都更倾向于使用带折叠功能的推拉门或 PD 门这样的新型移门。

（2）分散式移门

分散式移门（图 14-48）是能组成一个整体，但门扇与门扇之间又是相互独立的移门形式（图 14-49），如宴会厅的活动隔断（因为活动隔断能阻隔空间，又能供人通过，所以本

图 14-48

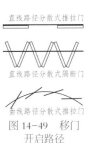

直线路径分散式推拉门

直线路径分散式隔断门

曲线路径分散式推拉门

图 14-49　移门开启路径

书把它列在移门这个类别里）。这种移门是由一块块独立的小门扇组成的，它们互相之间没有连接，相互独立。它们拼合时，是整堵墙体，不拼合时，可以当作装饰隔断使用，而收起时，又可以被分散藏于墙面的收纳空间中。这种活动隔断的主要的特点是可以把大空间划分成一个个小空间，增加空间的灵活性。它常被用于宴会厅、餐厅、办公空间内，可谓是空间划分"魔术师"。这种移门的吊轮主要分为车型吊轮和双水平吊轮，车型吊轮是最主流的移门吊轨搭配滚轮，而双水平吊轮主要用于重型的移门。

2. 明导轨移门和暗导轨移门

根据导轨的安装形式，移门又可以分为明导轨移门（图 14-50）和暗导轨移门（图 14-51）。

（1）明导轨移门

当室内没有吊顶或吊顶空间太高时，为了节约成本，只能把导轨外露，或者把导轨固定于墙面，再用装饰盖遮盖，最典型的例子就是谷仓门。这种形式的优点是安装简便、成本较低、施工快、易于检修。

（2）暗导轨移门

移门导轨被隐藏在吊顶内部的处理方式，是精装修设计中最常见的移门处理形式，其优点是隐蔽性强、美观。但施工成本高，且不易检修，而且它的导轨处理方式也是困扰很多设计师的难题。

二、移门设计的三个问题

设计师在工作中经常会遇到需要做一些推拉门来分隔空间的情况。虽然这些带有移门的精彩案例都非常精美，但在落地还原时，常常会遇到各种问题，如落地后无法检修，节点优化不合理等。所以，下面从移门设计和移门构造两个方向来解析在移门设计过程中，经常碰到的设计问题和质量通病。

1. 移门的平立面图纸对不上

很多设计师在设计移门时都会像图 14-52 一样，在图上表示移门的位置关系，但这样的做法存在问题，平面图和立面图相互冲突，平面图上表示出了大小墙体，立面图上却是常规的墙体，没有表现出大小墙体的关系。立面图做了大小墙体，又做了门套线，还做了明导轨移门，三者之间相互冲突。从不同的角度来优化，至少有如下三种方案。

方案一（图 14-53）：保持墙体和明导轨移门不变的做法。在保留大小墙的做法上去除门套，并把移门的平立面关系对应起来。

图 14-50 谷仓门——明导轨移门形式之一

图 14-51 移门藏于墙内——暗导轨移门形式之一

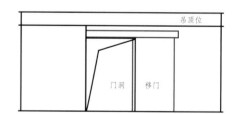

图 14-52 移门设计图纸

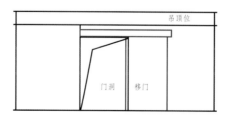

图 14-53 优化方案一

方案二（图14-54）：保留门套的做法。把墙面做平，并把移门向外移动，保证门套的完整性（但是国内很少有做了推拉门还做门套的设计项目）。

方案三（图14-55）：面对大小墙面，让移门更美观的做法。在条件允许的情况下，拉高门洞至吊顶面，让移门与吊顶平齐。

经过上面的分析可以看出，不同的平立面要求、元素取舍甚至墙体厚薄，产生的设计落地效果是完全不一样的，设计师在做设计的时候要考虑后期落地可行性的问题，否则如果遇到上述情况，一切设计效果都是空想。

2. 不考虑暗藏移门完成面厚度的合理性

在很多设计作品中，我们会看到很多精美的、隐藏在墙中间的移门方案（图14-51），而在真实的设计作品中，设计师往往会给出图14-56这样的做法，让深化设计方或现场施工人员不知如何下手。这样的做法能否顺利落地？如果墙面材料是最简单的乳胶漆饰面，那么它至少需要多大尺寸的墙体才能安装这个移门？图14-57中把移门自身的厚度减少到了40mm，但这会对它的隔音效果有一定影响，饰面材料选用的是几乎不占完成面空间的乳胶漆饰面，最大化地压缩了材料空间，最终得到了140mm的墙体厚度，如果换成其他饰面材料，则可能需要更厚的墙体来包移门。因此，可以得出一个结论：正常情况下，至少需要用140mm的墙体厚度才能隐藏住移门，而且这是在保证效果的前提下的极限尺寸。

完成面厚度实现不了的情况，几乎在每个项目中都会出现，这是设计师绘图时的一个通病。所以，设计师需要牢记：完成面不能随意确定，它是根据构造做法一步步推算出来的。而想要更好地算出完成面的厚度，要熟知工艺、材料这些基础知识，这样在面对复杂问题时，才能举一反三地应用，这也是基础概念学习的重要性。

3. 为了美观，不考虑检修方式

绝大多数设计师在空间中使用移门时，为了加强移门的美观性，通常都会把移门埋入吊顶内（图14-58）。从表面来看，这样处理移门效果好、美观，用起来也方便，但问题是移门检修不方便。如果想要检修，只能预留检修口，或者破坏吊顶。因此，在做移门设计时，建议不要把移门插入吊顶，最好与吊顶有5mm左右的缝隙（图14-59），方便移门的检修。当然，如果采用的五金足够好，也不考虑检修的话，可以不这样做。

三、移门的构造原理解析

移门的构造做法分为常规推拉门、常规折叠门、纯玻璃推拉门、纯玻璃折叠门以及活动隔断这5种类型，下面介绍常规推拉门的构造。

这里的"常规"是指使用除玻璃材料外的常见材料制作的门，如木门、金属门、木框门、金属框门等，只要导轨连接件不是与玻璃直接接触的移门，都是常规移门。

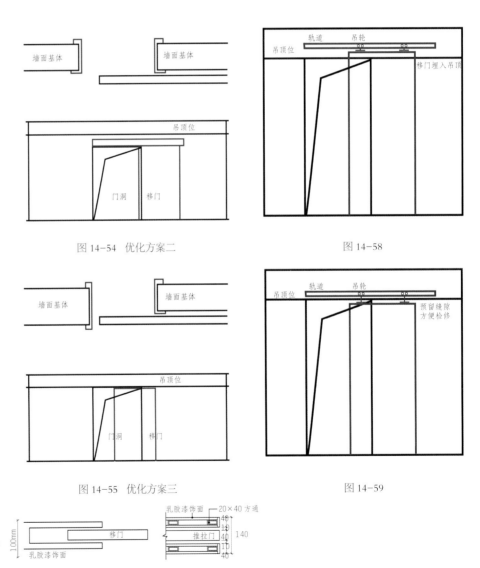

图14-54 优化方案二　　　　图14-58

图14-55 优化方案三　　　　图14-59

图14-56　　　图14-57 （单位：mm）

1. 常规推拉门

前面提到，当下主流的设计作品中，都是采用吊轨的形式进行移门设计，其主流的构造做法原理如图 14-60 所示。

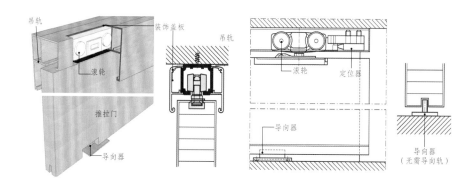

图 14-60

门的重量直接影响吊轨和滑轮的选样，进而影响吊轨与门扇的连接方式和尺寸规格，故图 14-60 的案例仅为在约束条件下的标准参考。但不管吊轨和滑轮的形式如何变化，它的底层构造方式是不会变的。这些节点构造是厂家出具的推拉门标准安装模式，理解它的构造后，再与装饰吊顶结合，就可以轻松地理解其他移门的构造做法。电动吊轨的移门由专业厂家深化，原理大同小异，故在此不做过多列举。

（1）带地轨的推拉门

虽然现在很多设计中都采用吊轨做移门的设计，但是当移门过重，或者把移门换为柜体，又或者需要靠地轨分隔空间时，则会选择用地轨受力、吊轨固定的方式进行移门设计（图 14-61）。这样安装成本更低，而且也便于后期检修。该种形式的移门的构造做法原理如图 14-62 所示，可作为标准参考。

图 14-61

（2）隐藏轨道推拉门

通常，常规的推拉门只分为吊轨和地轨两种安装方案，但有一些案例是直接把一扇门安装在墙面上，没有吊轨和地轨，但是也可以开关自如（图 14-63），这些空间的门被很多人称为隐藏轨道门，它被广泛应用于一些不方便装吊轨，但对空间美观有要求的情况。其构造原理与谷仓门类似，也是直接装在墙上的导轨上，但是谷仓门是把轨道露在外边，而它则是把轨道隐藏了起来。这种形式的移门的构造做法原理如图 14-64 所示，可作为标准参考。

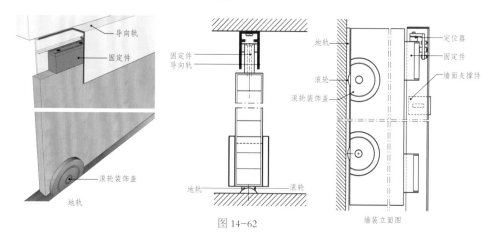

图 14-62

2. 常规折叠门

折叠门和推拉门在构造做法上可以简单地理解成同一种形式，只是折叠门在推拉门的基础上加入了门的开合构件元素（如合页、天地轴、滑轮等），当门受外力拉开时，通过开合构件的作用，让门折叠打开，

图 14-63

如图 14-65 所示。而这种形式的移门构造做法原理与图 14-60 类似，这里不再赘述。

3. 纯玻璃推拉门

本书定义的常规推拉门和折叠门是指连接件与非纯玻璃材质（主要有木质、金属、塑料等材质）的门框连接的推拉门。因为从构造做法来说，只要有边框，并且不是纯玻璃门扇，那么所配置的五金件几乎都相同，所以从构造做法上区分，可以把移门分为常规移门和纯玻璃移门（图 14-66）。

因为纯玻璃材质易碎、重量大、厚度薄，所以把它当作推拉门处理时，会使用玻璃卡充当连接件进行固定（图 14-67），因此它的固定形式发生了一定的变化。下面通过两个案例对比使用吊轨与地轨的纯玻璃推拉门和常规推拉门有哪些不同。

（1）吊轨纯玻璃推拉门

该种形式的移门的构造做法原理如图 14-68 所示，可作为标准参考。

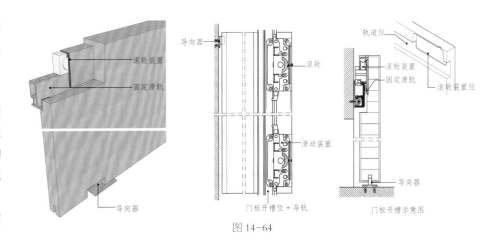

图 14-64

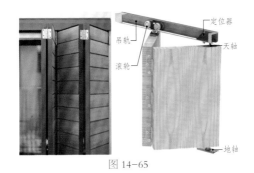

图 14-65

图 14-66　常规移门（左）纯玻璃移门（右）

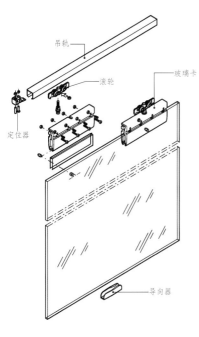

图 14-67　纯玻璃推拉门门扇构造原理图

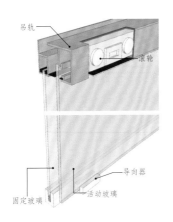

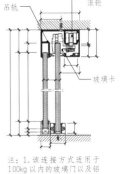

注：1. 该连接方式适用于100kg 以内的玻璃门以及铝合金、木质饰面板等的安装
2. 图中的尺寸仅供参考，各厂家产品规格不同

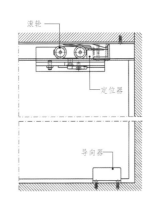

图 14-68

（2）地轨纯玻璃推拉门

通过图14-69中的案例可以看出地轨的纯玻璃推拉门与吊轨的纯玻璃推拉门有哪些不同。
该种形式的移门构造做法原理如图14-70所示，可作为标准参考。

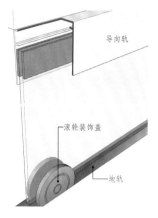

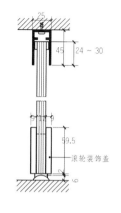

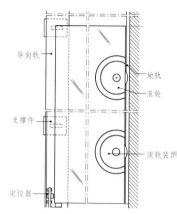

图14-69　地轨玻璃推拉门场景　　　　　　　　　　　　　图14-70　（单位：mm）

以上提到的吊轨和地轨的做法不仅适用于纯玻璃推拉门，还适用于一切薄板材料，如不锈
钢板、铜板、木板等。可单独用于玻璃门的玻璃必须为钢化玻璃，且玻璃厚度不宜小于
10mm。

根据以上关于纯玻璃推拉门的构造做法可以发现，它的做法和常规门几乎没有区别。对
比之前谈到的常规推拉门可以看出，常规推拉门与纯玻璃推拉门最大的区别是，纯玻璃
推拉门是用玻璃夹固定门扇，而常规的移门是直接打钉固定，区别仅在于五金件的选择上。
所以，如果掌握了常见的几种移门标准构造，就能以这几个原理图看懂几乎所有的移门
的节点构造了。

图14-71　常规折叠门（左）纯玻璃
折叠门（右）

4. 纯玻璃折叠门

同样的逻辑，带边框的玻璃折叠门被称为常规折叠门，而不带边框的玻璃折叠门被称为
纯玻璃折叠门（图14-71）。通过上面对玻璃门和常规门的分析可以看出，移门无论使
用什么样的饰面材料，要想活动，都要靠五金连接件。所以，任何形式的移门（或移动
家具）原理都一样，不同的只是五金件的选择和搭配。纯玻璃折叠门的构造做法原理如
图14-72所示，理解了图中所示的五金配置和构造原理，在面对玻璃折叠门时，就会有
解决的思路。

5. 活动隔断

前面提到，移门从形式上可分为一体式和分散式。其中，分散式移门的典型代表就是活动
隔断。活动隔断最大的作用是对空间进行灵活分隔，因此，被广泛应用在需要分隔空间的
案例中（图14-73），如酒店宴会厅、餐厅的包间、会所的大厅，甚至一些中小型会议场
所也开始采用这种形式的隔断替代传统的隔墙，以达到满足顾客各种使用需求的目的。

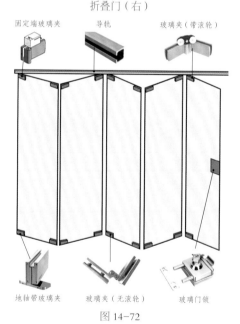

图14-72

除了防火、防潮、隔音、环保等属性外，活动隔断最大的优点是具有灵活性，它易于装卸，
且占地面积小。通常，当活动隔断不使用时，它会被藏于墙面的收纳空间内，使用时沿着
一定的路径展开。

从活动隔断的标准样式（图14-74）中可以看出，活动隔断的极限高度可以达到10m左右（具体极限尺寸各厂家不同，常见的有10m、13m、15m等），其厚度范围在50mm～100mm之间，高度越大，厚度也越大，但同时稳定性也越差，且造价也随之增加。

本文以一个餐厅的包间为例，介绍一套完整的活动隔断深化图纸（图14-75～图14-78）。该图纸摘自一套酒店设计项目中的包间隔断部分，是一套极为标准的活动隔断图纸，可作为参考，看图时重点关注各构件之

图14-73

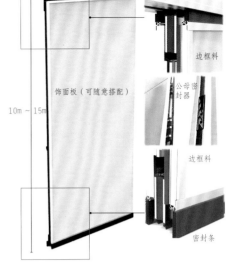

图14-74 活动隔断的标准样式

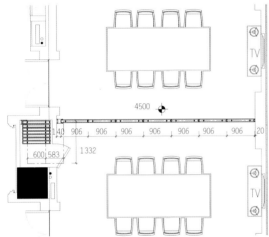

图14-75 活动隔断平面图 （单位：mm）

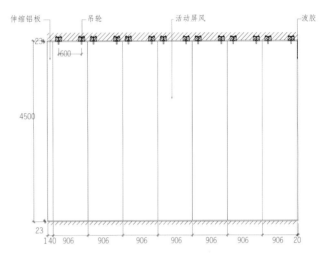

图14-76 立面图 （单位：mm）

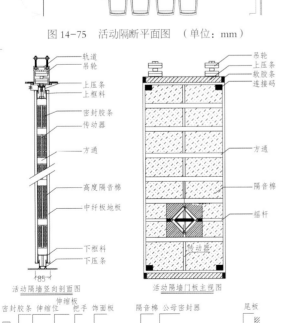

活动隔墙竖向剖面图　　活动隔墙门板主视图

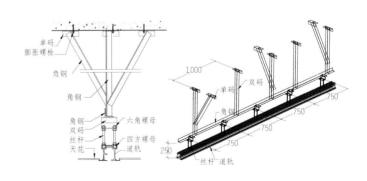

图14-78 导轨固定加固图 （单位：mm）

图14-77 活动隔断详图 （单位：mm）

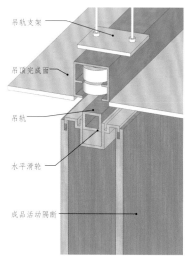

图 14-79　活动隔断三维示意图

图 14-80　厂家材料小样图

图 14-81　餐厅活动隔断施工过程

图 14-82　完工后实景

间是怎样衔接的。而图 14-79 ~ 图 14-82 通过三维示意、小样图片及施工过程，更形象地介绍了活动隔断的构造。

第五讲 | 三种主流木门

关键词：材料解读，材料对比，图解原理

一、三种主流木门

在室内设计师的工作场景中，平开门系统是设计师经常会遇到的，而木制门扇又是每个设计师都会遇到的一个重点部分，它与业主的生活以及项目的质量息息相关。下面系统地介绍三种主流木门。

设计师在带领客户去建材市场或自己去厂家选购木门时，面对花样繁多的产品，往往会不知从何下手，实木门？实木复合门？模压门？钢木门？免漆门？欧式雕花门？其实，木门领域并不复杂，设计师只需要理解最常见的三种门扇形式，就可以以此理解绝大多数的门扇类型。

1. 实木门

实木门是外在材质和内在材质完全统一的木门，也就是全部用木头做成的门（图14-83），也泛指所有具有此类特点的各种类型的木门（实木雕花门、欧式花格门、经典谷仓门等）。任何实木制品的缺点都是容易因热胀冷缩导致开裂，所以木材的干燥处理是实木门制作的关键工序，含水率直接决定了实木门的品质。一般来说，实木门的含水率在7%~10%之间为合格（应让厂家提供木门检测报告，根据报告数值判断含水率，而不是根据厂家贴牌上的数值判断）。

实木门的优点是相对环保、隔声性能好、质感和触感好（用手触摸、敲打能明显感受到与其他木门的不同）、隔热保温性能好、重量足、开启有手感，缺点是造价高（普通实木门在2000元以上）。如果预算充足，应首选实木门。

2. 实木复合门

实木复合门是采用木材、人造板、微薄木单板等多种材料合制而成的各种实心门（图14-84）。它可以保护实木资源（道理同实木复合地板），也可以让人们用更少的成本达到实木门的效果。

实木复合门质量的好坏在于贴面工艺的好坏，它的表面是实木皮，中间由各种材质拼装而成。它的优点是贴面木纹花样繁多、隔音、吸热、阻燃、耐火，且价格比实木门低。缺点是手感、质感、可塑性、分量感都不如实木门。我们经常见到的有软包、硬包、布料等饰面的高端门，其本质也与实木复合门一样，采用钢架、夹板、密度板等材料作为基层，然后按照标准节点做法，把饰面材料加上去，所以不在本文的讨论范围内。

3. 模压门

模压门（图14-85）是芯层以胶合材、木材为骨架材料，面层为仿真木纹的高密度板、铁板、PVC板等板材，经机器压制胶合或模压成型的中空门。由于门内部是空心的，所以隔音性差，又由于面层为人造板材，所以防潮性能相对较差。模压门的特点是款式多、经济实惠，

但隔音效果差、易受潮、不环保、重量轻、无质感，所以常用于低端装饰市场中。

目前，市面上的各种木质门几乎都可归纳为上面提及的三个门类，至于一些厂家自己取的五花八门的名字和分类不需要额外参考，只要明确知道这三种木门的优缺点，就可以清晰地判断出自己需要的到底是哪种类型的木门。

二、平开门的选择

面对五花八门的木门种类，选好一款木门不应该只把关注点放在颜色、款式这样的表面工作上。选择平开门的方法分三步：定种类、观设计、挑质量（这套方法论建立在木门的甲醛含量都达标的基础上）。

1. 定种类——不同空间，不同种类

根据使用空间的不同，选择不同种类的门。比如，卫生间要选塑钢或PVC门；重要功能空间如果可以用实木门，就尽量不用模压门等。根据不同空间选择不同类型的门扇是选择时要考虑的第一点。

图14-83　实木门扇　　图14-84　实木复合
剖面图　　　　　门门扇剖面图

图14-85　模压门门
扇剖面图

图 14-86

2. 观设计——适合自己的才是好的

方案设计是选购门扇的大方向，如果没有好的方案，即使是质量好的门也很难保证有好的效果。关于如何让门与装饰风格互相搭配，可以遵循以下几个原则。

（1）在颜色选择上，尽量与家具、门套、地面颜色相近。

（2）颜色重的空间建议选择暖色门，浅色空间选择冷色门（图 14-86）。

（3）大面积空间无色相，找不到呼应时，则用空间主色调。

3. 挑质量——门框门扇样样好，五金配件用最好

无论选择哪种类型的门，都可以用图 14-87 提及的万能公式判断质量的好坏。除了这个公式外，选购时还要注意检查，检查的重点部位在门的边角、死角，特别是造型的凹凸处、锁孔处、五金配件处以及几个侧面。主要检查项目是板面是否平整，有无虫眼，各个角度下纹样是否清晰，油漆是否饱和，有无翘边，触感是否舒适。

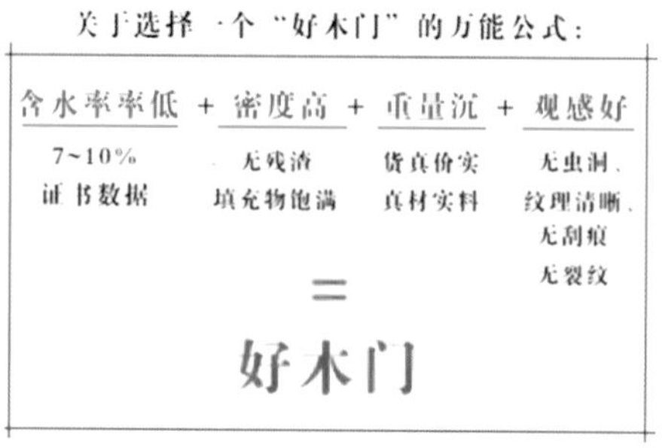

另外，好的五金配件也能有效地保护门扇，因为五金配件的使用频率高，所以容易出现质量问题。一个好的平开门，它的五金配件应该满足开启自如、顺滑灵动且无噪声的基本需求。大小厚度应合适，门的厚度以 50mm 为宜，过薄影响质量；过厚开启吃力、增加造价。

最后，为了避免到店看到的是好货，进场后就是次品的现象，应该在进场验收时，从可见内部材料的地方（锁眼）进行复核，然后用手敲击门扇各个部位，通过声音判断材料的密度，并要求厂家提供环保检测报告，以及检查门的六面是否都有贴皮。

关于选择一个"好木门"的万能公式：

含水率率低	+	密度高	+	重量沉	+	观感好
7~10% 证书数据		无残洁 填充物饱满		货真价实 真材实料		无虫洞 纹理清晰 无刮痕 无裂纹

$$= 好木门$$

图 14-87

第六讲 ｜门套做法解析

关键词：节点构造，图解原型，图纸表达

一、门的部件术语

在学习门的具体构造做法之前，应该首先了解室内门各个部位的名称（图14-88），以便接下来理解门套与门扇的构造做法。

二、门套构造解析

门套解构图（图14-89）中包括了门的工艺类型中的各个部位构件及术语叫法。门套的安装方式很简单，可以形象地理解为：在保证基层平整的情况下，直接用门套"吃掉"基层（图14-90）。而且，几乎所有门套、窗套的原理都相同，无论金属、木材、PVC、石材等形式，都可以按照门套解构图理解。

下面从两个角度来对门套的构造进行深度解析。

1. 不同基体的门套安装方式

（1）混凝土基体

混凝土基体是设计师日常接触最多的一种"骨"的类型，理解了它与门套的构造原理（图14-91）后，几乎等于掌握了所有的门套安装思路，其安装步骤如图14-92~图14-95所示。

①通过木楔子、木条或抹灰修补等方式对门洞进行找平处理（图14-92）。

②把木板作为门套基层进行固定（图14-93）。

③基层板装好后，安装筒子板和门套线（门贴脸）（图14-94）。

④门套安装完，固定门扇，完成整个门的安装（图14-95）。

（2）钢架基层

因为门套的安装步骤都相同，所以这里通过几个不同的节点图展示在不同基体上门

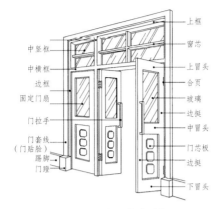

图14-88　门的部位结构

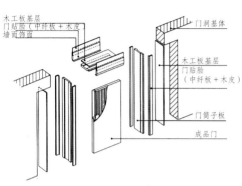

图14-89　门套解构图

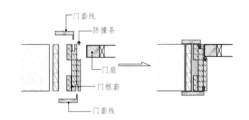

图14-90　门框安装示意图

图14-91

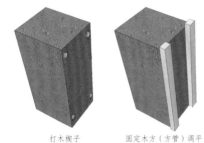

打木楔子　　　固定木方（方管）调平

图14-92

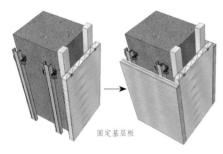

固定基层板

图14-93

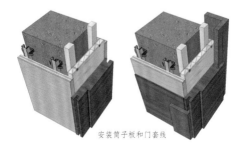

安装筒子板和门套线

图14-94

固定门扇

图14-95

套的构造做法是什么样的。当基层为钢架
隔墙时，一般最小会采用 40mm×40mm 的
方管作为隔墙，所以可直接把门套基层钉
于钢架之上（图 14-96），钢架有足够的
强度保证其牢靠性。

（3）轻钢龙骨基层

当墙面基体为轻钢龙骨隔墙时，通常有两
种做法保证轻钢龙骨墙体的强度，用于固
定门套。

做法一：在与门套接触的轻钢龙骨边增加
方管（图 14-97、图 14-98）。

做法二：在与门套接触的轻钢龙骨边，使
用竖龙骨正反扣包边加固（图 14-99）。
正反扣的方式适用于门扇不高且不重的情
况，若门高超过 2400mm，用方管和轻钢龙
骨的组合比较合理。

基层板　　木饰面　　实木复合门　　门套线　方管隔墙

图 14-96

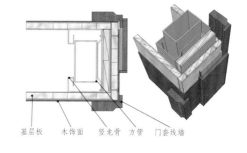

基层板　　木饰面　　竖龙骨　方管　　门套线墙

图 14-97　轻钢龙骨内衬方管

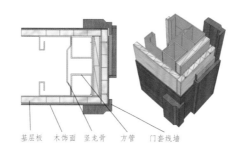

基层板　　木饰面　　竖龙骨　方管　　门套线墙

图 14-98　轻钢龙骨外衬方管

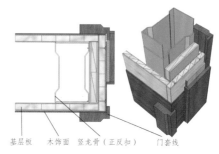

基层板　　木饰面　　竖龙骨（正反扣）　　门套线

图 14-99　轻钢龙骨正反扣加固

2. 不同材质门套的安装方式与注意事项

上面从不同基体的角度解析了门套的做法，
下面从门套本身的角度介绍不同构造做法
的区别。

（1）木门套

木门套是使用最多的门套，前面已经介绍
了 3 种安装方式，这里不再赘述。

（2）金属门套

金属门套有两种情况：一种是整个门套框
都是金属框；另一种是木基层贴金属皮。
两种构造做法有所不同。

①整体金属框

构造做法如图 14-100 所示。

②木基层贴金属皮

构造做法如图 14-101 所示。

（3）石材门套

石材门套是设计师使用比较多的一种构
造做法。由图 14-102 可知，石材门套的
做法是沿用石材干挂的标准做法，和前面
提到的门套做法有一定的区别，但整体的
构成还是可以参照前面的门套分解图。

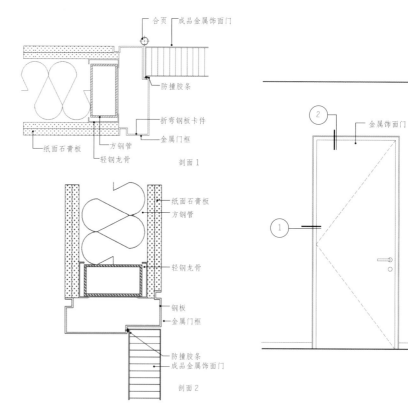

图 14-100

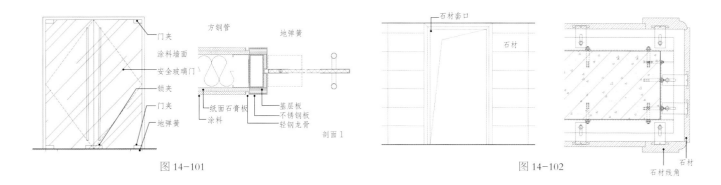

图 14-101

图 14-102

三、电梯门套节点做法

首先明确一条基本常识，电梯门套的载体一般都是混凝土基体，所以下面挑选两种最常见的电梯门套材质来学习其构造做法。

1. 石材电梯门套线

石材电梯门套的构造做法及现场实景如图14-103、图14-104所示。

2. 金属电梯门套线

金属电梯门套的构造做法及现场实景如图14-105所示。

本文展示的两种材质的电梯门套节点做法，都暴露出了电梯自身的金属门框，而在高端项目中，为了追求更好的视觉体验，会像图14-106一样把电梯原门框包在里面。同时，需留意一点，在本文给出的电梯门套标准节点图上有一块连接电梯门扇的镀锌铁皮，其作用是防止电梯门扇关闭后，电梯井漏风。这个小小的细节直接决定了电梯门套日后的使用体验，同时也可以从这个细节体现出设计师的专业水平。

四、平开门节点做法

通过本文提及的常见电梯门套标准做法可以看出，其实门套线的基本格式与构造做法基本都是一套思路，理解了所有常见的门套标准节点和理论后，再面对其他门套节点图时，不管完成面的造型多么复杂，

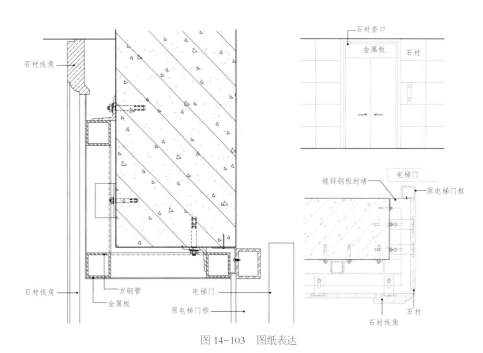

图 14-103 图纸表达

图 14-104 电梯门套施工现场

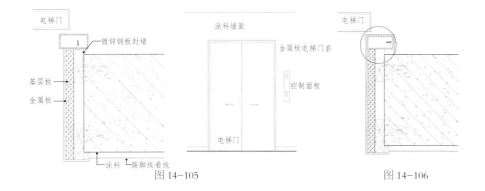

图 14-105

图 14-106

我们都可以游刃有余地分析并得出一些可行的解决方案。顺着这个思路，最后再来看两个最常见的平开门的构造做法在图纸上的表达。

1. 常规平开门（图14-107、图14-108）

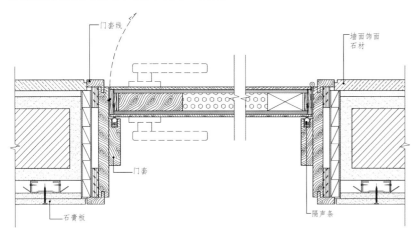

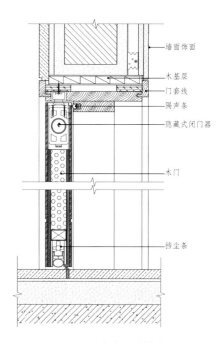

图14-107　平开门横剖节点图

图14-108　平开门竖剖节点图

2. 自由门（图14-109、图14-110）

自由门是指可以双向开启的门扇，本书前面提到，除了玻璃卡和双弹簧合页外，想要门扇双开，只能通过天地转轴或地弹簧实现。

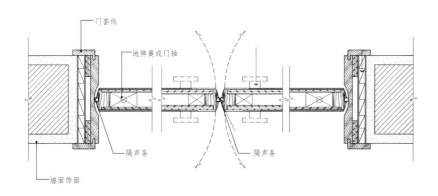

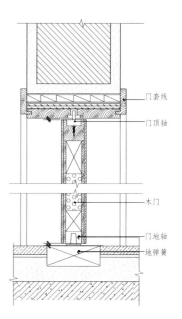

图14-109　自由门横剖节点图

图14-110　自由门竖剖节点图

第七讲 ｜暗门的构造与质量通病

关键词：节点构造，设计原则，质量通病

一、暗门是什么

在正常情况下，与周边环境融为一体，起到隐藏和遮蔽的作用，而使用时可以轻松开启的构件被称为暗门。按照这个定义，很多设计师首先都会想到一些千奇百怪的暗门。但本文要介绍的暗门比较常规，因为暗门的原理都相同，理解了最常见的暗门之后，其他形式的暗门也比较容易看懂。本文讨论的暗门以墙面的平开暗门（图14-111）为主，如消火栓的暗门、墙面饰面板的暗门等。

二、暗门的构造解析

如果缺乏暗门的知识，可能会遇到以下问题：不理解哪些材质的墙面可以设立暗门；自己设计的暗门不知道能不能实现；不知道暗门的构造和尺寸，造成暗门开关不顺畅；不知道暗门设计时的注意事项，造成后期出现质量通病，影响整体设计效果。

在理解暗门的构造之前，首先要明确几点常识：用于消防疏散的防火门是不能做暗门的；通常情况下，消火栓的装饰暗门饰面材料不建议用易燃且不耐高温的材料，如玻璃、软包等。

前文提到，平开门的开合方式主要由一侧装合页或者两侧装天地轴实现（图14-112）。根据这个原理，在理解暗门时，可以把它拆分成门扇和开合构件来理解。以石材干挂为例，它的门扇部分其实就是周边墙面做法的延伸，周边材料是什么构造，暗门扇就使用什么构造（图14-113）。

理解了暗门门扇与周边构造的关系后，再把门扇与周边部位通过开合构件连接起来即可，开合构件部分主要有以下两种形式。

1. 通过合页实现开合设置

如图14-114所示，该案例是典型的通过装配暗合页让门达到隐形效果的处理方式。这种方式的优点是安装成本低、易于施工，缺点是所承载的门扇重量轻。它是内装中使用最广泛的暗门处理方式，适用于载重较轻的暗门，如木饰面暗门、乳胶漆暗门、金属饰面暗门等。以木饰面暗门装饰为例，它的具体做法如图14-115所示。

2. 通过天地轴和钢架基层对暗门进行开合

这种方式是使用本书之前提到的需焊接的天地轴对门扇进行开合。其优点是承受荷载大、材料成本低、性能稳定，缺点是安装麻烦、施工成本高。这种方式主要是以重型饰面材料为暗门时所采用的措施。也

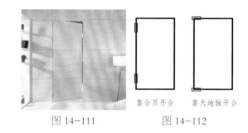

靠合页开合　　　靠天地轴开合

图14-111　　　　图14-112

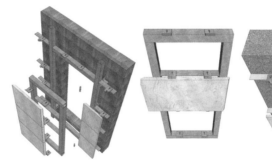

石材干挂暗门构造做法　　　石材干挂门扇标准构造　　　墙面石材干挂标准构造

图14-113

门扇构件

开合构件

图14-114

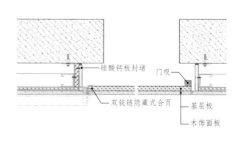

硅酸钙板封堵　　门吸

双铰链隐藏式合页　　基层板

木饰面板

图14-115　暗合页暗门构造做法

就是说，不能用合页来做暗门时，才会考虑用天地转轴来做。以石材暗门为例，它的具体做法如图14-116、图14-117所示。由此可以看出：门开启的角度大小是由轴心的居中程度决定的，轴心越居中，暗门可开启的角度越大。另外，在采用纯石材暗门饰面的情况下，没有拉手，如果想开门，只能靠在反方向向里推（图14-118）来实现。

以上提到的是最常规的两种暗门固定形式，根据这个原理（门扇＋开合构件）可以推导出更多材质的暗门构造方式，如金属饰面暗门、玻璃饰面暗门、乳胶漆饰面暗门等。这里就不——列举说明了。

三、暗门的常见质量通病

在完成暗门设计后，现场施工过程中很容易出现问题，导致返工，本书总结了最常见的4种通病。

1. 暗门开关不自如

暗门关上很难打开，或者关上后自动张开，留出缝隙，露出内部构造（图14-119）。出现这种情况最大的可能是选用的天地转轴或合页质量差，造成门在静止状态下的滑动。因此，一些高标准项目在深化时，都会在暗门的内部做一个推弹门吸（图14-120），用于保证暗门关上后的密闭性。

2. 暗门的隐蔽效果差

除了消火栓暗门需要张贴明显的标示牌以外，隐蔽性不好的原因主要还有以下两种。
（1）暗门饰面材质的色差和纹理导致的隐蔽性差
针对这种情况（图14-121），应在施工之前要求材料厂家及施工队伍严格按照施工排版图的编号，对材料进行预排，然后再施工，从根本上杜绝材质色差和不对纹的情况。

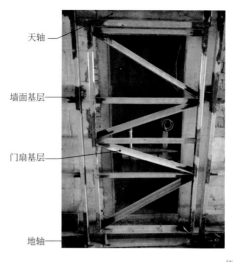
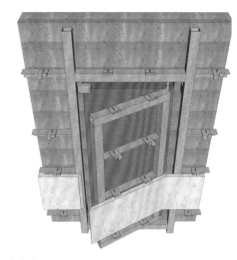

天轴

墙面基层

门扇基层

地轴

图 14-116

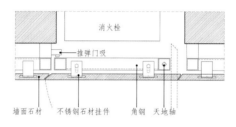

消火栓

推弹门吸

墙面石材　　不锈钢石材挂件　　角钢　天地轴

图 14-117

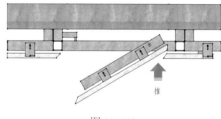

推

图 14-118

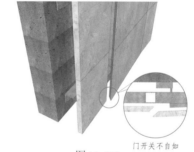

门开关不自如

图 14-119

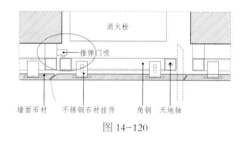

消火栓

推弹门吸

墙面石材　　不锈钢石材挂件　　角钢　天地轴

图 14-120

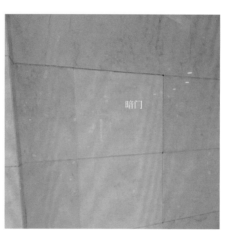

暗门

图 14-121

（2）暗门的缝隙分割与周边材质不一致

这种情况最常发生在石材暗门上，如图 14-122 所示，石材墙面均为工字缝分割，而暗门的排版分析与周边分缝不连续。针对这种情况，最好的解决方式就是在暗门的材料排版时，多考虑它与周边材料的关系，不要把它单独拿出来排版下单，并在无法避免分缝时，提醒方案设计师该位置可能出现分缝冲突。

3. 暗门周边材料容易出现起翘等质量问题

这种情况最常出现在壁纸、布艺等裱糊材料的暗门上（图 14-123），而且很难规避，因此要想避免这种情况的出现，建议采取收边条的形式收口，否则暗门饰面材料的耐久性会极差。

4. 钢架暗门背后不进行饰面处理

这会导致暗门开启后，可见到背后的钢架（图 14-124）。很多设计师都会遇到这样的问题：自己画的暗门节点，后面虽然有饰面板，但现场往往不会那样做。这是因为施工方会站在成本控制的角度看待问题，在不影响效果的情况下会合理地节约成本。

虽然暗门背后并非强制做饰面处理，但是一个项目的品质往往就是通过这些看不见的细节体现的。所以，不管现场最后怎样做，设计师还是应该在图纸上表现出尽可能全面的细节，并在交底时提醒施工方按照要求执行。

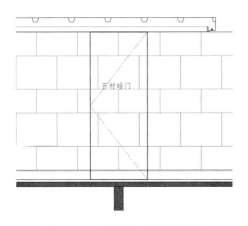

图 14-122 管井门与石材排版分缝冲突

图 14-123　　　　图 14-124

第八讲 | 门与门套的通病

关键词：设计常识，设计通病，质量通病

一、室内门常识

本书自始至终都在倡导一个观点，即学习标准做法固然重要，但是更重要的是了解这些标准做法背后那些常见的错误做法。了解这些典型的质量通病，可以帮我们在工作中避免相应的损失，提高效率，降低成本。在了解平开门的通病之前，首先介绍两条基本常识。

图 14-125

1. 门的尺寸

很多设计师往往区分不了门洞和门尺寸到底是指什么，导致在标注尺度时标错，这会造成业主买来的门进场后安装不上的情况。严格意义上的门洞尺寸是指土建预留或者后期加建的墙面基体到基层之间的净空尺寸（图14-125），是表示在墙体定位图上的尺寸。

而我们室内设计师常说的门尺寸则比较混乱，通常有如下3种情况（图14-126）：第一，在没有特殊说明的情况下，是指门扇本身的净尺寸(A)；第二，加上门套外线的门尺寸(B)；第三，门套完成面的内空尺寸（C）。三种标注方式很混乱，所以，我们在标注门尺度时，首先应该明确自己标注的到底是纯门扇的尺寸、带门套的尺寸，还是门套完成面内空的尺寸。一个项目中只能出现一种标注逻辑，不能既标注带门套的尺寸，又标注纯门扇的尺寸，否则现场施工过程中，很容易把门套基层尺寸做大或者做小。

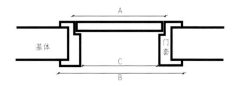

图 14-126　门洞尺寸

设计师在设计门的尺寸时，其实需要的是门套完成面之间的最小尺寸（C），也就是我们常说的设计 900mm 的门扇，其实是指门套完成面的尺寸（图14-127）。因此，建议使用第三种标注的方式——标注门套完成面内容的尺寸，因为这种方法能更加精确地表明设计师需要的门洞尺寸。

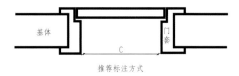

推荐标注方式

图 14-127

2. 门扇厚度

门的规格越大，所需的门扇厚度就越大，不能一概而论。但在门的标准尺寸下（2400mm×1200mm 之内），建议使用门扇的厚度不小于 45mm，最好是在 50mm 左右。

二、门与门套的设计通病

在设计与深化平开门时，最常见的有以下 3 个问题。

1. 门套与周边装饰造型的收口关系不合理

在设计或者深化图纸时，设计师没有充分考虑门套与周边装饰造型的关系，造成收不了口的现象，最常见的情况如图 14-128 所示。解决方案如图 14-129 所示。

这些场景都是最常见的问题，遇到这样的情况时，一定要充分考虑其收口关系，在设计图纸阶段把问题解决。

图 14-128　门套与门槛石收不了口（左上），门槛石两边缝隙过大（右上），门套与门墩收口问题（左下），金属门套与踢脚收口问题（右下）

图 14-129　门槛石深化时能"收"住门套（左），用门蹬"收"门套（右）

2. 平开门的开启方向错误

关于门的开启方向问题，最常见的有两种情况：第一种是不考虑门扇开启的方向以及开启后的空间进深（图14-130）；第二种是平立面图的开门方向不一致（图14-131）。正确的表示方法是，立面门的三角符号长边在哪一侧，哪一侧就代表门轴，这对于暗门而言尤其重要。这个小细节会直接影响到门扇造型以及选样，若表示不清楚很容易导致门套安装错误。

3. 不同功能空间的五金配置错误

不同功能空间需要配置不同的辅助五金，如卫生间门需要门挡，入户门需要猫眼，会议室门需要隔音条等，各个功能区具体应该怎样配置辅助五金，本书后文会做详细说明。

三、门与门套的质量通病

1. 怎样判断一扇门的安装质量

很多时候，在现场验收时，业主方、施工方、监理方都会要求设计师到场，那么，在验收时我们应该根据什么样的标准来验收呢？怎样判断室内门的质量是否合格？怎样判断一个室内门构造的做工是否达标？具体的验收方法如图14-132所示，而验收时参考的标准数据如表14-2所示。此表是国标验收规范中对门工程的一项规定，可将此表格作为验收规范。验收文件需要设计师签字，设计师是直接对质量负责的人，此表会经常用到。另外还要注意，门扇与地面的距离限值为4mm～7mm，卫生间门与地面限值可允许达到8mm～12mm。

2. 3种常见的质量通病

平开门与门套在施工过程中会遇到各种各样的问题，本文介绍最常见的3个问题，它们的出现频率与"杀伤力"都极高，所以去工地验收时，除了要根据前面提到的标准验收外，还要格外注意以下3个问题。

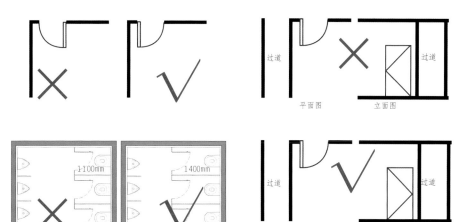

图14-130 门扇开启方向不合理（上），开启后空间进深不够（下）

图14-131 平立面图不对应，开门方向表示有错误（上），正确表示方法（下）

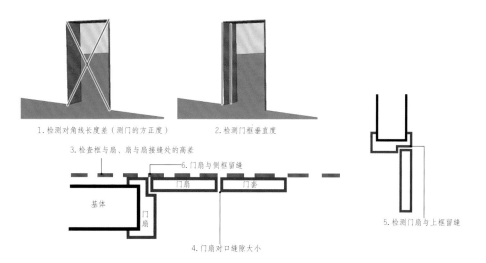

图14-132 验收方法

表14-2 验收表格数据					
项目	留缝限值（mm）		允许偏差（mm）		检验方法
	普通	高级	普通	高级	
对角线长度	—	—	3	2	用钢尺检查
门框的正、侧面垂直度	—	—	2	1	用1m垂直检测尺检查
框与扇、扇与扇接缝高低差	—	—	2	1	用钢直尺和塞尺检查
门页对口缝	1～2.5	1.5～2	—	—	用塞尺检查
门页与上框间留缝	1～2	1～1.5	—	—	
门页与侧框暗留缝	1～2.5	1～1.5	—	—	

（1）门套与门洞固定存隐患

在施工现场，尤其是一些中小型工地，在安装门套时，最常出现门套完成面直接固定于基面上，没有基层板支撑的情况（图14-133）。这是偷工减料的做法，门套不受力，后期装饰完成后，若受较重的外力，门套有可能被整个推倒，非常危险。

解决方案：木质门套的固定必须增加基层木板，不能使用木方代替，门套饰面应牢牢与基层粘在一起（图14-134）。

（2）门套基层落地渗水发霉

在有水汽的空间内，门套基层或门套饰面直接落地，没有预留缝隙，造成回潮天或者地面渗水时，水汽上返，引起发霉（图14-135）。

解决方案是：在有水汽的空间，门套基层及门套饰面都应与地面完成面保持5mm左右的距离（图14-136），避免水汽上蹿。在施工过程中，还须对门套底层进行防霉处理（如遮盖防水薄膜等）。

（3）门套周边有朝天缝

门套施工时，先做了门套线，后做地面饰面，因此会出现有朝天缝的情况（图14-137）。

解决方案：按照标准流程施工，先做门套基层，再做地面饰面，最后做门套饰面以及门扇的安装。

四、小结

本文对于没有现场经验的人来说比较难以理解，但这些通病恰恰是因为设计师不了解，施工方不清楚，监理方监管不力造成的，而且绝大多数工地都会出现这些情况，因此，设计师需要格外注意。

图 14-133　　　　　　图 14-134

图 14-135　基层发霉导致饰面发霉变形

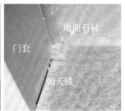

图 14-136　　　　　　图 14-137

第九讲 | 室内门的隔声处理

关键词：声学常识，概念解读，节点构造

一、声学的基础常识

根据空间功能要求的不同，室内门会有隔声、防火等特殊要求。在了解室内门的隔声处理之前，首先必须了解一些声学相关的基础知识，以便于理解隔声门的处理方式。

声学是一门独立的学科，里面涉及很多专业术语和知识。声学的要求对室内设计项目的品质影响重大，通常，中大型项目的设计，业主会聘请专业的声学顾问对整体项目提出详细的要求，要求会涉及建筑、结构、装饰、机电等各个方面。所以，我们只需要了解声学影响室内设计的几个点即可。作为室内设计师，我们可以简单地将声学设计理解为通过一系列设计与技术手段让建筑空间满足隔声标准的一门学科。这里涉及的国家规范标准通常包括噪声标准曲线（NC）、美国声音传播分级标准（STC）、混响时间标准（RT 60）、城市区域环境噪声标准这几类规范（主流的隔声测试都是基于这几个标准进行的）。

通常，建筑物内如果想要达到声学要求，需要控制建筑相关专业构件和机电相关专业构件，如楼板隔声、墙体隔声、天花吊顶隔声、门窗隔声、幕墙隔声、活动隔断隔声等。暖通设备隔声、电力设备隔声等机电相关专业构件也都必须满足相关的需求。

在建筑工程中，检验一个空间是否符合声学设计规范，要在工程完成后，在现场进行实地验收，根据不同空间对应不同的规范要求，得到对应的测量结果[单位：分贝（dB）]，最终判定其是否达到声学要求。因为建筑是一个整体，声音在任何介质下都可以传播，所以，在考虑隔声的时候，并不是分专业单独考虑。

二、室内门的隔声处理

首先，要明确一个观念，在其他室内元素都没有良好隔声效果的情况下，只通过门是不会达到好的隔声效果的。所以，在介绍门的隔声处理之前要明确，采用隔声门只是一种锦上添花式的处理，而不是只要安装了隔声门就能有良好的隔声体验。

从声学专业的角度来看，常规室内门的门扇的密度较小（比较轻），属于轻薄围护构件，所以，常规门的隔声性能往往比较差，一般隔声量都在STC30 ~ 35之间。35dB是人们正常交流的音量大小，所以，普通空间的门隔声量至少应在STC35以上。一个房间内的STC等级在40~55之间时，房间的隔声效果较为理想，机房门等有机械设备噪声的空间（发电机、冷冻机房、锅炉房等），房门的隔声量应至少在STC48以上。

当门扇自身的隔声效果不好时（如厚度低于45mm，自身的材料密度低），门缝的密封处理就尤为关键了，因为门四周的缝隙是传声的重要途径，如果门缝处理不好，几乎起不到隔声的效果，这是门隔声差的主要原因。

除了以上两点外，还有一个重要问题需要注意，门在墙上所占面积一般比墙面小，所以，它的低频共振也常常透过门扇与门套交接处传入室内，形成噪声。基于以上事实可以得知，要想提高室内门的隔声效果，关键要从门扇本身的隔声性能以及四周缝隙的密封度下手，这也是移门的隔声效果不理想的原因所在。

1. 提高门扇本身的隔声性能
只要使用的门扇密度较高（比较重）或门扇上有吸声材料（如内填岩棉、软包饰面、内芯穿孔等），即可满足对应的隔声要求。

2. 增加四周的缝隙密封度
表14-3是相关规范中门缝与门本身隔声量的对应关系表。以常规的酒店客房门（2100mm×1000mm）为例，假定门扇的STC基数为STC35（规范要求标准值），当门的缝隙都为规范规定的尺度时，则该门对应的STC隔声基数为STC29。也就是说，就算是已经达到国家标准的门扇，在没有密封条等构件的情况下，也是达不到规范要求的，更何况很多施工现场的门是达不到国标规范的。数据证明，要想达到良好的隔声效果，只要求施工工艺高还不够，还必须在门缝处增加密封措施，于是便有了图14-138的解决方案。

最简单的增加密封性的方式，就是在门的四周门缝处增加密封隔声条（图14-139），在双扇门的交接处增加企口以及隔声条，从而保证门扇的密封性。当然，这是最普通的隔声处理，只针对普通空间。对于剧院、音乐厅等隔声要求高的建筑，隔声门则需要由专业的厂家深化制作，通常会以增加企口数量和加厚门扇的方式来实现隔声效果。通常，这种空

间的门扇企口数量会达到 2～3 层，门的厚度会达到 100mm 以上，而且通常还要设置专门的声闸空间。具体做法如图 14-140 所示。总之，想要达到好的隔声效果，门扇要选好，门缝要填实。

表 14-3　　缝隙比例与传入损失关系实验数据		
门缝隙面积百分比	门的 STC 隔声量（基数为 STC35）	损失的隔声数值
0.01	29	6
0.1	20	15
0.5	13	22
1	10	25
5	3	32
10	0	35

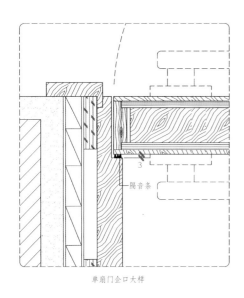

单扇门企口大样

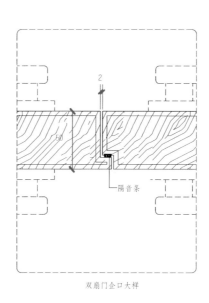

双扇门企口大样

图 14-138　最常规的隔声门做法
（单位：mm）

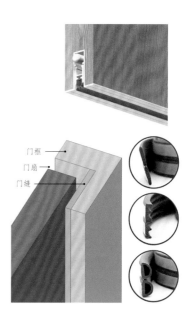

图 14-139　在门缝处增加隔声条
（左），在底部增加防尘条（右）

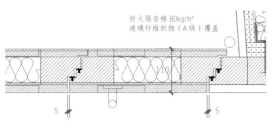

图 14-140　音乐厅隔声门做法
（单位：mm）

第十讲 ｜不同空间的门五金搭配方案

关键词：五金搭配，标准参考，连线图
导读：本文主要分为两部分：门五金的搭配思路（应该按照什么样的思路搭配门五金），以及常规门五金的搭配参考（不同类型的门五金构件搭配建议）。

一、门五金的搭配原则

如果说基层材料是空间的骨骼，饰面材料是空间的皮肤，那么五金就是空间的关节。本书提到的一切门的做法，只要门是移动的，就离不开这个"关节"。下面介绍面对不同功能空间，应该选配什么样的门与门五金。设计师经常会遇到很多与门有关的问题，如入户门不安全、双开门不按顺序关闭、项目完成后品质不高等问题，想要解决这些问题，只知道构造做法和施工工艺还不够。比如，找到了最好的施工队，但为什么品质还是不高呢？我们知道，现在的酒店只要达到 3 星标准以上，就很难让用户从工艺角度看出太大的差别，所以，在提高酒店品质方面，除了一些"软"服务外，在硬装饰上，完全可以通过五金件的选择来让用户感受到酒店的品质。

下面以酒店的客房入户门为切入点，来看看怎样通过酒店入户门的选择，让用户感受到较高的品质。首先明确一点，一个空间的好坏几乎都取决于细节。因此，作为酒店入户门，想要给用户好的体验，它至少应该满足这些要求：

（1）隔音效果至少应该达到 STC35 以上。
（2）开关应轻巧、顺滑，且应有停门、自动闭门功能。
（3）应有防盗功能，且最好具备报警功能。
（4）能防止门两侧空间的灰尘流通。
（5）在房间内能观察来访者。
（6）门的质感应舒适、有良好手感。

想要满足以上要求，可以参考图 14-141 这样的门五金搭配图。其实学习五金知识的目的就是深入地理解各项设计背后的道理和用意，站在理解用户和空间功能的基础上去做设计搭配，而不是单纯地模仿别人。

图 14-141　酒店客房门的五金配置参考

二、门五金搭配的标准参考

基于以上思路，接下来介绍几种最常见的门五金搭配类型以及各种五金件的作用。因为本书前面已经讲过移门的五金搭配与选择，所以这里主要讲平开门的五金选配。示意图均为专业厂家连线搭配图，适用于室内任何空间，且因为厂家五金尺寸不统一，故不做尺寸标注。

1. 普通室内门

普通室内门（图 14-142）只起到阻隔空间的作用，没有任何辅助五金件搭配，只需满足正常开启即可，是室内空间中最常用的门，也是低端装修市场的主流配置。

图 14-142　普通室内门五金配置示意图

2. 双扇单开平开门

因为是双扇门（图14-143），所以在3大板块的基础上加入了固定门扇的配件，即上下插销和防尘筒，并用地锁代替了常规锁体。这种配置的门通常用于主流的需要装配双扇门的室内空间。

3. 双扇双向平开门

与上面提到的双扇单开门一样，这种门（图14-144）也具备上下插销、防尘筒、地锁等配件。不同的是，该门通过门轴让门实现双开。这种配置的门通常用于会议室、店铺门等人流量较大的场所。

4. 独立办公室门

独立办公室需要考虑隔声以及自动闭门，所以，会增加密封胶条和闭门器来满足其功能需求（图14-145）。

5. 玻璃平开门

玻璃平开门的五金搭配相对复杂，需要根据玻璃门是否有框及玻璃门周边的材质来灵活选择，因此，关于玻璃平开门的五金搭配主要分为带框玻璃门顶部为墙体或门框（图14-146）、无框玻璃门顶部为墙体或门框（图14-147）、无框玻璃门周边均为玻璃（图14-148）这三种情况。

图14-143 双扇单开平开门五金配置示意图

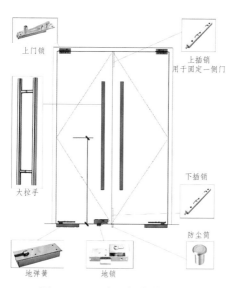

图14-144 双扇双向平开门五金配置示意图

图14-145 独立办公室门五金配置示意图

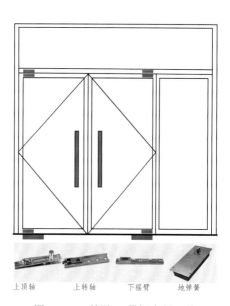

图14-146 情况1：带框玻璃门顶部为墙体或门框

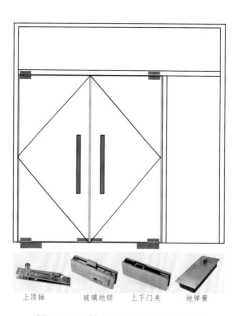

图14-147 情况2：无框玻璃门顶部为墙体或门框

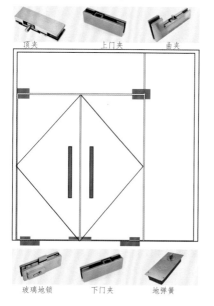

图14-148 情况3：无框玻璃门周边均为玻璃

6. 淋浴间玻璃门

淋浴间的玻璃门因为要防止水汽溢出,所以在五金选配上会增加挡水条和密封磁条满足其功能需求(图14-149)。浴室夹是在玻璃周边起密封作用的胶条。

7. 卫生间隔断门

卫生间隔断几乎都是以采用成品隔断为主,门需满足自动关闭的要求,所以采用升降合页来完成(图14-150)。

8. 残疾人卫生间门

残疾人卫生间门必须采用闭门器满足其闭门要求,且建议使用天地转轴充当开合构件(图14-151)。

9. 设备间暗门

设备间暗门其实和之前提到的普通暗门的原理相同,通过暗拉手来削弱门的存在感。这种配置常用于强弱电间(图14-152)。

10. 管井门

管井门分为内门和外门,内门为原建筑防火门,我们重点关注外门。外门通常使用暗门处理,具体五金配置如图14-153所示。

11. 消防通道、楼梯间防火门

防火门的五金搭配方案如图14-154所示,至于其中各个五金配置发挥的作用,会在本书第二十章重点讲解,这里不再赘述。

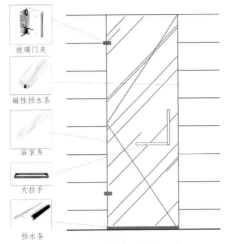

图14-149 淋浴间玻璃门五金
配置示意图

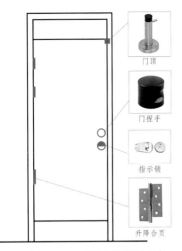

图14-150 卫生间隔断门五金
配置示意图

图14-151 残疾人卫生间五金
配置示意图

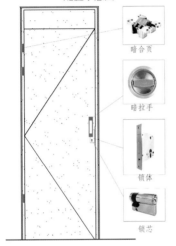

图14-152 设备间暗门五金
配置示意图

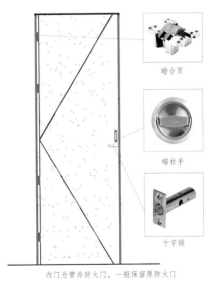

图14-153 管井装饰暗门(外门)五金
配置示意图

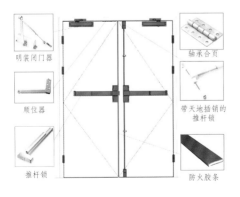

图14-154 消防通道、楼梯间双开防火门五金
配置示意图

第十五章 楼梯与栏杆

15

第一讲 ｜ 楼梯与栏杆概述

关键词：概念解读，规范数据，案例赏析

阅读提示：

设计师经常会遇到这种情况：平面布置终于确定了，结果楼梯装不下；知道很多节点图，但还是看不懂楼梯大样图和节点图。这是因为设计师还没有一套自己的知识体系，如果不知道平台栏杆这个概念，也不能理解楼梯的组合式的构造做法。

一、楼梯和栏杆简介

在建筑空间中，如果楼梯是通往建筑上下层的桥梁，那么栏杆的作用就是防止"过桥"时，人不慎跌落。楼梯主要由梯段、楼层平台、中间平台构成（图15-1）。楼梯的主体部分是梯段，它包括结构支撑体、踏步、栏杆、栏板扶手等构件（这些术语经常在相关规范中出现）。通常我们指的栏杆包含立柱、栏杆栏板、扶手三个部分（图15-2），这三部分的作用各不相同，栏杆栏板起到保证安全与装饰的作用；扶手起到辅助通行的作用；立柱则起承载受力的作用，它们可以单独设立，也可以混合使用，甚至合二为一，设计师应注意概念区分。

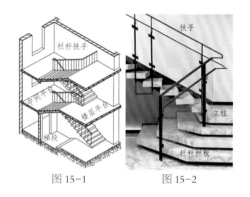

图 15-1　　　　　　图 15-2

楼梯的梯段与栏杆在空间中所占的面积比较大，而且两者的形式相互交织、相互影响。在大空间中，楼梯是装饰空间的点睛之笔；在小空间中，它是设计师争取空间利用率的"必争之地"。所以，在满足安全保障的前提下，设计师有时会在上面添加各种创意，让原本简单朴素的栏杆栏板与楼梯构造变得更丰富（图15-3）。为了便于理解，下文提到的栏杆在没有特殊说明的情况下，是对立柱、栏杆栏板和扶手的总称。

图 15-3

二、栏杆的分类

首先要明确，构建任何知识体系，都要先从它的适用边界与逻辑关系开始切入。本文首先介绍常见栏杆与楼梯的种类构成，用两种思路理解庞杂的栏杆种类。

1. 按照使用功能分类

按照栏杆的使用功能，可以把它分为楼梯栏杆（图15 4）、平台栏杆（图15-5）、特殊场合栏杆（图15-6）3个种类。楼梯栏杆是用于楼梯的围挡、分割、防护和装饰的功能构件，其种类繁多，形式各异，是室内设计师工作中最常接触的栏杆类型。

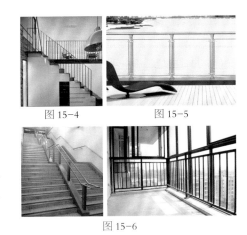

图15-4　　　　　图15-5

图15-6

平台栏杆又称"临边平台栏杆"，是在悬空平台、临边洞口等场景下的围挡措施，具有防护、分割和装饰的功能。尤其是在重要空间的夹层空间，需要对临边栏板进行重点刻画，达到烘托空间氛围的效果，如别墅客厅区域的夹层空间、酒店大堂的二层过道等。这种栏杆适用于室内外的挑空平台，如连廊、跑马廊、自动扶梯开口、落地窗、玻璃幕墙护栏、上人屋面等需要临边防护以及分割的场所。

除了设置在一般楼梯和平台上的栏杆外，设置在其他部位的栏杆统称为特殊场合栏杆（图15-6）。最常见的特殊栏杆包括室内宽楼梯中间的分割栏杆、景观台阶栏杆、护窗栏杆等。

2. 按照材质分类

按照栏杆的材质，常见的栏杆有金属类、玻璃类、木质类、塑料类、混凝土挡板类、石材类等。

三、楼梯的常见种类

楼梯的分类逻辑多种多样，这里提供三种思路来帮助理解常规楼梯的构成。

1. 按照人的移动路径分类

按照人的移动路径，楼梯可分为直跑梯、对折梯、二跑梯、折角梯、旋转梯5类（图15-7）。

直跑梯是楼梯中最简洁的一种类型，也叫单跑梯，是大空间中最常见的楼梯形式，在空间长度足够的时候可使用这种楼梯。对折梯会在中间部位设置休息平台，在休息平台处改变方向。该楼梯是室内比较常见的一种，优点是有较高的安全性，人不会直接跌落到底层，缺点是占地面积是直跑梯的1.5倍。三跑梯的平面呈U形，中途两处拐角处设有

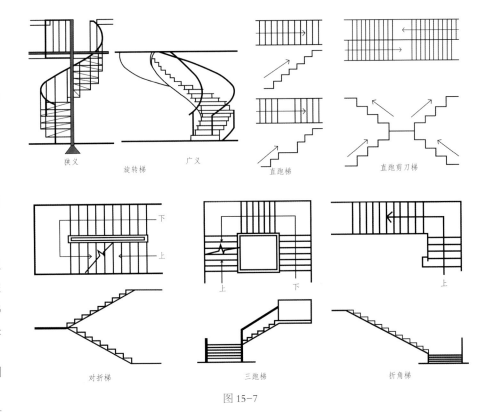

狭义　　　旋转梯　　广义　　　直跑梯　　直跑剪刀梯

对折梯　　　三跑梯　　　折角梯

图15-7

休息平台，两处休息平台都是直角转折。折角梯的休息平台折角处为直角，占地面积较大。旋转梯狭义上来说是以中间的柱子为中心，结构紧凑，呈螺旋式上升。广义上来说，只要是呈螺旋式、弧线形上升的楼梯都可以称为旋转梯（旋转楼梯是不能作为疏散楼梯使用的）。

2. 按照楼梯基体的材质分类

按照楼梯基体的材质，常见的楼梯可分为混凝土楼梯、钢构楼梯、木楼梯以及玻璃楼梯。

混凝土楼梯（图15-8）是最常见的楼梯种类，几乎半数以上的室内楼梯都采用这种形式。其优点是成本低、施工快、坚固耐用，缺点是可塑性差，不能变换太多造型。

钢构楼梯（图15-9）的出现在很大程度上弥补了混凝土楼梯的缺点，超高的可塑性使其在近年来逐渐成为很多室内楼梯的首选。优点是可塑性强，缺点是成本高、施工慢、对踏步饰面处理要求高。

木楼梯（图15-10）与前两种楼梯不同，木料作为基层承受荷载，可塑性同样很强，但是坚韧度和耐久度没有前两者高。但由于它独特的优势，以及近年来人们对于回归自然的设计风潮的追捧，也让木楼梯越来越多地被应用在各大室内装饰场所，尤其是高端住宅、度假民宿等。其优点是贴近自然、可塑性强、成本低廉，缺点是耐久性差、防火要求不过关，不宜大面积用于公共空间中。

玻璃楼梯（图15-11）近几年逐渐受到室内设计师的青睐，在越来越多的公共空间中应用。它的优点是美观，能增加空间的通透性，缺点是安装成本、材料成本和维护成本都非常高，

图15-8   图15-9   图15-10   图15-11

且耐久性差。目前，这种楼梯在市面上的占有率远不及前面三种，一般用在公共场所、高端住宅以及特殊空间较多。

3. 按照楼梯的性质分类

按照性质，楼梯可分为普通楼梯和特殊楼梯。普通楼梯是最常见的一般室内楼梯。特殊楼梯（图15-12）是为满足一些特殊场景和特殊需求而设置的楼梯，如节约空间的楼梯、创意楼梯等。

图15-12　节约空间的创意楼梯

第二讲 | 楼梯与坡道规范要点

关键词：规范数据，设计要点，尺度规范

阅读提示：

首先分享一个真实的案例。在某餐厅的收银区与休息区的交接处，设计师设计了只有一个台阶的踏步（图 15-13），高度在 120mm 左右，木地板台面下有漫光灯带，餐厅灯光昏暗，在顾客经过此处的时候，因为只有一个台阶，经常会有人摔倒。这就是相关规范上要求"室内若设有台阶，台阶处的踏步数不应小于 2 级，当高差不足 2 级时，应按坡道设置"的原因。很多室内设计师认为，设置楼梯、安排防火门、安装自动扶梯等是建筑师的专业，但通过这个案例可以看出，室内设计师也有必要学习相关的建筑设计规范。

下面的内容来自国家相关规范对楼梯的强制性规定，主要源于《民用建筑设计统一标准》GB 50352—2019、《楼梯栏杆及扶手》JG/T 558-2018 以及《楼梯 栏杆 栏板（一）》15J403-1。

一、楼梯的数据性规范

室内设计师重点了解设计过程中与室内相关的规范性条例即可，包括楼梯宽度规范、踏步尺度规范、平台尺度规范、楼梯空间高度规范、栏杆扶手规范。本文首先从楼梯宽度、踏步尺度、平台尺度以及楼梯空间高度四个方面来对室内设计师需要掌握的楼梯设计规范进行解读。

收银区
台阶
120mm
往休息区
图 15-13

1. 楼梯宽度规范

了解楼梯的宽度之前，先要了解楼梯的宽度应该怎样计算（图 15-14）。通常，楼梯的宽度根据楼梯的形式不同有两种计算方式：当楼梯只有一侧有扶手时，计算墙面完成面至扶手中心线的直线距离；当楼梯两侧都有扶手时，应计算扶手中心线到扶手中心线的直线距离。相关规范上明确表示，建筑楼梯的宽度设计除了应符合防火规范的规定外，用作日常交通的楼梯的梯段宽度应根据建筑物使用特征，按每股人流为 550mm+(0 ~ 150)mm 确定人流股数（图 15-15），且不应少于两股人流（0 ~ 150mm 为人流在行进中人体的摆幅，公共建筑人流众多的场所应取上限值）。按照上面的规范数据，设计师需要记住两个常用的数据表格（表 15-1、表 15-2）。这是比较笼统的数据表格，不同建筑类型对楼梯宽度的要求不同，更加详细的数据如表 15-3 所示。

扶手
扶手
楼梯宽度
楼梯宽度
踏步
踏步
楼梯靠墙的情况
（一个栏杆）
楼梯独立的情况
（两个栏杆）
图 15-14

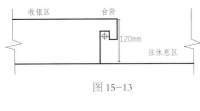

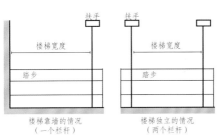

≥ 900mm
单人通过
1100mm ~ 1400mm
双人通过
1650mm ~ 2100mm
多人通过
图 15-15

表 15-1 不同建筑类别的主要通道宽度（mm）

项目	住宅	独立房间	公共建筑	流量大的公共建筑
梯段宽	≥ 1100	750 ~ 1000	≥ 1200	≥ 1400

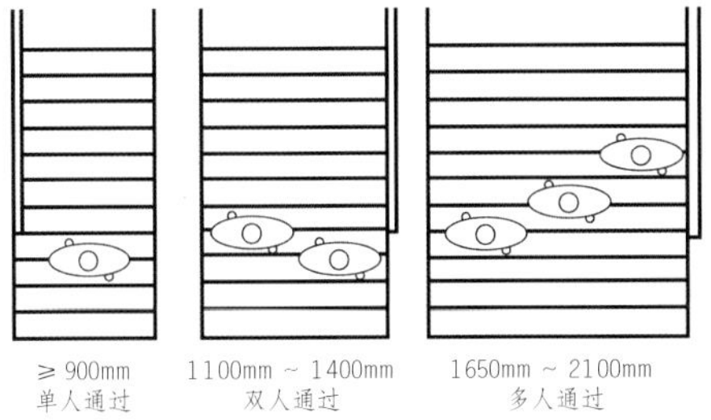

表 15-2	人流流畅通过所需宽度（mm）	
类别	楼梯段	备注
计算依据：每股人流宽度为 550mm+（0 ~ 150）mm		
单人通过	≥ 750	不满足单人携物通过
	≥ 900	满足单人携物通过
双人通过	1100 ~ 1400	—
多人通过	1650 ~ 2100	—

表 15-3	楼梯宽度设计要求（mm)			
		项目		
		楼梯类型及设置情况	梯段净宽	备注
建筑类别	住宅	公用楼梯 — 7 层及 7 层以上	≥ 1100	—
		公用楼梯 — 6 层及 6 层以下，一边没有栏杆时	≥ 1000	—
		户内楼梯 — 一边临空	≥ 750	—
		户内楼梯 — 两侧有墙	≥ 900	—
	商店	营业部分公共楼梯	≥ 1400	直跑楼梯的中间平台深度应 ≥ 1200
		专用疏散楼梯	≥ 1200	
	剧院、电影院	室内疏散楼梯	≥ 1200	
	综合医院	主楼梯	≥ 1650	—
		疏散楼梯	≥ 1300	—
	托儿所 / 幼儿园	楼梯	≥ 1200	—
	中小学	中学 — 教学楼楼梯	≥ 1200	增加楼梯宽度时，须按照 600 的整数倍增加
		小学 — 教学楼楼梯		
	老年人建筑	每个楼梯段高度不宜 > 1500 — 居住建筑	≥ 1200	1. 楼面前沿不宜突出 > 10 2. 应采用防滑材料
		每个楼梯段高度不宜 > 1500 — 公共建筑		
	办公及其他建筑	楼梯 — 多层	≥ 1100	同时适用于工业建筑供人员通行的楼梯
		楼梯 — 高层	≥ 1200	
注：以上数据摘自相关规范。				

2. 踏步尺度规范

踏步尺度分为高度和宽度（图15-16），通常情况下，设计师需要记住踏步宽度不应小于260mm（一个脚掌的长度），踏步高度不应大于175mm（过高无法迈腿）。当然，不同使用属性的建筑，楼梯踏步的尺度规范是不同的，具体数据如表15-4所示。

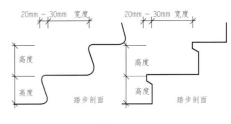

图15-16

表15-4 人流流畅通过所需宽度（mm）		最小宽度	最大高度
楼梯类别		最小宽度	最大高度
住宅楼梯	住宅公共楼梯	260	175
	住宅套内楼梯	220	200
宿舍楼梯	小学宿舍楼梯	260	150
	其他宿舍楼梯	270	165
老年人建筑楼梯	住宅建筑楼梯	300	150
	公共建筑楼梯	320	130
托儿所、幼儿园楼梯		260	130
小学学校楼梯		260	150
人员密集且竖向交通繁忙的建筑和大、中学学校楼梯		280	165
其他建筑楼梯		260	175
超高层建筑核心筒内楼梯		250	180
检修及内部服务楼梯		220	200

关于楼梯踏步设计的注意事项主要有下面几点。

（1）每个楼梯梯段的连续踏步级数不应超过18级，且不能少于3级，若大于18级需增设休息平台。

（2）室内若设有台阶，台阶处的踏步数不应少于2级（图15-17），当高差不足2级时，应按坡道设置。

（3）公共建筑室内外台阶踏步宽度不宜小于300mm，踏步高度不宜大于150mm、小于100mm（图15-18）。

（4）踏步应设置防滑处理措施，如台面拉槽、嵌条等（图15-19）。

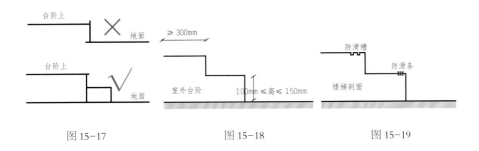

图15-17　　　　　图15-18　　　　　图15-19

3. 楼梯平台尺度规范

楼梯平台分为中间平台和楼层平台。规范规定，楼梯平台的宽度不应小于梯段宽度，并应大于等于1200mm。当楼层平台有搬运大型物件需求时，应适量加宽（图15-20）。直跑楼梯的中间平台主要供人在行进途中休息用，不影响疏散宽度，故未要求与梯段净宽一致，但900mm为最低宽度，实际设计时还应根据建筑类型合理确定中间平台宽度，并满足专用建筑设计标准的相关规定（图15-21）。各建筑类型对于楼梯平台的尺寸要求不同，具体数据如表15-5所示。

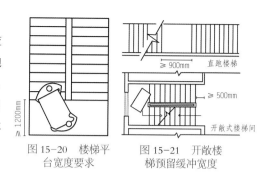

图15-20　楼梯平台宽度要求　　图15-21　开敞楼梯预留缓冲宽度

表15-5　楼梯平台设计要求（mm）			
	项目		
	楼梯类型及设置情况		楼梯平台要求
建筑类别	住宅	公用楼梯	7层及7层以上	平台净宽＞梯段净宽，且≥1200
			6层及6层以下，一边没有栏杆时	
		户内楼梯	一边临空	—
			两侧有墙	
	商店	营业部分公共楼梯		平台净宽＞梯段净宽
		专用疏散楼梯		
	剧院、电影院	室内疏散楼梯		
	综合医院	主楼梯		平台净宽均宜＞2000
		疏散楼梯		
	托儿所/幼儿园	楼梯		平台净宽＞梯段净宽
	中小学	中学	教学楼楼梯	平台净宽＞梯段净宽
		小学		
	老年人建筑	每个楼梯段高度不宜＞1500	居住建筑	平台净宽＞梯段净宽，且平台上不得设置踏步
			公共建筑	
	办公及其他建筑	楼梯	多层	平台净宽＞梯段净宽，且≥1200
			高层	
注：以上数据摘自相关规范。			

4.楼梯空间高度的设计规范

楼梯空间的高度是指楼梯平台下或梯段下通行人时所需要的竖向净高。规范规定（图15-22），楼梯平台部位的净高不应小于2000mm，楼梯段部位的净高不应小于2200mm，且楼梯段最低、最高踏步的前缘与顶部凸出物内边缘距离不应小于300mm。

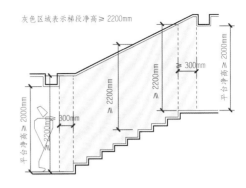

图 15-22

二、楼梯的设计要点

以上数据对于室内设计师来说是需要了解的必要内容。除了数据之外，相关规范对于楼梯的坡度设置也有很明确的规定，如在什么时候必须做坡道，什么时候不能设置楼梯。而影响楼梯形式的就是楼梯的坡度，因此，下面介绍规范中对于楼梯坡度的规定。

一般来说，楼梯的坡度越大，楼梯段的水平投影长度越短，楼梯占地面积就越小，越节约成本，且路程越短。因此，很多不规范的做法会把楼梯的坡度加大，但坡度越大，行走体验越差，行走越吃力，所以，规范对此做了如下规定。

（1）供人正常行走的楼梯坡度范围在23°～45°之间，但适宜的坡度为30°～38°之间，供普通人行走的楼梯坡度不宜超过38°（图15-23）。

（2）坡度过小时（＜23°）可作为台阶，同时建议做成坡道，坡度过大时（＞45°），可做成爬梯。

（3）公共建筑的楼梯坡度较平缓，常用26°～34°。住宅中的公用楼梯坡度可稍陡，常用33°～38°。

（4）供少量人流通行的内部交通楼梯，坡度可适当加大，如36°～42°。

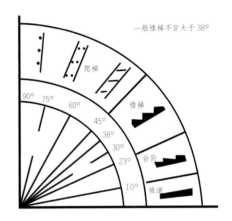

图 15-23 楼梯坡度范围

三、坡道设置的规定

室内坡道坡度不宜大于1：8（图15-24），室外坡道坡度不宜大于1：10。当室内坡道水平投影长度超过15m时，宜设休息平台，平台宽度应根据使用功能或设备尺寸所需缓冲空间而定。坡道应采取防滑措施。

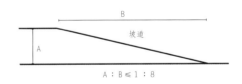

图 15-24

第三讲 ｜栏杆、栏板相关规范和设计要点

关键词： 栏杆栏板，规范，玻璃栏杆

一、栏杆、栏板的相关规范

本文内容依然以国家相关规范为基础，内容主要来源于《民用建筑设计统一标准》GB 50352—2019、《楼梯栏杆及扶手》JG/T 558—2018 以及《楼梯 栏杆 栏板（一）》15J403-1。

1. 栏杆计算规则

栏杆高度通常有两种计算方式（图 15-25），即常规计算方式和特殊情况的计算方式。

常规计算方式：计算地面完成面到栏杆、栏板最顶端的垂直高度（A）。

特殊情况的计算方式：若底面有宽度大于等于 220mm，且高度小于等于 450mm 的可踏部位，栏杆高度则应计算该可踏部位到栏杆顶端的垂直高度（B）（因为当台阶宽度大于等于 220mm，高度小于等于 450mm 时，人们可以很容易踏上去，为安全起见，以台阶为起点开始计算栏杆高度）。

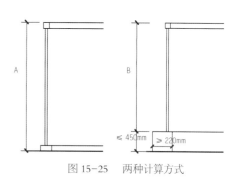

图 15-25　两种计算方式

2. 高度规定

与楼梯规范一样，设计师需要牢记下面两条常用的规定。

（1）室内楼梯扶手的高度从踏步前缘线算起，不宜小于 900mm（图 15-26）。靠楼梯井或临边平台一侧的水平扶手长度超过 500mm 时，其高度不应小于 1050mm。

（2）当临空高度小于 24m 时，栏杆高度不应低于 1050mm；当临空高度大于等于 24m 时，栏杆高度不应低于 1100mm。上人屋面和交通、商业、旅馆、医院、学校等建筑临开敞中庭的栏杆高度不应小于 1200mm。根据各功能空间的不同，规范数据也不同，表 15-6 摘录自相关国标规范，作为对上面两条规定的详细补充说明。

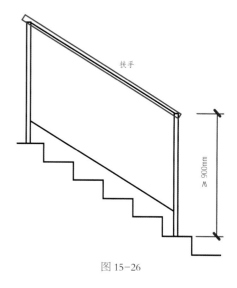

图 15-26

二、栏杆、栏板的设计要点

（1）在人流密集的场所，当台阶平台高度超过 700mm 并一侧临空时，应设置平台防护栏杆（图 15-27），防护栏杆高度应符合相应规范要求。

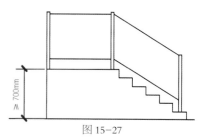

图 15-27

（2）当平台栏杆一侧临空时，其离地面完成面 100mm 的高度内宜设置反沿或不留空隙（图 15-28）。

（3）住宅、幼儿园、托儿所、文化娱乐建筑、商业建筑、体育建筑、儿童专业活动场所等允许儿童进入的活动场所，当楼梯井宽度大于 200mm 或在临边位置时，必须采取防止儿童攀爬的措施，如栏杆高度不小于 1200mm，不能在栏杆周边摆放可踏面的物品（小桌子、小板凳、儿童玩具），并要警示使用者加强教育和监管。同时，楼梯栏杆应选用不易攀登的构造做法，如栏杆不要有横向结构，宜采用竖向栏杆柱，且立杆与立杆之间的间距小于

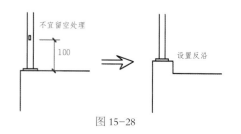

图 15-28

表 15-6 栏杆扶手的设计要求（mm）

建筑类别		项目			
		设置场所	高度	扶手设置要求	栏杆设置要求
建筑类别	住宅、宿舍等居住建筑	室内公用楼梯的栏杆、栏板及扶手	≥ 900	扶手宽度或直径≤ 80	垂直杆件间距净空应≤ 110，且应当采取防止攀爬的措施
		室内公用楼梯水平段（梯井）栏杆、栏板长度＞ 500 时	≥ 1050		
		临空处防护栏杆及栏板 6层及6层以下	≥ 1050	—	
		7层及7层以上	≥ 1100		
	旅馆、医院、办公楼等一般公用建筑	室内楼梯的栏杆、栏板及扶手	≥ 900	扶手宽度或直径≤ 80	1.垂直杆件间距净空应≤ 110 2.旅馆建筑中庭的栏杆栏板高度应＞ 1200
		室内公用楼梯水平段（梯井）栏杆、栏板长度＞ 500 时	≥ 1200		
		临空处防护栏杆及栏板 临空处高度≥ 24	≥ 1100	—	
		临空处高度＜ 24	≥ 1050		
	商店、餐厅、剧院、电影院、车站、体育场等人流量密集的建筑	室内楼梯的栏杆、栏板及扶手	≥ 900	台阶梯段宽度＞ 3600 时，应设置中间扶手	垂直杆件间距净空应≤ 110
		室内公用楼梯水平段（梯井）栏杆、栏板长度＞ 500 时	≥ 1050		
		临空处防护栏杆及栏板 临空处高度≥ 24	≥ 1100	—	
		临空处高度＜ 24	≥ 1050		
	托儿所、幼儿园	栏杆、栏板中及靠墙处低位扶手	≥ 600	幼儿扶手宜为圆杆，直径为35 ~ 45，与墙面净距40 ~ 50	1.杆件间距净空应≤ 110 2.不得采用花格栏杆，防止学生攀爬
		栏杆、栏板中及靠墙处高位扶手	≥ 900		
		室内公用楼梯水平段（梯井）栏杆、栏板长度＞ 500 时	≥ 1100		
		临空处防护栏杆及栏板	≥ 1200	—	
	学校（大学、中学、小学）等青少年活动建筑	室内楼梯的栏杆、栏板及扶手	≥ 900	当楼梯宽度达到3股人流时，两侧应设置扶手；达4股人流时，宜加设中间扶手	1.杆件间距净空应≤ 110 2.不得采用花格栏杆，防止学生攀爬
		楼梯水平段（梯井）栏杆、栏板	≥ 1100		
		临空处防护栏杆及栏板	≥ 1100		
	老年人建筑	楼梯坡道及靠墙的栏杆、扶手 公共建筑	900	沿墙一侧均应设置靠墙扶手，直径为35 ~ 45，与墙面净距40 ~ 50	在栏杆下端宜设高度≥ 50的安全挡台
		居住建筑	800 ≤ H ≤ 850		
		栏杆、栏板中及靠墙处低位扶手	650		
		临空处防护栏杆及栏板	≥ 1100	—	
注：以上数据摘自相关规范。					

110mm（目的是防止儿童的头部卡在立杆与立杆之间，以及儿童从立杆之间掉下去的情况，如图15-29所示）。如果觉得竖向立杆不美观，可以直接把栏杆改为栏河玻璃栏杆，既符合规定，也更加美观、安全。

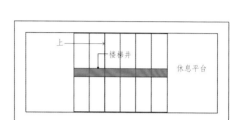

图 15-29

（4）托儿所、幼儿园、中小学校及其他少年儿童专用活动场所，当楼梯井（图15-30）净宽大于200mm时，必须采取防止儿童坠落的措施。

（5）托儿所、幼儿园楼梯栏杆应设置双层扶手（图15-31），低位扶手至踏步前沿的垂直高度宜为600mm~650mm。

（6）在公共建筑中，公用楼梯所取宽度尺寸通常会偏大，但要注意扶手的设置与梯段宽度的关系（图15-32），即楼梯应至少一侧设扶手，梯段净宽达3股人流时（通常取值区间为1800mm~2100mm），应两侧设扶手，达4股人流时（通常取值区间大于2100mm），应加设中间扶手。规范规定，通常情况下，每股人流按照550mm＋(0 ~ 150)mm的宽度计算。

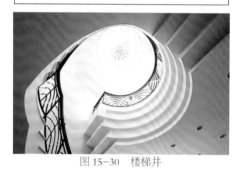

图 15-30 楼梯井

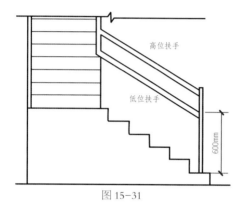

图 15-31

（7）公共建筑临空外窗的窗台距楼地面净高不得低于800mm，否则应设置防护设施（图15-33），防护设施的高度由地面起算，不应低于800mm。居住建筑临空外窗的窗台距楼地面净高不得低于900mm，否则应设置防护设施，如玻璃幕墙、飘窗的栏杆围挡，防护设施的高度由地面起算，不应低于900m。同时应留意，当凸窗窗台高度低于或等于450mm时，其防护高度从窗台面起算不应低于900mm；当凸窗窗台高度高于450m时，其防护高度从窗台面起算不应低于600mm。

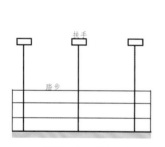

需要同时通过4股人流时，应设置中间扶手

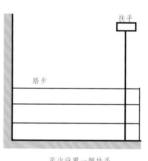
至少设置一侧扶手

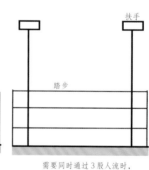
需要同时通过3股人流时，应设置两侧扶手

图 15-32

（8）小开间或者空间较小的楼梯设计，宜采用各层栏杆在楼梯井的同一垂直面内的栏杆形式来有效地节约空间（图15-34），栏杆不占用楼梯宽度，拐角处栏杆扶手之间间距大于等于100mm。这条设计要点也是拯救小空间的法宝。

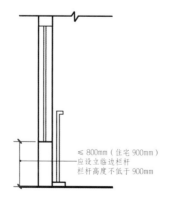
≤800mm（住宅900mm）应设立临边栏杆栏杆高度不低于900mm

图 15-33

三、玻璃栏杆的规定

现在很多业主会要求空间通透明亮、通风采光、绿色自然……设计师因此会大面积采用玻璃栏杆装饰空间。不可否认，玻璃栏杆能达到很好的效果，而且不必担心立杆间距的问题，并且清扫方便。但玻璃栏杆也会出现问题，所以，设计师应该牢记下面这些关于玻璃栏杆的强制性规范。

（1）不承受水平推力的栏板玻璃栏杆（图15-35）应该使用厚度大于等于5mm的钢化玻璃或公称厚度大于等于6.38mm的钢化夹层玻璃。

（2）当承受水平推力的栏板玻璃栏杆（图15-36）最低点离一侧楼地面高度不大于5m时，应使用公称厚度大于等于16.76mm的钢化夹层玻璃，不宜使用单片钢化玻璃（在实际工程中，往往采用15mm厚的玻璃，存在±2mm的误差）。

（3）当承受水平推力的栏板玻璃栏杆最低点离一侧楼地面高度大于5m时，不得使用承受水平推力的栏板玻璃栏杆。也就是说，使用玻璃栏河作为临边围挡时，离地高度不能高于5m，尤其是酒店空间。

（4）室外阳台的栏板玻璃除了要符合上面提到的3条要求外，还应该请专业人士对玻璃进行抗风压设计。在有抗震要求的地区，还应该考虑地震对玻璃的组合作用力等。室内设计师不能擅自调整室外的玻璃栏杆或者玻璃构件，一定要请专业设计师协助。

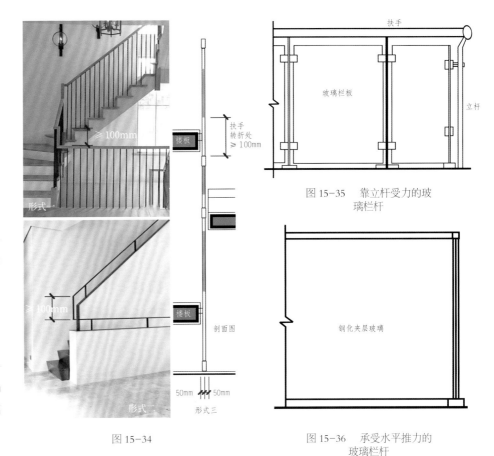

图 15-34

图 15-35　靠立杆受力的玻璃栏杆

图 15-36　承受水平推力的玻璃栏杆

第四讲 ｜栏杆扶手构造的四种形式

关键词： 节点构造，构造原理，施工流程

阅读提示：

当开始着手设计栏杆的样式时，除了要满足各种规范要求外，更多的时候，困扰设计师的问题是栏杆的固定形式以及节点构造，尤其是复杂的案例。本文介绍了最常碰见的栏杆扶手的构造做法与标准图纸，通过这些做法与标准图纸，可以理解所有栏杆扶手以及楼梯的构造做法。

一、栏杆的安装部位

根据楼梯设计或楼板情况的不同，安装栏杆的位置也有所不同，相关规范上把栏杆的安装部位分成正装和侧装。

正装（图15-37）的做法是目前市面上最常见的栏杆安装做法，即直接把栏杆落在踏步或者楼板上，这样做的优点是安装方便、成本低，缺点是会影响楼梯的宽度，但影响的幅度不大（30mm~50mm）。所以，这种做法是运用最广泛的安装方式。

侧装（图15-38）是把栏杆扶手装在踏步或者楼板面的侧边，这样做有两个很明显的优点：一是能最大限度地利用楼梯的宽度；二是当用于大堂、中庭等上下两层的平台围挡时，还能增加空间的装饰性，为上下层的材料收口提供一个好的解决方案。侧装的缺点是施工不便，安装临边栏杆时还会增加工程成本。因此，这种方式主要用在中庭、大堂等上下两层临边的平台处以及小开间的楼梯处。

理解两种安装方式的目的是帮助我们更好地理解下面要讲到的4种栏杆构造做法。本书把常见的栏杆扶手构造分为4种形式：打螺栓固定、预埋件固定、凹槽打胶固定、组合式固定。这4种常规的方式可以解决90%的栏杆构造问题。

二、打螺栓固定

这里的打螺栓是一种泛称，指的是通过螺栓、螺丝、卡扣件、玻璃钉、螺钉等构件固定栏杆的方式的总称（图15-39）。大意是，只要有一个能支撑扶手立杆的受力点，且该受力点与栏杆的立杆固定形式是采用螺栓固定，本书就将这种情况称为打螺栓固定。如图15-40、图15-41所示，打螺栓的构造做法是将立杆作为一个独立的单元，然后通过螺栓把它固定于基面上。其安装流程如图15-42所示。施工流程没有硬性标准，具体怎样操作完全根据现场实际工程情况而定，受限于施工进度、成

图15-37　楼梯栏杆正装图

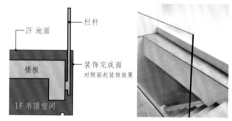

图15-38　楼梯栏杆侧装图

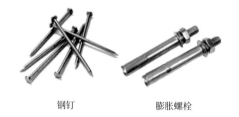

钢钉　　　膨胀螺栓　　　玻璃钉　　　螺栓

图15-39

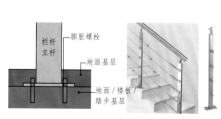

15-40图　打螺栓固定色块图（正装）

15-41图　打螺栓固定色块图（侧装）

本控制、材料计划等因素的影响，各工地施工流程都不同。本文提供一个可行的施工流程参考，但并非唯一标准。最后，通过图15-43、图15-44这两个具体案例来理解该种做法的节点图纸表达方式。

打螺栓固定是栏杆构造做法中最常用的形式之一，是适用面积最广的安装方式，设计师需要牢记这种形式的构造逻辑，而不是安装形式或节点图纸，这样才能游刃有余地解决不同场景下的栏杆构造做法问题。

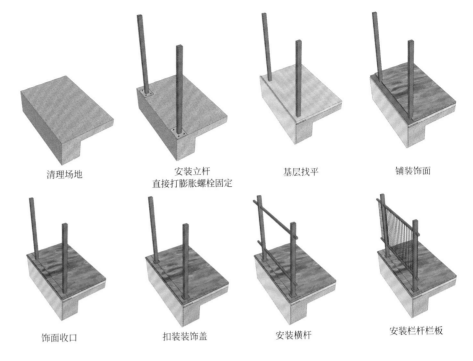

清理场地　　安装立杆直接打膨胀螺栓固定　　基层找平　　铺装饰面

饰面收口　　扣装装饰盖　　安装横杆　　安装栏杆栏板

图15-42　打螺栓固定色块图（侧装）

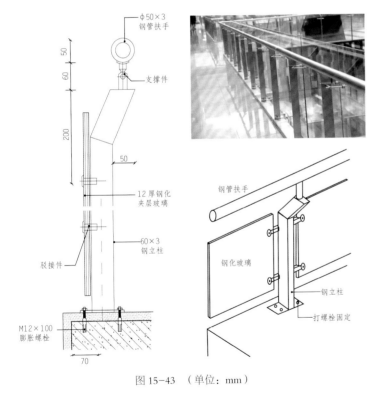

图15-43　（单位：mm）

图15-44

三、预埋件固定

打螺栓固定的适用范围广泛，无论混凝土、钢构、木料梯都可以采用该方式固定。但是，如果由于栏杆形式、工期控制或安装条件等原因，无法采用打螺栓的形式检修、固定的情况下应该怎么办？这个时候，就需要使用预埋件固定的安装形式。

预埋件固定是金属、木质、石材等材质的扶手安装时最常用的处理手法之一，占据了栏杆构造固定手法的一半以上，可谓应用广泛。其大致安装流程与打螺栓的形式极其相似，大概分为三个步骤：安装预埋件、固定立杆、连接横杆（扶手、栏板）。

这里的预埋件其实指的是"泛预埋件"（图15-45），它不一定是单纯的金属钢板，也可以是木料预制块、金属钢架等具有预制作用的构件。同时，它也不仅仅是结构专业上狭义的与混凝土一起浇筑的预制件，也可以是后期通过螺栓等形式固定于基面的预埋措施。

与其他固定形式不同，预埋件固定的方式有两种情况：一种是直接焊接（图15-46）；另一种是预留长的预埋件，然后套接（图15-47）。预埋件套接最常用于非金属材料与金属材料、非金属材料与非金属材料的连接（如石材、木料等不可焊接的场景），把立杆套在预埋件上，然后通过螺栓、胶粘剂等辅助材料进行二次加固。预埋件焊接的形式常用于金属材料之间的连接，直接通过焊条把立杆与预埋件连接在一起。

它们最主要的区别是，套接是在预埋时，预留了预埋杆或者预制块等突出物，焊接则是直接通过预埋板与栏杆连接，原理如图15-48所示。可以说，当栏杆与基面连接形式是采用焊接、套接或者两者兼有的连接形式时，即可称为预埋件固定的形式。通过图15-49所示的这组最常见的金属楼梯扶手案例，能够很直观地理解直接焊接的标准做法与节点图纸表达。通过图15-50所示的实际工程照片，能够直观地理解平台预埋件栏杆的固定方式。

经过以上分析可以看出，打螺栓固定和预埋件固定从适用范围与构造做法上看都极其相似，而它们的主要区别有如下几点。

（1）预埋件固定是把预埋件的钢板和栏杆分开安装，前提条件是立杆必须有足够大的横截面满足焊接固定需求，若横截面太窄，则很可能因固定不稳或晃动造成立杆断裂。

（2）当单纯的预埋件焊接或者套接满足不了固定需求或者没有条件预留预埋件时，则可以采用打螺栓的形式固定，也可以理解为，打螺栓的形式是把预埋件和栏杆立杆合二为一，直接通过螺栓（类螺栓等连接件）把栏杆的立杆固定于楼地面基层上。

预埋件固定和打螺栓固定是栏杆构造做法中最常用的构造做法，它们有很多相似之处，也有一些细微的区分（图15-51），设计师需要牢记住它们的安装逻辑，而不是形式。比如，打螺栓固定的本质是把立杆与预埋板连为一体，当不方便安装预埋件时，就直接安装立杆。而预埋件固定的本质是让立杆找到一个可以依附的受力点，有这个受力点即

图15-45　金属预埋件

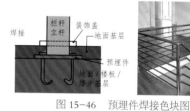

图15-46　预埋件焊接色块图

图15-47　预埋件套接色块图

图15-48

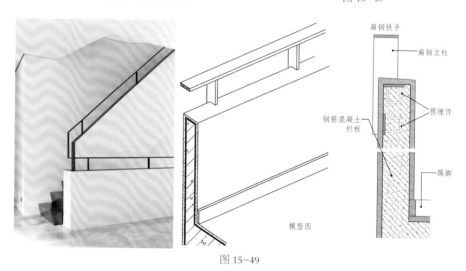
图15-49

图15-50　平台栏杆安装过程

可，至于这个受力点是在墙上还是在地上并不重要。只有理解了这两种安装方式的本质，再面对其他案例时，才会有全新的思路。

杆。另外，钢槽下必须采用柔性橡胶垫片，厚度不宜小于 10mm，很多工地会采用夹板代替柔性橡胶垫，设计师要注意交底和把控。以图 15-54 的夹层临边玻璃栏河栏杆为例，其凹槽打胶做法的标准节点图如图 15-55 所示。

四、凹槽打胶固定

大部分常见栏杆都可以通过打螺栓和预埋件焊接的形式固定，只是有的立杆或者钢架的构造复杂一些。但对于纯玻璃栏杆，上述两种构造做法都不适用。而目前，纯玻璃的栏杆逐渐成为室内装饰中的主流形式，所以，除了了解玻璃栏杆的强制性规范外，对于玻璃栏杆的构造、材料选择以及安装环境的掌握也是设计师的必修课。

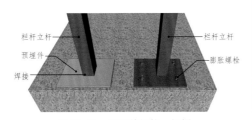

图 15-51 预埋件焊接，打螺栓固定

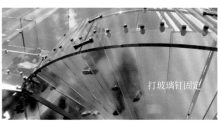

图 15-52

通常，当玻璃栏杆有外部受力点时，就可以在玻璃面上采用之前提到的打螺栓（玻璃钉）的形式固定（图 15-52）。但如果玻璃面上没有固定受力的点，就需要用到凹槽打胶的固定方式了。

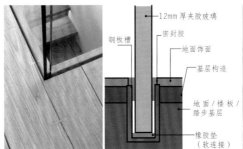

图 15-53 凹槽打胶色块图

图 15-54

凹槽打胶（图 15-53）的构造做法被广泛应用于玻璃材质的安装中，包括玻璃框、玻璃栏板、纯玻璃隔断、窗框等需要用凹槽包裹玻璃的场景。这种安装方式因为其独特的美观性和隐蔽性而被大范围用于住宅空间、商业空间、酒店空间等各类高端空间中，也是近年来越发流行的安装方式之一，它可以用来解决玻璃面上没有固定受力点这种情况的栏杆固定。

之所以称这种方法为凹槽打胶，是因为根据玻璃材料特性，在安装时必须用一个钢槽固定，就如同我们平时所见到的窗户上的玻璃安装一样，纯玻璃栏杆同样需要用一个凹槽固定玻璃，且凹槽的深度不宜小于 150mm，宜为玻璃栏杆高度的 1/4。需要注意的是，前文我们提到，采用栏河玻璃栏杆时，当玻璃底部距离地面大于 5m 时，不能采用纯玻璃隔断作为受水平推力的栏

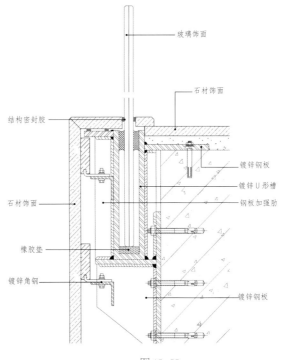

图 15-55

通过图 15-56 所示的施工现场步骤图，我们可以看出，凹槽打胶固定玻璃栏河栏杆的安装方式与前文提到的两种固定方式不同，在安装过程中需留意 U 形钢槽与玻璃之间的软连接设置，否则极有可能因软连接设置不到位导致整块玻璃破裂。

五、组合式固定

前文提到，当栏板最低点高度距离地面高度大于 5m 时，绝对不能使用承受水平推力的玻璃栏杆，这是国家的强制性规范。那么，如果想要在大于 5m 的高空中庭里做玻璃栏杆，增加整个空间的通透性该怎么办呢？这时候，就需要采用组合式固定的解决方案了，即栏杆的玻璃部分使用凹槽打胶的方法，但要在玻璃部分的后面再加一个能承受水平推力的金属扶手，保证玻璃不受力（图 15-57）。

因此，所谓的组合式固定，就是把前面提到的 3 种栏杆固定方式随机组合，是既符合国家规范，又满足设计效果，同时还能保证构件安全和控制成本的复杂楼梯的解决方案。这种安装方式是前 3 种的随机组合，把原来相互独立的 3 种构造做法结合起来，应对不同的基面材质。下面通过实际案例进行解析。

图 15-58 是目前国内项目中最常见的玻璃栏杆处理方式，它同时应用了打螺栓与凹槽打胶两种方式组合安装。这样既增加了玻璃的安全性，又解决了高空中不能安装纯玻璃栏杆的问题。同时，因为它不是靠玻璃受力，所以，玻璃埋入地面的深度也不需要太深，通常采用这种方式做的玻璃栏杆，玻璃只需插入地面 30mm~50mm 即可，主要起固定的作用。该做法标准的节点图纸如图 15-59 所示。

当然，以上提到的只是最常规的组合式固定方式。只要在满足安全性和规范性的前提下，对其他固定方式进行再次组合，形成的更加多样化的复杂栏杆构造的解决方案都可以被称为组合式固定方式。这也代表着，它不仅能结合打螺柱与凹槽打胶这两种方式，还能把另外两种方式随机结合起来，以进行更多复杂造型的栏杆安装，如图 15-60 所示。

图 15-56

图 15-57

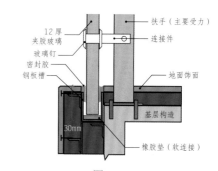

图 15-58

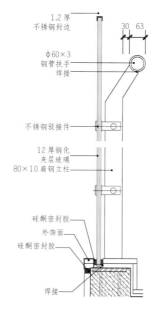

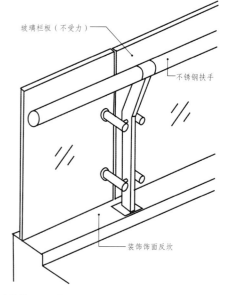

图 15-59 （单位：mm）

六、小结

（1）无论栏杆是什么样的形式，绝大多数的构造做法都离不开4种形式：打螺栓固定、预埋件固定、凹槽打胶固定、组合式固定。

（2）打螺栓的固定方式是最基础，也是最重要的栏杆节点构造方式之一，设计师要深入理解其中的受力关系与栏杆安装的底层逻辑。节点深化套用本文中的色块关系图即可。

（3）玻璃钉固定是用于玻璃面上有辅助支撑点的情况，而凹槽打胶是解决玻璃面上没有固定点的情况。

（4）4种方式中，打螺栓固定和预埋件固定非常相似，结构和构造都相差不大，主要差别在最后的固定形式上。

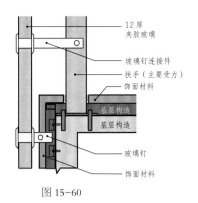

图 15-60

第五讲 ｜楼梯基面与楼梯踏步构造

关键词：节点构造，施工流程，质量通病

阅读提示：

上一讲提到了四种常规的栏杆安装方式与模型，那么它们之间是否相关？在不同的基面上，它们的构造做法是否一样呢？想回答这些问题，首先要知道楼梯常见的几种基面。本章第一讲提到，按照楼梯基体材质，常见的楼梯可分为混凝土楼梯、钢构楼梯、木楼梯以及玻璃楼梯。本书提到的四种常规的栏杆构造做法，最终会落在这四种不同材质的基面上。所以，本文将介绍这四种楼梯基面及主流楼梯踏步的构造做法。

一、四类主流楼梯基面

1. 混凝土基面楼梯

混凝土基面是室内设计师接触最多的楼梯、楼板的构造基面，本文提到的所有栏杆做法都适用于该基面。通常，国内项目的混凝土楼梯都是现场支模、配筋，然后一次浇筑成型，也就是我们常说的现浇楼梯，流程比较简单，如图 15-61～图 15-63 所示。

混凝土浇筑的过程可以形象地理解为自制水果冰棍。先放好模具，然后在模具里面加入"水果"（配筋），最后把搅拌好的"奶油"（混凝土）倒入模具，等待其凝固。待凝固后把模具拆掉。至于混凝土怎样配筋、钢筋的间距怎样把控、用多大的钢筋、用哪种混凝土等专业的数据、荷载的计算等与室内设计师的工作关系不大，可以交给相关专业人员。室内设计师重点了解混凝土浇筑的知识框架、构成要素、施工流程、优缺点等即可，因为这些知识关乎设计的过程控制、知识构架、设计合理性等因素。

2. 钢构基面楼梯

当建筑内没有预留的混凝土楼梯或需要加建楼梯时，通常会采用钢构楼梯。钢构楼梯超高的可塑性和便捷性已经使它成为各大空间中的"新宠"，无论在高档大气的五星酒店，还是在小巧精致的小户型空间，

都能见到它的身影。钢构基面几乎可以做任何形式的装饰饰面（玻璃、木料、金属、石材、织物、油漆等），饰面装饰完成后，它和混凝土楼梯几乎看不出任何区别。

钢构楼梯在建设时，必须由相关专业人员出具结构荷载计算书以及专业深化图纸，且钢构楼梯由独立的厂家施工，楼梯的施工质量由厂家负责。室内设计师需要做的是拿到专业深化图纸，根据深化图纸进行装饰深化，也就是说，室内设计师只负责饰面的构造做法以及装饰收口。本书提到的栏杆的 4 种构造做法均适用于钢构楼梯。下面通过一组完整的对折钢

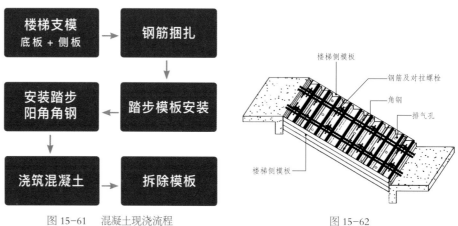

图 15-61　混凝土现浇流程　　　　　　　图 15-62

图 15-63　　　　　　　　　　　　图 15-64

构楼梯施工图片（图 15-64~ 图 15-67），更直观地介绍楼梯与栏杆的构造做法与相生关系。

3. 木基面

纯粹的木楼梯基面（图 15-68）适用范围较窄，且耐磨度和稳固性都比较差，通常只用于民宿、小商铺、家居小空间等场所。木楼梯基面多以实木梯托受力，楼梯段与扶手等构件多用榫卯结构固定或直接打钉固定。由于它的使用范围有限，因此，这里不过多介绍了，设计师作为知识储备了解即可。

4. 玻璃基面楼梯

自苹果专卖店中的玻璃楼梯（图 15-69）被大家熟知后，玻璃基面的楼梯开始被设计师关注，越来越多的空间中采用了纯玻璃基面的楼梯踏板，一些景区还出现了玻璃栈道。

玻璃楼梯主要是以玻璃自身的刚度来承载重量，其固定方式多为采用玻璃钉固定几个点，然后通过这几个点分散整个玻璃的受力。玻璃楼梯是否坚固可靠，很大程度上取决于玻璃自身的刚度。更具体的参数数据，每个项目都会由专业厂家核算，这里不做过多阐述。

很多实验和测试报告已经表明，采用夹胶玻璃作为基面的地面，其牢靠度是可靠的，目前，钢化夹胶玻璃的强度甚至已经超过了水泥基面。图 15-70~ 图 15-72 所示的几个案例，直观地展示了玻璃楼梯的构造做法。

二、常见楼梯踏步的节点构造

如图 15-73 所示，这 5 类材料是室内空间中最常见的楼梯踏步材料。下面介绍除了满足设计规范外，应该如何理解常规楼梯踏步的节点做法。

图 15-65

图 15-67

图 15-66

图 15-68　　　图 15-69

图 15-70

图 15-71

图 15-72

水磨石　　木饰面　　石材　　瓷砖　　地毯
图 15-73　常见的楼梯材质

楼梯是连接建筑上下层的主要交通构造，所以，对楼梯踏步的饰面材料的表面耐磨性、防滑性以及耐污性都有非常高的要求。因此在绝大多数情况下，楼梯踏步材料还是使用石材和瓷砖。如图 15-74 所示，任何楼梯节点基本都是通过水泥砂浆粘接层或者结构胶粘接层来连接"骨"和"皮"，基于这样的公式化思维，我们只需要记住几种常见的"骨"和"皮"的形式，即可顺利破解所有楼梯形式的节点构造。下面介绍最常见的混凝土和钢结构的"骨料"是怎样与不同的饰面材料连接的。

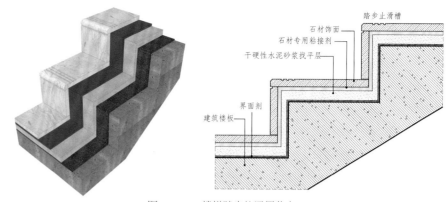

图 15-74　楼梯踏步的通用节点

1. 混凝土"骨料"解析

本文指的混凝土"骨料"就是钢筋混凝土楼梯基体，它主要有两种安装方式——现浇式（图 15-75）和装配式（图 15-76）。现浇式混凝土"骨料"是直接在施工现场支模、配筋，安装踏步阳角角钢、踏步模板，最后一次性浇筑成型的施工方式。这种做法是目前国内 95% 以上的建筑项目中都在采用的做法。装配式的楼梯踏步则是直接将混凝土踏步板搁置在墙上的一种形式，是时下非常流行的装配式建筑的概念，但在目前国内的楼梯市场上，占有率还很少，设计师了解即可。有了这些基础后，再用"骨肉皮"模型分析图 15-77 和图 15-78 所示的不同饰面在混凝土基层上的踏步标准节点图就会更游刃有余。

支模　　　　配筋　　　　浇筑

图 15-75　　　　　　　　　　　图 15-76

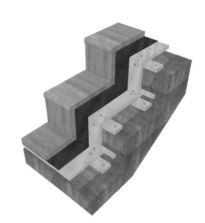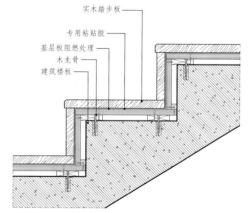

图 15-77

2. 钢结构"骨料"解析

钢结构"骨料"是指用铸钢、型钢等钢材焊接而成的楼梯结构形式（图 15-79）。需要注意的是，钢结构楼梯的施工必须由专业楼梯深化方出具结构的荷载计算书和专业的图纸，施工由独立的厂家负责，室内设计师只需要知道它的构造。钢结构楼梯踏步的节点图与混凝土楼梯结构有一定的差别，但大同小异，图 15-80~图 15-82 中的案例介绍了主流饰面材料的钢结构踏步，通过对"骨肉皮"模型的理解，可以看出钢结构楼梯踏步的底层规律。

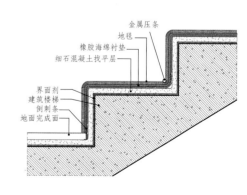

图 15-78

虽然图中的节点图形式相似，但是需要注意的是，在钢结构的楼梯踏步板上做饰面时，如果采用水泥砂浆找平，则非常容易出现空鼓或开裂的现象。这是因为钢架构本身相对于混凝土而言，是比较有弹性的材料，如果在上面贴上石材的话，石材下面的水泥砂浆凝固后就是一个刚性的材料。当石材踏步受较大的力后，必然会导致钢架发生形变，造成找平层开裂和空鼓。所以，在钢板上贴石材或者涉及找平层时，建议采用木板打底，然后再用胶粘石材的方式施工（图15-83）。

图 15-79

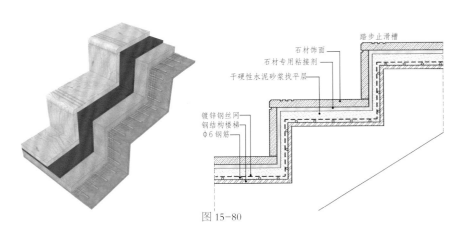

图 15-80

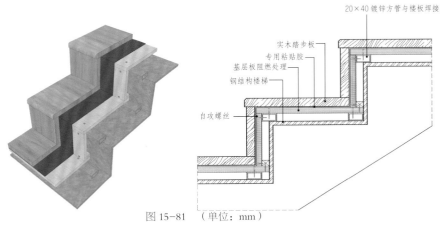

图 15-81　（单位：mm）

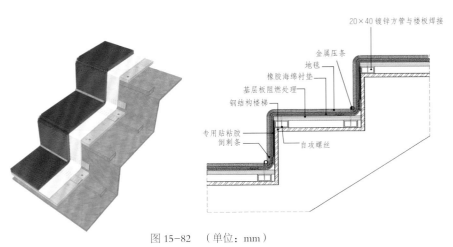

图 15-82　（单位：mm）

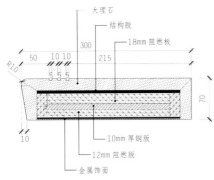

图 15-83　钢结构楼板胶粘石材的节点

三、楼梯踏步的设计细节与通病

1. 踏步的防滑处理

设计规范中对楼梯踏步的防滑性有要求，规范中建议，在人流集中且拥挤的建筑中，踏步的表面应采取相应的防滑措施（图15-84）。大多数情况下，踏步的防滑处理是根据不同材质而定的，比如，如果踏步是石材，则会在踏步前沿30mm～50mm的位置预留2～3道凹槽或防滑条，防滑条长度一般是踏步长度减去150mm。如果是木饰面或者PVC等踏步饰面，则通常会采用压条的形式进行防滑处理。常用的防滑条主要有金刚砂、橡胶条、塑料条、金属条、铸铁和折角铁等。

2. 踏步下暗藏灯带

因为在没有采光的情况下经过踏步区域时，非常容易出现安全事故，所以，在方案设计阶段，就必须在楼梯处设计一定的照明设置。多数情况下，楼梯踏步的照明形式主要分为辅助照明（图15-85）和嵌入式灯槽照明（图15-86）。楼梯的辅助照明主要是指以环境光照亮楼梯，防止上下楼时出现意外事故。嵌入式灯槽的照明形式是当下楼梯的氛围营造中最常用的处理手法，也是大多数设计师口中的"楼梯下面藏灯"的做法。这种设计的优点不言而喻，根据不同的楼梯基面条件，其标准节点图如图15-87、图15-88所示。这种照明形式虽然美观，但在运用时，往往容易存在两个问题——灯带露灯珠（图15-89）和踏步悬挑过长，导致设计落地后问题重重。但这两种常见问题都可以在设计阶段避免。

踏步露灯珠问题的主流解决方案有两种：一是在踏步下方加亚克力遮光板（图15-90）；二是采用带灯罩的LED条形灯（图15-91）。加亚克力板对石材踏步的空隙有要求，空隙小于50mm不便于操作。所以，当踏步的灯带槽口过小时，须采用带灯罩的LED灯避免出现露灯珠的现象。

踏步饰面悬挑过长主要是针对石材而言的，很多设计师在绘制节点图时，都会用如图15-92中左图所示的方法表示踏步下方的暗藏灯带。但这样做是有问题的，因为楼梯前沿是踩踏的重点区域，如果石材下方没有钢架受力，时间久了必然会造成石材断裂。所以，在深化节点图时，一般会在石材下方挑出钢架来承受石材的力，避免石材断裂。

四、小结

（1）在国内，无论楼梯的形式如何丰富，结构还是以混凝土和钢结构为主。

（2）通过"骨肉皮"模型去理解不同饰面材料的楼梯节点图会变得很容易，但在钢板的楼梯踏步上，不建议采用水泥砂浆等材料作为找平层，建议使用木板。

（3）规范上对踏步防滑槽的设置有要求，同时，当踏步下方做暗藏灯带时，应考虑后期露灯珠的情况。石材踏步不建议悬挑过长，避免后期踩塌。

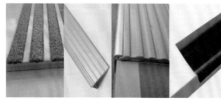

金刚砂防滑条　金属防滑条　橡胶防滑条　PVC防滑条

图15-84

图15-85　辅助照明　　图15-86　嵌入式灯槽照明

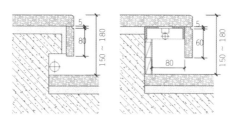

图15-87　踏步藏灯的标准节点图
（混凝土）（单位：mm）

图15-88　踏步藏灯的标准节点图
（钢结构）

图15-89　露灯珠问题

图15-90　加亚克力板

图15-91　采用硬质带壳灯

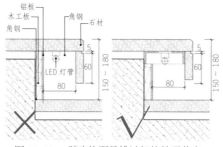

图15-92　踏步饰面悬挑过长的处理节点
（单位：mm）

第十六章 建筑结构

16

第一讲 ｜ 建筑结构基础知识

关键词：概念解读，知识框架，思维模型
导读：本文将解决以下问题：设计师为什么要了解建筑结构？建筑结构和室内设计是什么关系？常见的建筑结构有哪些？怎样判断一个建筑是否可靠？

一、设计师为什么要了解建筑结构知识

室内设计是依附于建筑结构之上的行业，设计作品的落地离不开建筑结构创造的空间，所有装饰构造、设计造型、细节等都是依附建筑结构而存在的。所以，室内设计师一定要了解结构的知识，就像厨师一定要了解装菜的盘子一样。不同的盘子摆出的菜品造型是不一样的，给人的感受也是不一样的，只有了解这个盘子的局限性和优缺点，才能摆出"好看"的菜品。同理，只有了解了基体的结构，才能选择合适的构造做法，判断完成面尺寸，衡量平面拆改的可行性等。

同时，室内设计师经常会遇到装饰与建筑结构产生矛盾、冲突的时候，两者之间究竟如何协调？哪些情况下可以改动结构？在结构上可以附加多少装饰荷载？各种改动结构的过程中需要注意哪些问题？这些问题室内设计师都需要了解。

二、什么是建筑结构

建筑结构是建筑物及其相应组成部分的实体，是指各种工程实体的承重骨架，是建筑物的受力支撑体系，是建筑物的骨骼。通常我们看到的建筑物内的梁、柱、板等均是建筑物的结构。任何一个建筑物均需要满足三个基本要素，即适用、美观、强度。适用是指建筑物的功能，美观是指建筑物的外观效果、美学感受，而强度则是指建筑物的结构。三者应是相互协调、统一的，但是结构是整个建筑物的基础、保障，没有安全的结构，建筑物的其他一切功能皆不可能存在。

三、建筑结构的种类和特点

建筑物由各种建筑材料组合而成，各种建筑材料可以组成各种不同的建筑构件（如柱、梁、板墙等），不同的建筑构件依照不同的组合方式，可以形成多种结构形式，针对不同建筑物的功能、高度、空间要求等，建筑可以采用不同的结构形式。

1. 按材料分类

（1）木结构
木结构（图16-1）的主要结构构件为木材，是由木材组成受力体系的建筑结构。我国传统建筑大部分为木结构建筑，但由于木结构建筑的耐火性能较差，目前已经比较少见。

（2）砌体结构
砌体结构（图16-2）是由砖、石砌体采用砂浆砌筑而成的建筑结构。它由一块一块的砌块组合而成，其整体性能较差，特别是抵抗拉力、水平力的性能比较差，抗震性能也较差。它主要用于低层建筑中，多年前，被广泛用于城乡接合部，但现在在城市建筑中已经较少采用。

（3）混凝土结构
混凝土结构（图16-3）是主要由钢筋（型钢）与混凝土两种材料组成的结构，可分为钢筋混凝土结构和型钢混凝土结构。混凝土材料具有良好的抗压能力，但抗拉性能比较差，而钢材具有良好的抗拉能力，这种结构能够很好地结合钢材与混凝土两种建材的力学优点，融合抗拉与抗压性能，这种结构也是目前大多数建筑采用的结构。混凝土＝石头＋水泥＋沙＋水，其强度用符号C表示，如C20混凝土、C40混凝土等。在室内设计中，混凝土主要用在圈梁、构造柱、地梁以及结构性找平中。水泥砂浆＝水泥＋沙＋水，其强度由符号M表示，如M20、M25等。水泥砂浆的强度低于混凝土，在室内设计中，水泥砂浆主要用在墙地面找平、基体粘接等工序中。

（4）钢结构
钢结构（图16-4）是指采用型钢钢材为主要骨架的结构，并通过焊接或螺栓连接。这种结构的优点是钢材具有很好的抗压、抗拉、抗剪性能，可以减小建筑物构件尺寸，施工周期快。缺点是钢材的耐火性能差，着火后，钢材在短时间内就会失去承载能力，引起建筑崩塌事件。钢结构建筑如果要达到耐火极限的要求，必须在构件表面涂刷防火涂料。

图16-1　木结构建筑　图16-2　砌体结构建筑

图16-3　混凝土结构建筑　图16-4　钢结构建筑细部

（5）混合结构

混合结构（图16-5）是指核心为钢筋混凝土结构，外围为钢结构体系的结构。这种结构结合了混凝土结构与钢结构的优点，目前被普遍使用在高层及超高层建筑中。

2. 按结构体系分类

（1）砌体结构

砌体结构是指墙面采用砌体（如砖、石材等）砌筑，楼板为钢筋混凝土的结构体系（图16-6）。该结构的主要特点是用墙体作为承重构件，主要使用在多层、低层建筑中。

（2）框架结构

框架结构（图16-7）是以柱、梁结构构件刚性连接组成的建筑受力体系作为建筑承重结构。刚性连接对于混凝土结构来说，就是梁柱一体浇筑而成（图16-8），相对的方式有铰接（采用螺栓连接）或柔性连接。框架结构承受竖向荷载能力较强，承受水平荷载（风、地震等）能力较弱。这种结构形式布置灵活，可以形成大空间，墙体主要作为围护结构，并不起承载作用，主要使用在多层、高层公共建筑中。

（3）剪力墙结构

剪力墙结构（图16-9）是利用墙体承受水平、竖向受力的结构。顾名思义，它可以很好地承受剪力（剪力是指主要来自水平方向的力，如风对建筑的影响主要为水平力）。剪力墙由钢筋混凝土墙体构成，所以这种结构形式虽然受力性能很好，但是由于剪力墙的布置影响建筑物的空间功能，很难形成大空间，局限性比较强。

（4）框架剪力墙结构（框剪结构）

框架剪力墙结构（图16-10）是由一部分框架结构和剪力墙结构共同组成的结构体系。它融合了两种结构体系的优点，既能很好地减小风荷载等水平力的影响，又可以获得比较灵活、开阔的空间布置，是目前比较常见的建筑结构，主要用于高层及超高层建筑中。

（5）筒体结构

筒体结构主要利用核心筒体作为受力构件，比较常见的有框架筒体结构（图16-11）、筒中筒结构等。核心筒由钢筋混凝土围合的墙体组成，相当于由多个剪力墙围合而成，将核心筒区域作为电梯区，疏散楼梯的竖向交通区域、外围框架区域作为公共区域，这样有利于平面布置。筒体结构中的核心筒更能承受水平荷载，所以风荷载比较大的超高层建筑更适合采用这种结构形式。框架筒体结构平面示意图如图16-12所示，红色区域为核心筒，外围为框架结构的梁柱，是比较典型的框架核心筒结构。

（6）排架结构

排架结构（图16-13）主要满足了工业生产需要大空间的需求，采用柱与桁架梁组成的排架，一排一排连接而成，主要应用在工业建筑中。

图16-5　施工中的　　图16-6　砌体结构
　　混合结构建筑　　　　　建筑

图16-7　框架结构　　图16-8　框架结构
　　建筑基本组成　　　　梁柱示意图

图16-9　剪力墙结构在建
　　筑中的形式

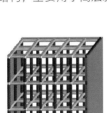

图16-10　框架剪力墙结构
　　　模型

图16-11　施工中的
　　框架筒体结构

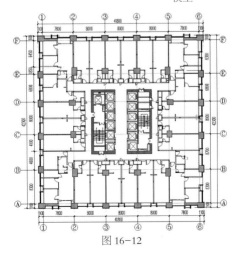

图16-12

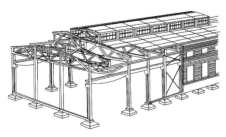

图16-13　排架结构厂房

（7）其他特种结构

主要包括壳结构、膜结构（图16-14）、网架结构、悬索结构等，这类结构通常需要大空间，而且结构构件本身造型优美，也是建筑结构外露作为装饰性结构的通常做法，由于这类结构为非常规结构，故不过多介绍，设计师作为拓展知识了解即可。

四、建筑高度与结构的关系

随着建筑高度的增加，建筑结构形式从砌体结构到框架结构、剪力墙结构、筒体结构逐渐变换。因为高度增加，建筑所经受的风荷载会成倍加大，超高层建筑的结构设计中，风荷载、地震等水平荷载是要考虑的主要因素。

五、建筑结构的可靠性

建筑物在使用过程中，其结构是否可靠，或者说判断一个建筑物结构是否满足要求，应从三方面进行：安全性、适用性、耐久性。三个方面缺一不可。

安全性是指建筑物承受各种荷载时能够保证安全，即承载能力没有问题；适用性是指建筑物能满足比较好的功能，如构件不能出现过大的裂缝，虽然有时候裂缝不影响安全，但会影响到人或者设备的观感与使用；耐久性是指建筑物在设计使用年限内或者环境下，其材料或构件不能失效，即达到设计规定的使用年限。上述三个性能称为建筑结构的可靠性。建筑结构可靠性思维模型是我们看待建筑相关行业的底层思路，如从事室内设计，特别是深化设计、现场管理等，经常会遇到节点工艺的深化、构造的收口等问题，这就需要设计师不能仅从安全方面考虑问题，同时还要考虑设计的适用性和耐久性，让三者达到平衡，完成一个可靠的室内设计作品。

图16-14　膜结构建筑

第二讲 ｜ 建筑结构构件

关键词：概念解读，建筑结构，规范数据
导读：本文将解决以下问题：建筑构件是什么？建筑构件都包括什么？它们都有哪些特性？

一、建筑构件及建筑结构构件

建筑物如同一个机器设备，由很多不同的零件组成，这些零件被称为建筑构件（图16-15）。组成建筑物且能承受建筑物荷载的构件我们称为结构构件，主要有基础、柱、梁、板、墙等。结构构件按照布置方式的不同，可组成不同的结构体系，如各种结构形式——框架结构、剪力墙结构等。不同的建筑物，依据其功能空间、建筑高度、建筑体型等因素，可选择不同的结构体系。建筑结构构件基本的传力路径为板、梁、柱、基础、地基（图16-16）。

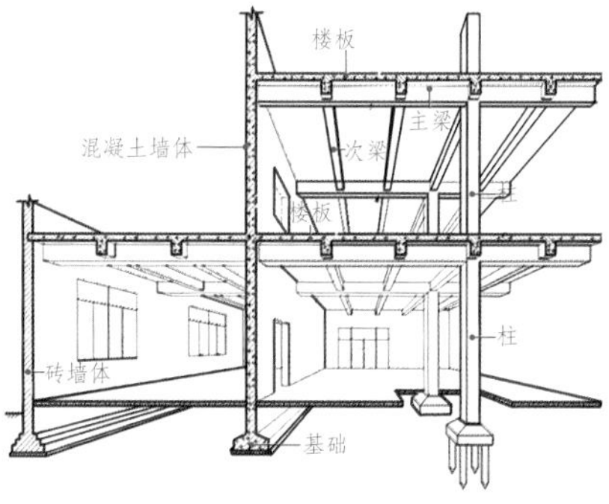

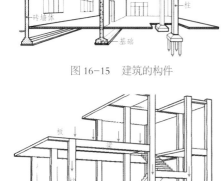

图 16-15　建筑的构件

二、建筑构件的分类及特性说明

建筑结构构件按照受力状态不同，又可分为受压构件、受拉构件、受弯构件、压弯构件等。下面介绍这些建筑构件都有哪些属性，以及都是怎样构成的。

（1）柱是建筑中重要的结构构件，是支撑建筑物竖向荷载的骨干力量，特别是对建筑物的抗震能起到至关重要的作用。通常在做建筑物抗震设计时，有一个原则是"强柱弱梁"，即只要竖向结构柱比较坚实、稳固，就像一根旗杆一样（图16-17），建筑物就能很好地抵抗外力。

柱主要为压弯构件，承受竖向压力及水平荷载带来的弯矩影响。结构柱一般由基础至屋顶通高设置，其位置均为贯通，但是截面尺寸可以变化，越靠近顶层，截面面积可以越小。

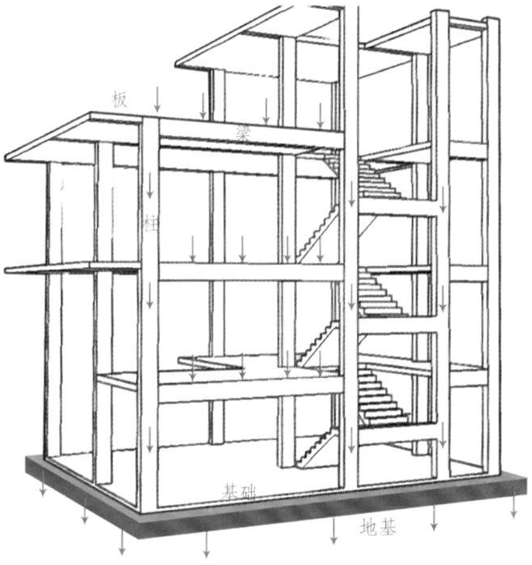

图 16-16　建筑结构构件的传力路径

（2）梁分为主梁与次梁，主要为受弯构件。主梁指连接两个柱子的梁，次梁一般连接梁与梁。正常梁顶高度与板顶高度一致，但有时根据实际情况会设置反梁（图16-18），即梁顶高度高于板顶高度。如为了增加楼层净空高度，便于上层空间可以占用，这时可以设置反梁。

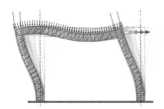

图 16-17　柱的受力状态

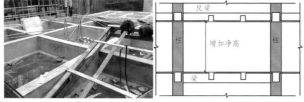

图 16-18　反梁现场和示意图

（3）板是指覆盖面积大、厚度较小的平面结构构件，属于受弯构件。板四边支撑于梁上，属于四边支撑结构，根据长边与短边的比例，可分为单向板与双向板（图16-19）。单向板可以通俗地理解为两侧梁为支座受力，另两侧不受力，可以看作放置在两侧梁上的构件。双向板即四面支撑处均受力。

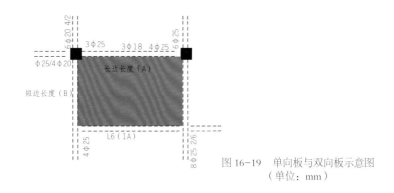

图 16-19　单向板与双向板示意图
（单位：mm）

板的长边长度（A）与短边长度（B）为
A/B＜2时，应为双向板；当A/B＞2时，
应为单向板（沿短边方向的单向板）。单
向板长边为支座受力边，短边为构造做法
边、不受力边；双向板四边均为受力边。
了解单、双向板的意义是，当我们需要在
楼板开洞或切割钢筋时，能有个大致的判
断——是否会破坏楼板的稳定性。

（4）墙体构件在砌体结构体系内作为承重
结构时，一定属于建筑结构构件。而如果
在框架等结构体系内，墙体不承重，只是
作为维护构件，起到分隔、隔声、防火等
作用，那么，墙体是否还属于结构构件呢？
砌块墙体虽然是不承重构件，但它也是建
筑物抗震构造措施，属于建筑结构整体的
一部分，所以，框架结构中的墙体也是结
构构件，也就是我们在工地上经常听见的
"二次结构"。在室内遇到二次结构砌墙
时（加气块、混凝土砌块），在大多数情
况下，它们是可以拆改的，这可以为空间
的平面布置提供更多的可能性。

砌块墙体由砌块与砂浆构成，其整体性不好，
为加强整体性，需要在砌块墙体内加入构造
柱、圈梁、拉结筋等构件（图16-20）。

构造柱是指砌体结构中，为增加砌体结构
整体稳定性而设置的混凝土柱。但不同于
建筑结构柱，构造柱不承受建筑荷载，也
就是说，它不能受力，属于构造措施。构
造柱是在墙体砌筑完成后再进行支模浇
筑的。

圈梁的作用等同于构造柱，通过圈梁和构
造柱的设置，将砌体墙划分成一个个小块，
再通过支模浇筑使其形成整体。

拉结筋（图16-21）是起到拉结作用的钢
筋，它将混凝土构造柱与砌体结构进行拉
结，从而增加两种构件的整体性，也就是说，
它是连接两种构件的"抓手"。

当砌体墙体高度过高、长度过长时，其稳定性会很差，所以为了满足其稳定性，就必须设
置这三种基础构件，相关规范严格规定了构造柱及圈梁的设置要求。

（1）拉结筋设置要求

填充墙体应沿框架柱全高，每隔500mm～600mm设2φ6拉结筋，拉结筋伸入墙体的长度
在建筑抗震烈度6~7度时不小于700mm，8度时应全长贯通。

（2）构造柱设置要求

砌体填充墙的墙段长度大于5m或墙长大于2倍层高时（图16-22），墙体中部应设置钢
筋混凝土构造柱。门洞口两侧宜设置端部构造柱。墙体转角、端部、T形交点均需要设置
构造柱。构造柱需要留置成马牙槎，施工时需要先砌墙，然后支模浇筑构造柱。

（3）圈梁设置要求

砌体填充墙的墙高超过4m时，应在墙体半高处设置全长通贯的水平系梁（图16-23），
梁高不小于60mm。

图16-20　圈梁构造柱示意图　　　　　　　　图16-21　拉结筋示意图

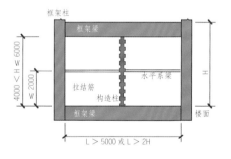 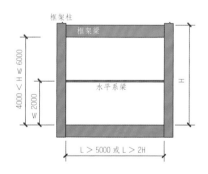

图16-22　构造柱配置示意图　　　　　　　　图16-23　圈梁配置示意图
（单位：mm）　　　　　　　　　　　　　　（单位：mm）

第三讲 ｜ 建筑结构构件的设计原则

关键词： 设计要点，质量通病，设计原则

一、平面布置对建筑结构的影响

建筑物在进行结构设计时，会按照建筑性质（办公、住宅、酒店等）的不同，以及每个室内空间功能（办公室、厨房、机房等）的不同，使用不同的荷载设计值进行计算，得到楼板、柱梁等构件的配筋、截面大小等。也就是说，不同建筑类型所对应的室内空间是不一样的。通常，办公室、客房、教室、会议室等功能空间的荷载为 2.0kN/m²（受力 1.0kN/m² 相当于每平方米可以承受100kg 的重量）；餐厅、健身房、阅览室、剧场等空间的荷载为 3.0kN/m² ~ 4.0kN/m²；通风机房、电梯机房等功能空间的荷载为7.0kN/m²。具体数值的意义在于可以让设计师有一个比较直观的判断。

在做室内设计时，改变空间的功能会对建筑结构产生影响，如原建筑功能为办公室，如果改为机房或者健身房等会增加楼面的荷载。因此，在大面积改变建筑功能的情况下，需要复核建筑结构设计。

室内设计师在开始做平面布置时，经常会遇到调整建筑布局的情况。当改变墙体的位置时，墙体应尽量坐落于结构梁的上方（图16-24），禁止在楼板上放置砌体墙体。如果需要在楼板上设置墙体，墙体应选择轻钢龙骨墙或钢龙骨轻质隔墙。装饰平面图复核时应特别留意室内设计师增加的集中大荷载构件，如局部设置的水景、水池、种植池、雕塑等，确保这些构件的位置靠近下层梁柱的上方，若这些构件面积较大，必须请专业结构设计师核算荷载，以保证空间的安全。应明令禁止荷载大的构件位于无梁的楼板上，否则会有造成坍塌的危险。

二、建筑结构构件的设计原则

在日常工作中，设计师的方案经常会由于建筑结构的限制无法实现，推翻重来，或者按图施工后，现场出现工程事故。从这个角度来看，设计师（尤其是深化设计师）必须了解有关建筑结构构件的设计原则，避免后期因为建筑结构问题导致无意义的重复劳动。

1. 想在墙体上开槽，有哪些原则不能触碰

在项目施工过程中，室内装饰通常会和机电末端（线盒、面板等）的安装同时施工，在大多数情况下，室内装饰的机电管线都是隐藏（暗敷设）于楼地面之内的，因此，不可避免地会对墙体进行开槽处理，暗埋管线。但墙体开槽要遵循一定的规范，当在结构墙面上开槽时，应严格要求施工方避免横向通长的开槽，尽量竖向开槽（图16-25），且应避免墙体两侧开槽位于同一位置，应至少错开约300mm的距离。目前，这种横向开槽的情况在绝大多数施工现场都存在，所以，设计师需要严格把控。

强调一点，这里指的墙体是土建预留的承重墙体，多为混凝土剪力墙。目前对于中高端项目而言，很少会在土建预留墙体上开槽埋管，而是直接在墙体上设置龙骨基层，大部分电气线管均可通过基层龙骨的空间设置，避免墙体开槽。

2. 墙体需要开洞走管时，应留意哪些问题

前文提到，在砌体结构中，墙体属于承重构件，在墙体上开洞会影响墙体的承载能

力。如果是小型（小于 300mm×300mm）的管道洞口开洞，对墙体承重的影响相对较小，可以忽略不计。但如果涉及门窗、过道等大型洞口，在开洞前，应先进行结构验算，以保证建筑洞口的安全性。

在框架结构、钢结构中，墙体作为围护结构不承受建筑荷载，不属于承载构件，那么在围护墙体上开洞不涉及结构安全问题。柯布西耶关于现代建筑设计的"自由平面设计理念"也是基于框架结构才能实现。但需要注意，无论在一次结构还是二次结构上开洞，洞口开完之后，洞口顶部都需要增加过梁，并在两侧增加构造柱保证洞口的牢固性（图16-26）。

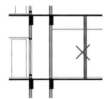

图16-24　严格意义上来说，楼板上不允许布置墙体　　图16-25　墙体开槽尽量采取竖向开槽的形式

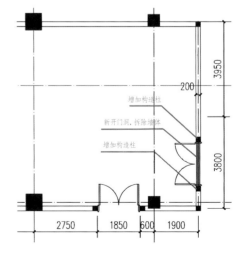

图16-26　墙体开洞后增加构造柱

3. 拆墙时应注意什么

拆墙的原则是，承重墙体严禁拆除，非承重墙体可以随意拆除，但拆除墙体后需要补齐墙体内的构造柱及圈梁，特别是端部应增加构造柱。

那么，怎样判断墙体是否为承重墙体呢？正常情况下，可以通过建筑图纸判断哪些墙可以拆除，哪些墙不能拆除。如果拿不到建筑图纸，或不能从图纸上区分墙体时，可以现场敲击墙面，通过声音判断该墙体是不是混凝土结构墙。用手敲击墙体，若回声大且较为清脆，即为砌块墙、轻钢龙骨隔墙等二次结构墙；若回音小，或没有回音，则很有可能是混凝土墙体。

4. 为了装饰效果，什么情况下可以开凿混凝土墙体？

一般住宅项目中，在水电施工或想做踢脚线造型时，为了降低成本，设计师会选择通过开凿墙面满足饰面要求。而他们不知道的是，这样做存在比较大的安全隐患。

在混凝土结构中，钢筋保护层是指混凝土构件中最外侧钢筋至构件外表面的部分，保护层的尺寸一般为20mm～30mm(图16-27)。保护层的作用主要是保护钢筋不暴露、不容易锈蚀，增加钢筋与混凝土的结合力。装饰施工过程中，若需要凿掉保护层，进行焊接等施工，应尽快填补修复，而且，正常情况下禁止将保护层凿掉，使钢筋暴露在空气中，这样会导致钢筋氧化，以致混凝土墙面出现质量问题（图16-28）。这也是高端项目不在墙面开槽敷设线管的原因之一。

5. 混凝土结构中增加夹层时应注意什么

在室内空间中，层高比较高的大空间经常会设置二层夹层空间，这就需要设置夹层的楼板、梁等承重构件（图16-29）。这些构件需要与原建筑的结构柱进行连接，相当于在原结构柱中间增加一个附加力构件，这些附加力会增加原结构柱的压力，还会对结构柱产生偏心受压，同时还会增加水平推拉力等。这些附加外力均会对原结构产生不利的影响，因此，在增加楼板时，应请相关的结构专业人员对现场进行受力核算，作为室内设计师，我们不应随意对结构进行更改和加设。

6. 楼板开洞加设楼梯时应注意什么

很多设计师在设计方案时都会在楼板上开洞，殊不知，楼板开洞会破坏原有的钢筋网，减弱楼板水平刚度，致使楼板成为悬挑构件。因此，在设计空间时，建议不要随意在楼板上开洞。如果有必须开洞的设计（如增加电梯、拓宽楼梯等），就必须对开洞后的楼板边缘进行结构加固处理，如增加梁位、增加梁的强度、使用碳纤维加固（图16-30），或者用传统的粘钢形式加固等。

7. 在楼板下增加结构柱，保证上层空间的设计效果，可行吗

在布置室内空间时(特别是框架结构的建筑空间)，有时会改变结构构件，比如，增加楼梯时，需要拆除楼板或者次梁结构，这时我们会想当然地认为在梁下增加柱支撑会更加安全、保险。同样情况，如果在楼板上的局部增加雕塑或水景等比较大的集中物体时，我们一般认为需要在其下方的梁下增加支撑会比较安全（图16-31）。但是，结果真的是这样吗？

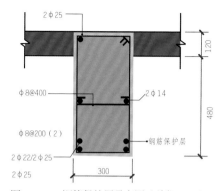

图 16-27　钢筋保护层示意图（单位：mm）

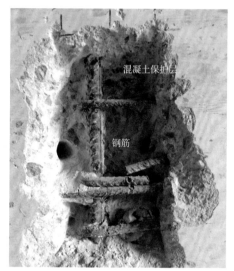

图 16-28

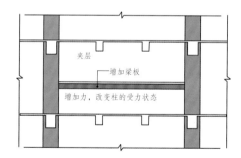

图 16-29　柱中增加支撑点

图 16-30　碳纤维结构加固

图16-32是从结构设计的角度来分析受力传递途径。通过这张受力传递图可以看出，梁的受力情况大致为梁支座（即梁和柱子或其他梁的接触部分，起到支撑梁的作用）上部受拉，底部受压，而梁的跨中区域受力情况正好相反，即上部受压，底部受拉。梁的结构配筋是按照其受拉、受压的情况来计算的，通俗来说就是，受拉区的梁的钢筋比受压区的多。由此可见，在梁的下方增加支撑柱，看上去是增加了支撑点，应该是对建筑结构的加固，应该会比较保险，但实际上，这样对建筑结构是不利的。因为，这其实是改变了梁的受力位置，将原来受拉区与受压区进行了对换，而内部钢筋并未改变，所以会产生安全隐患。用一个形象的例子来解释：一个人胸口中了一刀，造成体内出血，医生认为只要处理胸口上可见的伤口就可以了，然后为他涂了红药水，包好了绷带。楼板开洞也是相同的道理，我们认为在楼板下加了柱子就可以平衡受力关系，其实结果恰恰相反。所以对室内设计师来说，不建议在室内空间随意增加支撑柱来满足装饰设计的要求。同时，在空间内增加结构荷载（增加重量）时，应该由结构设计师对结构进行整体复核，不能自行在局部增加加固措施，这样做有时会适得其反。

8. 为了节约吊顶空间，管线穿梁而过，可行吗

很多设计师看到这个问题，脑袋里蹦出来的第一个想法就是，当然不行。其实答案是：具体情况具体分析。

从建筑结构的角度看，在梁上开孔是大幅度减少截面面积的行为，会比较严重地破坏结构构件，特别是切断受力钢筋，所以除非特别必要，否则建议不要考虑梁上开洞。但是，当必须要在梁上开洞（走管线等）时，如果开孔直径小于等于150mm（如安装消防管、排水管等），在没有其他办

法的情况下，是可以和结构设计师商量开孔事宜的。不过在开孔时，须尽量避免切断混凝土里面的钢筋，同时，建议在梁跨1/3的部位选择开洞，且洞口高度宜在距梁底200mm以上的梁中区域（图16-33）。如果开孔直径大于150mm，是绝对不能开孔的（图16-34）。

9. 怎样正确地对阳台进行封闭处理

在很多住宅空间中，往往会为了满足设计效果以及功能需求而对悬挑阳台进行封闭处理。但如果采用的封闭手段不合适，会出现问题。建议在封闭阳台时，不要采用刚性构件支撑，如现浇混凝土柱、设置钢柱等，而尽量用柔性连接，如采用结构胶密封等方式。

为了说明这一点，我们从结构的角度来解析阳台的相关知识。通常所说的阳台建筑结构，在建筑术语里被称为悬挑结构，即一端有支撑点，另一端为自由状态的结构。而悬挑结构的特点是，它的悬挑端（末端）一直处于自由状态，是不受任何弯矩影响的（弯矩是受力构件截面上的内力矩的一种，即垂直于横截面的内力系的合力偶矩，可以简单地理解为一种力），也就是说，阳台的末端是可以自由变形的。所以，阳台的末端没有任何约束力存在，主要的承载是靠悬臂构件根部的悬挑。若在悬臂构件末段增加支撑柱，则末端就成为受力支座，整体悬臂构件的受力方式发生变化，末端上部变为受拉状态，破坏了受力平衡，有可能会导致后期出现质量问题。因此，不建议采用现浇混凝土植筋这种刚性构件形式封闭阳台，应采用留缝填密封胶，或者使用橡胶垫的方式封闭，原理与轻钢龙骨下加橡胶垫类似（图16-35）。

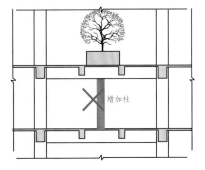
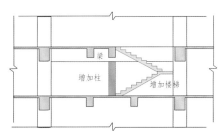

图16-31

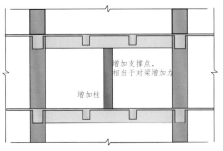

图16-32 梁下加柱

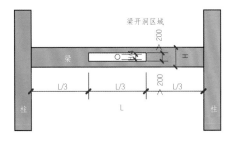

图16-33 （单位：mm）

图16-34

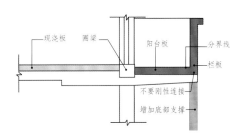

图16-35 阳台悬挑结构底部增加支撑

三、小结

本文列举了困扰设计师的一些装饰和结构发生冲突的问题，但文中并没有一一对这些问题提出解决方案，只提供了一些大致的解决方向。因为，结构安全是一个系统问题，也是一个专业性很强的领域，大部分问题不是可以根据经验解决的，而是需要一步步计算复核的，而且，室内设计师在正规的项目中也是无权干涉结构问题的。所以，室内设计师需要了解下面三个重点。

1. 增加设计落地的可行性

了解了以上易出现结构安全的问题后，指导设计时，要考虑这些关键点，从而保证自己设计落地的可行性，减少改图和出现工程事故后被追责的风险。

2. 结构问题要靠计算解决，而不是经验

遇到结构问题，不要相信一些所谓的"经验之谈"，应严格按照流程，由结构工程师计算复核，避免发生安全事故。

3. 不要随意拆除或加建与装饰平面图不符的建筑构造

结构的问题有时不仅是承载力的问题，结构体系是一个整体，有时拆除某个构件，局部承载虽然没有问题，却削弱了整体的刚度，在地震发生时，该处就容易出现大的破坏，甚至坍塌。

第四讲 | 室内设计师应该怎样读识结构图纸

关键词：读图识图，设计原则，读图方法

一、室内设计师为什么必须要读结构图

室内设计师都会有这样的经历：天花图画完后，天花标高不能满足现场需求；立面图画完后，被告知楼板结构错误；设计方案定稿后，室内图纸与建筑图纸不对应。学习读识结构图就是为了让设计师尽可能地规避上述情况，避免因装饰图和结构图冲突造成无效工作，在设计开始之前，就要明白室内空间的层高、板厚、梁柱的尺度大小、位置关系等。

所以，读结构图需要带着目的。室内设计师读结构图主要应该关注以下信息：楼板的层高与厚度关系；梁的规格尺度与位置关系；柱的规格尺度与位置关系。也就是说，室内设计师读识结构图最主要的目的就是获得以上信息，让设计方案与建筑结构不冲突，其余信息可以暂时忽略。

二、初识结构图纸

首先，想要获取这些信息，必须知道结构图纸包含哪些内容。建筑结构施工图纸主要表达结构构件的做法，相互之间的关系、构件布置、形状、尺寸等内容，简称为"结施"。结构施工图纸主要内容有设计说明、基础结构平面图、柱平面图、梁平面图、剪力墙平面图、板平面配筋图、楼梯配筋图、大样图等。结构施工图大部分的内容是表达结构做法，作为室内设计师，没有必要全面了解结构施工图纸的内容，只需要迅速了解影响室内设计的主要的信息即可。

构件的截面尺寸、结构构件的标高、相互之间的关系等内容会影响室内设计，所以，

这些属于需要重点了解的信息，而构件的配筋、钢筋、混凝土的性能、标准等可不去了解。结构施工图的表达方式通常采用平法标注法。平法就是把结构构件的尺寸、配筋等信息，按照一定的规则在平面图上表达清楚，并与标准图集结合，构成完整的结构施工图（结构图基本不会有立面图，大部分信息在平面图内已经明确了，所以叫平法标注施工图）。下面介绍两种最常规的结构图的图纸表达及读图方式，即钢结构与钢筋混凝土结构。

三、钢结构施工图的识图方法

根据空间功能、使用要求、成本控制、建筑造型等的不同，钢结构的做法也有所不同，所以，读识钢结构图纸的难度相对于混凝土结构更大一些。

钢结构的柱梁一般采用型钢构件（图16-36），在工厂内加工完成后，运到现场直接组装，因此，可极大地缩短施工工期。钢结构采用的型钢大多数为方管、H型钢或C型钢。不同于钢筋混凝土结构，钢结构柱梁的截面形式比较复杂，柱梁板等之间的连接方式也比较复杂，如采用螺栓连接等，室内设计师作为了解内容即可。

型钢方管与方通的原理一样，只是钢结构的方管规格比较大，一般由厚钢板在工厂内经过特殊焊接加工而成。装饰用的方管是建筑用的方管的缩小版。H型钢（图16-37）是指截面形状如同字母H的钢结构型钢，等同于工字钢。C型钢（图16-38）一般由钢板在工厂通过成型机加工而成，作为钢结构建筑屋面的檩条使用。

室内设计师主要了解结构构件的尺寸、标高、位置等基本信息即可，构件之间的连接等信息基本不需要了解。钢结构图纸主要是采用平面标注的方式，表达清楚型钢构件的尺寸、标高、连接方式等信息，具体实例如图16-39~图16-42。

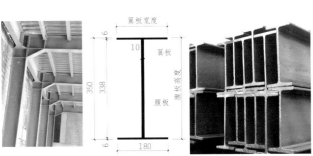

图16-36   图16-37 H型钢（单位：mm）

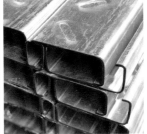

图16-38 C型钢

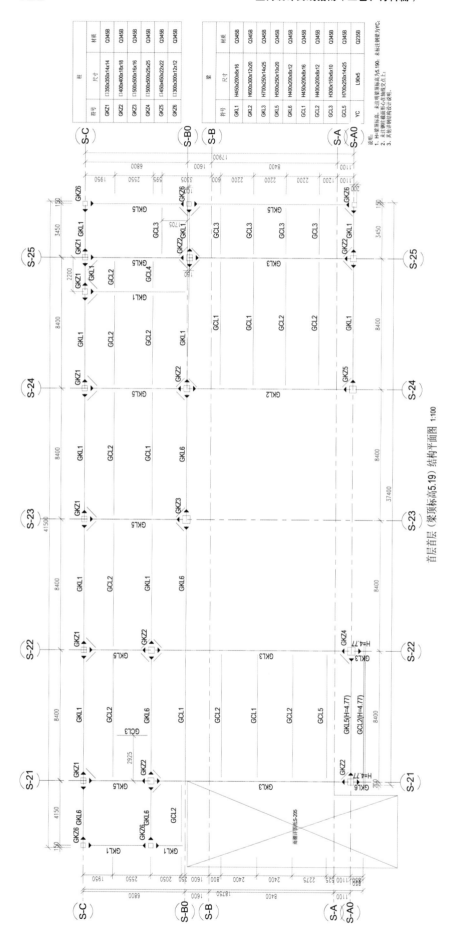

图 16-39 柱梁平面图

柱（mm）		
符号	尺寸	材质
GKZ1	□ 300×300×12×12	Q345B
GKZ2	□ 400×400×14×14	Q345B
GKZ3	□ 400×400×16×16	Q345B
GKZ4	□ 400×400×18×18	Q345B

说明：GKZ1，□ 300×300×12×12，表示编号为 GKZ1（框架柱 1）的柱子，采用方管型钢，截面尺寸为 300mm×300mm，方管壁厚为 12mm。

梁（mm）		
符号	尺寸	材质
GKL1	H350×180×6×10	Q345B
GKL2	H400×200×8×12	Q345B
GKL3	H400×200×6×16	Q345B
GKL4	H500×250×8×18	Q345B
GKL5	H700×250×12×20	Q345B
GKL6	H400×220×6×16	Q345B

说明：GKL1，H350×180×6×10，表示编号为 GKL1（框架梁）的梁，采用 H 型钢，截面尺寸为腹板 350mm 高，翼板宽 180mm，厚 6mm，腹板厚 10mm。

图 16-41　梁柱说明表

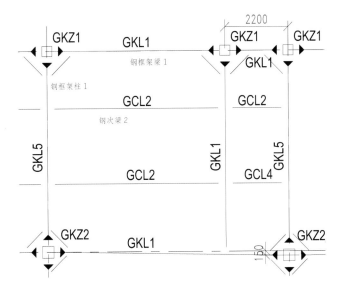

图 16-40　柱梁平面说明图

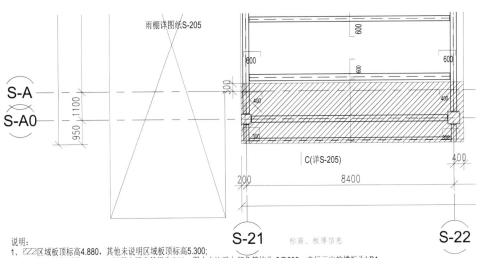

说明：
1、▨▨区域板顶标高4.880，其他未说明区域板顶标高5.300；
2、未注组合楼板厚为110mm，混凝土强度等级为C30，图中未注明上部负筋均为8@200，未标示出的楼板为LB1；
3、组合楼板在钢梁上的支承长度不应小于75mm，压型钢板在钢梁上的支承长度不应小于50mm。其他未说明的组合楼板细部构造参考《钢与混凝土组合楼（屋）盖结构构造（05SG522）》。
4、施工期间应设置临时支撑，以保证钢梁稳定性。
5、▨代表板洞，▨代表后浇洞，未注明板洞定位均齐轴线或齐梁边。风道、排烟井、电气专业桥架穿楼板处留洞等永久性板洞，均需与各专业核实无误后方可施工。
6、其他详钢结构设计说明。

首层（板顶标高5.300）楼承板布置图 1:100

图 16-42　楼板平面图及文字说明

关于钢结构楼板的结构图，了解标高、板厚等基本信息即可，至于如何配筋，如何搭接等结构专业信息，室内设计师不需要太过深入地学习。如图 16-43~ 图 16-45 所示，钢结构建筑的楼板通常采用压型钢板与钢筋混凝土结合的形式来实现。

图 16-43　压型钢板

图 16-44　压型钢板上绑钢筋、浇筑混凝土

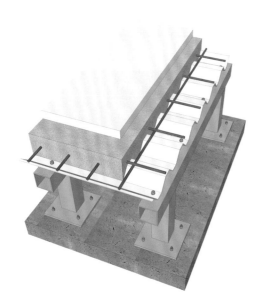

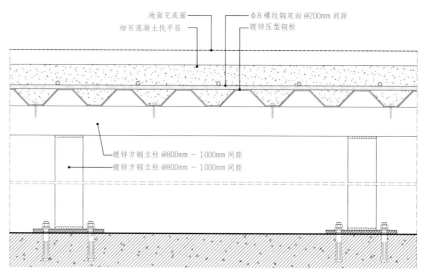

图 16-45　压型钢板地面节点通用做法

第五讲 | 钢筋混凝土结构施工图的识图方法

关键词：读图识图，设计原则，读图方法

阅读提示：

在钢筋混凝土结构形式的施工图中，无论采用框架结构还是框筒结构，结构施工图主要要表达清楚结构构件的尺寸、定位与配筋等信息，这些构件主要有柱、梁、板、墙、楼梯等，下面按建筑构件（柱、梁、板、楼梯）的形式分别说明它们在结构图上的表示方式。

一、柱

柱的平面图内会注明结构层的标高、柱编号、截面尺寸、配筋、结构层高等信息。柱的编号往往采用字母与数字结合的形式，如 KZ01，字母是按照规范图集的要求编制的，通常有 KZ（框架柱）、KZZ（框支柱）、XZ（芯柱）、LZ（梁上柱）、QZ（剪力墙上柱）。室内设计师了解这些构件的含义，知道这些字母是代表不同的柱构件类型即可。

如图 16-46 所示为柱平面图的基本结构示意，蓝色区域是平面图纸区域，包括了柱子的定位以及编号等基本信息，红色区域为柱大样信息区域，包括柱的详细信息，如尺寸、配筋、标高以及柱子的大样图（图16-47）。图 16-48 是一个柱大样的示例，包括编号、尺寸、标高、配筋等信息，具体柱位置对应平面图内的编号，设计师作为了解内容即可。

二、梁

在梁平法施工图中，会标示梁的编号、截面尺寸、梁顶标高、梁配筋等信息。梁的标注方式采用字母代号＋序号＋（跨数）＋截面尺寸的形式。例如，KL4（4）500×600。KL4 是梁的编号，字母KL 代表框架梁，4 是序号，（4）表示梁的跨数（柱与柱或主梁与主梁之间为一跨），500×600 代表梁的截面尺寸，梁宽

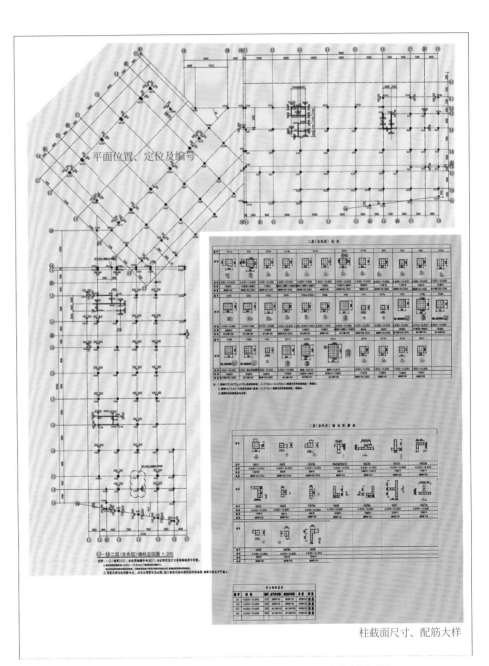

平面位置、定位及编号

柱截面尺寸、配筋大样

图 16-46　柱平法施工图（仅参考图纸轮廓即可，无需看清细节）

500mm，梁高 600mm。具体示例如图 16-49 所示。梁的顶标高有时会在图纸内标注，有时会在图的旁边有文字说明或列表说明（图 16-50、图 16-51），一般情况下，梁顶标高等同于板顶标高，反梁、降板等特殊情况除外。读结构图的主要目的之一就是确定梁的标高，方便室内设计顺利开展，所以，这个知识点，室内设计师必须要掌握。

这里需要注意的是，梁截面尺寸为梁宽 × 梁高，梁宽比较好理解，但梁高不是指梁外露高度，而是梁底至楼板顶的高度，包括了楼板的厚度（图 16-52），如果不理解这个概念，楼层的净高以及天花吊顶标高容易计算错误。

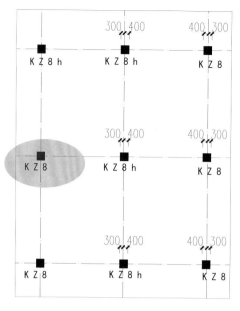

图 16-47　柱平法施工图放大图

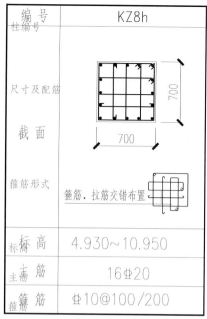

图 16-48　柱平法施工图柱表放大图

梁		编	号	表 4.2.2
梁 类 型	**代号**	**序号**		**跨数及是否带有悬挑**
楼层框架梁	KL	XX		(XX)、(XXA) 或 (XXB)
屋面框架梁	WKL	XX		(XX)、(XXA) 或 (XXB)
框 支 梁	KZL	XX		(XX)、(XXA) 或 (XXB)
非框架梁	L	XX		(XX)、(XXA) 或 (XXB)
悬 挑 梁	XL	XX		
井 字 梁	JZL	XX		(XX)、(XXA) 或 (XXB)

注：(XXA) 为一端有悬挑，(XXB) 为两端有悬挑，悬挑不计入跨数。

例　KL7(5A) 表示第 7 号框架梁，5 跨，一端有悬挑；

　　L9(7B) 表示第 9 号非框架梁，7 跨，两端有悬挑。

图 16-49　梁结构施工图集内对梁
规范的标注解释

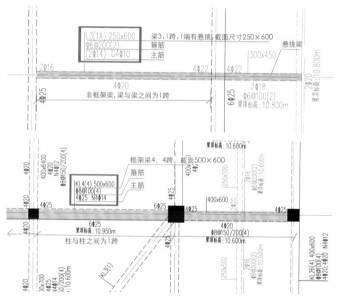

图 16-50　梁平法施工图内的标注
（单位：mm）

说明：

1. 本图所注标高均为相对标高，±0.000 对应绝对标高详见建筑图。
2. 除注明外，梁均居轴线中或贴柱（墙）边布置；除注明外，梁顶标高同板顶，高低标高相邻处同高标高。
3. 除附加吊筋外，所有梁上集中荷载处（或 KL 与 L，L 与 L 相交处）每侧各增设三道附加箍筋，箍筋间距为 50mm，箍筋直径及肢数均与梁中箍筋相同；构造详见 03G101-1。在主梁上（KL）次梁所在位置分别附加吊筋 2ф18。
4. 附加箍筋及吊筋构造详见 03G101-1。
5. XLx 顶部纵筋构造按悬挑梁，底部纵筋构造按框架梁。
6. 当次梁（Lx）端支座为砼墙、砼柱或宽梁（宽度≥400mm）时，次梁端部上部钢筋截断长度取 ln/4，其他情况详见图集 03G101-1（修订版）第 65 页相关图示及说明。

图 16-51　梁平法施工图内的文字
说明

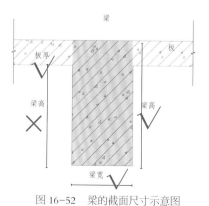

图 16-52　梁的截面尺寸示意图

三、板

楼板构件在结构图内主要表现板的配筋、标高等信息。板厚、标高、配筋等信息有时也会以文字形式在备注内表示。具体说明如图 16-53、图 16-54 所示。

读取楼板的信息也是需要重点了解的知识点，主要需要了解楼板的标高、楼板的厚度，以及哪些区域存在降板等。这些信息的表达形式根据不同的项目，可能采用的标注方式不同，但是，只要掌握了本文中提到的知识点，就会很容易理解各个图纸的表达方式。

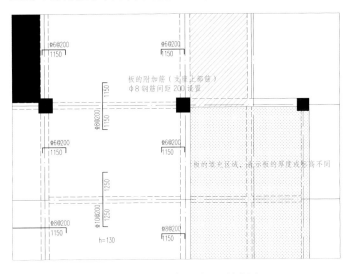

图 16-53　板平法标注施工图放大图
（单位：mm）

说明：
1. 本图所注标高均为相对标高，±0.000 对应绝对标高详建筑图。
2. 除注明外，梁均居轴线中或贴柱（墙）边布置；
   除注明外，梁顶标高同板顶，高低标高相邻处同高标高。
3. 本图板顶标高除特别注明者外均为：10.950m。
4. 图中阴影区■■板厚h=100mm，板顶筋⊕8@150，板底筋⊕8@200，双层双向；
   阴影区▨▨板厚h=100mm，配筋8@200，双层双向；
   阴影区▤▤板厚h=120mm，板顶筋⊕10@150，板底筋⊕8@150，双层双向；
   板厚h=130mm 的区域板顶筋⊕10@150，板底筋⊕8@150，双层双向；
   非阴影区板厚未注明者均h=120mm，板顶筋⊕10@150，板底筋⊕8@150，双层双向。
5. 未详事宜详见结构设计总说明或设计人联系。

图 16-54　图纸内的文字说明示例

四、楼梯

楼梯的结构图纸主要采用平面与剖面结合的方式，表达方式也与建筑图纸类似，室内设计师需要了解的内容也主要是尺寸、标高等信息，这些信息比较直观，注意楼梯结构的梯梁、梯柱等位置尺寸，不要遗漏即可。示例如图 16-55～图 16-57 所示。

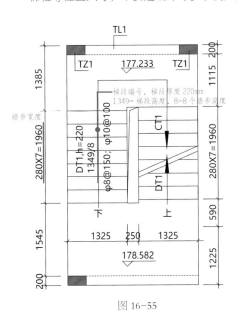

图 16-55

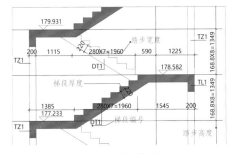

图 16-56　楼梯结构剖面图

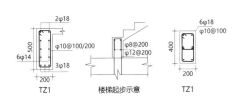

图 16-57　楼梯结构配筋图

五、小结

本文讲解的读图方式会因为地域差异，甚至设计院出图的标准不同而有所不同，但它们的原则都是一样的。在读识结构图时，着重了解它的层高、板厚、梁柱的规格尺度即可。

如果读取结构图时，结构图和建筑图的标高与梁柱大小有冲突，以结构图为准，而不是建筑图。这是因为建筑主体结构在施工时是用结构配筋图施工的，而非建筑图。当然，无论以哪种图为主，出具完整的施工图前，都要与建筑设计方明确结构关系，避免造成不可逆的后果。

第十七章

电气知识

17

第一讲 │ 室内设计师应该了解的电气知识

关键词：概念解读，知识框架，设计流程
导读：电气知识与室内设计师关系不大，不需要设计师亲自动手完成配电相关工作。但正因为是其他专业领域的知识，所以室内设计师在很多方面会受限，甚至不得不被动地更改设计，配合电气专业。但如果室内设计师能了解电气相关的知识，在工作中就能规避很多麻烦。所以，本文将介绍室内设计师应该了解的电气系统知识。

一、电气系统的背景知识

作为室内设计师，无论家装设计还是工装设计，最常遇到的几乎都是电气系统中最末端的设备，如配电箱、灯具、开关、插座面板等。这些末端设备点位，在专业领域被称为二次机电点位，而关于这些末端设备点位的供配电设计，就被称为二次机电设计（图17-1）。既然有"二次"，那么必然有"一次"，什么叫一次机电设计呢？

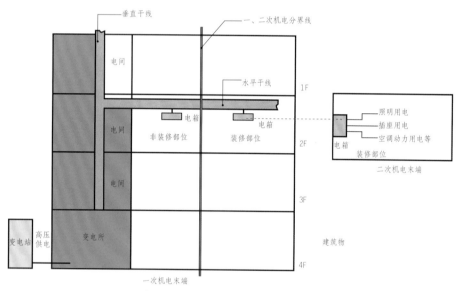

图 17-1　一、二次机电的界面划分图

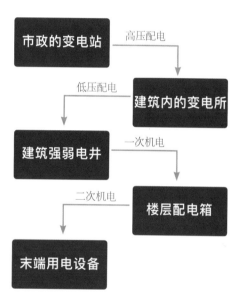

图 17-2　室内用电是怎么来的

整个建筑被抽象地分为3个部分，分别是垂直传输部分、一次机电部分、二次机电部分，而现实生活中的电力是通过如图17-2所示的路径最终被用于室内空间中的。经过一长串过程，最终到了楼层的配电箱里面的电力才是设计师最为熟悉的电气系统。和一次机电与二次机电的分界线一样，在专业领域的定义里，电力系统只有出了管道井，进入楼层配电箱后，才被称为二次机电设计，之前的所有电气传输步骤全部被称为一次机电设计。本书对它们的理解是：一次机电主要针对与建筑、结构等专业相互配合的机电设计，泛指土建项目相关的机电专业；二次机电主要针对与室内装饰项目互相配合的机电设计，泛指室内装饰项目相关的机电专业。

二、设计师应该了解的电气知识

室内设计师需要了解二次机电末端点位的基本原理，能初步看懂二次机电相关图纸，明确二次机电图与装修图的关系，并根据二次机电图纸的末端点位匹配装饰图纸，在不改变配电功能的情况下，达到美观的效果即可。也就是说，在能看懂二次机电图的情况下，能灵

活地根据装修图的点位调整二次机电图末端点位的布置，既满足功能规范要求，又满足美观需求。

根据功能空间进行更深层次的供配电设计，最好交由专业的电气设计师完成，室内设计师不要轻易尝试，因为在工装空间中，进行配电设计的单位是需要有资质的，而且是终身责任制。

以上都是针对一些比较复杂的工装空间，如果只是小型家装空间，且各功能空间的用电量不大的情况，设计师是可以为业主提供配电回路设置的方向和意见（图17-3）。但涉及更深层次的配电方案（如增设智能家具、地下室改影音室等）时，建议最好寻求专业电气人员的协助。所以，室内设计师应该了解的电气系统知识包括整个电力系统的运作原理、常见的专业术语代表的含义、专业电气图纸表达的意思、电气管线施工的工艺与要点、设计图纸与电气图纸存在的冲突及如何合理地规避。理解这5点，才能合理地协调好电气专业与室内设计专业的关系，让我们的设计不至于由于电气点位的原因而无法实施。

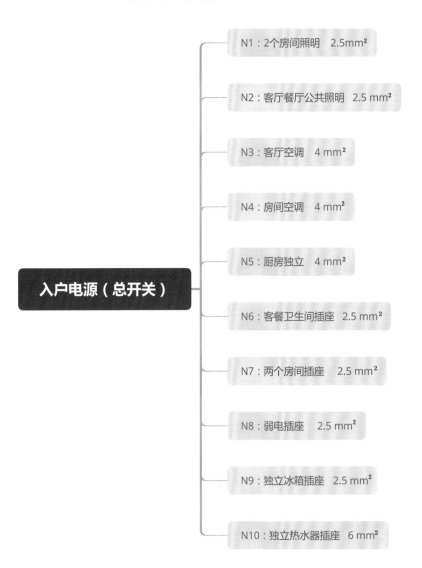

图 17-3 家装配电回路图（仅供参考）

三、内装专业与电气专业的配合

对室内设计师来说，在前期拿到方案图或灯光顾问等相关专业提供的专业图纸后（图17-4），接下来的工作就是根据这些图纸匹配装修图纸的机电末端点位，并根据机电专业的反馈意见，寻求各专业的帮助。为了方便理解，本文以固定家具为例，介绍装饰设计与电气设计如何互相配合诠释整个电气设计流程。

例如，设计师接到一个吧台柜的设计任务后，设计了好几个方案，与甲方沟通后，确定好它的样式。饰面、尺寸、色彩等都完善后，接下来的步骤就是与甲方确认吧台需要配置哪些设备，如咖啡机、制冰机、小冰箱、电磁炉、洗碗机、饮水机等，通

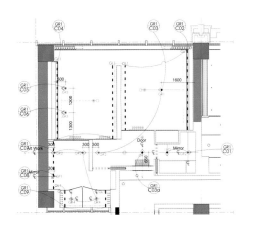

图 17-4 工装空间中灯光顾问提供的灯具连线图（仅供参考）

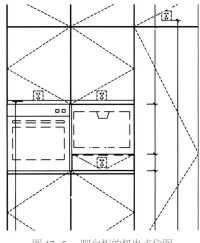

图 17-5 吧台柜的机电点位图

过这些设备满足功能性需求。确定了设备后，就需要根据这些设备的规格尺寸、功率等配置插座电源的位置，有多少设备留多少电源，再留若干备用电源（图17-5）。做完这些后，把图纸交给电气设计方，让他们根据室内设计师提供的柜体设计图纸的开关插座点位进行配电设计。比如，每个插座用多大的电源，某几个开关是不是共用一个回路，某个用电设备是否需要单独预留一个回路等。

电气设计方完成配电后，会把电气配电图返给室内设计师。室内设计师根据这份配电图，结合自己的设计图纸，检查末端点位是否与装饰点位图有冲突，图纸是否有过改动等。确认无误后，就可以把这份电气图交给电气施工方，让他们布管穿线，把装饰图交给装饰施工方，让他们按图做吧台柜。整个合作流程如图17-6所示。所以，室内设计师更多关注的应是复杂空间装饰的美观性，而背后相关专业的支撑，还是要交给专业人员完成。

四、电气术语解读

1. 配电系统
发电厂发出电能，经升压变压器升压后，传输给区域变电站的降压变压器，再由降压变压器降压后，传输给配电变压器，最后由配电变压器将10KV的电压变为380V/220V供给用户使用。这个过程就是配电过程（图17-7）。

以上流程主要分高压配电和低压配电。电压等级为1000V及以上的电压为高压，对这类电压载体配电的过程叫高压配电。低压配电是当高压电通过变压器转换为低压电（380V/220V）时，对这个电压强度下的电能进行调配的过程。室内设计师接触到的所有与电气相关的知识全部是低压电知识。

2. 强弱电
在室内设计领域，电压在220V以上的电都称为强电，最常见的有开关插座、照明、配电房等。弱电指消防、智能化等专业使用的电，一般安装的设备用电基本是低压电，包括消防、网络、广播、楼宇对讲、监控安防、楼宇自动控制等。本文介绍的内容以强电为主。

3. 单相电与三相电
单相电俗称照明电，由一根零线、一根火线组成的电路叫单相电。单相电的电压为220V，所有生活用电都属于单相电。三相电俗称动力电，由三条火线组成的电路称为三相线，火线与火线之间的电压为380V，通常作为动力电使用，常用于动力设备供电（如电梯、自动扶梯、空调机组等），不作为生活用电使用，设计师了解即可。

4. 回路
回路是电流通过器件或其他介质后流回电源的通路，通常指闭合电路。只有回路是通的，在回路上的用电器才能正常使用（图17-8）。

5. 电压与电流
在河流中，只有存在一个高位、一个低位，水流才会流动，形成瀑布。如果把这个概念置换到电压与电流中也是一样，电压是两点间的电位差，有了电压，电子就会在电线中流动，形成电流，就像水从高处向低处流动一样。水在流动的过程中会做功，电在流动过程中也会做功。电流通过线径细、电阻大的导线时，会发生类似"塞车"的情况，导致发热。电

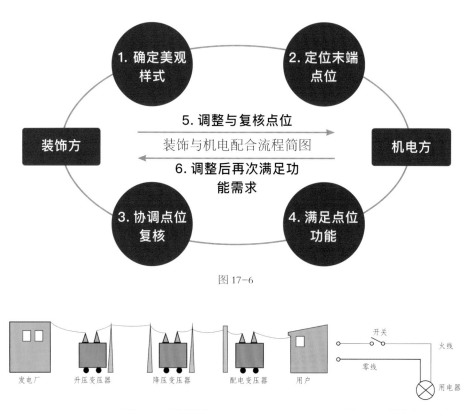

图 17-6

图 17-7　配电过程　　　图 17-8　最简单的回路图，一个开关控制一盏灯

灯就是这个原理，钨丝能承受高温，在高热的状态下发光。所以，电线的横截面积越大，越能承载大功率的用电设备。

6. 电流电压和功率的关系

计算功率的公式：$P=UI$（$P=$ 功率、$U=$ 电压、$I=$ 电流）。根据这个公式，在小空间的配电时，就可以算出所需要电线的平方数。

7. 零线、火线与地线

交流电源线分为零线和火线。零线总是与大地的电位相等（但大地的电位并不一定低），火线与零线保持呈正弦振荡式的压差。因为人在自然状态下与大地是零电位差的，所以一般情况下，人接触零线是不会被电击的。用电器把外壳与地线连接（接地）就可以保护人不触电，所以，火线与零线接反会埋下用电安全隐患，要严格区分。

8. 控制开关

控制开关是指控制电流通过的开关，如空气开关（图17-9）、漏电保护器、装饰面板开关（图17-10）等。

图17-9　空气开关　图17-10　装饰面板开关

空气开关又名低压断路器，当工作电流超过额定电流而造成短路、失压等情况时，空气开关会自动切断电路，达到保护用电器的目的。它是配电箱的主要组成部分，由配电系统图可以看出，室内装饰中的所有用电回路，一开始都需要经过空气开关，通过空气开关控制室内的各个电路。人们常说的"拉电闸"，就是把总的空气开关关掉，使整个空间断电。以住宅装修为例，入户线楼层配电箱引入室内配电箱后，经过总的空气开关分配至各个用电回路的空气开关（图17-11），再通过各回路的空气开关引到末端点位处，构成了一个空间的配电路径，如图17-12所示。

漏电保护器又叫漏电开关，主要作用是在设备发生漏电故障，对人有致命危险时保护人身安全。当人触电的时候，它会自动断开电路，保证触电人员的安全，所以，一般会在配有插座的回路中安装。

上述术语是设计师必须了解的电气术语，本章接下来的内容都会围绕这些术语展开。

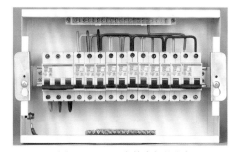

图17-11　配电箱内部的空气开关

五、小结

本文提到的知识点包括：室内用电从哪里来？怎样用到电器中？其中有哪些路径？经过了哪些专业配合，才最终形成了我们看见的室内空间电气系统？重点内容有以下几个方面。

（1）室内设计师需要了解的电气知识以二次机电为主，侧重于电气末端点位的理解与应用。

（2）与电气设计师的沟通是一个反复的过程，但本质是室内设计师负责末端点位的位置与数量关系，电气设计负责让每个点位都能正常使用。

（3）对于新手设计师而言，了解电气系统知识应从熟悉电气术语开始。

图17-12　形象地理解配电箱的关系

接厨房　接卫生间　接其他插座　接空调　接照明

第二讲 | 如何读懂电气系统图（上）——配电系统图

关键词：读图识图，设计原则，读图方法

阅读提示：

很多新入行的设计师认为，电气图与装饰设计不相关，所以并不需要了解电气图纸。但如果不了解电气图纸，常常会出现以下情况：布置完开关插座、灯具照明点位后，点位或装饰造型和电气点位撞在了一起，如调光面板与剃须刀插座冲突，控制面板与装饰造型冲突等；在项目实施过程中，为满足业主的需求，增设了两个点位，但直到装面板时才发现没有预留底盒；业主更换了一些用电设备，请设计师确定电路负荷是否能承受这些设备。面对这些情况，设计师只需要了解一些电气图纸的相关知识就可以应对。这也是室内设计师必须学会读识电气图的原因所在。

一、一套完整的电气图纸包含的要素

根据项目种类的不同，搭配的电气图纸种类也不同。但表 17-1 所示的图纸类型是每个项目中都必须要包含的电气图纸类型。

表 17-1 常规电气图纸包含的要素		
强电	强电目录	1. 序号、图号、图纸名称、图幅、备注 2. 先列新绘制的图纸，后列重复使用图
	强电设计说明	1. 设计依据 2. 设计范围 3. 负荷等级及各类负荷容量 4. 照明系统 5. 设备选择及安装 6. 电缆、导线的选型及敷设
	终端配电箱系统图	1. 配电箱编号，用途说明 2. 配电箱进线型号、规格，引自何处，敷设方式 3. 开关型号、规格 4. 出现回路编号、相序、导线型号、规格 5. 每条回路的额定负荷，总的计算负荷
	插座平面图	1. 配电箱位置及编号 2. 插座形式，位置高度，安装方式 3. 配电箱至插座的电线的回路编号、管径、敷设方式 4. 金属线槽的位置、规格、安装高度
	照明平面图	1. 配电箱位置及编号 2. 灯具形式、位置、高度、安装方式、型号、规格 3. 分支线回路编号、走向、导线根数、敷设方式 4. 开关的位置、规格、安装高度 5. 金属线槽的位置、规格、安装高度

二、电气图的解读

下面以一套五星级酒店客房的电气图纸为例解读电气图。

由图纸目录（图 17-13）可以知道，这套完整的电气图纸包括了 9 张图纸，在插座图的基础上，又加入了控制面板（开关）图，因为空间内涉及等电位连接，所以多了一张等电位连接图，弱电图纸也整合到了本套施工图中。

读任何图纸的第一步都是先看设计说明（图 17-14），设计说明是任何图纸的"排头兵"，里面介绍了一些设计的基本要求与规范，这是电气设计师需要读懂的，室内设计师关注里面的尺度关系以及图例说明即可，需要重点读懂的是配电系统图、照明配电图和开关插座图（包含插座配电图与控制面板配电图），本文首先介绍配电系统图。

三、配电系统图解析

1. 设计师为什么要读配电系统图

（1）避免后期电气与装饰冲突：装修过程中，在电气管道落地时，会经常遇到选择的管道不合适、选择的线路大小不合适、配电箱大小与完成面冲突等情况，而这些问题都是可以在读懂配电系统图后规避的。

（2）估算室内设备用电能否被满足：读懂配电系统图后，能清楚地了解每条回路的管线选择、规格尺寸、回路控制等。了解这些后，就能清楚地知道用电设备的总功率能否被满足，整个回路的最大用电荷载是多少，进而推算出一个空间大概需要使用多大荷载的电线容量（具体方法会在后面介绍）。

2. 配电系统图的主要内容和作用

（1）配电箱制作参考图：首先，明确这是一个配电箱的系统图，生产厂家用这份系统图作为参考制作配电箱，所以，严格意义上来说，配电系统图就是配电箱的施工图。

（2）配电箱的用途说明：明确配电箱的功能，以及明确每组回路的作用。例如，它是为哪些用电设备服务的？是照明插座配电箱、空调配电箱还是设备控制箱？是应急照明配电箱还是其他配电箱？这些问题的答案都是在这张图上面显示出来的。

（3）定位箱体分配电源，也就是为设备供电分组：在庞大的配电箱的系统中，能通过图纸迅速找到这个配电箱的编号，明确它的安装位置和控制回路情况。如果以后有哪个片区断电，就可以直接通过图纸对这个片区的电箱进行 GPS 定位，方便后期维修。同时，如果电源故障找不到检修回路和箱体，也是通过配电系统图来解决。

（4）指导后期现场施工：除了上述 3 个作用外，从系统图还能了解到这个配电箱的电源从哪里来，电源能否承担设备用电的需求，配电线管是如何进行敷设的。也就是说，后期施工的时候怎样引线，怎样布管，用什么样的形式施工，都是根据它来确定。

由此可见，配电箱系统图直接决定了后期电气平面图的布置方式，所以，也可以理解为它是电气图纸的"指挥官"，指导配电，剩下的图纸只是完成它的"指令"而已。

3. 怎样读识配电系统图

图 17-15 对系统图有一个比较完整的圈注，按照标注编号顺序逐一读取即可。没有顺序编号的都为辅助说明，室内设计师了解即可。

图 17-13　电气图纸目录

图 17-14　电气图纸说明文件

标号 1：引入线的来源

这根线的目的主要是描述配电箱的引入线是怎样来的。由图 17-15 中的描述可知，该系统图的引入线来自客户楼层的照明总箱。表 17-2 中的一串符号是引入线的规格与敷设方式表达式。

标号 2：电箱总断路器（开关）

下面的符号是表示总断路器，上面的一串英文是对断路器规格型号的描述，具体符号解读如表 17-3 所示。

标号 3：配电箱箱体

红色线内表示配电箱内部。设计师看该图的目的之一就是看这里的电箱用途、尺寸规格，以及电箱编号。正常情况下，这里会标注尺寸，但此图中没有标注，由此可知，该电箱为非标准电箱，其具体尺寸及安装方式需咨询电气工程师。设计师需根据系统图和平面图提供的电箱信息，判断电箱的位置、大小，安装方式是否合适，明装还是暗装，是否与周边的装饰冲突，电箱门是否能顺利打开等。

标号 4：分断路器

分断路器的型号表达式，解读思路与总断路器一致，如表 17-4 所示。

标号 5：配电回路编号，对应电气平面图的配管路径。

标号 6：线管的敷设表达式

在电气系统图中，需要读到的一个重要信息就是线管的敷设方式及导线大小（表 17-5）。读懂这些信息，能帮助设计师了解该电路的荷载量是否能够达到要求，敷设部位是否与造型冲突，选择线管与导线材料是否合适等内容。本书后文将详细介绍。

标号 7：该条回路的用途说明

说明什么设备使用了这条回路的电，明确每条回路用来做什么，便于后期维护。

4. 线管的标准表达式

前面提到，配电系统图一个重要的功能就是指导后期电气施工时的线管敷设方式。也就是说，线管在吊顶上还是在地上，或是在墙里，都是由它决定，所以，室内设计师一定要知道管线的敷设形式，因为它直接影响每条回路的用电负荷计算，也是为解决本文开头提到的电路负荷问题做铺垫。其表达式的解读如表 17-5 所示。

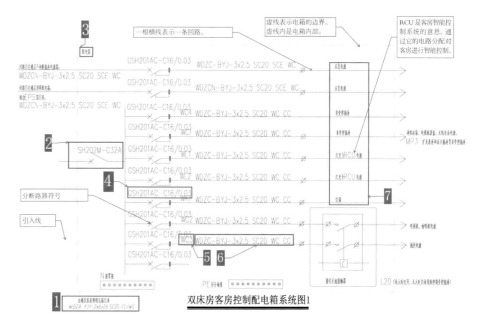

图 17-15　电气系统图

表 17-2　引入线表达式	
表达式解读：WDZA-YJY-2X6+E6-SC25-CC/WC	
WDZA-YJY	电缆型号
2X6+E6	1 根电缆线内包含 2 根 6 平方的铜芯和 1 根 6 平方的接地铜芯
SC25	引入线用镀锌管敷设，管径 25mm
CC/WC	敷设形式是暗敷设在顶面或墙面

表 17-3　断路器表达式	
表达式解读：SH202M-C32A	
SH202M	断路器的型号
C	C 型脱扣曲线，保护电路用
32A	额定电流大小

表 17-4　分断路器的表达式	
表达式解读：GSH201AC-C16/00.3	
GSH201AC	断路器的型号
C	C 型脱扣曲线，保护电路用
16	额定电流大小
0.3	漏电保护电流大小

表 17-5　线管表达式	
表达式解读：A-B（C×D）E-F	
A	回路编号
B	导线型号
C	导线根数
D	导线截面
E	敷设方式及穿管管径
F	敷设部位

例 如， 表 达 式 ZR-BV-3×2.5+1×2.5-JDG25-CC 表示，4 根 2.5mm² 的阻燃 BV 导线（3 根火线、1 根零线） 穿在 DN25 的 JDG 管里，沿着顶面安装，如图 17-16 所示。

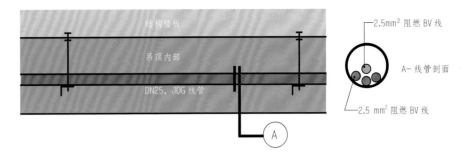

图 17-16 线管敷设示意图

5. 常见线管符号所表达的意义如表 17-6 所示

6. 室内设计师应该解读到哪种程度

上面讲了那么多，是不是感觉配电系统的读识非常难？其实对于电气系统图的读识，室内设计师只要了解图中标注的几条重点内容，掌握最基本的读识方法，知道配电系统图是用来做什么的，包含哪些要素，每条回路分别代表什么即可。重点关注以下两个方面。

（1）明确电箱的用途
知道某个配电箱的用途，哪些设备由它控制，知道管线怎样敷设，是否与吊顶及完成面冲突（图 17-17）。

（2）明确电箱位置与规格
结合平面图找到该编号的电箱的具体位置，并根据电箱的大小及位置选择合适的饰面处理方式。

四、小结

本文介绍了设计师为什么要学习电气图纸，以及电气配电图的概况与解读，并说明了室内设计师需要初步了解的配电系统图的构成要素，以及明确读识配电系统图的目的是确认电箱的用途、找到电箱的位置、理清用电回路的逻辑。

表 17-6 常见线管符号		
项目	**符号**	**说明**
常见线管	SC	焊接钢管 / 镀锌钢管
	JDG	薄壁电线管（套接紧定式镀锌钢管）
	KBG	薄壁电线管（扣压式镀锌钢管）
	PC	塑料管（硬管）
	FPC	塑料管（半硬管）
	KPC	塑料管（波纹管）
	CT	电缆桥架
	CP	金属软管
	SR	钢线槽
常见线管敷设部位	WE	沿墙面敷设
	CC	暗敷设在顶板内
	CLE	沿柱或跨柱敷设
	WC	墙内暗敷设
	BC	暗敷设在梁内
	CLC	暗敷设在柱内
	CE	沿顶板面敷设
	FC	暗敷设在地面内

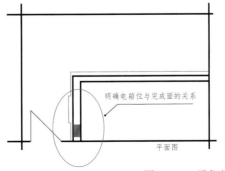
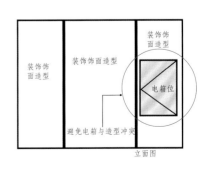

图 17-17 避免电箱与装饰完成面冲突

第三讲 ｜ 如何读懂电气系统图（下）——开关插座图和照明配电图

关键词：读图识图，设计原则，读图方法

阅读提示：

本文首先介绍电气平面图应该怎样读识，它与设计图纸有什么关系，以及如何把它应用到装饰图纸中。

一、电气平面图的主要内容和作用

室内设计师主要了解电气平面图纸中的开关插座图与照明配电图即可，读懂这两张图就相当于理解了电气图纸的读图方式，其他类型的电气图纸也可以按照这个思路读识。

解读之前，首先介绍读识这两张图存在的目的。

1. 开关插座图——开关插座能不能用

它是表示室内开关插座配电情况以及管道敷设的图纸，主要是电气施工人员使用。室内设计师读这张图的主要目的是根据该图提供的开关插座点位与装饰图纸点位进行匹配，明确末端点位的数量、规格、大小、安装位置等是否会与装饰图纸产生冲突，然后根据实际情况调整点位。

2. 照明配电图——灯能不能亮

它是表示室内照明灯具的配电情况以及管道敷设的图纸，主要是电气施工人员使用。室内设计师读这张图的主要目的是查看灯具的配电底盒是否偏位，预留照明点位是否与灯具回路对应等，以及检查照明点位是否与装饰图纸冲突，是否满足装饰图纸的点位要求。

二、开关插座图的识别与应用

看电气平面图时，应该顺着电气的回路一

根一根地追。这样的好处是思路更清晰，无论从配电箱向灯具末端看，还是反过来，都不容易读错或读漏。下面以一组样图为例进行解读，读图的时候关注图中标注的重点内容。

1. 插座配电图解读（图17-18）

（1）电箱位置

电箱位置是重点内容。黑色为强电箱，白色为RCU电箱（智能控制电箱）。看图的第一步就是先找到电箱位置，根据系统图和平面图提供的电箱信息，判断电箱的位置、大小、安装方式是否合适，明装还是暗装，是否与周边的装饰冲突，电箱门是否能顺利打开等。

（2）配电回路编号

根据该编号，可返回查询系统图，找到该回路的配电情况、荷载大小等信息。

（3）穿线管敷设路径

线管的敷设路径是指导后期施工的参考之一，因为室内常规线管直径一般不会大于35mm，所以对于装饰的影响几乎可以忽略。

（4）插座末端点位

此部分是重点内容。设计师需要根据电气图纸的点位匹配装饰图的点位，通过平面图和立面图的对比，判断空间内的用电点位是否遗漏，预留点位是否偏位，是否与装饰图冲突等。

（5）用电器文字说明

一般电气图的插座点位都会标明高度，国内项目一般标注的是从面板底边到地面的距离，通常高度是离地300mm。若未标明

电气末端点位的说明，则可能在图例中有显示。如果图例中找不到，就需要与专业设计师沟通，确定点位位置。

2. 控制面板配电图解读（图17-19）

（1）电箱位置

电箱位置是重点内容。与插座配电图的作用及读图方式相同。

（2）穿线管敷设路径

与插座配电图相同。

（3）控制面板末端点位

这部分是重点内容。红色线框区域内是开关的平面图例，里面包含3个开关面板。设计师需要根据电气图纸的末端点位来匹配装饰图的点位，查看控制面板是否遗漏，是否偏位，是否与装饰图冲突等。

（4）导线信息说明

红色线框内表示该线管里面所敷设导线的类型，因为是调音面板，属于弱电类，所以线管里敷设的导线也是弱电导线。

例如，1×CAT6，1表示导线根数，CAT6表示弱电导线类别。

（5）开关面板图例

这部分也是重点内容。该图例是对平面点位的立体化呈现。设计师应检查装饰图的开关面板、控制面板等末端点位的位置、排列方式、面板大小等因素是否与电气图冲突。

因为给出的案例是客房的配电图，有RCU客房控制系统的参与，所以管线比较多。室内设计师需要关注的是本文提到的重点

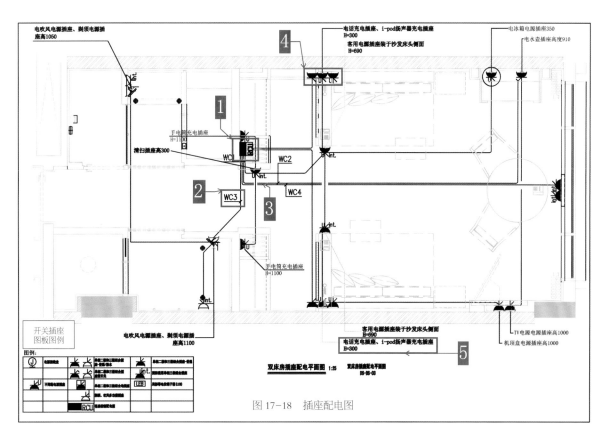

图 17-18 插座配电图

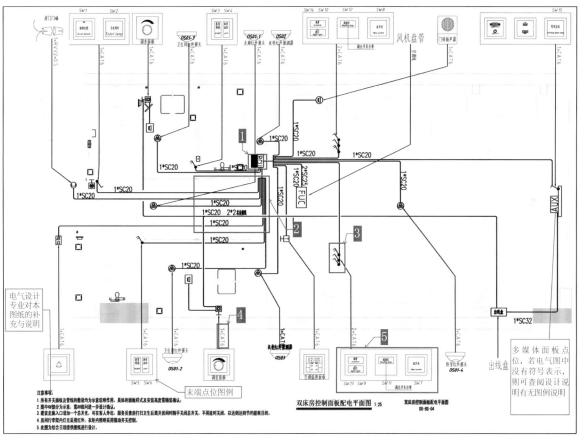

图 17-19 控制面板配电图

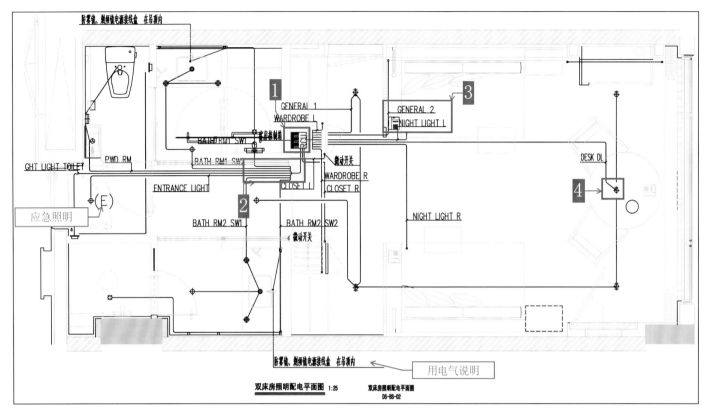

图 17-20

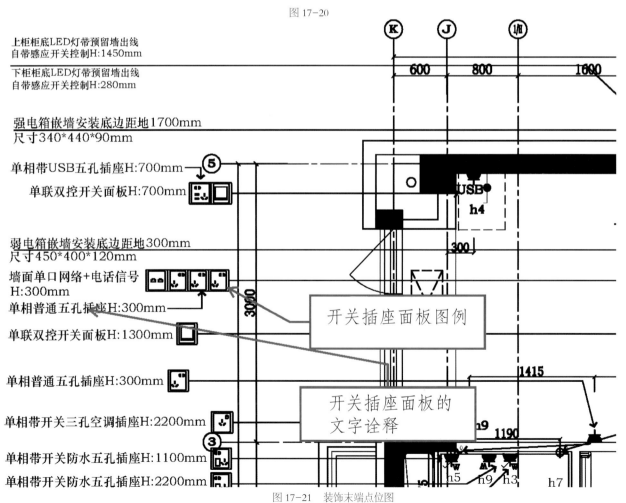

图 17-21　装饰末端点位图

内容，理解读图思路，重点关注电箱与末端点位的位置、样式及安装方式。剩下的内容作为了解即可。

三、照明配电图的识别与应用

照明配电图（图17-20）的看图思路与开关插座图一样，主要看以下内容。

（1）电箱位置

同样是重点内容。与插座配电图的作用及读图方式相同。

（2）穿线管敷设路径

与插座配电图相同。

（3）配电回路名称

对应客房控制箱系统图中的回路名称。

（4）照明末端点位

这部分是重点内容。设计师需要根据电气图纸的末端点位来匹配装饰图的点位，查看照明点位是否遗漏，是否偏位，是否与装饰图冲突，标高是否满足，是否与周边家具冲突等。

四、电气平面图中的注意事项

1. 电气点位图与装饰点位图的区别

通过上面的分析可以看出，电气方面的配电平面图与装饰方面的末端点位图（图17-21）有着本质区别：前者以线管及线路敷设的信息为主，对于样式和位置的选择只是提供参考，指导的是电气的施工，主要应该关注线管敷设路径以及配电情况；而后者重点提供电气末端点位（如开关插座面板）的样式、安装位置、高度、面板大小等信息，指导的是装饰末端面板饰面的施工，主要应该关注面板与装饰的协调关系。也就是说，电气方面的图纸负责功能，装修方面的图纸负责美观。

2. 审核装饰电气点位图时的注意事项

读识电气平面图是为了更好地布置电气相关末端点位（如灯具、开关插座、控制面板等），让装饰效果更好地落地，避免与电气系统发生冲突。下面介绍关于装饰图与电气末端点位需要注意的问题，为设计师后期审图提供参考。

（1）地插点位设置与平面家具位置或样式冲突

如图17-22所示的情况最常见，解决办法是，在出图前对应电气点位，确认平面家具样式，确保其与地插设置方式没有冲突（也包括其他点位），同时，现场施工时要求弹线定位。

（2）开关插座面板选样是否满足功能需求

选择开关面板时应考虑到后期的使用情况，比如，到底是用双控开关还是单控开关？到底要不要带USB的插座（图17-23）？这些都是前期需要跟业主方确认清楚的问题。

（3）平立面开关插座点位是否对应（图17-24）

（4）开关插座图上是否标明图例与文字说明，与设备表是否能对应（图17-25）

（5）对开关插座顺序是否有要求？是否已经标明开关插座顺序（图17-26）

（6）配电箱规格尺寸、设置位置与开门方式是否适合

设计师看电气系统图有一个很主要的目的——查看电箱编号，通过电箱编号找到电箱的规格型号与位置，再根据电箱的规格尺寸检查电箱的安装位置是否合适，是否预留了足够的

图17-22　地插与家具冲突

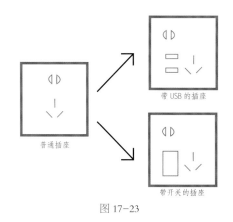

图17-23

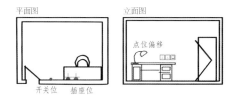

图17-24

完成面，是否能顺利打开电箱门，有没有足够的空间散热等问题。

如图17-27所示，酒店客房的电箱一般情况下都是藏在衣柜里面的，但是在审图不留意时，经常发生电箱大了、客房衣柜隔板预留不够或衣柜的检修口开孔位置偏离等设计通病。

（7）开关插座是否与造型冲突

遇到如图17-28所示的情况时需要格外留意，如果不是非常必要，开关面板最好避免与造型发生冲突。图中列举的3种情况是最为典型的电气点位与装饰点位冲突的情况。

（8）电气图的预留电源与装饰图不对应

这种情况也比较常见，室内设计方更改了末端点位方案后，没有与电气方充分沟通，导致现场的电气相关点位预留与装饰图不同步。例如，在客房玄关柜里增设了一台保险箱设备，或在阳台增加了落地灯设备，结果现场没有预留电源等。

五、小结

对装饰设计师来说，并不需要掌握配电图的原理以及专业设计知识，但要能读懂电气相关图纸，并能明确每个末端点位与后面要绘制的装饰点位图的关系；了解在审图时，应该着重留意的审图要点，这样才能在与电气专业配合时，不会因为不懂专业知识而被牵着鼻子走。

关注微信公众号"dop设计"
回复关键词"SZZN11"
获取书籍配套电气图纸CAD源文件

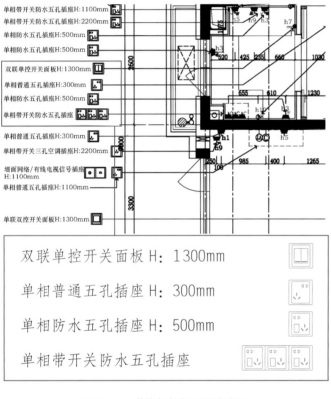

单相带开关防水五孔插座H:1100mm
单相带开关防水五孔插座H:2200mm
单相防水五孔插座H:500mm
单相防水五孔插座H:500mm
双联单控开关面板H:1300mm
单相普通五孔插座H:300mm
单相防水五孔插座H:500mm
单相带开关防水五孔插座
单相普通五孔插座H:300mm
单相带开关三孔空调插座H:2200mm
墙面网络/有线电视信号插座H:1100mm
单相普通五孔插座H:1100mm
单联双控开关面板H:1300mm

双联单控开关面板 H：1300mm
单相普通五孔插座 H：300mm
单相防水五孔插座 H：500mm
单相带开关防水五孔插座

图17-25　装饰方出具的开关插座图

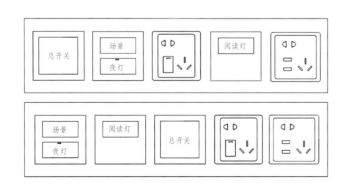

图17-26　同样的控制面板不同顺序排列

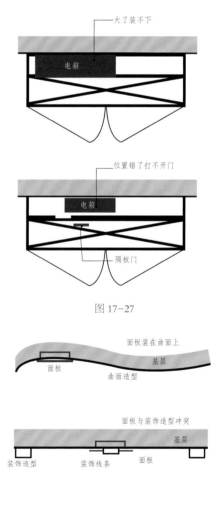

图17-27

图17-28　开关插座与墙体造型冲突

第四讲 ｜ 电气术语与电气管线

关键词：术语解读，材料解读，学习方法

一、设计师要知道的电气施工术语知识

1. 线管敷设

线管敷设又叫管线布设、铺设，是把管线根据图纸指示铺设在相对应的位置，也就是安装管线的意思，只是把安装换成了敷设。

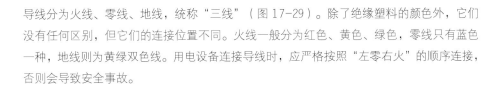

火线　　零线　　地线

图 17-29

2. 导线

导线是用于传递电流的承载线。电流经过导线时，导线会发热。绝缘导线的长期导体温度不能大于 60℃，否则可能会因为线管内温度过高而发生自燃的现象。在负载功率、导线的种类、导线的敷设环境、保护开关的规格等因素都一样的情况下，当用电器功率较大时，可以通过加大导线的横截面积来适配用电器功率。也就是说，用电器总功率的高低，决定了导线的横截面大小。设计师需要格外关注这一常识。

导线分为火线、零线、地线，统称"三线"（图 17-29）。除了绝缘塑料的颜色外，它们没有任何区别，但它们的连接位置不同。火线一般分为红色、黄色、绿色，零线只有蓝色一种，地线则为黄绿双色线。用电设备连接导线时，应严格按照"左零右火"的顺序连接，否则会导致安全事故。

图 17-30

3. 桥架

桥架是在走线时，用于电缆、电线上的保护材料（图 17-30）。当吊顶内部线管过多时，若吊顶空间高度允许，可用桥架代替线管走线，在连接末端时再引出线管，提高走线的效率，降低成本。通常，公共空间都是采用这种方式进行电路施工的。

桥架的常用规格为 50mm×100mm（最常用）、100mm×100mm、100mm×200mm、100mm×300mm。其现场安装图片如图 17-31 所示。

图 17-31　桥架的安装现场

4. 管径

管径即管线材料的直径，图纸上一般用 DN 表示管道的公称直径，若无特殊说明，DN 通常表示管道的内径，而 φ 表示管道外径。电管与给水管常用的管径规格为 16mm、20mm、25mm。排水管常用的管径规格有 50mm、75mm、110mm、160mm。管道壁厚跟材质及管径相关，具体尺寸需要参考产品的详细参数表。

5. 镀锌层

镀锌层被称作"金属的外衣"，通常，金属管道内外壁会进行镀锌处理（图 17-32），目的是提升金属的防锈性和防腐蚀性。镀锌有热镀锌和冷镀锌之分，经过热镀锌处理后的金属综合性能远远高于冷镀锌。

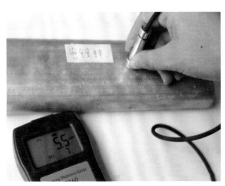

图 17-32　方管的镀锌层厚度检测

图 17-33

二、装饰中的电线管

国内最主流的电线敷设管道如图 17-33 所示。从图中可以看出,内装中,电气施工常用的管材分为塑料管和金属管两个种类。金属管的类别中,厚壁金属管现在已经很少用于精装修,目前国内最常用的是薄壁金属管,以 JDG 管和 KBG 管为代表,主要用于各大工装场所,适合明敷设施工。塑料管的类别中,最常用的是 PVC 管和波纹管,PVC 管用于敷设导线,常用于住宅装饰中,适合暗敷设施工。波纹管则主要用于保护底盒与用电器连接的那一段导线,可以与任何管道配合使用,共同起到保护导线的作用。

因为薄壁金属管与 PVC 管在电气施工中最常用,所以,下面将分别介绍这两种电线管。

1. 薄壁金属管

（1）薄壁金属管简介

JDG 管（套接紧固式镀锌钢导管,电气安装用刚性金属平导管）是一种电气线路保护用导管（图 17-34）,是连接套管及其金属附件,并采用螺钉紧定连接技术组成的电线管路,无须接地线（厚壁金属管是需要接地线的）,是明敷、暗敷绝缘电线专用保护管路的最佳选择。

KBG 管（国标扣压式导线管）与管件连接不需要再跨接地线,是针对吊顶、明装等电气线路安装工程而研制的,被国内各大城市的商业、民用、公用等电线线路工程采用,特别是临时或短期使用的建筑物。

（2）KBG 管和 JDG 管的区别

在薄壁金属管（图 17-35）中,KBG 管和 JDG 管在内装中运用较多,它们的外观、性能、属性、规格、尺寸、适用场所等几乎完全相同,并且,镀锌管的颜色不是区别它们的判断标准,因为颜色是由镀锌的类型决定的,也就是说,JDG 和 KBG 管都可以是黄色和白色的。所以,这里简要介绍一下它们的区别。

①连接方式不同

JDG 管是直接套上连接件然后通过拧螺丝的形式连接的（图 17-36）,而 KBG 管则需要用压管钳按压固定（图 17-37）。

②管壁厚度不同

KBG 管根据不同管径有不同壁厚,而 JDG 管只有 1.6mm 和 1.2mm 两种壁厚。

（3）薄壁金属管的常见配件（图 17-38）

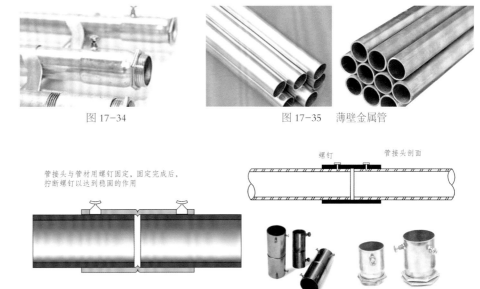

图 17-34　　　　　　　图 17-35　薄壁金属管

管接头与管材用螺钉固定,固定完成后,拧断螺钉以达到稳固的作用

螺钉　　　管接头剖面

JDG 管接头

图 17-36　JDG 管的连接方式

管接头与管材用扣压的方式固定

管接头

扣压钳

图 17-37　KBG 管的连接方式

直接管套　　离墙码　　骑马卡

月弯管套　　龙骨卡　　盒接

图 17-38　薄壁金属管常见配件
及连接示意图

（4）薄壁金属管的施工安装现场（图17-39）

2.PVC 管

（1）PVC 管简介

PVC 的学名是聚氯乙烯，是一种热塑性树脂材料（表17-7），具有难燃、耐酸碱、耐磨等性能特点，还具有对穿线管来说最重要的绝缘性能。在室内装饰中，PVC 管主要分为电线管和排水管两个种类。PVC 管通常用于正常室内的环境和高温、多尘、有震动及有火灾危险的场所，也可以在潮湿的场所使用，但不得在特别潮湿，有酸、碱、盐腐蚀和有爆炸危险的场所（如实验室等特殊空间）使用。

PVC 线管防火级别可以达到B1 级，但如果遇到大面积吊顶时，还是建议使用金属管。PVC 线管适合作为暗敷设线管，经常用暗敷设的方式施工，主要用于住宅等小空间装饰场所。

（2）PVC 线管常见配件及名称（图17-40）

（3）管道连接方式

PVC 管是采用专用胶粘的形式连接，具体步骤如图17-41 所示。其使用场景和细节如图17-42 所示。

3.PVC 管、KBG 管、JGD 管的对比

前面介绍了3 种线管的性能特点及安装工艺，但对设计师而言，最重要的不是了解这些基础知识，而是要明确地知道在不同场合如何选择线管，因此，我们用表格的形式（表17-8）把三种常见的线管做一个直观的对比，便于你一目了然地了解它们的关系。

三、室内装饰中所用的电线

图17-43 把室内装饰中经常涉及的各种导线进行了全貌概括，在实际工程项目中，

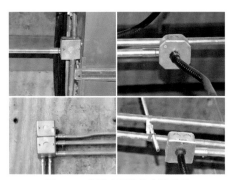

图17-39 薄壁金属管的安装现场

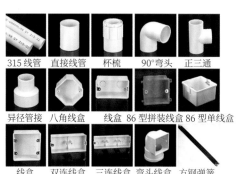

图17-40

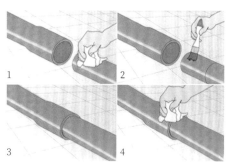

图17-41

表 17-7						
颜色	白色					
材质	PVC-U 硬聚氯乙烯					
功能	穿线					
执行标准	JG/T3050-1998					
型号	D16	D20	D25	D32	D40	D50
壁厚	1.3mm	1.35 mm	1.6 mm	1.9 mm	2 mm	2.2 mm
每支米数	3	3	3	3	3	3
每支米数	3	3	3	3	3	3

表 17-8			
管材	PVC 管	KBG 管	JDG 管
材料特点	1.抗腐蚀能力强 2.防火能力弱 3.易老化	1.质量轻 2.耐火性能好 3.强度高	1.强度高 2.安装方便 3.耐火性能好 4.是 KBG 管的升级版
连接形式	粘接	点压	螺钉
常用规格	DN20/25/32		
弯管形式	弯管弹簧	弯管弹簧	
价格因素	低	中	
适用场合	1.多用于暗敷设 2.常用于住宅空间等中小型空间	1.多用于明敷设 2.常用于公共空间等大型空间	

图17-42   PVC 管安装现场

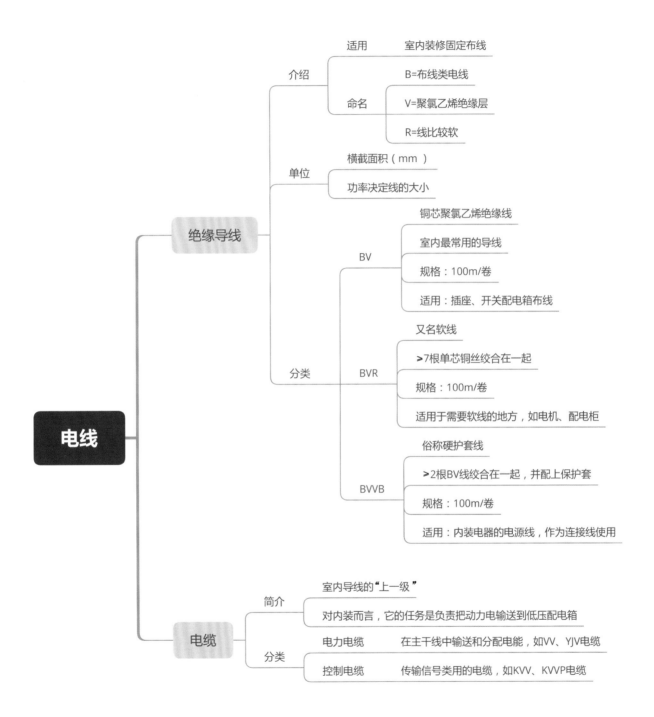

- 电线
  - 绝缘导线
    - 介绍
      - 适用：室内装修固定布线
      - 命名
        - B=布线类电线
        - V=聚氯乙烯绝缘层
        - R=线比较软
    - 单位
      - 横截面积（mm）
      - 功率决定线的大小
    - 分类
      - BV
        - 铜芯聚氯乙烯绝缘线
        - 室内最常用的导线
        - 规格：100m/卷
        - 适用：插座、开关配电箱布线
      - BVR
        - 又名软线
        - ＞7根单芯铜丝绞合在一起
        - 规格：100m/卷
        - 适用于需要软线的地方，如电机、配电柜
      - BVVB
        - 俗称硬护套线
        - ＞2根BV线绞合在一起，并配上保护套
        - 规格：100m/卷
        - 适用：内装电器的电源线，作为连接线使用
  - 电缆
    - 简介
      - 室内导线的"上一级"
      - 对内装而言，它的任务是负责把动力电输送到低压配电箱
    - 分类
      - 电力电缆：在主干线中输送和分配电能，如VV、YJV电缆
      - 控制电缆：传输信号类用的电缆，如KVV、KVVP电缆

图 17-43

绝缘导线中最常用的是 BV 线和 BYJ 线，所以分别在图 17-44 和图 17-45 中重点介绍这两种导线的特点与区别。

通过图 17-44 与图 17-45 的对比，有关 BV 线和 BYJ 线的选择，我们可以得出以下结论。

（1）BYJ 线的防火性能高于 BV 线，导线毒性低于 BV 线，所以在人口密集且对防火要求高的地方，才会大面积使用 BYJ 线。

（2）BYJ 线的价格高于 BV 线，所以在小型场合或防火要求低的场合几乎都使用 BV 线，如住宅装饰、临时建筑等。

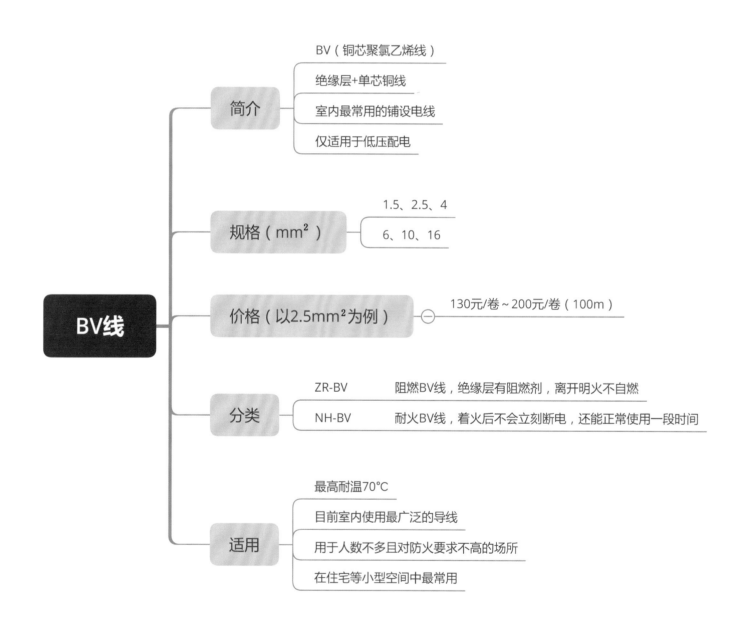

图 17-44　BV 线的"最少必要"知识

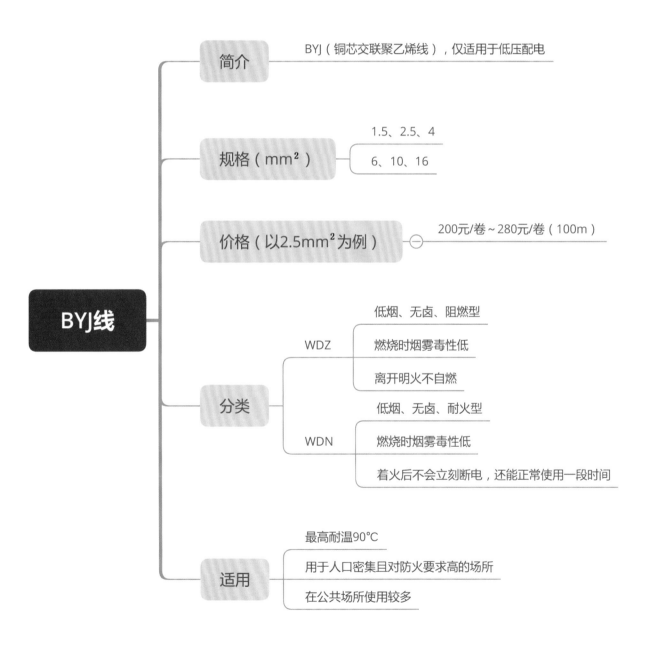

图 17-45 BYJ 线的"最少必要"知识

第五讲 ｜ 电气施工标准流程

关键词： 施工流程，构造原理，规范数据

阅读提示：

标准规范化的施工流程是保证工程质量的必要条件，电气施工也不例外，下面从标准施工流程以及每个步骤的控制点着手分析好的电气施工是什么样的。整个电气施工可以分为 6 个步骤：材料验收、弹线定位、现场开槽、敷设线管、电线敷设、检测与封槽。

一、材料验收

在严格按照国家标准执行的室内装饰项目中，开始施工前，使用材料必须先完成材料进场验收步骤。通常，材料验收分为资料验收和产品验收两部分。

资料验收是指供货方须提供到场材料的材料合格证、检测报告。如果是特殊材料，须按国家规范标准送检复验，如石材须进行放射性检查，导线及基层板材须进行燃烧性复检等。

产品验收是指材料进场后须对产品品牌、规格大小、外观缺陷进行确认（图17-46），如金属线管材料要检查管径、壁厚、镀锌层厚度、外表是否有明显磕碰等，合格才允许使用。导线材料要验收表皮是否破损，粗细是否一致，绝缘层是否均匀等，待产品全部验收合格后才能使用。需要明确的是，以上要求只针对严格按照国标执行的施工项目，而非所有施工项目，各个项目的要求是不同的。

二、弹线定位

材料验收合格后，就可以正式进行电气施工了。施工的第一步是根据相关电气点位图弹出末端点位位置，为后期施工做好准备（图17-47）。弹线定位这个步骤是整个施工过程的"奠基石"，定位准确与否直接影响

后期的点位位置，所以，弹线之前应确保装饰图纸与电气图纸已经进行过碰撞检查，避免后期因点位碰撞而造成返工。

三、现场开槽

根据弹线定位的路径，对线管经过的墙地面进行开槽处理，要求边缘整齐，深浅一致。开槽宽度与深度比管径多 10mm~15mm 为宜。承重墙上禁止横向开槽（图17-48），竖向开槽时严禁切断受力钢筋，否则会破坏承重结构。

四、敷设线管

弹线和开槽之后，接下来是线管的敷设和预埋，这一步是电气施工的重点和难点，也是最容易出现质量问题的一个步骤，需要格外留意。注意事项有以下几点。

（1）线管敷设前，应根据现场条件进行线管处理。如果采用塑料管敷设，应用专用胶粘剂进行管道连接处理（图17-49）。采用金属管时，应对金属管口进行倒角处理（图17-50），避免穿线时管口的毛刺划破导线。

（2）为满足管道的转角施工需求，当线管转角时要对线管进行弯管处理（图17-51）。

（3）金属管弯管时可采用专用气压弯管机（图17-52）或者弯管器施工（图17-53）。

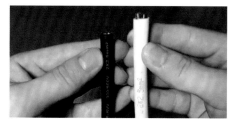

图 17-46　到场材料对比验收

图 17-47　墙面弹线定位出末端点位

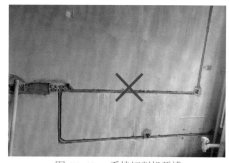

图 17-48　手持切割机开槽

图 17-49　塑料管　　图 17-50　金属管倒
粘接处理　　　　　角处理

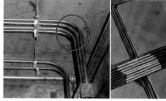

图 17-51　转角处的弯管处理

目前国内大部分项目是采用人工弯管器弯管，弯管机使用较少，但机械弯管机是未来的发展趋势。

（4）塑料管弯管时，应采用弹簧弯管（图17-54）。

（5）国标规范中对弯管的半径做了如下规定：当线管暗敷设时（只要装修后看不见，都属于暗敷设），线管的弯曲半径不宜小于线管管径的6倍。当线管埋于地下或混凝土内时，线管的弯曲半径不宜小于线管管径的10倍。弯管角度不宜小于等于90°，且越大越好，目的是让后面的管线顺利穿过（图17-55）。

（6）管道敷设时应横平竖直，尽量减少弯曲，避免出现如图17-56所示的现场敷设路径。

（7）电气线管与煤气、热水、暖气管之间的间距应大于300mm，目的是防止导线受热老化和静电对煤气、热水、暖气管道的影响（图17-57）。

（8）如果管线与煤气、热水、暖气管存在交叉时，需要保证管道间的垂直距离不小于100mm，目的是防止导线受热老化和静电对煤气、热水、暖气管道的影响（图17-58）。

（9）强弱电线管距离应大于500mm，目的是避免强弱电之间的互相干扰（图17-59）。

（10）图17-60~图17-65展示了线管细部与高标准的电气施工现场，从中可以看出以上知识点是如何应用在这些施工现场中的。

五、电线敷设

管道敷设完成后，需要进行的是导线的敷设，前面已经介绍了不同导线适用于哪种场合，下面介绍在导线敷设过程中最容易出现的问题以及注意事项。

17-52　机械弯管

图17-53　人工弯管步骤图

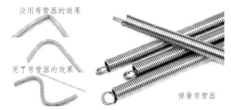
图17-54　塑料管弯管器

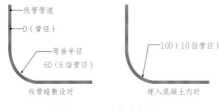
图17-55　弯管半径图解示意

图17-56　不可如图中红色线条那样敷设线管

图17-57

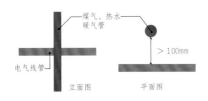
图17-58

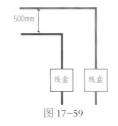
图17-59

图17-60　PVC线管与线盒的连接细节

图17-61　金属管与线盒的连接细节　　图17-62　波纹管与线盒的连接细节　　图17-63　PVC线管施工现场

图17-64　金属管施工现场

（1）根据相关图纸要求，不同的回路、不同的用电功能应采用不同截面积的导线。

（2）不同回路的电线或强弱电线严禁穿在同一管线内，否则会发生相互干扰和走火现象（图17-66）。

（3）穿线时，电线应严格区分零线、火线、地线的3种颜色，同一工程项目中，使用的火线颜色最好统一，方便后期检修（图17-67）。

（4）穿线时，穿线数量不能大于管径的40%，且不多于6根（图17-68）。这是因为盒内导线过多不利于导线散热，久而久之会出现表皮破损或走火等现象。

（5）穿线施工的方法如图17-69～图17-71所示。

（6）每根管道内的导线不能出现接头和扭结，若线管过长时，须在中间加设接线盒对导线进行连接。

（7）穿线完成后，顶面线盒要用专用压线帽盖住，预留线必须采用波纹软管保护，露出的线头须用绝缘胶带缠绕保护（图17-72）。

六、检测与封槽

线管敷设完成后进行通电测试，电路正常运作后便可进行封槽处理。电气施工结束后，需做好成品保护，可采用毛毯、木板做的盒子或者水泥砂浆覆盖（图17-73）。电气线管施工和装饰饰面施工完成后，才会进行灯具设备的安装。

图17-65　金属线管与波纹管的连接

图17-66　　　图17-67　零火线统一颜色标准，不能混用

图17-68

图17-69　用铁丝拉接导线

图17-70　导线穿管

图17-71　拉接导线

图17-72　绝缘保护

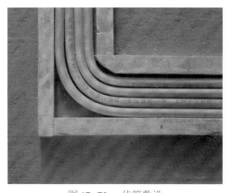

图17-73　线管敷设完后的成品保护

第六讲 | 电气施工中的质量通病

关键词：节点构造，质量通病，规范数据

一、电气施工现场常见问题

本文介绍室内电气施工中常见的问题和解决措施，这些知识点对家装和工装均适用，设计师在施工现场巡场或学习时可以参考。

1. 电气管线和其他设备碰撞

（1）因图纸未检查导致设备碰撞的情况：室内机电相关专业施工中，最常见的就是各专业之间相互冲突的情况，所以在电气施工前，应对比相关专业图纸，并把它们叠加在一起，检查点位是否碰撞。这一步在工装空间中是必不可少的，能有效避免后期的种种协调问题。

（2）因为施工问题导致的管道碰撞情况如果图纸点位确认无误，没有冲突，但现场还是出现了电管与其他管道冲突的情况，应根据"小让大，软让硬，电在上，水在下"的原则去现场协调各专业（图17-74）。

2. 强弱电管冲突

之前提到，强弱电管敷设时距离需要相隔大于等于500mm，不能距离太近，否则会相互干扰。但如果强弱电线管在走管过程中出现不得不交叉的情形，为了避免强电对弱电的干扰，需要在交叉处包锡箔纸或者使用专用接头过渡（图17-75），减弱导线之间的相互干扰。

3. 开槽时的注意事项

国标规范规定，线管暗敷设时，管线表面离墙体表面距离须大于等于15mm（图17-76），且应先装线盒，再安装线管。

二、管线施工时，怎样判断施工质量

一个好的电气施工现场并不一定非常整洁，但一定要满足下列这些要点。

（1）当线盒走顶，但不贴于顶面时，固定线管的吊支架须均匀，线盒两端应设吊支架，吊支架间的距离不宜大于1800mm。

（2）当管道贴于顶面或者墙面时，则可以采用管卡卡在顶面基体上（图17-77）。管卡需根据弹线的位置排布，管卡与管卡之间的距离应均匀，且距离不应大于1000mm。

（3）顶面的线管与桥架的吊支架应独立于其他吊顶系统，不可与其他吊顶系统（如轻钢龙骨吊顶、转换层）共用吊杆及吊支架（特殊情况除外）（图17-78）。

（4）在吊顶中，金属管的正确安装方式如图17-79所示。吊支架须与线管固定，且吊杆穿过吊支架的末端不宜过长，以30mm~50mm之间最为合适（图17-80），因为过长容易与其他设备碰撞，且容易因为施工过程中的磕碰产生断裂，就像一根棍子末端受力不容易断，而中间受力会很容易断一样。

（5）管道敷设应横平竖直，整齐美观，相邻的管道弯管幅度应当相等，布置方式也应相近（图17-81）。

（6）管道成排布置时，管卡应均匀牢固，防锈完整（图17-82）。

图17-74 水电管道碰撞的情况

图17-75 强弱电线管交叉时的解决方案

图17-76

图17-77

图17-78 龙骨与线管共用一根吊杆的不规范现场

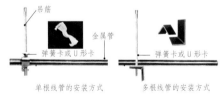
图17-79

图17-80

图17-81 排列整齐的线管

线管弹簧卡件，卡于吊支架上
图17-82 管卡特写

（7）当线管在吊顶上时，管卡（吊支架）与末端、弯头、吊杆或盒边缘的距离宜为150mm~300mm。这个要求与轻钢龙骨吊顶要求一样，目的是防止线盒下垂，导致线管受力不均（图17-83）。

（8）裸露出的线头需要用绝缘胶带包裹，且应该加盖底盒盖，避免施工时发生触电危险（图17-84）。

（9）金属线管严禁焊接，必须采用专用固定件固定。这是因为焊接会破坏镀锌层，导致线管生锈开裂。这是很多现场都会出现的问题，应该格外关注（图17-85）。

三、线盒、底盒排布的注意事项

（1）应根据相关图纸的控制面板的规格尺寸或设备清单选择底盒的规格、样式以及安装间距（图17-86）。通常，国内通用的底盒尺寸多为86式底盒。如果底盒设置不合理，必然导致面板不平整。

（2）线管底盒应排列整齐，每个底盒之间的距离应相同，底盒的间距以大于等于10mm为宜（图17-87）。这一步会直接影响后期面板的排布。

（3）线盒最好采用金属基层固定，不要固定在易燃的支架（如木基层）上（图17-88）。这是因为线盒在使用时会产生大量热量，为了避免热量太高，或者导线走火的潜在风险，应该固定在不易燃的基层上。若在易燃面层材料上安装饰面板，应该采取防火处理（图17-89）。

（4）线盒严禁设置在有水管下方方圆300mm以内（图17-90），以防水管渗漏造成电路短路，引发火灾，特别是厨房区域应该格外注意。

（5）当采用预留电源线而非线盒时，从基层内部引出的电源线应采用黄蜡管、波纹管或胶带封闭进行保护，以免损坏导线绝缘层而漏电（图17-91、图17-92）。

（6）面板安装时应对应平立面关系，找到面板与造型之间的位置关系，以及规避面板与造型冲突的问题，否则很容易出现如图17-93~图17-96所示的这些情况。这些情况发生的概率很高，原因就是没有对应电气点位图与装饰图，从而产生了冲突。

四、线管在地面安装时的注意事项

（1）如果采用地插，应根据现场地面情况确定地面的高度，预留不小于底盒厚度的完成面尺寸，避免后期出现线盒高出地面的问题（图17-97）。

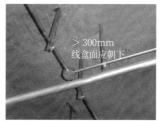

图17-83

图17-89　木饰面与　　图17-90　水管下
电气点位的保护细节　　严禁设置线盒点位

图17-84　标准的接线方式

图17-91　预留电线未做保护

图17-85　严禁线管焊接

图17-92　预留电线已保护

图17-86　底盒与　　　图17-87
面板的关系

图17-93　面板之间　　图17-94　面板与造
未对齐，而且没有经　　型冲突，事前没有综
过排版设计　　　　　　合排布，没有考虑材
　　　　　　　　　　　料细节与面板的冲突

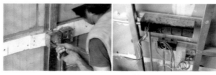

图17-88　线盒安装的对比

（2）当线盒在地面时，在距离线管与底盒的连接点 200mm 处，应用管道卡件卡死。管线与管道、管道与底盒的连接处应用绝缘胶带缠绕，并用水泥砂浆彻底封闭，避免线管受潮，防止水汽进入线管，避免后期施工时因现场磕碰导致底盒松动。

（3）地面线管施工完成后，应采用毛毯、木盒子或者水泥砂浆覆盖，对其进行成品保护，避免后期施工造成破坏。

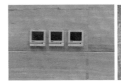

图 17-95　面板与造型的关系不对应

图 17-96　线盒与踢脚线冲突，插不上插头

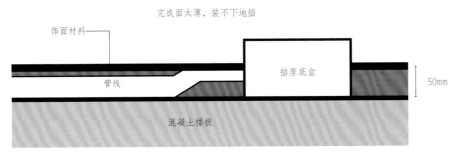

图 17-97　常见的地插质量通病

第七讲 ┃ 十个电气常见问题

关键词：质量通病，设计原则，图纸表达

阅读提示：

室内设计师学习电气知识的目的并不是做配电设计，而是为了在面对与自己配合的电气相关专业设计师时，能有一个基本的对话环境，保证自己的利益。本文汇总了一些室内装饰中与电气专业相关的常见问题，帮助设计师提高工作效率和专业认知。

一、开关插座面板在空间中的布置原则是什么

（1）在保证便利性的情况下，末端点位应尽量避开人的第一视线范围，不能让人一眼就看到。

（2）有亮光、闪光的面板不宜出现在视线可见范围内。

（3）邻近的面板应尽量放一起，否则看上去会混乱。

（4）安装开关插座面板时，要充分考虑它与周边材料的收口。

（5）安装开关插座面板时，应避开材料之间的分隔线。

（6）同一空间、同一类型，开关插座面板应齐平，且尽量保证上下口平齐。

（7）深化时，叠加各专业图纸，查询天花板、立面、地面的点位是否有碰撞情况，并及时调整。

（8）遇到点位与设备冲突或不确定的点位安装位置时，应对比设备清单的尺度规格，判定是否需要移位。

二、在一些公共场所为什么看不到开关面板

在中小型公共空间中（图17-98），通常为了防止开关面板被客人误触，会把整个空间的照明开关集中在一个地方控制，有可能是设备房，有可能是前台，在这个区域对整个空间的照明进行全局控制。零售

店、书吧、网吧等服务型空间会把控制电源放在服务台，方便服务员调控灯光。所以，在公共空间里是看不见照明开关的。

集中控制又可以分为强电控制和弱电控制。强电控制是把原本分散在不同地方的开关面板集中起来，统一控制空间照明，但开关面板的个数没有变，还是需要一个个操纵，典型的例子是办公空间中前台控制的照明开关。弱电控制是把设备电源、开关面板等与电气相关的东西全部放在一起，然后通过智能化程序远程控制，通过点击鼠标就可以控制整个空间的照明。

三、墙面是玻璃，无法安装开关面板如何解决

设计师在工作中经常会遇到门的周边区域或顺手区域没有地方安装开关面板的情况（如玻璃房间，或被其他固定家具遮挡等），以全玻璃房间为例（图17-99），当遇到这种情况时，可以采取下列两种方案解决。

方案一：协调设计

如果出现图17-99所示的情况，可以与设计方沟通，明确是否可以用增加设备带或调整局部方案的形式实现开关面板的安装（图17-100）。

方案二：就近安装

找到距离门周边最近，但不一定顺手的位

置安装（图17-101）。当然，以这种方式解决后，体验感会比较差。

四、灯具应该根据什么逻辑分开控制

中大型设计项目中的灯光设计都是由专业灯光设计顾问来完成的，电气设计师只要根据灯光顾问提供的图纸配电即可。但室内设计师应该知道底层的逻辑，在灯具控制回路设置时，应该把装饰照明、一般照

图17-98

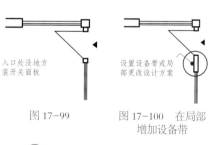

入口处没地方装开关面板

设置设备带或局部更改设计方案

图17-99　　　　图17-100　在局部增加设备带

集中控制或智能控制

开关在其他地方

图17-101　在不顺手的位置安装　　　图17-102　保留原设计效果，开关放在别处

明和重点照明3个类型的光源分开控制（图17-103）。一般照明是指能让空间达到一定亮度的照明形式，如灯管、筒灯、软膜天花等；装饰照明是营造空间氛围的照明形式，如灯带、光纤、透光云石等；重点照明是突出重点区域的照明形式，如射灯、聚光灯等。

桶等。而插座对底盒有严格的尺度和定位要求，通常都是标准规格，如86底盒等，否则开关插座面板无法安装。只要有装饰面板，必然会有线盒、底盒（图17-108）。

八、开关插座面板怎样确定高度

开关插座面板的标高有两种情况：按中线标注（国外常用）和按底边标注（国内常用）。针对这两种情况，常规的开关插座面板高度如图17-109所示。

五、哪些设备需要连接等电位

有水的空间的电气设备都需要连接等电位，如卫生间、SPA、游泳池等（图17-104）。连接等电位的目的是预防电器漏电或雷雨天的时候触电，所以在建筑设计阶段，有水的空间都会预留与建筑接地母线相连的等电位线，通常是镀锌扁铁。在装修时，把金属物体与镀锌扁铁相连（图17-105），让电流流入大地，当人触电时，可以起到保护的作用。也就是说，在一般情况下，卫生间内的所有金属材质设备都必须连接等电位，包含但不限于金属给排水管、金属淋浴水管、洗脸盆金属管、金属龙头、金属地漏、基层钢架等。等电位的知识需要设计师重点了解，在本章第八讲中会详细介绍，这里不再赘述。

九、电视机机电点位高度如何确定？有哪些注意事项

电视机与背景墙插座碰撞的情况经常出现在酒店设计和样板间设计中，其根本原因多数是前期没有确定电视型号，在深化设计时，设计师根据经验布置插座，后期施工时没有复核

图 17-103

图 17-104　卫生间等电位连接图

六、怎样有效避免电气点位与其他设备冲突

避免各点位冲突的最好方法是叠加各专业平立面图纸（暖通、给排水、装饰、强弱电、消防等）的末端点位（图17-106），检查并调整各个点位的碰撞。

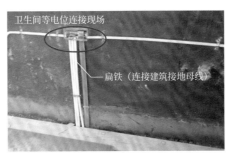

图 17-105　卫生间等电位连接现场

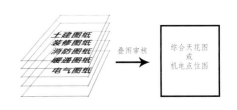

图 17-106　各专业图纸叠加检查

七、预留电源和插座底盒有什么区别

预留电源的意思是在现场预留电源导线，是指可以不考虑底盒的规格尺度，甚至不用底盒，导线直接从线管（或线盒）里穿出，在后面安装设备的时候，直接把线引入设备即可（图17-107）。这种方式常用于无须装饰面板的情况，如暗藏灯带、智能马

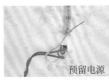

图 17-107

图 17-108

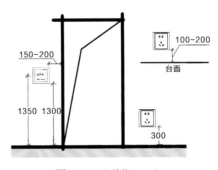

图 17-109（单位：mm）

电视设备尺寸与样式，只是按图施工（图17-110）。想要规避这种情况，首先要根据电视设备的尺寸大小或造型的分割规律等因素确定电视的安装高度，然后在开始电气施工前，根据业主提供的设备清单查询电视的型号，根据型号微调机电点位的安装位置。

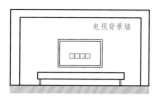

图 17-110

十、高端项目中，卫生间的电气配置通常有哪些

卫生间设计是否舒适与适用是衡量设计师的一把靠尺，特别是在高端装修中。高端场所的卫生间用电设备以及用电配置极其容易被设计师忽略，这会造成使用不方便的情况，需要格外留意。高端项目中，卫生间的用电设备主要有以下几种。

（1）智能洁具：如智能马桶、小便斗、浴缸等，在设计时应与设备供应商沟通，明确是否需要预留用电点位，并及时与电气专业人员沟通。

（2）马桶间：高端项目的马桶间内通常会设置应急电话和 SOS 应急按钮。

（3）智能控制系统：在很多人性化的星级酒店卫生间，通常会加入音乐喇叭、调音面板、调光面板等智能设备，提升人们的感官体验。

（4）其他设备：卫生间需要使用电源的设备还有防雾镜、剃须刀插座、防触电插座、红外线探头等。

第八讲 ｜等电位联结端子盒

关键词：概念解读，设计原则，用电安全

一、等电位联结端子盒

在电气中，本书倡导的一个观念是：专业的事交给专业的人做，因为专业的事涉及安全。在项目施工现场的卫生间区域，会看到墙面上有一个小小的铁盒子（图 17-111），大概长 10cm，可能上面还会写着：等电位联结端子箱，不可触动。这个小铁盒子叫等电位联结端子盒（后文简称为等电位端子盒）（图 17-112），它是适用于一般工业与民用建筑物的电气装置，是为了防止间接触电以及接地系统故障引起的爆炸和火灾而做的等电位联结，可以有效预防建筑物防雷系统故障和电子信息设备超过额定电压带来的损坏事故。

在建筑的发展过程中，人们开始注意到，建筑物内发生的绝大多数电气事故，都是由过大的电位差引起的。什么是电位差呢？举一个简单的例子，一根竖立的自来水管，最高点的水与最低点的水会形成一个水位差，使高水位的水向低水位流动。同样，当人体和金属导体或电气形成闭合回路时，人就成了电路上电流流动的路径，电流会从高电位流向低电位，并一直顺着低电位走，但如果电流通过人体后，没有流向更低的电位，就会停留在人身上，这时，人就会有触电的危险（图 17-113）。为了防止上述情况导致的电气事故，早在 20 世纪 60 年代，国际上就开始推广等电位联结安全技术的应用，我们现在看到的这种"小铁盒子"，也是从那时开始慢慢普及的。这个盒子存在的意义就是防止人们触电致死，所以称它为"救命小铁盒"一点儿也不为过。它的原理可以

引用规范里的一句话，等电位连接是指"将分开的装置、诸导电物体用等电位连接导体或电涌保护器连接起来，以减小雷电流在它们之间产生的电位差"[1]。

下面举例说明等电位端子盒是怎样消除电位差的。飞机在飞行过程中经常遇到雷雨天气，会出现被雷电击中的情况，但即使飞机被雷电击中，飞机里的乘客也不会触电，原因就是飞机的外壳形成了一个封闭的法拉第笼（电磁学概念）（图 17-114），使内部空间形成了一个电位差几乎为 0 的腔体空间，即内部没有电流流过，所以乘客自然不会触电。同理，如图 17-115 所示，等电位端子盒里面的金属原件连接到一根扁铁上，这根扁铁与大楼的钢筋结构相连接，而大楼的钢筋结构与绝对零电压的大地相连接，为等电位端子盒找到了一个最低的电位。然后，所有用电器和有可能导电的物体（如台盆进出水管、花洒出水管、马桶进出水管及热水器等）均通过一根管线连接等电位端子盒内的接地排线的进线端（图 17-116），这样就形成了一个法拉第笼，这时，即使打雷也不会引发安全事故。

研究表明，人体在接触 20mA 的电流时，就已经无法主动摆脱，尤其是在卫生间中，人体电阻降低，电流只要大于 0.5A，且持续时间大于 0.1 秒时，就能引发心房纤维性颤动，甚至心跳停止。80mA 的电流穿过人体 9 秒钟左右，就会直接导致死亡。这也是人在泡澡或者全身湿透的情况下，电阻只有平时的 1/10，甚至更小的微弱的电流也会致命的原因。

图 17-111　墙面上的奇怪"小铁盒"

图 17-112　等电位端子盒盖板与盒内结构

图 17-113　电流的流向示意　　图 17-114　人在法拉第笼里观察雷电

图 17-115　等电位联结端子箱内部连接

---

1. 摘自《建筑物防雷设计规范》GB 50057—2010。

二、等电位

1. 等电位端子盒的连接方式有哪些

等电位端子盒内部（图 17-117）主要有接地母排、总进线端（分为双色铜芯线或直接镀锌扁钢焊接）和分支线端 3 个元素。其原理与配电箱内的接零线和接地母排线类似。它的接线方式比较简单，只要将卫生间内各个金属构件部位通过连接导线的形式与等电位端子盒连接即可。比如，家装卫生间内的各类钢件的阀门、龙头、花洒之类的构件，用截面积不小于 4mm^2 的多股铜芯双色线通过接线卡子固定，并通过 PVC 线管进入等电位端子盒内，与接地母排线连接即可，注意不得串联（图 17-118 ~图 17-121）。

排管走线方式和插座电线走管方式相似，在很多家庭装修里，还配有专门的出线面板。这里需要注意的是，如果对出线的面板没有进行隐蔽处理，会破坏美观，所以，当需要采用这种裸露在外的面板形式进行等电位连接时，一定要留意其美观性，注意隐蔽处理。

2. 等电位端子盒是否可以移动

答案是可以。当等电位端子盒还没有安装，现场只有一根接地母线（扁铁）的时候，可以通过焊接扁铁等形式更改等电位端子盒的位置（图 17-122）。但是，如果墙已经砌好，端子盒已经装好，再移动会比较费力。所以，在中大型工装项目中，改变等电位端子盒的位置比较容易，但在绝大多数家装领域，难度就非常大。

3. 哪些设备需要等电位连接

虽然本文都是围绕卫生间展开的，但并不表示只有卫生间需要等电位端子盒。只要涉及水汽，而且是人们经常使用的空间中，都会设置防雷接地的点位，但可能不是以等电位端子盒的形式存在。只是在卫生间设置等电位端子盒的情况最多，室内设计师最熟悉这种情况。

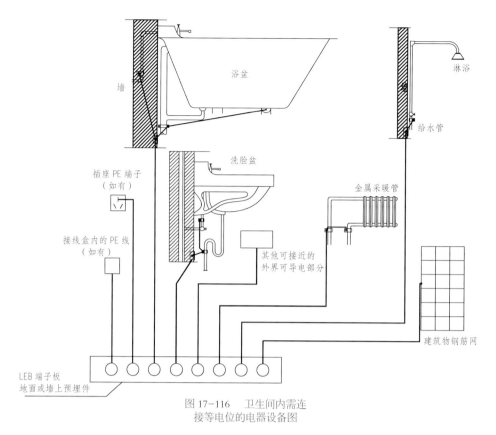

图 17-116　卫生间内需连接等电位的电器设备图

图 17-117　等电位端子盒内部

图 17-118　各金属构件端通过线管连接等电位的现场

图 17-119　厚壁金属管水管末端连接等电位

图 17-120　台盆进出水管连接等电位

图 17-121　卫生间新建钢架墙等电位端子盒设置

4. 项目现场没有等电位端子盒怎么办

没有等电位端子盒一般有两种原因：一是项目完工时，国家规范尚未出台；二是原本现场有等电位端子盒，但是因为设计师或现场工人不了解，或者报价时业主不愿意付费，所以没有连接，甚至直接抹灰封死。那么，如果现场没有等电位端子盒，就要避免不正确的用电方式，尤其是在雷雨天。

图 17-122 通过焊接扁铁
改变等电位位置

三、小结

（1）等电位端子盒的作用是防止漏电、雷电、静电对人的生命造成危害。

（2）在卫生间中，所有带有金属的设备均需要连接等电位端子盒。

（3）如果没有等电位端子盒，要尤其注意用电安全。

第十八章 给排水与防水

18

第一讲 ｜ 给排水与热循环系统基础知识

关键词： 概念解读，设计原则，给水系统

阅读提示：

给排水知识与装饰知识不同，学完后不能立刻给室内设计工作带来帮助，但给排水在隐蔽工程中占有举足轻重的地位，室内设计师如果不了解给排水系统，设计方案以及绘制图纸时会被专业限制。比如，当设计师试图保留自己的设计或者不想改图时，无法确定是否会有点位不合理或漏水的情况。了解给排水的原理和基础知识可以在合理保留自己设计意图的条件下，更好地指导设计工作。

一、给排水是什么

给排水系统是一个很大的范畴，可以分为市政管网系统、市政水处理系统以及建筑给排水系统。与室内设计相关的水系统是包含在建筑给排水系统内的，所以，本书侧重介绍有关建筑给排水的知识。

无论在家装设计还是工装设计中，室内设计师最常接触的几乎都是给排水系统中最末端的设备，如进出水点位、洁具、角阀、地漏等，有时也会接触一些管道排布的施工工序。这些末端设备点位在专业领域被称为二次机电点位，而关于这些末端设备点位的给排水设计，就被称为二次机电设计。供暖、空调、电气、给排水都属于二次机电设计的范围。既然有"二次"，就必然有"一次"，那么给排水系统的一次机电设计又是怎样划分的呢？其划分原理与前文电气系统的"一次"和"二次"一样，如图18-1所示。

从图中可以看出，整个建筑被分为3大部分，而管网系统将3个部分串联在了一起。在现实生活中，建筑用水和室内用水就是通过图18-2、图18-3所示的传输路径，最终被用于室内空间的。而经过这一长串的过程，最终到达各个建筑水井里的生活用水才是室内设计师日常接触到的给排水系统。因此，与本书之前提到的一次机电与二次机电的分界线一样，在专业领域的定义里，给排水系统只有出了建筑的管道井，进入楼层，到达横管，才被称为二次机电设计，之前所有的水源传输步骤都被称为一次机电设计。本书对它们的定义是，一次机电主要针对与建筑、结构等专业相互配合的机电设计，泛指土建项目相关的机电专业；二次机电主要针对与室内装饰项目互相配合的机电设计，泛指室内装饰项目相关的机电专业。

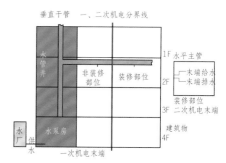

图 18-1　建筑给排水系统的界面划分

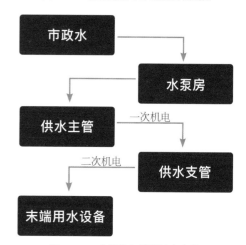

图 18-3　水源是怎样到达室内的

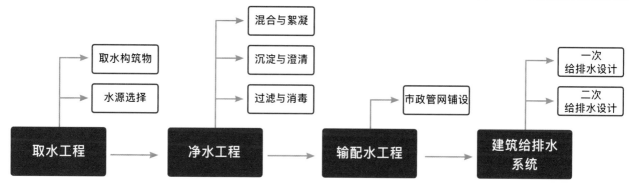

图 18-2　水源是怎样到达建筑内的

通过图18-2、图18-3所示的流程图可以看出，除了生活用水外，消防用水和暖通用水也与室内设计师有关，只是在平时的工作中，这些用水的末端点位都由相关专业的设计师匹配和调整，所以这些末端点位与室内设计师的关系不大。因此，本书中提到的给排水，如果没有特殊说明，均指生活用水。

二、设计师要了解的给排水知识

室内设计师需要了解给排水系统的运作原理，了解整个建筑水系统的运作模式，能大致看懂给排水的相关图纸，明确给排水图与装修图的关系，并能根据给排水图纸的末端点位匹配装饰图纸。在空间合理的情况下，尽可能少改动原始的管道系统结构，只要达到美观的效果即可。也就是说，在能看懂给排水图纸的前提下，设计师要能根据装修图的末端点位（如出水龙头）灵活地调整给排水图末端点位的布置，使其既满足功能规范要求，又满足美观需求。同时，在布置平面图时，也要考虑给排水管道布局对平面布置的影响，不要让两者发生冲突。至于更深层次的根据空间功能和点位要求进行的给排水设计，一定要交由专业的水电设计师处理。尤其在工装空间中，水电设计单位需要具备相应的资质，并且工程质量是终身责任制的。

所以，室内设计师学习给排水知识的目的是了解整个建筑给排水系统的运作原理，清楚常见的专业术语代表什么含义，读懂专业给排水图纸的表达，知道常见的给排水管材料及选用知识，掌握给排水管网的施工流程与把控要点，能检查装饰图纸与给排水图纸的冲突并合理地规避。这样就能很好地协调给排水专业与室内设计专业的关系，让设计的后期落地更顺利。

三、装饰设计与给排水设计的配合

室内装饰设计与给排水设计最大的结合点是在末端用水点位上，下面介绍装饰设计方与给排水设计方的合作流程，以及在装饰图纸中如何体现给排水的末端点位。

以酒店设计为例，室内设计师完成前期方案后，会根据方案中涉及的用水点位排好平立面图块示意图，然后根据相关专业提供的图纸匹配装修图纸的机电末端点位，并根据机电专业的反馈意见，寻求各专业的帮助。为了便于理解，下面以一个酒店空间中用水点位的图纸来解释整个给排水设计流程，介绍装饰设计与给排水设计是如何互相配合的。

如图18-4所示，当室内设计师做好方案，画好节点图和立面图，经甲方签字确认后，需要确定用水设备的样式、数量和位置，如用什么型号的龙头，用墙排还是地排的马桶，用水设备的规格、数量以及型号。这些数据完善后，把图纸交给电气设计方，他们会根据室内设计师提供的扩初图纸上的点位进行给排水设计。比如，马桶的给水点需要用多大的管径，怎样布置最节约成本，怎样走管才能让热回水的效果更好，是否需要考虑二次地漏和增加地漏等。给排水设计方完成给排水设计后，会把它们的设计图（图18-5）返给室内设计师，然后，室内设计师根据这份给排水图纸，结合原设计图纸（图18-4），检查末端点位是否与装饰点位图有冲突，是否遗漏，是否改动过图纸等。确认无误后，把这份图纸中的给排水施工图部分交给施工方安装管网，把装饰图部分交给装饰施工方。在后期施工过程中，装饰施工方在做相关构造的基层时，会注意对给排水末端点位的预留以及找平、放坡。整个合作流程中，装饰方和给排水方的合作流程如图18-6所示。

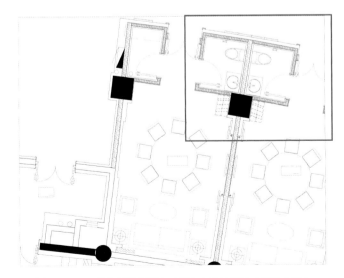

图18-4　工装空间装饰图中对用水点位的表达（仅供参考）

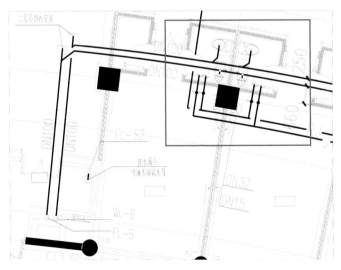

图18-5　给排水系统排布图

四、给水系统的基础知识

严格意义上说，室内设计师需要学习的"水"知识，主要分为给水、排水和防水3部分，下面简要介绍给水系统中的"最少必要知识"。

给水管道的附件主要分为3类（图18-9），包括管道上的各种管件、阀门、配水龙头、仪表、法兰等。从专业角度来看，关于给水系统的基础知识，室内设计师只需要了解以上几个知识点即可。而给水系统给水方式的设计与选择是专业给排水领域的知识，与室内设计师关系不大。下面介绍最常见的3种给水方式的原理图和优缺点，设计师作为拓展知识了解即可。

1. 直接给水方式

直接给水方式（图18-10）是将建筑内部给水管网与外部市政管网连通，用外网直接供水。这样做的优点是造价低，维修管理容易。缺点是稳定性差，可能会经常遇到停水的情况。所以，这种方式主要用于室外或者景观的供水。

2. 设水箱的给水方式

设水箱是最常见的供水方式（图18-11），一般会结合直接供水的方式一起使用。在建筑顶部设置一个大水箱，当外网水压不稳定时即可通过水箱供水。这种方式也是旧楼改造给水系统时最常见的处理手法。其投资较少，运行费用低，供水安全性高，但是会增大建筑物荷载，占用室内面积。因此，这种方式主要在旧楼改造和增设供水系统时使用。

3. 分区给水方式

分区给水的方式（图18-12）适用于室外给水压力只能满足建筑物低层供水的情况。其原理是建筑的底层使用直接供水或者水池供水，而建筑的高层通过水泵供水，双管齐下，避免出现建筑底层水压太大冲坏

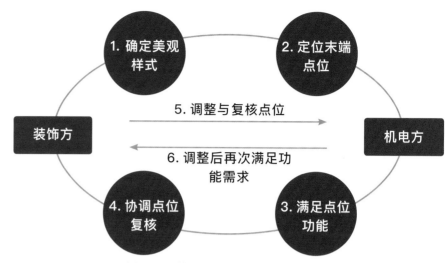

图18-6　装饰方与机电方工作配合流程简图

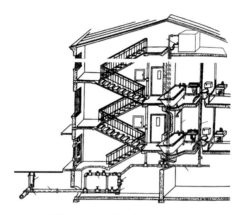

图18-7　生活用水给水示意图

图18-8　室内吊顶中的管道属于二次机电的范畴

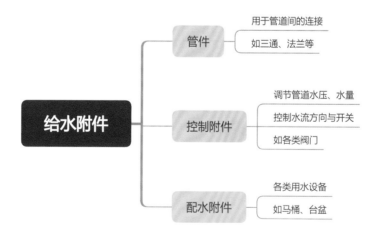

图18-9

水管，而建筑高层没有水的情况。这也是目前中高层建筑最常见的给水方式。

五、热水循环系统

热水循环系统是大多数设计师都接触过的一个专业名词，之所以在给排水设计时要求给排水设计师做热水循环，根本原因是要节约用水。在普通住宅的淋浴间，打开热水龙头后，通常要在几分钟后才会有热水。但在一些中高端酒店，几秒钟之后，甚至一打开水龙头就会出现热水，这就是由于使用了热水循环系统的缘故，极大地减少了水资源的浪费。因此，目前新装修的工装空间或精装房，几乎都会采用热水循环的给水系统。

之所以需要等几分钟的"放冷水"时间，是因为热水器距离用水龙头太远，热水从热水器到达水龙头需要一定的时间，而后到达水龙头的热水如果不能马上使用，就会因为温度降低变成冷水，堆积在龙头的管道内。下次使用热水时，只有先排出里面的冷水，才能让后面的热水流出，因此，造成了没有必要的浪费。

图18-13是普通冷热水供水结构，冷热水分别进入各个用水点位，热水经热水器再到各个用水点位，用水点位距离热水器有远近之分。当热水不流动时，热水管中的热水温度便会降低，最终变成冷水。要解决这种水资源的浪费问题，只要在热水管末端加一根回水管即可（图18-14）。在龙头的末端加一根热回水管后，当热水管中的热水冷却后，温度检测器就会让热水管道末端的止回阀打开，让冷却的水进入冷水管，而新的热水再从热水器进入热水管，这样既达到了回收冷却热水、节约用水的目的，又达到了打开水龙头立刻出现热水的目的。而成本只是增加了一根热回水管道、控制设备以及止回阀而已。

六、小结

（1）室内设计师学习给排水知识的目的是解决平时工作中遇到的给排水点位问题，因此，只需要了解基础的给排水设计常识、材料与工艺、设计通病及质量通病即可。

（2）建筑给排水系统主要由消防用水、暖通用水和生活用水构成。在给水系统中，二次给水设计就是在室内设计师绘制的平面布置图的基础上，将水从建筑的立管中引出来，通过横管的形式连接到各个用水设备点位。设计师只需要了解一次和二次给排水设计是什么，分别能让水"走"到建筑的哪个位置即可。

（3）热水循环系统是每个设计师都应该了解且掌握的一种给水方式，尤其是做小型项目的室内设计师，在参与给排水设计时，一定要要求给排水设计师采用热水循环系统的给水方式，深化设计师则更应该留意这一点。

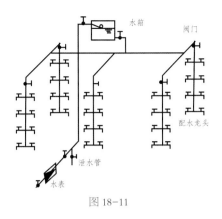

图 18-11

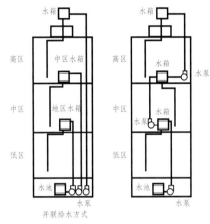

图 18-12

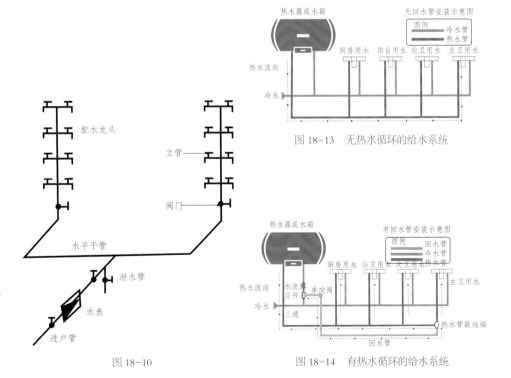

图 18-10

图 18-13　无热水循环的给水系统

图 18-14　有热水循环的给水系统

第二讲 | 同层排水与隔层排水

关键词： 术语解读，概念解读，同层排水

一、建筑排水系统概述

建筑的排水系统分为3类：生活排水系统、工业废水排水系统、屋面排水系统。与室内设计师关系最大的是生活排水系统（如无特殊说明，本书提到的所有的排水系统均是指生活排水系统），即排出建筑内生活污水、废水的排水系统。该系统从功能上来看，分为排污（如卫生间便池的水）和排废（如厨房洗涤的水）两大类。排出建筑的废水经过处理后，还可以变为杂用水，用于冲洗厕所或灌溉绿化等。按照排水管道的布置，生活排水可以分为室外排水和室内排水两种形式，如果按照排水形式，又可以分为同层排水和隔层排水。

二、生活排水系统的构成

建筑排水系统的任务是把建筑物产生的生活污水、废水和雨水、雪水等及时、畅通地排至室外排水管网或处理构筑物。如图18-15所示，室内用水是经由点位末端（如洗手台）流出后，随着水平主管排到管道井的立管上，再由管道井里的竖向立管排向室外，进入市政管网系统，最后进入水处理厂，形成一个闭环。因此可以看出，建筑中的生活排水系统主要由6个部分组成。

1. 末端点位设备

各类需要用水的卫生洁具、洗浴器具等。

2. 排水管道系统

由连接卫生器具的排水管道、排水支管、立管，埋设在室内地下的总横管干管和排水到室外的排出管组成。

3. 通气系统

建筑内部排水管内是水气两相流，为防止因气压波动造成水封被破坏，使有毒气体进入室内，需要设置通气系统。其主要作用是让排水管和大气相通，稳定排水管的气压波动，使水流通畅，这也就是我们看到几乎每一根管道井内的竖向立管旁边，都会有一根同样的通气管的原因所在（图18-16）。

4. 清通设备

为了避免手机、首饰等物件不慎掉入排水管内，也为了保障建筑排水管道畅通，建筑排水管道上会设置清通设备，比如，在横支管上设清扫口，在立管上设检修口（图18-17），在埋地横管上设检查井等。

5. 局部提升设备

局部提升设备也就是排污提升泵等设备（图18-18）。当地下室的污水、废水不能自动排至室外时，必须设置提升设备保证排水系统的正常运行，把位于地下的污废水加压排到排出管中，进而排向室外。

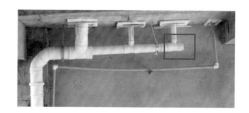

图18-17　管道检修口

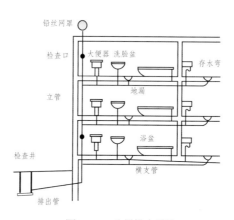

图18-15　生活排水系统

图18-16　通气管的设置

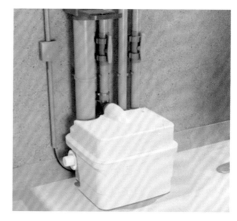

图18-18

6. 污水局部处理构筑物

当室内污水不符合市政管网的排放要求或者排放管道接通不到市政管网时，必须进行局部处理，如增置隔油池（图18-19）、化粪池等。

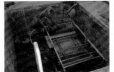

图18-19　餐饮店隔油池　　图18-20　铸铁管安装现场

三、常见排水术语

1. 分流制与合流制

把生活污水和废水、工业废水、雨水分别设置不同的管道进行排放，这种方式称为分流制。将两类以上合并在同一种管道内排放的方式称为合流制。大型建筑内一般采用分流制，而小型建筑内多为合流制。

2. 排水管道

室内设计师接触最多的排水管道为普通铸铁管（图18-20）、柔性抗震铸铁管、U-PVC管，以及相应的管件。柔性抗震铸铁管用于高层、超高层和有抗震要求的建筑物，它具有可曲挠性、可伸缩性，并具有良好的密封性及抗震性。

S形　　　　P形

图18-21

3. 存水弯

存水弯的作用是在其内部形成一定高度的水柱，阻止排水管道内的臭气进入室内。存水弯主要分为S形和P形（图18-21）。P形主要用于墙排（后排）的排水形式，而S形适用于下排的排水形式。

4. 检查口与清扫口

检查口和清扫口（图18-22）是清通设备中很重要的两个管道构件，也是为保持管道畅通而设的管道疏通装置。检查口一般装于通气立管上，而清扫口一般装于排水横管上。

图18-22　检查口检修暗门

四、同层排水和隔层排水

排水方式对平面规划的影响很大，所以，首先要了解同层排水和隔层排水。

1. 什么是同层排水和隔层排水

同层排水（图18-23）是指同楼层的排水支管与主排水支管均不穿过建筑楼板，在同楼层内连接到主排水立管上，所有排污口、排污横管均位于该楼层内。其优点是可根据不同的空间布局合理地在本层敷设管道，连接排水总管（主排水立管），同时更加灵活地对用水设备进行布局。另外，如果发生需要疏通清理的情况，直接在本层就可以解决，不会影响到下层业主。与同层排水相对应的排水方式是隔层排水（图18-24），指排水管穿过楼板，在下层住户的天花板上与立管相连。

图18-23

2. 为什么要使用同层排水

当下新建的民用建筑主要采用同层排水的方式，因为它适用于新建的所有楼房，不受坑距的限制，可以实现多样化的装修，还能良好地解决邻里问题（这一点在住宅中非常重要）。较之于同层排水，隔层排水存在噪声大、不灵活、使用率低、检修困难等缺陷，所以，已经逐渐被淘汰，主要存在于一些老旧建筑或临时建筑内，它们之间的对比关系如表18-1所示。

图18-24　隔层排水示意图与现场图

但同层排水除了有上述优点外，也有一些局限性。首先，它的造价高于隔层排水。因为安装相对复杂，导致整体造价较高，与隔层排水相比，平均高出10%~30%。另外，因为大量管道在墙体内排布，所以与土建方、装饰方的联系会更加紧密，造成灵活性差，而且交叉施工后，也会对成品保护有一定的要求。也因为成本的增加，一些工装项目不会采用同层排水的做法，因为建筑的上下层都属于同一个业主，而且从土建交付开始，给排水专业与室内设计专业是同时进行的，所以采用隔层排水就不会存在改动点位影响布局的情况。

3. 同层排水的做法

目前，市面上主流的同层排水构造做法分为3类。

（1）降板式——最主流的同层排水做法

土建降板（图18-25）又被称为结构降板，是指降低楼板或屋面板（板面）的结构标高，也就是家装设计师口中常说的"沉箱"。如图18-26所示，在土建降板区域内（一般高度大于300mm），通过水平排水支管连接末端用水点位与排水立管，达到同层排水的目的。这种同层排水的方式是最主流的方式。

（2）墙排式——最美观的排水方式

墙排式（图18-27）是采用局部降板或少量降板（一般高度为50mm）的方式，把末端设备（台盆、马桶、小便器等）的接水点直接埋于墙面，排水支管不穿越楼板，在墙内敷设，于本楼层内与主管连接。这种同层排水方式在多数工装项目，尤其是酒店项目中经常使用。从室内设计的角度来看，其最大的优点是安装完用水设备后，几乎看不见给排水的管道，特别美观（图18-28）。大多数设计师口中的墙排做法都属于同层排水，但同层排水不完全等于墙排。当我们看到给排水的图纸是采用墙排布管的形式时，要提前核对给排水专业的布管是否与装饰末端用水设备冲突，避免后期出现问题。

表 18-1　　同层排水和隔层排水的区别		
项目	同层排水	隔层排水
卫生死角	没有	很多
排水噪声	较小	较大
检修方式	弯管弹簧	弯管弹簧
系统水利条件	低	中
卫生间空间利用	利用率高	利用率低
卫生间设计风格	个性化	呆板
建筑物整体功能	灵活	单调
房屋产权	清晰	不清晰
投资	稍高	一般

图 18-25　土建降板

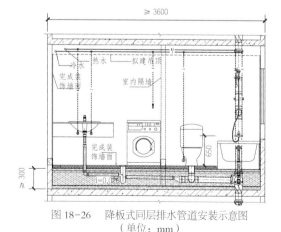

图 18-26　降板式同层排水管道安装示意图
（单位：mm）

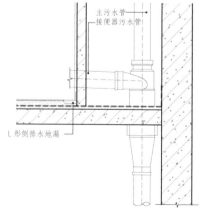

图 18-27　墙排式同层排水管道安装示意图

这种做法噪声低，无卫生死角，防堵隔臭，空间使用灵活，更具创意，但缺点也比较明显，一是后期维修麻烦，二是排水速度较慢。需要强调的是，为满足其他不能使用同层排水的排水点位（如地漏）的需求，保证其管道的安装空间，墙排式的做法也同样要求建筑有降板处理（降板最少在50mm）。

（3）垫层式——旧房改造专用

垫层式（图18-29）同层排水的构造做法与降板式类似，区别在于，如果楼房土建设计时并没有考虑采用同层排水的方式做给排水系统，因而没有预留土建降板，在卫生间地面敷设垫层，将卫生间标高抬高，将排水横管暗埋于建筑垫层中，达到同层排水的目的。

图18-28

这种做法达到的效果虽然与降板式同层排水类似，但会造成同排区域出现台阶，抬高处的地面水汽容易外溢，就像我们在很多商场中会看到的情况——卫生间有踏步。这也从另一个角度解释了为什么很多设计师认为，尽可能不要改变卫生间的平面布局，因为一旦改变布局，整个给排水系统也需要一起调整。因此，除了改变空间布局后还要采用同层排水的情况外，这种方式通常只会用于老房改造中。

图18-29

4. 同层排水设计阶段的把控要点

前期设计过程中，给排水方案设计是否合理，直接决定了同层排水系统的品质，系统做不好，同层排水的效果会比隔层排水更差。因此，在设计阶段就需要从用水设备点位、降板高度、装饰层厚度、立管与隔墙的关系等方面进行把控。当然，这些主要是由给排水设计师考虑，室内设计师作为拓展知识了解即可。

（1）用水设备点位的设计原则

①卫生洁具布置在同一侧墙面或相邻墙面上。

②墙体内设置隐蔽式支架，须预留足够的完成面（建议大于120mm）。

③墙排坐便器宜采用壁挂式（图18-30）。

④末端点位均应靠近排水立管，如坐便器和地漏等。

⑤若有淋浴，须考虑淋浴房是否要做垫高处理，是否要安装淋浴房地漏以及地漏盒。

图18-30

（2）降板高度与同层排水的关系

①降板高度（图18-31）直接影响到排水管道走向的设计，特别是地漏的位置和管道敷设。

②通常，理想的降板高度在120mm以上（常规降板为300mm），在此高度以上的空间内，管道走向、地漏及卫浴器具布局会更加灵活多变，并可以减少假墙的使用。

③降板高度最低为100mm，这样可以勉强保证末端点位和管道的灵活排布，并且不使用墙排式的假墙。

④当降板高度在100mm以下时，会影响末端点位和管道排布的灵活性，因此，除地漏点位外，其余末端点位均应采用墙排的形式，否则不能同层排水。

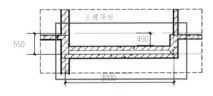

图18-31（单位：mm）

（3）装饰饰面完成面厚度与同层排水的关系

考虑是否使用同层排水时，须确认卫生间的完成面厚度，根据卫生间外房间地面装饰层的厚度调整卫生间地面的完成面厚度，以保证卫生间地面与室外走道完成面的齐平关系。同时，还要留意在采用同层排水时，完成面的放坡系数不应小于2%。

（4）立管与墙面的关系

采用同层排水时，如果要将立管置于隔墙内，须先确定隔墙的材质。如果隔墙为混凝土墙，则不能在墙内预埋立管，须更改平面布局；如果隔墙为钢架或轻钢龙骨隔墙，须留意地梁与立管的关系，必要时须拆除地梁。

（5）地漏设计建议

降板的高度会对地漏的设计产生重大影响，因为地漏本身有一定的厚度，需要埋在地面下，如果降板高度过低会导致地漏无法安装。当降板高度大于等于120mm时，地漏位置设计较为灵活多变；当降板高度为100mm时，考虑到排水坡度和现场平整度的关系，地漏应尽量靠近主立管设置，缩短找坡距离；当降板高度小于等于100mm时，为保证排水效果，楼板须根据排水管道埋入地面的深度及排水坡度进行开凿，开凿的深度要保证地漏安装完成后，地漏的盖板正好与地面装饰完成面齐平。

五、小结

（1）室内设计师接触到的建筑排水系统主要是生活排水，主要由末端点位设备、排水管道系统、通气系统、清通设备、局部提升设备、污水局部处理构筑物6个部分构成。

（2）同层排水在性能上全面优于隔层排水，是时下最主流的生活排水处理方式。

（3）同层排水主要分为降板式、墙排式和垫层式3类，它们的优点相同，但是各有各的缺陷，目前使用最广泛的是降板式，但是因为美观问题，设计师更青睐墙排式的排水方式。

第三讲 ｜ 二次排水的构造做法

关键词：二次排水，节点构造，设计要点

一、二次排水相关术语

1. 一次排水

室内产生的水汽通过正常的排水管道进入排水系统里，这个过程叫一次排水。

2. 二次排水

是从普通防水工艺演变而来的一种高级防水方式。传统的防水方式下，一旦防水层破裂，就会失去防水效果。即使有防水效果，防住的水积聚在沉箱（土建降板）里无法排走，久而久之，沉箱里的积水会发臭，滋生细菌，甚至从找平层溢出，影响其他空间的地面饰面，使墙角和地面材料发霉（图18-32），极其影响用户的使用体验，因此，出现了二次排水这种方式。二次排水的原理是，在沉箱（土建降板）内做二次排水点位，使积水能顺着该点位排走（图18-33）。因为这种方法对预防沉箱积水有很好的效果，现在已经在主流地产公司的大中型设计项目中普遍使用了。

3. 暗地漏

可见的地漏叫明地漏，也就是多数设计师知道的地漏。隐藏在回填层下面的地漏被称为暗地漏（图18-34），主要用于二次排水。

4. 沉箱回填

沉箱回填（又叫土建降板回填）从构造做法上来看（图18-35）主要分为5层，分别是防水层、保护层、回填层、粘接层和饰面层。本文着重介绍保护层、回填层和粘接层。

保护层又叫防水保护层，是防水层之上的隔离层，即在防水层上撒一层薄薄的干混

砂浆（3mm~5mm），其作用是保护防水层不被破坏。回填层指填充土建降板的主要填充层，回填层的质量好坏直接决定了防水工艺和地面工艺是否妥当，后期是否会存在漏水隐患。粘接层是指地面饰面与地面找平层之间的间隔层。通常，粘接层的材料以水泥砂浆和胶泥最常见。

二、为什么要做二次排水

二次排水是一种高级防水工艺，主要是用于排出因土建降板内管道渗漏或地面积水而造成的沉箱内积水。这也能解释为什么卫生间装修一定要做二次排水了。但是，二次排水的做法主要是针对同层排水而言的，隔层排水并不存在沉箱积水，如果漏水，可以直接到下层打开天花检修（图18-36）。如果一次排水管网漏水，没有二次排水的帮助，导致沉箱积水，就会导致下面4个问题。

图18-32　防水不到位导致的发霉现象

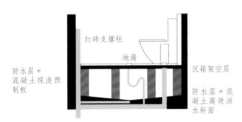
图18-33　二次排水原理图

图18-34　暗地漏

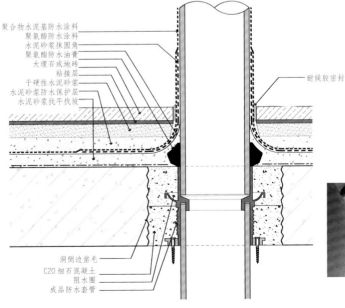
聚合物水泥基防水涂料
聚氨酯防水涂料
水泥砂浆抹圆角
聚氨酯防水油膏
大理石或地砖
粘接层
干硬性水泥砂浆
水泥砂浆防水保护层
水泥砂浆找平坡
耐候胶密封
洞侧边凿毛
C20细石混凝土
阻水圈
成品防水套管
图18-35　防水层与管道封堵的详细节点做法

图18-36　隔层排水不需要二次排水

1. 漏水: 箱底受到的压强增大，原本不漏水的箱底也开始向楼下渗水，引起邻里纠纷。

2. 水汽外逃: 箱内积满水后，漫过门槛石向外溢出，渗透到其他房间，引起相邻的墙面甚至木地板发霉、起泡。

3. 引发异味: 滋生各种导致呼吸道或肠道疾病的病菌，也会使卫生间产生异味。

4. 破坏结构: 楼板长期超负荷工作，会影响建筑结构，甚至危及楼下住户安全。

因此，只要是采用同层排水的卫生间设计，在工艺把控时，必然需要做二次排水。现场交底和设计说明里一定要交代清楚，以免后期漏水、渗水。

三、二次排水的构造

建筑生活排水从立管放置的位置来看，主要分为室内排水和室外排水。而根据这两类排水主立管位置的不同，二次排水采取的相应方式也会有所变化。

1. 二次排水的设计原则

（1）室外主管道的情况

如果建筑的排水主管在室外（图18-37），那么室内排水管可紧贴楼板，只需在室内横向主管道上安装二次地漏或直接开孔即可。

（2）室内主管道的情况

排水管道在室外的建筑比较少见，目前，国内绝大多数的内装项目基本都采用室内排水主管（图18-38），其二次排水的原理与室外二次排水相同。当排水系统通过室内管道排水时，可在竖向主排管贴近下沉空间底部的位置开一个小孔，并连接二次地漏或者倒排管，降板回填时，向二次排水点位找坡（如暗地漏）。当降板空间内出现积水时，积水便可顺着坡度沿着二次排水点位排走。

2. 二次排水的常见做法

（1）暗地漏排水

如图18-39所示，在第一层防水回填上设置一个暗地漏，并且从回填层向暗地漏点位找坡，在暗地漏周边做好防水与封堵，以此完成二次排水。这种方法是近几年最常见的二次排水处理方式之一（图18-40），但因为施工比较麻烦，且不能解决沉箱下管道漏水造成的积水问题，因此，未来可能会被其他方式取代。

（2）在主管上开孔或套管

如图18-41、图18-42所示，在主下水管上开一个直径为25mm左右的排水孔。开孔高度和第一道防水回填层表面一致，开孔位置要错开预留的排水横管接口，以排水孔为最低点找坡，坡度系数不宜过小，以2%~3%为宜，以此达到二次排水的目的。这种做法比暗地漏的方式排水效果更好，但在主管开孔易有毛刺，还容易破坏防水层，而且如果在

图18-37 室外排水主管

图18-38 室内排水主管

图18-39 暗地漏排水做法

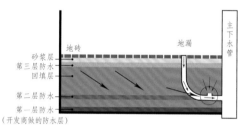

图18-40 暗地漏的一种形式

图18-41

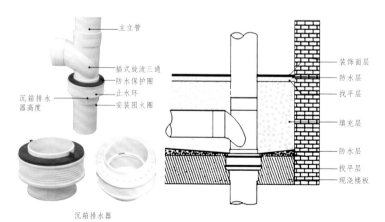

沉箱排水器

图18-42

主管上做套管，对主管离墙面的距离也有一定的要求，因此，产生了其余两种二次排水方式。

（3）在主管上加导管

如图 18-43 所示，这种方式在第二种方式的基础上进行了更新，规避了第二种方式的缺点。在主管上开孔后，将直径 25mm 的 PVC 管截成 40mm 长的导管，一端涂抹 PVC 胶后塞入主下水管中，另一端管壁钻小孔放在沉箱内，然后再以排水导管口为最低点找坡，做防水后回填。

这种方式很好地避免了第二种方式的问题，但是也带来另外一个问题，即积水只能通过导管进入排水孔，而导管只能一边进水，如果错过了导管的入口，原本用来做导管的管道反而会妨碍二次排水。因此，在此基础上出现了最新的解决方案。

（4）在主管上加积水处理器

如图 18-44、图 18-45 所示的这种方式是目前做二次排水的"终极武器"。在主下水管开孔后安装积水处理器，然后以积水处理器为最低点找坡，做防水后回填。这种方式几乎解决了上述 3 种方式的所有问题，唯一的缺点是成本较高。

综上所述，这 4 种二次排水的做法从效果上来看，第四种最佳。权衡性价比后，第二种最佳。实际使用情况也是如此，在小型项目或者点位少的场所中（样板间、别墅等），使用第四种做法的居多，而在一些大型项目或者点位多的场所中，使用第二种的居多。

3. 二次排水的施工流程

无论采用哪种二次排水的构造做法，工序把控和找坡都很重要。以第四种做法为例。

标准的二次排水施工流程包括场地清理、布置排水管、做结构闭水、闭水试验（48小时）、用水泥砂浆回填做保护层、向二次排水口找坡（坡度系数不小于 2%）、二次防水、闭水试验、二次排水完成，其现场施工流程图如图 18-46 所示。

二次排水的知识对设计师来说非常重要，卫生间周边墙面的返潮返碱，很大程度上都是由沉箱积水溢出造成的。所以，对设计师来说，需要根据现场安装的不同情况和阶段（图 18-47），从以上 4 种方式中选择适当的解决方案，避免施工完成出现沉箱溢水，造成室内装饰面返潮的情况。

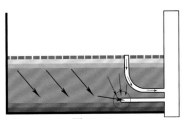

图 18-43

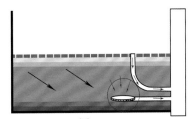

图 18-44

图 18-45

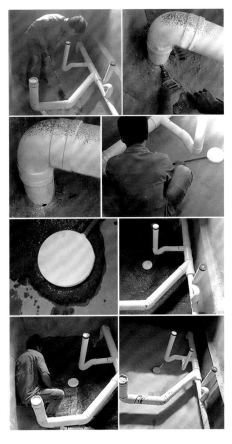

图 18-46

图 18-47

四、小结

（1）在采用同层排水的空间，为了防止同层排水的管道在降板区域漏水，会做二次排水系统，以规避降板积水的情况。

（2）二次排水的方式主要分为暗地漏式、直接开孔（套管）式、增加导管式以及增加积水处理器 4 类，从效果来看，增加积水处理器的效果最好，但考虑到性价比，市面上使用直接开孔（套管）方式的居多。

（3）二次排水效果的好坏主要取决于回填层找坡的坡度，所以放坡时，坡度系数宜大于等于 2%。

第四讲 | 回填层的材料与做法

关键词：材料解读，构造做法，工艺流程

一、为什么需要回填层

降板回填又被很多设计师称为沉箱回填、卫生间回填。本章上一讲提到，沉箱回填主要分为5层：防水层、保护层、回填层、粘接层和饰面层。本文重点介绍回填层。

回填层是指填充土建降板的主要填充层，我们所谓的降板回填就是在回填层上做文章。回填层的质量好坏直接决定了防水工艺和地面工艺是否妥当，是否会存在漏水隐患，而我们平时看到的卫生间地面潮湿、溢水、过道墙面发霉等现象都是因为回填层做得不到位。

二、回填层的做法

前文提到，卫生间回填、二次排水这些做法都是建立在同层排水的基础上的，也就是说，在有土建降板的情况下，才会涉及回填，如果没有降板，就不需要回填，直接在防水保护层上找平贴砖即可。而土建降板的主流处理方式分为材料回填和预制板架空两种形式。

1. 材料回填

材料回填是通过陶粒、炉渣、泡沫混凝土等轻质保温材料对土建降板区进行回填处理（图18-48），这是目前最主流的降板回填方式，设计师提到的降板回填大部分指的是这种形式。它的优势是施工周期短，成本相对较低，工艺、工序成熟。劣势一是不确定性大，材料回填的质量把控完全取决于回填材料的性能和对现场工艺的把控，回填材料类型不同，取得的效果也不同；二是容易渗水，因为不同材料自身都有一定的含水率，会自行吸水，如果空间潮湿

但无明水，水汽会顺着砖缝浸入降板空间，如果二次排水效果不好，甚至没有预留二次排水，则会导致地面渗水（图18-49），使空间湿气过重。绝大多数卫生间地面潮湿以及墙面发霉的原因就在于此。

材料回填这种降板处理方式使用的回填材料类型不同，适用的室内空间也不同。比如，陶粒较适合小型空间，而泡沫混凝土更适合大中型空间。

2. 预制板架空

预制板架空（图18-50~图18-52）这种方式是目前比较新颖的土建降板处理形式，在特别潮湿的南方地区（如广东、海南等）已经被各大工程公司极力推荐。简单说来，预制板架空的做法就是在现场通过支撑构件（如水泥砖）把已经加工好的预制水泥板直接盖在降板上，然后在这个盖板上找平，做防水和贴饰面的处理，预制板下不填充任何轻质材料，类似于做架空地板。

这种做法的优势是整体土建降板区域变轻，且不容易产生松动，后期漏水维修方便，只要打开预制板，就可以直接观察管线情况，直接修补渗漏位置，不用像材料回填的方式一样，把所有东西都挖出来才能检修。另外，使用这种做法的排水效果较好，因为内部是空的，所以它的储水空间大，排水效果也更好。劣势是施工较慢，因为预制板一般都是现场制作的，所以需要自然风干，导致整体卫生间工程节奏变慢。另外，这种做法对工艺要求高，因为这种工艺做法比较新，很多施工方的工人并不了解这种降板处理的工艺，即使设计师把这样的图纸交给工人，并进行了技术交底，

在执行过程中，也同样会存在因工艺要求较高而导致的质量问题。

虽然这种方法现阶段主要用于南方比较潮湿的地区的住宅装饰项目，但在未来，随着业主对防水的愈加重视，相信这种方式会在越来越多的空间中被采用。

图 18-48　　　　　图 18-49

图 18-50　预制板架空现场图

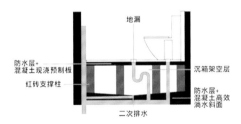

图 18-51　预制板架空原理图

图 18-52　现场制作的水泥预制板

三、降板回填材料

1. 陶粒

陶粒回填是目前国内最主流的回填方式之一，其"最少必要知识"如图18-53、图18-54所示。

2. 炉渣

炉渣在很多地方又被称为炭渣（图18-55），其含水量较好，能承受一定的压力，也是国内大多数项目中常见的回填材料之一。其缺点是材料中的氧化物对铁质材料有一定的腐蚀性，所以，前几年在国内比较常见，但近几年开始慢慢被陶粒替代。

3. 泡沫混凝土

泡沫混凝土是一种新型的、被用于室内的回填材料，其做法是用机械方法将泡沫剂水溶液制成泡沫，再将泡沫加入由含硅质材料、钙质材料、水及各种外加剂等组成的料浆中，然后经混合搅拌、浇注成型及养护，形成一种多孔材料（图18-56），近年来被广泛用于装饰领域。

泡沫混凝土的特点主要有以下几点。

（1）质量轻，强度高（图18-57），可减轻建筑物整体荷载。

（2）保温隔热性能好，为普通混凝土的20～30倍。

（3）隔音、耐火性能好。

（4）抗水性能强，耐久性好。

（5）施工方便快捷，一般是由专业的设备将材料搅拌好后，直接灌入降板内。

泡沫混凝土不只是回填材料，也是一种新型保温材料，现在已经逐渐代替挤塑板、保温棉、苯板等传统保温材料，被广泛用于室内保温、建筑外墙保温等领域。

4. 建筑垃圾

在国内一些中小型设计项目中，之所以出现刚装修完不久就漏水的情况，往往都是

由于使用了一些装饰过程中产生的建筑垃圾对降板进行回填（图18-58）。回填后，建筑垃圾本身尖锐的棱角容易破坏防水层，其自身的材料特点也不适合作为降板的回填材料，所以，后期容易导致漏水和溢水。

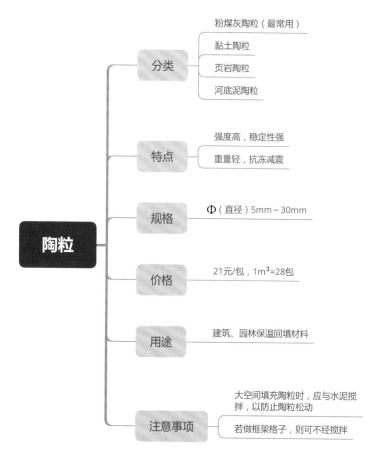

图18-53　陶粒的简介

图18-54　陶粒回填现场　　　　图18-55

图18-56　泡沫混凝土浇筑现场　　图18-57　凝固后的效果　　图18-58　建筑垃圾回填现场

4 种常见的回填材料中，泡沫混凝土由于工序的原因，面积越大，单位成本越低，因此，特别适用于大中型工装空间的土建降板回填。而在小型空间中，选择陶粒回填是最理想的方式。炉渣和建筑垃圾则可以不予考虑。

四、材料回填的施工流程

下面以陶粒回填为例，通过一个住宅卫生间的三维模型模拟真实的标准卫生间回填流程（图 18-59），以此作为参考来理解实际施工过程中的沉箱回填全过程。其具体步骤如下。

（1）对原土建沉箱进行结构防水处理（图 18-60）。在安装完排水管后，直接在混凝土结构上涂刷防水涂料，涂完后进行结构闭水试验，规范规定闭水深度不小于 20mm，时间不少于 24 小时，以水位无明显下降为合格。通常在工装项目中，因为场地过大，所以，检查是否漏水最简单的方式就是到下层观察管孔点位是否有明显的漏水现象（图 18-61）。

（2）结构防水做完后，须铺一层薄薄的素水泥作为防水保护层（图 18-62）。

（3）在防水保护层上，使用水泥砖或加气块打格子受力，防止陶粒坍塌和位移，并在铺好的格子上回填陶粒及铺设钢网（图 18-63、图 18-64）。

（4）使用 C20 细石混凝土在陶粒回填层上做找平层。找平层应往二次地漏方向找坡，坡度不宜小于 3%，宜为 5%~7%，且越大效果越好（图 18-65）。

（5）找平层铺设完成后，为保证防水效果，需在找平层上做第二遍防水层（图 18-66）；第二遍防水做完后，进行第二次闭水试验，之后使用干硬性砂浆进行二次找平（图 18-67）。

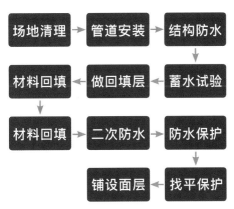

图 18-59 材料回填降板处理流程

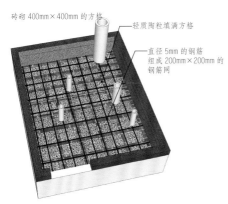

图 18-63 填陶粒，铺钢网

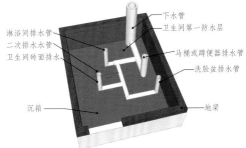

图 18-60 结构防水

图 18-64 陶粒回填现场

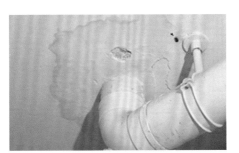

图 18-61 漏水的管道

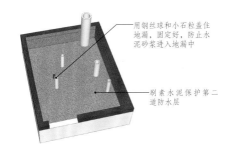

图 18-65 找平层向二次地漏方向找坡

图 18-62 铺一层素水泥防水保护层

图 18-66 涂刷第二遍防水

（6）在第二次找平层上涂刷胶泥或水泥砂浆，并铺贴石材、地砖等饰面材料（图18-68）。

（7）饰面材料做完后，根据预留的给排水点位安装对应的洁具末端点位，最终完成整个空间的装饰施工（图18-69）。

五、预制板架空的施工流程

预制板架空的施工流程和控制要点与材料回填大同小异，理解材料回填的原理后，理解预制板架空会变得非常简单，其施工详细流程如图18-70所示。通过该流程可知，这两者的原理差异并不大，主要是在结构闭水后，一个以材料回填的形式填充整个沉箱，另一个则是通过混凝土板盖住整个沉箱空间（图18-71），使得整个沉箱区域内部留空，既保证了二次排水的流畅性，又减少了楼板荷载，因此，越来越多的空间开始采用这种工艺处理沉箱问题。

六、小结

（1）回填层的材料选择不合适，工艺把控不到位，会出现一系列问题，也是后期漏水、溢水的根源所在，设计师要格外留意。

（2）回填的形式主要分为材料回填和预制板架空两类，材料回填是目前最主流的回填方式，而预制板架空处理可能是未来的趋势。

（3）用于回填的材料主要有4种，泡沫混凝土适用于大中型空间，陶粒材料适用于小型空间，其余两种材料尽可能不要使用。

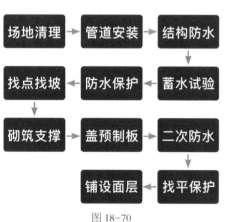

图18-70

图18-71　铺设预制盖板

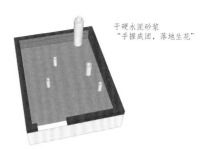

图18-67　使用干硬性砂浆进行二次找平

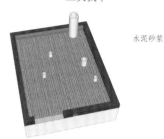

图18-68　在找平层上涂刷胶泥或水泥砂浆，并铺贴饰面材料

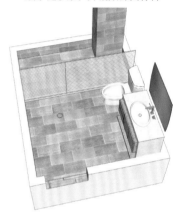

图18-69　根据给排水点位，安装对应的末端点位

第五讲 │ 给排水图纸的读识

关键词：读图识图，设计原则，读图方法

阅读提示：

大多数年轻设计师认为自己不需要看给排水图纸，所以不知道怎样读识图纸，该关注哪些内容，但这样的行为会导致后期在各专业配合时产生诸多问题，如在物料管控时，尽管已经核对了设备与装饰图纸的点位，现场还是会出现问题，最典型的例子就是装饰造型或设备与各专业点位对不上，造成现场"打架"的情况，如图18-72所示的就是典型的设计师读不懂给排水图纸导致的问题。

本章前面已经介绍了整个给排水系统的基础知识，所以，现在再来看给排水图纸会更容易。本文提到的所有二次机电领域的知识都是设计师应该知道的必要知识，了解这些知识可以让设计师构建起一个理解专业知识的框架，并利用这些知识更好地协调室内设计。

一、完整的给排水图纸包含的要素

项目的种类不同，所搭配的给排水图纸种类也不同，但不管何种项目，只要涉及给排水图纸，必然会包含图18-73中所示的这几种图纸类型。

图 18-72

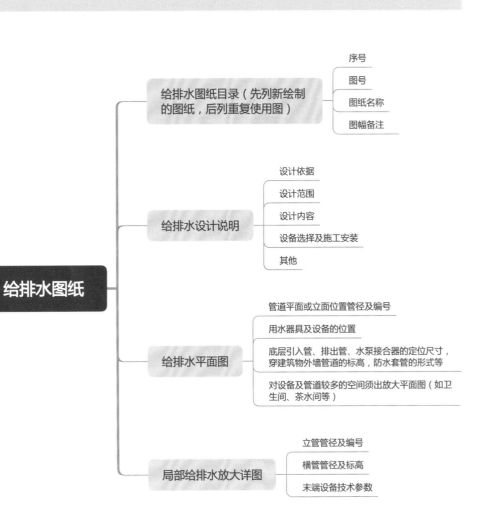

图 18-73

二、给排水图纸的解读

下面以一套五星级酒店客房的电气图纸实例进行解读。

1. 图纸目录与设计说明

由图 18-74 所示的图纸目录可以知道，这套完整的电气图纸包括了四张图纸，可分为三个部分：一是设计与施工说明；二是给排水管道的系统图，也叫透视图；三是给排水管道布置的平面图。读任何图纸的第一步都是看设计说明和施工说明，图 18-75 中介绍了一些给排水设计师需要遵守的基本要求与规范，室内设计师重点关注里面的项目信息、设计范围以及图例说明即可。下面重点介绍给排水系统图和给排水平面图的读识方法。对室内设计师来说，能读懂这几张图的重要信息，就达到了给排水识图的目的。

2. 给排水系统图

与能够避免后期点位和装饰点位冲突，以及能读懂室内设备用电的电气系统图相比，给排水系统图的读识更简单。室内设计师读给排水系统图时，最重要的目的有两个：一是看懂

图 18-75

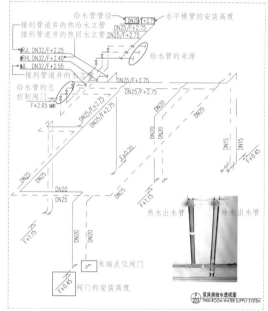

图 18-76　给水系统图

给排水管道到底是走吊顶还是地面，以及给排水管道的排布方式、管径大小和阀门高度等信息；二是看懂给排水专业预留的点位是否与装饰图纸需要的点位冲突，如浴缸下方是否预留了排水地漏。

（1）给水系统图解读

图 18-76 所示的是一份比较完整的给水系统图，读图时按照标注编号的顺序逐一读取。没有顺序编号的为辅助说明，了解即可。在读图时，可以把给水系统图当成一份三维管道的轴测图来理解（图 18-77）。

标号 1：给水管的来源

看给水系统图，第一件事就是找到水是从哪里来的，找到引入管后，就可以沿着引入管向后看。

标号 2：给水管的总控阀门

图中的 3 个阀门分别控制热给水、冷给水、热回水，是这个空间中给水的 3 个总开关。

标号 3：末端点位阀门

这是给排水设计图中的最末端点位，也就是我们图中看到的水管最后的阀门位置。

标号 4：阀门的安装高度

需要注意，给水图纸上标的是阀门的高度点位图，不是给水点位（龙头）的高度，水龙头的点位需要接到给水阀门。

（2）排水系统图解读

标号 1：排水立管主管道

读排水系统图（图 18-78）时，必须区分开排污系统和排废系统。

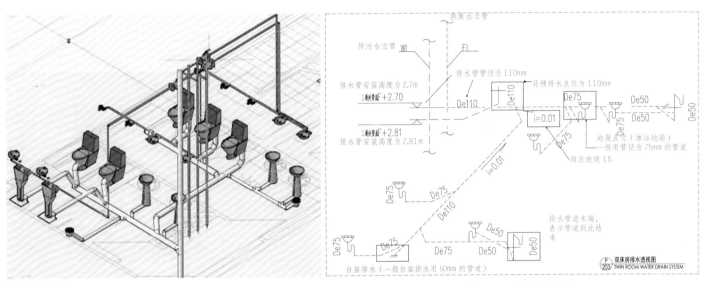

图 18-77　给排水管道的三维表达形式　　　　　　　　图 18-78　排水系统图

标号 2：放坡方向与坡度

这也是排水图和给水图的不同，排水图中一定要有坡度，因为它没有压管，如果放坡错误或者坡度过小，都会造成排水不畅、回水等问题。本文前面提到的墙排的小便斗最终却做成了地排的情况，就是通过在前期审图时，审核给排水系统图的排水点位和装饰图的物料清单来合理规避的。

3. 给排水平面图

（1）给水平面图

给水平面图（图 18-79）是表示室内用水点位的设置图纸，主要供给排水施工人员使用。也就是说，打开水龙头有没有水，由它决定。室内设计师读这张图的主要目的是根据该图提供的管道路径、给水点位与装饰图纸点位进行匹配，明确给水末端

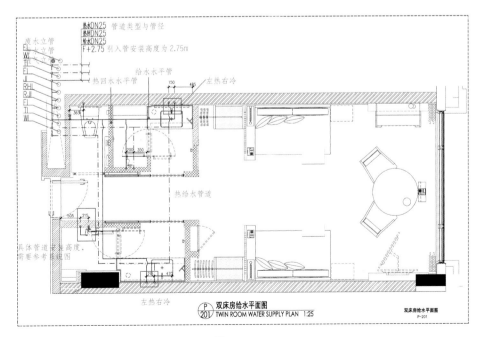

图 18-79

点位的数量，核查是否有遗漏，然后根据装饰图纸的点位要求进行调整。

看给水平面图时，应该顺着"水是怎么来的"这样的思路看。先找到来水的点位，也就是引入管，然后按照引入管、干管、立管、支管、用水设备这样的顺序看，之后再根据用水设备的点位验证这些给水点是否满足。这样读的好处是思路清晰、不容易读错以及读漏。同时，读给排水的图纸时，一定要把平面图和系统图结合起来看（图18-80），否则会分不清各个点位和平面图的关系。

下面以图18-79所示的实例演示给水平面图的解读，读图时，请关注图中标注的重点内容。

标号1：引入管管道的类型与管径

看给水图平面图的第一步就是找到它的引入管，顺着引入管方可理清空间内的给水网络关系。因为给水管有压力管，所以一般室内都是用直径15mm~20mm的管道，引入管的直径一般是25mm或32mm。

标号2：找到不同的给水管道

本章第一讲中介绍的热回水的知识，可以应用到给水平面图中，看热回水系统是怎样设计的。读懂了这个小空间的给水平面图后，会更容易理解家装设计的给排水图纸。

标号3：末端给水阀门的安装

首先，末端阀门一定要遵循"左热右冷"的原则；其次，看到这张图的时候，需要查看给水系统图中阀门的高度，以及这个高度的阀门与装饰立面造型是否冲突。

（2）排水平面图

排水平面图（图18-81）是表示室内空间中排水点位的管道排布以及点位布置情况的专业图纸，主要是供给排水施工人员使用。也就是说，水能不能排走由这张图纸决定。室内设计师读这张图的主要目的是根据装饰图纸的点位，检查各个排水点位是否有管道预留，以及排水立管是否与装饰构造冲突。

读识排水平面图时，与读识给水平面图的思路一样，只把顺序颠倒过来，顺着"水是怎么排走的"思路来看即可。先找到各个需要排水的点位（马桶、地漏等），按照用水设备、排水管、横管、立管、排出管的顺序看。

下面通过图18-81所示的样图演示解读过程，读图时，请关注图中标注的重点内容。

标号1、标号2：

看排水图时，一定要分清排污和排废的关系。先找到直接接入立管的水平管，然后沿着这根排水立管追查排水设备点位。当然，也可以反过来通过点位来"追踪"最终的汇总管道。

标号3：地漏补水管

浴缸下面之所以不放二次地漏，是因为时间久了会失去水封的效果，导致返味。为了防止这种现象出现，就有了地漏补水管这根管道。一言以蔽之，就是在干区的地漏点位接入一根排水管，以防地漏长期没有水，存水弯失去水封效果。

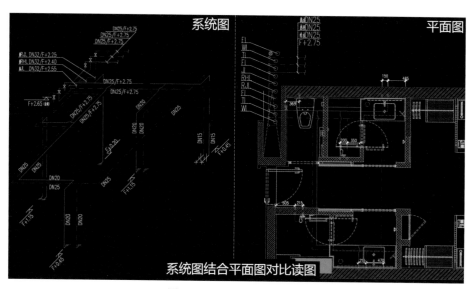

图18-80 平面图结合系统图
（单位：mm）

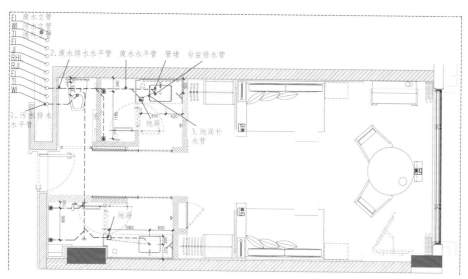

图18-81

读识给排水图纸比读识电气图和暖通图更简单，室内设计师只要了解本文图中标注的几条重点内容，掌握基本的读识方法，知道给排水图纸是用来做什么的，包含哪些要素，以及读图的目的是检查点位碰撞与遗漏即可。所以，本文最重要的目的是让室内设计师更好地理解与室内设计相关的配套知识，只有理解了整个系统的流程，才能更好地梳理给水和内装的关系，让设计图纸更好地落地，减少后期产生的质量问题。

学习其他专业领域的知识，并不是为了让我们参与设计，而是为了让我们更好地与相关专业配合，使设计在落地时能最大化地保证效果，降低成本。

三、小结

（1）专业的给排水图纸包含3个部分：设计与施工说明、给排水系统图、给排水平面图。

（2）读设计与施工说明时，主要看项目信息与设计范围；读给排水系统图主要看管道的排布方式以及点位的层级关系，避免与室内其他构造冲突；读给排水平面图主要了解给排水点位与装饰平面图点位是否冲突。

第六讲 ｜ 给排水管道的类型和做法

关键词：材料解读，工艺流程，验收标准

一、常见的给排水管道类型

在国内，常用的给水管按材质主要分为不锈钢管、铜管、镀锌管、复合管、塑料管5类。复合管主要是指钢塑管、铝塑管、铜塑管等。塑料管包括 PP-R 管、PVC 管、PE 管等。排水管主要分为 PVC 管、PE 管以及铸铁管。在建筑装饰领域，室内设计师常接触的给水管主要有 PP-R 管、不锈钢管、铜管，排水管主要为 PVC 管和铸铁管。

二、三种给水管道

1. PP-R 管

PP-R 管又叫三型聚丙烯管（图18-82），它既可以用作冷水管，也可以用作热水管。其具有无毒、质轻、耐压、耐腐蚀等特点，是室内空间给水管中占有率最高的水管材料。

PP-R 管的常见直径有 20mm、25mm、32mm。一般家装中，直径 20mm 的管材最多见，直径 32mm 的 PP-R 管用在工装空间中较多。PP-R 管的颜色主要为灰色、白色和绿色。PP-R 管的管道与配件接头一般采用热熔的方式连接，将管材与配件分别放置在热熔机上，待 PP-R 管熔化后，直接用手连接在一起（图18-83）。这样的方式安装方便，接头可靠，连接部位的强度甚至大于管材本身的强度。

PP-R 管常见的配件以及配件说明如图18-84 所示。在目前的家装和小型工装市场中，可以说，给水管大部分使用的都是 PP-R 管，不同的只是品牌和壁厚。因此，对设计师来说，几乎可以把 PP-R 管与室内给水管等同。PP-R 管的常见管径、配件和连接方式需要设计师牢记。

2. 不锈钢管

不锈钢材料是一种公认的可以植入人体的环保材料，安全无毒，性能稳定，耐锈蚀性强，使用不锈钢材料作为给水管材不会对水质造成二次污染，能持续保持水的纯净、卫生。所以，不锈钢管在室内设计项目中，除了作为给水管之外，也是最好的直饮水管道（图18-85）的选材。

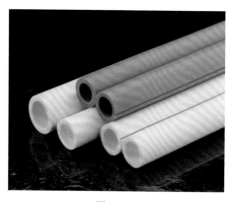

图 18-82

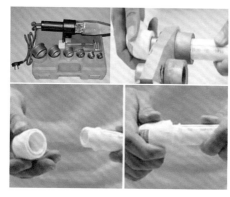

图 18-83

等径直通
规格：S20、S25、S32
说明：两端接相同规格的 PP-R 管
例：S20 表示两端均接直径为 20mm 的 PP-R 管

异径直通
规格：S25×20、S32×20、S32×25
说明：两端接不同规格的 PP-R 管
例：S25×20 表示一端接直径为 25mm 的 PP-R 管，另一端接直径为 20mm 的 PP-R 管

异径弯头
规格：F12-L25×20、F12-L32×20、F12-L32×25
说明：两端接不同规格的 PP-R 管
例：L25×20 表示一端接直径为 25mm 的 PP-R 管，另一端接直径为 20mm 的 PP-R 管

等径三通
规格：T20、T25、T32
说明：三端接相同规格的 PP-R 管
例：T20 表示三端均接直径为 20mm 的 PP-R 管

等径弯头（90°）
规格：L20、L25、L32
说明：两端接相同规格的 PP-R 管
例：L20 表示两端均接直径为 20mm 的 PP-R 管

等径弯头（45°）
规格：L20、L25、L32
说明：两端接相同规格的 PP-R 管
例：L20×20（45°）表示两端均接直径为 20mm 的 PP-R 管

异径三通
规格：T25×20、T32×20、T32×25
说明：三端均接 PP-R 管，其中一端变径
例：T25 表示两端均接直径为 25mm 的 PP-R 管，中间接直径为 20mm 的 PP-R 管

过桥弯
说明：两端接相同规格的 PP-R 管
例：W20 表示两端均接直径为 20mm 的 PP-R 管

图 18-84

室内给水管的管径没有太大差别，都是以20mm、25mm、32mm为主。不锈钢管按壁厚分为薄壁不锈钢管和厚壁不锈钢管。在内装空间中主要使用的是薄壁不锈钢管。不锈钢水管的主要连接方式有挤压式连接（图18-86）和扩环式连接（图18-87）。不锈钢水管用于设备内部或者设备间的管道连接比较多，但是真正用于室内给水管敷设的情况比较少，主要还是用于直饮水管道（图18-88）。因此，室内设计师接触这种管道相对较少。

3. 铜管

铜管又叫紫铜管（图18-89），也是一种常见的给水管道。其拥有不易腐蚀、耐高温、耐高压、热损失少等其他管材不具备的优点，且耐火、耐热，在高温下仍能保持其形状和强度，也不会有老化现象，可在多种环境中使用。铜管集金属管与非金属管的优点于一身，是冷热水系统中的最佳连接管道。

铜管的耐压能力是塑料管和铝塑管的几倍，甚至几十倍，它可以承受当今建筑中最高的水压。在热水环境下，随着使用年限的延长，塑料管材的承压能力会显著下降，而铜管的机械性能在所有的热温范围内都会保持不变，故其耐压能力不会降低，也不会出现老化的现象。当然，铜管的价格也比较高，这种管材是高端装饰场所的必备给水管材，单在家装和小型空间中使用的不多。

铜管的连接方式主要有卡套式连接（图18-90）和钎焊连接（图18-91）两种。卡套式连接是通过拧紧螺母，使配件内套入铜管的鼓型铜圈压缩紧固，封堵管道连接处缝隙的连接方式。钎焊连接是利用熔点比铜管低的钎料和铜管一起加热，在铜管不熔化的情况下，钎料熔化后填充进连接处的缝隙中，形成钎焊缝，钎料和铜管之间相互熔合和扩散，从而使管道牢固的连接方式。这种方式比卡套式连接更加稳定，且不易漏水，是当下最主流的连接方式。

三、两种排水管道

1. PVC 管

PVC管（图18-92）主要分为用于排水项目的PVC水管和用于电气的PVC电管。根据PVC管材的特性，又可以分为UPVC管、PP管、PE管（图18-93）、ABS管。UPVC管也就是设计师常说的PVC管，是一种塑料管，接口处一般用胶粘接，UPVC管的耐热能力较差，所以很难用作热水管，还由于其强度不能满足水管的承压要求，所以也很少用作冷水管。因此，在大部分情况下，UPVC管适用于电线管道和排污管道，它的连接方式主要是采用PVC胶粘剂直接连接接头与管道（图18-94）。PP管（聚丙烯管）无毒、卫生、耐高温，且可回收利用，普遍用于化工、化纤、氯碱、染料、给排水、食品、医药、污水处理行业。PE管（聚乙烯管）已被成功用于饮用水、废水、有害废物和压缩气体的安全输送管道。

图 18-85

图 18-86　挤压式连接

图 18-87　扩环式连接

图 18-88

图 18-89

图 18-90　卡套式连接

图 18-91　钎焊连接

图 18-92

图 18-93　PE 管

图 18-94

UPVC 管最常见的配件如图 18-95 所示，这些配件是设计师经常碰到的，需要牢记。建筑内的排水管道的直径主要有 200mm、160mm、110mm、75mm、50mm 这几类，直径为 110mm 的管道最常见，主要用于卫生间的排污，直径为 75mm 的管道用于淋浴间地漏这样需要大量排废水的地方，而直径为 50mm 的管道则用于台盆、吧台等区域的排水。

2. 铸铁管

铸铁管（图 18-96）是指使用铸铁浇铸成型的管子。它可以用于建筑给水、排水和煤气输送。但在当下国内市场中，铸铁管用于建筑排水的居多。在国内绝大多数普通住宅建筑和低层商业建筑中，排水管材以 PVC 管为主，因为 PVC 管不仅具备种种优点，造价还很低。但高层建筑或高档项目更多是以铸铁管作为排水管，因为其强度大、抗震性能好、噪声低、防火性能好，这些优点是 PVC 管不能比拟的。

铸铁管的连接主要分为法兰压盖连接（图 18-97）和管箍连接（图 18-98）两种形式。法兰压盖连接的机械性能较好，可以保证铸铁管的使用寿命和使用功能，但通过法兰连接后的管道比较笨重，耗用钢材多，而且不易调节排水坡度，所以，一般是与管箍连接混合使用的。管箍连接由于安装快捷，接口可曲挠性良好，允许在一定范围内摆动且不会渗漏，宜作排水立管的选用材料。特别是作为厕浴间内排水横支管安装施工时，可以利用其接口的良好可曲挠性和严密性，更好地控制排水管道的坡度。所以，这种管道连接方式是目前工装项目中的主流做法。

四、给排水管道的现场做法

图 18-99 是整个建筑给排水大系统的安装全流程图，即从埋地进入建筑开始到最终完成用水设备安装的全流程。参考之前划

立检
规格：φ50、φ75、φ110、φ160、φ200

弯头
规格：φ50、φ75、φ110、φ160、φ200

H 管
φ75×75、φ110×75、φ110×110

伸缩节
规格：φ50、φ75、φ110、φ160、φ200

带口 90° 弯头
规格：φ50、φ75、φ110、φ160、φ200

带口 45° 弯头
规 格：φ50、φ75、φ110

顺水三通
规格：φ50、φ75×50、φ75、φ110、φ110×50、φ160、φ200

平面四通
规格：φ50、φ75、φ110、φ110×50、φ160、φ160×110

图 18-95

图 18-96　铸铁管做排水管

图 18-97　法兰压盖连接

图 18-98　管箍连接

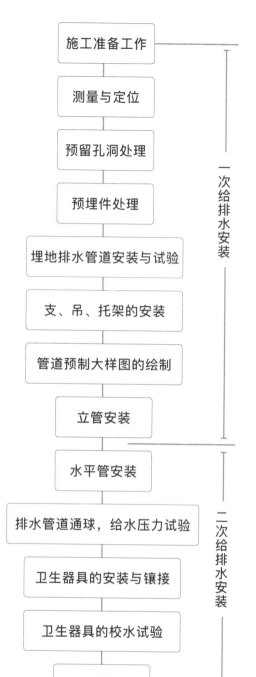

图 18-99

分的一次机电和二次机电的界面图，可以把这张图根据不同的阶段分为一次给排水安装和二次给排水安装。我们常见的室内给排水施工一般是当管道井的主立管全部安装完成后，装饰的水电工才开始进场施工。下面基于室内二次给排水管道的安装，以室内空间中最主流的 PP-R 管和 PVC 管为材料，介绍标准的给排水工序流程（图18-100）。

1. 测量弹线
根据给排水施工图纸找准点位，并弹出定位以及管线走向（图18-101）。

2. 定位开槽
通过开槽切割机或电锤，根据点位开槽。高要求的项目中，开完槽后，还会在槽口内涂刷防水涂料，以避免管道漏水，涂料离槽口距离不宜小于50mm（图18-102）。

3. 管道下料
开槽完成后，要根据管道的不同类型对现场使用的管道进行切割，把管道与零配件连接在一起（图18-103），并埋入已挖好的现场内，便于管道后期的排布与固定。这里的管道须参考上面提到的不同管道的连接方式，比如，PP-R 管采用热熔连接，PVC 管采用胶粘，铜管采用钎焊连接等。

4. 布管安装
管道下料完成后，就可以直接根据图纸进行排布和安装了。安装时，要注意以下要点。

（1）给水管排布要求
地面给水管用管码固定（图18-104），间距小于等于600mm，转角与分支处的固定点至端头的距离小于等于500mm。给水管在吊顶时，用胶粒固定吊卡底座（图18-105），吊卡间距小于等于800mm。

（2）排水管排布要求
正常情况下，排污管管径为110mm，需要大量排水的点位管径为75mm，其余排水管管径均为50mm即可。同时，排水支管一定要向立管处放坡（图18-106），坡度系数不小于1%，且越大越好，否则会出现排水不畅的情况。

（3）布管安装时的注意事项
①排水管要安装存水弯，一个排水口只能配备一个存水弯头，不能有两个或两个以上。排污管不得安装存水弯。
②排水管排布多个排水口时应使用斜三通，采取树丫形布管（图18-107）。横向布管90°弯时，应使用两个45°弯头连接，否则会造成排水不畅的现象。
③给排水管道在安装完毕后，一定要在管口处进行封堵（图18-108），避免后期施工时，建筑垃圾落入管道内，不便清理。

5. 验收测试
给排水管安装完成后，须进行验收测试后才算完成。给水管和排水管的测试方法各不相同。

（1）给水管验收
因为给水管是有压力的水管，水需要有水压才能送出，验收时，需要模拟给水管道工作

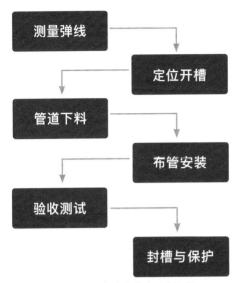

图18-100　标准给排水工序流程

测量弹线 → 定位开槽 → 管道下料 → 布管安装 → 验收测试 → 封槽与保护

图18-101　　　　图18-102

图18-103

图18-104　给水管　　图18-105　给水管
与地面固定　　　　　与吊顶固定

图18-106　支管向　　图18-107
立管放坡

图18-108

时的水压环境，以便检查管道是否漏水，所以，验收给水管道的方式是打压试验（图18-109）。验收时的水压保持在0.6kPa以上，有些时候需要达到0.8kPa以上。保持压力1小时后，给水管不渗漏且压力不降，则为验收合格。

（2）排水管验收

排水管的验收可分为两次，第一次是在管道连接好之后，用橡皮塞堵住管口，进行注水试验，以排水管道连接处不漏水为合格。有条件的情况下，在排水管道安装好之后，进行通水试验，将水灌入排水管道（图18-110），以管道能够快速通水为合格。

6. 封槽与保护

当给排水安装并验收完成后，方可对给水管道的槽口以及排水管道的洞口进行封堵（图18-111），并涂刷防水层，开始进行下一步的工序。

五、小结

（1）给水管道和排水管道因为用途不同，所采用的管道材料也不同。在常见的给水管道中，铜管效果最好，但价格高，因此被用于高端装饰空间中；不锈钢管可以保证水质，但考虑到成本，所以最常用于直饮水的管道（如星级酒店卫生间的直饮水龙头）；PP-R管虽然效果和对水质的保护没有前两者好，但因为超高的性价比，被用于当下绝大多数室内空间中。

（2）排水管道主要分为PVC管和铸铁管两类，铸铁管主要用于中高层建筑空间，而PVC管则被广泛用于普通家装和小型工装空间中。

（3）给排水系统的安装是一个庞大的工程，从阶段上来看，分为两次安装，先由给排水设备专业安装管道的主系统，再由装饰水电施工人员从管井的立管接出水平横管，完成第二次安装。二次给排水安装主要有六个步骤，分别是测量弹线、定位开槽、管道下料、布管安装、验收测试、封槽与保护。

图18-109 开始打压　　　　图18-110

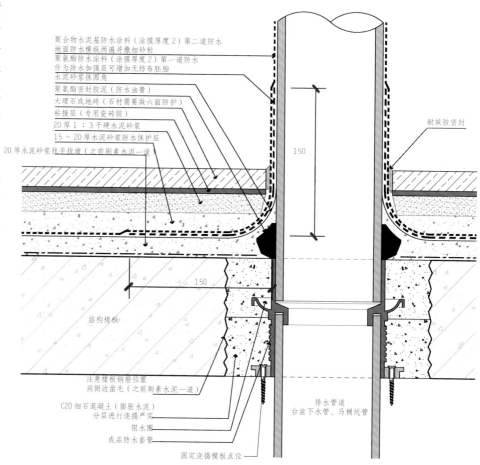

图18-111 排水管道封堵节点详图
（单位：mm）

第七讲 | 常见防水材料解析与对比

关键词： 材料解读，术语解读，工艺流程

一、建筑防水的术语

图18-112所示的这些室内设计质量通病，很大一部分原因是室内防水没有做好，而要系统地了解防水知识，首先要从了解专业术语开始。

1. 室内防水层

为了防止室内用水或雨水等水汽渗入建筑内部的墙体、楼板等位置而设的材料层被称为室内防水层。

2. 迎水面与背水面

自然状态下的水会从一面向另一面渗透，渗透过程中，第一个接触水的面被称为迎水面，另一面则为背水面。如图18-113所示，卫生间的隔墙，当水汽有从卫生间向里面渗透的趋势时，里面的那个面即为迎水面，外面是背水面。

3. 渗漏现象

建筑物的屋面、地面、墙面及管线外表面在水压作用下，如果出现水滴或水流的现象则被称为漏水，如果只出现润湿称为渗水。漏水和渗水现象统称为渗漏（图18-114）。考虑到渗漏的危害，在材料验收时，对用于潮湿区域的装饰材料的抗渗性要求格外高。

4. 闭水试验

闭水试验又叫蓄水试验，是通过在防水区域蓄水检验防水系统的有效试验方式。通常，室内闭水时间不应少于48小时（规范规定多于等于24小时即可），闭水的高度应大于等于20mm（图18-115）。

5. 结构闭水

土建界面移交给装饰方时，应在建筑结构上直接灌水进行闭水试验，以防止土建交出的建筑结构本身漏水（图18-116）。结构闭水是在大型工装项目中必须做的一道验收工序。通常土建方会做好防水层，便于装饰方进行结构闭水验收。

6. 抗拉力

室内项目中，装饰材料为抵抗外界作用力而产生的最大拉伸度为抗拉力。

7. 卷材接缝开裂

由施工过程、温度、外力等原因引起卷材接缝处开裂、起翘的情况被称为卷材接缝开裂。

8. 冷粘法施工

冷粘法是直接采用胶粘剂或聚合物水泥等材料粘接卷材与基层、卷材与卷材，不需要加热施工的方法（图18-117）。

9. 热熔法施工

通常在做SBS防水卷材时，会采用火焰加热器熔化SBS防水卷材底层的热熔胶进行粘接，这种施工方法即为热熔法（图18-118），常用于阳台、天台、回廊等与外界紧密相连的室内防水区域。

10. 改性沥青

改性沥青是掺加橡胶、树脂、高分子聚合物、磨细的橡胶粉或其他填料（如改性剂等），使其性能得以改善的沥青结合料，是以往用于楼面和马路上的沥青的升级版。

图18-112

图18-117 　　　　图18-118

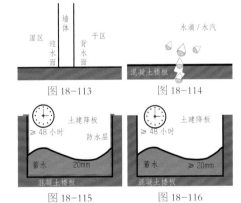

图18-113　　　　图18-114

图18-115　　　　图18-116

11. 聚合物水泥

聚合物水泥是用水泥、骨料和有机聚合物搅拌而成的水泥材料。它具有防渗效果好、耐高温、抗老化、耐久性强且水性无毒等特点，被广泛应用于室内外防渗漏的工程中。

12. 刚性防水材料

刚性防水材料是以水泥、砂石为原材料，通过调整配合比或减少孔隙率，改变孔隙特征，增加各原材料间密实性等方法配制而成的，具有一定抗渗透能力的水泥砂浆、混凝土等无机材料。简单来说，刚性防水主要是指用砂浆或混凝土制作防水层。刚性防水材料的优点是使用年限较长，施工工艺简单，取材容易，维修方便，堵漏效果好。缺点是其本身的重量较大，所以对房间构造形式的限制也比较大，且随着温差的改变容易开裂渗水。刚性防水主要是用于一些结构封堵、堵漏等柔性防水不能使用的地方，是室内防水的第一道关口。

图 18-119　刚性与柔性防水并用

13. 柔性防水材料

柔性防水材料多为沥青、油毡、涂料或各类胶粘材料等有机材料。它的特点是防水层在受到外力作用时，自身有一定的伸缩延展性，能抵抗在防水材料弹性范围内的基层开裂，呈现出一定的柔性。所以，它的优点是拉伸强度高，延伸率大，质量轻，施工方便，能适应一定的变形与胀缩，不易开裂。缺点是操作技术要求高，耐老化性能不如刚性防水材料，易老化，寿命短。

刚性防水材料与柔性防水材料的性能特点和适用场合不同，在建筑防水领域会混合使用，并不存在只用一种的情况（图18-119）。例如，地面潮湿且经常有明水时，可以以使用柔性防水涂料为主；墙上要铺贴面砖时，如果使用柔性防水材料与水泥砂浆则粘接力差，因此，用刚性防水材料为宜；在管道封堵时，必须用刚性防水材料封堵，之后在刚性防水的保护层上涂刷柔性防水涂料。

二、常见的防水材料

市面上的防水材料非常庞杂，每个材料厂家对防水材料都有自己的产品名称以及产品编号，设计师不容易掌握及选择。为了便于理解，本书以图表的形式介绍常见的防水材料（图18-120）。

1. 防水涂料

室内设计师接触到的防水材料绝大部分是防水涂料（图18-121），品牌有东方雨虹、德高等。从防水涂料的刚柔性来看，室内

图 18-120　防水材料的系统框架

设计师接触到的几乎全部是柔性防水涂料，如最常见的 JS 涂料、聚氨酯涂料，以及丙烯酸（K11）涂料。下面对这 3 种涂料进行详细说明，掌握了这 3 种涂料的知识，就了解了大部分室内防水材料的知识。另外，再介绍一种水泥基渗透结晶涂料作为拓展知识。

（1）JS 涂料
JS 涂料又叫聚合物水泥基防水涂料，是一种双组分防水材料。它是由有机聚合物乳液（如聚丙烯酸酯乳液及各种助剂）和无机粉料（如水泥、石英砂等）组成的双包装防水涂料，每桶（20kg）价格为 160 元~180 元，性价比较高，也因这一特点，成了各大装饰空间中的"涂料之王"（图 18-122~图 18-124）。

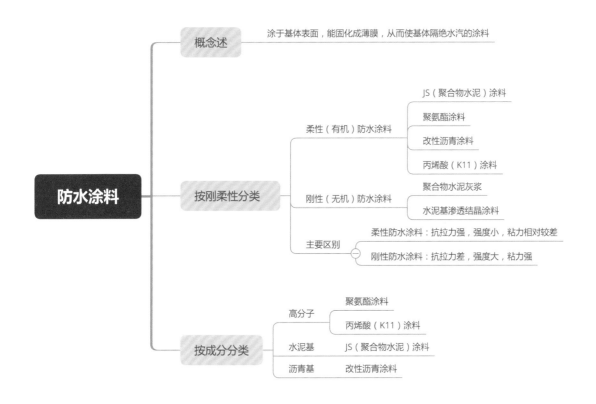

图 18-121 防水涂料总览

图 18-122　　　　　　　　　　　图 18-123　JS 涂料涂刷现场

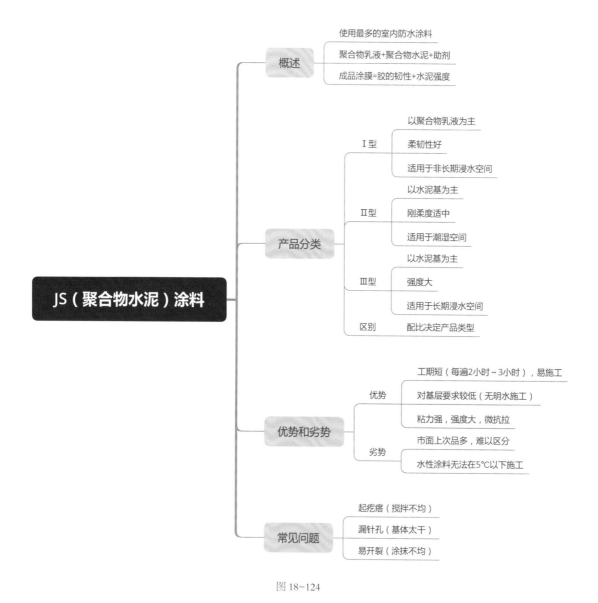

图 18-124

（2）聚氨酯涂料

聚氨酯涂料俗称液体橡胶，是皮肤式防水的典范。其拉伸强度大，延伸率高，使用寿命长，是目前综合性能最好、防水效果最佳的防水材料。其材料按照成分不同分为单组分与双组分，但某些不环保双组分产品中使用甲苯二异氰酸脂、MOCA（俗称摩卡）固化剂等成分，具有一定的毒性，对环境有污染，所以，建议室内防水工程选用环保单组分涂料。单组分价格在 300 元 / 桶（20kg）左右，双组分价格在 240 元 / 桶（20kg）左右，因成本较高，所以，一般只有在对防水性能要求较高的情况下才会用到这种涂料，如游泳池等（图 18-125、图 18-126）。

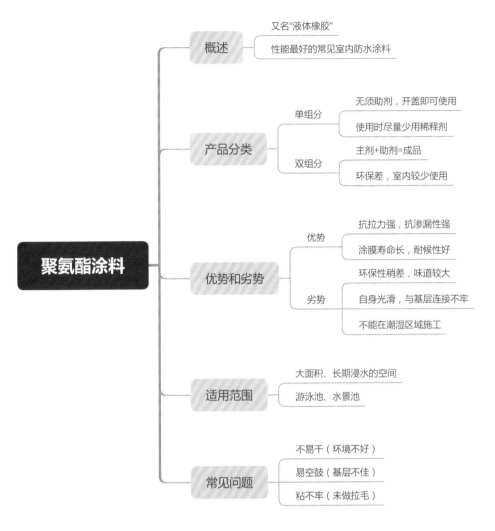

图 18-125

图 18-126 游泳池涂刷聚氨酯涂料

（3）丙烯酸（K11）涂料

丙烯酸涂料是以丙烯酸共聚物乳液为主要成分，加入适量填料、助剂及颜料等配制而成，属于合成树脂类单组分水乳型防水涂料。最常见的丙烯酸涂料就是K11涂料。

这种涂料防水层涂刷便利，能形成连续的弹性膜，在复杂的节点部位施工尤为方便。但因其主要原料仅为高聚物乳液，故要达到与其他材料相同的厚度，单位面积的涂料使用量大，成本较高，其价格在260元/桶（20kg）左右。也因为这样的价格及特性，它在室内防水涂料中的使用率远远没有前面两种涂料那么高（图18-127、图18-128）。

图 18-127

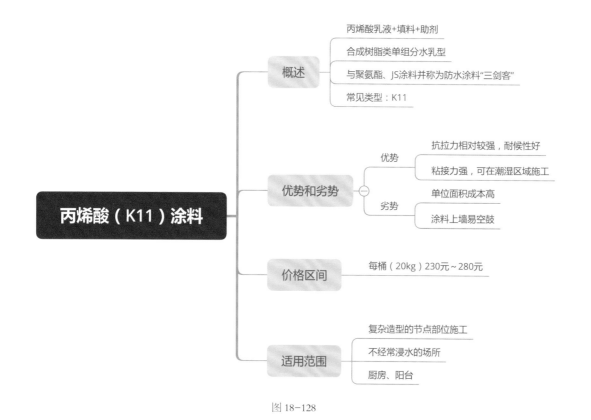

图 18-128

（4）水泥基渗透结晶涂料

这种防水涂料比较特殊，最大的用途就是能给混凝土的开裂处"打针"，把混凝土裂缝慢慢撑满，并凝固在缝隙中，使开裂的混凝土基体不会继续漏水。这种防水涂料属于比较特殊的刚性防水涂料，对一些细微的楼板和墙面开裂有非常大的帮助，设计师可以作为拓展知识了解（图18-129、图18-130）。

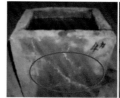

图 18-129

2. 防水卷材

在纯粹的室内空间中，使用防水卷材的情况并不多见，所以，很多设计师对防水卷材不了解。但是当我们想要为防水层加一层保险，或露天及大面积防水区域需要做防水时（如阳台、工装厨房区域、天台等），就需要使用防水卷材了（图18-131、图18-132）。本书介绍两种最常见的防水卷材——改性沥青卷材（图18-133）和无纺布（丙纶）卷材（图18-134）。

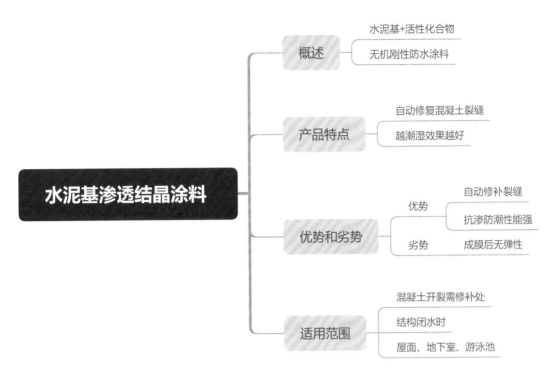

图 18-130

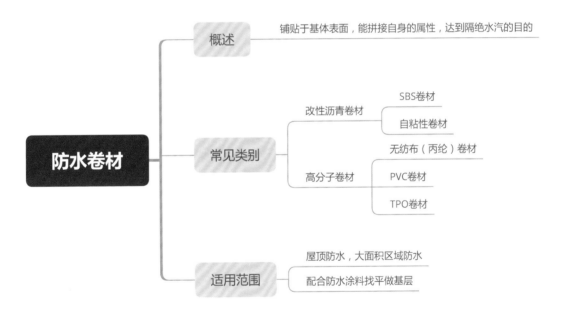

图 18-131

图 18-132

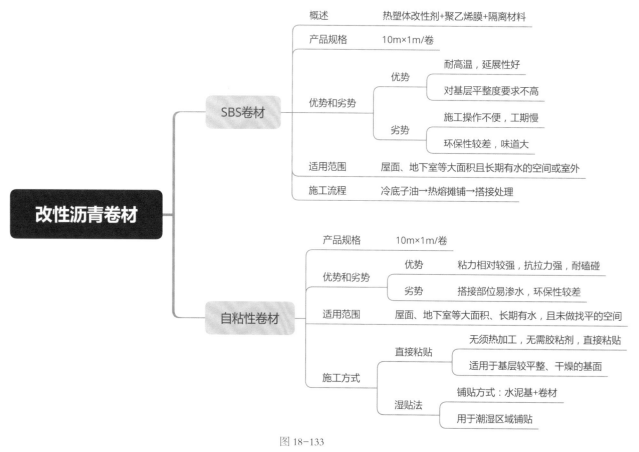

图 18-133

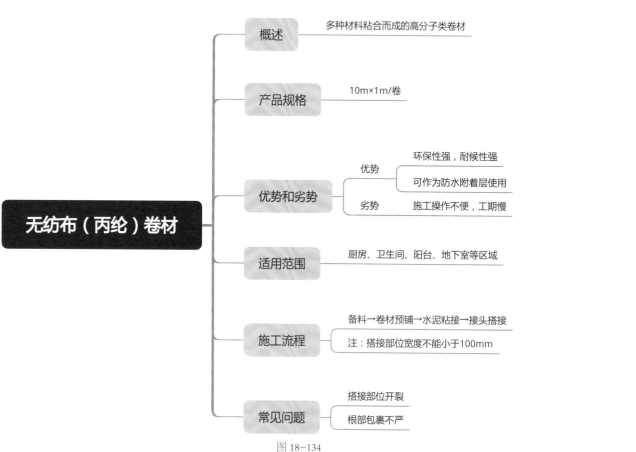

图 18-134

3. 堵漏材料

堵漏材料与前面介绍的涂料和卷材不同，它属于刚性防水材料，也是室内设计中常见的防水材料（图18-135），但因为多数设计师并没有现场经验，所以容易忽略，"水不漏""堵漏王"这样的叫法设计师应该更熟悉。该材料的作用就是进行管道封堵和结构补漏（图18-136、图18-137）。

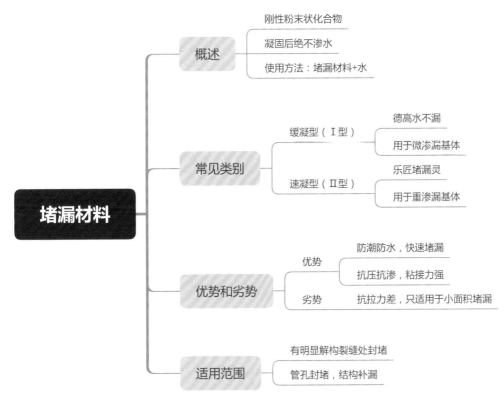

图 18-135

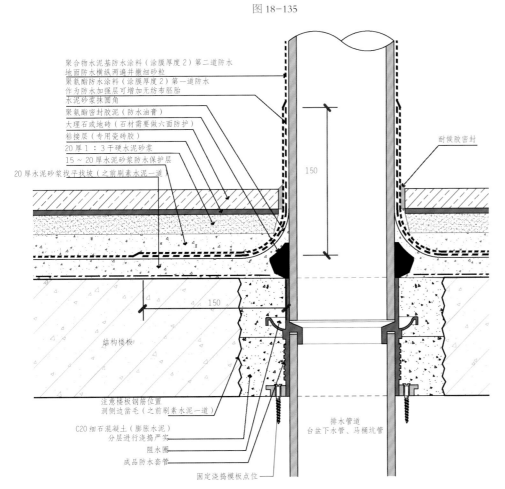

图 18-136 （单位：mm）

图 18-137

4. 密缝材料

在本书第七章胶粘材料中提到，胶粘剂中很重要的一个类别就是勾缝剂和玻璃胶，它们除了能作为收口材料外，还能作为防水材料中的密封材料（图18-138）。

5. 其他防水材料

其他防水材料主要是指涂刷在装饰材料上的添加剂，也就是防水剂（图18-139），尤其是在天然石材领域，防水剂对石材的保护作用远远大于后期的一些构造节点。

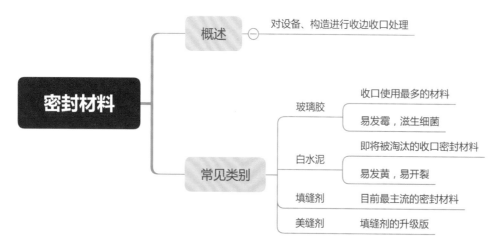

图 18-138

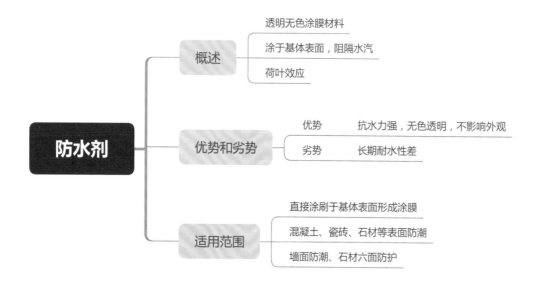

图 18-139

6. 不同防水材料对比

表18-2和表18-3系统地对比了不同类型的防水材料在适用场景下的优劣势，可作为设计师选择防水材料的参考。

根据表中的对比分析，下面总结一下应该如何根据不同空间选择防水材料。

（1）小型空间（如住宅）中的厨房、卫生间、阳台的防水材料不宜选择卷材，选择防水涂料最合适，而大型空间（如餐厅厨房）宜用防水卷材打底。

（2）防水涂料中，以JS涂料性价比最高，聚氨酯涂料性能最好，丙烯酸涂料性能居中。

（3）不建议单独使用刚性的防水涂料（如防水砂浆）作为室内防水层，刚性防水涂料主要用于堵漏，柔性防水涂料更适用于大面积防水。

表18-2　防水涂料与防水卷材对比		
项目	防水涂料	防水卷材
施工工艺	现场搅拌、混合、涂装、养护、固化、成膜，但厚薄不均，抗裂性能较弱	工厂化制作，厚薄均匀，无须养护
适用范围	适用于薄涂层的区域，适应任意几何形状，表面形成连续整体的防水膜	适用于加厚、超薄膜层的区域，适用于大平面，但须搭接收头，存在底部窜水、渗漏隐患
基层要求	具有透气性，适用于潮湿基面，无需找平层，造价较低	不透气，多数品种不适用于潮湿基面，需找平方能施工，成本较高
破损修补	防水层损坏易修补，可见漏找补	防水层损坏不易修补
性能特点	附着力相对较强	拉伸强度高，撕裂强度高

表18-3　柔性和刚性防水涂料对比		
项目	柔性（有机）防水涂料 （JS涂料、丙烯酸涂料）	刚性（无机）防水涂料 （聚合物水泥灰浆、水泥基渗透结晶涂料）
施工条件	潮湿基面可施工（聚氨酯涂料除外）	可在重度潮湿、通风条件较差的环境下施工
养护条件	干燥固化，反应固化，须经干燥养护才能达到高强度	潮湿养护即可达到很高的强度
材料属性	柔性，可适应基面变形	刚性，与混凝土结构强度匹配
耐久性	10年左右	连成一体，与结构寿命相同
适用范围	适用于结构存在动态变形的区域	适用于结构变形量较小的区域
环保属性	PU含挥发性有机物VOC	纯无机材料，不含有害物质
工作面	仅适用于迎水面	迎水面、背水面均可施工

第八讲 ｜ 防水材料的现场把控与构造做法

关键词： 材料解读，节点构造，工艺流程

阅读提示：

防水材料的现场把控要点可以从以下几个方面分析：防水材料的施工方式、防水涂料的标准施工流程、室内重要位置的防水做法控制要点和构造做法。

一、防水材料的施工方式

上一节介绍了建筑防水常见的材料，着重分析了涂料和卷材的适用范围和对比，因为这两者在室内设计领域使用得最多，所以，下面就针对这两者的施工方式进行说明。

1. 防水涂料的施工方式

任何涂料的施工方式都有 3 种形式：涂刷、滚刷、喷涂，防水涂料的施工也是如此。

涂刷和滚刷的原理相同，都是通过滚筒或者刷子将防水涂料均匀地涂抹在需要做防水的基面上（图 18-140）。这种方式是目前国内装饰项目中最常见的防水涂料施工方式。优点是施工器具成本低，节省材料。缺点是施工效率低下、涂抹不均、对细部处理把控不好（图 18-141）。

喷涂防水涂料（图 18-142）可以完美地规避涂刷的缺点，能让涂料均匀分布，对一些不方便涂刷的地方有较好的保护效果。优点是人工成本低，厚度均匀，成膜质量高，附着力强，对细节处理较好。缺点是施工器具成本较高，较为浪费材料。所以，虽然喷涂的方式更科学、效果更好（图 18-143），但是因为成本原因，目前国内绝大多数项目中，对防水涂料的施工还是以涂刷为主。

2. 防水卷材的施工方式

用于室内空间的防水卷材主要分为改性沥青卷材和高分子卷材两类。改性沥青类的卷材安装方式主要有火烤粘贴法、自粘法以及湿贴法 3 种类型，高分子的卷材主要通过湿贴法安装。

（1）火烤粘贴法

火烤粘贴又叫热熔粘贴（图 18-144），主要是通过高温对改性沥青卷材进行加热，让卷材熔化后直接与混凝土基面牢固粘贴。这种做法成本高，但是效果好，适用于基面没有进行过多处理的界面（如楼顶）。该做法主要适用于改性沥青卷材这类沥青基的材料，是特定材料的特定做法，其他卷材不能使用该做法铺贴。

（2）自粘法

自粘法是指将改性沥青基的自粘卷材直接铺贴在结构基面上（图 18-145）。这种做法的好处是施工快，不需要火烤，也不需要涂胶粘剂，适用于已经做完找平的基面。同时，该做法也只能针对自身带有粘贴层的卷材，所以也是特定材料的特定做法。

（3）湿贴法

以上两种做法都是针对特定的卷材所采用的安装方式，对于常规的防水卷材（如无纺布卷材），均需要采用湿贴法安装（图 18-146）。这种湿贴的做法与贴砖类似，只是用于充当胶粘剂材料的是聚合物水泥胶或灰浆，而不是水泥砂浆和胶泥。但是

图 18-140　现场涂刷防水

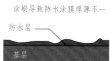

图 18-141　涂刷　　　　图 18-142　现场
效果示意　　　　　　　　喷涂防水

图 18-143　涂刷　　　　图 18-144
效果示意

图 18-145　在平整的基面上直接粘贴

图 18-146　使用聚合物砂浆粘贴防水卷材

因为这种湿贴的方式完全是通过胶粘剂粘接卷材，所以对工艺和基层要求特别高，而且容易出现接缝处开裂和空鼓的问题。

这种做法几乎适用于所有主流的防水基面，只要无明水均可施工。所以，这种方法也是最常见的防水卷材安装方式。

为避免出现如图18-147所示的现象，在铺贴防水卷材时，一定要先对铺贴的基面进行清扫，保证基面干净，建议基面不要有明水，尽可能干燥，否则卷材铺完后非常容易出现空鼓的情况。为避免出现如图18-148所示的现象，在铺贴时，卷材与卷材搭接的宽度建议大于等于100mm，搭接区域太小容易出现开裂的情况。

二、防水材料的标准工艺流程

在我们经常接触到的项目中，绝大多数的防水工序中都使用防水涂料。所以，下面以一个游泳池的案例来说明防水涂料的工序和把控要点，设计师可以将其作为技术交底的内容记录下来，以便在工作中使用。防水涂料标准工艺流程如图18-149所示。

1. 基层清理

当给排水管道主系统做完后，就应该进入防水层的施工阶段，而防水层的施工对基层的要求特别高，所以在基层清理时，要注意重点把控以下几点。

（1）必须将尘土、杂物等清扫干净，表面残留的灰浆硬块和突出部分应铲平、扫净、抹灰、压平，阴阳角处应抹成圆弧角。

（2）涂刷防水层的基层表面应保持干燥，含水率一般不大于9%，并要平整、牢固，不得有松动、空鼓、开裂及起砂等缺陷。

（3）找平层与地漏、管根、出水口、卫生洁具交接处（边沿）的收头要圆滑，坡度要符合设计要求，部件必须安装牢固，嵌封严密（图18-150）。

（4）突出地面的管根、地漏、排水口、阴阳角等细部应先做好附加层增补处理。

2. 细部处理

基层清理完毕后，应根据图纸明确各个重点把控位置的防水涂料应当涂刷的区域、位置以及程度，并对基面进行初步找平处理。其中，重点把控的防水层涂刷区域如图18-151～图18-155所示。注意，相邻两层涂膜的涂刷方向应相互垂直，时间间隔根据环境温度和涂膜固化程度进行控制。各防水层在墙根处应向上卷起至少300mm，卫生间门口防水层铺出300mm宽。

3. 刷三遍防水涂料

（1）第一遍防水

明确了具体涂刷点位的节点做法后，方可将已配好的防水涂料涂于基面上（图18-156），待24小时固化后，可进行第二道涂层。

（2）第二遍防水

在已固化的涂层上，采用与第一道涂层相互垂直的方向将防水涂料均匀涂刷在涂层表面（图18-157），涂刮量与第一道相同，不得有漏刷和鼓泡等缺陷。

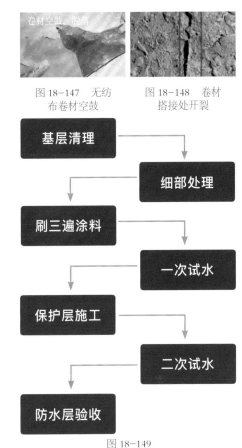

图18-147 无纺布卷材空鼓　　图18-148 卷材搭接处开裂

基层清理 → 细部处理 → 刷三遍涂料 → 一次试水 → 保护层施工 → 二次试水 → 防水层验收

图18-149

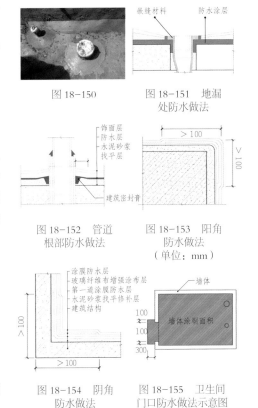

图18-150　　图18-151 地漏处防水做法

图18-152 管道根部防水做法　　图18-153 阳角防水做法（单位：mm）

图18-154 阴角防水做法（单位：mm）　　图18-155 卫生间门口防水做法示意图（单位：mm）

（3）第三遍防水

第二道涂膜防水层涂刷 24 小时固化后，再按相同的配方和方法涂刮第三道涂膜（图 18-158），涂刮量以 0.4kg/m² ~ 0.5kg/m² 为宜。三道涂膜的厚度为 1.5mm。

在一些有淋浴的卫生间，墙面的防水层需要涂刷至少 1800mm 的高度，最好能涂刷到顶。没有淋浴的卫生间，防水层涂刷 300mm 的高度即可。在涂刷防水层时，应尤其留意管道根部、阴阳角处的涂刷，这些地方是出现质量问题最多的位置，应重点检查。具体防水涂料的做法可以参考第 2 步细部处理，如果细部处理做得不好，即使多次涂刷防水涂料也一样会漏水。很多项目漏水的原因并不是工艺做得不到位，而是因为设计师在出具节点图时，将应当涂刷的细部处理做法弄错了，而工人按图施工，所以出现了问题。

4. 一次试水（闭水试验）

防水层施工完毕后，必须进行闭水试验（图 18-159），试验时间建议不少于 48 小时，试水的最低水位不得低于 20mm。

5. 保护层施工

闭水试验验收合格后，需在防水层上做防水保护层（图 18-160），保护层要一次成活。施工时要做好成品保护，防止破坏防水层。保护层向地漏找坡的坡度系数建议大于 3%，施工完毕后养护 7 天。

6. 二次试水

为确保在保护层施工过程中没有破坏原有防水层，防水保护层养护期过后，须进行第二次闭水试验，标准及要求参照第一次试水。

7. 防水层验收

二次试水完毕后，则代表第一层防水层施工完毕，这时方可根据其位置的节点构造进行下一步工序。如果在该构造上还须做

二次、三次防水层，均按照此流程重复操作即可。第一层防水层验收完毕后，开始做回填，并用细石混凝土做找平层（图 18-161、图 18-162）。找平完成后，根据其节点做法继续做第二次防水层和饰面材料的基层（图 18-163），最终铺贴饰面材料。

从这个流程中可以看出，防水层施工是非常费时费力的事，但是防水无小事，正因为防水的施工复杂，所以，在设计师出具深化节点图和技术交底时，才更需要了解防水的把控要点和流程，出具正确的节点图纸，防止后期出现质量问题时返工，造成不必要的时间浪费。

三、防水材料的标准构造做法

图 18-164~ 图 18-168 所示的是 5 个最典型的需要涂刷防水层的空间构造节点，这几个节点对设计师的帮助非常大。针对不同防水构造的做法还有很多专项的解决方案，但是这 5 类情况是每个设计师都应该了解和掌握的，了解了这些标准的防水构造做法后，再去看一些特定空间的防水做法和常见的质量通病将更容易理解。

图 18-156　室内游泳池第一遍防水　　图 18-157　室内游泳池第二遍防水　　图 18-158　室内游泳池第三遍防水　　图 18-159　闭水完毕后的游泳池现场

图 18-160　水泥砂浆做防水保护层　　图 18-161　　图 18-162　做回填与找平层　　图 18-163　做完找平后的泳池基面

图 18-164　有水房间地面防水标准做法

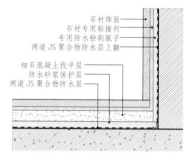

图 18-165　有水房间门槛防水标准做法

四、小结

（1）防水涂料是目前室内使用最多的防水材料，其施工方式主要分为刷涂、滚涂和喷涂 3 类。防水卷材相对来说在室内应用较少，而且根据不同的卷材类型，需要采用不同的施工方式，主要分为火烤粘贴法、自粘法以及湿贴法。

（2）要想防水层做得好，除了画出标准的防水节点图以外，还须了解防水涂料的施工流程以及把控要点。

（3）只要掌握了 5 个室内空间的标准节点做法，就大概了解了室内的防水知识，接下来再去理解一些防水的质量通病，将变得有规律可循了。

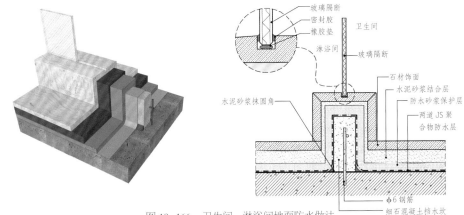

图 18-166　卫生间、淋浴间地面防水做法

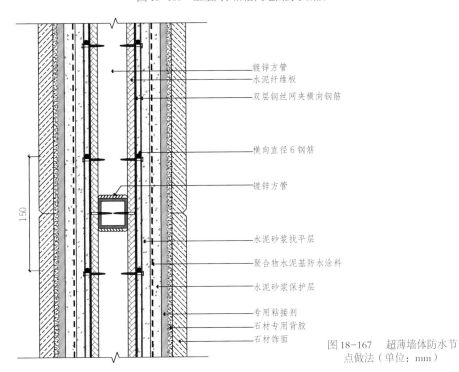

图 18-167　超薄墙体防水节点做法（单位：mm）

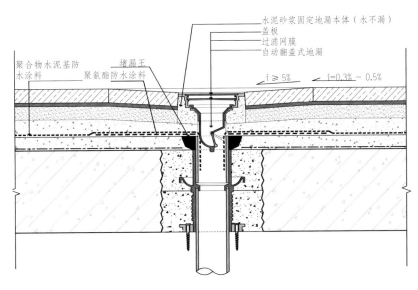

图 18-168　管道封堵根部防水详细做法

第九讲 | 六大区域防水构造解析

关键词： 质量通病，设计原则，专项方案

阅读提示：

本文通过几个室内设计中常遇到的因防水不到位而造成设计通病的实例来学习，在平时设计和制图时，应留意哪些相关要点，才能保证后期项目落地时不出现质量问题。分析任何有关设计通病的问题，都可以套用本书提出的"功夫菜"模型，简单来说，就是从设计构造、工艺技术、材料属性、施工环境这4个方面分析。本书前面有关设计通病的解析重点集中在后3个层面。本文抛开材料属性、工艺技术、施工环境这些更倾向于设计落地后端的因素（前面已经详细介绍了），从设计构造这个方面重点解析室内设计师最容易忽视的6个排水构造要点。

一、排水管道漏水

如图18-169所示，因排水管道根部漏水，导致下层楼板顶面潮湿发霉，这种情况非常常见。在混凝土结构的建筑中，遇到这种情况可以先分析到底哪些地方渗水、漏水的可能性更大。从图18-170所示的剖面图来看，建筑空间中，绝大多数跨楼层和跨墙体的渗水和漏水点位，都发生在楼板与墙体或管道的交接处。所以，要解决渗水和漏水的问题，应主要从这些地方下手。平时工作中，设计师往往会出具如图18-171所示的节点图纸指导施工，但这样的做法是错误的，因为防水层没有返上管道，这样在地面渗水时，水汽只能向管道与墙面的口子里钻，结果导致下层漏水。为了规避这种情况，须采用图18-172所示的优化节点做法。从设计把控的角度看，应让管道周边的防水层返上管道，阻止水汽渗漏到地面内部，寻找管道的接口进入下一层楼板。这里有一个细节要留意：考虑到细石混凝土和堵漏材料的收缩性，在封堵管道时，应分两次进行（图18-173），如果一次成型，可能会导致堵漏材料后期收缩开裂。

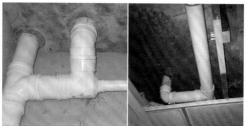

图18-169　　　　　　　　　　图18-170

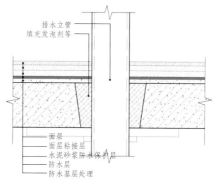
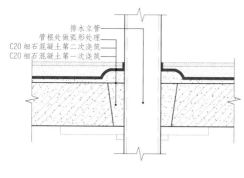

图18-171　错误的管道封堵做法　　　图18-172　正确的管道封堵做法

图18-173　分两次浇筑封管　　　　图18-174　墙角渗漏、发霉

二、室内墙角渗漏、潮湿

墙角开裂（图18-174）这种情况很常见，但很多设计师在画图时不考虑这种情况，会直接在图纸上把细部做成直角（图18-175），这样在现场涂刷防水涂料时，直角区域内必然会刷得不均匀，后期水汽也会聚集在这个区域内，使墙角形成一个漏水点。因此，在做深化设计时，只要碰到这样需要做防水的转角处，就要做倒圆角处理（图18-176），以便在施工时能够将防水涂料更加均匀地涂刷到这个区域。这是最简单、最有效的杜绝墙角漏水的方法。

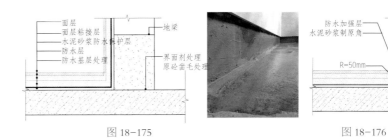

图 18-175　　　　　　　　　图 18-176

三、卫生间入口渗漏

如图18-177这样的现象是因为卫生间和过道的地面所处的找平层中没有做混凝土挡水反坎，导致卫生间水汽从地面渗入卫生间外的空间（图18-178）。要想杜绝这样的现象，设计师只需要在节点图中加上混凝土的挡水反坎，并涂上防水层即可（图18-179、图18-180）。因为混凝土凝固后是不透水的，所以，相当于在卫生间和外部空间之间做了一层防护屏障，以此规避卫生间地面渗水进入外部空间的问题。

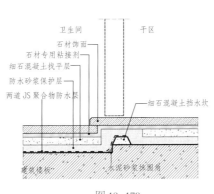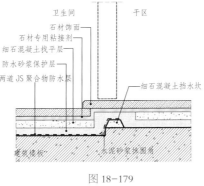

图 18-177

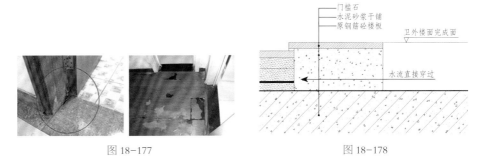

图 18-178

要想卫生间门套不返潮，除了在门槛石下方做好防水之外，还有两种改进做法：一是让木质门套线离开门槛石3mm~5mm，留出缝隙避免直接接触地面吸收水汽（图18-181）；二是采用石材门墩来收门套线，防止门套线受潮（图18-182）。

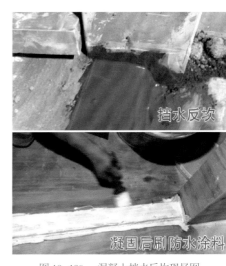

图 18-180　混凝土挡水反坎现场图

四、淋浴间的挡水反坎

与卫生间过道的门槛石下方需要做挡水反坎的原理一样，为了防止卫生间湿区（如淋浴区）的大量水汽通过地面向卫生间干区渗漏，在淋浴间隔墙的下方也需要预留挡水反坎来规避这一风险（图18-183）。

图 18-179

图 18-181　不直接接触门槛石　　　　图 18-182　木质门套用石材门墩收口

但是淋浴间因为完成面的限制，只能做宽度较窄的挡水反坎（图18-184），所以在现场落地时，要想保证这个挡水反坎的牢固性，建议在反坎内做植筋处理，其具体做法如图18-185、图18-186所示。

五、外幕墙区域漏水

如图18-187所示，建筑首层靠玻璃幕墙的一侧往往会由于室内地面与室外地面的工艺没做好，导致室外的雨水通过地面的砂浆找平层灌入室内，对室内地面的装饰产生不良影响。所以，建筑首层靠幕墙区域的地面出现渗水、漏水现象的根本原因是室内与室外的地面铺贴层是贯通的。明白这个原因后，就可以"对症下药"，针对室内与室外贯通的重点区域，设计师在做深化设计或与建筑及景观单位配合时，审图过程中就应提出要求：让建筑物内部地面的标高高于室外地面150mm，或者让建筑单位设置排水沟（图18-188），避免室外的水汽进入室内。但如果建筑已经完成，室内外并无高差，也没有排水沟的设计，那么在开始做室内地面之前，应当在室内外地坪之间的幕墙盖板下设置混凝土止水坎，隔离室内外地坪，形成"地下暗河"，阻止室外的水汽影响室内地面。具体做法如图18-189所示。

当然，这种解决方案是下策，如果有可能，还是建议采用排水沟以及拉高建筑高差的形式，否则，遇到暴雨天气还是会对室内造成一定的不良影响。

六、地下室防水除湿

有时候，很多设计师在重点区域内已经严格按照上面提到的标准防水构造操作，但是现场做完后，诸如地下室这样的密闭空间中，还是出现了发霉、返潮的现象（图18-190）。通常，大家会认为这种现象是防水做得不够好导致的，其实，地下

室会潮湿与防水关系并不大，是因为建筑墙地面的温度低于空气温度，同时空气湿度过高，导致室内产生结露现象，最终造成饰面材料发霉、受潮。只要室内空间表面温度低于空气温度，温差越大，湿度越高，结露现象就越明显。类似于地下室这样的空间，要想保证饰面材料不发霉、受潮，除了防水要做好外，更重要的是要降低空气的湿度，以及消除温差，这样才能从根源上解决密闭空间的发霉、受潮问题。具体方法如图18-191所示：第一步，降低空气湿度，通过空调、新风、干燥剂等措施去除空气中的湿气；第二步，消除温差，利用地暖、抗渗、抗裂砂浆达到保证室内温度均衡的效果。

七、小结

室内空间的防水问题可以用一句话概括：七分排水、三分防水。而解决防水问题的本质是通过"围挡"让水汽不向楼板和四周渗漏，并通过排水坡度将水汽顺利地通过排水管排出。室内空间就像一个容量不大的水壶，我们平时会不断地向这个水壶里倒水，再通过壶嘴将水倒出来，防水是否做得好，决定了你的水壶是完整的还是有裂纹和孔洞的，而排水是否做得好直接影响倒水的速度和效率。理解了这个本质后，再去解决与防水有关的问题，就

图18-183　淋浴区地面渗水

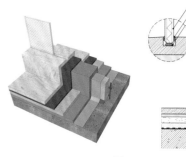

图18-184

图18-185　墙面植筋与转角处处理

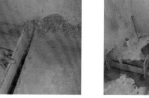

图18-186　支模并浇筑细石混凝土

图18-187　室外雨水灌入室内形成通病

图18-188　室外设置排水沟并做好防水

图18-189　通过止水坎来隔离室内外地面基层

图18-190　地下室顶面发霉，地面溢水

需要思考两个问题: 是否能想办法让这个区域产生的水汽留在这里(设置挡水反坎、倒圆角，使用合适的防水材料等)，不渗透到别处; 这个区域的水能不能通过更快速的方式排掉(设置二次排水，加大找坡坡度)，而不是一直积在这里导致发霉。理解了处理空间防水的本质后，就等于把本章内容串联起来了。

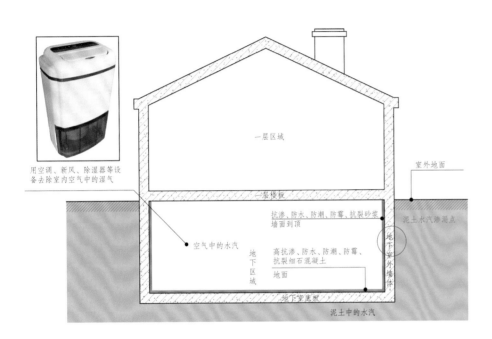

图 18-191 地下室防水除湿处理

第十讲 ｜ 五个常见的给排水质量通病和现场把控

关键词： 质量通病，设计原则，专项方案

一、卫生间铺地暖的防水做法

前面提到，卫生间的防水需要做挡水反坎，而且，为了防止卫生间的水汽通过铺贴的砂浆渗透进过道，还要在入口处多刷出一定面积的防水涂料（图18-192）。如果想在卫生间地面设置地暖，只需直接套用地暖标准节点做法（图18-193），在入口处的挡水反坎处穿洞，最后用密封胶或者堵漏王封堵即可。

正如上文所说，防水的本质在于把水汽困在一定的区域内而不渗漏。当地暖管道穿过挡水反坎时，后期是否会漏水完全取决于地暖管所穿过的洞口封堵是否严密。因此，在技术交底时，应当格外注意这个问题。

二、窗边渗水、漏水怎么办

窗边漏水的情况非常常见（图18-194），可谓是室内防水的一大痛点。多数设计师和施工方推荐的解决办法是在窗框周围打填缝剂，然后在窗外用水泥砂浆找坡，达到排水和防水的目的。填充水泥砂浆和发泡聚氨酯是填缝的常见做法（图18-195），但是这种做法的效果并不理想，下雨天还是有很大的概率会漏水。那应该怎么办呢？"填缝不如骑缝"，采用防水胶带进行骑缝作业（图18-196），可以填补这些细小、无从填充的缝隙。"骑嵌结合"，保证窗户周边防水的完整性，这是目前最好的窗边防水处理手法。在国外的室内装饰中，只要有接缝的地方几乎都会使用防水胶带，而这种做法在国内目前的装饰行业中，只有高端项目才会使用，很多设计师和施工方并不了解。

三、排水点与墙面距离过小，装不下马桶怎么办

下排式的马桶最常见的标准坑距是300mm和400mm（部分品牌也有350mm），但是有些装饰项目中预留的排水点位会过小或过大，导致马桶安装时离墙过近，无法安装，或是离墙过远，影响美观（图18-197）。例如，与业主确定好马桶的规格型号，甚至已经签订了采购合同后，现场测量发现，坑距与马桶的排污口相差50mm。遇到这样的情况，就体现出了同层排水的优势，如果卫生间是采用同层排水系统，直接调整排水支管的点位即可。但如果是隔层排水，管孔是固定的，不能移动，这时候就需要使用坑距位移器（图18-198）。坑距位移器的主要作用就是解决排污点位与马桶点位不匹配而又没办法更改管道的问题。具体做法非常简单：只需将坑距位移器直接装在排污管道上即可。但是，这样做虽然可以解决点位不匹配的问题，也带来了另外一个问题，即下水慢，而且容易堵塞。因为马桶的下水增加了弯道，缩小了管道的直径，所以必然会存在下水慢和容易堵塞的问题。为了解决这些问题，要尽量选用不缩小管道直径的坑距位移器。

常规的坑距位移器能移动的范围在50mm~100mm，特殊的长管形位移器能移动150mm，甚

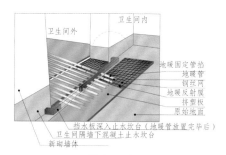

图 18-192

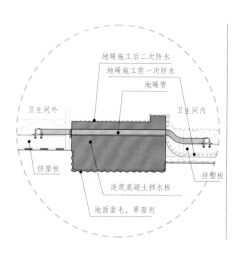

图 18-193　地暖穿过挡水反坎节点示意

图 18-194　窗边漏水的现象

图 18-195　传统　　　图 18-196　采用
窗边防水的做法　　　防水胶带在填缝
　　　　　　　　　　的基础上做二次
　　　　　　　　　　保护

至更长（图18-199）。但是，因为安装位移器时需要考虑排水坡度的问题（一般建议坡度系数大于等于3%），所以，管道越长，对完成面的要求越高，如果坡度做得不够大，非常容易造成堵塞。如果不能增大排水管的口径，坑距移位距离最好不要超过100mm，因为位移器对地面施工的高度是有要求的，超过100mm位移常常要垫高100mm地面才行。这也是很多隔层排水的卫生间，为了保证排水管有足够的坡度，会垫高马桶区域地面的原因所在。当然，坑距位移器不仅能和下排式的马桶结合使用，也可以与墙排式的马桶结合使用（图18-200），这样就可以不用考虑马桶与墙面的距离了。

图18-197

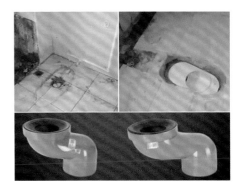

图18-198　坑距位移器

图18-199　长款位移器

图18-200　下排式秒变墙排

四、台盆排水使用P形弯还是S形弯

从排水效果的角度上来看，P形弯和S形弯这两者没有区别，选择哪一种排水方式完全是根据设计的台盆造型决定的。如果是没有柜体的台盆，选择P形弯会更美观一些；如果设计的台盆是有柜体的，使用S形弯还是P形弯影响不大（图18-201、图18-202）。

1. S形弯的质量把控

使用S形弯时，一定要避免图18-203中这样的弯道出现，如果设计师巡场时看到这样的弯道，一定要要求施工方整改，这样的弯道会影响排水的效果，甚至造成堵塞。

2. P形弯的质量把控

P形弯的质量把控相对更难，几乎所有设计师的深化图纸上对P形弯的处理都是如图18-204所示的做法，但这样做会存在两个质量隐患：一是金属软管进入排水管道过深，造成管道下水口缩小受阻，并产生反弹水的情况；二是排水管道弯头成90°，虽有硅胶密封固定，但还是会因反弹水产

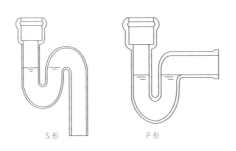

图18-201　S形弯与P形弯

图18-202　不同台盆选择不同形式的排水弯

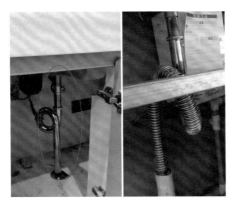

图18-203

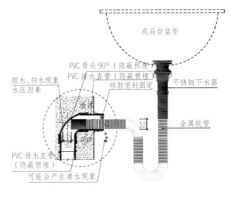

图18-204　P形弯的常规节点图
（单位：mm）

生密封口处滴水的现象。因此，建议如图18-205所示这样进行优化：将排水管弯头角度由90°改成45°，这样就完美地解决了传统的P形弯节点的问题，且避免了密封口处滴水现象的发生。

五、设计师巡场时，要看哪些给排水把控要点

以上提及的4个要点是在设计图纸阶段，设计师需要留意的把控要点，最后要介绍设计师去现场看给排水施工时，应该知道的常见质量问题和把控要点。

1. 给水管接头应平齐

普通淋浴龙头接水口应注意出墙是否平齐、平整，可采用一体式接口或模板定位，否则后期无法安装淋浴龙头（图18-206）。

2. 排水管支管不能90°拐弯变径

为保障排水通畅，排水管的支管是不能直接转90°的弯来排水的。变向连接时，应采用45°三通或90°斜三通，否则可能出现排水不畅的情况（图18-207）。

3. 小便斗排水管不需要存水弯

大多数小便斗自身是带有存水弯的，因此在管道布置时，不需要设置存水弯，这点一定要留意（图18-208）。

4. 马桶外圈不宜打胶收口

虽然打胶可以用于任何构造的收口，但考虑到后期会发霉，产生异味，所以马桶的外圈不宜打胶收口。固定马桶时，应在马桶轮廓线内侧约3mm处向内打胶，安装好坐便器后，把周边的硅胶拭净即可（图18-209）。如果必须要在外圈打胶收口，建议不要使用玻璃胶，使用填缝剂效果会更好。

5. 装饰面板的位置应提前核对

如果在前期审图时遗漏了装饰面板的位置，后期现场必然会出现如图18-210所示的情况。所以前期审图时，一定要格外留意面板阀门的点位。

6. 根据斗边高度定小便斗离地高度

绘制施工图时，有些设计师往往会因为洁具还未选型而先套用一个CAD图块来丰富立面，之后等蓝图出完后才选洁具，因此，会出现小便斗定位不合适的问题（图18-211）。所以，如果设计师在巡场时看见工人在安装小便斗，应注意，小便斗离地的高度是从斗边开始计算的。一般，小便斗斗边距地面宜为550mm～560mm（规范中的要求为600mm）。

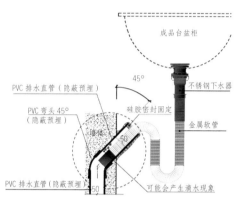

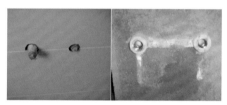

图18-206

图18-207

图18-205　优化后的P形弯做法
（单位：mm）

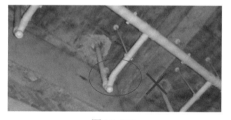

图18-208

图18-209

图18-210　管道阀门与装饰饰面位置冲突

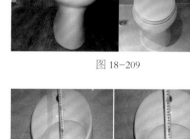

图18-211　不同型号的小便斗边高度不同

第十九章

暖通知识

19

第一讲 ｜ 空调系统的基础知识和分类

关键词：术语解读，概念解读，空调系统

一、暖通常见术语

1. 制冷量

制冷量是指空调在进行制冷时，在单位时间内，从房间或区域内去除的热量总和。常用单位为瓦特（W）、千瓦（kw）。可以简单理解为，制冷量是空调设备制冷的能力，能力越强，制冷越快，效果越好，成本也越高。

2. 冷热负荷

为保持建筑物的热湿环境和所要求的室内温度，必须由空调系统从房间带走的热量叫空调房间冷负荷。或者说在某一时刻需要向房间供应的冷量称为冷负荷。可以简单理解为，让房间降温产生的负荷叫冷负荷。相反，如果空调系统需要向室内供热，以补偿房间损失的热量，向房间供应的热量称为热负荷。

3. 换热

换热是指冷热两种流体间进行的热量传递，是一种属于传热过程的单元操作。可以简单理解为水和空气、空气和空气、冷媒和空气等相互交换热量的过程。比如，热水和冷空气在空调设备内换热，产生了冷水和热空气，然后空调设备把热空气输送给空间，起到供暖的作用（图19-1）。

4. 冷凝水

冷凝是高温气体物质由于温度降低而凝结成非气体状态（通常是液体）的过程。水蒸气经过此过程形成的液态水就是冷凝水（图19-2）。可以简单理解为空气中的水蒸气遇冷凝结成的水。在空调机组内，冷热介质换热时会产生冷凝水，所以才会有冷凝水盘和冷凝水管，它们的作用就是排出冷凝水。

5. 制冷剂

制冷剂又叫冷媒，是空调系统中用来完成能量转化的媒介物质，即把热空气变为冷空气、把冷空气变为热空气的一种介质，如氟利昂。

二、空调系统是什么

对空间内温度、湿度、纯净度和空气流速等进行调节和控制的方法叫空气调节，简称空调。简单理解就是通过把室内的空气来回循环达到调节室内空气的目的（图19-3）。空调系统的原理是把制冷介质先用空调机组处理好，然后把制冷介质通过空气传输给末端设备，再通过末端设备输送给空间，原理如图19-4所示。

三、常见的室内空调系统的类别

本文介绍两种空调系统的分类方式。按承载介质的不同，空调可分为全空气系统、水系统、空气－水系统、制冷剂系统；按空气处理设备集中程度的不同可分为集中式系统、半集中式系统、分散式系统。

1. 按承载介质分类

（1）全空气系统

全空气系统（图19-5）指的是管道里面全部是空气，完全由空气负担房间的冷热负荷的系统。这个系统为房间送冷、送热、加湿、去湿，并完全由集中于空调机房内的空气处理机组完成，在房间内不再进行冷却（加热）。

全空气系统的空气处理基本集中于空调机房内，因此被称为集中空调系统。设备可以放在地下室、屋顶间或其他辅助用房内

图 19-1

图 19-2

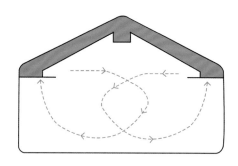

图 19-3　空调系统—空气循环示意图

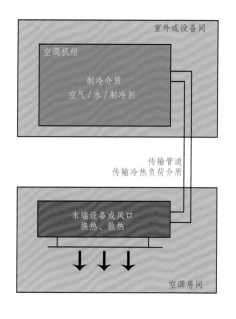

图 19-4　空调系统简单流程图

（图19-6）。全空气系统可以为一个或者多个房间服务，也可以为一个区域服务。但是因为空气的比热容较小，需要较多的空气量才能达到消除余热、余湿的目的，因此要求有较大断面的风道，占用建筑空间较多。全空气系统的原理简单来说，是先把室外的空气引入机房，在机房内对空气进行处理，然后把处理好的空气传输给风管，通过在风管上开孔或安装末端设备把空气输送出去，达到调节温度的目的。

全空气空调系统的工作方式有两种：一种是靠调节出风口的出风速度调节室内温度，像电风扇一样，用风速来调节室内的空气；另一种是靠调节出风口出风的温度调节室内温度，像电吹风一样，对热空间放冷风，对冷空间放热风。

在国外，全空气系统被广泛使用，它有诸多其他空调系统不能比拟的优点，但因为它的管道系统太庞大，会过多占用吊顶空间，所以在国内，只有在吊顶高度能满足安装要求的情况下才会使用这种空调系统，如酒店公共区、剧院、高端办公场所等（图19-7）。

（2）水系统

水系统（图19-8）是指全靠水承担室内冷热负荷的空调系统。由于水的比热容比空气大得多，所以在相同条件下，只需要较少的水量就可以达到调节室内空气的效果。这样输送管道占用的空间较少，整个的空调系统也会"瘦"下来。

水系统的工作原理是先把水加热或制冷，然后通过水管传输给末端设备，在末端设备里把水与空气进行换热，最后把换热后的空气输送给空间，达到调节温度的目的（图19-9）。所以，水系统对水管的保温等级要求很高。

水系统因为设备占用空间小、管道安装灵活、系统造价适中等优点，被广泛用于国

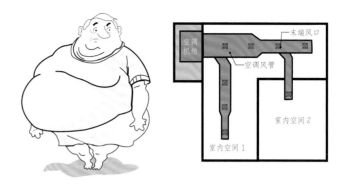

图19-5　全空气系统平面图

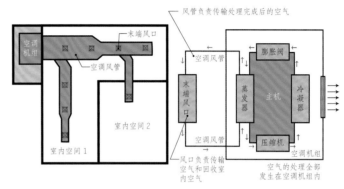

图19-6

图19-7　全空气系统风管图

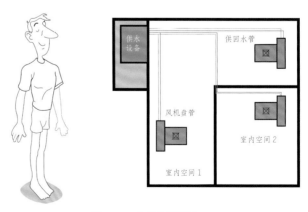

图19-8　水系统平面图

内绝大多数大、中、小型室内空间中（图19-10），几乎随处可见。但是也因为水系统只能让室内的原始空气循环，所以，虽然能调节空气温度，但不能保证空气质量。在大多数装饰项目中，往往会在水系统的基础上再增加新风系统，保证室内的空气质量。

（3）空气–水系统

空气–水系统（图19-11）以水和空气为介质，共同承载室内的冷热负荷，是全空气系统结合水系统的产物，它既解决了全空气系统占用空间的问题，又解决了水系统没有新鲜空气供应的问题。

这种空调系统有两种送风形式：一种是新风系统和水系统分开送风（图19-12），适用于对新风风量要求高的空间；另一种是把新风直接送给水系统的设备机器，在设备内混合好空气后，再输送给空间（图19-13），适用于中型空间。因为这种空调系统结合了全空气系统和水系统各自的优点，所以在国内被大范围推广使用，也是目前在中大型空间装饰中使用量最大的空调系统模式（图19-14）。

（4）制冷剂系统

制冷剂系统以制冷剂（即冷媒，如氟利昂）为介质，承载室内的冷热负荷（图19-15），工作原理与水系统相似（图19-16）。它的工作原理是先通过带制冷剂的设备把制冷剂释放进制冷剂传输管道（铜管），再通过管道把制冷剂传输给末端的蒸发器，在蒸发器内让制冷剂和空气发生反应，最后，把混合了制冷剂的空气输送到室内空间，达到调节室内温度的目的。

这种空调系统主要是以制冷剂为介质调节室内温度，因为制冷剂价格昂贵，品质参差不齐，性价比不高，所以常常用于小型空间，别墅和家装中常见的分体式空调系统（图19-17）就是制冷剂系统。也因

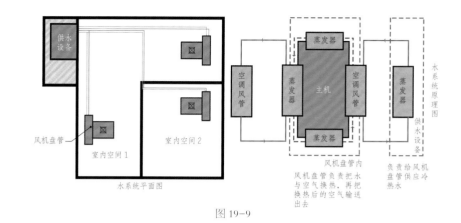

图 19-9

图 19-10　水系统风管

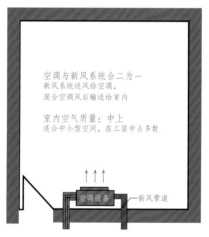

图 19-11　空气–水系统平面图

图 19-12

空调与新风系统都独立出风，互相不干扰

室内空气质量：中
适合中小型空间，
常用于住宅及办公空间中

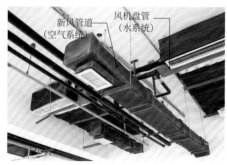

图 19-13

空调与新风系统合二为一
新风系统送风给空调，
混合空调风后输送给室内

室内空气质量：中上
适合中小型空间，在工装中占多数

图 19-14　空气–水系统平面示意图与现场图

为制冷剂系统具有成本太高、不易检修等缺点，在国内很少被运用在大型公共空间中（图19-18）。

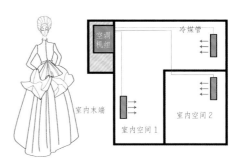

图19-15　制冷剂系统平面图

2. 按空气处理设备集中程度分类

集中式空调系统（图19-19）是把所有的空气处理设备（加热器、冷却器、过滤器、加湿器等）都设在一个集中的空调机房内，处理后的空气经风道输送到各房间，实现集中管理，方便中央调控。集中式空调系统处理的空气量大，有集中的冷、热源，运行可靠，便于管理和维修，但机房占地面积较大。全空气系统属于这一类。

半集中式空调系统（图19-20）除了设有集中在空调机房的空气处理设备之外，还有被分散在空调房间内的空气处理设备。它们通过分工合作，对室内空气进行就地处理，或对来自集中处理设备的空气进行补充处理，以满足不同房间对送风状态的不同要求。这种系统控制灵活，花样繁多，但设置在房间内部的设备机器过于分散，后期维修不方便，还会产生一定的噪声。水系统和空气 – 水系统均属于这一类。

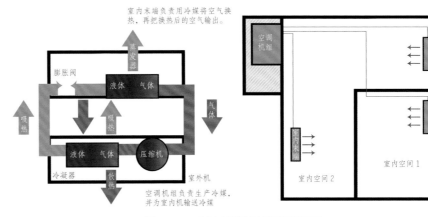

图19-16　制冷剂系统原理图及平面图

分散式空调系统又名局部空调系统（图19-21）。该系统的特点是将冷（热）源、空气处理设备和空气输送设备全部或部分集中在一个空调机组内，组成整体式或分散式等空调机组。它们自成体系，可以根据需要灵活、方便地布置在不同的空调房间，适用于用户分散、空间小的场所，是住宅里最常用的一种空调形式。窗式空调、分体挂壁式空调等均属于分散式空调系统。

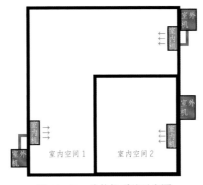

图19-17　分体机系统示意图

图19-18　公装与家装制冷器系统的设备区别

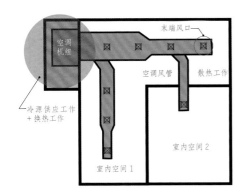

图19-19　集中式空调系统

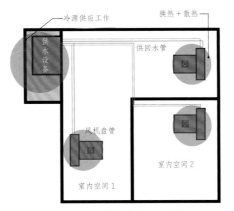

图19-20　半集中式空调系统

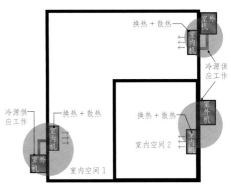

图19-21　分散式空调系统

第二讲 | 空调图纸的读识

关键词： 读图识图，读图方法，标准图纸

一、设计师需要了解哪些暖通知识

室内设计师非常有必要了解与自身行业相关的配套专业知识，因为这些知识对后期做设计会有很大帮助。这里的知识并不是指专业知识，而是指能够指导我们做设计的基础知识。例如，全空气系统的重要特点是风管大，根据这个知识点，我们就可以知道，在设计天花时，如果遇到纯空气系统的风管设备，就需要留意吊顶造型标高与风管的关系。如果想得更深入，遇到全空气系统，需要调整风口位置时，因为它的风管体量大，那么可调节范围就会大得多，不会像水系统那样；如果调整风口位置，就必须调整空调设备位置。这样，一些看似无用的理论知识就被应用在了室内设计实战中。

下面从正规工作界面划分的角度介绍室内设计师应该了解的暖通知识。

图 19-22 为一次机电和二次机电的界面划分。室内设计师并不需要了解太多暖通专业方面的知识，只需要具备基础的识图能力和对空调系统初步的认知，包括了解各个系统的优、缺点和适用范围，明确每种空调系统常见的问题以及如何规避等即可。当具备这些能力后，设计师对于天花排布、点位调整、协调设计等工作也会更容易理解。

二、空调专业图纸的作用和内容

室内设计师了解空调方面的知识除了能更系统地了解设计相关行业外，更多的是为了方便开展工作。例如，对空调风口的定位及核实，对空调设备的标高核实，指导后期现场施工等。

看图之前首先要明确点位，空调图纸的作用是表达空调设计方案，指导空调相关专业现场施工。根据空调系统的不同，图纸构成有细微的差别。下面以一套使用频率最高的空气－水系统的空调图纸为例，介绍一套完整的空气－水系统图纸包含哪些内容。

通过图 19-23 所示的图纸目录可以看出，相比于水电图纸和消防图纸，空调图纸的数量比较少，对于最复杂的空气－水系统空调，两张图纸已经可以表达清楚。

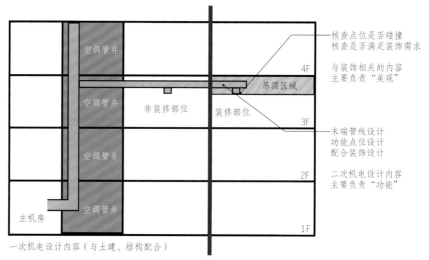

图 19-22　一次机电与二次机电的界面划分

图纸目录
LIST OF DRAWINGS

建设单位： CONSTRUCTION UNIT		专业： DISCIPLINE	暖通	工程编号： JOB NO.	13023	
项目名称： PROJECT		设计阶段： DESIGN STAGE	施工图	共 1 张 TOTAL	第 1 张 SHEET	
序号 NO.	图 号 DRAWING NO.	名 称 TITLE		幅面 FORMAT	数量 QTY	备注 REMARKS
01	NS-MR-SM	样板房设计与施工说明		A2		
02	NS-TR-01	双床房暖通风管平面图		A2		
03	NS-TR-02	双床房暖通水管平面图		A2		

图 19-23　空调图纸目录

图 19-24 所示的设计说明里介绍了一些设计的基本要求与规范，是整套图纸设计的依据，但里面的内容主要是暖通设计师需要解读的，室内设计师只需要大致了解该图纸中主要包含哪些内容板块即可。

三、空调专业图纸的识别与应用

看空调图纸时，应先找到暖通设备的位置，然后顺着风管找到各个风口的位置。这样读图的好处是思路清晰，即使空间很大，风管比较乱，也不会遗漏风口和检修口的点位，方便后期叠图、排综合天花等。

1. 空调风管平面图

空调风管平面图是表示空调风管与空调设备连接的图（图 19-25），里面包含了风管的规格尺寸、安装路径、送风口和回风口的点位尺寸、安装形式、风口样式、检修口位置等。这是室内设计师首先要读的暖通图纸。

标号 1：空调设备点位（重点内容）

图中设备为风机盘管。室内设计师应对照空调设备清单，或咨询暖通设计师，明确设备规格尺寸、安装形式、安装要求等是否与装饰吊顶冲突。

标号 2：空调风管走向及横截面尺寸大小（重点内容）

室内设计师看图时，应明确管道、空调设备的安装高度，明确空调风管的横截面尺寸，并在此高度基础上多留 10cm 的吊顶位。同时应核对风管与吊顶的标高尺寸，避免装饰与空调标高冲突。

标号 3：送风口点位（重点内容）

标号 4：新风口点位

标号 5：回风口点位

标号 6：排风口点位

设计师看空调图纸最主要的目的就是在空调图纸上找到各个风口的位置，并明确各个风口的送回风方式、开孔样式、规格尺寸等信息，为后期排布综合机电点位做好准备。

标号 7：检修口位置（重点内容）

查看检修口位置是否与装饰造型冲突，如果冲突，可在检修口周边进行调整，但调整范围不宜过大。

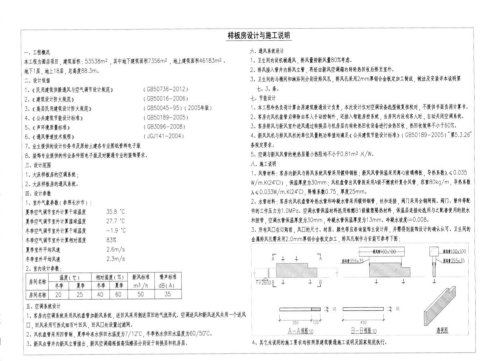

图 19-24　空调图纸设计说明

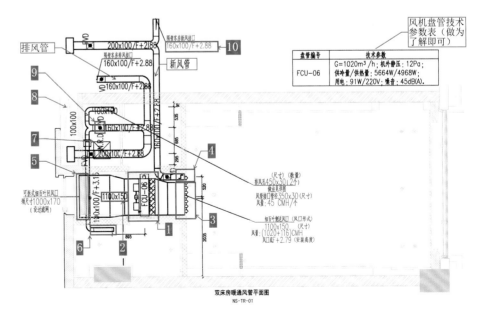

图 19-25　风管平面图

标号 8：风井位置

所有管道（风管、水管、电管）都是通过风井垂直输送介质的。

标号 9：风阀

风管的阀门，用于控制风管的流量，所以，应在风阀周边区域设置检修口。

标号 10：风管的管径与安装高度表达式（重点内容）

160mm×100mm（管道横截面尺寸）/F+2.88（管道安装高度）。设计师须关注风管的大小与安装路径，并对比各专业图纸，仔细检查风管管径是否与装饰吊顶存在冲突——这是每个项目都会遇到的问题。

注意，空调平面图中标注的风管与水管的管径尺寸，是不包含保温层的净管道尺寸的。

2. 空调水管平面图

空调系统包含空气系统和水系统，图 19-26 所示的这张空调水管平面图就是水系统空调的配图，它只会存在于水系统空调中。它的主要作用是表示水管与空调设备的连接关系。

标号 1：空调设备点位（重点内容）

图中设备为风机盘管。室内设计师应对照空调设备清单，或咨询暖通设计师，明确设备规格尺寸、安装形式、安装要求等是否与装饰吊顶冲突。

标号 2：管道管径与安装高度（重点内容）

表达式：DN32/F+2.80。DN32 表示管道管径为 32mm，/F+2.80 表示安装高度为 2.80m。

标号 3：检修口位置（重点内容）

查看检修口位置是否与装饰造型冲突，如果冲突，可在检修口周边范围调整，但调整范围不宜过大。

标号 4：管道符号

这些符号表示每根管道的用途。LG= 冷水给水管，是"冷"和"给"的拼音首字母；RG= 热水给水管；LH= 冷水回水管；LN= 冷凝水管；RH= 热水回水管。

标号 5：管道的安装

当铺设水管时遇到建筑梁位或其他障碍物时，会通过上下翻的形式避开障碍物，而这个圆圈的符号代表管道在此处进行了上下翻的走管处理。

标号 6：水管名称、管径与放坡要求

表达式：LN DN25/i=0.008。LN代表冷凝水管，DN25 表示管道管径为 25mm，i=0.008 表示管道按 0.008 的系数放坡。

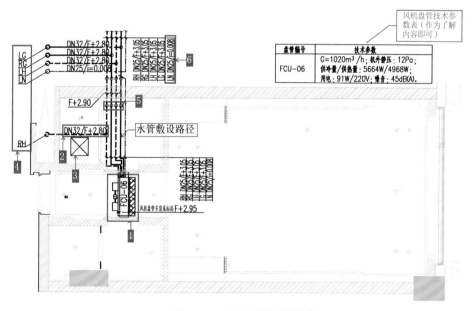

图 19-26　双床房暖通水管平面图

第三讲 ｜中央空调与空调系统把控要点

关键词： 术语解读，概念解读，设计原则

一、什么是中央空调

在室内设计领域里，对中央空调的定义五花八门，因此，要清楚到底什么是中央空调，还要看暖通设计领域对中央空调的定义是什么。在暖通设计领域，中央空调的定义是：若干房间同时使用一台主机的空气调节系统。由此可知，中央空调和非中央空调的区别只是出风设备是否可以由同一主机控制，并不是很多设计师认为的使用空调设备的类型和尺寸大小不同。所有空调都有外机和内机，外机用来提供冷热源（承载冷热负荷的介质），内机则用来换热和散热（图 19-27）。也就是说，无论是住宅装修常用的分体式空调，还是风机盘管式的空调，实际上，外机功能都相似，只是内机设备的形式不同。而所谓的氟系统和水系统，只是承载冷热负荷的介质不同，但都是建立在这个原理上的。所以，可以这样理解中央空调：由一台外机控制多台内机，使空间气温达到调节作用的空调设备。

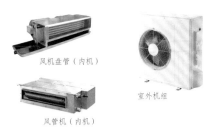

风机盘管（内机）　　　室外机组

风管机（内机）

主要负责换热，再把　主要负责对水进
换热后得到的空气送　行制冷或制热处
出去　　　　　　　　理

图 19-27　住宅水系统空调设备

二、四类空调系统的优劣对比

各种空调的优缺点以及注意事项各有不同，下面以表格的方式（表 19-1）做一个对比，设计师遇到对应的空调类别时，可直接根据表格的结论判断其空调设计与装饰设计是否匹配。

三、水系统、全空气系统、制冷剂系统在图纸上如何区分

你可能会奇怪，为什么只提到了水系统、全空气系统、制冷剂系统 3 类空调系统，怎么没有空气 - 水系统与它们的区别呢？

这是因为，如果只从施工图的图面表达上来看，空气 - 水系统只是结合了空气系统和水系统的表达方式，与这两种系统并没有什么本质区别，因此，这里就不单独分开罗列了。在表 19-2 中对比了剩余 3 类空调系统在图上的表达形式的区别及区分方法。

四、空调系统的把控要点

1. 应该重点关注空调图纸上的内容

室内设计师拿到空调图纸（图 19-28）后，应该首先问自己以下几个问题：末端风口在哪儿？怎么找？风口位置是否与装饰吊顶冲突？管道是否与装饰标高冲突？带着这几个问题看空调图纸会更有针对性。

2. 如何规避空调点位与装饰点位的冲突

空调点位与装饰点位冲突是最常见的问题，几乎所有装饰项目中都会存在这种现象，而这种情况是完全可以避免的。规避掉这个问题最好、最快的办法就是通过叠图的方式核查（图 19-29、图 19-30）。这种方式是检查几乎所有相关专业与装饰点位冲突的标准方式，

表 19-1　四类空调系统的优劣对比

项目	全空气系统	水系统	空气-水系统	制冷剂系统
示意图				
简介	1. 以空气为承载介质 2. 空气处理设备全部集中在一起	1. 以水为承载介质，热水时供暖，冷水时制冷 2. 设备分开放置，水处理及空气处理设备放在空间外，换热和散热等设备放在空间内	1. 以水和空气共同承载室内空气冷热荷载 2. 空调设备分开放置 3. 有两种把空气系统和水系统相结合的方式	1. 以制冷剂为承载介质 2. 用带制冷剂的空调器换热 3. 通常，空调机组与蒸发器都是分开设置的
优点	1. 除湿能力和空气过滤能力强 2. 送风量大，空气污染小，噪声问题少 3. 过渡季节可实现全新风运行，节能性强	1. 舒适性高，湿度恒定，系统稳定 2. 运行费用低，可与暖气系统共用水系统 3. 使用寿命长	1. 风机盘管机组体积小、占地小，布置和安装方便 2. 输送的空气质量高 3. 设备控制灵活	1. 换热效率高，制热制冷时间短 2. 无漏水隐患 3. 运转噪声低
缺点	1. 施工成本高 2. 安装灵活度差 3. 风道及机房占用空间大，较难布置	1. 空气质量差 2. 管理维修不方便 3. 室内设备有噪声	1. 易发生漏水的情况 2. 管理维修不方便 3. 室内设备有噪声	1. 不宜长时间使用，且初期投资大，使用成本高 2. 输送管道不能过长 3. 对管道材质、现场焊接等方面要求非常高
成本	高	一般	高	最高
适用范围	1. 人流量较大、空间较大、吊顶高度能满足安装条件的场所 2. 大型空间，如酒店、高端办公楼、剧院、车站等	1. 大、中、小型空间都适用，空间越大，设置的风机盘管越多 2. 一般都是配合新风系统一起使用的，很少独立使用	1. 目前室内装饰的主流空调系统，适合大、中型空间或旧房改造项目 2. 适用于酒店、办公楼、餐馆、医院、公寓、住宅等，覆盖面广	1. 可用于大、中、小型空间，但由于成本高昂，故通常用于用户分散、空间较小的场所 2. 适用于住宅、公寓、别墅等空间
注意事项	1. 所有空间的空调制冷量都需要经过专业设计师的计算，并要经过专业公司审核后才能投入施工 2. 造价、空间大小、建筑结构、使用环境等因素都是影响空调选择的重要因素，应根据具体空间分析			

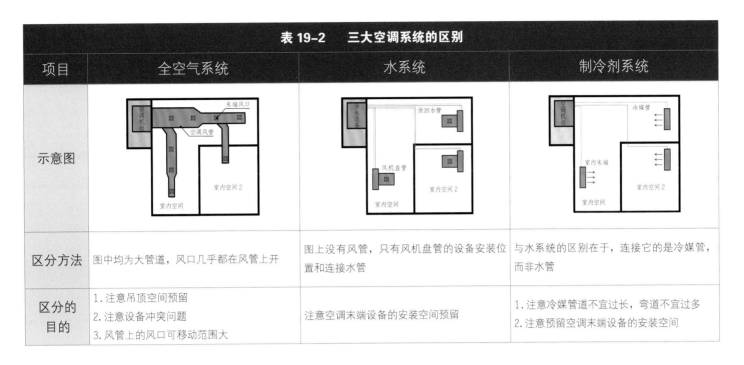

表 19-2　三大空调系统的区别

项目	全空气系统	水系统	制冷剂系统
示意图			
区分方法	图中均为大管道，风口几乎都在风管上开	图上没有风管，只有风机盘管的设备安装位置和连接水管	与水系统的区别在于，连接它的是冷媒管，而非水管
区分的目的	1. 注意吊顶空间预留 2. 注意设备冲突问题 3. 风管上的风口可移动范围大	注意空调末端设备的安装空间预留	1. 注意冷媒管道不宜过长，弯道不宜过多 2. 注意预留空调末端设备的安装空间

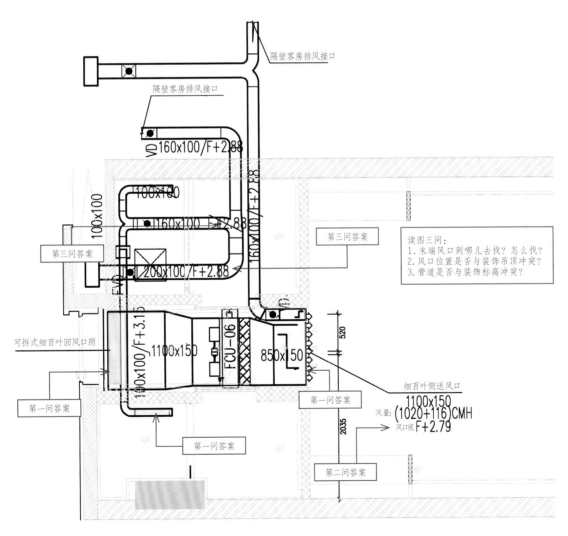

读图三问：
1. 末端风口到哪儿去找？怎么找？
2. 风口位置是否与装饰吊顶冲突？
3. 管道是否与装饰标高冲突？

图 19-28

唯一需要注意的就是需要找准叠图时的参照点，保证各专业图纸都能准确地叠在一起，不出现错叠的现象。

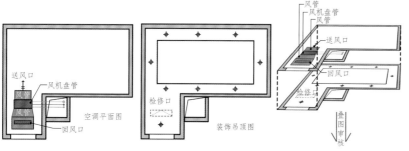
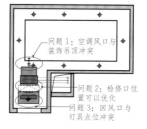
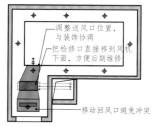

图 19-29 空调叠图审核

图 19-30 根据叠图结果做优化调整

3. 空调设备影响吊顶标高的解决办法

从理论上来说，在设计吊顶之前，应确定设备大小，然后根据设备大小预留合理的内部空间。如果要在吊顶空间内设置空调末端设备，则需要根据空调设备清单的对应尺寸预留吊顶空间，否则会发生如图 19-31 所示的情况。装饰吊顶与空调设备冲突会影响标高，当空调设备与其他设备冲突时，空调设计方也会通过降低空调标高来完成空调设备安装，所以，为了避免因上述情况而导致的装饰标高降低现象，装饰方在出图前，应叠加对应相关机电平面系（图 19-32），查看空调末端设备是否与其他设备（排烟机、排烟管、给排水管、强弱电线管）等点位管道发生冲突，如果发生冲突，应联系相关的专业负责人进行处理（通常这是施工方的驻场深化人员一定会做的核查项目之一）。

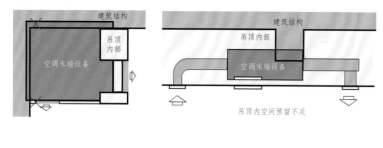

图 19-31

图 19-32

4. 怎样检查空调设备是否影响装饰吊顶标高

空调设备的大小影响装饰吊顶标高的情况经常发生，所以，设计师如果要保证自己的方案或者施工图少改动，在一开始确定吊顶标高时，就应该查看空调图纸的设备与管道大小，再找到可能与风管或者空调设备冲突的最低梁位，最后把梁高和设备或风管的高度加起来，看是否与装饰吊顶标高冲突。如图 19-33、图 19-34 所示是土建图与空调平面图的核对以及冲突点排查实例。

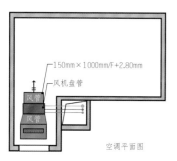
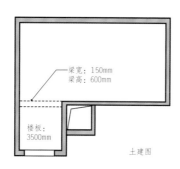

图 19-33 核对土建图与空调平面图

图 19-34 排查出冲突的点

5. 空调管道在吊顶内冲突

管道碰撞是机电设备施工中最常见的情况，当现场遇到暖通管道和其他专业管道冲突，必须更改暖通管道时，如果业主方或施工方需要设计师解决该问题，那么应该按照下列原则来解决。

（1）改变横截面积：在保证风口横截面面积不变的情况下，更改横截面的形状（图19-35）。

（2）"左右拐"：更改风管方向左右走向，绕过障碍物（图19-36）。

（3）"上下翻"：更改风管上下走向，绕过障碍物（图19-37），尽量采用上翻，不得已的情况下才采用下翻，下翻容易产生积液。

（4）改变路径：更改管道的安装路径，避免冲突（图19-38）。

以上原则的优先使用顺序是改变横截面形状、"左右拐""上下翻"、改变路径。

五、空调风口处的结露现象

空调风口的结露现象（图19-39）是指在空调风口处出现小水珠的情况，结露会破坏风口周边的装饰造型，露水对木基层以及饰面材料有一定的腐蚀作用。结露严重时露珠会滴落，水汽会对墙面及地面的饰面材料造成破坏，同时也会增加室内的卫生清洁工作。

结露现象的成因主要有三种：一是风口表面的温度和风口四周温差过大，风口表面温度较低，而室内空气湿度较大，导致室内风口结露；二是送风口采用金属材料，导热性能好，使得风口表面温度过低而结露；三是空调末端设备排水出现问题，冷凝水盘中有大量冷凝水被风机带出，残留于风口周围。

结露现象可以从三个方面解决。从风口自身来看，木质风口最不容易结露，其次是

ABS材料（目前最主流的材料），尽量不要用金属风口。如果已经选择了金属风口，可在风口周边贴一层薄的保温板（海绵、保温带），提高保温性能，起到减小温差的作用。尽量选择可调叶片角度的风口，对后期冷暖风的扩散会有帮助。

从控制温差的角度来看，可以加大送风量，让风口周边的温度与房间温度始终保持一致，或者在使用空调时，门窗严密关闭，不让室外的热湿气扩散到房间内。

从末端设备角度来看，如果因为末端设备漏风、出风口大小不匹配、排水不畅等问题而导致风口周围出现结露现象，那么需要对末端设备进行检修排查。在大型空间中，如果是因为选择的中央空调的形式不对而导致的结露现象，可以通过调整设备的运行参数来解决。

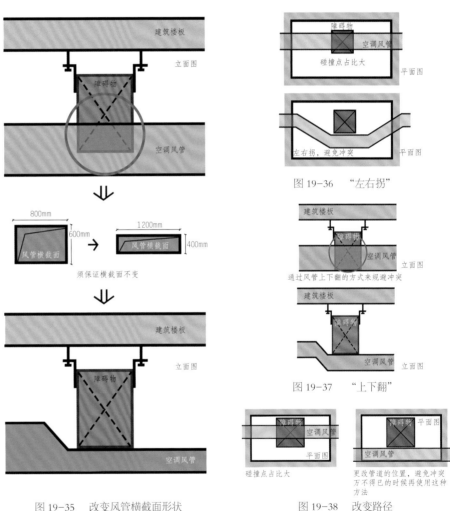

图19-35　改变风管横截面形状

图19-36　"左右拐"

图19-37　"上下翻"

图19-38　改变路径

图19-39

第四讲 ｜ 新风系统

关键词：概念解读，无管道系统，有管道系统

一、新风系统的作用

每个人都需要呼吸新鲜的空气，而新风系统就是"大自然的搬运工"，通过专业设备把大自然里的空气送到室内，让室内即使不开窗，也能保持健康、自然、舒适。新风系统最主要的目的是保证室内空间的空气质量，给室内带来新鲜空气，尤其是在空间没有窗户、窗户打不开，或者室外风尘大，又或者是北方冬天无法开窗的时候。另外，新风系统还具有除尘、净化空气以及避免开窗带来的噪声等作用。在室外空气质量不好的情况下，新风系统可以在新风引入点的管道处增加新风净化器(空气过滤器)，把污浊的空气净化后再送入各个空间，从而保证建筑内的空气质量。

二、新风系统和空调系统、通风系统的区别

广义的空调系统是所有空气调节系统的总称，包括对温度、湿度、洁净度、气流速度、气压、噪声、空气成分等的调节。狭义上空调系统指的就是通过空调设备对室内空气的温度进行调节的系统。而新风系统主要起到了改善空气质量的作用。简单来说，通常我们说的室内空调系统是指通过空调设备让室内空气产生循环，只对空气的温度负责，不保证空气质量。而新风系统则是把新鲜空气引入室内，对室内空气的质量负责，不保证空气温度（图19-40）。除非在新风机房增加换热器，才会对温度起到一定的调节作用。

通风系统是采用通风技术控制室内空气环境，使之符合现行国家标准规定的各项卫生指标，其实质是将室外新鲜空气（常称新风）或经净化处理的清洁空气送入建筑内部，或将建筑内部的污浊空气（在满足排放标准的条件下）排至室外。也就是说，通风系统分为送风和排风两大系统（图19-41），我们常说的送风系统包含了新风系统。通常我们所说的通风是指排风系统。排风系统和新风系统的区别如下。

1. 工作方式不一样

排风系统是将室内的空气与外界的空气对接，实现空气对流。只能将室内污浊的空气排出去，不能引入室外空气。而新风系统一般是结合排风系统一起使用，也就是说，新风系统既能将室内污浊的空气排出去，还能将室外的新鲜空气引进来，实现室内空气与室外空气的全交换。

2. 达到效果不一样

排风系统一般是单独设立的，如常见的排气扇、通风口等，它是利用内部的风扇将室内的空气排出去，对室内除湿、除臭有较好的效果。而新风系统常和中央空调一起使用，能有效提高中央空调的能效。例如，在封闭的空间中，虽然开了空调，但是人均的氧气量不足，容易有窒息的危险。所以，新风系统是为室内增加足够的氧气量，保证空气清新而存在的。排风系统的目的是将建筑内部的污浊空气排至室外，所以，在污浊气体比较多的空间，当通风不畅的时候，是必须设置排风系统的，如卫生间、淋浴房、厨房、小型车间、加工厂、实验区等。

综上所述，通风系统包括送风系统和排风系统，而送风系统包括新风系统，排风系统常常单独设立。新风系统经常与排风系统、空调系统一起使用，所以，可以把新风系统理解为改善室内空气的完整的系统，而排风系统只对排出室内污浊的空气和湿气有效果。

三、新风系统的使用范围

通常，新风系统分为两种模式：无管道系统（图19-42）和有管道系统（图19-43）。

无管道系统无须新风的送风管道即可实现新风效果。它以独立的新风设备作为新风入口，通过新风口交换室内外的空气。因为独立设备自身属于一个系统，所以不需要管道送风，可直接装于墙面，通过主机

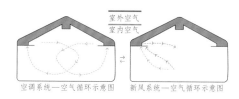

图 19-40 　空调系统和新风系统对比示意

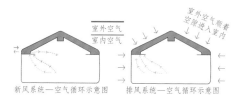

图 19-41 　新风系统和排风系统对比示意

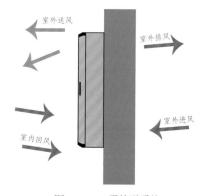

图 19-42 　无管道系统

的工作把新风引入室内。同时，因为它没有管道设备参与，全靠主机设备送风，所以，每个房间都需要安装单独的设备，并分开控制，目前仅用于旧房改造项目或小型空间中。简单来说，无管道的送风方式就是直接在室内放一台机器，然后通过这台机器送风，不需要风管参与，简单、直接。

有管道系统需要新风的送风管道来实现室内的新风效果。这种类型的新风系统和中央空调的安装原理相同：通过输送管道，把新风净化和空气处理放在一个固定区域，然后通过风管输送到不同的空间，达到中央管理的目的，常用于大型项目或者第一次装修的项目，这也是目前最主流的新风系统安装形式。这两类新风系统的对比如图 19-44 和表 19-3 所示。

四、新风系统的设备和构成

（1）有管道新风系统设备清单如图 19-45 所示（用于中小型空间，如住宅）。

（2）无管道新风系统设备清单如图 19-46 所示（用于旧房改造）。

五、小结

（1）新风系统是为没有自然通风的建筑内供应新鲜空气的设备系统。

（2）新风系统与空调系统和通风系统是相辅相成的关系，它们可以同时存在于一个空间中。

（3）新风系统分为有管道和无管道两种类型，最常用的是有管道系统，无管道系统只适用于旧房改造项目或小型住宅中。

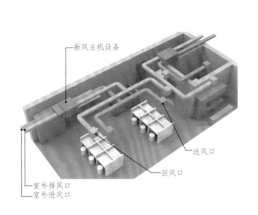

图 19-43　有管道系统

图 19-44

表 19-3　有管道新风系统和无管道新风系统对比		
项目	全空气系统	水系统
区别	通过风管对室内进行新风输送	通过各个空间的设备直接向空间内送风
优点	1. 使用方便，维修便捷，效果理想 2. 可配合空调系统一起使用，增加空调系统的功能	1. 安装简单，使用成本低 2. 设备噪声小
缺点	对吊顶高度有要求	1. 新风质量差，只能过滤，不能净化 2. 只能控制单一空间，使用较为不便
成本	较高	低
适用场所	1. 还未进行吊顶封闭的项目，如新建楼盘、工业风格场所 2. 大中型项目（酒店、办公楼等），以及面积大于等于 100m² 的住宅空间（别墅、大户型），是目前的主流产品	1. 已经完成吊顶封闭的项目，如旧房改造、后期追加新风系统等情况 2. 小型住宅装修，面积小于 100m² 的项目，目前已经很少使用

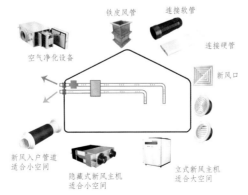
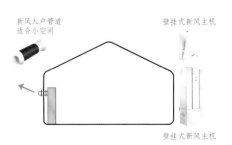

图 19-45　有管道新风系统常见设备清单　　　　图 19-46　无管道新风系统常见设备清单

第五讲 ｜ 新风系统的送排风和设计要点

关键词：概念解读，送风方式，设计要点

一、新风系统的常见送风形式

新风系统的送风形式与空调系统略有不同，通常分为独立送风和结合空调系统送风两种。

独立送风（图 19-47）是指新风系统直接为各个空间送新风，我们常说的新风口设置，只存在于这种工作模式下，且只有在有管道的新风系统中才会存在风口布置，无管道新风系统的风口与设备是集成在一起的。

结合空调系统送风（图 19-48）这种新风和空调结合的方式是指新风系统把新风量输送给空调系统，让空调系统把新风和回风重新整合好，产生新的空调风，最后把这个空调风输送给空间，达到制冷或供热的效果。由于这时候的空调风里有新风，所以，通过这种方式得到的空调风含氧量较高。这种送风方式被广泛应用在大、中型公共场所中，如酒店公共区、高端办公楼、医院、商场、车站等空间。简单来说，这种方式就是新风系统为空调系统增加了功能，让空调系统具备新风系统的优势，并将其作用于送风空间。

二、新风系统的常见送排风方式

和空调系统的送风形式不同，正常情况下，新风口的布置分为顶送风（图 19-49）和地送风（图 19-50）。排风方式通常只有顶排风一种形式，因此，有两种送排风的形式，即"顶送顶排"和"地送顶排"。

"顶送顶排"的特点是安装成本低，对吊顶空间有要求，但是空气循环的效率较低，

如果空间开间较大则效果较好（图 19-51 左）。所以，这种方式比较适用于开间大的室内空间，如酒店、高端办公空间、大型商场等。

"地送顶排"的特点是安装成本高，风管预埋在地面内，安装方便，能更高效地促进空气的循环，但是容易吹起地面尘土，风口也容易堵塞（图 19-51 右）。理论上，这种方式适用于大部分室内空间，但由于成本及其他原因，这种方式目前只用于小型空间中，如住宅、别墅，大型空间中几乎不会采用。如表 19-4 所示，这两种形式各有优劣，且分别对应不同的使用空间。无论顶送风还是地送风，它们都能达到改善室内空气质量的效果，只是结合考虑这两种形式的优缺点，在不同的空间会选用不同的送风模式。

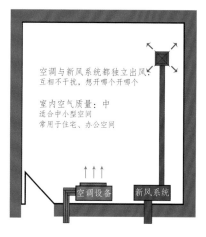

空调与新风系统都独立出风
互相不干扰，想开哪个开哪个

室内空气质量：中
适合中小型空间
常用于住宅、办公空间

空调设备　新风系统

图 19-47

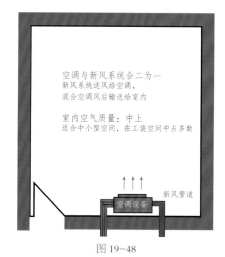

空调与新风系统合二为一
新风系统送风给空调，
混合空调风后输送给室内

室内空气质量：中上
适合中小型空间，在工装空间中占多数

新风管道

空调设备

图 19-48

图 19-49　顶送风示意图

图 19-50　地送风示意图

图 19-51　"顶送顶排""地送顶排"形象示意图

三、新风系统的设计要点

1. 哪些空间需要设置新风系统

原则上来说，没有自然通风或自然通风达不到要求的房间都应该配置新风系统。具有以下特点的空间也建议设置新风系统：人流量大、对空气质量要求高、常年密闭不透风的空间，如地下超市、酒店过道、车站等；想要改善生活环境，对空气质量要求较高的场所，如住宅、高端办公空间、酒店大堂等。

2. 新风系统管道的安装预留尺寸

与空调管道一样，新风管道的尺寸也需要根据送风空间的大小以及送风量的需求进行专业核算，面积不同的空间，需要的管道尺寸也不一样，但可以肯定的是，新风管道一定比空调管道小得多。计算房间的荷载量，进而根据规范要求的数据匹配对应的空调及新风设备的能耗以及管道大小，这些专业问题可以交由其他专业人士解决。

当需要检查空调、新风管道与装饰吊顶或地面完成面是否存在冲突，必须要知道管道的尺寸时，要找到专业的暖通设计师，或找到供货的厂家根据现场面积大小及要求进行估算，室内设计师检查是否冲突即可。以150m²的别墅项目为例，暖通设计师提供的数据如下：如果采取"顶送顶排"的方式，并且主机设备也在吊顶内时，吊顶预留尺寸大于等于300mm；如果采取"顶送顶排"的方式，主机在独立设备间时，吊顶预留尺寸大于等于150mm；如果采取"地送顶排"的方式，吊顶预留尺寸大于等于150mm，地面预埋尺寸大于等于30mm（管道高度不包含地面饰面）。

3. 新风系统主机设备放在哪里

暖通设备的放置位置应根据暖通设计采用的新风设备的尺寸与装饰吊顶完成面的规格进行选择。如果预留的吊顶空间足够放置新风设备，在不影响其他设备的情况下，可以把新风设备设置在吊顶内。如果新风设备在吊顶内和其他设备冲突，通常会把新风设备移至设备机房（图19-52）。如果设备尺寸大于预留吊顶空间，需要单独放置在靠外墙的设备间内。

4. 新风系统在什么场合下会结合空调系统使用

在大型室内空间中，如果要保证空间的制冷或供热效果，又对空气质量有较高要求时，通常会在独立送风的基础上，在空调系统中增加送新风处理，达到优化室内空气的目的。

5. 新风设备怎样进行检修

在大型空间中，通常是把相关设备放在专用的新风机房中，直接在新风机房对设备进行检修，而风管检修则可以共用周围的检修口，不必单独开口。新风系统相关设备在吊顶内部，且周边没有检修口时，可单独设检修口。

四、新风系统施工现场

1. 小型空间（住宅）的新风安装现场

目前，国内许多别墅项目的新风设置方式多为新风主机在吊顶上，然后采用地送风的形式施工，其设备配置如图19-53所示，施工现场如图19-54、图19-55所示。

表 19-4	新风系统的送风形式对比	
项目	顶送风	地送风
通风效果	一般	好
施工情况	不灵活	灵活
占用空间	≥150mm	≥30mm
后期维护	方便	较难
成本投入	适中	高
其他因素	噪声较大	易起尘土，风口易堵塞
使用范围	大、中型空间（办公空间、酒店等）	小型空间（住宅）

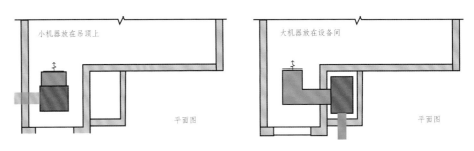

图 19-52　新风主机放置示意图

2. 大型空间的新风系统安装现场

大型空间的新风设备都设置在独立的设备机房内，所以在施工现场能看见的新风系统只有风管，看上去和其他暖通管道无差别（图 19-56），只能通过设备大小再结合图纸才能辨认。

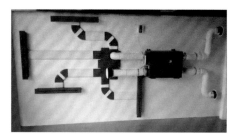

图 19-53　小空间新风设备小样图

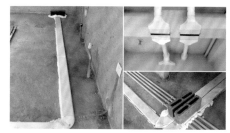

图 19-54　地送风安装现场

图 19-55　地送风风口

图 19-56

第六讲 ｜ 装饰风口

关键词：概念解读，质量通病，规格尺寸

> **阅读提示：**
>
> 室内空调系统在使用中经常会出现风口有露水、制冷效果不好等问题，这些问题大部分是由于在设计阶段，设计师对末端风口知识不了解而造成的。末端风口是室内设计师最应该关注的空调系统知识，特别是风口面板的选用以及送回风方式的设置。

一、什么是装饰风口

如图 19-57 所示，通常，空调设备的末端风口分为设备风口和装饰风口两类。设备风口是指空调设备自带的风口，因为安装空调设备分为明装和暗装两种形式，所以会存在如图 19-58 和图 19-59 所示的两种情况。当空调设备明装时，不存在装饰风口这个概念，因为可以直接用设备风口进行送回风，如分体式空调壁挂机、卡式风机盘管等设备的风口。明装空调设备的设计方式经常出现在工厂、临时性建筑、工业风的室内装饰中。当空调末端设备暗装时，需要用装饰风口对其进行饰面美化。空调末端设备暗装时，一般位于吊顶内部，而位于墙面的情况比较少。当采用暗装的空调设备时，可用镀锌铁皮等材料与装饰基层进行硬连接，也可以使用帆布、软管等材料与装饰基层进行软连接。

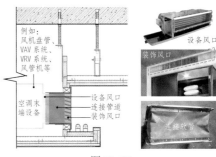

图 19-57

二、装饰风口面板解读

装饰风口（图 19-60）即装饰完成后，装饰物表面可见的风口，它的作用是美化空调设备风口以及优化空气散流。装饰风口和设备风口的概念不同，在后期装饰的过程中也会起到不同的作用，有不同的注意事项，需注意区分。

1. 装饰风口的形式
市面上装饰风口的形式繁多，还可以根据设计师的要求定制与加工，根据风口的形式可以分为条形风口、方形风口、球形风口以及圆形风口，具体对比如表 19-5 所示。

2. 常见装饰风口的材质
目前，室内设计中最常用的 4 种装饰风口材料如表 19-6 所示。

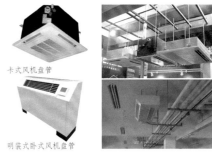

图 19-58　明装的空调末端设备

3. 常见装饰风口的布置形式
室内最常见的送回风方式主要有表 19-7 所示的几种情况，此表格可以作为空调安装排布的参考依据。

4. 装饰风口的规格尺寸
根据空调设备末端、空间大小以及吊顶形式的不同，装饰风口的规格尺寸也不同。在了解

图 19-59　暗装的空调末端设备

图 19-60　装饰风口示意图

项目	常见形式	产品图片	简介
条形风口	双层百叶风口		1. 送风的距离和角度可做调整 2. 可作为送风口使用
	单层百叶风口		1. 送风的距离和角度可做调整 2. 可作为送风口及回风口使用
	自垂百叶风口		1. 隔绝室内外空气交换 2. 有单向止回的作用 3. 适合作为楼梯间的加压送风口
圆形风口	圆形散流器		可作为送风口，适用于大、中型空间，如开放的办公室等
	旋流式风口		为满足竖向空间过高、其他风口达不到送风范围而出现的特殊风口，适于作为送风口，上下送风，安装于较大的空间
方形风口	方形散流器		可作为送风口，适用于大、中型空间，如开放的办公室等
球形风口	球形可调风口		可作为送风口使用，适用于人流量大且空间大的场所，如车站大厅等

表 19-5　各种形式的风口简介

表 19–6　常见装饰风口材质简介

项目	图例	优劣	适用范围
铝合金		优点：性价比高，价格适中，强度高，不变色 缺点：易产生结露现象	主流风口材料，适用于几乎所有装饰空间
木材		优点：美观大方，质感细腻，装饰性强 缺点：容易变形、开裂、褪色、腐烂	装修风格与木料有关的建议使用
ABS（树脂）		优点：树脂材料，不易变形，不易结露，可随意定制 缺点：价格稍贵，使用一段时间后易褪色、断裂	当下主流材料，适用于各种场所，以及对风口造型有特殊定制的空间
PVC（塑料）		优点：价格低，不易燃，不易结露，可随意定制 缺点：易变色、变形，环保性差	适用于小型空间，如住宅装饰

注：判断 ABS 材料和 PVC 材料的方法是直接用火烧，ABS 材料起明火，PVC 材料有黑烟

表 19–7　室内空间主流送回风方式

项目	图例	适用范围	注意事项	应用案例（小空间场景）
"侧送下回"	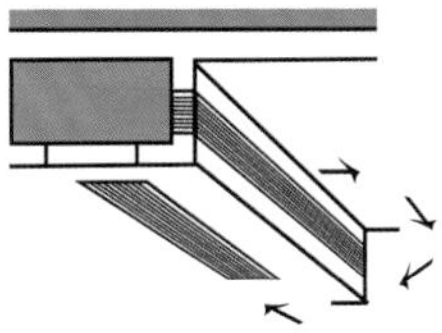	1.吊顶进深小的空间适合用此方法 2.吊顶进深 ≥ 700mm，高度 ≥ 240mm 的空间	检修口规格须 ≥ 450mm×450mm	
"侧送侧回"	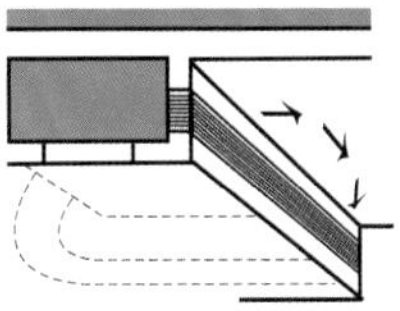	1.须送风的空间没有吊顶时，在相邻空间跌级处，可采用此方法进行送回风处理 2.如非特殊情况，尽量不要采用这种做法，效果不理想	检修口规格须 ≥ 450mm×450mm	
"下送侧回"	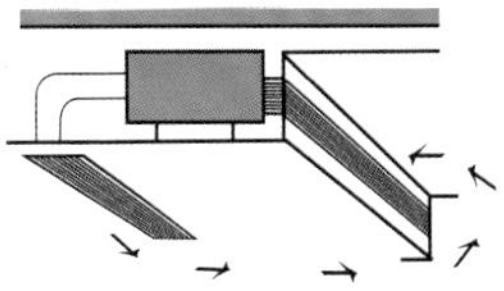	1.吊顶进深 ≥ 700mm，高度 ≥ 240mm 的空间 2.目前国内采用这种送风方式的项目不多见，多在公共空间中出现	检修口规格须 ≥ 450mm×450mm	
"下送下回"	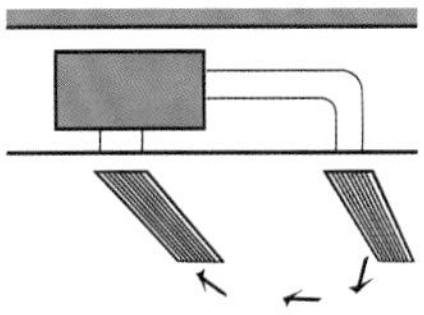	适用于吊顶空间足够的空间	1.须注意设备的静音处理 2.检修口规格须 ≥ 450mm×450mm	

注：以上图示均为以风口在同一侧吊顶为例

了装饰风口的规格尺寸前，应该先明确它有哪些尺寸类型。装饰风口的尺寸分为开孔尺寸和面板尺寸（图19-61）。开孔尺寸是指空调设备送回风口的尺寸，也就是真正的空调风口尺寸。面板尺寸是指装饰风口的面板尺寸，该尺寸影响后期装饰风口面板的安装，所以，开孔尺寸周边需要预留多少尺寸，取决于装饰风口的面板尺寸。如果现场人员询问需要预留多大尺寸的风口，设计师一定要明确地知道他们是在询问开孔尺寸而非面板尺寸，避免造成开孔错误。通常，开孔尺寸周边最少需要预留20mm的面板安装尺寸，安装预留深度须大于等于30mm。

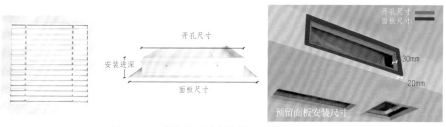

图 19-61　装饰风口开孔尺寸与面板尺寸解读

5. "真风口"与"假风口"

如图19-62所示，装饰风口没有贯穿整个跌级吊顶处，装饰风口盖板比开孔尺寸四周大一点，刚刚盖住开孔处，这种处理方式常被大多数室内设计师称为"真风口"。如图19-63所示，装饰风口贯穿了整个跌级吊顶，把装饰风口拉长，填满吊顶一整条边，借此起到美化空间的作用，这种处理方式常被大多数室内设计师称为"假风口"。

最后需要补充一个容易被设计师忽略的要点，风口尺寸应由暖通专业人员选定，因为它涉及整个空间的空气负荷量，需要计算荷载来确认大小。装饰设计师主要负责装饰风口的面板尺寸、材质、样式、造型等外在部分。装饰风口常见尺寸（面板尺寸）如表19-8所示。

三、装饰风口的构造做法

前面提到，当空调末端设备采用暗装方式（隐藏于吊顶、墙面内）时，才会设置装饰风口，明装不需要装饰风口。下面介绍装饰风口的两种标准做法。

基于木基层的做法如图19-64、图19-65所示，注意观察装饰风口与末端风口的连

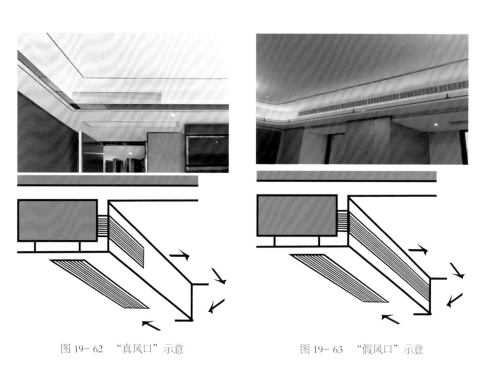

图 19-62　"真风口"示意　　　　　图 19-63　"假风口"示意

表 19-8　常见风口类型尺寸（mm）

风口形式	图例	优劣
条形风口		1. 设计师只需记住条形风口的高度，长度根据方案设计来定制加长 2. 常用规格有 90、110、130、150 等
方形风口		常用规格有 240×240、300×300、450×450、500×500
圆形风口		常用规格有 Φ75、Φ100、Φ150、Φ200

接方式。全龙骨基层的做法如图 19-66
所示。

这两种装饰风口构造做法均可行，且都是
标准的构造做法，区别仅在于适用的基层
条件不同。木基层的做法是国内最主流的
做法，全龙骨基层的做法在高标准、高要
求的项目中才会用到，如五星级酒店、高
端会所等，在当下的普及率并不高。

四、装饰风口节点深化时的构造通病

下面列举空调系统中最常见的问题，这些
问题直接决定了设计是否合理，是否能够
落地。

1. 风口预留尺寸与风口产品对应不上

如图 19-67 所示的 4 种情况均是深化时未
留意设备尺寸或配置风口产品，没有参照
深化图纸，造成设备尺寸与跌级高度或开
孔尺寸对应不上，导致后期返工，并造成
经济损失。所以，在做完设计后，设计师
应着重审核这个部分。

2. 风口与装饰造型冲突

如图 19-68、图 19-69 所示的这两种场景
是最主流，也是最典型的风口与装饰造型
冲突的情况，也是设计师经常会遇到的情
况，想要规避这样的问题，唯有在审图时
逐一叠图核对与排查。

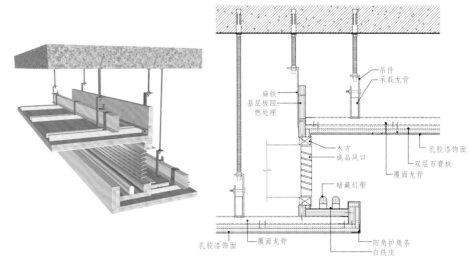

图 19-64 装饰风口标准节点做法

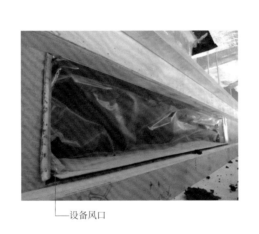

设备风口

图 19-65 未安装装饰风口时的吊顶侧板

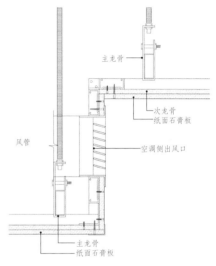

图 19-66 全龙骨基层的风口节点做法

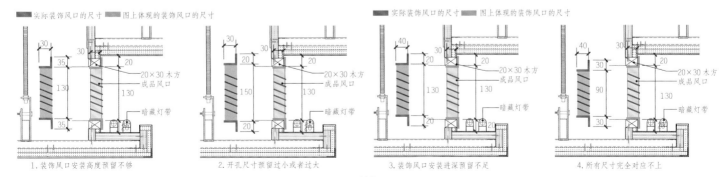

1. 装饰风口安装高度预留不够　　2. 开孔尺寸预留过小或者过大　　3. 装饰风口安装进深预留不足　　4. 所有尺寸完全对应不上

图 19-67 （单位：mm）

3. 送回风口与灯槽的位置关系冲突

图19-70是计算灯槽与挡板之间关系的数据。图19-71以通俗的形式介绍了风口与灯槽冲突的场景及解决方案。根据图中内容可以看出，当送回风口在灯槽内时，须考虑送回风与灯槽挡板的关系，避免因灯槽影响送回风和美观效果。

五、末端风口绘图时的问题

1. 装饰风口与装饰造型冲突

图19-72、图19-73所示的场景中，在装饰风口定位时，没有进行各专业叠图核查，或者核查不到位，容易造成风口与平立面装饰造型、固定家具等造型冲突的情况。例如，装饰风口与GRG造型、木线条、格栅天花、凹凸造型等冲突。

2. 风口点位与其他点位冲突

比较常见的有风口与喷淋、灯具、烟感、指示牌等点位冲突。以下场景中出现的问题设计师会经常遇到：当空间内有大型吊灯时，吊灯与送风口距离太近会影响送风效果，如果是水晶吊灯，还会被送出的气流吹得来回晃动，产生噪声，严重时甚至会遭到破坏（图19-74）。

3. 装饰风口尺寸规格应该由谁确定

设备风口的尺寸由暖通设计师决定，室内设计师只需选择面板的规格尺寸，匹配设计效果即可。装饰风口的尺寸须根据最终的设计方案要求（风口选型）和装饰风口的产品设备清单(产品实际规格)共同确定。在进行风口节点深化时，这一点尤为重要，如果处理不当，会出现各种问题。

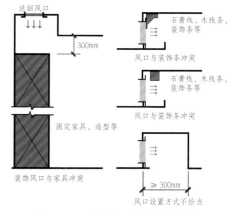

图19-68　末端风口安装点位与装饰造型存在冲突

图19-69　设计不到位造成的现场问题

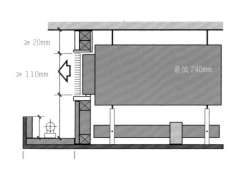

图19-70　灯槽挡板与风口的关系数据图

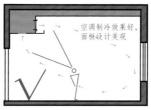

图19-71　风口与挡板间的冲突关系

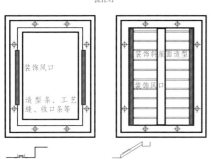

图19-72　风口与装饰造型冲突

图19-73　设备及风口与装饰造型冲突

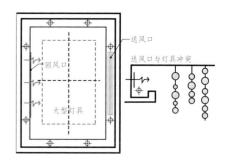

图19-74　送风口与吊灯或大型花灯冲突

第七讲 │ 末端风口与检修口的布置原则

关键词：设计原则，质量通病，设计要点

一、布置末端风口要遵循的原则

通常，室内设计师排布平面风口时，须对照各专业平面点位图综合排布，排布完成后的图纸叫综合天花图（图 19-75）。综合天花图允许以装饰图为主，调整周边与装饰点位有冲突的其他点位，但调整幅度不可过大，应尽量在其他专业点位周边改动，调整完后，须同各专业设计师共同确认点位调整的合理性，之后才能出图。那么，在布置综合天花时，调整和布置末端风口有哪些需要注意的地方？这个问题直接影响设计中的末端风口排布方式，甚至还会影响天花的造型尺寸关系。所以，设计师必须了解布置末端风口时要遵循的原则。

在理解这些原则之前，首先要明确一个前提：任何空间内，所有造型、灯光、软装等设计手段的意义都是在保证安全性的情况下，尽可能地满足该空间对功能性和美观性的需求。因此，下面分别从保证美观性和保证功能性两个角度，介绍一个空间中的风口布置应该遵循的原则。

1. 美观性

当遇到大平顶天花的空间吊顶时，可以如图 19-76 所示一样优化。如果是规格板，或是有一定规律可循的天花吊顶空间，可以如图 19-77 所示一样优化。有造型跌级关系的空间吊顶可以如图 19-78 所示一样优化。综上所述，无论是什么类型的空间吊顶，都要保证风口布置的美观性，调整风口的原则是：空间内的装饰风口须与装饰造型对中对线，尽量居中，距离相等，有规律性，且与周边环境保持一定关系。

2. 功能性

上面提到的原则只是从视觉上让整个空间更美观，并没有给使用带来不便，接下来讲到的几条原则与使用体验密切相关。最基本的一条原则就是，出风口不能对着人。另外，风口应尽量设置在便于后期检修的位置。如图 19-79 所示，当送风口和回风口在同一侧时，距离不宜小于 2000mm，同时，送风口和回风口不宜在彼此的对面（图 19-80），否则会形成空气短路，达不到制冷和供暖的效果。

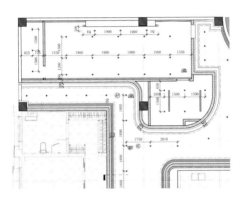

图 19-75 综合天花图

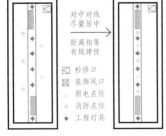

调整前：除灯具外，其他点位混乱
调整后：风口与其他点位统一并和谐

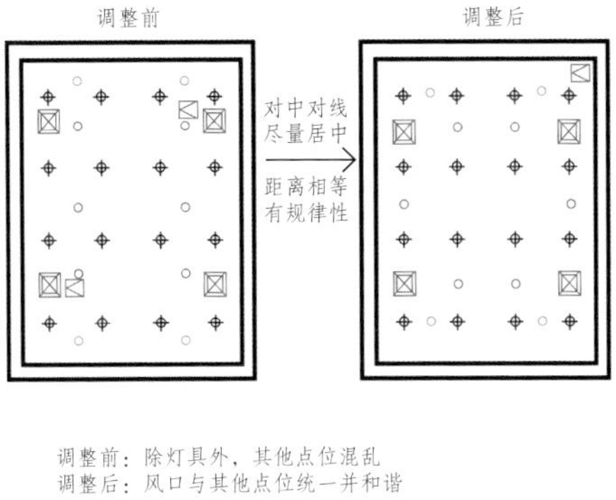

图 19-76 大平顶天花的空间吊顶

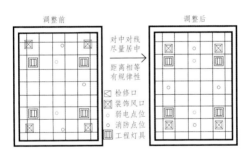

调整前：点位杂乱，且与吊顶造型冲突
调整后：整齐划一，均匀对称

图 19-77 有一定规律可循的天花吊顶

调整前：其他点位与装饰造型无关系可循
调整后：关系协调，整齐划一

图 19-78 有造型跌级关系的空间吊顶

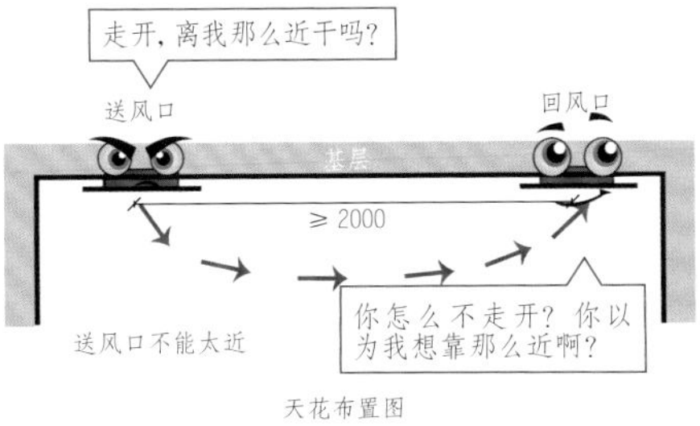

图 19-79 送风口和回风口在同一侧

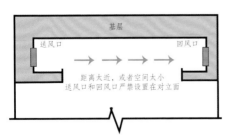

图 19-80 送风口和回风口在对立面

前文提到过，当空调风管与吊顶冲突时，可以通过改变风管的横截面形状来让风管避开冲突点，所以，空调风口也可以在保证面积不变的情况下，通过改变风口的长宽比来满足设计造型的要求。但在一般情况下，不建议随意更改空调风口的横截面积及长宽比，因为会影响送回风效果。

由于建筑外侧温度变化较大，为保证空调效果，最好在靠近建筑外侧送风，内侧回风（图19-81）。如果从室内向建筑外侧吹，则很可能由于温差及气压的原因，导致靠近建筑外侧的区域使用空调的效果不明显。

在一些私密且对噪声有要求的空间中（如卧室、客房），空调设备的送回风风速不宜过大，否则使用时会产生噪声（这是业主最关心的一点）。风口风速大小需要根据风口大小、空间大小、设备性能等因素综合考虑，需要相关专业配合，室内设计师了解即可。

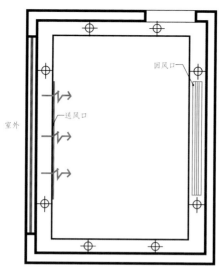

图 19-81　靠建筑外侧送风，内侧回风

二、天花检修口

在封闭的饰面造型中（如石膏板天花、石材地面等），当中央空调管道、电线管、给排水管、灯带等设备需要维修时，需要在设备附近设立检修口，便于技术人员检修装饰完成面内部的设备或管道。也就是说，只要装饰完成面内有机电设备，就需要设置检修口，如网络地板、艺术水晶吊灯、新风设备、风机盘管设备等。

图 19-82　家居空　　图 19-83　成品检
调检修口设置　　　　修口

如图19-82所示，室内空间中自带盖板的构件可以利用盖板自身的活动属性充当检修口，但当整个天花都使用乳胶漆饰面时，表面没有可活动的盖板，因此，想要检修里面的机械设备及管道，就必须要在天花上另外开设检修口。当石膏板天花内部存在需要检修的设备时，也要预留检修口，不能为了装饰的美观性而取消检修口的设置，同时，建议采用成品检修口，不建议在现场切割石膏板充当检修口（图19-83）。与风口一样，成品检修口的材质也有很多，市面上以石膏材质和铝合金为主，常用的是石膏材质，因为石膏材质的检修口可以和石膏板天花顶面成为一体，工艺衔接上可以做得更好。

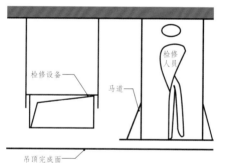

从其他检修口进入吊顶内的马道
通过马道对吊顶进行检修

图 19-84　上人吊顶通过马道进行检修

根据吊顶的层高，位于吊顶上的检修口又可分为上人检修口（图19-84）和不上人检修口（图19-85）两种形式，使用上人检修口时，对检修口的排布位置没有太大要求，因为后期检修是人直接通过检修口爬入吊顶，在吊顶内部行走。如果采用不上人检修口，则需要严格参照机电图纸的设备点位，在其周围半径500mm左右圆形范围内布置检修口，保证当人的半个身体进入检修口时，伸手即可触及检修设备。目前，绝大多数装饰空间的吊顶达不到上人检修的层高要求，所以，在排布与调整检修口时，应充分考虑吊顶空间的层高，合理安排检修口的位置。无论上人检修口还是不上人检修口，只要是用于石膏板天花上的检修口，其规格尺寸都不建议小于450mm×450mm。

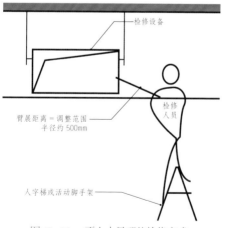

图 19-85　不上人吊顶的检修方式

一套标准的施工图中，检修口的点位一般会出现在天花布置图与综合天花图上，目的是便于设计师定位它与装饰造型的关系，同时，在设计时考虑检修口的位置关系。虽然很多时候，综合天花图上的检修口是严格按照对应的机电图纸排布的设备位置，但在实际施工过程中，通常还是根据实际的机电设备安装情况，现场"挂牌"确定检修口点位。因为很多机电施工单位在施工时，设备安装的点位和图纸差别很大，如果完全按照图纸的点位做，很可能

会出现使用检修口时，头顶出现大风管或其他障碍物导致无法检修的情况（图 19-86），所以，为了避免后期检修问题，只能现场"挂牌"确定检修口点位，这样就很可能破坏天花检修口的美观。

在排布综合天花图时，石膏板天花的检修口的设计应遵循三个根本原则：一是考虑装饰的美观性，即前面提到的综合天花布置原则，检修口应对中对线，尽量居中，距离相等，有规律性，且与周边环境保持一定关系；二是尽可能隐藏起来，检修口应尽可能调整到隐蔽的位置，如吊顶的角落；三是控制检修口数量，例如，两个相邻的检修口应想办法合并成一个检修口，可上人的吊顶内部，检修口应设置在其他空间。

图 19-87 为检修口的构造做法，下面介绍检修口的施工过程。前面提到，现场做检修口会根据现场设备的具体情况"挂牌"定位，所以检修口大致的工艺流程是：现场确认检修口点位，根据点位切割龙骨及第一层石膏板(图 19-88)，对切割后的龙骨进行加固处理(图 19-89)，安装检修口(图 19-90)，安装第二层石膏板(图 19-91)，油漆饰面(图 19-92)。

图 19-86　检修口上面是横梁

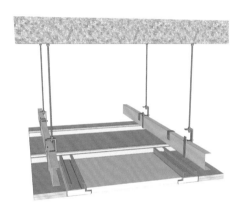

图 19-87　吊顶检修口构造做法三维
示意图

图 19-88　　　　　　图 19-89

图 19-90

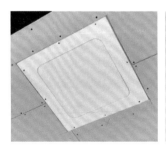

图 19-91

图 19-92　涂刷防锈漆

第八讲 ｜ 供暖系统

关键词：术语解读，读图识图，节点构造

一、供暖系统概述及分类

在建筑行业里，供暖系统是指当室内温度低于室外的空气温度时，为了让室内温度满足人们的正常生活与工作需求而设立的采暖系统。按照这样的定义，我们经常接触的空调、电暖炉、火炉等都是供暖系统，只不过这些形式是广义上的供暖系统。而地暖系统、墙暖系统这样能提供集中供暖的系统，是狭义的供暖系统。供暖系统虽然很复杂，但室内设计师可以用一个简单的公式记忆：供暖系统 = 热源 + 输热管道 + 散热设备。

通常，根据供暖系统辐射范围的大小，可将其分为局部供暖系统、集中供暖系统、区域供暖系统三个类型。

暖通专业教科书上对局部供暖系统的定义是，将热源、输热管道、散热设备都集成在一个设备上的供暖系统。因为它的可辐射面积小，所以称之为局部供暖系统。常见的局部供暖系统有电暖器、小太阳、空调等设备，这种供暖方式也是当装修时没有设置供暖系统的补救措施。

集中供暖系统是将热源远离供暖房间，利用输送管道将热媒介输送到需要供暖的房间或者建筑物内，如地暖系统、墙暖系统。这种方式在我国南方最常见，一般是一户业主、一栋建筑或者一个建筑群设置一个热源点，每个用户都使用这个热源点的热源。这里需要区分一个概念，室内装饰中的集中供暖是指一户业主独立设置一个锅炉（壁挂器），通过输热管道把热量传输到各个房间的散热末端，常用于高端住宅、别墅、酒店等场所。

区域供暖系统是由一个区域的锅炉房或者热发电厂作为热源，通过区域供热管道，输送给某个生活区、商业区等需要集中供暖的场所。这种供暖方式在我国北方最为常见，这种模式也是人们普遍认为的集中供暖模式。

这 3 类供暖系统各有优势，也各有适用场景，但与精装修关系最大的是集中供暖系统中的地暖系统。

在当下主流的室内空间供暖解决方案中，地暖应该是首选，接下来对地暖的相关知识做系统解析。地暖的专业名称是地面辐射采暖，大概的原理是通过地面辐射层中的输热管道或发热电缆，均匀加热整个地面，以地面作为散热器向上传递热量，达到调节室内温度的目的。除了有区域供暖的城市外，只要业主想自己加设暖气，地暖绝对是首选的供暖系统。因为除了成本、工艺、维护等硬性优势外，地暖还有如下优势。

1. 保健效果好
地暖可以给人"脚暖头凉"的感觉，由于是由下而上散热，除了能改善血液循环外，还能有效避免室内空气对流所导致的尘埃和异味。

2. 热稳定性好、散热均匀
与电暖气和墙暖等比较，地暖的稳定性和散热均匀性明显更好。

3. 使用寿命长
地暖管的使用寿命比其他供热设备更长，只要定期清洗地暖管道，并且管道不受外力破坏，管道的使用寿命能达到 10~20 年。

也正因为具有以上优点，使室内地暖系统逐渐受到没有区域供暖，需要自己提供安装集中供暖设备的人群的青睐。目前几乎已经成了高端住宅、酒店、会所等场所的必备安装项目，也是很多精装房必备的项目。

二、地暖的常见形式及优劣对比

在室内装饰项目中，地暖按照热媒介的不同，主要可以分为水暖和电暖两类。

水暖系统的简介如图 19-93~ 图 19-96 所示。水暖系统为空间供暖的流程大致如下：供回水管连接热源系统→热源系统通过管道把热水供应给分水器→水流通过分水器分发给各个空间的水暖管道→水暖管道中的水再从分水器的另外一头流回热源系统，最终形成水循环。

电暖和水暖有本质的区别，它的原理比水暖更简单，直接通过温控器与发热电缆相连，然后通过供电让发热电缆发热，最终达到供暖的目的，其简介如图 19-97~ 图 19-100 所示。构造做法、设计要求、工艺流程以及注意事项与水暖相同。因为电暖是采用发热电缆作为电暖管，所以从图 19-99 中可以看出，电暖管明显比水暖管的直径更小，

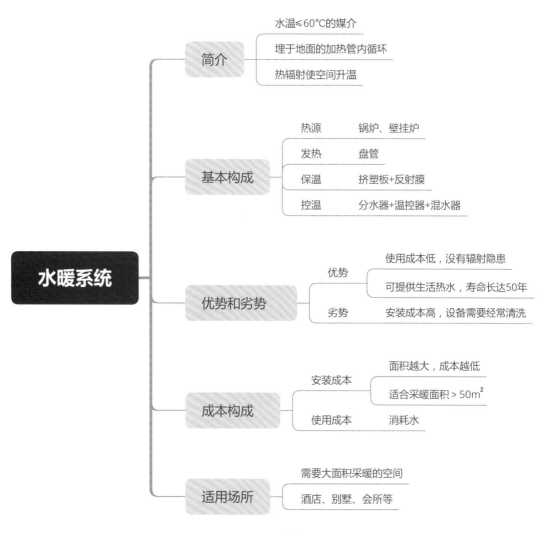

图 19-93

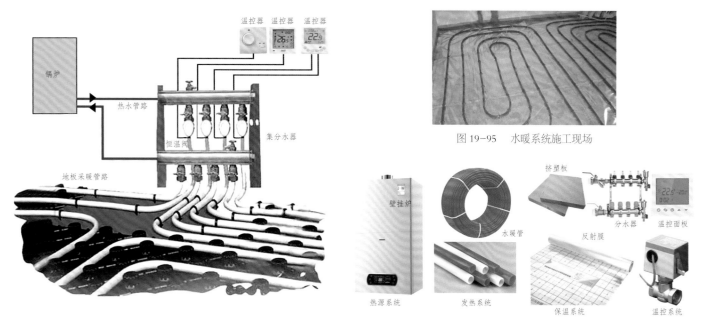

图 19-94　水暖系统的原理

图 19-95　水暖系统施工现场

图 19-96　水暖系统的设备

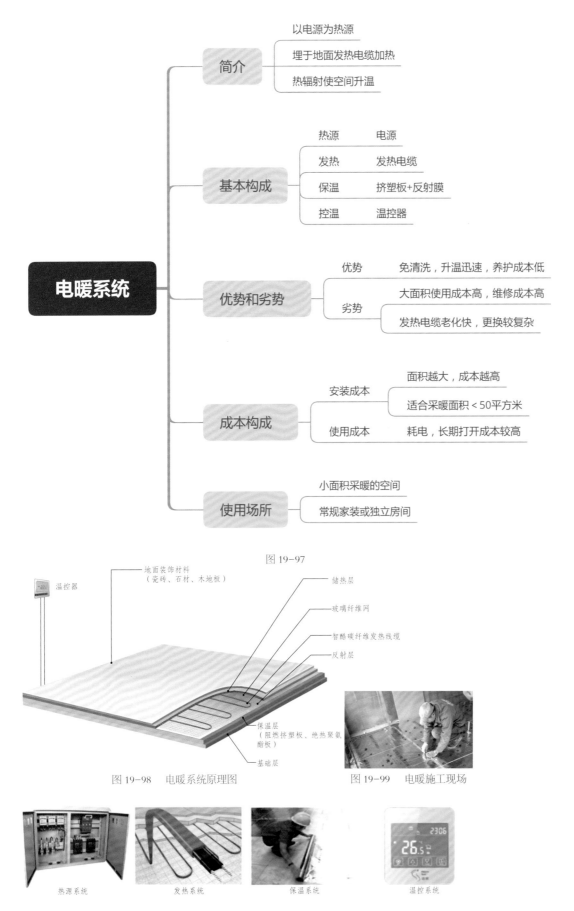

电暖系统

- 简介
  - 以电源为热源
  - 埋于地面发热电缆加热
  - 热辐射使空间升温
- 基本构成
  - 热源　电源
  - 发热　发热电缆
  - 保温　挤塑板+反射膜
  - 控温　温控器
- 优势和劣势
  - 优势　免清洗，升温迅速，养护成本低
  - 劣势
    - 大面积使用成本高，维修成本高
    - 发热电缆老化快，更换较复杂
- 成本构成
  - 安装成本
    - 面积越大，成本越高
    - 适合采暖面积＜50平方米
  - 使用成本　耗电，长期打开成本较高
- 使用场所
  - 小面积采暖的空间
  - 常规家装或独立房间

图 19-97

温控器

地面装饰材料
（瓷砖、石材、木地板）

储热层

玻璃纤维网

智酷碳纤维发热线缆

反射层

保温层
（阻燃挤塑板、绝热聚氨酯板）

基础层

图 19-98　电暖系统原理图

图 19-99　电暖施工现场

热源系统　　　发热系统　　　保温系统　　　温控系统

图 19-100　电暖系统的标配设备

管道之间的间隔距离也更小，这也是判断现场使用的是水暖还是电暖的最快方法。

水暖和电暖的区别如表19-9所示。通过表格可以看出，目前在国内项目中，大型工装项目（如酒店、会所）或高端住宅等空间使用水暖较多，小型的项目（如普通家庭装修等）使用电暖的情况较多。

三、地暖专业图纸的读识方法

与本书前面提到的结构图、空调图一样，室内设计师只需要了解地暖图纸中与室内装饰有关联的信息即可。水暖是大空间中使用最多的地暖系统，因此，多数情况下只有水暖会有施工图纸，所以，下面提到的地暖，如果没有特殊说明均为水暖。

看地暖专业图纸的几个要点是：看水从哪里来，最终到哪里去，水流的路径是什么样的，伸缩缝设置是否合理。所以，结合图19-101中标注的重点，应该按照这样的程序看图：找到供水的管道→顺着管道找到分水器的点位→顺着分水器和每根管道的回路追踪到水流的流向。但是对室内设计师而言，单独看地暖的布置图用处不大，必须把地暖图和装饰图叠加起来看，检查地暖图与装饰图的墙体与空间划分是否存在冲突（图19-102）。叠图后，地暖管道与装饰空间是否冲突、分水器位置是否合理等情况，就会一目了然了。

既然看地暖图的最终目的是检查地暖布置是否与装饰平面图冲突，那么，在理解了看图方法后，我们只需根据下面这份图纸审核清单逐一排查，便可以达到高效审图的目的了。

（1）检查地暖布置图以及叠加的装饰图纸是否为最新图纸。

（2）叠图后，检查地暖管道的排布是否与明显的墙面及装饰造型冲突。

（3）检查分水器的点位是否与装饰造型冲突。

（4）考虑分水器的检修口是否影响装饰美观性，尽量把分水器藏于视线看不到的墙面内。

（5）对应装修平面布置图，检查平面布置图中不需要地暖的部分（固定家具下方、设备空间等），地暖施工图是否布管。

（6）检查地暖施工图的地暖管道布置区域是否与其他设备冲突，分割空间的面积大小是否接近。

表 19-9　水暖和电暖的对比		
项目	水暖	电暖
热媒介质	热水管道	发热电缆
热媒温度	≤ 60℃	≤ 65℃
占用层高	5cm ~ 6cm	2cm ~ 3cm
成本	安装成本：水暖安装成本与采暖面积成反比关系，建议采暖面积50m² 以上使用水暖 使用成本：启动慢，需要保持常开，费用相对固定 后期维护：地暖管一般使用年限在50年以上，基本与建筑寿命相同，地面盘管需要清洗，一般2年~3年清洗一次，也可安装软水管	安装成本：电暖安装成本无论面积大小，单价都一致，建议采暖面积50m²以下使用电暖 使用成本：电暖升温时间迅速，耗电量大，因此采暖面积越大，使用费用越高 后期维护：电管老化发热后，导热电阻不均，时间久了之后，辐射效果会大打折扣，甚至无效，一旦出现这种状况只能重装
优点	1.可提供生活用水 2.后期使用成本低 3.没有辐射 4.运行费用较低	1.免维护，不需要清洗 2.占用层高比水暖少 3.升温迅速 4.后期保养成本低
缺点	1.前期安装成本高 2.地面盘管须清洗，一般2年~3年清洗一次 3.热源（锅炉、壁挂炉）需要保养，一般每两年需要保养一次	1.不能提供生活用水，有轻微辐射 2.一旦有坏区，需要全部更换 3.如果大面积、长时间使用，就电价来说，后期成本较水暖高
保养	1.地面盘管需要定期清洗 2.锅炉需要一年保养一次 3.水暖不需要经常关闭，房间无人时可以调低温度，减少重新启动带来的设备负荷	1.使用时加热要循序渐进，不可骤降、骤升 2.地表温度不能太高 3.房间过于干燥时，可以考虑加湿

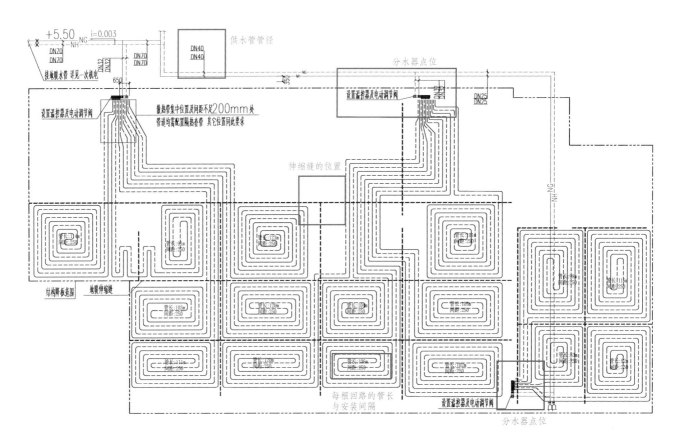

图 19-101　酒店大堂地暖的专业图纸

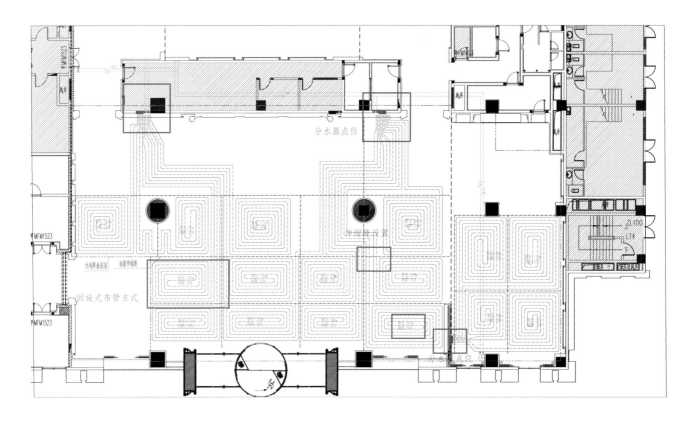

图 19-102　地暖图叠加装饰图，对照是否冲突

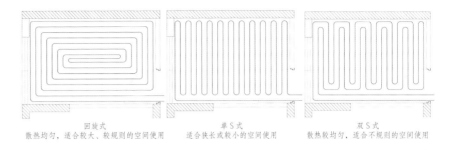

回旋式　　　　　　　　　　　　　单S式　　　　　　　　　　　　双S式
散热均匀，适合较大、较规则的空间使用　　适合狭长或较小的空间使用　　散热较均匀，适合不规则的空间使用

图 19-103　地暖管道的不同排布形式

四、地暖施工图的相关基础知识

1. 地暖布管的形式

地暖管道排布的形式决定了地暖的能耗，不同的空间适合采用不同的布管形式（图 19-103），室内设计师了解即可。

2. 排布地暖管道时的注意要点

排布中小型空间地暖时，应按照装修图纸的空间功能定位布置，如人流少的地方或者其他非生活用空间（杂物间、设备间、固定家具下方、无腿家具下方）等都不需要布置地暖。这也是设计师要先读图，再做设计把控的原因。当地暖铺设的空间面积过大，每个回路的管长超过 120m，或者地暖大面积超过伸缩缝时，应分区域设置多个回路（图 19-104）。排布地暖时，每条回路的管道中间不能断裂或存有接头，必须是一整根管。

3. 伸缩缝的设置要求

排布地暖管道时，为了防止使用时热胀冷缩造成完成面开裂、膨胀等现象，在设置地暖管道时，必须设置伸缩缝。对伸缩缝有如下要求。

（1）当使用湿式地暖的铺贴方式时，应在各个功能区、房间的分界线处、与墙面交接处等位置预留宽度大于等于 10mm 的伸缩缝。

（2）当空间面积大于 40m²（高要求的项目则为 30m²）或者长度超过 8m 时，应该在地暖的找平层与回填层设置 10mm~15mm 的伸缩缝（图 19-105）。

（3）在设计伸缩缝时，被分割的两块区域的面积大小应接近，避免分割的区域存在较大的温差（图 19-106、图 19-107）。

（4）伸缩缝材料通常为挤塑板等保温材料，伸缩缝两边的管道须用保温管或者波纹管进行套管处理。

4. 地暖管道的选择

决定水暖的供暖功率除了壁挂炉的热水供

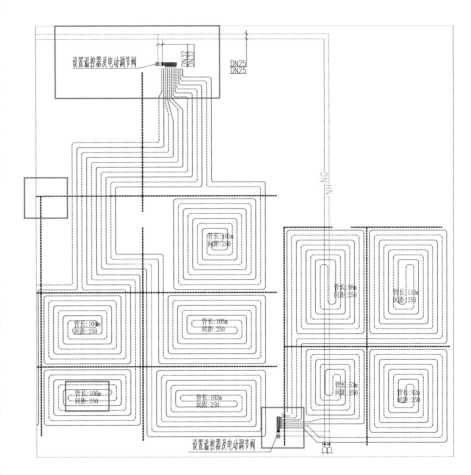

图 19-104　大空间的地暖铺设方式

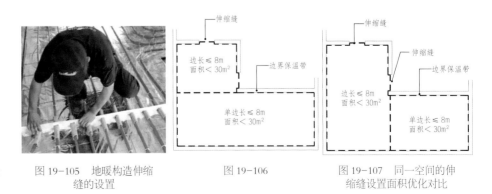

图 19-105　地暖构造伸缩缝的设置　　　图 19-106　　　图 19-107　同一空间的伸缩缝设置面积优化对比

应外，更多的还是管道的传输性能，好的管道能大大降低能耗，并提高空间的供暖效率。水暖的供热管道管径常见规格有 16mm、20mm、25mm。管长为 100m/卷 ~120m/卷，面积越大，使用管径越大。为保障功效，排布水暖供热管道时，管道之间的敷设间距在 150mm~250mm 之间（电暖管间距须不大于 50mm），管径越大，管道的安装间距则越大。

5. 如何判断地暖系统中的分水器设置是否合理

判断分水器的设置是专业厂家或暖通设计师的工作，但室内设计师也应该了解下面这几条简单的标准。

（1）分水器点位设备是否过多或者过少？通常，一个分水器设置的供热管道回路数量在 4 组 ~6 组比较合适。

（2）分水器的设置是否隐蔽？设置点位是否与其他设备冲突？

（3）设置点位的饰面材料与立面造型、周边材料收口关系是否有冲突？

（4）分水器应避开人们的视线、动线，尽量放在设备间。设置在人眼可见范围时，应使用暗门遮盖。

对住宅装修而言，因为回路不多，涉及的分水器较小，又要考虑安装位置的防水情况，所以，分水器放在厨房或卫生间比较合适。对公共场所来说，因为涉及的供暖区域大，很难用一个分水器解决全部回路的供应，所以会存在一个空间有多个分水器的情况。遇到这种情况，应该考虑设置位置的隐蔽性和检修问题，设备间或工作人员的房间是最佳选择。如果无法满足，则应该设置在人的视线和动线范围外，并应尽量放在墙面完成面以内（图 19-108），达到隐蔽的目的。

也就是说，在核查分水器点位时，应该对比装饰图纸的平面图和立面图，一是确保墙面完成面造型足以装下整个分水器点位；二是查看在立面造型上进行暗门设计时，

是否影响美观，以及暗门与周边材料的收口关系是什么样的。这是前期排查时必须核查的两项内容。

五、地暖的两大安装工艺解读

无论水暖还是电暖，从构造做法上来看，其实都是相同的，只是选择的供热管道类型不同。地暖根据安装方式可以分为湿式安装（图 19-109）和干式安装（图 19-110）两类，分别针对不同的受众与使用场景。湿式地暖需要使用传统水泥砂浆对地暖层做一次找平，起到保证地面平整度和保护地暖管的作用，而后再进行地面饰面的铺贴。干式地暖则是直接通过把管道与保温层结合的方式，使管道与保温层在同一平面，不需要用细石、混凝土等材料找平，可直接在保温层上铺贴地面饰面。

干式铺贴和湿式铺贴的对比如表 19-10 所示。快速判断现场是干式铺贴还是湿式铺贴最简单的方法，是看该构造的保温层采用的保温板是什么形式。湿式铺贴采用的保温材料多为挤塑板、EPS 板（图 19-111），这些板材的表面不需要做过多处理，直接使用即可。这样一来，地暖管就必须浮于保温板之上。而采用干式铺贴，则需要对保温板进行一些处理，让地暖管道"融"进保温板里，进而压缩完成面厚度，同时提高散热效率（图 19-112）。

由此可见，干式铺贴和湿式铺贴的主要区别有三个方面：一是适用场合不同，由于成本原因，湿式地暖更适用于面积大的室内空间；二是完成面要求不同，相对于干式地暖，湿式地暖需要的完成面更高；三是成本造价不同，干式地暖虽然在小空间内有一定的性能优势，但它的安装成本更高。因此，虽然新型的干式铺贴方式看似全方面压倒了传统湿式铺贴，

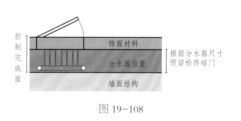

图 19-108

图 19-109　湿式地暖安装现场　图 19-110　干式地暖安装现场

图 19-111　传统保温板

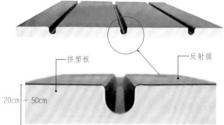

图 19-112　加工后的保温板

但目前国内除住宅空间以外的绝大多数场所都以湿式铺贴为主。这里因为最终选择使用哪种方式，主要取决于空间的特性与业主的成本控制这两方面因素。

六、地暖构造的底层规律

任何装饰构造都可以通过"骨肉皮"思维模型来理解，进而透过现象看到构造的底层规律。无论湿式地暖还是干式地暖，其根本的构造有且只有 4 层：垫底层、地暖层、覆盖层、饰面层（图 19–113）。所以，地暖的构造做法可以理解成如图 19–114、图 19–115 所示的结构。

有了这样的理解思路后，就会发现，不同的地暖空间仅仅是在这几种层上做加减法而已。比如，当遇到潮湿的空间（如卫生间、地下室、游泳池等），无论采用干式铺贴还是湿式铺贴，都只要在垫底层和饰面层下加一层防潮层、隔离层或防水层即可。最后，通过这个模型就可以理解图 19–116~ 图 19–119 所示的地暖构造做法。掌握了这 4 种标准的地暖构造做法后，就相当于解决了不同室内空间中地暖的构造问题。

最后补充一点，在实际使用节点图纸的过程中，最容易出现的问题是，设计做完后，到现场施工时才发现需要做地暖的空间地面完成面不够。为了避免这种情况，设计师必须留意下面两个完成面的尺寸。地暖

表 19-10　干式铺贴和湿式铺贴对比		
	干式铺贴	湿式铺贴
现场图		
安装方式	无须厚重的水泥砂浆找平层	需较厚的水泥砂浆找平层
所需完成面	保温板的厚度决定了地暖层的厚度，约 20mm	须在保温板上做水泥砂浆回填找平，增加地暖层厚度，约 80MM
采暖舒适性	温足凉顶，舒适	温足凉顶，体感舒适
地暖舒适度	具有良好的舒适弹线脚感	与普通水泥地板一样
升温时间	升温时间短（约 30 分钟）	升温时间长（1 小时~2 小时）
节能程度	因找平层薄，故热能损失低	因找平层厚，故热能损失高
安装难易	涉及的泥水施工少，工期快	涉及的泥水施工多，工期慢
安装成本	同等面积，成本大于湿式铺贴	同等面积，成本略低于干式铺贴
对建筑承重	无厚重找平层，重量较湿式铺贴低	找平层较重，整体较重

"皮" = 饰面层

"肉" = 覆盖层
　　　 地暖层

"骨" = 垫底层

图 19–113

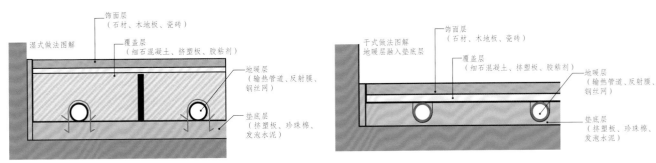

图 19–114　湿式铺贴图解　　　　　　　　　　图 19–115　干式铺贴图解

前期设计时，第一件事就是要考虑地面完成面的标高，根据铺贴方式的不同，预留的完成面厚度也不同。当采用湿式铺贴时，如图 19-120 所示，除去饰面材料外，地面完成面的厚度应不小于80mm。同理，采用干式铺贴时，除去饰面材料，预留的完成面厚度应不小于40mm。

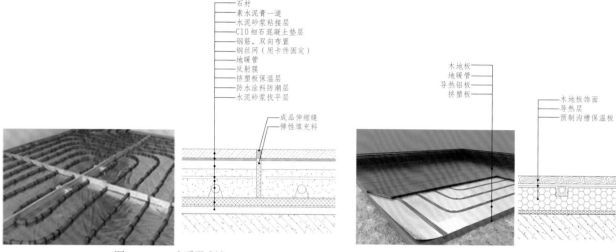

图 19-116 水暖湿式铺
贴节点图及现场示意

图 19-117 水暖干式铺贴
节点图及现场示意

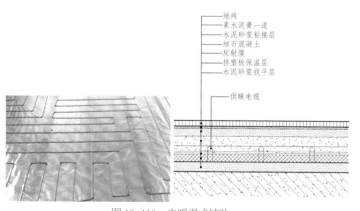

图 19-118 电暖湿式铺贴
标准节点图及现场示意

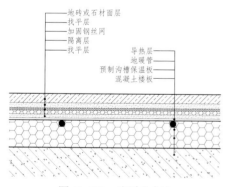

图 19-119 电暖干式铺
贴节点图

图 19-120 地面完成面构造

第九讲 │ 地暖标准安装流程与注意事项

关键词： 工艺流程，设计问题，细节解读

一、地暖的标准安装流程

地暖的湿式铺贴和干式铺贴的安装流程分别如图 19-121 和图 19-122 所示。通过上一讲说到的节点构造和这两张流程图的对比可以看出，从做法上来说，干式铺贴的工艺流程及注意事项跟湿式铺贴大同小异，主要区别是干式铺贴少了一层回填层工序。同理，从要点把控和工艺流程来看，电暖或水暖的安装方式也大同小异。因此，下面就以项目中使用最广泛、也是把控难度最大的水暖安装为例，通过一个住宅项目水暖安装的实例来详细解析各个步骤。

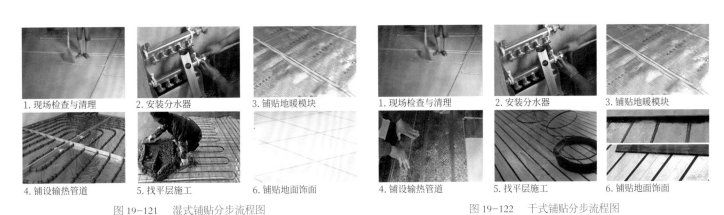

1. 现场检查与清理　　2. 安装分水器　　3. 铺贴地暖模块　　　　　1. 现场检查与清理　　2. 安装分水器　　3. 铺贴地暖模块

4. 铺设输热管道　　5. 找平层施工　　6. 铺贴地面饰面　　　　　4. 铺设输热管道　　5. 找平层施工　　6. 铺贴地面饰面

图 19-121　湿式铺贴分步流程图　　　　　　　　　图 19-122　干式铺贴分步流程图

二、地暖安装流程及注意事项解读

1. 图纸复核与现场清理

任何设计项目落地的第一步，一定是对最终设计方案及设计图纸的审核。审核地暖图纸时，应着重检查地暖图纸与装饰图纸的点位对应情况，对地暖的安装区域、分水器（温控电源）点位的预留，以及与周边材料的关系、平面伸缩缝设置、完成面的高度以及布管方式应重点核实。

在图纸确认无误后，开始清理现场，保证施工面的干净整洁，着重清理地面的金属残留物、多余的土建预留管线，并观察地面平整度是否合适。清理时需要特别留意，如果现场平整度相差 50mm 以上，则须先做一层细石混凝土找平层，确保铺设地暖的基层平整。当地暖施工空间处于地下室或者潮气很重的空间时，可在垫底层下方增加一层防潮层。

2. 安装分水器

（1）安装要求

根据图纸点位找到分水器位置，确认该位置未与其他设备冲突。安装时应核对分水器的后期检修方式是否合理，是否与完成面冲突（图 19-123）。

图 19-123　分水器安装示意图

（2）把控要点（技术交底要点）

①为方便后期输热管道的连接，分水器底部离地不应少于300mm。

②每个分水器的回路不应多于8个，如果地暖面积需要超过8个供热回路，则须设立更多分水器点位（工装项目中常见）。

③应为分水器的每个回路粘贴回路标签，标签与图纸回路标示一一对应，方便后期调节水温与检修。

④如果分水器是暗装，则需要对墙面的完成面尺寸进行二次复核，方便后期设置检修暗门。

⑤分水器装好后，应采用保护装置覆盖，防止后期浇筑的混凝土腐蚀（干式铺贴时可忽略）。

3. 铺贴地暖模块

（1）安装边角保温带

①安装要求

大面积敷设地暖模块前，应先安装边角保温带（图19-124），目的是防止地暖的热量被墙面大量吸走，对地暖层起到封闭的作用，也能起到缓冲作用，避免地面因热胀冷缩而造成开裂。

②把控要点（技术交底要点）

边角保温带的高度不能低于地暖完成面高度，且不宜使用挤塑板代替保温板材料，因为挤塑板切割厚度不一，不能与墙面紧密粘贴。

（2）安装保温板材

保温带安装完成后，直接将保温板平铺于平整的基层表面，在接口处用胶带（最好是铝箔胶带）封死，保证密封性，防止热量散失（图19-125）。

①安装要求

铺设前，按照图纸预留出不需地暖的部分。保温板的铺设应采用整张板材，施工中尽量减少拼缝。保温板之间的缝隙、高度差都应小于5mm。

②把控要点（技术交底要点）

常规区域铺设的保温材料厚度在20mm~30mm即可。潮湿环境、保温性差的空间选用

30mm~50mm的板厚为宜。铺设时，要避开其他管道，当切割保温板造成较大的缝隙后（图19-126），应采用发泡剂或挤塑板条进行封闭处理。

4. 安装反射膜及钢丝网

反射膜起散热作用，可以加大输热管道散热的效率。而钢丝网能增加回填层与反射膜的粘接力，避免回填时造成空鼓与输热管道安装不牢的现象（干式铺贴时直接铺贴专用保温模板即可，无须此步骤）。

反射膜应直接铺贴于保温材料上方，钢丝网用卡件固定于反射膜上方（图19-127）。两块反射膜之间的搭接处宽度不应小于50mm，同时，钢丝网使用的钢丝直径不应小于2mm，否则起不到附着的效果。反射膜表面应平整、无褶皱。钢丝网应与反射膜贴紧，并牢牢固定。

5. 铺设输热管道

（1）管道材料的选择

按材质的不同，水暖的管道可以分为PE-RT管、PEX管、PB管、铝塑复合管等。目前市面上使用较多的是PE-RT管和PEX系列地暖管，设计师了解即可。

（2）管道安装

用管卡把输热管道卡进保温材料中，或与钢丝网绑牢（图19-128）。安装要求如下。

①应保证管道不变形、不翘起、固定点均匀，并与保温层牢固结合。

②管卡固定间距直线距离为400mm～500mm，弯曲管段应为200mm~300mm。

③地面管道与墙面的间距应10mm～15mm。

④管道的间距是根据管径大小确定的，但通常，水暖管道间距不应小于200mm，电暖管道间距不应小于50mm。

（3）把控要点（技术交底要点）

为了降低漏水隐患，施工过程中，输热管道必须整根贯穿始终，中间不允许有任何形式的接头。如果采用电暖，敷设前应对管道进行电阻设置，确保管道完好无损，再进行敷设。

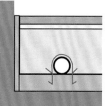

图19-124　安装边角保温带

图19-125　铺
贴保温板　　　　图19-126

图19-127　铺贴反射膜及铁丝网

图19-128

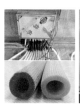

图19-129　管道连接分水器

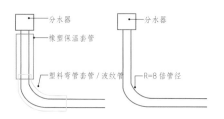

图19-130　输热管道弯曲处处理
示意

（4）输热管道连接分水器时的注意事项

为保证供暖效果，在输热管道外露部分应做橡塑保温管套处理（图19-129），输热管道的弯曲部位应采用专用套管保护。接入分水器的输热管道应与地面固定，不能松动。输热管道的弯曲半径不宜小于8倍管外径（图19-130），且应保证输热管道连接分水器时横截面保持不变形。

（5）打压测试

水暖管道安装完成后，与给排水工程一样，需要进行打压试验。打压强度不低于0.8MPa，24小时后无漏水现象，压力表无明显下降则视为合格。

6. 找平层施工

（1）伸缩缝的设置

在回填前，应按照图纸的伸缩缝设计，分区域进行伸缩缝的安装。伸缩缝可采用10mm宽挤塑板材料，高度不低于回填层的高度。伸缩缝两侧的管道应使用长度大于等于200mm的保温套管。

（2）回填层施工

在打压测试完毕后，应尽快对地暖层进行回填施工，并做找平处理（图19-131），避免现场其他工种对地暖层的破坏。为了对地暖层起到较好的保护作用，回填材料应使用细石混凝土，且强度等级不低于C15。回填的要求如下：混凝土应依据伸缩缝的设置进行分区域浇筑；回填完成后，为了保证回填层不出现开裂现象，须洒水养护，早晚各一次，连续养护一周后，即可进行下一道工序；如果回填层厚度大于50mm，则须分开几次回填，不能一次成型，避免后期因混凝土收缩进而造成的开裂、膨胀等质量问题。

在回填的时候，应留意分水器的压力表，如果出现压力不稳、掉压等情况，须停止回填，重新检查管道系统是否损坏，查明原因并及时处理。

7. 铺贴地面饰面

找平层施工完成后，就等于有了一个完整的基体饰面，即可按照正常饰面材料工序进行地面饰面安装（图19-132）。

以上是标准的水暖的现场工艺流程，电暖的铺设方式与水暖的主要区别在于电暖的热源来自电源（图19-133），所有的管道回路都是连接至温控面板而非分水器，其他安装方式和步骤与水暖的施工完全相同，可参考上述步骤。

三、地暖落地过程中的常见问题

1. 地暖回填层的厚度

回填层过厚，地面施工时会造成开裂现象，从热能传递的角度来看，还会造成饰面材料升温缓慢的情况。而回填层过薄，又会造成不能完全覆盖供热管道的情况。所以，一般室内的地暖构造中，回填层厚度在30mm~40mm较为合适。

2. 室内空间哪些地方适合安装地暖

如果业主的条件允许，以及的确有铺设地暖的需要，人们常活动的室内空间都可以设置地暖，尤其是在浴场、游泳池等人们会赤脚接触地面的场所。

3. 如何在地暖上铺设需要打钉的木地板

从现场落地的角度来看，安装地暖时要避免现场不同工种交叉作业。同时，地暖层做完后，要及时回填地面，并做好成品保护，不要随意在地上打孔、打眼。如果需要在地暖层上铺设实木地板等需要打钉固定的饰面材料，为了避免安装时打到地暖管，可以采取如下两种解决方案。一是在地暖回填之前，拍照留底，并根据现场尺寸绘制好地暖排布图，方便后期木地板施工时，根据图纸弹线定位。这种方式比较复杂，而且很容易出现问题。二是采用干式做法做地暖，做法如图19-134所示。这种方式可以避免安装实木地板等饰面时破坏地暖管道。

图19-131 一次回填过厚，后期地面必然开裂

图19-132 在找平层上安装饰面

图19-133

4. 住宅中常见的分水器设置

住宅中，如果分水器设置不合理，后期会留下各种质量隐患，以下情况需要格外注意：供热管道要加保温套；与地面相邻的弯管处要有柔性保护套，且管道接入分水器处应该竖直连接；输热管道与分水器的连接处不能断开，必须是一整根管道，中间不允许有任何接头，熔接只是后期出现漏水现象时才会采取的补救措施。

5. 地面构造中的保温层应该选择什么材料

地暖的保温材料一般是发泡水泥板、膨胀聚苯板（EPS）、挤塑聚苯板（XPS），市场上以挤塑聚苯板为主，膨胀聚苯板材已经很少使用（图19-135）。挤塑聚苯板（XPS）导热系数小，吸水率极低，抗压能力好，是目前市面上的主流保温材料。如果只考虑做地面防潮处理，则通常会选用珍珠棉（EPE）或者防潮剂作为防潮层用材。

图 19-134　地暖层上铺设实木地板的做法

挤塑板　　　　发泡水泥板　　　　珍珠棉
图 19-135

CHAPTER 20

第二十章

消防规范

第一讲 | 消防系统与防火分区

关键词：术语解读，设置原则，防火分区

阅读提示：

一个室内设计项目，尤其是工装领域的项目，想要投入使用，必须经过消防这个关卡。在实际工作中，大多数设计师只关注设计效果，容易忽视行业内的硬性规定，导致设计过程中触碰消防规范这根"红线"，使之前已经定稿的方案被修改得面目全非，甚至全部推翻重做，额外增加了工作量。所以，室内设计师需要了解一些消防规范的基础常识。本文涉及的内容源于《建筑设计防火规范》GB 50016—2014（2018 版）与《建筑内部装修设计防火规范》GB 50222—2017 中与室内装饰密切相关的要点。大多数设计师能参与的项目均以民用建筑为主，因此本章内容也以民用建筑为主展开叙述。

一、消防系统的构成

一个完整的消防系统可以分为 3 个板块：火灾自动报警系统、灭火系统、避难诱导系统。

火灾自动报警系统是指通过火灾探测器探测到了火灾发生后，再通过自动报警设备通知建筑内的人群疏散，并启动消防自动灭火系统的消防系统板块。常见的火灾探测器和自动报警设备如图 20-1 所示。

灭火系统是指火灾发生后，扑灭和阻挡火势蔓延的消防系统，它可以分为直接灭火系统（图 20-2）和辅助灭火系统（图 20-3）。直接灭火系统包含消火栓、喷淋、水炮等设备，辅助灭火系统包含防火隔墙、防火卷帘、挡烟垂壁等辅助灭火的构造。在建筑空间内，这两种灭火系统都是同时存在的。

避难诱导系统是指当火灾发生后，能指导人们逃离火场的消防系统，主要包括应急照明、疏散指示等设备（图 20-4）。

二、自动灭火的过程

当发生火灾时，自动报警系统通过火灾探测器"看见"了火源，然后通过自动报警系统"喊"出来，并马上"通知"消防联动系统。一方面，"叫喊声"被人们听见后，人们会立刻做出反应，按照避难诱导系统的指示疏散；另一方面，消防联动系统会"命令"所有灭火设备以及防火措施行动起来，完成打开消防排烟、关闭电梯、启动避难诱导系统、启动水泵、打开喷淋等一系列灭火动作。

灭火的方式分为液体灭火和气体灭火。液体灭火指的是直接用水扑灭火源，但在一些存有大量布料、纸张等材料的空间，应尽量采用气体灭火（如二氧化碳、混合气体等），因为用液体灭火会造成对火源物体的二次破坏，且容易发生触电事故。

温感

烟感

声光报警器

手动报警器

图 20-1　火灾探测器及自动报警设备

图 20-2　直接灭火系统消防水炮和喷淋

图 20-3　辅助灭火系统防火卷帘，挡烟垂壁

应急照明灯　　　　　　疏散指示

图 20-4

三、消防报审流程

图 20-5 所示的内容几乎涵盖了室内设计师会接触到的关于消防的所有问题，只要在设计过程中注意表中提及的关键词，不触碰相关数据临界值，就会顺利通过消防报审，而本章也会对消防报审流程进行解读。

四、防火分区

1. 何为防火分区

防火分区（图 20-6）是指采用防火分隔措施（实墙、防火卷帘、防火门等）划分空间，能在一定时间内防止火灾向同一建筑的其余部分蔓延的局部区域（空间单元）。简单来说，防火分区就是不让火势随意蔓延的防火阻隔措施。在建筑物内采用划分防火分区这一措施，建筑物一旦发生火灾，火势可以控制在一定范围内，减少损失，同时可以为人员安全疏散、消防扑救提供有利条件，争取更多时间。也就是说，防火分区是用来"救命"的。

2. 怎样划分防火分区

防火分区的面积大小是由建筑物的类别、使用性质和层高共同决定的。不同建筑种类、不同使用性质有着不同的划分规范。所以，学习消防规范之前，应该了解建筑的分类。

（1）建筑的分类

按照使用功能，建筑分为民用建筑与生产性建筑。民用建筑就是普通人都能使用的建筑，主要指住宅建筑和公共建筑，生产性建筑指工厂、仓库等。民用建筑根据其建筑高度和层数可分为单层建筑、多层建筑和高层建筑。高层民用建筑根据其建筑高度、使用功能和楼层面积等因素可分为一、二、三、四类建筑。设计师经常接触的建筑基本上都是一、二类建筑，本书介绍的内容也是围绕一、二类建筑展开的（表 20-1）。

项目	问题
防火分区	核对使用性质、面积、人数、疏散宽度、出入口数量
疏散流线	核对疏散距离
防火卷帘	核对位置、长度
消火栓	核对位置、数量
防火门	核对位置
挡烟垂壁	核对位置、面积
疏散提示	核对位置、长度
防火材料	材料防火等级的要求

图 20-5

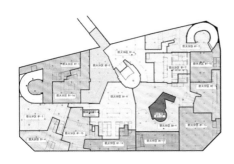

图 20-6　防火分区彩平图

表 20-1　　一、二类高层建筑的分类标准		
名称	一类建筑	二类建筑
住宅建筑	建筑高度大于 54m 的住宅建筑（包括设置商业服务网点的住宅建筑）	建筑高度大于 27m 但不大于 54m 的住宅建筑（包括设置商业服务网点的住宅建筑）
公共建筑	1. 建筑高度大于 50m 的公共建筑 2. 建筑高度 24m 以上部分任意楼层，建筑面积大于 1000㎡ 的商店、展览、电信、邮政、财贸金融建筑和其他多种功能组合的建筑 3. 医疗建筑、重要公共建筑 4. 省级及以上广播电视和防灾指挥调度建筑，局级和省级电力调度建筑 5. 藏书超过 100 万册的图书馆、书库	除一类高层公共建筑外的其他高层公共建筑

（2）三个步骤找到适用的防火分区划分规范

第一步，明确建筑属于哪一类，是用来做什么的。例如，是多层还是高层？是民用建筑还是工业建筑？判断建筑属于哪一类还有一个简单的办法，就是通过土建施工图的图纸说明找到对应的工程基本信息，从工程基本信息明确该建筑的类别、防火要求等。

第二步，看设计的空间处于该建筑的什么位置，如位于地下层还是地上层。

第三步，看有没有自动灭火系统，有自动灭火系统的空间比没有自动灭火的空间防火分区大很多。

经过上面三个步骤后，可以找到适用于自己项目的相关规范，了解自己项目的防火分区面积大小。最后，根据规定的防火分区面积大小，直接在平面图上进行区域划分，只要确保每个防火分区面积不大于规范规定即可（在能不改变建筑防火分区的情况下，尽量不要擅自改变）。

3. 防火分区面积大小的确定

前面提到，防火分区面积大小是由建筑物内部有无自动灭火系统（如喷淋），建筑的种类、使用功能和建筑层高来共同决定的。在这个标准基础上，下面介绍规范中对防火分区面积大小的规定。

一般公共建筑的防火分区面积大小规定如表20-2所示。

当空间内有自动灭火系统时，高层建筑的防火分区面积不应大于3000m²；单层、多层建筑的防火分区面积不应大于5000m²；地下室或半地下室的防火分区面积不应大于1000m²。

当空间内无自动灭火系统时，高层建筑的防火分区面积不应大于1500m²；单层、多层建筑的防火分区面积不应大于2500m²；

地下室或半地下室的防火分区面积不应大于500m²。

商场项目的防火分区、消防疏散的规范与其他项目不同，这与近几年的市场环境有关，各大城市商业综合体越来越多，如果防火分区面积小，除了会限制设计以外，真正发生火灾时，太多的隔墙还会对消防疏散起到阻碍作用。所以，新版规范对商场的消防要求有所放宽。进行商场设计时，需要使用下面这组防火分区规范。

《建筑设计防火规范》GB 50016—2014（2018版）第5.3.4条规定：一、二级耐火等级建筑内的商店营业厅、展览厅，当设置自动灭火系统和火灾自动报警系统，并采用不燃或难燃装修材料时，每个防火分区的最大允许建筑面积应符合下列规定：

当商场位于单层建筑内或仅设置在多层建筑的首层时，防火分区面积不应大于10 000m²；当商场位于高层建筑内时，防火分区面积不应大于4000m²；当商场位于建筑的地下或半地下时，防火分区面积不应大于2000m²。

了解了规范规定的防火分区面积大小后，就可以根据这个规范标准核实自己所做项目的防火分区是否符合规范，做图纸自审。防火分区的计算方式一般分为普通情况下的计算方式和特殊情况下的计算方式。普通情况下的计算方式是指直接计算防火分区平面投影面积大小（图20-7）。特殊情况下的计算方式是指，如果是共享空间，即空间是上下层连通的（如中庭区域），它的防火分区面积 = 底层的平面投影面积 + N层的平面投影面积（N等于

表20-2　不同类别建筑的防火分区面积要求

名称	耐火等级	允许建筑高度或层数	防火分区的最大允许建筑面积（m²）	备注
高层民用建筑	一、二级	按规范第5.1.1条确定	1500	对于体育馆、剧场的观众厅，防火分区的最大允许建筑面积可适当增加
单层、多层民用建筑	一、二级	按规范第5.1.1条确定	2500	
	三级	5层	1200	—
	四级	2层	600	—
地下或半地下建筑（室）	一级	—	500	设备用房的防火分区最大允许建筑面积不应大于1000m²

注：1. 当建筑内设置自动灭火系统时，可按本表的规定增加1.0倍
　　2. 本表内容源于GB 50016-2014（2018年版）表5.3.1

跨越的楼层数）（图20-8）。这两种划分方式有一个共同的逻辑，即防火分区划分的依据是火势能在防火分区内扩散的最大平面面积。

五、中庭区域防火分区设置要点

当中庭的面积大于规范规定的面积，需要单独形成一个防火分区时，除了中庭周边一圈需要使用防火阻隔外（图20-9），还应该特别留意中庭回廊的防火要求。具体如下所示：

（1）中庭回廊的房间与中庭回廊相通的门窗应该设置为可自动关闭的甲级防火门窗。甲级防火门窗是指耐火极限能达到1.5h的特制防火门窗（h=材料满足燃烧测试的时长，单位：小时）（图20-10）。

（2）与中庭相通的过厅、通道、回廊等应设甲级防火门或耐火极限大于3.00h的防火卷帘分隔，并需要设置自动喷水灭火系统与火灾自动报警系统（图20-11）。

（3）中庭采用的防火隔墙和防火玻璃耐火极限应该大于等于1.0h，若采用防火卷帘，其耐火极限应该大于等于3.0h。

（4）中庭区域应设置排烟设施，以应对"烟囱效应"。

以上4点是设计师需要格外注意的事项，因为很多设计师认为，中庭只要设置防火卷帘就没有问题了，而忽略了中庭回廊的特殊要求。如果中庭的防火阻隔达到了要求，但对应的中庭回廊没有满足以上要求，还是需要修改图纸。

六、防火分区设置的注意事项

（1）大型公共区域（宴会厅、礼堂、剧院、电影院等）宜设置在独立的建筑中

（图20-12），因为这些空间人流量特别大，如果设置在民用建筑内，消防疏散极为不便，而且疏散时还容易出现安全事故。

（2）计算防火分区时，不能除去前室、楼梯间等区域的面积，也就是说，建筑面积是多少，防火分区的面积全部加起来也是多少。

（3）大型公共区域如果必须设在非独立的民用建筑内时，需符合以下规定：设置在非独立的高层建筑内时，至少应设置一个独立的疏散楼梯，且必须要设置自动灭火系统；设置

图20-7 普通情况下的计算方式

图20-9 中庭独立成防火分区时，需采取防火阻隔措施

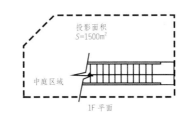

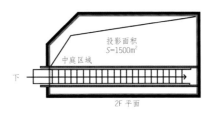

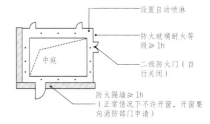

图20-10 独立计算中庭分区时的要求

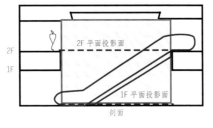

防火分区面积=1500m²+1500m²=3000m²

图20-8 特殊情况下的计算方式

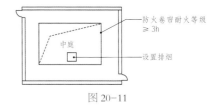

图20-11

大型公共空间宜设置在独立建筑内，如剧院、大型影院、歌剧院、宴会厅等

图20-12

在非独立的多层建筑内时，至少应设置一个独立的疏散楼梯；大型公共区域需要设置在地下层时，只能设置在地下一、二层，不能设置在地下三层及以下。

（4）大型公共区域如果需要设置在建筑物一、二、三层以外的楼层，该空间投影面积不能大于 400m²，疏散门不应少于两个，且必须用实体墙隔开（不能用防火卷帘等）。也就是说，如果设置在第四层或地下一层，几千平方米开间的大厅最后会因为消防规范的原因，被强制切分成一块块 400m² 左右的小空间（图 20-13），会极大地破坏原本的设计规划。

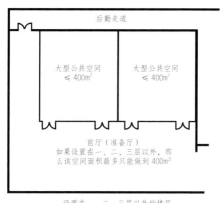

图 20-13

第二讲 ┃ 消防疏散

关键词： 安全出口，规范数据，设置原则

阅读提示：

防火分区的目的是把火势控制在一定的空间范围内，控制了火势蔓延后，人们还要根据消防疏散指示的引导，以最短的时间、最短的距离逃出火场。因此，国家对建筑消防疏散流线和空间大小做了强制性规定，不符合规定的项目是禁止投入使用的。所以，在设计师的平面布局中，如果疏散流线不符合国家标准，就会导致整个方案被推翻重做。

一、消防疏散出入口和通道的规定

简单来说，消防疏散流线是指当火灾发生时，火场内的人员能从建筑内的各个地点，跟着疏散指示的引导，以最短时间、最短距离安全逃离火场的一条安全空间流线。因此，消防规范上所有规定的数据都以让人们尽快逃离火场为目的，是经过缜密计算的最佳逃生距离，也是设计师在布置平面方案时要严格遵守的铁律。

消防疏散的出入口设置与疏散通道的选择关系到火场内的人能否顺利逃生，所以，消防规范里对消防安全出口的数量、疏散通道选择的条件做了强制性规定。

1. 必须设置两个安全出口的情况

（1）通常，公共建筑内每个防火分区或一个防火分区的每个楼层，其安全出口的数量应经计算确定，且不应少于 2 个。公共建筑内房间的疏散门数量应经计算确定，且不应少于 2 个，且两个安全出口（或疏散门）的水平直线距离必须大于等于 5m（图 20-14）。

（2）对于耐火等级为一、二级的公共建筑，当建筑内的防火分区大于等于 1000 ㎡时，必须在该防火分区内设置 2 个及以上直通室外的安全出口（图 20-15）。

（3）除特殊情况外，一栋建筑的首层平面应至少设置两个建筑出入口。一是为了满足

人流的疏散需求；二是预防某个出口被堵塞，造成无法疏散的情况（图 20-16）。

2. 可以只设置一个安全出口的情况

当一栋公共建筑的楼层投影面积不大于 200 ㎡（图 20-17），且楼层数量不超过 3 层时，可设置 1 个安全出口或 1 部疏散楼梯（医疗建筑、老年建筑、托儿所、幼儿园、歌舞厅等特殊场所必须设置至少 2 个安全出口）（图 20-18）。

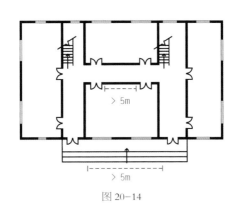

图 20-14

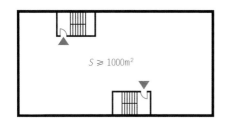

图 20-15

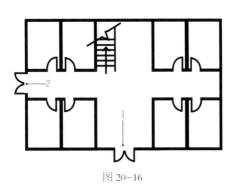

图 20-16

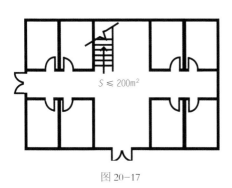

图 20-17

3. 疏散通道设置的强制性要求

（1）自动扶梯与电梯不能作为消防安全出口。

（2）旋转楼梯只有达到以下要求，才可以视为疏散通道：上下两级踏步形成的平面投影角度不大于10°，因为角度越大，踏步的宽度越宽。在每一级楼梯踏步离栏杆扶手250mm处，其踏步的宽度不小于220mm。目的是保证旋转楼梯通道的宽度与踏步的宽度。因为只有楼梯踏步足够宽，人们在逃离时才不易跌倒，也能避免发生踩踏事件（图20-19）。

如果达不到以上要求，那么在火灾发生时，楼梯通道就会变成"死亡通道"。所以，很少会有项目把旋转楼梯作为疏散通道使用，除非旋转楼梯足够宽。

二、消防疏散距离的计算

消防规范中的疏散流线距离数据会直接影响前期设计过程中的平面方案布置，所以，室内设计师要牢记以下知识点和数据，避免发生平面布置通不过消防验收的情况。

1. 消防疏散距离计算规则

要彻底理解疏散距离是怎样影响平面布置的问题，首先要知道疏散距离是通过什么原则计算的。当火灾发生时，人们首先是从房间内部跑到消防通道，再从消防通道跑到安全出口的。下面按照这个顺序讲解审图时应该用什么样的计算方式来看图纸的消防流线是否合格。

（1）独立空间内部的消防疏散距离计算规则

直接计算由房间最远点到房间门口的直线距离（图20-20）。如果一个大房间里有很多小隔间，须先计算隔间内最远点至隔间门的直线距离，再加上隔间门至房间安全出口的直线距离。审图时，可以在安全出口以规范规定数据为半径画一个圆，如果能覆盖整个房间，则说明该房间的消防疏散距离合格。

（2）有独立疏散走道的空间计算原则

独立疏散走道有明确的宽度规定，而且从该疏散走道的每个房间出来后，都能通过这条走道到达安全出口或者消防楼梯的通道（图20-21）。它的计算分两个步骤，首先计算房间内部最远点到房间门口的直线距离，再计算房间门到消防安全出口的直线距离。

（3）大开间的空间计算原则

大开间是指没有任何遮挡（隔断、墙体及房间），没有独立疏散通道的空间（如大型开放办公区、大型餐厅等）。计算时，可以把它当成一个大的房间，计算规则、注意事项与独立空间内部相同，都是计算空间的最远点到安全出口的直线距离（图20-22）。

计算消防疏散距离的规则里，又分为双向疏散和单向疏散。双向疏散（图20-23）是指人从空间内的一个点，可以去往两个地方，这两个地方都有安全出口，选择更多，所有双向疏散的距离都比单向疏散大。单向疏散是指从空间内的一个点，只能去往一个方向，没有其他选择。所以，如空间位于走道末端的情况，单向疏散的距离比较小。也正因为双向疏散的规定距离大于单向疏散，所以，很多设计师会把单向疏散的位置变为双向疏散，以此

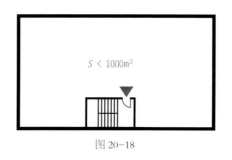

图 20-18

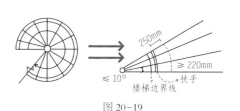

图 20-19

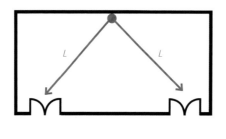

图 20-20

图 20-21

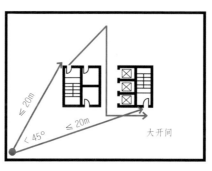

图 20-22

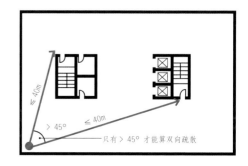

图 20-23　双向疏散要求

获取更大的疏散距离。但消防规范规定，位于两个安全出口之间，且与两个安全出口的直线夹角大于等于45°时，才属于双向疏散，如果角度不大于45°，要按照单向疏散取值。

（4）商场空间的计算原则

上面提到的3种计算方法几乎适用于所有空间，只有商场空间有专门的消防疏散规定。商场空间的疏散距离计算根据商场的布置分为大开间商场和有小隔间的商场两种规则。

对大开间商场来说，直接在每个消防安全出口位置画一个半径为30m的圆（有自动灭火系统的空间可多加25%的长度，即37.5m），如果圆能覆盖整个区域，则证明该空间的疏散距离设置符合规范规定（图20-24）。

有小隔间的商场（图20-25）先计算从小隔间到房门的直线距离，再计算从房门到安全出口的直线距离（图中的a1+a2），最终，a1+a2的距离不能超过规范规定（这一点和有独立走道的空间算法不同，有独立走道的空间，a1和a2的距离是分开计算的，而商场是把a1和a2叠加起来计算的）。

消防疏散距离的计算规则并不复杂，原则就是计算当火灾发生时，人们从房间内部最远的地方跑到安全出口的位置所需要的距离。

2. 消防疏散距离的相关规范数据

了解了疏散距离计算规则后，设计师在审图时就可以根据相应的计算方式得出具体的消防疏散距离数据，然后把有可能超过相关数据的地方与下列表格进行对比，最终判断设计方案是否超出消防疏散距离允许的最大范围。

（1）独立空间的疏散距离

即房间最远点到房间门的距离，该距离允许的最大值需要满足表20-3中的数据（设

计师可重点关注最下面"其他"一栏）。如果房间内有小隔间，直接忽略隔墙，计算房间最远点到房间门的直线距离。

（2）有独立消防疏散通道的空间疏散距离

即人出房间后，到达安全出口的距离。当房间位于两个安全出口中间时，属于双向疏散，规范要求，房间门离最近的消防通道的直线距离不大于40m（无论是多层还是高层都要依据这个数值）。当房间位于两个安全出口尽头时（袋形走道），则属于单向疏散，规范要求，从房间门到最近的消防通道的直线距离不大于20m（单层、多层为不大于22m）。具体数据如表20-4所示。

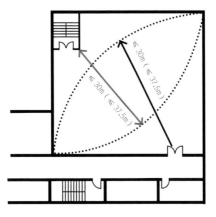

图20-24　大开间商场

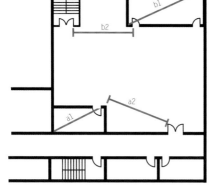

图20-25　小开间商场

表20-3　独立空间的疏散距离			
名称	一、二级	三级	示例图
托儿所、老年人建筑	20	20	
歌舞厅	—	—	
医疗　单、多层	20	15	
医疗　高层　病房	12	—	
医疗　高层　其他	15	—	
教学　单、多层	22	20	
教学　高层	15		
高层旅馆	15		
其他　单、多层	22		
其他　高层	20		

表 20-4　有独立消防疏散通道的空间疏散距离

名称		位于两个出入口之间		位于尽端		示例图
		一、二级	三级	一、二级	三级	
托儿所、幼儿园、老年人建筑		25	20	20	15	
教学	单、多层	35	30	22		
	高层	30	—	15		
高层旅馆		30	—	15		
其他	单、多层	40	35	22		
	高层	40	—	20		

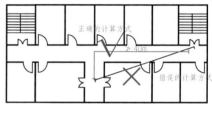

这里有两个概念要强调一下。一是袋形走道，是指只有一个安全疏散出口，类似一个布袋的走道。走廊尽头没有出路，出来的时候需要原路返回，也就是所谓的"死胡同"。多层建筑和高层建筑对袋形走道的疏散距离要求不一样。二是计算消防疏散距离所指的直线距离是实际中人要走的直线距离，而不是点到点的直线距离（图20-26）。

（3）商场空间的消防疏散距离要求

商场在设有自动灭火系统时，最大疏散距离为37.5m。在没有设置自动灭火系统时，最大疏散距离为30m，无论高层建筑还是多层建筑都一样。

图 20-26

三、消防疏散通道的宽度

设计师在工作中有时会遇到以下情况：一个面积不大的空间（如餐馆、中小型办公楼等）在设计过程中，为了实现更多的平面功能，往往会选择压缩过道面积，把过道面积分给功能分区使用，达到空间利用最大化的效果。甚至有些设计师索性不管原始建筑图的平面规划和消防流线规划，直接"封堵"了他们认为不常用的防火门，从而达到扩充空间、让设计流线合理化的目的。还有些业主为了节约成本，要求设计师尽可能地压缩过道，想通过这种方式增加空间的使用面积。这几种做法的确能增加空间的使用面积，但本书前面提到：消防疏散通道有明确的宽度规定，而且要保证人们从连接该走道的每个房间出门后，都能通过这条走道，通往安全出口或者消防楼梯的通道。这里的"明确的宽度"，就是下面要

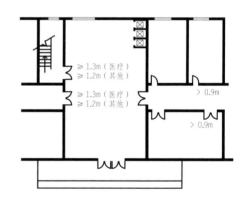

图 20-27

表 20-5　不同建筑的疏散通道宽度（m）

建筑类别	楼梯间的首层疏散门、首层疏散外门	走道		疏散楼梯
		单面布房	双面布房	
高层医疗建筑	1.30	1.40	1.50	1.30
其他高层建筑	1.20	1.30	1.40	1.20

讲的消防疏散通道宽度。设计师明白了消防疏散通道宽度的规定，如果遇到业主想压缩过道面积的情况，就可以讲清规定，把责任划分明确，保护自己的切身利益。

大部分设计师在考虑预留室内通道宽度时，都是通过人体工程学进行分析与排布的，虽然这种做法正确，而且得到的最终宽度数据与消防规范中的数据相差不大，但本文会站在消防疏散的角度，介绍室内的通道应该预留多大宽度，才能不违反消防规范。消防规范中对医疗建筑的疏散门与疏散走道的宽度要求比其他建筑要求的宽度更宽，数据如图 20-27 和表 20-5 所示。如果建筑原始平面能符合消防规定，就尽量不要调整相关宽度。在不影响方案效果和空间使用的前提下，室内通道要尽量做宽。

上面提到的更多的是关于建筑空间内各房间之间的通道宽度数据，而当空间为独立空间或开敞空间时，对空间内主通道的要求有如下规定：当独立空间面积大于 60m² 但小于 100m² 时，室内主通道要求大于等于 1200mm（图 20-28）；当独立空间面积大于 100m² 时，室内主通道要求大于等于 1400mm（图 20-29）。这两条规定数值与室内设计师的日常工作开展密切相关。

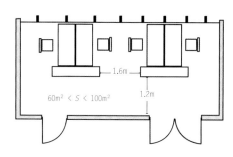

图 20-28

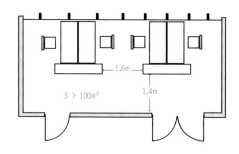

图 20-29

四、独立空间门的设置

在设计方案过程中，设计师常常会遇到一扇空间需要开几个门的问题。各个功能空间的门的数量、规格、开门方式在消防规范里都有明确规定，如图 20-30 所示，图中提及的房间面积与出入口数量设置，适用于除了托儿所、幼儿园、老年人建筑、医疗建筑和教学建筑之外的普通商业建筑，如办公楼、酒店、餐厅、会所等。

1. 当房间属于双向疏散时

如果房间面积小于 120m²，可以只设置一个门；如果面积大于 120m²，必须设置两个门（图 20-31）。

2. 当房间属于单向疏散时

房间位于走道的末端时（在袋形走道内时），以下情况可以只设置一个出入门，否则必须分开设立两个直线距离超过 5m 的房门。

当房间位于走道末端时，单个房间投影面积不超过 50m²，则可以只设置一个门，门宽要求大于等于 900mm。当房间位于走道末端时，单个房间投影面积不超过 200m²，且房间最远点到门的直线距离小于 15m，则可以只设置一个门，门宽要求大于等于 1400mm（图 20-32）。

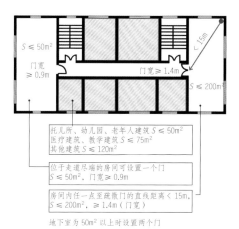

图 20-30 独立空间门的设置情况

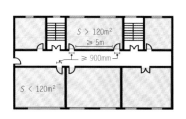

图 20-31

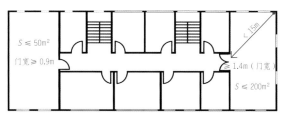

图 20-32

第三讲 | 防火卷帘基础知识

关键词：规范数据，节点构造，设计要点

阅读提示：

笔者刚入行的时候，参与过一个地下商场的施工项目，业主方要求整个地下室必须敞亮开阔、恢宏大气，所以，设计方把防火分区边界内的防火分隔措施全部改为防火卷帘，但把蓝图送给消防部门审核时被要求整改，原因是防火卷帘的使用面积太大，严重违反了消防规定。最后，设计方根据消防部门的意见重新调整了防火阻隔的配置，并同时更改了平面和立面关系，造成了不必要的工作量增加。对室内设计师而言，了解防火阻隔措施的设置规定以及节点做法除了能更合理地布置平面方案之外，更重要的是能避免后期不必要的平面方案更改，节约不必要的人力成本。

一、防火阻隔概述

前文提到，当建筑内部的室内空间面积大于国家规定的防火分区面积时，就要在室内进行防火分区的划分，而在防火分区之间的分割措施就是所谓的防火阻隔措施。防火分区可以形象化地理解成一个保险箱，它的作用是防止里面的火焰蹿出来，防火阻隔就是保险箱四周的"箱壁"，这个"箱壁"可以有很多形式。

防火阻隔措施的常见形式包括防火门、防火窗、防火卷帘及防火墙（图20-33）。防火墙和防火隔墙在规范上是两个很相似但又不一样的概念，在设计过程中应该留意相关设计说明。防火墙的定义为，防止火灾蔓延至相邻建筑或相邻水平防火分区，且耐火极限不低于3.0h的不燃性实墙，如混凝土墙体（图20-34）。防火隔墙的定义为，建筑内防止火灾蔓延至相邻区域且耐火极限不低于规定要求（通常不大于3.0h）的不燃性墙体，如防火石膏板隔墙（图20-35）。

不燃性墙体（如混凝土墙、砖墙等）的耐火极限为3.0h，防火隔墙虽然也属于不燃性墙体，但其耐火极限只要不低于设置部位的规定要求即可（通常小于3.0h，常用的有防火石膏板隔墙）。防火墙不仅可以作为建筑内的隔墙，还可作为建筑外墙，但防火隔墙只能作为内墙。防火墙用于建筑内部时，设置在两个防火分区之间，而防火隔墙是作为非防火分区的防火间隔墙使用的。防火墙可以说是防火阻隔措施中最不容易出错，也是最保险的防火阻隔措施。

二、防火卷帘的简介与设计规范

1. 防火卷帘概述

防火卷帘是指在一定时间内，连同框架能满足耐火稳定性和完整性要求的卷帘措施，主要作用是阻隔火势，防止火势蔓延。它由帘板、卷帘、卷轴、电动机、导轨、支架、防护罩、防火电机和控制设备等部件组成（图20-36）。

防火门　　　　防火窗

防火卷帘　　　　防火墙

图20-33

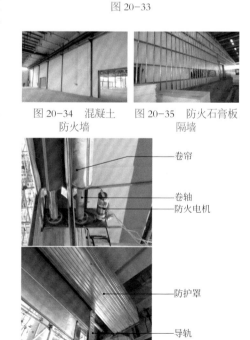

图20-34　混凝土　　图20-35　防火石膏板
　　　　　防火墙　　　　　　　　隔墙

卷帘

卷轴
防火电机

防护罩

导轨

图20-36　防火卷帘的部分组件

防火卷帘主要用于防火分区的边界，特别是防火墙因使用或设计需要要求开设较大开口，又无法设置防火门的防火分隔，如敞开的电梯厅、自动扶梯、宽大的营业厅、建筑中庭等区域（图20-37）。也就是说，防火卷帘是在防火墙、防火门和防火玻璃等防火阻隔措施都不方便或者不能采用的情况下补位的最佳"备胎"。

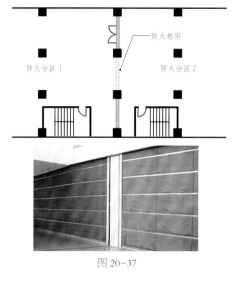

图20-37

2. 常见的防火卷帘

防火卷帘按照轨道数量可分为单轨单帘和双轨双帘（图20-38），目前，国内设计项目中以使用双轨双帘为主，特别是在新建项目中，几乎已经看不到单轨单帘了。按照材质及耐火等级可分为钢质卷帘、无机纤维复合（无纺布）卷帘、特级防火卷帘等种类。

钢质防火卷帘（图20-39）指帘板、导轨、座板、门楣、箱体等主要构件全部是用钢质材料制作的防火卷帘，其耐火极限大于等于2h~3h。由于其具有升温快、不利于疏散等特点，目前国内项目中已经很少使用，目前能看到的钢质防火卷帘基本上都是很早以前完工的项

图20-38 双轨双帘　　图20-39 钢质防火卷帘　　图20-40 无机纤维复合卷帘

目或者要求较低的项目。

无机纤维复合卷帘（图20-40）指用无机纤维材料（无纺布）做帘面，用钢质材料做夹板、导轨、座板、门楣、箱体等主要构件的防火卷帘，耐火极限大于等于2h~3h，目前被广泛应用于国内主流的中小型项目中。

特级防火卷帘与一般的卷帘门相比，在耐火极限上有所提高，其他构件样式与材质几乎没有区别。特级防火卷帘的耐火极限要求大于等于3h，如果建筑物对消防要求较高，建议使用特级防火卷帘。它也是目前国内高端项目中使用最广泛的防火卷帘，广泛应用在高端写字楼、超市、商场、展览厅、地下车库、娱乐场所等处。

3. 防火卷帘的工作流程

如图20-41所示，通常大型建筑会根据《中华人民共和国消防法》的规定配置消防中央控制系统。当火灾发生时，火灾探测器会向中央控制系统报警，消防中央控制系统收到报警后，会自动接通所在区域的防火卷帘门电源，使火灾区域的防火卷帘按一定的速度下降。当卷帘下降到距离地面约1.5m的位置时，会暂时停止下降，便于人员疏散和撤离。停留一定时间后（停留时间可设置）再继续下降，直至完全关闭。

图20-41 卷帘工作流程

4. 防火卷帘的设置规则

（1）如图20-42所示，防火卷帘不能太长，当防火阻隔小于等于30m时，则在该阻隔上所使用的防火卷帘长度不能大于10m。如果防火阻隔大于30m，则在该分隔上所使用的防火卷帘长度不能大于20m，且不能超过防火阻隔长度的三分之一。也就是说，连续的防火

卷帘最长只能做到20m，这个数据非常重要，设计师须牢记。

（2）以上提到的规定不适用于中庭，中庭区域可以不受以上两条规定的限制，直接用防火卷帘沿着中庭边界围住，形成一个独立的防火分区（图20-43）。

（3）防火卷帘收起后，卷帘的底板距离地面不宜小于2200mm，这一点直接影响设计标高，设计师需要重视。

（4）通常，防火卷帘的设置是和建筑图纸一起交给设计师的，在建筑平面图上，防火卷帘通常出现在柱子与柱子之间的分隔处，并用虚线表示（图20-44），设计师切记不要为了设计细节的美观而随意更改防火卷帘的长度以及轨道数量，要熟记以上这些规定。

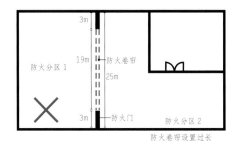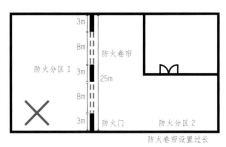

图 20-42

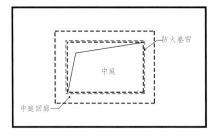

图 20-43

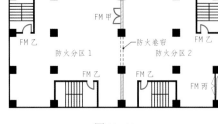

图 20-44

三、防火卷帘的构造做法

设计师如果不了解卷帘类的构造做法，会导致诸如设计吊顶造型与卷帘箱体冲突，预留的柱面完成面与卷帘轨道冲突，临边地台设置与卷帘的轨道冲突等问题。在防火卷帘的构造中有3种形式，分别是水平移动卷帘、垂直移动卷帘以及侧向移动卷帘（图20-45）。目前，侧向移动卷帘由于耐火极限等原因，已被禁止用于商场项目了，而水平移动卷帘主要针对电动扶梯等竖向洞口的阻隔，项目中也比较少见，设计师作为知识扩充了解即可。下面重点解析垂直移动卷帘的构造做法。

还是延续本书解读构造做法的核心思路，可以把防火卷帘的构造做法拆分成两个区域理解，一个是其他材料区域，一个是卷帘区域。其他材料区域是指与卷帘导轨收口处相接的常规饰面材料，它的做法与正常饰面材料做法没有任何区别；卷帘区域是指防火卷帘的安装区域，设计师需要关注卷帘导轨的尺度以及卷帘的规格尺寸、安装位置是否与装饰冲突。卷帘区域的节点构造做法如图20-46～图20-49所示。

水平移动卷帘　　　　侧向移动卷帘　　　　垂直移动卷帘

图 20-45

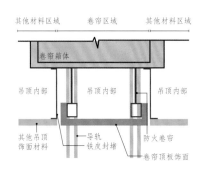

图 20-46　卷帘顶面剖面
体块示意图

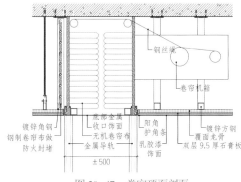

图 20-47　卷帘顶面剖面
标准做法（单位：mm）

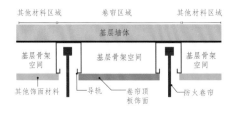

图 20-48　卷帘墙面剖面
体块示意图

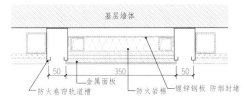

图 20-49　卷帘墙面剖面标准做法
参考图（单位：mm）

四、防火卷帘的细部尺寸与收口形式

关于防火卷帘的构造做法，设计师只要理解了卷帘导轨、装饰侧板、底板与装饰吊顶及墙面的相互关系，理清它们之间的位置与收口关系，就等于掌握了所有卷帘的通用做法，其余只是解决装饰底板怎样与卷帘固定，侧板怎样与墙面固定等基础问题。

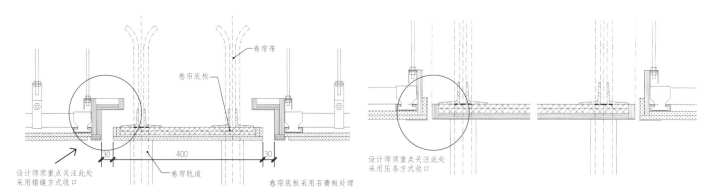

图 20-50 底板采用石膏板打底（单位：mm）

图 20-51 底板采用金属
面板打底

在室内设计中，经常会对卷帘轨道以及帘布的底板进行装饰封闭处理，它们的做法大同小异。图 20-50、图 20-51 所示的两种处理方式是比较典型的做法，可作为标准节点参考。防火卷帘导轨大小与装饰完成面预留深度最好不小于100mm，不同卷帘导轨之间的距离预留350mm~500mm 比较合适（图 20-52）。通常情况下，防火卷帘箱体需要至少预留600mm 的高度才能保证不与吊顶完成面标高冲突。

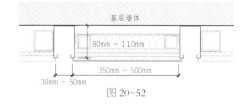

图 20-52

防火卷帘的导轨与墙面周边材料的常见收口形式有三种：第一种收口形式是留出 5mm~10mm 的缝隙，并把轨道喷黑（图 20-53），这种做法是施工中最常见、成本最低、施工最快的收口方式，而且周边材料对卷帘下降没有任何阻碍；第二种收口形式是采用压条收口（图 20-54），常用于比较高端的项目，会增加一定的成本，而且安装时还需要对现场进行把控，避免收口条干扰卷帘的下降，影响消防验收；第三种收口形式是直接把导轨外露，与周边材料齐平，达到自然收口的目的（图 20-55），常用于中小型项目。这样做的好处是施工方便，但做出来的效果是最不美观的，很难让周边材料与导轨齐平，故不推荐这种方式。

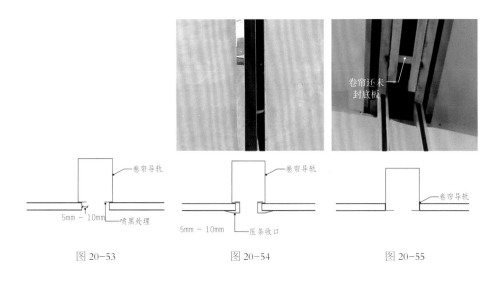

图 20-53   图 20-54   图 20-55

五、防火卷帘相关注意事项

（1）防火卷帘设置在吊顶内时，吊顶内箱体与楼板之间的空隙必须用防火材料密封严实，防止火势从顶上跑出（图20-56）。

（2）设计师去现场指导时，应重点关注防火卷帘的两侧轨道与墙体之间的空隙，检查该处是否使用防火材料（防火墙）封堵（图20-57），因为该处是消防检查的重点，同时也是个别施工单位偷工减料的重点位置。

（3）安装防火卷帘的洞口，吊顶上方空间不得设有通风管、水管等大型管道。如管道需要穿过防火分区，应该由防火墙上方穿过，并用防火泥进行洞口封堵（图20-58）。

（4）安装装饰吊顶时，吊顶边缘距离帘板应大于20mm，以免吊顶与卷帘发生摩擦，阻碍帘板下降（图20-59）。

（5）根据消防管理规定，防火卷帘为消防专用措施，不得改作他用，卷帘正下方不得堆放任何物品，以免阻碍帘板下降。

（6）中庭区域的防火卷帘应设置耐火极限大于等于3h的特级双轨双帘防火卷帘。

（7）在疏散楼梯及楼梯前室、合用前室等位置应设置乙级防火门，不允许设置防火卷帘。

（8）进行立面深化时，设计师需要格外留意防火卷帘控制按钮与装饰面板的高度关系和位置关系（图20-60）。通常，防火卷帘控制按钮距离地面1100mm左右，设置位置须与装饰造型匹配。尤其在中庭区域做全防火卷帘时，一定要格外留意控制器的点位设置。

图 20-56

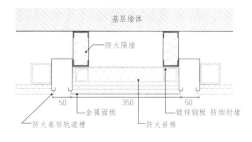

卷帘轨道与墙的空隙须用防火隔墙封堵

图 20-57　（单位：mm）

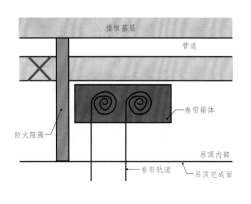

图 20-58

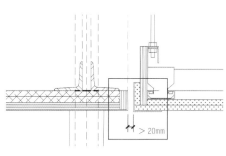

图 20-59

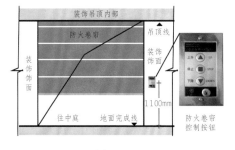

图 20-60

图 20-61　安装卷帘侧板

图 20-62　安装转轴与控制器

图 20-63　安装卷帘

（9）以一个酒店中庭项目的防火卷帘的施工现场实景为例，其安装流程如图 20-61 ～图 20-64 所示。

图 20-64 安装卷帘盒

第四讲 | 防火门的类别与设置规则

关键词：规范数据，节点构造，设计要点

一、防火门概述

很多设计师往往会为了追求空间的美观，把设计范围内的门换成极具美感的装饰门，但在出施工蓝图后，常常会收到现场的反馈：有些过道的门必须改为防火门，否则会通不过消防报审。这是因为，不是每一扇门都可以随意更改的，只有了解哪些区域的门可以更换，哪些门不能更换，才能合理地画出防火门的构造做法，在做平面规划的时候，也就能规避因为防火门设置带来的潜在风险，保证设计的落地。

设置在楼梯走道、电梯间、电缆井、排烟道等一些封闭场所或防火分区边界的满足防火要求的门被称为防火门。防火门在一定时间内能保证耐火稳定性、隔热性，可以阻止火势蔓延，确保人员疏散，是消防阻隔措施里面必不可少的"主力"。防火门与普通门最大的区别在于门芯的选材（多为珍珠岩或类水泥等不燃材料）（图 20-65），且防火门的所有配件均要达到防火要求。

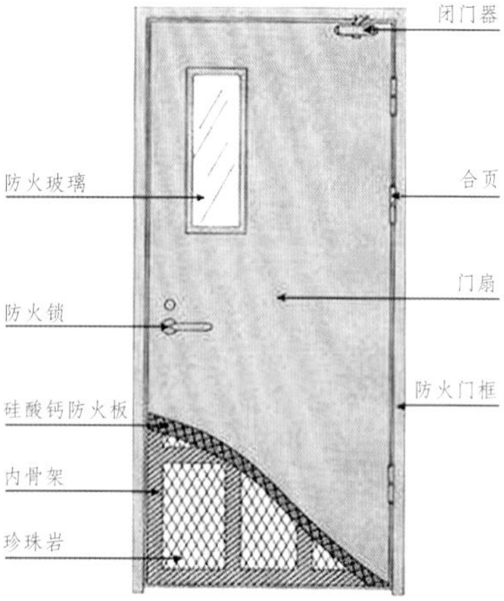

图 20-65

二、防火门的常见类别

按照开启状态，防火门可以分为常闭防火门（图 20-66）和常开防火门（图 20-67）两类。

常闭防火门平时保持关闭状态，人员走动时需要将其推开。因此，这种开启状态存在一定缺点，如果疏散楼梯间设置常闭防火门，由于开闭频繁，防火门很容易损坏甚至脱落，起不到防火作用，造成隐患。所以，为避免频繁开关门，常闭防火门一般设置在人流量不大的空间。同时，因为设置常闭防火门的地方人流量少，为保证人流通过的时候会随手关门，所以要求在常闭防火门上粘贴提醒行人关门的提示牌。

常开防火门平时呈开启状态，便于人员通行，且能保证空间通风、采光的效果，在发生火灾时能自行关闭，起到隔烟阻火的作用，还彻底解决了因经常开关而造成的人为损坏以及使用不便等问题。因此，常开防火门经常被用在一些人流量比较大的空间，如办公楼的疏散楼梯间、大型商场的楼梯间等。目前，越来越多的防火门的常开和常闭控制采用五金配件解决，常开防火门需要增加电磁门吸，在发生火灾后断电，门吸失效，防火门就会在闭门器的作用下自动关闭。

防火门按照材质可分为木质、钢质、钢木以及其他材质防火门，在目前国内主流项目中，最常用的是木质和钢质防火门。

防火门按耐火性能可分为隔热防火门（A类）、部分隔热防火门（B类）和非隔热防火门（C类）。设计师通常所说的防火门都是隔热防火门，在规定时间内，能同时满足耐火完整性和隔热性要求且具有防烟性能。隔热防火门常用的耐火等级分三级（表 20-6）：甲级（耐

图 20-66　常闭防火门

图 20-67　常开防火门

火极限大于等于 1.5h）、乙级（耐火极限大于等于 1.0h）和丙级（耐火极限大于等于 0.5h）。不同防火等级的门的使用范围也不同。设计师经常接触的防火门规格有 FM0921、FM0615、FM1021、FM1221、FM1521、FM1821、FM2121，其中 FM 表示防火门编号，0921 表示门宽 900mm，门高 2100mm。防火门的常规厚度为 50mm、55mm（图 20-68）。

三、防火门的设置规则

（1）在两个防火分区之间的防火墙上开的门，应为甲级防火门（图 20-69）。

（2）在疏散楼梯及楼梯前室、合用前室等部位应设置乙级防火门，不可设置防火卷帘。

（3）从防火分区至避难走道入口处应设置防烟前室，前室的使用面积须大于等于 6m²（若是合用前室，则面积不应小于 10m²）（图 20-70）。

（4）电缆井、管道井、排烟道、排气道、垃圾道等竖向井道，需要设置丙级防火门，防止火势和烟气通过竖井或管道井蔓延。

（5）重要设备间需要设置防火门，以保护设备安全。常见的需要设置甲级防火门的设备间有变配电室、空调机房、消防机房、电梯机房、发电机房等；常见的需要设置乙级防火门的设备间有消防控制室、灭火设备室等。

（6）设置在防火墙、疏散楼梯间、疏散通道等位置的防火门需具备自行关闭功能。管井、机房等位置的防火门可不具备自行关闭功能。

（7）经常有人通行处的防火门宜采用常开防火门。也就是说，建筑的公共部位（交通核）包括防烟楼梯间、消防电梯前室、合用前室以及疏散走道处等部位应设置常开防火门。

（8）除允许设置常开防火门的位置外，其他位置的防火门均应采用常闭防火门。除了建筑图纸中注明的常开防火门外，其他防火门都应是常闭防火门。也就是说，如果规范要求为常开防火门，就必须在门窗表中注明，且材料表中的防火门数量必须与平面图中的数量匹配。

（9）单开防火门的极限大小为 2300mm×1000mm，双开防火门的极限大小为 2300mm×2100mm（图 20-71）。防火门的规格尺寸最好不要超过极限大小值，否则需要对定制规格的防火门进行燃烧复检，看其是否满足消防需求。全国做防火门燃烧复检的地方只有两个，分别在都江堰市和天津市，因此，如果防火门高度超过 2300mm，必须把整个防火门送往这两个地点之一进行检测，检测合格后才能投入生产。这样既增加了设计造价，也会延长施工工期。

表20-6　防火门常用耐火等级		
名称	耐火性能	代号
隔热防火门（A类）	耐火隔热性 ≥ 0.50h 耐火完整性 ≥ 0.50h	A0.50（丙级）
	耐火隔热性 ≥ 1.00h 耐火完整性 ≥ 1.00h	A1.00（乙级）
	耐火隔热性 ≥ 1.50h 耐火完整性 ≥ 1.50h	A1.50（甲级）

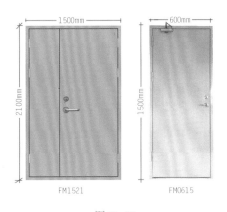

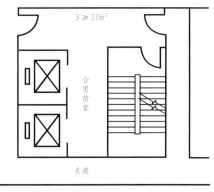

图 20-68　　　　　　图 20-70

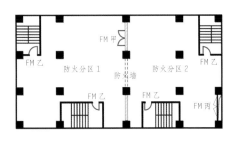

单开防火门 FM1023　双开防火门 FM2123

图 20-69　　　　　　图 20-71

（10）带防火玻璃的防火门，其玻璃的面积不能超过防火门面积的30%。所以，必须设置防火门的部位不能改为纯玻璃门（图20-72）。

（11）防火门的开启方向及设置位置不能随意改动，这是设计师最容易忽视的地方，需要格外留意（图20-73）。

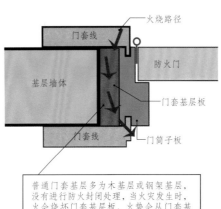

图20-72　　　　　　　图20-73

四、防火门的构造做法

从安装的角度看，防火门的构造做法与普通门大同小异，最主要的区别是防火门在防火门洞的区域需要进行封堵，避免火焰从缝隙中穿过，相当于在两侧的装饰门套中插入了防火门套，达到阻隔火势蔓延的目的。下面的对比图介绍了防火门与其他平开门的构造区别，并从色块示意图（图20-74、图20-75）、施工图（图20-76、图20-77）、三维展示图（图20-78）以及现场照片（图20-79）四个方面对比了防火门与普通门的区别。然后我们可以举一反三，理解其他防火门的节点做法。

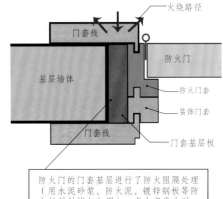

图20-74　普通门的横剖彩色示意　　　图20-75　防火门的横剖彩色示意

五、防火门的五金配置

（1）防火门所配置的五金件都需要满足防火要求，常见防火门的五金件主要有防火合页、防火锁、闭门器、顺序器、推杠锁等（图20-80）。

（2）单扇防火门应具备自动关闭的功能，双扇防火门应具备带有先后顺序的自动关

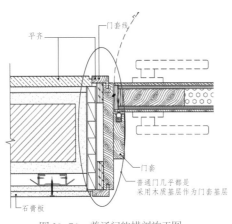

图20-76　普通门的横剖施工图

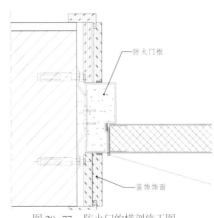

图20-77　防火门的横剖施工图

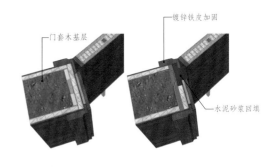

图20-78　普通门与防火门三维示意对比

闭的功能，通常利用安装闭门器实现自动关闭功能（图20-81），安装顺序器实现关门时的先后顺序（图20-82）。

（3）防火门的开启方向应与疏散方向一致，方便人群疏散。设计师不能随意更改其开启方向。

（4）管井检修门可以用专用防火锁具锁定关闭，可以不装闭门器。

（5）常闭防火门应在其明显位置设置"保持防火门关闭"等提示标识，防止门常开。

（6）防火门安装的门锁应是防火锁，耐火极限应与防火门等级配套（图20-83）。

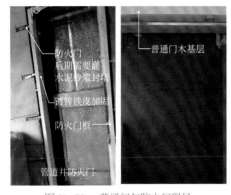

图20-79　普通门与防火门现场门套安装对比示意

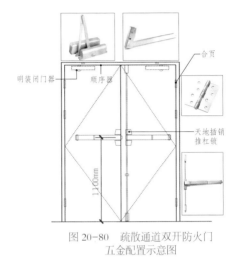

图20-80　疏散通道双开防火门五金配置示意图

图20-81　闭门器

图20-82　顺序器

图20-83

（7）为了保证防火门门扇开关的耐久性，防火门用的合页（铰链）板厚应不小于3mm，且防火门只能通过合页开关，不能使用地弹簧、天地轴等装置。

（8）平口或止口结构的双扇防火门宜设盖缝板，目的是更好地防止火焰从门缝中穿过。缝板与门扇连接应牢固，盖缝板不应妨碍门扇的正常启闭（图20-84）。

（9）为了达到更好的密闭性，防火门门框与门扇、门扇间的缝隙处应嵌装防火密封件，如膨胀防火密封胶条等（图20-85）。

图20-84

图20-85

（10）防火门应采用钢质防火插销，从而方便固定门扇（图 20-86）。双开防火门的插销应安装在双扇防火门或多扇防火门相对固定的一侧的门扇上。

（11）疏散通道的防火门门锁应设置推杆锁（图 20-87）。推杆锁可以从内部直接推开，不能从外面打开，具有一定的防盗功能，因此除用于疏散通道防火门外，还经常用于商场超市、娱乐场所等人流量大的地方。

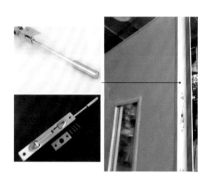

图 20-86　　　　　　　　　　　　　　图 20-87

第五讲 | 消火栓与消防暗门

关键词：规范数据，节点构造，设计要点

一、消火栓的概述

消防系统包括室外消火栓系统、室内消火栓系统、灭火器系统、自动喷淋系统、水炮系统、气体灭火系统、火探系统、水雾系统等。由此可见，消火栓和灭火器是两个不同的概念（图20-88）。消火栓主要是供消防车从市政给水管网或室外消防给水管网取水实施灭火，也可以直接连接水带、水枪出水灭火。所以，消火栓是不能移动的，它分为室内消火栓和室外消火栓。很多人认为，只要消防车到达火场，就可以立刻出水把火扑灭，其实不然，在消防队配备的消防车中，有一部分是没有水的，如举高消防车、抢险救援车、火场照明车等，它们必须和灭火消防车配套使用。而灭火消防车因自身运载水量有限，在灭火时也需要寻找水源，这时，消防栓就能发挥出巨大的供水功能。

灭火器是一种可携式灭火工具。灭火器内放置化学物品，用来灭火。灭火器是常见的防火工具之一，存放在公众场所或可能发生火灾的地方，不同种类的灭火器内装填的成分不同，为不同的火灾起因而设。使用时必须注意这一点，以免产生相反的效果引发危险。灭火器是对消火栓的补充，可以在室内随意放置。很多时候，灭火器会放在消火栓的箱体里。本文介绍的规则主要以消火栓为对象。

消火栓主要由"栓口"和"箱体"两部分组成。按照箱体厚度分为薄型箱体（160mm厚）和标准箱体（240mm厚）两种类型。常见的箱体规格主要有4种形式：800mm×650mm、1200mm×700mm、1500mm×700mm、1800mm×700mm。这些箱体的规格以及布置位置直接影响装饰完成面的位置（图20-89），所以，在前期核对建筑消火栓箱体的位置时，需要格外留意建筑图与装饰图完成面的冲突，因为消火栓与墙面装饰完成面尺寸发生冲突的情况非常常见。

二、消火栓的相关规定

在与室内设计有关的消火栓设计规范中，条文规定相对简单，设计师需要牢记以下几点。

1. 消火栓的保护半径

消火栓的保护半径为25m，在消火栓布置图中，规范要求室内的任意一点须同时被两个独立的消火栓保护到（图20-90）。如图20-91所示，消火栓保护半径的计算公式为：R=kLd+Ls（消火栓保护半径＝弯曲系数×消防水带长度＋充实水柱长度）。其中，充实水柱是消火栓通水时，管道内的水可以喷射到的最远距离。其规定如下：多层建筑的充实水柱长度为7m；小于等于100m的高层建筑充实水柱为10m；100m以上的高层建筑充实水柱为13m。

2. 暗门开启的方向原则

消火栓暗门在设置时必须满足"开门见栓"（图20-92）的原则，便于消防车救火时能够快速接管。

3. 消火栓暗门的开启角度

消防暗门的开启角度须大于等于120°，且越大越好。

4. 消火栓的安装高度计算原则

由于消火栓箱体种类太多，安装高度主要看栓口高度，与箱体规格和箱体高度无关。

图20-88　　　　图20-89 消火栓箱体安装现场

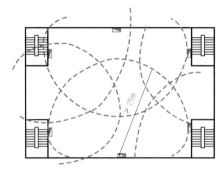

图20-90

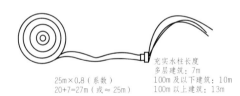

25m×0.8（系数）
20+7=27m（或≈25m）

充实水柱长度
多层建筑：7m
100m及以下建筑：10m
100m以上建筑：13m

图20-91 消火栓保护半径计算公式

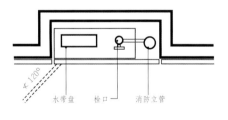

≤120° 水带盘 栓口 消防立管

图20-92

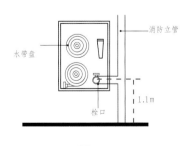

消防立管
水带盘
栓口
1.1m

图20-93

规范要求，栓口中心线高度必须在1100mm的位置（图20-93）。

5. 消火栓暗门的隐藏设置原则

建筑内部消火栓箱门不应被装饰物遮掩，消火栓箱门四周的装修材料颜色应与消火栓箱门的颜色有明显区别，或在消火栓箱门表面设置发光标志。这条规定对装饰设计影响较大，对这条规定的解释是："建筑内部设置的消火栓箱门一般都设在比较显眼的位置，颜色也比较醒目。通过对大量装修工程的调研，发现许多高档酒店、办公楼的公共区域等场所为了体现装修效果，把消火栓箱门罩在木柜里面，还有的场所把消火栓箱门装修得几乎与墙面一样，仅仅在其表面设置红色的汉字标示，且跟随不同装修风格，其字体、大小、位置也各不相同，不到近处看不出来。这些做法给消火栓的及时使用造成了障碍，也不利于规范化管理。为了充分发挥消火栓在火灾扑救中的作用，消防新规中特修订本条规定，并将其列为强制性条文。"也就是说，考虑后期的功能性要求，牺牲了室内装饰的美观性，设计师要格外留意。

三、墙面消火栓暗门的构造做法

本书曾提到过关于消火栓暗门的节点构造，但是那种做法的暗门可开启的角度不大，在有些场合下，会要求暗门开启角度为180°，因此就需要不同的构造做法来实现了。当然，可让暗门开启180°的方法有很多，如通过暗铰链、天地轴实现。但是，这两种方法适用于较轻的门扇，石材和GRG这样重型的门扇还需要通过下面介绍的"双轴式"做法实现，它可以让石材暗门开启180°。这种"双轴式"做法在本质上与传统做法没有区别，都是石材与钢骨架连接，通过轴的转动实现暗门的开启。不同的是，这种做法采用了双转轴系统控制石材暗门的开启角度。

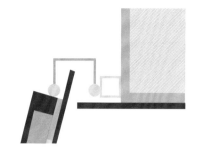
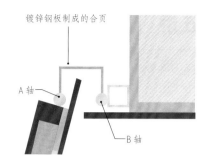

图 20-94

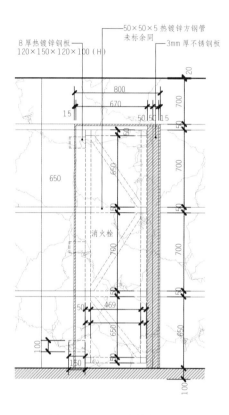

图 20-95 90° 开启状态二
（单位：mm）

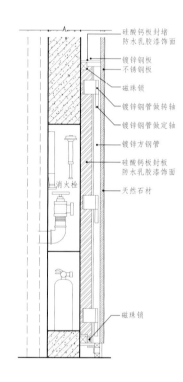

图 20-96 180° 开启状态三

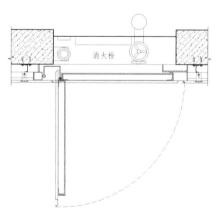

图 20-97 暗门开启过程

如图 20-94 所示，A 轴连接固定石材的镀锌钢骨架，也就是门扇，B 轴连接固定在墙面的钢骨架，再通过镀锌钢板制成的合页将两个轴连接起来。在石材暗门开启时，通过 A 轴的转动，使暗门开启到 90°。当门需要开启更大的角度时，B 轴开始转动，通过镀锌钢板制成的合页，使石材暗门继续开启，最大的开启角度可以达到 180°。其节点做法及现场实景如图 20-95 ～图 20-99 所示。

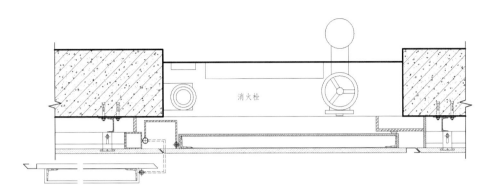

图 20-98

图 20-99

第六讲 ｜ 材料防火等级

关键词：规范数据，设计要点，规范解读

一、材料防火等级的划分

消防规范上将装修材料主要划分为顶棚装修材料、墙面装修材料、地面装修材料、隔断装修材料、固定家具、装饰织物、其他装修装饰材料等 7 类。其他装修装饰材料指楼梯扶手、挂镜线、踢脚板、窗帘盒、暖气罩等。《建筑内部装修设计防火规范》GB 50222—2017(以下简称《规范》)第 3.0.3 条规定："装修材料的燃烧性能等级应按现行国家标准《建筑材料及制品燃烧性能分级》GB 8624 的有关规定，经检测确定。"这条规定相当于统一了材料供应商提供的材料检测报告中的材料防火等级和消防部门规定的 4 大防火等级。也就是说，《规范》中提到材料的防火等级一般分为 4 类，也就是我们常说的 A、B_1、B_2、B_3 这几个级别（表 20-7）。旧版规范对材料防火等级的规定是第 2.0.3 条："装修材料的燃烧性能等级，应按本规范附录 A 的规定，由专业检测机构检测确定。B_3 级装修材料可不进行检测。"也就是说，原规范不认可材料厂家出具的材料检测报告，要使用 A 级的材料，必须由消防部门进行单独检测。而新的规范把消防部门规定的 4 种材料与《建筑材料及制品燃烧性能分级》GB 8624 进行了关联，将 A 级与 A_1、A_2 级，B_1 级与 B 级、C 级，B_2 级与 D 级、E 级，B_3 级与 F 级进行了对应（表 20-8）。从类别上，把装饰材料分为平板状、管状和铺地材料 3 类。

《规范》也对第 3.0.3 条规定给出了解释，可以简单理解为，原来厂家提供的 7 大类防火等级直接与设计师熟知的消防规范上划分的 4 类材料防火等级对应起来，厂家提供的 A_2 级防火材料报告等同于 A 级防火。这一点非常重要，直接影响了项目中材料的选用。例如，以往 A_2 级的防火材料不能用于天花，所以，常常需要更改材料甚至更改厂家，但是有了这条规定后，就等于认同了 A_2 级材料的防火价值，对于设计师来说，材料的选择会更广泛，这是新版规范里出现的对室内设计师的重大利好消息。

二、《规范》对饰面材料和基层会改变防火等级的说明

（1）《规范》第 3.0.4 条明确规定：安装在金属龙骨上燃烧性能达到 B_1 级的纸面石膏板、矿棉吸声板可作为 A 级装修材料使用。也就是说，矿棉板和纸面石膏板只能算作 B_1 级材料，但是如果贴在 A 级防火基层上，就能当作 A 级防火材料使用，这也是本书强调不要使用木龙骨的原因所在。

（2）《规范》第 3.0.5 条规定：单位面积质量小于 300g / m^2 的纸质或布质壁纸，直接粘贴在 A 级基材上时，可作为 B_1 级装修材料使用。也就是说，只要是纸质材料，无论复合在哪种基层上都达不到 A 级防火的要求。设计师需要格外留意这一点，尤其在做高端项目时。

（3）《规范》第 3.0.6 条规定：施涂于 A 级基材上的无机装修涂料，可作为 A 级装修材料使用；施涂于 A 级基材上，湿涂覆

表 20-7　装修材料燃烧性能等级	
等级	装修材料燃烧性能
A	不燃
B_1	难燃
B_2	可燃
B_3	易燃

表 20-8　建筑材料防火等级对应表		
规范编号	GB 50222-2017	GB 8624-2012
防火等级	A	A_1
		A_2
	B_1	B
		C
	B_2	D
		E
	B_3	F

比值制作小于 1.5kg／㎡，且涂层干膜厚度不大于 1.0mm 的有机装修涂料可作为 B₁ 级装修材料使用。这条规定直接影响了设计制图。也就是说，往后在绘制施工图时，在顶面标注中就不能使用有机的"乳胶漆"这种叫法，必须使用"无机涂料"才能符合消防规范（图 20-100）。

（4）《规范》第 3.0.7 条规定：当使用多层装修材料时，各层装修材料的燃烧性能等级均应符合本规范的规定。复合型装修材料的燃烧性能等级应进行整体检测确定。这也是木饰面和金属板材复合而成的复合板不能算 A 级材料的原因所在。《规范》上给出的解释是："当使用不同装修材料分几层装修同一位置时，各层的装修材料只有贴在等于或高于其耐燃等级的材料上，这些装修材料燃烧性能等级的确认才是有效的。"但有时会出现一些特殊情况，如一些隔音、保温材料与其他不燃、难燃材料复合形成一个整体的复合材料时，不宜简单地认定这种组合做法的耐燃等级，应进行整体试验，合理验证。针对这种复合材料，可以直接参考表 20-8，按照材料供应商提供的防火等级使用。

三、《规范》对材料防火的要求与使用限制

1. 装饰材料的防火等级划分参考

国标中对不同材料的最高防火等级都有明文规定，如表 20-9 所示。本表中未出现的材料，按规范要求可参考供应商提供的材料防火等级指标。

2. 建筑各装饰空间中要求的装饰材料等级

前文提到过，消防规范的判定是根据建筑的类别和建筑的部位来执行的。各空间应该使用什么防火等级的材料，是受这个前提条件约束的，所以，从装饰材料使用部位的防火等级来看，主要分为 3 种情况：

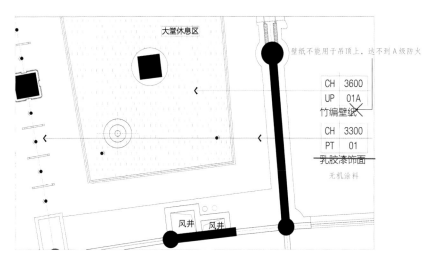

图 20-100 某酒店吊顶所用材料达不到消防规范规定数值

表 20-9 常用建筑内部装修材料燃烧性能等级划分举例

材料类别	级别	材料举例
各部位材料	A	花岗石、大理石、水磨石、水泥制品、混凝土制品、石膏板、石灰制品、黏土制品、玻璃、瓷砖、马赛克、钢铁、铝、铜合金、天然石材、金属复合板、纤维石膏板、玻镁板、硅酸钙板等
顶棚材料	B₁	纸面石膏板、纤维石膏板、水泥刨花板、矿棉板、玻璃棉装饰吸声板、珍珠岩装饰吸声板、难燃胶合板、难燃中密度纤维板、岩棉装饰板、难燃木材、铝箔复合材料、难燃酚醛胶合板、铝箔玻璃钢复合材料、复合铝箔玻璃棉板等
墙面材料	B₁	纸面石膏板、纤维石膏板、水泥刨花板、矿棉板、玻璃棉板、珍珠岩板、难燃胶合板、难燃中密度纤维板、防火塑料装饰板、难燃双面刨花板、多彩涂料、难燃墙纸、难燃墙布、难燃仿花岗岩装饰板、氯氧镁水泥装配式墙板、难燃玻璃钢平板、难燃 PVC 塑料护墙板、阻燃模压木质复合板材、彩色难燃人造板、难燃玻璃钢、复合铝箔玻璃棉板等
	B₂	各类天然木材、木制人造板、竹材纸制装饰板、装饰微薄木贴面板、印刷木纹人造板、塑料贴面装饰板、聚酯装饰板、复塑装饰板、塑纤板、胶合板、塑料壁纸、无纺贴墙布、墙布、复合壁纸、天然材料壁纸、人造革、实木饰面装饰板、胶合竹夹板等
地面材料	B₁	硬 PVC 塑料地板、水泥刨花板、水泥态丝板、氯丁橡胶地板、难燃羊毛地毯等
	B₂	半硬质 PVC 塑料地板、PVC 卷材地板等
装饰织物	B₁	经阻燃处理的各类难燃织物等
	B₂	纯毛装饰布、经阻燃处理的其他织物等
其他装修装饰材料	B₁	难燃聚氯乙烯塑料、难燃酚醛塑料、聚四氟乙烯塑料、难燃脲醛塑料、硅树脂塑料装饰型材、经难燃处理的各类织物等
	B₂	经阻燃处理的聚乙烯、聚丙烯、聚氨酯、聚苯乙烯、玻璃钢、化纤织物、木制品等

580　室内设计实战指南（工艺、材料篇）

单层及多层民用建筑、高层民用建筑和地下室民用建筑。

（1）单层及多层民用建筑对装饰材料防火等级的要求

如表 20-10 所示，红色区域是常见项目类别，需重点留意。

表 20-10　单层及多层民用建筑内部各部位装修材料的燃烧性能等级

序号	建筑物及场所	建筑规模、性质	装修材料燃烧性能等级							其他装修装饰材料
			顶棚	墙面	地面	隔断	固定家具	装饰织物		
								窗帘	帷幕	
1	候机楼的候机大厅、贵宾候机室、售票厅、商店、餐饮场所等	—	A	A	B_1	B_1	B_1	B_1	—	B_1
2	汽车站、火车站、轮船客运站的候车（船）室、商店、餐饮场所等	建筑面积＞10000m²	A	A	B_1	B_1	B_1	B_1	—	B_2
		建筑面积≤10000m²	A	B_1	B_1	B_1	B_1	B_1	—	B_2
3	观众厅、会议厅、多功能厅、等候厅等	每个厅建筑面积＞400m²	A	A	B_1	B_1	B_1	B_1	B_1	B_2
		每个厅建筑面积≤400m²	A	B_1	B_1	B_1	B_1	B_1	B_1	B_2
4	体育馆	＞3000 座位	A	A	B_1	B_1	B_1	B_1	B_1	B_2
		≤3000 座位	A	B_1	B_1	B_1	B_2	B_2	B_2	B_2
5	商店的营业厅	每层建筑面积＞1500m²或总建筑面积＞3000m²	A	B_1	B_1	B_1	B_1	B_1		B_2
		每层建筑面积≤1500m²或总建筑面积≤3000m²	A	B_1	B_1	B_1	B_2	B_1		—
6	宾馆、饭店的客房及公共活动用房等	设置送回风道（管）的集中空气调节系统								B_2
		其他	B_1	B_1	B_2	B_2	B_2	B_2		—
7	养老院、托儿所、幼儿园的居住及活动场所	—	A	A	B_1	B_1	B_2	B_1	—	B_2
8	医院的病房区、诊疗区、手术区	—	A	A	B_1	B_1	B_2	B_1	—	B_2
9	教学场所、教学实验场所	—	A	B_1	B_2	B_2	B_2	B_2	B_2	B_2

序号	场所	条件								
10	纪念馆、展览馆、博物馆、图书馆、档案馆、资料馆等公众活动场所	—	A	B₁	B₁	B₁	B₂	B₁	—	B₂
11	存放文物、纪念展览物品、重要图书、档案、资料的场所	—	A	A	B₁	B₁	B₂	B₁	—	B₂
12	歌舞、娱乐、游艺场所	—	A	B₁	B₁	B₁	B₁	B₁	B₁	B₁
13	A、B级电子信息系统机房及装有重要机器、仪器的房间	—	A	A	B₁	B₁	B₁	B₁	B₁	B₁
14	餐饮场所	营业面积>100m²	A	B₁	B₁	B₁	B₂	B₁	—	B₂
		营业面积≤100m²	B₁	B₁	B₁	B₂	B₂	B₂	—	B₂
15	办公场所	设置送回风道(管)的集中空气调节系统	A	B₁	B₁	B₁	B₂	B₁	—	B₂
		其他	B₁	B₁	B₂	B₂	B₂	—	—	
16	其他公共场所	—	B₁	B₁	B₁	B₂	B₂	—	
17	住宅	—	B₁	B₁	B₁	B₁	B₂	B₂	—	B₂

这里需要留意表 20-10 中的第 5 点，《规范》对商业建筑的消防要求有了调整，如单层建筑的商店营业厅，无论多大面积，吊顶部位的材料都必须使用 A 级材料，而且对面积的规定也没有像旧版规范一样有 3 个等级，而是简单地以单层总面积 1500m² 和总面积 3000m² 作为建筑防火等级的分界线，规定变得简单很多。这也反映出了消防规范对于商业建筑的规定有一定程度的放宽。

（2）高层民用建筑对装饰材料防火等级的要求

如表 20-11 所示，红色区域是常见项目类别，须重点留意。

表 20-11　高层民用建筑内部各部位装修材料的燃烧性能等级

序号	建筑物及场所	建筑规模、性质	顶棚	墙面	地面	隔断	固定家具	窗帘	帷幕	床罩	家具包布	其他装修装饰材料
1	候机楼的候机大厅、贵宾候机室、售票厅、商店、餐饮场所等	—	A	A	B_1	B_1	B_1	B_1	—			B_1
2	汽车站、火车站、轮船客运站的候车（船）室、商店、餐饮场所等	建筑面积＞10000m²	A	A	B_1	B_1	B_1	B_1	—			B_2
		建筑面积≤10000m²	A	B_1	B_1	B_1	B_1	B_1	—			B_2
3	观众厅、会议厅、多功能厅、等候厅等	每个厅建筑面积＞400m²	A	A	B_1	B_1	B_1	B_1	B_1			B_1
		每个厅建筑面积≤400m²	A	B_1	B_1	B_1	B_2	B_1	B_2			B_1
4	商店的营业厅	每层建筑面积＞1500m²或总建筑面积＞3000m²	A	B_1	B_1	B_1	B_1	B_1	B_1			B_2
		每层建筑面积≤1500m²或总建筑面积≤3000m²	A	B_1	B_1	B_1	B_2	B_1	B_2			B_2
5	宾馆、饭店的客房及公共活动用房等	一类建筑	A	B_1	B_1	B_1	B_2	B_1	—			B_2
		二类建筑	A	B_1	B_1	B_1	B_2	B_2	—			B_2
6	养老院、托儿所、幼儿园的居住及活动场所	—	A	A	B_1	B_1	B_2	B_1	—	B_2	B_2	B_1
7	医院的病房区、诊疗区、手术区	—	A	A	B_1	B_1	B_2	B_1	B_1	—	B_2	B_1
8	教学场所、教学实验场所	—	A	B_1	B_2	B_2	B_2	B_1	—	—	B_1	B_2
9	纪念馆、展览馆、博物馆、图书馆、档案馆、资料馆等公众活动场所	一类建筑	A	B_1	B_1	B_1	B_2	B_1	—	—	—	B_1
		二类建筑	A	B_1	B_1	B_1	B_2	B_2	—	—	—	B_1
10	存放文物、纪念展览物品、重要图书、档案、资料的场所	—	A	A	B_1	B_1	B_2	B_1	—	—	B_1	B_2
11	歌舞、娱乐、游艺场所	—	A	B_1	B_1	B_1	B_1	B_1	B_1	B_1	B_1	B_1
12	A、B级电子信息系统机房及装有重要机器、仪器的房间	——	A	A	B_1	B_1	B_2	B_1	—	—	B_1	B_1

续表

13	餐饮场所	—	A	B₁	B₁	B₁	B₂	B₁	—	—	B₁	B₂
14	办公场所	一类建筑		B₁	B₁	B₁	B₂	B₁	B₁	—	B₁	B₁
		二类建筑		A	B₁	B₁	B₂	B₁	B₂	—	B₂	B₂
15	电信楼、财贸金融楼、邮政楼、广播电视楼、电力调度楼、防灾指挥调度楼	一类建筑										
		二类建筑			B₁	B₁	B₁	B₂	B₁			
16	其他公共场所			A	B₁	B₁	B₁	B₂	B₂	B₂	B₂	B₂
17	住宅		—	B₁	B₁	B₁	B₂	B₁	—	—	B₁	B₁

（3）地下室民用建筑对装饰材料防火等级的要求

如表 20-12 所示，红色区域是常见项目类别，须重点留意。

表 20-12　地下民用建筑内部各部位装修材料的燃烧性能等级

序号	建筑物及场所	装修材料燃烧性能等级						其他装修装饰材料
		顶棚	墙面	地面	隔断	固定家具	装饰织物	
1	观众厅、会议厅、多功能厅、等候厅等	A	A	A	B₁	B₁	B₁	B₂
2	宾馆、饭店的客房及公共活动用房等	A	B₁	B₁	B₁	B₁	B₁	B₂
3	医院的诊疗区、手术区	A	A	B₁	B₁	B₁	B₁	B₂
4	教学场所、教学实验场所	A	A	B₂	B₂	B₂	B₁	B₂
5	纪念馆、展览馆、博物馆、图书馆、档案馆、资料馆等公众活动场所	A	A	B₁	B₁	B₁	B₁	B₁
6	存放文物、纪念展览物品、重要图书、档案、资料的场所	A	A	A	A	A	B₁	B₁
7	歌舞、娱乐、游艺场所	A	A	B₁	B₁	B₁	B₁	B₁
8	A、B 级电子信息系统机房及装有重要机器、仪器的房间	A	A	B₁	B₁	B₁	B₁	B₁
9	餐饮场所	A	A	A	B₁	B₁	B₁	B₂
10	办公场所	A	B₁	B₁	B₁	B₁	B₂	B₂
11	其他公共场所	A						
12	汽车库、修车库	A	A	A		A	—	—

3. 特殊空间的装饰材料防火等级要求

下面列举几条《规范》中对各空间使用材料的强制性规定，这些规定会影响设计师参与的设计项目，需要牢记。

（1）《规范》第 4.0.6 条规定：建筑物内设有上下层相连通的中庭、走马廊、开敞楼梯、自动扶梯时，其连通部位的顶棚、墙面应采用 A 级装修材料，其他位置应采用不低于 B_1 级的装修材料。这条规范对做餐厅改造、商场改造、loft 空间的设计师有指导意义。

（2）《规范》第 4.0.8 条规定：无窗房间内部装修材料的燃烧性能等级除硬性规定的 A 级外，应在表 20-8 ~ 表 20-10 规定的基础上提高一级。这条规定对小卖场、办公空间、餐饮空间等中小型工装空间有很大影响。如图 20-101 中这样的室内空间，红圈内的区域原本计划采用地毯作为地面铺装，但根据《规范》，材料的燃烧性能等级必须由 B_1 级提升到 A 级，也就是说，要把地毯换成瓷砖。这一点会直接影响设计师的平面布置以及立面造型设计。

（3）《规范》第 4.0.15 条对住宅建筑装修设计做出了规定：不应改动住宅内部烟道、风道；厨房内的固定橱柜宜采用不低于 B_1 级的装修材料；卫生间顶棚宜采用 A 级装修材料；阳台装修宜采用不低于 B_1 级的装修材料。这条规定对地产商以及做精装修设计的设计师有很大的参考意义。

四、小结

（1）《规范》上把供应商提供的材料防火 7 个等级与消防规范的 4 个等级进行了关联，对设计师来说是一个重大的利好消息。

（2）《规范》中对饰面材料与基层材料防火等级不同时有明确的防火等级划分说明。其中有 4 条典型的规范，需要设计师牢记。

（3）《规范》中对 4 个防火等级分别对应的材料有详细的规定。

（4）根据建筑空间的不同，对应所使用的装饰材料等级也有明确的规定。主要分为单层及多层民用建筑、高层民用建筑以及地下室民用建筑 3 类。在开始选择饰面材料之前，设计师应该先查清对应设计空间类型对材料防火等级的要求。

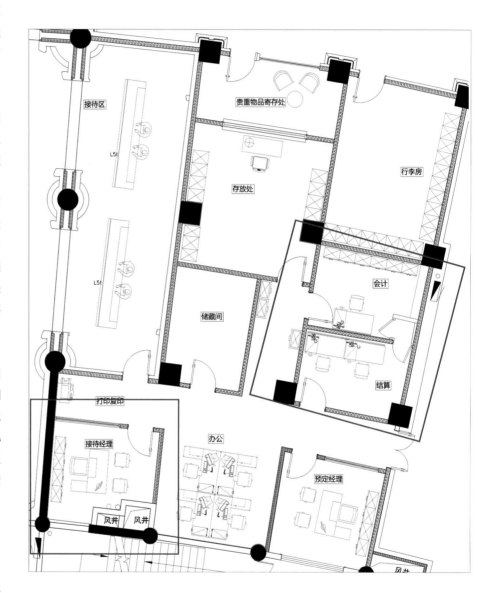

图 20-101

第七讲 | 挡烟垂壁和疏散指示的设置

关键词： 点位排布原则，挡烟垂壁，疏散指示

阅读提示：

我们都知道，在火场中最危险的不是火，而是烟。在真正的火灾事故中，多数死者都不是被烧死的，而是因为吸入大量的浓烟窒息而死。所以，在消防规范中，对空间防烟分区的规定非常严格。在很多建筑报审时，防烟分区不通过的比例也较高。当然，防烟、排烟属于另外一个专业领域，但它会影响空间吊顶分割，还会影响建筑提资时的审图环节。所以，下面介绍设计师必须知道的防烟分区知识。

一、什么是防烟分区与挡烟垂壁

防烟分区是指控制火场内浓烟蔓延的防火措施。起火后，浓烟上升，要阻止浓烟蔓延，把它"困"在一定的区域内，并通过排烟设备抽走浓烟，才能保证疏散人员的安全。划分防火分区的措施主要是防火墙和防火卷帘，而划分防烟分区的主要设施为挡烟垂壁、结构梁及隔墙等。在防烟分区的划分措施中，对吊顶造型有决定性影响的就是挡烟垂壁。从形式上来说，挡烟垂壁主要分为固定型（图20-102）和升降型（图20-103），从材料上来说，防火玻璃挡烟垂壁几乎占据了99%以上的市场。

二、挡烟垂壁的做法

固定型挡烟垂壁的做法跟前文提到的纯玻璃隔断的吊顶部分固定做法类似，如图20-104所示。

可升降型挡烟垂壁做法跟防火卷帘箱体的固定形式类似，如图20-105所示。这里须留意一点，《规范》中对可升降挡烟垂壁的要求非常严，在大中型工装项目中，并不建议使用可升降型的做法。

三、挡烟垂壁的相关规范

（1）《建筑设计防火规范》GB 50016—2014（2018年版）第8.5.3条、第8.5.4条明确规定了必须设置防烟设施的民用建筑空间范围，主要包括设置在一、二、三层且房间建筑面积大于100m²的歌舞、娱乐、游艺场所，设置在四层及以上楼层、地下或半地下的歌舞、娱乐、游艺场所；中庭；公共建筑内建筑面积大于100m²且经常有人停留的地上房间；公共建筑内建筑面积大于300m²且可燃物较多的地上房间；建筑内长度大于20m的疏散走道；地下或半地下建筑（室）、地上建筑内的无窗房间，当总建筑面积大于200m²或一个房间建筑面积大于50m²，且经常有人停留或可燃物较多时。

也就是说，如果空间位于地上，没有窗的房间面积大于50m²时，必须要设置防排烟措施；有可开启外窗的房间面积大于100m²时，必须要设置防排烟措施。如果空间

 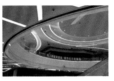

图20-102 固定型挡烟垂壁

图20-103 升降式挡烟垂壁

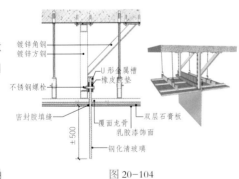

图20-104
（单位：mm）

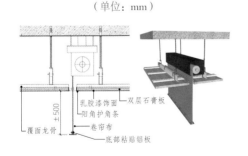

图20-105
（单位：mm）

位于地下，当房间大于50m²时，就需设置防排烟措施；当走道长度大于20m时，必须要设置防排烟措施（图20-106）。中庭必须要有防排烟措施。

（2）《建筑防烟排烟系统技术标准》GB 51251—2017中对防烟分区的设置有如下规定：防烟分区不应跨越防火分区；公共建筑、工业建筑防烟分区的最大允许面积及最大允许长边长度应符合表20-13的规定。当工业建筑采用自然排烟系统时，

其防烟分区的长边长度不应大于建筑内空间净高的8倍。

以高层建筑为例，防火分区面积要求不大于3000m²，假定该高层建筑的吊顶高度小于3m，且是大平层空间，那么防烟分区和挡烟垂壁应该如何划分呢？根据表20-13的要求，该空间的防烟分区最大面积为500m²。防烟分区是通过挡烟垂壁分隔的，同时，防烟分区又不能穿越防火分区，所以，可以如图20-107一样划分防烟分区。

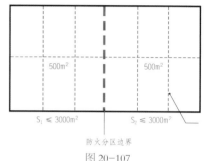

图 20-106

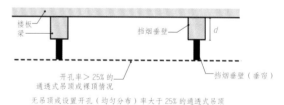

图 20-107

表20-13　公共建筑、工业建筑防烟分区的最大允许面积及长边最大允许长度

空间净高H（m）	最大允许面积（m²）	长边最大允许长度（m）
H ≤ 3.0	500	24
3.0 < H ≤ 6.0	1000	36
H > 6.0	2000	60；具有自然对流条件时，不应大于75

（3）根据规范，不同的吊顶类型，挡烟垂壁的高度有不同的计算方式，主要分为3种情况。

①全封闭吊顶的情况

因为烟是向上升的，如果采用全封闭式的吊顶（如石膏板吊顶），那么，挡烟垂壁的计算方式如图20-108所示。

②裸顶或开孔率大于25%的通透式吊顶的情况

如果没有吊顶或者采用格栅天花等开孔率大于25%的吊顶时，其挡烟垂壁高度的计算方式则如图20-109所示。

③开孔率小于或等于25%或开孔不均匀的通透式吊顶的情况

如果有吊顶但又不是全封闭，那么，挡烟垂壁高度的计算方式与全封闭吊顶一样，如图20-110所示。

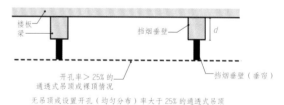

图 20-109　裸顶或开孔率大于25%的通透式吊顶（d 为挡烟垂壁高度）

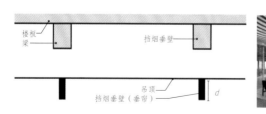

图 20-108　全封闭吊顶（d 为挡烟垂壁高度）

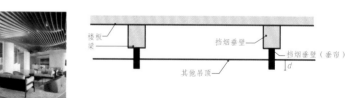

图 20-110　开孔率小于或等于25%或开孔不均匀的通透式吊顶及一般吊顶

（4）防烟分区中，对挡烟垂壁的高度有明确的要求。《建筑防烟排烟系统技术标准》GB 51251—2017第4.6.2条规定：当采用自然排烟方式时，储烟仓的厚度不应小于空间净高的20%，且不应小于500mm；当采用机械排烟方式时，不应小于空间净高的10%，且不应小于500mm。自然排烟是指房间内有可开启的窗户，机械排烟则是指有消防排风口的空间。储烟仓的厚度指挡烟垂壁的高度。下面举例介绍应该如何计算挡烟垂壁的高度。

假设你设计的空间采用石膏板吊顶，开孔率小于25%，采用了机械排烟的方式，那么根据上面提到的规范数据和计算方式可以知道，挡烟垂壁的有效高度计算应该是按图20-110的方式计算，而此时空间的吊顶高度为4500mm，那么挡烟垂壁的高度d就等于空间净高的10%，即450mm。又因为规范规定挡烟垂壁高度不能小于500mm，那么，最终该空间的挡烟垂壁高度应为500mm。

四、疏散指示的设计要点

疏散指示就是人们在火场逃跑时应当参考的逃跑方向，也就是空间中的安全出口指示牌。其形式主要有吊挂式、埋地式和一般式（图20-111）。这些疏散指示不能被装饰遮挡，不能移位，否则现场消防验收时，一定会通不过。

规范规定，疏散指示从平面位置来看，应遵循下列数据：当设置于袋形走道时，其间距应小于等于10m；当设置于一般走道时，间距应小于等于20m；当设置于空间的拐角区域时，应设置在离开墙面1m处（图20-112）。从立面上来看，疏散指示设置在墙上时，疏散指示边缘距地面不应大于1m（图20-113）。当采用埋地型疏散指示灯时，灯光型的疏散指示间距不应大于5m，蓄光型的疏散指示间距不应大于

3m（图20-114）。因为灯光型埋地疏散指示是有预留电源的，只要大楼不断电，它就不会断电，所以间距大一些。而蓄光型疏散指示则用电池保证亮度，为了预防其中的某一盏灯不亮后，邻近的灯太远，影响疏散，所以间距要求相对小一些。

五、综合天花图上的消防点位排布原则

前文提到过，排布综合天花图有几个原则：综合天花图允许以装饰图为主，调整周边与装饰点位有冲突的其他点位，但调整幅度不可过大，应尽量在其他专业点位周边改动，调整完后，须同各专业设计师共同确认点位调整的合理性，然后才能出图。

排布综合天花（或各专业点位）时，除了要保证装饰饰面层的美观性之外，更重要的是保证点位本身的设置、点位与点位之间的规范数据。如图20-115所示的某商场卫生间的验收现场，之所以出现这种情况，其根本原因就在于前期深化设计时，没有对其相关的机电点位进行进一步排版和排查，导致点位之间碰撞。这种情况如果体现在暖通专业上，不涉及强制性条款，只是影响美观，但如果体现在消防专业上，则会严格很多。为了避免这样的情况，下面介绍在绘图过程中，设计师必须知道的消防末端点位的数据。

若无特殊说明，下面提到的距离测算数值均为点位中心到点位中心的距离。牢记下面这些数据的目的是在后期排布综合机电图时，能合理地移动消防点位的位置，更好地保证设计方案落地后的功能性和美观性。

1. 喷淋设备的排布要点

（1）顶面的喷淋点位必须离烟感探测器与灯具点位距离大于等于300mm。
（2）常规空间中，喷淋设备最大间距直径不大于3600mm，喷淋设备的保护范围具体

图 20-111

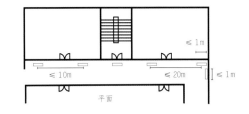

图 20-112

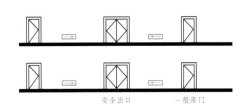

图 20-113

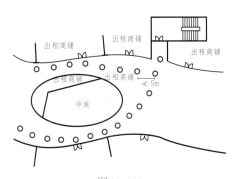

图 20-114

图 20-115

还要根据其所在位置的层高和障碍物来综合判断。当吊顶高度大于800mm，且吊顶内有可燃物时，必须要做上下喷（图20-116）。当然，具体的保护半径数值是根据建筑的用途、火灾等级以及建筑面积计算的，这里的数据只是经验参考数据，详细的数据可查询《自动喷水灭火系统设计规范》GB 50084—2017。

（3）喷淋头离墙最小距离为600m。小于这个距离，喷淋头喷水时会被遮挡，无法达到有效的保护半径，因此，不建议喷淋头距离墙（或遮挡物）太近。

（4）顶板或吊顶为斜面时，喷头应垂直于斜面，并应按斜面距离确定喷头间距（图20-117）。

（5）当梁、通风管道、桥架等障碍物的宽度大于1200mm时，其下方应增设喷头（图20-118）。

（6）喷淋头不应设置在墙顶面的凹槽中（图20-119）。

2. 火灾探测器的排布要点

（1）火灾探测器的安装要求如下：探测器至墙壁、梁边的水平距离须大于等于500mm；探测器周围水平500mm内不应有遮挡物；在宽度小于3m的内走道顶棚上安装探测器时，宜居中布置。

（2）火灾探测器之间的安装距离应满足以下要求：点型感温火灾探测器的安装间距不应超过10m，点型火灾烟感探测器的安装间距不应超过15m；探测器距端墙的距离不能大于探测安装间距的一半。

（3）火灾探测器边缘与其他相关设备边缘的最短距离应满足以下要求：至广播（扬声器）的水平距离须大于等于100mm；至灯具、喷淋头的水平距离须大于等于300mm；至空调送风口边、电风扇的水平距离须大于等于1500mm，并宜接近回风口安装；与防火门、防火卷帘的净距建议在1m~2m之间。

（4）火灾探测器的保护半径距离应满足以下要求：以烟感为中心，以5.8m为半径画圆，只要能完全覆盖的区域则为火灾探测器的保护范围。烟感的保护范围应按半径计算，最小的烟感保护半径是5.8m（安装间距建议为9m左右）。温感保护半径为3.6m（安装间距以7m左右为宜）。

3. 室内扬声器

（1）每个扬声器的额定功率不应小于3W。

（2）扬声器数量应能保证从一个防火区内的任何位置到最近一个扬声器的距离小于等于25m。

（3）走道内的最后一个扬声器至走道末端的距离应小于等于12.5m。

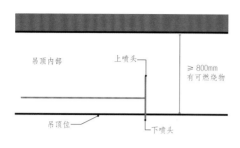

图20-116 使用上下喷的情况

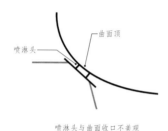

图20-117 喷淋头垂直于斜面顶

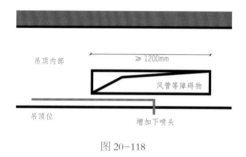

图20-118

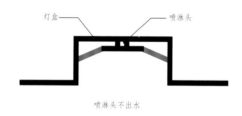

图20-119

六、小结

（1）挡烟垂壁是划分防烟分区的主要措施，其中以防火玻璃为主的固定式挡烟垂壁最常见。

（2）挡烟垂壁的节点做法与纯玻璃隔断上半部分类似，可共同记忆。

（3）规范中对建筑内哪些空间需要设置防烟分区，挡烟垂壁的高度计算方式以及要求都有明确的规定，而且是消防报审审核的要点之一。

（4）疏散指示灯也是消防审核时的一个要点，虽然内容简单，但一些相关规范是不可触碰的，如不能遮挡，间距也有严格要求。

（5）建筑消防领域及其复杂，各类消防设备的具体保护半径和覆盖范围应根据建筑的用途、火灾等级以及建筑面积来单独计算，因此本书中提到的相关数据只是针对一般项目总结出的经验数值，仅供参考。主要是让读者了解，在室内设计的过程中，这些要点是需要留意和规避的。同时，消防规范每隔几年都会进行一轮更新，因此在设计中若碰到本文提及的注意事项，则可根据不同的项目类型及建筑情况，查阅最新的相关规范，参考其对应的最新数值。

第二十一章

深化知识拓展

21

第一讲 | 超薄石材隔墙

关键词：新工艺，新构造
导读：在设计空间中，设计师对于如何把墙体做"薄"的追求从来没有停止过，这一过程可以引发、深化设计师更多思考，也对施工技术提出了更高的要求。本讲主要探讨这些问题：为什么要追求更薄的隔墙？常规的超薄隔墙构造做法长什么样？石材隔墙厚度有没有办法做到小于100mm？

一、为什么要追求更薄的隔墙

为什么要将隔墙做得更薄？在不需考虑空间隔音的情况下，推动这一需求背后的核心原因是什么？笔者认为主要有以下三点。

1. 让隔墙占用的空间更小
室内空间的每平方米都弥足珍贵，既要满足功能需求，又不可避免地需要设置隔墙划分空间，压缩隔墙厚度是节约空间最好的方法。

2. 让空间布置更灵活
更薄的隔墙能让设计师更自由地规划空间，减小隔墙厚度对于平面功能的制约，最大限度地保证空间的净尺寸，尤其在卫生间这种功能集中度高、面积小的空间内，更薄的隔墙能够发挥更大的作用。

3. 超薄隔墙更美观
在追求更轻、更薄的今天，"薄"是对施工工艺的挑战，也是关于美观的革命。与笨重的厚墙体相比，超薄隔墙无疑具备更高的美观度，让使用者不会有压迫感，也能营造更好的空间氛围和使用体验。

二、常规的超薄隔墙构造做法是什么样的
根据墙体的饰面材质不同，其厚度也有所差距。本讲以最具代表性的卫生间石材饰面隔墙为例，来看看超薄隔断都是怎么构成的。

1. 卫生间石材隔墙设置要求
在卫生间区域设置隔墙，需要满足以下3点要求：防水、防潮、足够的承重性。能够满足这3点要求的超薄隔墙适用于多种空间（图21-1）。

2. 构造做法分为3步
第一，根据平面图，间隔400mm采用40mm×40mm方管焊接立杆，间隔600mm焊接方管横撑，完成隔墙骨架搭建。

第二，在骨架上挂钢丝网，孔径不宜大于10mm。挂网后，使用水泥砂浆抹灰，对墙面做找平。

第三，采用本书提到的石材湿贴标准工艺进行石材安装。

这种超薄石材隔墙的做法，在标准层高下，可以将墙体厚度控制在100mm左右。这种构造做法稳定性好，应用场景众多，在五星级酒店的卫生间中应用广泛。

三、石材隔墙还能更薄吗
在标准层高下，想要让石材隔墙的完成面小于100mm，甚至达到50mm的厚度，就需要采用比较特殊的工艺构造了，下面介绍三种实操中可行的解决方案。

1. 方案一（图21-2）构造解析
第一，墙体骨架选择钢架加木方的基层形式。采用40mm×20mm×4mm的钢架来保证墙体有一定的强度，木方保证基层板能够有立杆固定。

第二，将5mm的基层板固定在支撑木方上。

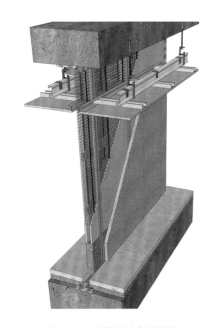

图21-1　超薄隔墙常规做法

最后,将15mm厚的饰面石材通过专属的固定件固定在钢架基层上。

2. 方案二(图21-3)构造解析

第一,将10号吊筋丝杆拉直,与顶面和地面连接固定。吊筋间距不大于400mm,保证墙体的强度。

第二,灌入水泥砂浆,待水泥砂浆凝固,形成水泥墙。

第三,粘贴石材饰面。

3. 方案三(图21-4、图21-5)构造解析

(1)墙体骨架使用方管加镀锌钢板的构造(墙体外框架焊接方管固定,内部设置20mm×10mm厚的钢板,间距小于100mm。上下焊接,增加骨架的稳定性。

(2)在钢板上固定干挂件。

(3)使用干挂加胶粘结合的方式安装石材,实现牢固安装。

比较以上3种解决方案,在稳定性上,方案三优于方案一,方案一优于方案二;在防水性上,方案二优于方案一,方案一优于方案二。在施工便捷性上,方案三优于方案一,方案一优于方案二;在构造成本上,方案三成本低于方案一,方案一成本低于方案二。

这里需要说明一点,以上分享的3种50mm超薄隔墙的工艺做法,为追求更薄的隔墙提供了解决方案。但隔墙厚度变薄,势必会导致墙体的整体稳定性变差。而且因为是非标准工艺,所以市面上能够执行的施工方不多,市场占有率不高。因此,考虑到隔墙的稳定性和质量要求,建议在实际应用中将墙体加厚,使用工艺成熟且主流的超薄隔墙做法。

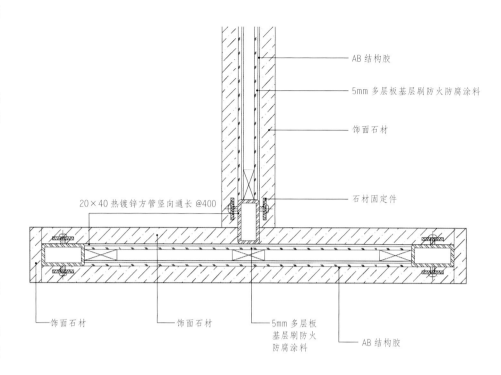

图21-2 (单位:mm)

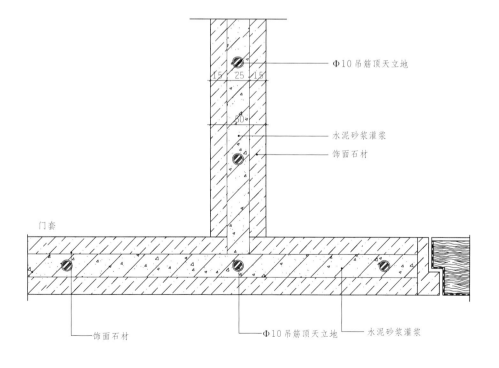

图21-3 (单位:mm)

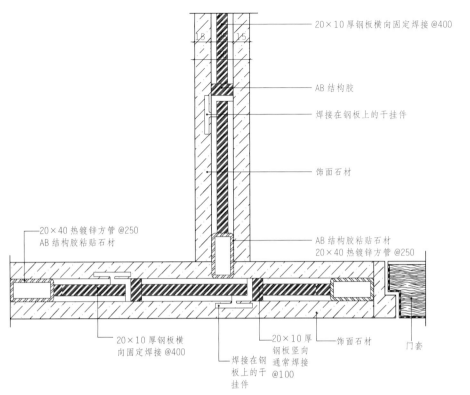

20×10 厚钢板横向固定焊接 @400

AB 结构胶

焊接在钢板上的干挂件

饰面石材

20×40 热镀锌方管 @250
AB 结构胶粘贴石材

AB 结构胶粘贴石材
20×40 热镀锌方管 @250

20×10 厚钢板横向固定焊接 @400

焊接在钢板上的干挂件

20×10 厚钢板竖向通常焊接 @100

饰面石材

门套

图 21-4 （单位：mm）

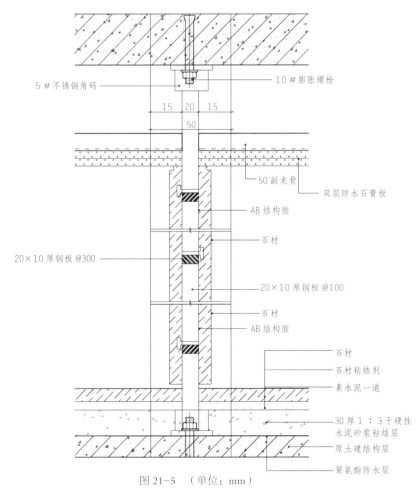

5 # 不锈钢角码

10 # 膨胀螺栓

50 副龙骨

双层防水石膏板

AB 结构胶

石材

20×10 厚钢板 @300

20×10 厚钢板 @100

石材

AB 结构胶

石材

石材粘结剂

素水泥一道

30 厚 1 ：3 干硬性水泥砂浆粘结层

原土建结构层

聚氨酯防水层

图 21-5 （单位：mm）

第二讲 ｜ 3M 装饰膜

关键词：3M 装饰膜，网红贴膜，工艺应用
导读：在室内装饰领域，装饰膜作为饰面装饰材料被提及的不多。但近年来，随着新材料、新工艺这些概念的火热，传统的装饰贴膜也越来越受设计师的关注，逐渐成为一种主流的饰面材料。本讲以这类装饰贴膜中最主流的 3M 装饰膜作为切口，搭建起关于这类正在崛起的装饰材料的知识体系。

一、什么是 3M 装饰膜

3M 装饰膜是 3M 公司的产品家族中的一员，它由保护膜、印刷层、着色材料、胶粘层和底纸组成，是典型的复合材料（图 21-6）。

3M 装饰膜的表面纹理能做到无限接近真实木材、金属等，不仅能用于内部装修和外部装修，也是各层面装饰不可或缺的材料（图 21-7）。

二、3M 装饰膜有哪些特点

3M 装饰膜有上千种花色式样，有着高仿真的纹理，轻薄、柔软、易施工，适用于商业空间、家庭中的客厅、公共空间、酒店、学校、医院等不同空间。作为一种新型装饰材料，它与传统材料有很大不同。

1. 防火性能

3M 装饰膜的防火等级能达到国家消防燃烧性能 B1 级、A（A2）级，可以满足高层及各类商业空间的不同要求（图 21-8）。

2. 环保装饰性能

3M 装饰膜无重金属，无挥发性有机溶剂，有国家权威部门的环保检测报告，得到了 LEED 认证，在环评上具有优势。

3. 耐摩擦、防水防潮性能

3M 装饰膜是多层复合材料，非市面多见的单层材料，可达到木地板的表面硬度，又因其材质本身的性能，具备防水、防潮性能，能用于各种场所，包括卫生间（图 21-9）。

4. 施工简单、便捷

3M 装饰膜不像其他饰面膜，对基层要求没那么严格，配合金属、木制、硅钙板、石膏板等通用的基材都可以施工。

3M 装饰膜自带背胶，施工无噪声、无异味，可以快速施工，特别适用于翻新，在不影响正常营业的情况下，就能实现局部快速改造，从而减少由施工带来的经济损失。

5. 花色、种类多样

3M 装饰膜选择多样，有金属、木纹、布艺、皮革、丝绸、高光、炭纤维、立体浮雕、单色、石材、白板膜等超过 30 个系列、1000 多个花色，能完美地实现空间设计方案，带来独特的视觉体验。

三、3M 装饰膜的规格尺寸

3M 装饰膜的包装为卷材，单卷尺寸为 50m/25m×1.22m，个别系列尺寸有些不同，厚度为 0.2 ～ 0.25mm（图 21-10）。

四、3M 装饰膜施工工艺

1.3M 装饰膜基材的处理方式

前文介绍了 3M 装饰膜适用于各类基材，如木质类、石膏板、硅钙板及金属板等，理论上只要是没有油脂的平滑表面，任何材质都可以粘贴。但是为了有更强的黏合力和耐久性，必须要对不同的材质做适当的基材处理，下文以常用的基材为例，说明如何做基材处理。

（1）木质材料
表面研磨并做补平处理和底层封底处理（图

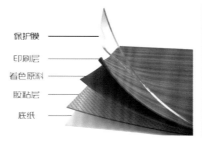
图 21-9

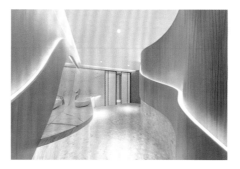
图 21-6

图 21-7

图 21-8

图 21-10

21-11）。

（2）金属材料
要进行锈的确认，并去除污垢，做补平和底层封底处理后再贴膜（图21-12）。

（3）石膏、硅钙材料
清除饰面钉头、黏合剂，并做补平处理，研磨表面后做底层封底处理（图21-13～图21-15）。

2.3M装饰膜的施工流程

3M装饰膜施工流程分为贴膜前、贴膜中和贴膜后（图21-16）。具体可分为测量尺寸与裁剪、决定位置、粘贴作业、细节处理、完成。

（1）测量尺寸与裁剪
正确测量出粘贴面积，在贴膜面积之外再预留4～5cm后裁剪，裁剪必须在平滑的基材板上进行。

（2）决定位置
确定粘贴位置后，不可再移动，特别是粘

贴面积特别大时，之后将3M贴膜置于粘贴的基材上。

（3）粘贴作业
沿着往后折的离型纸顶端，开始由下而上用刮板加压，使其接合。加压时，必须由中央部分开始，再向两旁刮平。

（4）细节处理
如果贴膜过程中产生较大的气泡，则必须撕下来该部分，重新再粘贴，并以刮板加压接合。小气泡则用图钉将气泡的侧峰刺破，再用刮板将气泡挤出，刮平即可。

（5）完成
最后将多余的部分裁剪掉，即可完成（图21-17）。

3.3M装饰膜在施工时应注意的问题

（1）施工温度
施工时，温度应在12～38℃。温度会影响胶的流动性，从而影响胶与黏合界面的充分接触。就像蜂蜜，温度越高，流动性增大，低温会影响黏合力。温度过高或者

图21-11　　　　　图21-12

图21-13　　　　　图21-14

图21-15

贴膜前　　　贴膜中　　　贴膜后

图21-16

图21-17

过低都不适合，需要环境适宜再施工。

（2）施工力度
贴膜时候，需要充分用力，以便让胶与黏合界面充分接触。如果压力不足，初黏力偏低，在终黏力形成之前，膜可能会脱落。

五、日常维护、清洁

1. 清洁

清洗频率要根据受污染的程度而定，清洗材料使用清水或者加入适量清洁剂（非强酸强碱）即可，清洗工具可使用柔软干净的抹布或者海绵。

2. 表面破损

3M 装饰膜虽然很薄，但由多种材料复合而成，表面都做过耐摩擦处理。一般情况下，日常使用不会轻易破损。当然，也不排除意外或无意间被硬物碰撞或者刮伤，可以采用如下方法处理。将破损区域用美工刀单独裁切掉，用花纹重合的同型号贴膜，在裁剪破损处重新贴好。因新膜面积大于破损区域，有高低差，可用美工刀沿着新膜外沿裁切，把底部多余的膜去除，最后用刮板刮平，表面即可完整如新（图 21-18）。

3. 翘边、褪色问题

3M 装饰膜的翘边和褪色是不可逆的问题，所以，最初要找到专业的供应商，请他们提供适用的膜及合理的方案。需要注意的是，3M 装饰膜因质量和耐候性不同，使用的场所也不同。

如果使用区域是半户外或者纯户外，建议使用专门的户外贴膜，其官方质保一般可达 10 年之久。

图 21-18

第三讲 ｜ 双层软膜

关键词：双层软膜，标准节点，特殊工艺
导读：本书前面的章节中比较详细地分析过软膜天花的标准节点和工艺流程，但是，这种做法在大面积使用时，经常会出现落灰、落虫的情况，非常影响美观。因此，为了解决这些问题，本文补充了这种特殊工艺的方案。

软膜天花的标准节点和工艺流程如图 21-19 ～图 21-22 所示。通常情况下，软膜天花内的飞虫和灰（图 21-23）主要是从透气孔以及穿线的洞口不慎落入。虽然可以放置防虫网来规避，但是实操下来的效果并不算理想。网格太细，积灰过多会堵塞孔洞，网格太粗又起不到很好的防虫效果。

那么，在深化设计阶段，还有没有更好的解决方案呢？这时可以考虑双层软膜（图 21-24），也就是在原来的基础上，再加一层软膜，让原本落在第一层软膜上的污染物，落在第二层上（图 21-25）。然后，通过无影灯的原理（图 21-26），就可以很好地避免落灰、落虫的问题了。

只有单一光源时，第二层的污染物会投影到第一层上。而当有多个光源时，则因为无影灯原理，阴影就消失了（图 21-27）。

但是有 3 点需要注意：首先是两层软膜的间距应大于 50mm，间距太小达不到理想的效果（图 21-28）；其次，为了确保光线的照度，第一层软膜建议用透明膜来做。最后，除了钉一圈收边条外，成品双层膜五金件也是小面吊顶不错的选择（图 21-29）。

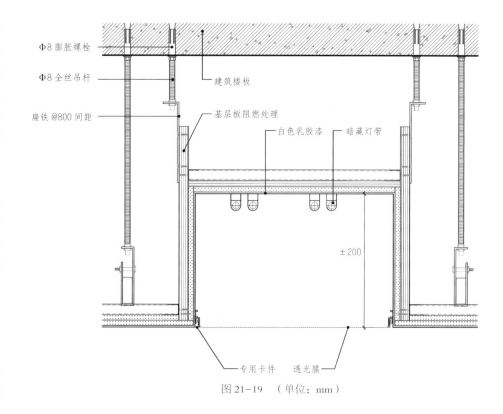

Φ8 膨胀螺栓
Φ8 全丝吊杆
建筑楼板
扁铁 @800 间距
基层板阻燃处理
白色乳胶漆　　暗藏灯带
±200
专用卡件　　透光膜

图 21-19 （单位：mm）

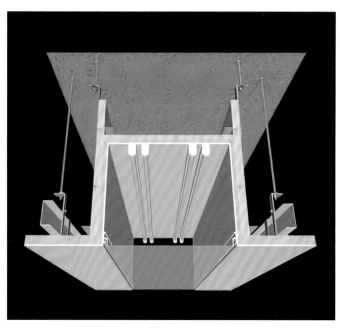

图 21-20

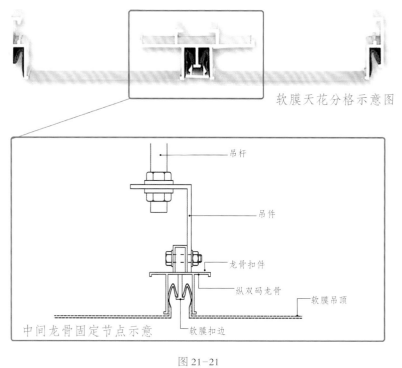

软膜天花分格示意图

吊杆

吊件

龙骨扣件

纵双码龙骨

软膜吊顶

中间龙骨固定节点示意

软膜扣边

图 21-21

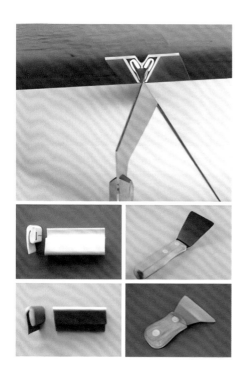

图 21-22

图 21-23

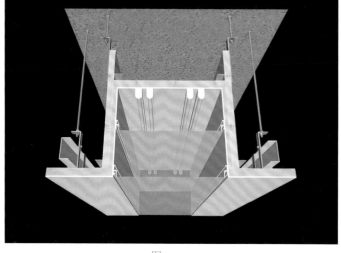

图 21-24

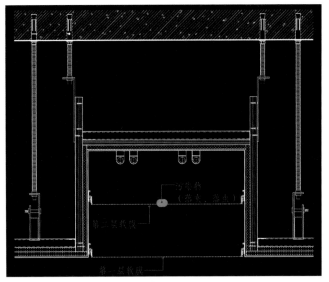

图 21-25

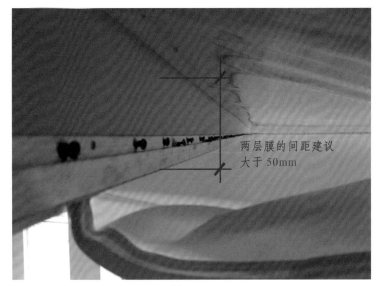

图 21-28

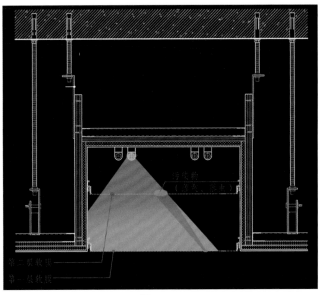

图 21-26

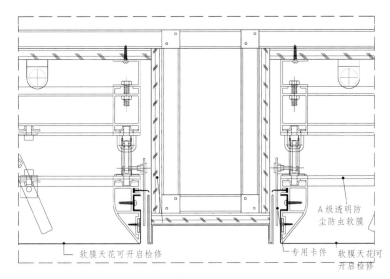

图 21-29

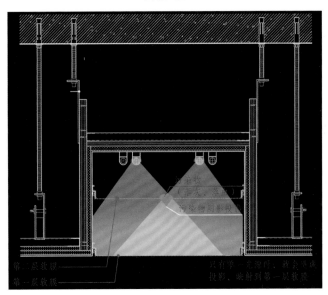

图 21-27

第四讲 ｜ 星空顶

关键词：星空效果，吊顶设计，特殊工艺
导读：满屋星空的效果，是当下很多沉浸式休验空间采用的一种设计构造。本讲围绕星空顶的相关深化知识点展开，从以下五个方面解析有关星空顶的设计问题：星空顶在哪些场景中使用？星空顶的构造工艺是什么样的？星空顶的施工流程？星空顶的施工过程中应该注意哪些问题？星空顶有哪些特点？

一、星空顶在哪些场景中使用

星空顶作为一种极具魅力的氛围照明，将现代科技与艺术结合，是设计师营造空间氛围的重要工具。近年来，在国内外各类休闲娱乐场所的空间装饰中，得到了越来越广泛的运用。目前，星空顶的使用场景主要分为两类：室内空间（图21-30）和汽车内饰（图21-31）。

二、星空顶的构造工艺

从本质上来说，星空顶的构造做法主要借助于光纤灯。通过安装光纤灯（图21-32、图21-33），固定光纤来实现星空吊顶的效果。

构造做法可以分为两类：不露灯头的做法和露灯头的做法，两种做法各有优劣。

1. 不露灯头的做法

不露灯头的做法构造示意图如图21-34所示。施工流程如下：

第一，确定星空顶的顶面材料和图案。

第二，光纤穿金属网孔，固定。

第三，安装光纤灯光源。

第四，理顺光纤，与光源连接，并安装金属网。

第五，安装吊顶饰面材料。

第六，接通电源，完成（图21-35）。

图 21-30

图 21-31

图 21-32

图 21-33

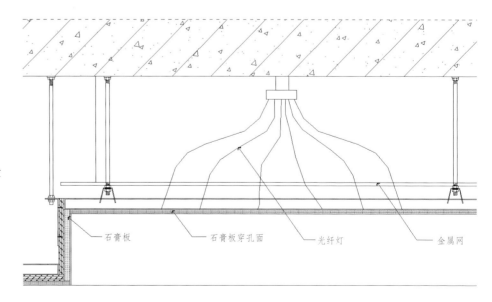

石膏板　　　石膏板穿孔面　　　光纤灯　　　金属网

图 21-34

这种做法的优点是价格低、省人工、施工快、效益高。缺点是因为灯头没有露出，近看时效果不理想，并且在超大空间中并不适用，同时还要考虑防火的问题。

在设计把控上需要注意以下两点：软膜的防火等级以及内空的预留是这种星空顶做法的把控关键，所以，小空间或者造价控制相对严格的空间推荐用这种方式；不露头的星空顶构造做法，吊顶饰面材料必须保证透光性，透光性关系到星空点的光亮程度，也决定了最终的呈现效果。

如果对于呈现效果有更高的要求，那么就推荐下面第二种露灯头的做法。

2. 露灯头的做法

露灯头的做法构造示意图如图 21-36 所示。与不露头的做法相比，星空点的效果更好，细节更丰富（图 21-37、图 21-38）。

那么，这种方法具体是如何实现的呢？可以通过一个自制的局部星空顶的案例来理解室内星空顶的构造。首先，在吊顶表面用针扎出小孔，然后将光纤插入小孔内，并穿透过去（图 21-39、图 21-40）。

吊顶的材料可以是石膏板、KT 板、皮革、纸板、金属板，只要是可以扎小孔的板材都可以。施工时，根据需要的星空图案扎孔，通过控制小孔的疏密和插入光纤的粗细，呈现具有层次变化的星空图案。常被用于室内吊顶的光纤有三种比较常见规的格（图 21-41）。

这种露灯头做法相较于不露灯头的做法，优点是美观度高，可选的材料更多，适合各种空间；缺点是价格高、周期长。

图 21-35

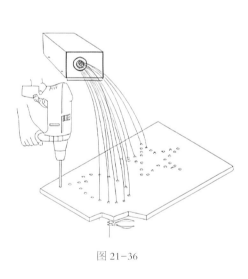

图 21-36

图 21-37

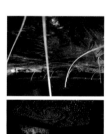

图 21-38

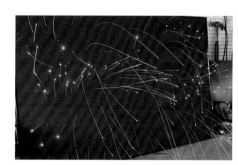

图 21-39

图 21-40

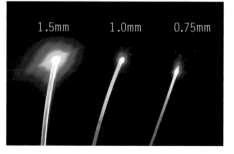

图 21-41

三、星空顶的施工流程

还是以自制的局部星空顶案例来简化理解室内星空顶的施工流程,如图21-42所示。

明白了构造原理后,再来看一下汽车内饰星空顶的施工流程(图21-43)。

四、星空顶的施工过程中应该注意的问题

1. 星空吊顶材料的选择

在需要考虑声学环境的项目中,通常采用聚酯纤维吸音板作为吊顶材料,其优点如下。

第一,方便穿光纤。

第二,施工便捷,边角处理简单,既可无缝拼接,也可自由裁割、倒角处理,可拼接出不同造型。

第三,具有良好的吸音性能。

第四,本身有多种颜色可选,无须后期处理。

第五,环保无毒。

2. 光纤尺寸和数量配置

根据安装房间的长宽比例,配置相当数量的光纤丝,合理分配不同长度、不同直径的光纤数量,过密或过稀疏都会导致最终效果不理想。

穿光纤时将较短的光纤穿在靠近光源机的位置,较长的光纤穿在远离光源机的位置。1m的光纤穿在最靠近光源机的位置,然后依次为1.5m、2m等长度的光纤。

不同直径的光纤分布其间,超亮星、明亮星、微亮星呈现出一个逼真的繁星点点的夜空。星光忽明忽暗,可以让不同颜色交替出现,也可以定位至某一种颜色(图21-44)。

喷漆钻孔

匹配

穿孔

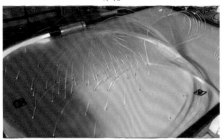

打胶

胶水凝固,剪光纤

接线,完成

图 21-42

穿孔

打胶固定光纤

理顺光纤

安装车顶,剪光纤

接线(白天效果)

完成(夜间效果)

图 21-43

3. 安装光纤

光纤的安装决定了最终效果。首先，在聚酯纤维吸音板上标记好需要钻孔的位置，星星排列位置可制作成自己喜欢的星座。然后，在标记好的地方按光纤对应的开孔尺寸钻孔，再将光纤穿入聚酯纤维吸音板。最后，以机器放置的位置为中心，将光纤从吊顶的顶面向下穿，要穿透并留出一截，在光纤与吸音板连接处滴一滴环氧树脂胶固定，应选用 2h 以上慢干的树脂胶。

4. 光源器安装

光源器须安装在吊顶上通风、干燥及便于检修的位置。若吊顶为全封闭设计，则须在放置光源器的位置开设活动检修口，便于光源器的放置和检修。

另外还要注意，模块连接要全程通电，以便查看模块上光纤灯是否正常发光；电源线预留在边顶里面，以免影响整体美观；龙骨架设要保证夹角是 90°，因为模块是标准的直角，所以为了避免贴合不整齐，前期工作要做好。

五、星空顶的特点

1. 装饰性

星空顶的色彩繁多。光点的疏密、大小，赋予空间动感、质感和空间感。同时，由于具有柔性传播的特点，光纤能根据不同创意，将光线自由地导向所需位置，极具个性化魅力。

2. 安全性

光电分离，光纤部分不带任何电能和热能，任何情况下接触正在发光的光纤都可确保绝对安全。

3. 环保性

光纤照明所发出的光是隔滤了红外线和紫外线的冷光，光色柔和纯净，不产生热量，降低了空调系统的负担，实现了高效节能。光纤材料本身具有环保性，不含有任何形式的挥发性物质。

4. 耐久性

光纤本身的使用寿命在 20 年以上，一次安装，无限次使用。开关操作和保养均简易方便，且拆卸后可以重复使用。

图 21-44

第五讲 | 异形造型

关键词：异形造型，施工图纸，网格法

导读：多边形异形造型的施工图和节点图应该怎么表达？有哪些构造做法？这些问题是深化设计师异常关心的。本讲主要围绕着"多边形造型"这件事，来系统地探讨下以下三个问题：多边形造型的平面图纸该怎样表达？多边形造型的节点构造该怎样分析？曲面造型的尺寸定位应该怎么做？

一、多边形造型的平面图纸该怎样表达

室内异形造型的平面图的分析思路如图 21-45 所示。

1. 找对应关系

在我们拿到多边形设计造型后，第一件事就是通过平面图和效果图，找到造型分割与平面家具（点位）的对应关系（图 21-46），通过图纸还原出大的分割关系（图 21-47）。

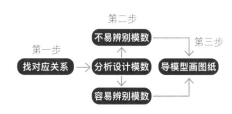

图 21-45 异形造型平面制图三步法

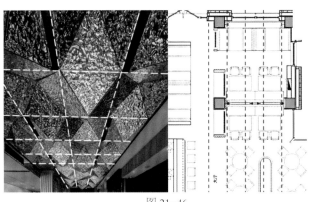

图 21-46

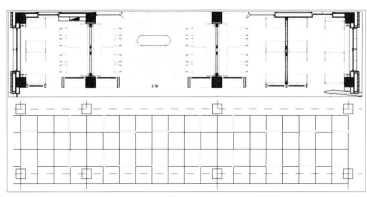

图 21-47

2. 分析设计模数

找到天花造型与平面布置的位置对应关系后，接下来就是寻找这种造型的模数关系。这里就会遇到两种情况，一种是很容易找到造型模数关系，一种是造型的模数关系不好找或者不存在模数关系。

一眼就能看出造型模数关系的空间案例有很多，以图 21-46 中这个空间为例，可以简单地把它拆解成几个立体构成的元素或者组块（图 21-48）。

当找到这几种典型的设计组块后，就相当于得到了它们的所有的属性信息，包括规格、尺寸等，因此，可以将它们编号，或者单独放在图纸旁边，用于检索。然后，将这些组块，挨个填回刚才已经绘制好的天花图框架中，这样就得到了图 21-49。

为了便于理解和后期的设计推敲，可以借用三维模型工具完成这一步操作，如使用 SU 来模拟这个造型的顶面设计（图 21-50、图 21-51）

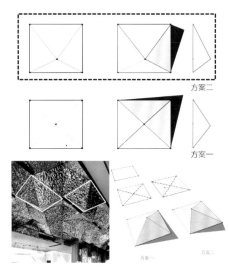

图 21-48

3. 导模型画图纸

得到三维图纸后，基本上就等于拿到了需要绘制天花图的所有信息，因此，通过这样的模型，

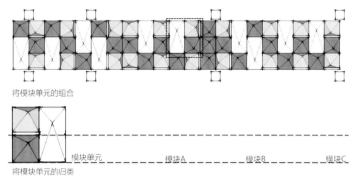

将模块单元的组合

将模块单元的归类　　　模块单元　　　模块A　　　模块B　　　模块C

图 21-49

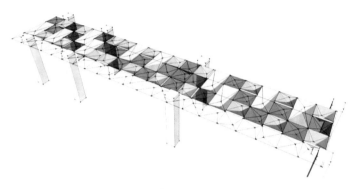

图 21-50

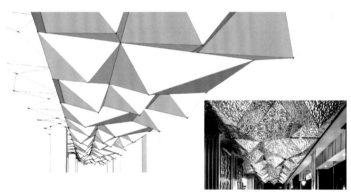

图 21-51

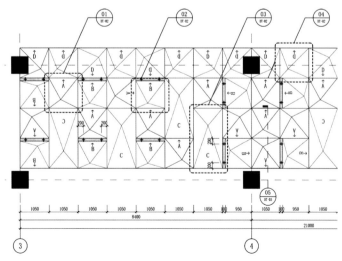

图 21-52

绘制出天花图纸就是顺理成章的事情了（图 21-52）。

上面这种制图方法是针对造型相对简单，比较容易找到模数关系的情况使用的，但是，如果遇到不好判断规律的造型，或者没有规律可循的造型时，就需要采用另外一种策略，也就是"网格法"或者叫"网格定位法"。

简单说来，网格法就是面对这种没有规律可循的造型，先了解它在空间中的位置、面积、形状、大小，然后使用一定模数的网格线来定位这个造型，网格面积越小，定位越精准。最后，再找到高低起伏的点，通过标注这些极限点，来达到定位造型的目的（图 21-53～图 21-58）。

需要说明的是，右面展示的 CAD 图纸并不是直接通过 CAD 软件完成的。最快速的方式是先通过三维模型模拟确定造型，然后将三维模型导入 CAD 软件，再通过网格法来完成平面点位图以及峰值点位的标高图纸的绘制。要完成多边形吊顶施工平面图，至少需要图 21-59～图 21-62 这几步。最后，在这些图纸完成后，给出解读这些节点标高信息的轴测示意图（图 21-63），就完成了整个多边形异形吊顶的平面体系绘图工作。

当然，网格法绝不是只能用在这种较易绘制的多边形造型上，它在解决单一的异形空间或造型的图纸化表达方面，也非常便利。

图 21-53

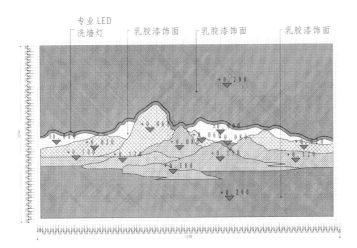

图 21-54 平面图案立面放样图

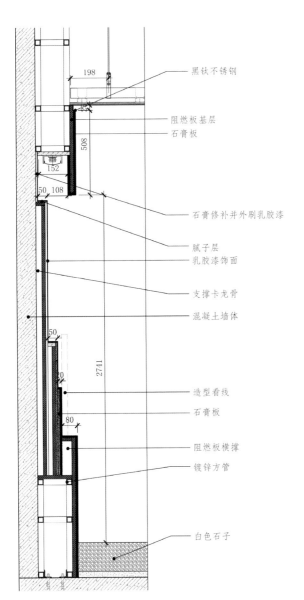

图 21-55 节点示意图（单位：mm）

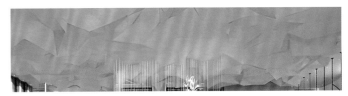

图 21-56 多边形天花效果图

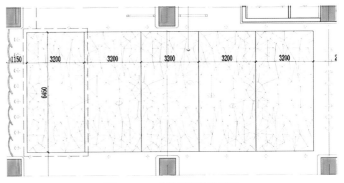

图 21-57 多边形天花扩初图

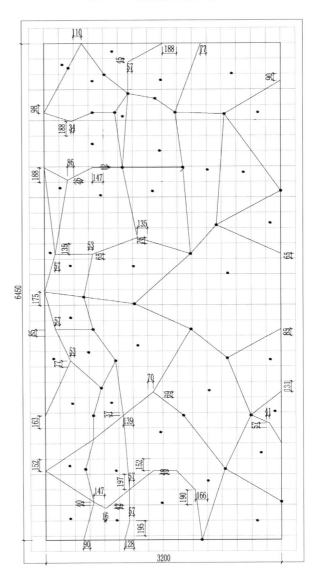

图 21-58 多边形异形吊顶平面定位图

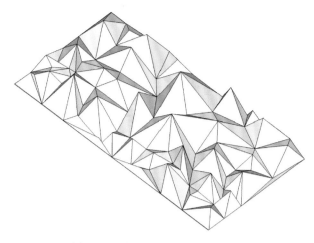

图 21-59　多边形异形吊顶平面定位图

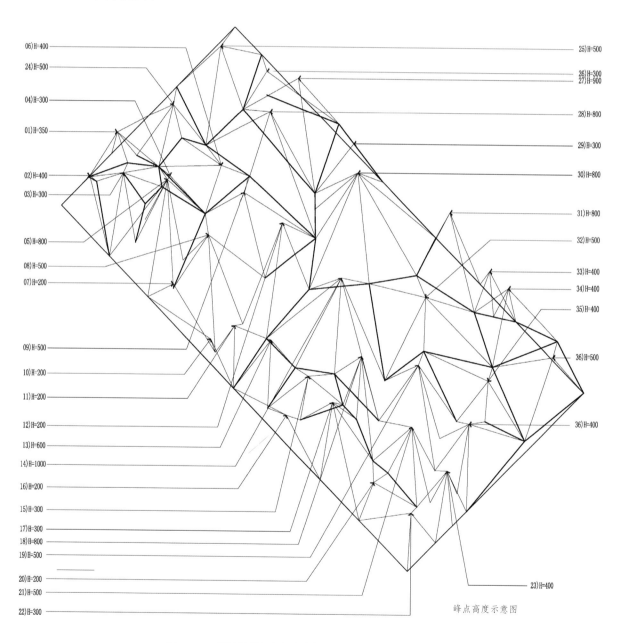

图 21-60　通过模型定义各个点位的标高信息（单位：mm）

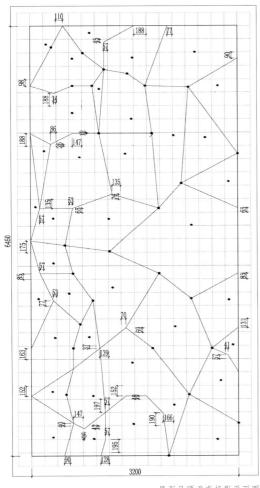

异形吊顶垂直投影平面图

图 21-61　画出 CAD 的平面投影图（单位：mm）

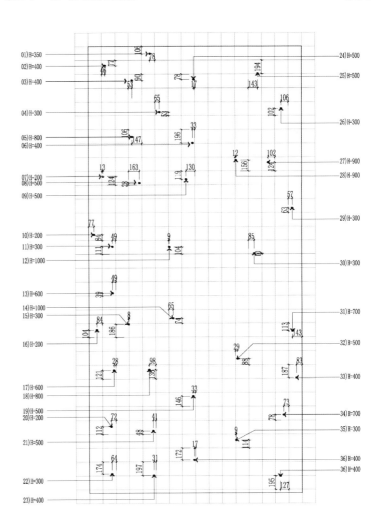

图 21-62　通过点位标高信息，标注所有点位的标高信息

（单位：mm）

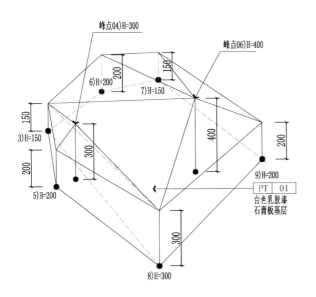

图 21-63　轴测示意图（单位：mm）

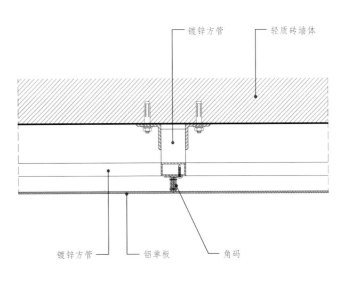

图 21-64

二、多边形造型的节点构造该怎样分析

当平面类图纸结束后，就等于有了大致的三维模型和构造关系，所以，接下来要做的就是根据饰面材料的类型、面积大小和使用部位等因素，选择合适的构造做法，让这个看上去很复杂的造型变成可以一步步落地的节点图纸，这样就完成了整个造型的制图工作。

如果想要达到类似图 21-55 那样的效果，同时还要考虑消防规范和安全性能，至少可以有三种切实可行的方法。

1. 铝板干挂

参照铝板干挂的标准节点图（图 21-64），可以得到图 21-65 这样的节点图。

这种方式是最典型，也是最常用的，同时也是性价比和安全性最高的做法，几乎适用于任何空间。

2. 玻璃或不锈钢

若吊顶面积小，可以采用玻璃或不锈钢来实现（图 21-66、图 21-67）。

当然，考虑到安全性，这种做法只适用于面积较小的空间或较矮的吊顶。

3.GRG 定制

第三种最简单的方法是直接采用 GRG 定制。厂家根据平面定位图直接生产出 GRG 成品单板（图 21-68、图 21-69），现场烧好钢架后，直接干挂即可。采用这种方法来做吊顶，安全性高，施工速度快，生产周期短，唯一的缺点是成本较高。

三、曲面造型的尺寸定位应该怎么做

前文提到了绘制异形空间或造型的施工图纸时会遇到的两种常见的情况及解决方法，其中网格法几乎可以解决所有曲面的造型定位和图纸表达问题。但是，在实际的项目开展过程中，往往会遇到现场不能使用网格法施工的情况。

一个曲线造型墙体（图 21-70），在图纸上可以通过打网格的形式来定位它的曲率，

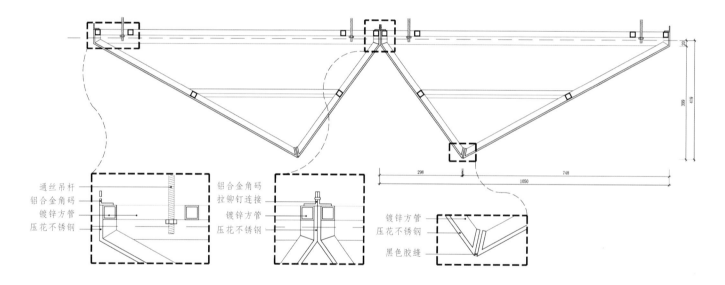

通丝吊杆
铝合金角码
镀锌方管
压花不锈钢

铝合金角码
拉铆钉连接
镀锌方管
压花不锈钢

镀锌方管
压花不锈钢
黑色胶缝

图 21-65　（单位：mm）

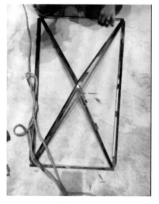

图 21-66　　　　　　　图 21-67

但是，施工时不可能以1∶1的比例在现场打出网格。即使在现场以1∶1的比例按照图纸中的网格放线，现场也有可能不满足放线的条件，如有些网格的点位飘在楼板之外，施工方无法根据网格图放线。

在这种情况下，又应该通过什么样的形式来精确地表达出曲面的放样图呢？其实制图方法很简单，可以先把曲面墙看成单一的体块，然后先找出曲面墙自身的定位关系，最后，再找曲面墙与建筑空间的定位关系，具体操作流程如图21-71所示。

只要是二维平面上需要做定位放样，不管规模多大，曲线多么复杂，通过这两种网格放样的形式都能实现。

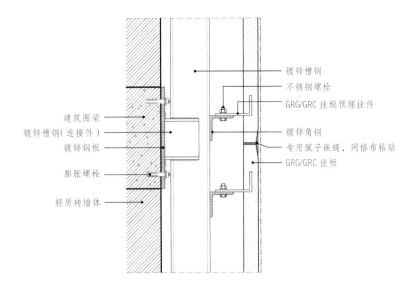

图 21-68　GRG 的标准节点示意图

镀锌槽钢
不锈钢螺栓
GRG/GRC 挂板预埋挂件
镀锌角钢
专用腻子嵌缝，网格布粘贴
GRG/GRC 挂板

建筑圈梁
镀锌槽钢(连接件)
镀锌钢板
膨胀螺栓
轻质砖墙体

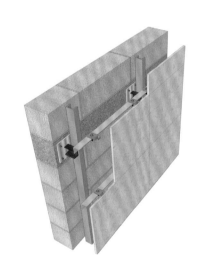

图 21-69　GRG 的标准节点三维图

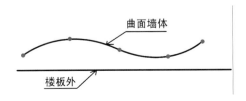

曲面墙体

楼板外

图 21-70

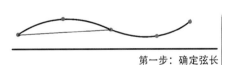

第一步：确定弦长

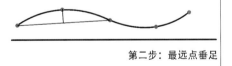

第二步：最远点垂足

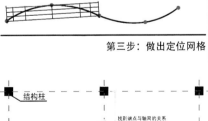

第三步：做出定位网格

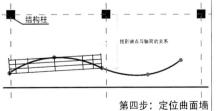

结构柱

找到端点与轴网的关系

第四步：定位曲面墙

图 21-71

第六讲 ｜ 室内隔声

关键词：声学，吸声隔声，掩蔽效应
导读：本讲主要解决下列问题：什么是声学？什么是吸声材料、吸声结构、结构隔声？它们都包含哪些方面？什么是声学中的掩蔽效应？

一、什么是声学

声学是研究声波的产生、传播、接收和效应的科学，而我们常说的声音是由物体振动产生的声波，通过介质（空气或固体、液体）传播并能被人或动物的听觉器官所感知的波动现象。

二、吸声材料

所谓吸声材料并不是真的将声音吸收掉，而是当声波在传输过程中遇到阻碍或者从多孔材料中进入时引起了内部振动，声能转化为热能被消耗，从而达到了吸声效果。

常见的吸声材料有多孔材料、板状材料、穿孔板、成型天花吸声板、膜状材料、柔性材料（表21-1）。最主要的材料是多孔材料。

对于吸声材料常会出现一个误区，认为粗糙墙面的吸声效果更好。根据前文提到的吸声原理，多孔吸声材料具有良好的吸声性能并不是因为表面粗糙，而是因为多孔材料具有大量内外连通的微小空隙和孔洞，声波进入孔洞中与空气和孔壁摩擦产生热传导作用，导致声能被消耗。所以，只有孔洞对外开口，孔洞之间互相连通，且深入材料内部时，才可以有效吸声。我们常说的粗糙墙面，如拉毛混泥土和壁纸不满足这个要求，所以这个认识是错误的。

另外，我们常用的隔热保温材料空隙和孔洞也非常多，有人认为它们也能达到吸声的效果。但是常用的隔热保温材料和吸声材料的要求不同，如聚苯和部分聚氯乙烯泡沫塑料，以及加气混凝土砌块等材料（图21-72），内部也有大量气孔，但大部分单

材料名称	图示	材料类型	特点
多孔材料		矿棉、玻璃棉、泡沫、塑料、毛毡	本身具有良好的中高频吸收性，背后留有空气层时还能吸收
板状材料		胶合板、石棉水泥板、石膏板、硬质纤维板	吸收低频噪声比较有效
穿孔板		穿孔胶合板、穿孔石棉水泥板、穿孔石膏板、穿孔金属板	一般吸收中频噪声，与多孔材料结合使用时吸收中高频噪声，背后留太空腔还能吸收低频噪声
成型天花吸声板		矿棉吸声板、玻璃棉吸声板、软质纤维	视板的质地而有别，密实不透气的板，吸声特质同硬质板状材料，透气的同多孔材料
膜状材料		塑料薄膜、帆布、人造革	视空气层的厚薄而吸收低中频噪声
柔性材料		海绵、乳胶块	内部气泡不连通，与多孔材料不同，主要靠共振有选择地吸收中频噪声

表 21-1　常见吸声材料

加气混凝土砌块砖

聚氯乙烯泡沫塑料

图 21-72

个闭合，互不连通。它们可以作为隔热材料，但跟多孔材料相比，这类隔热材料在隔声效果方面并不好。

三、结构吸声

1. 共振吸声结构

共振吸声结构示意图如图 21-73。

薄膜/薄板吸声结构示意图

图 21-73

2. 穿孔吸声结构

穿孔牺牲结构示意图如图 21-74。

穿孔板吸声结构

图 21-74

3. 空间吸声体与可变吸声构造

空气吸声体好比声学构造里面的活性炭，它能在尽量不占用过多使用面积的前提下，增大吸声效果，减少施工（图 21-75）。

图 21-75

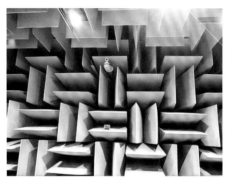

图 21-76

4. 其他吸声结构

（1）强吸声结构

吸声尖劈是一种用于消声室的特殊吸声结构（图 21-76），通常可分为尖部和基部两部分，安装时在尖壁和壁面之间留有空气层。其是用直径 3.2mm ~ 3.5mm 的钢丝制成一定形状和尺寸的骨架，外面套上玻纤布，里面装入多孔材料，如玻璃、棉毡等。

（2）人和家具、洞口（舞台洞口）

人和家具会在声场中吸收声能，只是吸声的有效面积难以计算。在剧院中，舞台台口相当于一个大洞口，洞口的声发射为 0，即吸声系数为 1，台口之后的天幕和侧幕、布景等有吸声作用。

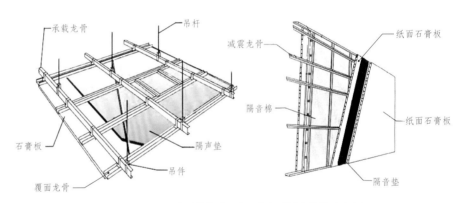

图 21-77　隔声天花构造（左）和轻质隔声墙构造（右）

四、隔声结构

声音的传播介质有气体、固体和液体，隔声降噪通俗地说，就是从声音传播的介质上挡住声波，达到降噪的效果。

隔声结构包括双层均质密实墙，单层均质密实墙，双层空气隔绝，轻型墙隔绝，门、窗、帘隔绝，撞击声隔绝。

并不是墙厚隔声效果就一定好，隔声效果和材料构造相关。目前，国内主要采用纸面石膏板、加气混凝土板、膨胀珍珠岩墙板等材料。这些板材自重轻，每平方米从十几千克到几十千克不等，如果按普通构造法，根据质量定律，它们的隔声性能会很差，必须通过一定的构造措施来提高轻型墙的隔声效果。

常见方法是通过砌隔声墙、门窗阻绝、顶面做隔声天花、地面铺地毯等形式降低噪声（图 21-77）。

前文提到的吸声材料的材质是多孔、疏松、透气的，对入射声反射很小，声音能够轻易进入、穿透这种材料。隔声材料则要求密实无空隙，有较大质量，要减弱声能，阻挡声音传播（表 21-2、表 21-3）。

五、室内声学中的掩蔽效应

人工噪声通常被比喻为"声学香水"，用它可以抑制突然干扰人们清静气氛的声音，并提高工作效率。

在一些情况下，可以用电子设备产生的背景噪声来掩蔽不受欢迎的噪声或讲话声。设计有绿化景观的办公室或旅馆中庭时，可以利用通风和空调系统或流水景观产生

表 21-2　常见建筑材料的隔声量（dB）

材料与构造	面密度（kg/m²）	频率（Hz）					
		125	250	500	1000	2000	4000
240mm 砖砌体抹灰	420	41	44	51	58	64	65
370mm 砖砌体抹灰	620	44	48	55	61	65	65
150mm 加气混凝土抹灰	140	29	36	39	46	54	55
120+240mm 砖墙，中空 80mm	700	45	52	54	63	67	69
12+12mm 石膏板，中空 80mm	25	27	29	35	43	42	44
75mm 轻质石膏砖砌块	33	30	30	31	39	46	53
100mm 轻质石膏砖砌块	41	34	33	33	44	50	55

数据来自同济大学声学研究所

表 21-3　常用门窗的隔声量（dB）

材料与构造	缝隙处理	频率（Hz）					
		125	250	500	1000	2000	4000
胶合板木门	—	13	17	17	19	18	18
55mm 硬实木门	橡胶	28	28	27	23	24	29
3mm 玻璃，2m²	—	20	20	22	26	30	30
6mm 玻璃，2m²	—	24	27	29	33	30	30

数据来自中国建筑科学院建筑物理研究所

的、相对较高的、且使人易于接受的背景噪声，掩蔽谈话声等不希望听到的噪声。适当和均匀分布的背景音乐，也可以作为一种掩蔽噪声的方法。

六、室内音质设计需求

室内音质设计往往是建筑声设计的一项重要内容，在以"见、闻"为重要功能的建筑中尤为重要，如剧场、音乐厅、电影院礼堂、教室、录音室、电视演播室、影棚等。另外，医院、疗养院等也在音量控制方面有具体要求（表 21-4）。

建筑类别	房间名	时间	特殊标准	较高标准	一般标准	最低标准
住宅	卧室、书房（或卧室兼起居室）	白天	—	≤ 40	≤ 45	≤ 50
		夜间		≤ 30	≤ 35	≤ 40
	起居室	白天	—	≤ 45	≤ 50	≤ 50
		夜间		≤ 35	≤ 40	≤ 40
学校	有特殊安静要求的房间	—	—	≤ 40	—	—
	一般教室	—	—	—	≤ 50	—
	无特殊安静要求的房间	—	—	—	—	≤ 55
医院	病房、医护人员休息室	白天		≤ 40	≤ 45	≤ 50
		黑夜		≤ 30	≤ 35	≤ 40
	门诊室	—	—	≤ 55	≤ 55	≤ 60
	手术室	—	—	≤ 45	≤ 45	≤ 50
	听力测听室	—	—	≤ 25	≤ 25	≤ 30
旅馆	客房	白天	≤ 35	≤ 40	≤ 45	≤ 50
		黑夜	≤ 25	≤ 30	≤ 35	≤ 40
	会议室	—	≤ 40	≤ 45	≤ 50	≤ 50
	多用途大厅	—	≤ 40	≤ 45	≤ 50	—
	办公室	—	≤ 45	≤ 50	≤ 55	≤ 55
	餐厅、宴会厅	—	≤ 50	≤ 55	≤ 60	—

表 21-4　民用建筑室内允许噪声级（dB）

第七讲 ｜ 变形缝

关键词： 变形缝，伸缩缝，沉降缝，防震缝
导读： 变形缝是建筑领域绕不开的知识点。变形缝的设置主要是为了满足最基础的要求——安全。本讲从变形缝的分类、作用、构造做法等几个方面展开，帮助室内设计师建立变形缝的知识体系，主要解决以下问题：什么是变形缝；室内设计师为什么要认识变形缝？如何处理变形缝才能兼具功能性和美观性？

一、什么是变形缝

建筑物在外界因素作用下，经常会产生变形，导致开裂甚至损坏，变形缝是针对这种情况而预留的构造缝。

变形缝其实是一个总称，根据产生变形因素的不同，可将变形缝分为三种：伸缩缝、沉降缝、防震缝。根据不同的因素产生的变形，可以设置不同的构造缝。

1. 伸缩缝

当建筑物比较长的时候，为了避免建筑物因热胀冷缩反应较大，而使结构构件产生裂缝，故意设置的伸缩缝，也被统称为变形缝。

需要设置伸缩缝的情况有三种：建筑物长度超过一定的限度；建筑平面比较复杂，变化多；建筑中结构类型变化大。

设置伸缩缝时，通常是沿建筑物长度方向，每隔一定的距离或在结构变化较大的地方，在垂直方向上预留一个缝隙。把基础以外的建筑构件全部断开，各自分为独立的部分，能在水平方向自由伸缩。而基础部分因受到温度变化的影响比较小，一般不需要断开。

留意一点，这里提到的伸缩缝更多的是指建筑结构基体本身设置的。跟之前章节提到的工艺伸缩缝，设计伸缩缝是两个概念。

2. 沉降缝

沉降缝是为了预防建筑物各部分由于地基承力不同或各部分荷载差异较大等原因，引起建筑物不均匀沉降、导致建筑物被破坏而设置的变形缝。

在以下情况下，需要设置沉降缝。

第一，当建筑物建造在不同的地基上，并难以保证均匀沉降时。

第二，当同一建筑物相邻部分的基础形式、宽度和埋置深度相差较大，易形成不均匀沉降时。

第三，当同一建筑物相邻部分因高度相差较大（一般为超过 10m）、荷载相差悬殊或结构形式变化较大，易导致不均匀沉降时。

第四，当平面形状比较复杂，各部分的连接部位又比较薄弱时。

第五，在原有建筑物和新建、扩建的建筑物之间。

设置沉降缝时，必须将建筑的基础、墙体、楼层及屋顶等部分，全部在垂直方向上断开，使各部分形成能各自自由沉降的独立单元。

3. 防震缝

防震缝是为了应对地震发生时，剧烈的震动对建筑物造成破坏，保证建筑物的稳定性，进而保障建筑物内的人员安全。

在以下情况下需要设置防震缝：毗邻建筑物的高差大于 6m；毗邻建筑物的形状和结构不同。

设置防震缝，一般情况下可以将建筑物全部在垂直方向上断开，也可以仅基础不断开。

二、室内设计师为什么要认识变形缝

受变形缝需要断开的影响，室内空间的地面、墙面、天花三个部位，自然也会受到影响，需要在满足变形缝功能要求的情况下，进行美观处理（图 21-78）。

对于变形缝，不能简单地留缝处理，因为建筑的变形缝变形很大，一般的留缝处理不能满足建筑的变形，会造成装饰面层的变形破坏、起拱等。本质上各类变形缝都是通过适配各种缝隙宽度的装饰盖板来实现装饰美观化的处理的。不同的缝隙宽度可以设置不同的装饰样式，但并无本质区别，下面来看看地面、墙面和天花上，比较常见的变形缝装饰构造做法。

三、变形缝如何做装饰处理

1. 地面变形缝装饰做法

地面变形缝设置在缝宽 100mm 以上时，伸缩量大于 50mm。变形伸缩主要通过底部的移动滑杆进行调节（图 21-79）。

地面的饰面材料可以是石材，也可以是地板或地毯等其他材料，其他材料的做法与石材基本一致。地面变形缝处除饰面做法外，还要注意缝隙的处理，需要满足防火、防水的要求。缝隙内要填塞防火岩棉，达到设计要求的耐火时间，通常岩棉的厚度

应不小于100mm，并用1.5mm厚的镀锌铁皮封修（图21-80）。

该部位的处理可能会由总包单位施工，但有时也会放在精装单位，不管由谁施工，在精装地面施工前需要特别注意，否则隐蔽工程结束后，返工会造成浪费。下面分别分享宽缝和窄缝这两种地面变形缝的构造做法。

（1）宽缝构造做法

如图21-81~图21-84所示，使用的变形缝盖板，中间有装饰盖板，两侧是密封胶条。

除了平面交接的地面变形缝，我们通常还会遇到在转角处需要设置变形缝的情况（图21-85、图21-86）。

（2）窄缝构造做法

如图21-87、图21-88所示，使用的变形缝产品为1根密封胶条，无装饰盖板。这种做法，由于密封胶条的宽度变大，从外观上看更明显。

2. 墙面变形装饰做法

在墙面变形缝的处理上，也可以采用与地面类似的铝合金变形缝装置。但是由于墙面的材料做法相对比较多，构造形式也不像地面那样简单，不过本质上来说，处理的逻辑并无变化。图21-89~图21-92提供了几种墙面做法。

上面几种变形缝的处理，核心还是能够让各个构件自由伸缩变形，因此内部的基层结构一定不能连接，要完全断开，而且要保留距离。变形的余量不能小于50mm，如果变形缝的宽度过大，可能要按照建筑设计师的要求，具体对待。

3. 天花变形缝做法

天花变形缝的做法如图21-93。对于天花变形缝的装饰处理，满足功能需求是必须要考虑的因素，其次是要美观。但满足设计师的饰面要求不能一味地追求外观的美观，否则建筑的变形会导致严重的天花表面变形，适得其反。

图 21-78

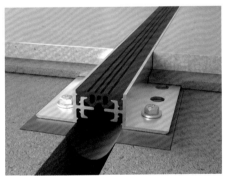

图 21-79

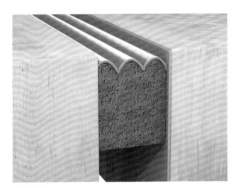

图 21-80

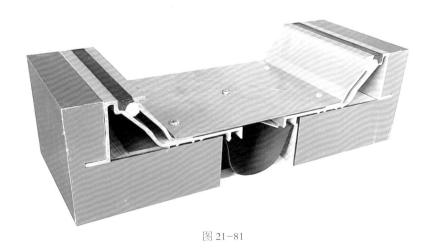

图 21-81

图 21-82

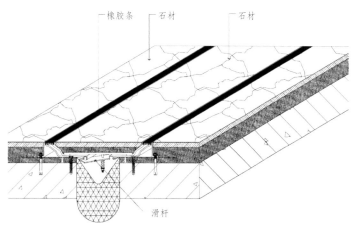

图 21-83

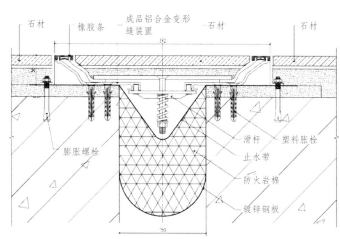

图 21-84　地面变形缝做法（单位：mm）

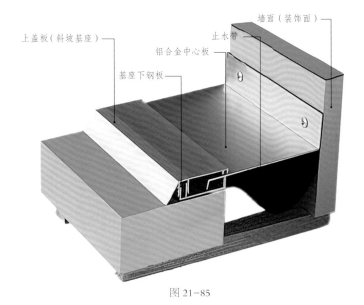

图 21-85

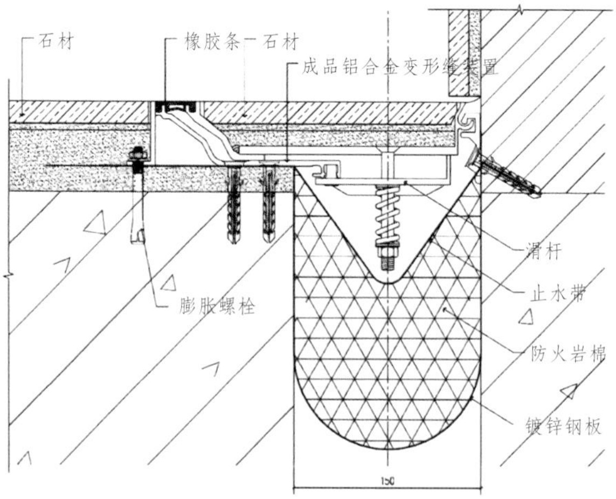

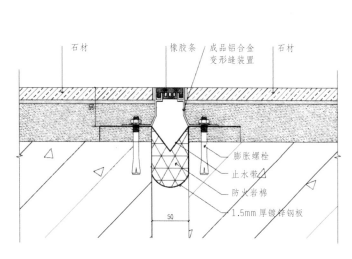

图 21-86　地面转角部位变形缝做法（单位：mm）

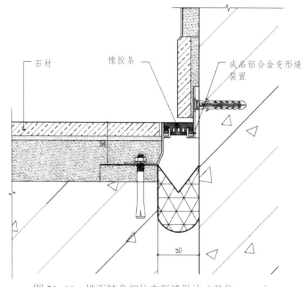

图 21-87　地面变形缝做法（单位：mm）

图 21-88　地面转角部位变形缝做法（单位：mm）

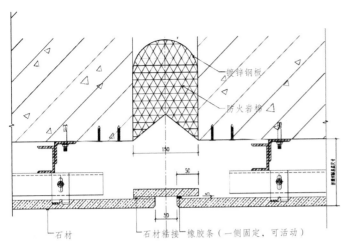

图 21-89 石材干挂 – 墙面变形缝做法（单位：mm）

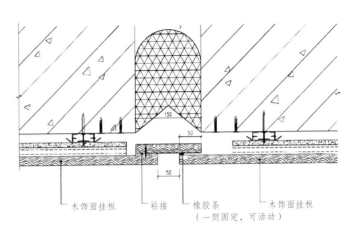

图 21-90 木挂板 – 墙面变形缝做法（单位：mm）

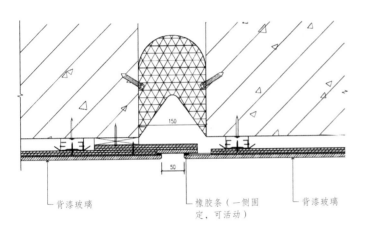

图 21-91 玻璃 – 墙面变形缝做法（单位：mm）

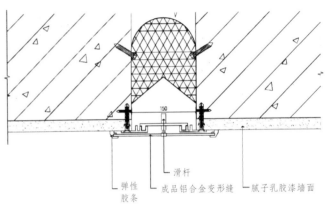

图 21-92 乳胶漆饰面 – 墙面变形缝做法（单位：mm）

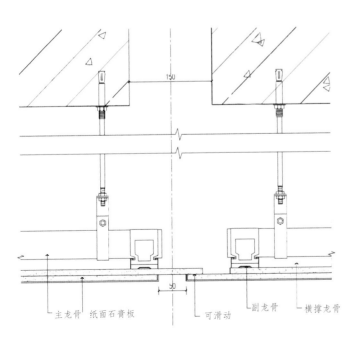

图 21-93 天花石膏板吊顶变形缝做法（单位：mm）

后记

一切表层知识都有时效，但思维方式永不过时

读到这里，这本有关装饰工艺与材料的实战指南就要结束了。不知道你有没有发现，本书的讲述方式有一个特点，即对于所有的知识要点，都是站在底层的视角，通过对基础理论、构造做法、施工流程、设计把控要点、质量通病的解读，来更加全面和结构性地理解这些在很多人看来碎片化的知识。这种结构性思考和学习的方法也正是我们一直想强调的"高效学习"的系统方法论。

我相信读到这本书里的一些有时效性的数据和知识点时，你一定会有一个疑惑：书里涉及的诸多知识点和规范数据其实一直都在变化，每年都会有新规定出台，新材料面世，新工艺诞生，那我们现在吸收这些终将过时的知识，意义在哪里呢？

正是意识到了这个问题，所以，我们在开设《dop 设计实战指南》的电子专栏时就决定，在这个专栏里，一定不能只是泛泛地讲述最常规的数据规范和案例构造做法这类会随着时间的推移而发生变化的内容，必须更多地涉及室内设计师应该有的思维方式和底层规律，并通过对理论的解读和对实际案例的剖析，让每位读者都能意识到"理论指导实践"才是应对随着时间的流逝导致表层知识发生变化的最有效方法。所谓"授人以鱼，不如授人以渔"，应该就是这个道理吧。

因为本书的内容更多地偏向于对室内设计的底层规律的解读，希望读者了解这些有效的规律后，可以结合最新的规范、材料及工艺知识，综合性地理解与吸收所学知识。

最后，附上本书参考的国标规范清单，以便未来国标规范更新时，读者用本书中提到的学习方法和书中介绍的室内设计师必须了解的规范来更新迭代自己的知识体系。

本书参考规范清单与室内设计常用规范清单：

《建筑装饰装修工程质量验收标准》GB 50210-2018
《建筑设计防火规范》GB 50016-2014（2018 年版）
《建筑内部装修设计防火规范》GB 50222-2017
《建筑材料及制品燃烧性能分级》GB 8624-2012
《民用建筑设计统一标准》GB 50352-2019

《内装修—墙面装修》13J502-1

《内装修—室内吊顶》12J502-2

《内装修—楼（地）面装修》13J502-3

《内装修—细部构造》16J502-4

《涂料产品分类和命名》GB/T 2705-2003

《合成树脂乳液内墙涂料》GB/T 9756-2018

《天然大理石荒料》JC/T 202-2011

《天然大理石建筑板材》GB/T 19766-2016

《楼梯栏杆及扶手》JG/T 558-2018

《楼梯 栏杆 栏板（一）》22J403-1

《建筑物防雷设计规范》GB 50057-2010

《建筑防烟排烟系统技术标准》GB 51251-2017

《自动喷水灭火系统设计规范》GB 50084-2017

《建筑用轻钢龙骨》GB/T 11981-2008

《建筑用硬聚氯乙稀绝缘电工套管及配件》GB/T 43815-2024

《建筑玻璃应用技术规程》JGJ 113-2015

《公用建筑卫生间》16J914-1

《建筑给水排水制图标准》GB/T 50106-2010

《住宅设计规范》GB 50096-2011

《办公建筑设计标准》JGJ/T 67-2019

《商店建筑设计规范》JGJ 48-2014

《旅馆建筑设计规范》JGJ 62-2014

《剧场建筑设计规范》JGJ 57-2016

《电影院建筑设计规范》JGJ 58-2008

《无障碍设计规范》GB 50763-2012

《地下工程防水技术规范》GB 50108-2008

最后，这些国标规范的电子版文件，我已经为你准备好了，大家可以在微信公众号"dop 设计"中发送"GBGF"，即可获得这本书中提到的所有国标规范的电子文件。

作者简介

陈郡东（东晓）

毕业于西南交通大学建筑学院，国内领先的室内设计综合服务平台"设计得到"主事人，室内设计师，内容策划人，曾参与的项目有东莞华为松山湖终端办公基地、贵州独山净心谷水司楼、兰州长城大饭店等。

赵鲲

dop 设计联合创始人，dop 设计技术总监，曾主持苏州四季酒店、上海抖音总部大楼、上海虹桥迎宾馆、上海兴国宾馆、上海复旦大学光华楼等项目的室内深化设计工作。

朱小斌

dop 设计联合创始人、资深设计师，室内设计连续创新领航者，青年创业导师。

周遐德

dop 设计联合创始人，毕业于同济大学建筑系，从业 18 年，曾负责上海环球金融中心、上海华为办公楼等室内深化设计项目。